"十二五"普通高等教育本科国家级规划教材

全国优秀教材
二等奖

动物生物学

（第5版）

陈小麟 方文珍 主编

高等教育出版社·北京

内容简介

本书列入“十二五”普通高等教育本科国家级规划教材，与“动物生物学”国家级精品资源共享课相配套，第一主编陈小麟教授为国家级教学名师奖获得者。第5版教材按照生物学的指导思想，系统地介绍动物生物学的基本知识和基础理论，适当地拓宽知识面，理论与实践相结合。教材内容依据学科发展动态进行吐故纳新，让学生了解本学科的新知识、新理论、新技术、新成果，如分子生物学、动物行为学、保护生物学等。

本教材有配套数字课程及拓展资源，包括教学大纲、教学课件、教案、各章内容提要、习题、参考文献和拓展学习材料等，教师和学生在教与学的过程可根据需要和兴趣上网阅读，拓展有关理论知识和研究技术，培养科研兴趣。教材编写格式上每章列有“学习目的”和“复习与思考”，方便学生预习和复习，提高自主学习能力。

本书可作为高等院校的生物学、生态学以及师范、农林、水产、环境、海洋、考古和医学等学科相关专业的本科生教材，也可作为相关科研人员和生产技术人员的参考书。

图书在版编目（CIP）数据

动物生物学 / 陈小麟，方文珍主编 . --5 版 . -- 北京 ：高等教育出版社，2019.4（2025.5 重印）

ISBN 978-7-04-050924-3

Ⅰ. ①动…　Ⅱ. ①陈…　②方…　Ⅲ. ①动物学 - 高等学校 - 教材　Ⅳ. ① Q95

中国版本图书馆 CIP 数据核字 (2018) 第 294312 号

DONGWU SHENGWUXUE

策划编辑　李　融　　责任编辑　李　融　　封面设计　张　楠　　责任印制　刘思涵

出版发行	高等教育出版社	网　　址	http://www.hep.edu.cn
社　　址	北京市西城区德外大街4号		http://www.hep.com.cn
邮政编码	100120	网上订购	http://www.hepmall.com.cn
印　　刷	三河市骏杰印刷有限公司		http://www.hepmall.com
开　　本	850mm×1168mm　1/16		http://www.hepmall.cn
印　　张	25.25	版　　次	2005年9月第1版
字　　数	640千字		2019年4月第5版
购书热线	010-58581118	印　　次	2025年5月第7次印刷
咨询电话	400-810-0598	定　　价	52.00元

物 料 号　50924-A0

iCourse·数字课程（基础版）

动物生物学（第5版）

主编　陈小麟　方文珍

登录方法：

1. 电脑访问 http://abook.hep.com.cn/50924，或手机扫描下方二维码、下载并安装 Abook 应用。
2. 注册并登录，进入“我的课程”。
3. 输入封底数字课程账号（20 位密码，刮开涂层可见），或通过 Abook 应用扫描封底数字课程账号二维码，完成课程绑定。
4. 点击“进入学习”，开始本数字课程的学习。

课程绑定后一年为数字课程使用有效期。如有使用问题，请点击页面右下角的“自动答疑”按钮。

动物生物学（第5版）

“动物生物学”数字课程与纸质教材一体化设计，紧密配合。内容包括教学大纲、教学课件、各章内容提要、教案、习题、参考文献和拓展学习材料等多项内容，可供不同层次的高等院校师生根据实际需求选择使用，也可供相关科学工作者参考。

用户名：　密码：　验证码：　5360　忘记密码？　登录　注册

http://abook.hep.com.cn/50924

扫描二维码，下载Abook应用

第5版前言

厦门大学自1994年将“动物学”改设为“动物生物学”基础课，先后获得福建省普通高等学校优秀课程（1999）、“国家理科生物学基础科学研究和教学人才培养基地”名牌课程（1998—2003）、福建省精品课程（2005）、国家级精品课程（2007）、国家级精品资源共享课（2013）。厦门大学《动物生物学》第1版教材于1996年出版，先后列入普通高等教育“十五”国家级规划教材（2001）、高等教育百门精品课程教材建设计划（2003）、“十二五”普通高等教育本科国家级规划教材（2014）。“动物生物学”课程教学团队成员2001年至2015年期间先后参与获得国家级教学成果一等奖1项、二等奖5项和高等学校国家级教学名师奖。上述教学成绩源自教学团队几代成员遵循“自强不息，止于至善”校训，勤勉敬业，和谐共事，坚持不懈地努力开展教学改革和教学建设，也受益于众多高校同仁及各界友人给予的热心支持，厦门大学“动物生物学”课程的发展记载着他们的爱心奉献。

本教材第5版继续保留原有动物生物学系统的基本知识教学为指导思想，内容包括动物形态学、分类学、解剖学、细胞学、组织学、胚胎学、生物化学、生理学、生态学、动物地理学、生物多样性保护、行为学、遗传学和进化论等，注重让学生理解动物类群的进化关系，动物机体结构与功能的统一性、动物生命活动的协调及其对环境的适应，了解当代动物生物学研究的前沿信息、动物资源的生产应用和保护，使学生对动物生物学的各个方面概貌有所了解，掌握动物生物学的基本理论、基本知识和基本技能，为后续课程的学习奠定扎实的基础。教材编写格式保留每章开始列出“学习目的”，每章结束列出“复习与思考”，方便学生预习和复习。第5版教材根据近年来的学科发展，吸收部分动物生物学研究新成果，如分子生物学、动物行为学、保护生物学、生物多样性、分子系统进化等领域，适当地删减陈旧知识，精炼经典理论，使教材适应于当代的科学水平。

本教材建设有配套的数字课程（abook. hep. com. cn/50924）和“动物生物学”国家级精品资源共享课（可登录“爱课程”网查看），数字课程内容包括教学大纲、教学课件、教案、各章内容提要、习题、参考文献和拓展学习材料等；不同学校可按照本校专业特色和后续课程的承前启后关系，决定使用数字课程的内容和方式；学生在学习过程中也可根据兴趣和需要上网学习，拓展有关理论知识和研究技术，培养科研兴趣。

本教材修订过程获得许多同仁的厚爱和支持，教学实践过程也得到许多学生的热心建议，在此致以衷心感谢和敬意。动物世界丰富多样，动物生物学知识海洋浩瀚无边，新理论与新技术层出不穷，本书疏漏及不当之处诚请同行专家及读者指正。

陈小麟

2018 年于厦门大学环境与生态学院

目 录

第一章

绪　论

一、动物生物学的定义、性质和任务

动物生物学(animal biology)是以生物学观点和生物技术针对动物开展生命规律研究的一门科学,是生物学(biology)的分支学科,是自然科学的基础学科之一。它研究的动物生命系统涵盖基因、细胞、器官、个体、种群、群落和生态系统等多个层次;涉及的研究方向包括动物生命活动的各个领域,如形态、解剖、生理、分类、发育、生态、地理、行为、进化、遗传和资源保护等。动物生物学的各个研究领域目前已经形成相应的分支学科。

随着科学技术的发展,动物生物学与生命科学的其他分支学科如细胞生物学、分子生物学、生物化学、生理学、生态学、分类学、解剖学、胚胎学以及遗传学等,都在纵深方向得到极大发展;同时,各分支科学不断地互相融合渗透,推动整合动物学(integrative zoology)的发展。另一方面,动物生物学研究也在吸收其他学科如化学、物理学、信息科学和计算机科学的研究成果,应用其新理论与新技术,学科交叉促进创新。

科学家预言,生命科学与技术将是21世纪的支柱学科之一。研究动物界演变规律、动物生命本质、动物生命活动规律、人类的健康和长寿,对推动物质文明和精神文明的建设起着重要作用。动物生物学研究与农业、林业、渔业、环境保护、医药和工业等生产部门有着密切关系,是这些部门的科学基础。农林害虫的防控、禽畜的饲养、鱼虾贝蟹的养殖、各种动物资源的保护与合理利用及新品种培育改良,等等,都离不开动物生物学的基本知识。人是由动物进化而来,同样也符合动物生命活动的基本规律。动物生物学研究有利于改善人类的膳食营养及疾病防治,促进健康长寿,探索人类起源等。近几十年来,基因技术、克隆技术、遥感技术等新技术促进动物生物学取得新进展,为农业、林业、渔业、医药、工业等部门的技术革新、新产品开发和产业结构调整开拓了新领域和新途径,为国民经济的发展和人民生活质量的提高做出了新贡献。

21世纪,全球气候异常、人口膨胀、环境污染、外来物种入侵、生物灭绝和生物灾害爆发等问题的加剧,严重威胁动物的生存,也影响着人类健康、人类生存环境和社会可持续发展。动物生物学在解决新世纪人类所面临的危机与挑战方面将大有作为。了解自然界的动物多样性与系统进化,研究动物的生存环境及生态,改善人类生活质量,实现人、自然、动物和谐共处;揭示动物生命活动的调节规律,促进生物医学科学的发展;建立动物的保护与养殖技术,培育动物新品种,建立动物模型,科学保护及合理利用动物资源;上述都是当今动物生物学所面临的重大课题,也是我们学习及研究动物生物学的目的和任务。

二、动物生物学研究发展动态

动物生物学和其他自然科学一样,有其自身发生和发展的历史。它一方面反映了人类同自然斗争的进程,另一方面也反映了人类社会进步和变迁的历史。它全部的发展史都与人类社会生产力的发展密切相关。

综观生物学发展的历史,大体上可以划分为4个阶段:

第一阶段:描述性生物学阶段

古希腊亚里士多德(Aristotle,前384—前322)被誉为“百科全书”式的学者,其思想影响着西方哲学;他的工作被看做是动物学作为一门学科正式创立的开始,主要动物著作有《动物自然史》(Historia Animalium)、《动物的生殖》(De Generatione Animalium)等;当时亚里士多德已经记述了520多种动物,并且解剖了50多种动物;由于他首次运用了“属”(genus)和“种”(species)作为分类的范畴,因此被认为是系统分类学的先驱。随后,欧洲进入封建社会,宗教神权统治经历了漫长时期,严重地阻碍了自然科学的发展。直到15世纪文艺复兴后期,医学的需要促进了解剖学的发展,而且,随着资本主义的兴起和生产的发展,欧洲各国重视搜集世界各地的生物资源。16—18世纪兴起博物学,主要是进行动植物的形态分类研究。主要代表如瑞典的林奈(Carolus Linnaeus,1707—1778)于1735年出版的《自然系统》(Natural System)一书,系统地运用了至今沿用的纲、目、属、种、变种五个分类阶元和“双名法”,避免了生物分类及命名的混乱,被誉为现代生物分类学的奠基人。1665年英国人胡克(Robert Hooke,1635—1703)自制了世界上第一台显微镜,观察到软木薄片上呈蜂窝状紧密排列的中空小室,称之为“细胞”(cell);荷兰人列文虎克(Anthony van Leeuwenhoek,1632—1732)也以自制的显微镜观察到细菌、原生动物等;从此生物学研究进入微观世界。1838年德国学者施莱登(Matthias Jakob Schleiden,1804—1881)和1839年德国学者施旺(Theodor Schwann,1810—1882)分别从植物和动物的角度奠定了细胞学说的基础,其主要内容是:细胞是植物和动物结构及生命活动的基本单位。在林奈时代,物种被认为是不变的。法国的布丰(Georges Louis Buffon,1707—1788)在著作《自然史》(Histoire Naturelle. Générale et Particulière)中提出物种是可变的,成为进化思想的先驱者。法国的拉马克(Jean-Baptiste Lamarck,1744—1829)1809年最先在《动物学哲学》(Philosophie Zoologique)一书提出进化学说以及环境对进化的影响、器官用进废退和获得性遗传等理论。法国的居维叶(Georges Cuvier,1769—1832)出版《比较解剖学讲义》、《四足动物化石骨骸的研究》等著作,提出了动物身体作为整体的“器官相关法则”,正确地提出了自然界的“灾变”造成生物“大绝灭”,而存留种类经过发展与扩散再形成以后各个阶段的生物类群,并成为比较解剖学和古生物学的创始人,也为生物进化论提供了科学的证据。俄国的贝尔(Karl Ernst von Baer,1792—1876)出版《论哺乳动物和人卵的起源》和《动物的发育》等著作,提出“贝尔定律”:脊椎动物胚胎发育过程具有相似性,依次出现“门”“纲”“目”“科”“属”的特征,最后才出现“种”的特征;并成为比较胚胎学的创始人。英国的华莱士(Alfred Russel Wallace,1823—1913)于1858年在论文《论变种无限地离开其原始模式的倾向》中提出生物进化的自然选择学说,推动达尔文进化论的发表;1868年提出“东洋区”与“澳洲区”的分界线——“华莱士线”(Wallace Line),对动物地理学做出了重要贡献。英国的达尔文(Charles Darwin,1809—1882)1859年出版了《物种起源》(On The

Origin of Species)一书,创立了影响深远的达尔文进化论。恩格斯把达尔文进化论、细胞学说和能量守恒定律誉为19世纪自然科学的三大发现。

第二阶段:实验生物学阶段

19世纪中后期,达尔文进化论推动了生物类群的谱系、发育和遗传关系的研究,各种实验技术被引入到生物学研究领域,生物科学出现较大发展,其中比较主要的有奥地利的孟德尔(Gregor Johann Mendel,1822—1884)花费10余年,通过豌豆杂交试验发现其后代相对性状遵循一定比例,于1866年提出遗传学的两个基本规律——分离律和自由组合律,并在1900年受到重视,推动了遗传学的迅速发展。俄罗斯的巴甫洛夫(Ivan Petrovich Pavlov,1849—1936)开展消化生理、循环生理、神经生理及心理学的研究,改进多种实验研究方法,如实验动物外科手术后的生理研究,创立条件反射理论,改变及扩展了消化生理学;于1904年获得了诺贝尔奖,是生理学者中最早的获奖人。美国的摩尔根(Thomas Hunt Morgan,1866—1945)等学者以果蝇为材料,研究发现了连锁、互换和伴性遗传规律,证实孟德尔提出的遗传因子即“基因”(gene)位于染色体之上,该染色体遗传学说或称基因学说为现代遗传学及其实验研究奠定了基础,1933年摩尔根获得诺贝尔奖。奥地利的劳伦兹(Konrad Lorenz,1903—1989)是现代行为学的创始者,1935年提出铭记(imprinting)的概念,创建了许多行为学概念及研究方法;1973年与奥地利的弗里希(Karl von Frisch,1886—1982)、荷兰的廷伯根(Nikolaas Tinbergen,1907—1988)因系统地阐明个体及社会行为模式而共同获得诺贝尔奖。

第三阶段:分子生物学阶段

20世纪30年代以来,物理学和化学的进一步渗透,实验生物学和遗传学的进步,生物化学有了较大的进展,研究集中于生命本质密切相关的生物大分子,即蛋白质、核酸和酶等方面。1944年,美国的艾弗里(Oswald Theodore Avery,1877—1955)首次证明DNA是主要的遗传物质。1951年,美国的沃森(James Dewey Watson,1928—)到剑桥大学做博士后,与英国的克里克(Francis Harry Compton Crick,1916—2004)合作研究DNA分子模型,1953年在《自然》杂志上发表论文提出DNA分子双螺旋结构学说。该学说阐明DNA分子是螺旋形结构,通过碱基对互补连接重复排列而成,并确定碱基对之间的距离为0.34 nm,合理地说明了一个DNA分子如何复制成两个结构相同DNA分子以及DNA怎样传递生物体的遗传信息。DNA双螺旋结构学说是生物科学中具有革命性的发现,是20世纪最重要的科学成就之一,因此,沃森和克里克及英国物理学家威尔金斯(Maurice Hugh Frederick Wilkins,1916—2004,最早用X线衍射法研究出DNA晶体结构)于1962年共同获得诺贝尔奖,生物科学进入分子生物学研究阶段。

第四阶段:现代生物学阶段

20世纪70年代以来,生命科学各个领域取得了巨大进展,尤其是分子生物学的突破性成就和引入物理学,化学,信息学,计算机科学的概念、方法和技术,生命科学在自然科学中的地位发生了革命性变化。以分子生物学为核心的生物固氮工程、光合作用机制、蛋白质工程、基因治疗等方面研究有了许多重大突破。利用生物技术培育和优化组合牛、羊、猪及家禽品种,提高动物的生长速度,增强动物的抗病抗逆能力,改进肉质及其风味;利用新的人工授精和养殖技术加快动物的生殖速度,如超声波采卵、人工体外受精、胚胎移植、精子和卵子的低温保存,等等;生物工程和单性系统抗体技术在医药制造和施药方式上获得广泛应用;人体基因研究获得了巨大进展,美国和法国等基因组人员已成功地绘制出男性T染色体图和带有造成神经系统疾病的基因21号染色体的构图,在未来五年内有可能绘制出人类所有染色体的结构图,并由此为人类通过使用人工培植的正常基因取代人体活细胞中的缺陷基因来根治基因性疾病开辟了全新的途径。人类已跨入了揭示生命本质奥秘的门槛，不仅克隆了牛、羊等多种动物，如 1996 年通过成年体细胞克隆成功的第一只哺乳动物——绵羊多莉(Dolly)，而且可能在容器里培育人体器官，在实验室里制造生命。

现代生态学在 20 世纪 50 年代以后得到较大的发展。生态学(ecology)是研究生物与生物之间、生物与环境之间相互作用规律的科学。生态学在 19 世纪由自然史或博物学研究中独立出来。现代生态学研究的标志之一是从个体的观察转向群体的研究，即从个体生态学(autecology)转向群体生态学(synecology)；研究方法也由定性到定量，由静态到动态，由局部到整体，由观察到实验，出现了物种丰度(richness)、频度(frequency)、优势度(dominance)、多样性(diversity)和演替(succession)等概念，诞生了研究种群结构和动态的种群生态学(population ecology)。其二在群落研究的基础上，进一步开展生态系统(ecosystem)研究，强调生态系统食物链(food chain)的营养动态；此后热力学和经济学概念渗入生态学，70 年代以后信息论、控制论和系统论也运用到生态学研究，形成了自动调节理论和系统分析方法，开始揭示生态系统中的物质循环、能量流动、信息传递的规律；现代生态学是往宏观和微观两极发展，20 世纪末分子生态学(molecular ecology)的兴起和发展是现代生态学的重要特征之一。分子生态学利用分子生物学技术进行生态学和进化问题的研究，包括研究个体、种群和物种与环境之间的分子关系。目前，生态系统理论已应用到地学、农学和环境科学，生态系统研究涉及整个生物圈(biosphere)，因此生态学一方面与地理学、地球化学等学科交叉，另一方面又与社会科学相互渗透，出现了高度综合的研究，显示了越来越大的应用价值。

生命是进化的产物。现代生物是在长期进化过程中发展起来的，在地球上经过 35 亿年的演化以后，才形成如此缤纷多样的生物世界。自 1859 年达尔文的《物种起源》一书问世一个多世纪以来，达尔文的进化理论被人们广泛接受。达尔文学说(Darwin Theory)认为，生物进化的主导力量是自然选择，生物的遗传和变异在自然选择的作用下，推动生命形式由简单到复杂，由低级到高级的发展。长期以来，古生物学家一直在寻找达尔文所预言的渐进式史实。1909 年在加拿大的布尔吉斯，1947 年在澳大利亚的埃迪卡拉，1984 年在我国云南澄江县的帽天山和海口，1998 年在贵州瓮安等地考古发现了“寒武纪生物大爆发”(简称寒武纪大爆发，Cambrian Explosion)的化石群。寒武纪是地质史的一个年代，距今 5 亿多年。化石的发现证明，地球上的生物在寒武纪时期发生了一次大规模的演化事件，当时大量多细胞生物突然涌现，生物“爆发式”地在寒武纪的岩层中出现，现有大多数动物的“祖先”在当时都已经出现，小至几毫米，大至数米，包括腔肠动物、多种蠕虫、帚虫、节肢动物和脊索动物等几乎所有现生门类的动物，地球上的生物在寒武纪短短的几千万年时间内突然形成。这就是生物学上著名的“寒武纪大爆发”。“寒武纪大爆发”证明了“门”一级高级动物类群的起源，揭示了进化的突变性，为构建“蘑菇云式”的演化模型提供了重要依据，无疑是对达尔文倒锥形进化树模式的挑战。寒武纪大爆发的事实曾让达尔文感到困惑，至今，寒武纪大爆发的真正原因仍是科学界的一大谜题。

进入 20 世纪，生命科学的两个发展方向引人瞩目。一是宏观方向，生命科学的传统学科如分类学在外来物种鉴定和预警、动植物检疫、生物多样性保护、科普教育等领域依然发挥着关键作用。生态学研究生态系统的结构与功能，包括生态系统的物质循环、能量流动和信息传递，研究全球气候变化对各类生态系统的影响以及生态恢复重建，为保护生物多样性、改善生存环境、维护人类社会可持续发展做出贡献。另一是微观方向，从细胞、分子、基因方面开展研究，为人类健康、疾病防治和农业生产提供生命科学基础理论和实用技术。基因工程(gene engineering)、细胞工程(cell engineering)、酶工程(enzyme engineering)、发酵工程(fermentation engineering)等新技术广泛应用于医药卫生、农林牧渔、轻工、食品、化工和能源等领域,促进传统产业的技术改造和新兴产业的形成,成为解决全球经济问题的关键技术,在迎接人口、资源、能源、食物和环境危机的挑战中大显身手。

生命科学近半个世纪以来的发展趋势表现为:分子生物学、信息科学、计算机科学等新兴学科的推动及其与生命科学的相互渗透,宏观和微观生物学的相互交叉,使生命科学产生了许多分支新学科,如分子系统学、分子生态学、保护遗传学、分子系统地理学等。基因技术、克隆技术、同位素技术、遥感技术、卫星跟踪技术等新技术的出现与应用,为生物医学、农林与养殖业、物种保护和生物灾害防控提供了强有力的手段。

中国的动物学知识记载最早可追溯到公元前3000—前200年的《山海经》,该书记录了300种动物的名称、分布、习性和利用。公元前1100—前400年的《尔雅》将动物分为虫、鱼、禽、兽四大分类系统,这本辞典性著作精辟地定义了鸟兽等动物,如“二足而羽谓之禽,四足而毛谓之兽”。北魏时期的《齐民要术》(533—544)综述了动物的饲养、生殖、管理,是动物学、畜牧学的最优总结。明朝李时珍(1518—1593)的《本草纲目》(1578年)列有药用动物444种,分隶于虫、鳞、介、禽、兽等类型。17世纪后的近300年内,中国科技发展停滞,科技水平极大地落后于西方。20世纪20年代我国开始建立动物学的研究机构。1922年在南京成立中国科学社生物研究所,1929年在北京建立北平研究院动物研究所。与此同时,许多高校也相继设立动物学或生物学科、系,培养动物学研究人才,如1922年厦门大学设立动物学科;至1936年全国已经有47所大学设立了生物学系。1914年丁文江编写的《动物学》教科书为中国的第一本动物学教材。1921年薛德焴编著《近世动物学》(上、下册)。1934年中国动物学会成立,随后《中国动物学杂志》创刊。1936年朱洗、张作人合编《动物学》。新中国成立后,动物学的教学和研究有了迅速的发展。《动物学报》《动物学分类学报》等刊物陆续创刊。20世纪50—60年代期间,各高校和有关研究机构培养了大批的动物学人才。80年代以来,众多动物学学者出国合作研究和深造,不少人带回学术新思想、新理论和新技术;同时,高校和研究所陆续配备了部分先进仪器设备,逐步开展一些动物生物学的基础、前沿以及学科交叉性的研究,从而使我国动物生物学的一些分支学科达到世界先进水平。

第二章

动物生物学基本理论

▶ **学习目的**

通过本章的学习，理解生命的本质和基本特征，了解动物体的物质组成和动物细胞的基本结构、特点及其增殖过程，掌握组织、器官和系统的概念以及各种组织的形态结构特点、分布及其功能，掌握动物体的体制、分节、胚层、体腔的概念、形成演化及在动物系统进化中的重要作用和意义，掌握动物早期胚胎发育的基本规律及动物分类的基本知识。

第一节　生命的物质基础

一、生命的主要特征

生物界众生纷纭，但都具有生命的共性，服从生命运动的规律。生命是什么？恩格斯指出，“生命是蛋白体的存在方式”，“蛋白体是生命的唯一的独立的承担者”。现代生物科学证明了恩格斯这一著名论断的正确性，并加以发展。现在已认识到，承担生命的“蛋白体”，主要是核酸（nucleic acid）和蛋白质（protein）的整合体系。生命与核酸、蛋白质按规律整合的体系不可分离。以这种整合体系为主体的生物，具有某些共同的属性。这些属性即生命的特征。

生命的主要特征，即生物与非生物的区别，主要表现如下：

1. 新陈代谢

新陈代谢（metabolism，简称代谢）是生命的最根本特征，是维持生物体生长、生殖、运动等生命活动过程的生理生化变化的总称。通过代谢，生物体与环境之间不断地进行物质和能量交换。可见，生物体乃是一个以蛋白体为主体，具有代谢功能的体系。任何生物都因新陈代谢而具生命活性；代谢停止，则生命终止，个体也随之死亡。

代谢又分为同化作用（或称组成代谢，assimilation）和异化作用（或称分解代谢，dissimilation）。在新陈代谢过程中，生物体从食物中摄取养料转换成自身的组成物质，并储存能量的过程，称为同化作用。反之，生物体分解身体组成物质，释放能量并将分解物排出体外的过程，称为异化作用。新陈代谢保证了生物体不断地自我更新。代谢是在酶的催化作用下完成的，并且需要经历许多复杂的中间反应,这些中间反应总称为“中间代谢”(intermediary metabolism)。

2. 生长与生殖

生长(growth)是指生物体或细胞的体积由小到大、结构由简单到复杂、质量逐渐增加的过程。在生长过程中,细胞经分裂而数目增多,同时由于细胞合成大量原生质而发生体积加大。生长通常伴随着发育过程的细胞分化和形态结构的建成。生物体或细胞在生命周期中,结构和功能从简单到复杂的变化过程称为发育(development)。生长常分阶段进行,各阶段有一定的期限、一定的体积大小和形态结构,生物的生长主要由生物的内在因素所决定,一些外在因素也会起一定的影响作用。

每一种生物都有生有死,其种族则大多数延续不断,这就要依赖于生物的生殖(reproduction)。动物的生殖是指包括求偶、交配、产卵(崽)、育幼等生理和行为过程的总称。通过生殖,生物繁衍了与其相似的子代。生物孳生后代的现象是生命的基本特征之一。

3. 遗传、变异、适应和进化

“种瓜得瓜,种豆得豆”,物生其类,这是生物具有遗传性的表现。遗传(heredity)通常指亲代的性状表现于后代的现象,反映出生物世代之间的连续性和相似性。在生物生殖过程中,遗传的保守性使物种世代相传保持稳定。但是,生物的保守性并非绝对,遗传也是可变的。因此,同一物种的亲代与子代之间或子代个体之间总是存在着或多或少的形态、生理或行为的差异,即变异(variation)。生物由于遗传物质的改变所导致的变异称为可遗传变异(简称遗传变异),由于环境变化而造成的变异称为环境变异或不可遗传变异。遗传变异能够传递给后代,是生物进化的源泉。

环境条件和生物种类从古以来一直处于逐渐变化的过程。在环境变化的自然选择作用下,生物体的特征及其功能发生改变而适合于其栖息环境的过程称为适应(adaptation)。最适者能更好地生存和生殖后代。随着适应于环境的遗传变异的长期积累,生物由低等发展到高等,由简单到复杂,种类由少变多,这种生命形态发生、发展逐渐变化的过程就称为进化(evolution)。因此,生物多样性产生于适应和进化过程。

4. 应激性与活动性

生物接受外来刺激,通过身体内在的兴奋和调节,发生相应的反应,即应激性(sensitivity),这是生物体的基本特性之一。生物对外来刺激的应答可以表现为活动(activity)或行为反应(behavioral response),生物的活动和行为是应激性的高级表现形式。如绿眼虫对弱光表现为正趋光性,对强光则表现出负趋光性;季节的光照、温度、食物等变化引起候鸟的迁飞,等等。

5. 稳态

稳态(homeostasis)是生物系统的重要特性。细胞、器官、个体、种群和生态系统都具有稳态的特性。稳态指生物系统内部的各种组成成分能够相互协调,保持相对稳定的动态平衡;当能量和物质的输入、输出或流通在一定范围内发生改变时,系统各成分发生变化而产生自我调节,使系统恢复稳态或达到另一种新的稳态。稳态这一个术语更经常是用来反映生物个体内部环境的稳定或平衡,称为内环境稳态或体内平衡。动物体内的血液、组织液、淋巴液和脑脊液等细胞外液总称内环境(internal medium)。内环境稳态指机体对某些物质的吸收和排出的动态平衡,收支相抵;也指机体内部保持了某些关键成分的含量和水平的相对稳定,如体温、血糖、氧、体液等。例如,在我们进行体育锻炼时,身体迅速地消耗氧将可能导致血液含氧量发生下降,这时,肺呼吸和心脏跳动就会加快,心跳加快保证了肺的供血,肺和心脏的活动必须在时间和速度上相互协调,才能保持内环境当中血液含氧量的稳态。可见,稳态是保证生物系统稳定与功能正常,维持生物进行正常代谢和生理活动的必要条件。一旦这种平衡被破坏,生物就出现病变,甚至死亡。

在稳态的获得和保持过程中,负反馈(negative feedback)是共同的也是基本的机制。所谓反馈(feedback)是指系统当中的某一成分变化引起其他成分发生一系列的变化,而后者的变化最终又回过来影响首先变化的成分。各种类型的系统都有反馈现象。如果反馈的作用能够抑制或减少最早发生变化的成分的改变,那么,这种反馈就称为负反馈;反之,如果反馈的作用能够加剧或增加最早发生变化的成分的改变,则称为正反馈(positive feedback)。负反馈抑制变化因此能够维持系统的稳态,相反,正反馈加剧变化因此使系统更加偏离稳态。

二、生命的物质基础 ⓔ

内容见配套数字课程。

第二节 动物细胞、组织、器官和系统

细胞(cell)是大多数生物体结构及生命活动的基本单位。组织(tissue)是细胞分化产生的细胞群,由许多发育来源相同、结构与形态相似、功能相同的细胞和有关的细胞间质联合在一起构成。细胞群内部的诸多细胞和细胞间质按照一定方式相互联系。上皮组织、结缔组织、肌肉组织、神经组织是动物的四大基本组织。器官(organ)由几种不同类型的组织联合形成,是具有一定形态特征和特定生理功能的结构单位,如心、肺、肝等。由机能上密切联系的若干个器官共同联合完成一定生理机能的体系即成为系统(system),如由口腔、咽、食管、胃、小肠、大肠、肛门以及唾液腺、肝、胆、胰等许多器官相互联系,共同完成食物消化和营养吸收的消化系统。高等动物体由多个器官系统构成,这些系统在神经系统和内分泌系统的调节控制下,彼此协调地执行不同的生理功能,共同完成生命活动。

一、细胞 ⓔ

内容见配套数字课程。

二、组织

组织由细胞分化形成,是指一些发育来源相同、结构与形态相似的细胞群和有关的细胞间质(intercellular substance)按照一定方式相互结合形成且共同执行一定功能的结构系统。其中,细胞间质存在于细胞之间,是细胞产生的不具有细胞形态和结构的物质,包括纤维、基质和流体物质,对细胞起着支持、保护、联结和营养作用,是细胞生存的微环境,处于不断更新之中。动物组织根据其细胞的形态结构、功能和发生情况分为四大类:上皮组织(epithelial tissue)、结缔组织(connective tissue)、肌肉组织(muscular tissue)和神经组织(nervous tissue)。

（一）上皮组织

上皮组织简称上皮，主要由大量紧密而有规则排列的上皮细胞和极少量细胞间质所组成，细胞间以特化的连接复合体（junctional complex）（图 2－1）彼此相连，将上皮细胞联系组成片层状的组织结构。

上皮组织分布于体表及内脏器官和管道、上皮性囊腔的内外表面，具有保护、吸收、排泄、分泌、呼吸及感觉等作用。上皮的这种排列和分布使细胞具有极性，朝向体表或管腔的一端为游离面，与深层结缔组织相连的一端为基底面。上皮中通常没有血管和淋巴管，只能借助结缔组织中的血管通过基膜（basement membrane）以渗透方式进行物质交换。基膜的功能主要有：对上皮组织的支持和固着作用；形成上皮细胞与结缔组织界面的半透膜，在物质交换中起着分子筛的作用。

连接复合体是上皮细胞侧面的特殊结构。上皮组织相邻细胞之间的这种连接结构有紧密连接（tight junction）、中间连接（intermediate junction）、桥粒连接（desmosome）、缝隙连接（gap junction）和镶嵌连接（interdigitation）等多种形式，各种连接形式可单独存在或同时存在（图 2－1）。

上皮组织起源于三个胚层，主要是来自内胚层和外胚层，少数如泌尿和生殖管道上皮起源于中胚层，血管腔和体腔的上皮起源于由中胚层发生的间充质细胞（mesenchyme cell）。

根据功能、分布和形态结构，上皮组织可分为被覆上皮（covering epithelium）、腺上皮（glandular epithelium）和感觉上皮（sensory epithelium）。

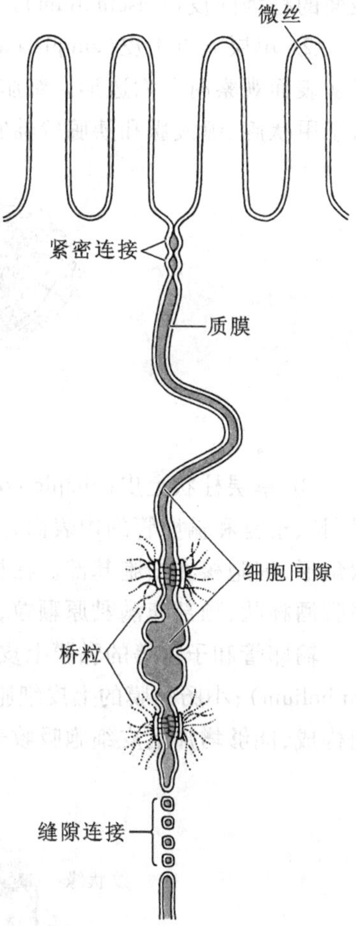

图 2－1　上皮细胞间的连接复合体示意图（Hickman C P, *et al*, 1995）

1. 被覆上皮

被覆上皮分布在机体外表面和器官内外表面。根据其细胞层数分为单层上皮和复层上皮，根据细胞形状又分为扁平上皮、立方上皮、柱状上皮等。

（1）单层上皮　由一层细胞组成的上皮。包括下列数种：

① 单层扁平上皮（simple squamous epithelium）　由一层扁平的多边形细胞组成，细胞边缘不规则，彼此镶嵌，紧密相连形成连续的一层薄膜。细胞核在细胞中央，常呈扁圆形（图 2－2）。这种上皮的薄层结构适于物质迅速交换，又由于表面光滑，可减少器官之间摩擦。分布在心腔、血管、淋巴管内表面的单层扁平上皮称为内皮（endothelium），分布在浆膜（如心包膜、胸膜和腹膜）

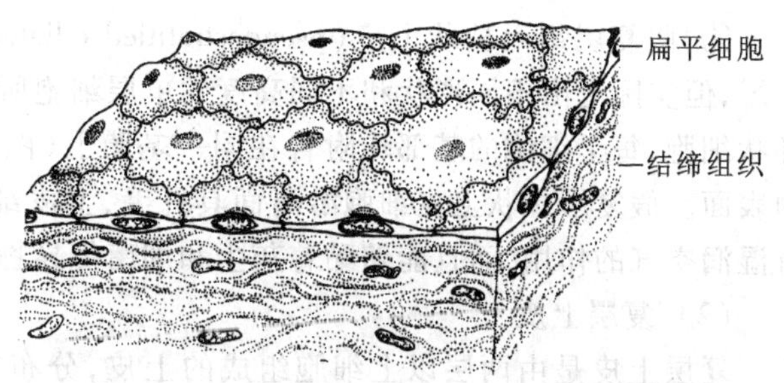

图 2－2　单层扁平上皮模式图（成令忠，1999）

表面的称为间皮(mesothelium)。

② 单层立方上皮(simple cuboidal epithelium)　这类上皮细胞的侧面观为矮柱状,略呈方形,但从表面观察时呈六边形。细胞核在中央或略偏细胞基部,大致呈圆球形(图 2-3)。这类上皮分布于甲状腺、唾液腺和胰腺等器官的输出管表面。

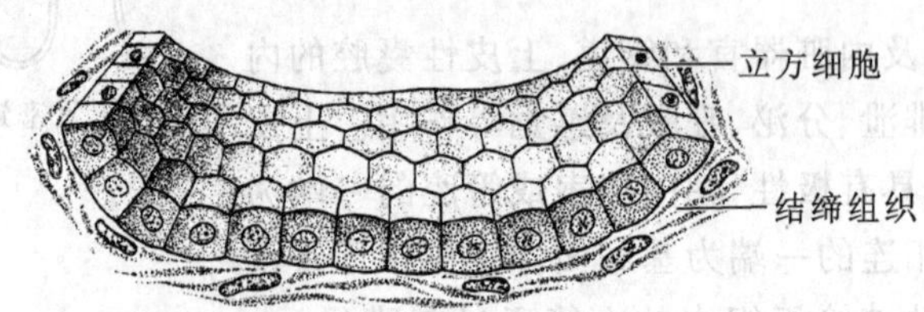

图 2-3　单层立方上皮模式图

③ 单层柱状上皮(simple columnar epithelium)　由一层高棱柱状细胞并行排列而成。分布于胃、肠、子宫和输卵管的内表面,主要具有吸收和分泌的功能。柱状细胞侧面观呈长方形,表面观呈六角形,细胞核在细胞基部。在柱状上皮细胞之间有散在的分泌黏液的杯状细胞,杯状细胞外形呈高脚酒杯状,顶部充满黏原颗粒,基部有细胞核。

输卵管和子宫等的黏膜上皮游离面具有纤毛,称为单层柱状纤毛上皮(simple ciliated columnar epithelium);小肠黏膜的上皮细胞游离面有纹状缘结构,由上皮细胞的微小突起(称微绒毛)密集排列构成,能够增加上皮细胞吸收表面积和提高吸收效率(图 2-4)。

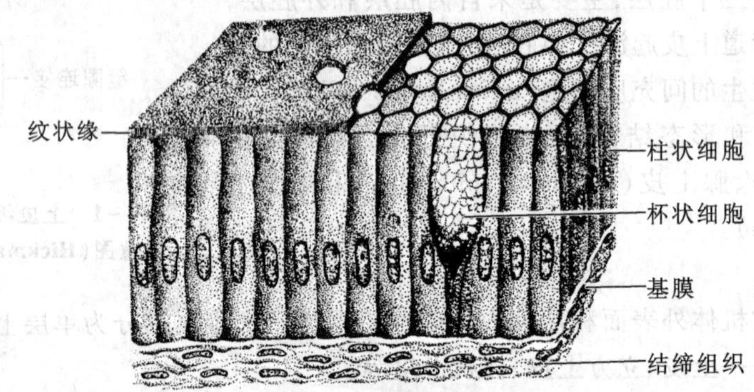

图 2-4　单层柱状上皮模式图

④ 假复层纤毛柱状上皮(pseudostratified ciliated columnar epithelium)　这种上皮的形态看似多层,但实际上由不同形状和不同高度的单层细胞所形成,包括柱状细胞、梭形细胞、锥体形细胞和杯状细胞,每个细胞的基部均附着在同一基膜上(图 2-5)。主要分布在鼻腔、喉和气管等呼吸道内表面。假复层柱状上皮细胞游离面具纤毛,上皮细胞之间有杯状细胞。杯状细胞分泌的黏液具有湿润空气的作用,而且能够黏着灰尘和细菌等异物,再通过柱状上皮细胞纤毛的摆动将其排出。

(2) 复层上皮

复层上皮是由两层以上细胞组成的上皮,分布在经常受刺激的组织器官表面。主要包括以下 3 种:

① 复层扁平上皮(stratified squamous epithelium)　这种上皮细胞层数不定,一般表层细胞较扁

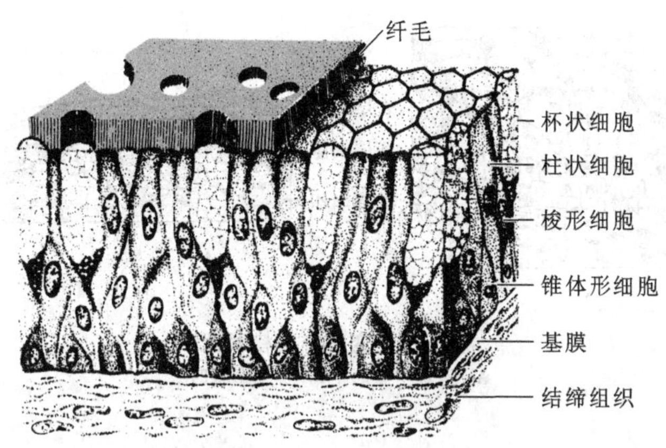

图 2-5　假复层纤毛柱状上皮模式图

平，中间细胞层为不规则的多角形，紧贴基膜上的基底层细胞呈方形或柱形（图 2-6）。基底层细胞可不断分裂增生新的细胞，不断补充表层脱落的死亡细胞。复层扁平上皮分布于皮肤表皮、口腔、咽、食道（管）、肛门和阴道等处。皮肤表皮的复层扁平上皮表层细胞常形成角化层，增强对摩擦和损伤的耐受力。

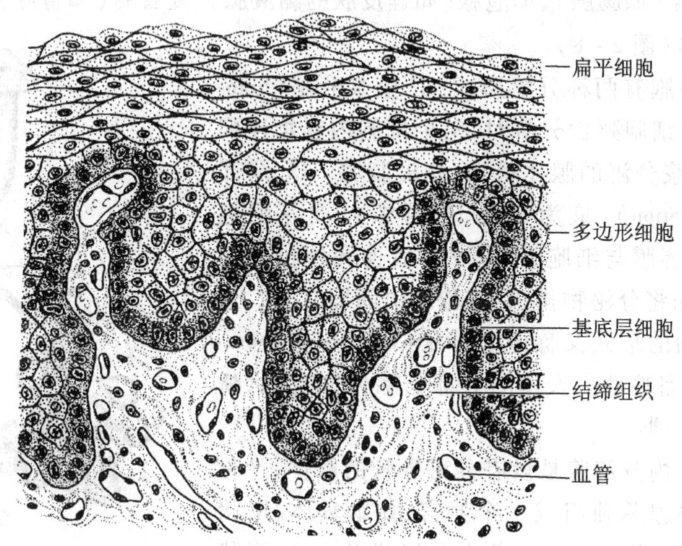

图 2-6　复层扁平上皮模式图

② 复层柱状上皮（stratified columnar epithelium）　只有表面一层细胞是柱状，中间层细胞为多角形，基底层细胞为矮柱状。主要具有保护作用。分布于尿道海绵体部、眼睑结膜以及一些腺体大排泄管等部位的黏膜上皮。有的复层柱状上皮表面还具有纤毛，分布于软腭的鼻面、喉内及胚胎的食道（管）等处。

③ 变移上皮（transitional epithelium）　上皮细胞的层数及形状可随器官的伸缩而改变。收缩时，细胞多层且略外突，表层细胞梨形，中层细胞多角形，基层细胞为方形或柱形；伸展时，细胞层数减少，细胞变为棱形或鳞状。分布于肾盏、肾盂、输尿管、膀胱和尿道等部位（图 2-7）。

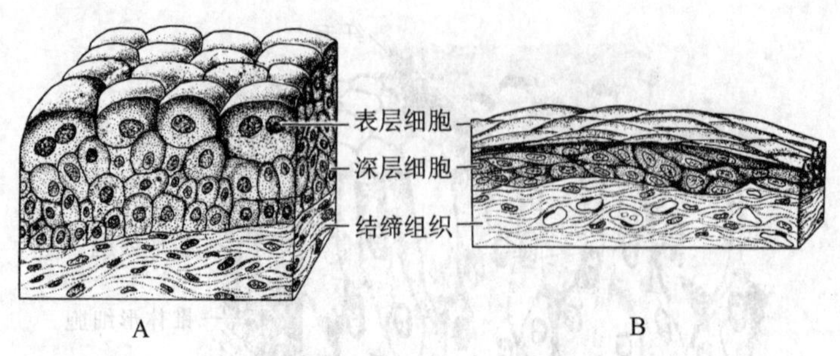

图 2-7 变移上皮模式图

A. 膀胱空虚时 B. 膀胱膨胀时

2. 腺上皮

腺上皮是具有分泌作用的上皮。以腺上皮为主构成的器官称为腺体(gland)。根据腺细胞的数量可分为单细胞腺(unicellular gland)和多细胞腺(multicellular gland)。根据腺体有无导管可分为外分泌腺(exocrine gland)与内分泌腺(endocrine gland)。

(1) 外分泌腺 具有导管把分泌物直接输送到上皮表面或特定管腔内。通常根据导管有无分支而分为复腺和单腺,再根据分泌部形状而分为管状腺、泡状腺和管泡状腺,因此外分泌腺主要可分为5种类型:单管腺(如肠腺)、单泡腺(如蛙皮肤的黏液腺)、复管腺(如胃腺)、复泡腺(如腮腺)、复管泡状腺(如胰腺)(图2-8)。

外分泌腺的腺细胞有两种分泌形式:① 全浆分泌(holocrine secretion),即腺细胞死亡分解时,整个细胞内容物连同分泌物一起排出,全浆分泌的腺体很少,如皮脂腺。② 局部分泌(merocrine secretion),最为常见,分泌颗粒被界膜包着,渐向表面移动后界膜与细胞膜融合,最后连同外包的细胞膜与细胞分离从而将分泌物排出,细胞膜也随即封闭。这种以胞吐排出分泌物的形式又称胞吐分泌(exocytosis secretion),不损伤细胞的完整性。人体的大部分腺体如乳腺、唾液腺、胰腺等属于这一类。

(2) 内分泌腺 内分泌腺是没有分泌导管的腺体,又称无管腺。一些内分泌腺单独组成一个器官,如脑垂体、甲状腺、胸腺、松果体和肾上腺等。另一些内分泌腺以块状、索状或网状腺细胞群的形式存在于其他器官内,如胰腺内的胰岛、卵巢内的黄体和睾丸内的间质细胞等。内分泌腺所分泌的物质(称为激素)直接渗入周围的毛细血管和毛细淋巴管中,通过血液和淋巴液将激素输送到全身。

3. 感觉上皮

感觉上皮由上皮细胞特化而成,具有感觉机能,如具有化学感受机能的嗅觉上皮、味觉上皮;具有物理感受机能的视觉上皮、听觉上皮、触觉上皮等。

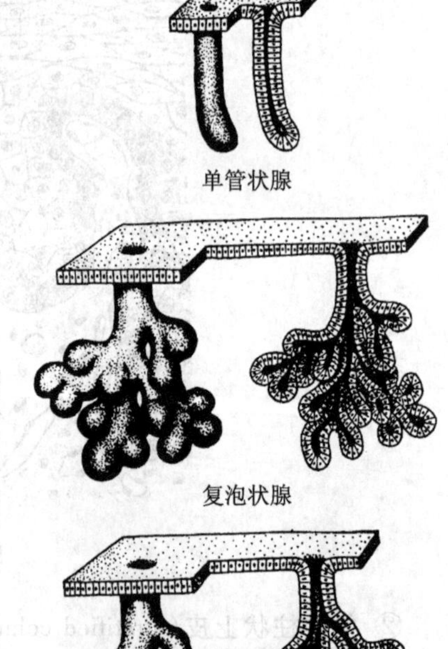

图 2-8 外分泌腺类型

（二）结缔组织

结缔组织由多种细胞和大量的细胞间质构成。细胞间质包括基质（ground substance）和纤维（fiber）两种成分，其中纤维又可根据其形态和化学反应分为胶原纤维（collagenous fibre，又称白纤维）、弹性纤维（elastic fibre，又称黄纤维）、网状纤维（reticular fiber）三类。结缔组织广布于身体各处，具有支持、连接、保护、营养、修复和物质运输等多种功能。结缔组织来源于中胚层起源的间充质细胞。

根据细胞成分和细胞间质组成的特殊性，结缔组织分为以下几种主要类型：疏松结缔组织（loose connective tissue）、网状结缔组织（reticular connective tissue）、脂肪组织（adipose tissue）、致密结缔组织（dense connective tissue）、软骨组织（cartilage tissue）、骨组织（osseous tissue）、血液（blood）和淋巴（lymph）等。

1. 疏松结缔组织

疏松结缔组织又称蜂窝组织（areolar tissue），由多种细胞、分布稀疏的少量纤维和大量透明胶状基质组成（图 2－9）。主要分布在器官之间和组织之间，起支持、连接、营养、防御、保护和创伤修复等作用。疏松结缔组织的纤维有 3 种：胶原纤维、弹性纤维、网状纤维。基质是由生物大分子构成的无定形透明胶状物，主要成分是蛋白多糖和糖蛋白，此外还含有从毛细血管渗出的组织液。

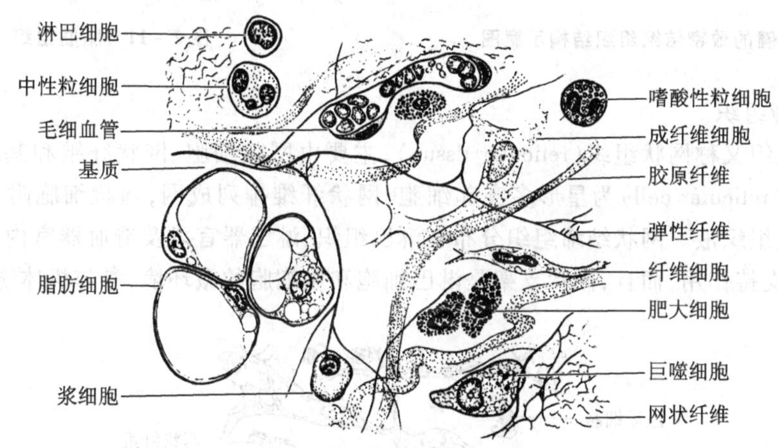

图 2－9 疏松结缔组织铺片模式图

疏松结缔组织中有多种细胞，其中有些是固有的：① 成纤维细胞（fibroblast），生成 3 种纤维，参与形成基质，对创伤愈合和结缔组织再生有重要作用；② 脂肪细胞（fat cell），储存脂肪及参与脂质代谢等；③ 未分化的间充质细胞，具有分化为成纤维细胞、脂肪细胞和血管壁平滑肌细胞的潜能。另外一些细胞是数量不定的游走细胞（wandering cell）：① 组织细胞（histiocyte）（或巨噬细胞，macrophage），能吞噬异物、细菌、死亡细胞及参与机体免疫等，起防御保护作用；② 肥大细胞（mast cell），参与过敏反应和抗凝血；③ 浆细胞（plasma cell），合成和分泌抗体，参与免疫反应；④ 白细胞，参与免疫及炎症反应等机体防御。

2. 致密结缔组织

致密结缔组织又称纤维组织（fibrous tissue），其特点是细胞和基质少，纤维多且排列致密，纤维主要是胶原纤维和弹性纤维。以胶原纤维为主的致密结缔组织有肌腱、器官的被膜、真皮的网状层等;以弹性纤维为主的有韧带、声带、动脉管壁的弹性膜等。在肌腱致密结缔组织中(图2-10),基质和腱细胞很少,腱细胞是一种形态特殊的成纤维细胞,胞体伸出多个薄翼状突起,插入大量密集的胶原纤维束之间。

3. 脂肪组织

脂肪组织由大量脂肪细胞聚集而成,由疏松结缔组织将其分隔成许多脂肪小叶(图2-11)。通常,脂肪细胞内部充满脂肪滴,核及胞质位于细胞边缘。脂肪组织广泛分布在皮下、肠系膜、网膜等处,并包被着肾、肾上腺等器官。脂肪组织具有储存脂肪、维持体温、参与能量代谢、缓冲保护和支持填充等作用。

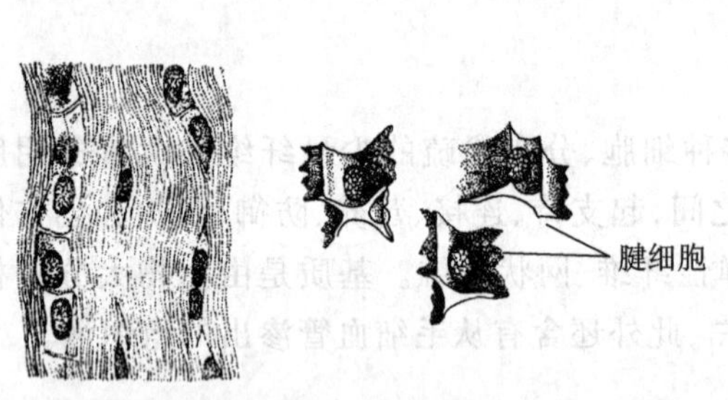

图2-10 肌腱的致密结缔组织结构示意图

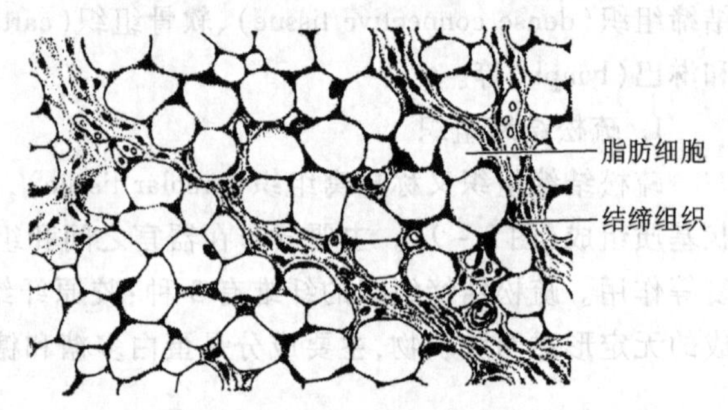

图2-11 脂肪组织

4. 网状结缔组织

网状结缔组织又称网状组织(reticular tissue),主要由网状细胞、网状纤维和基质构成(图2-12)。网状细胞(reticular cell)为星形多突起细胞,网状纤维排列成网,网状细胞附于网上,基质是流动的淋巴液或组织液。网状结缔组织分布在淋巴组织、淋巴器官以及造血器官内,形成器官内部的网状支架,起支持作用,而且,网状支架是淋巴细胞和血细胞的微环境,参与机体防护。

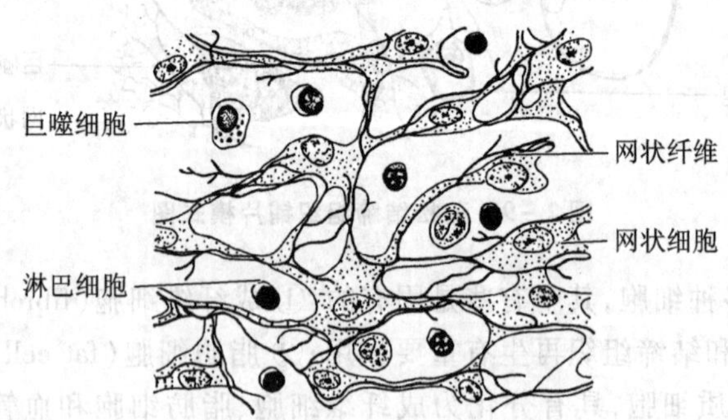

图2-12 网状组织

5. 软骨组织

软骨组织由软骨细胞(chondrocyte)、纤维和基质组成。软骨组织及其表面包被的软骨膜(perichondrium)构成软骨。软骨膜由致密结缔组织构成,对软骨的营养和再生具有重要作用。根据软骨组织内所含纤维性质的不同,将软骨分为透明软骨(hyaline cartilage)、纤维软骨(fibrous cartilage)和弹性软骨(elastic cartilage)。

（1）透明软骨　纤维主要为胶原纤维，软骨细胞含量较少，基质较丰富（图 2－13）。软骨细胞位于软骨基质内的小腔——软骨陷窝（cartilage lacuna）中。陷窝周围有一层含硫酸软骨素较多的基质，称软骨囊（cartilage capsule）。软骨中部的软骨囊当中分布有同源细胞群（isogenous group），每群有 2～8 个细胞，它们是由一个细胞分裂增生而成。胚体中的骨骼多为透明软骨，成年哺乳动物则只有肋骨的腹侧端、长骨的关节面、鼻软骨、喉部气管和支气管环仍保留透明软骨的形式。透明软骨具有较强的抗压性，并有一定的弹性和韧性，老年时常出现一些钙化现象。

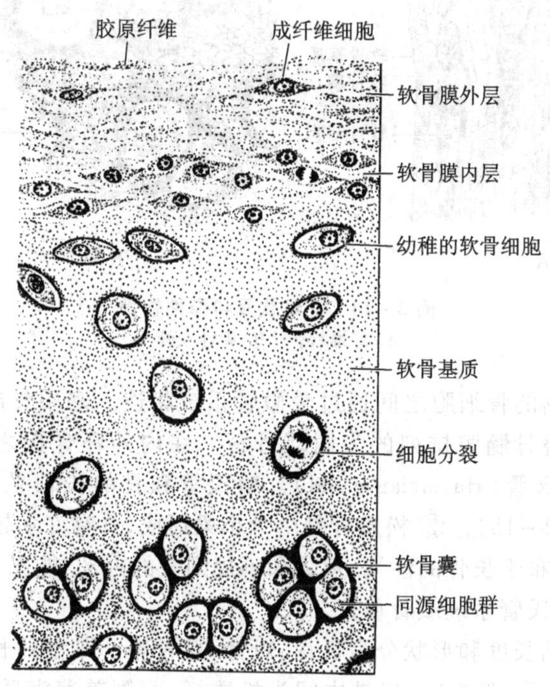

图 2－13　透明软骨

（2）纤维软骨　基质中大量平行或交叉排列着胶原纤维束，软骨细胞分布于纤维束之间（图 2－14）。纤维软骨分布于椎间盘、耻骨联合关节盘及膝部关节盂等处。纤维软骨具有较大的伸展性和韧性。

（3）弹性软骨　弹性纤维数量特别多，交织成网（图 2－14）。如外耳郭、会厌和喉部的几块小软骨。弹性软骨具有较强的可屈性与弹性，不因年龄增长而出现钙化现象。

6. 骨组织

骨组织由骨细胞（osteocyte）和细胞间质构成，是一种坚硬的结缔组织。其细胞间质也是包括基质和纤维两种成分。其中，纤维是胶原纤维（骨胶纤维）；基质具有大量的固体无机盐（骨盐）沉积，以钙、磷元素为主，因此成为很坚硬的组织，此外基质还含有蛋白多糖类及脂质等成分；骨细胞不仅参与构成结缔组织，还参与钙的代谢以调整和维持血钙水平。骨组织是脊椎动物机体的支架，保护体内的柔软组织，同时又是肌肉运动的杠杆。

骨组织分为密质骨和松质骨：① 密质骨由骨板紧密排列而成，骨板是由骨胶纤维平行排列埋在钙质化的基质中形成的，厚度均匀一致，两骨板之间有一系列排列整齐的骨陷窝，骨陷窝内有具多

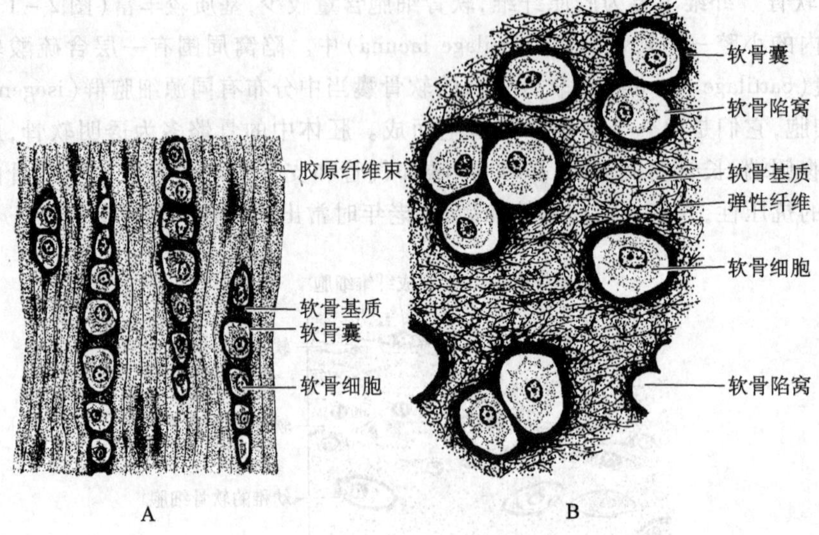

图 2-14 纤维软骨和弹性软骨

A. 纤维软骨 B. 弹性软骨

突起的骨细胞,相邻骨陷窝的骨细胞之间通过骨微管系统相连。密质骨起支持作用。在骨表面排列的骨板为外环骨板,围绕骨髓腔排列的为内环骨板。在内外环骨板之间有很多呈同心圆排列的哈氏骨板,其中心为哈氏管(Haversian canal)。哈氏管和骨的长轴平行并有分支连成网状,管内有血管和神经分布(图2-15)。② 松质骨是由骨小梁形成,具有许多较大空隙的网状结构,网孔内有骨髓。松质骨主要分布于长骨的骺端、短骨和不规则骨的内部,能忍受大的压力。由哈氏骨板构成的柱状结构也称为哈氏管系统或骨单位。

哺乳动物的骨骼,根据长度和形状分为长骨、短骨、扁骨等。典型的长骨(如股骨和肱骨)有骨干(骨体)(图 2-16)和骨骺(两端)。扁骨中间为松质板,两侧盖着密质板;短骨和不规则骨则几乎由松质骨组成,外表仅一层极薄的密质骨。

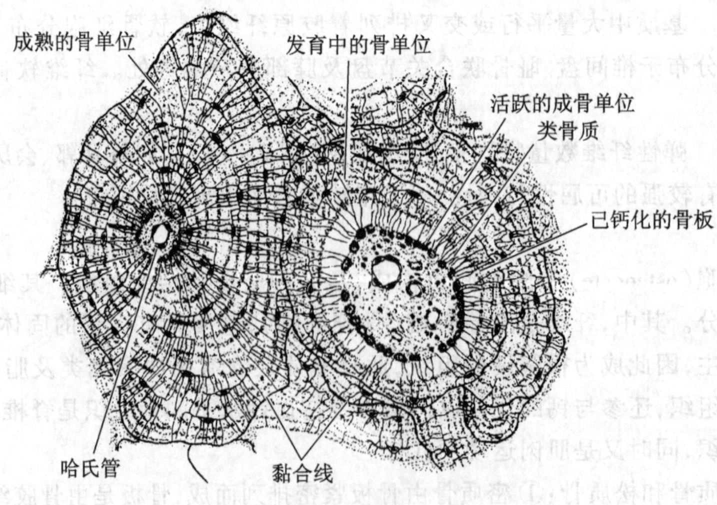

图 2-15 骨单位结构模式图

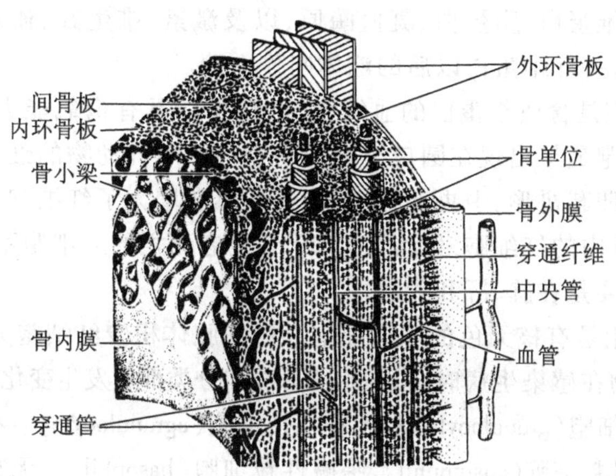

图 2-16 长骨骨干结构模式图(成令忠,1999)

7. 血液

血液由液体的细胞间质——血浆(plasma)和悬浮于其中的血细胞组成,是具有循环流动特性的结缔组织。血细胞有 3 个类型:红细胞(erythrocyte)、白细胞(leukocyte)、凝血细胞(thrombocyte)(图 2-17)。血细胞形态、数量、比例和血红蛋白含量的测定称为血象。患病时,血象常有显著变化,故检查血象有助于了解机体状况和诊断疾病。

血液的功能可大致概括为 3 方面:① 运输。血液在体内不停地流动,把机体吸入的氧气和吸收的各种营养物质运输到全身,又把身体各处细胞所产生的代谢终产物运到肺、肾和皮肤等器官,排出体外。此外,激素、酶、维生素等物质也是依靠血液运输才能到达各器官组织而发挥作用。② 防御。血液中的抗体能防御或消灭入侵的细菌和毒素,白细胞能吞噬并分解外来的微生物和衰老死亡的细胞,血液的凝固作用对血管受伤起防御作用。③ 维持内环境的稳定。血液的不断循环对机体内环境酸碱平衡、渗透压和体温的调节和维持具有重要作用。

(1) 血浆 血浆是结缔组织的细胞间质,是淡黄色的胶体状液体,含有 90% 以上的水分,其余

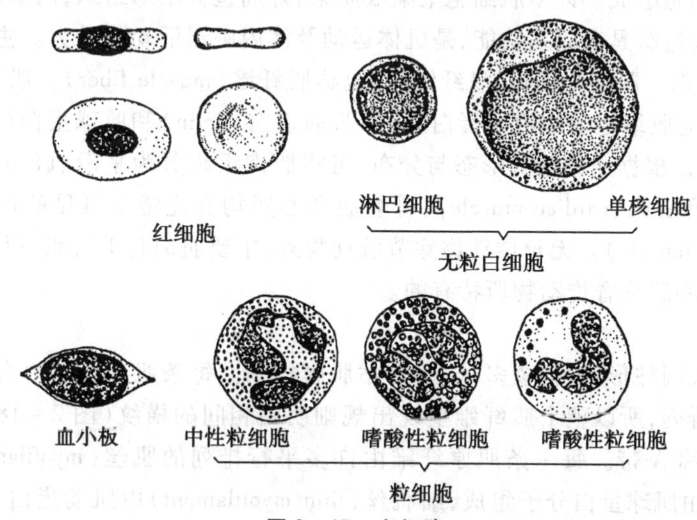

图 2-17 血细胞

10%是血浆蛋白,包括纤维蛋白、脂蛋白、凝血酶原,以及激素、维生素、葡萄糖、脂肪、氨基酸、无机盐和代谢废物等。血浆除去纤维蛋白以后的液体叫作血清。

(2) 红细胞 红细胞是含血红蛋白的血细胞,血红蛋白具有携氧能力。无脊椎动物血液血细胞中不含血红蛋白,红细胞最早出现在圆口类脊椎动物中。哺乳动物的红细胞高度分化,细胞核完全消失,成熟红细胞呈双凹圆饼形,中央部分较薄,这种形态增大了红细胞表面积,有利于细胞内外气体的迅速交换。动物体内的红细胞寿命约为120 d,衰老死亡的红细胞不断被单核巨噬细胞系统清除,清除发生的部位主要是在脾、肝和骨髓。

(3) 白细胞 白细胞是有核无色的球形细胞。白细胞体积较红细胞大,能够进行变形运动,具有防御和免疫功能。动物在感染生病时,白细胞的总数和分类都可发生变化。根据白细胞胞质中有无特殊颗粒可分为有颗粒白细胞(granulocyte)和无颗粒白细胞(agranulocyte)。有颗粒白细胞又分为中性粒细胞(neutrophil)、嗜酸性粒细胞(eosinophil)、嗜碱性粒细胞(basophil)。无颗粒白细胞包括淋巴细胞(lymphocyte)和单核细胞(monocyte)两种。淋巴细胞又分为T淋巴细胞、B淋巴细胞、K细胞3类。

(4) 凝血细胞 凝血细胞是一种有核的纺锤状细胞,存在于除哺乳类之外的脊椎动物血液中,大小约等于小型的淋巴球。哺乳类的凝血细胞为血小板(blood platelet),它有质膜、胞质而没有细胞核结构,一般呈圆盘形,能运动和变形,体积小于红细胞和白细胞。血小板具有止血和凝血等功能,并且对毛细血管内皮细胞起营养和支持功能。无脊椎动物没有专一的凝血细胞,如软体动物的变形细胞兼有创伤治愈作用,甲壳动物体内只有一种血细胞且该血细胞兼有凝血作用。

8. 淋巴

淋巴(lympha)也称为淋巴液,是由淋巴浆与淋巴细胞组成、在淋巴管内流动的无色透明液体。淋巴管的结构与静脉管相似,分布在全身各部。血浆在毛细血管动脉端渗出形成组织液,组织液渗入淋巴管后形成淋巴浆。当淋巴浆经淋巴管流过淋巴器官时,有淋巴细胞加入。淋巴在淋巴管内循环,最后流入静脉,因此,淋巴是组织液流入血液的中间联系环节,是血液循环的旁路。淋巴对机体的免疫有着重要作用。

(三) 肌肉组织

肌肉组织由肌细胞组成。许多肌细胞聚集成肌束,外周包被结缔组织,肌细胞间有毛细血管和神经纤维分布。肌肉组织具有收缩功能,是机体运动及体内脏器活动的动力。主要分布于骨骼、心脏、消化道(管)和胃部。肌细胞细长,呈纤维状,也称肌纤维(muscle fiber)。肌纤维是高度分化的细胞,细胞质中含有起收缩运动作用的蛋白质,即肌动蛋白(actin)和肌球蛋白(myosin),由其形成肌原纤维(myofibril)。根据肌细胞的形态与分布,可将肌肉组织分为平滑肌(smooth muscle)、骨骼肌(skeletal muscle)和心肌(cardiac muscle),骨骼肌和心肌均有光镜下可见的横纹特征,故二者也称为横纹肌(striated muscle)。无脊椎动物除节肢动物外,主要肌肉是平滑肌,但昆虫等节肢动物具有大量的骨骼肌,而心肌是脊椎动物所特有的。

1. 骨骼肌

骨骼肌纤维为长圆柱形,细胞核多个,通常贴肌膜排列。每条肌原纤维都有明暗相间的横纹,并彼此准确地对应排列,所以整个肌纤维呈现出规则明暗相间的横纹(图2-18)。肌原纤维的明带简称I带,暗带简称A带。每一条肌原纤维由许多平行排列的肌丝(myofilament)组成:粗肌丝(thick myofilament)由肌球蛋白分子组成,细肌丝(thin myofilament)由肌动蛋白、原肌球蛋白、肌原蛋白组成(图2-19)。大多数骨骼肌通过腱附着在骨骼上,而表情肌(皮肌)、食管壁上部的肌层和肛门的外括约肌并不附于骨骼上。骨骼肌受脑、脊神经支配，一般属随意肌。

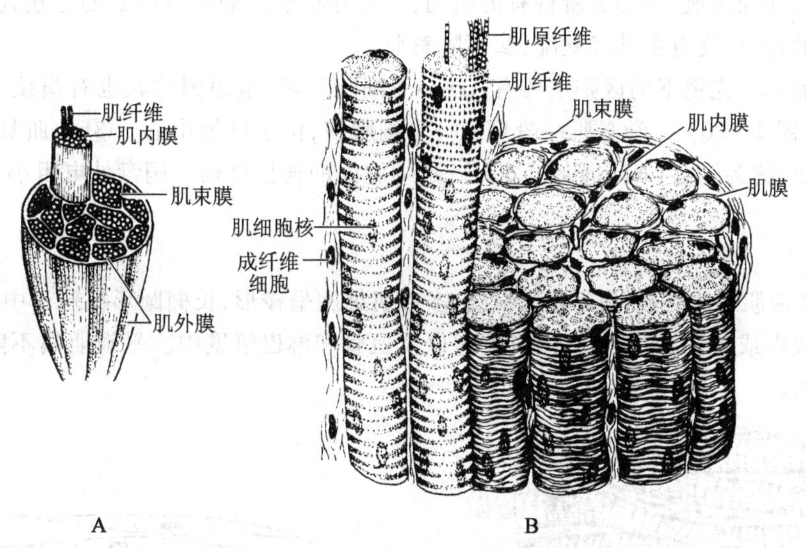

图 2－18　骨骼肌与周围结缔组织膜

A. 骨骼肌模式图　B. 骨骼肌纤维纵横切面

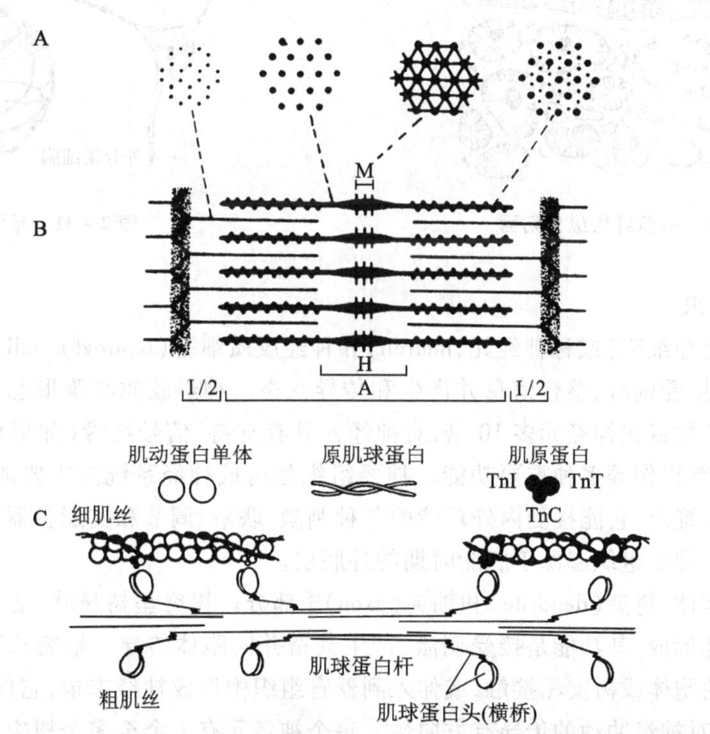

图 2－19　骨骼肌肌原纤维超微结构及两种肌丝分子结构模式图

A. 肌节不同部位的横切面（示粗、细肌丝的分布）　B. 一个肌节的纵切面（示两种肌丝的排列）

C. 粗肌丝与细肌丝的分子结构（TnT：肌原蛋白 T；TnC：肌原蛋白 C；TnI：肌原蛋白 I）

2. 心肌

心肌由心肌纤维组成,为心脏所特有的肌肉,但也存在于大静脉与心脏的连接处。心肌具有自动有节律收缩的特点,受自主神经支配,属不随意肌。

心肌与骨骼肌在光镜下的区别主要有:① 心肌细胞较短,呈短圆柱状也有横纹,并有分支相连交织形成网状(图 2-20)。② 心肌一般只有一个细胞核,位于纤维中心。③ 心肌具有着色较深的呈阶梯状的横线,称为闰盘(intercalated disc),是细胞间的连接结构。闰盘处电阻小,有利于收缩兴奋的迅速传递。

3. 平滑肌

平滑肌由平滑肌细胞组成,肌细胞无横纹,多数肌细胞呈梭形,长椭圆形核位于中央(图 2-21)。平滑肌常排列成束或层,主要分布在内脏器官以及血管和淋巴管壁中。平滑肌属不随意肌,收缩缓慢有节律且持久。

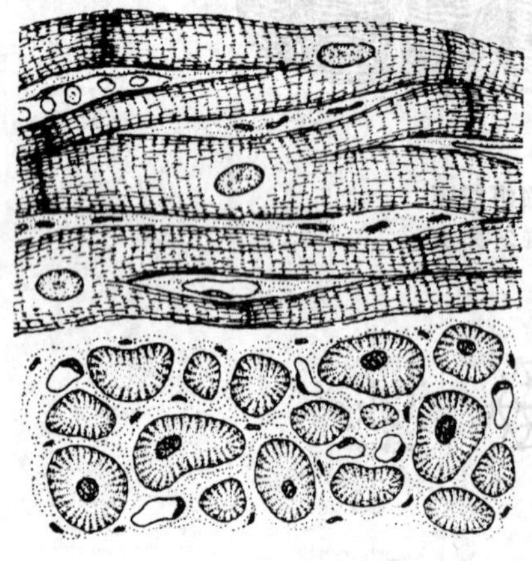

图 2-20 心肌纤维纵横切面

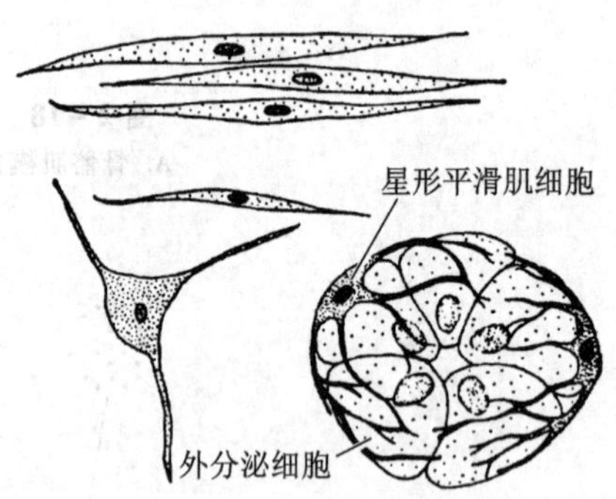

图 2-21 平滑肌

(四) 神经组织

神经组织由神经细胞(或称神经元,neuron)和神经胶质细胞(neuroglia cell)组成。神经元是高度特化的细胞,能接受刺激、整合信息并产生和传导兴奋。神经胶质细胞形态多样(图 2-22),在人和哺乳动物中其数目比神经元多 10 倍,对神经元具有支持、信号绝缘(如形成髓鞘)、运送营养、排除代谢废物、修复损伤等多种重要功能。神经组织是构成神经系统的主要成分,广泛分布于脑、脊髓及周围神经系统内,它能接受内外环境的各种刺激,联系、调节和支配各器官的功能活动,使机体整体协调统一。神经组织起源于胚胎时期的外胚层。

神经元包括胞体、树突(dendrite)和轴突(axon)3 部分。树突呈树枝状,短而分支多,由细胞膜和细胞质向外延伸形成,其功能是接受刺激,产生兴奋并向胞体传导。轴突长而分支少,轴突的末端与其他神经元的胞体或树突相接触,或伸入到器官组织中形成神经末梢,它的功能是将兴奋传出胞体,所以神经元对神经冲动的传导有方向性。每个神经元有 1 个至多个树突,而轴突仅 1 个。神经元的突起也称为神经纤维。神经纤维末端的细小分支称为神经末梢,分布到所支配的组织。神经元的树突和胞质中有嗜碱性的尼氏体(Nissl's body),实质上是许多平行排列的扁平的粗面内质网小池,表明神经元中有活跃的蛋白质合成功能。轴突以及轴突起始处(轴丘)不存在尼氏体,依此

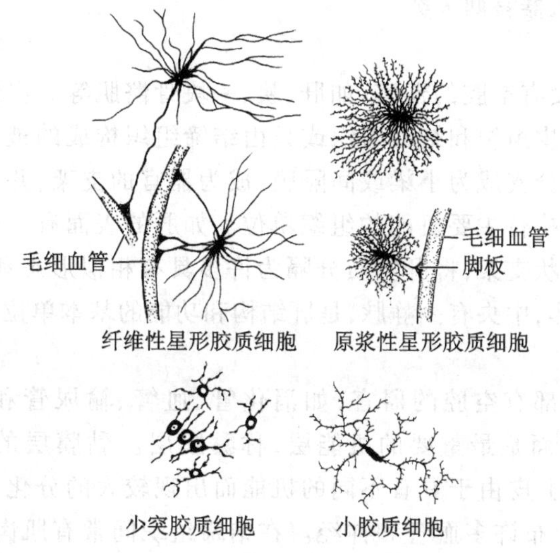

图 2－22　中枢神经胶质细胞类型

可以区别轴突和树突。

神经元的形态多种多样，按胞突的数目可分为单极神经元（只有轴突，仅见于某些低等动物，如海葵触手的感觉神经元）、假单极神经元（只有 1 个突起，但突起离开细胞体后形成“T”形分支，其中的一支相当于轴突，另一支相当于树突）、双级神经元（树突、轴突各 1 个）、多极神经元（轴突 1 个，树突有多个）（图 2－23）。

三、器官和系统

（一）器官

器官是由几种不同类型的组织联合形成的，具有一定形态特征和特定生理功能的结构单位。

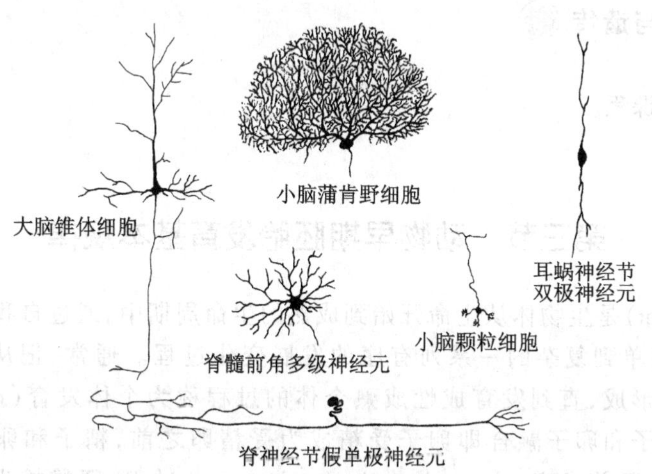

图 2－23　神经元类型（成令忠，1999）

器官分为实体状器官和管状器官两大类。

1. 实体状器官

实体状器官是指内部没有空腔的器官，如肝、胰、一块骨骼肌等。实体状器官内部充满具有生理机能的组织，外被有由上皮组织和结缔组织或只由结缔组织构成的被膜，被膜伴随着血管、神经伸进器官实质中，在器官内分支成为小梁或间隔膜，成为器官的支架，并且有的把器官实质分隔成叶、小叶或束。小叶或束是执行主要机能的组织单位。如肝的表面有一薄层致密结缔组织构成的被膜，被膜深入肝内形成网状支架，将肝实质分隔为许多具有相似形态和相同功能的基本单位，称为肝小叶。肝小叶呈多角形，中央有一静脉，是肝结构和功能的基本单位。

2. 管状器官

管状器官一般是指内部有空腔的器官，如消化管、血管、输尿管和输卵管等。这些器官中的组织是分层排列的。腔面是最重要的机能层，称黏膜层。黏膜层的表面由湿润的单层或复层上皮组成。不同器官的上皮由于具有不同的机能而出现较大的分化。上皮层下面是支持和营养上皮的结缔组织，其中分布许多血管和神经。在结缔组织间常有肌肉层分布，可使器官收缩或蠕动。器官的外表面一般也有由上皮组织和结缔组织构成的被膜，具有保护和联系其他器官的作用。

（二）系统

由机能上密切联系的若干个器官共同联合起来完成一定的生理机能即成为系统，如口、咽、食道（管）、胃、小肠、大肠、肛门及肝、胰腺等消化腺组成了消化系统，它们彼此有机地结合，共同完成对食物的消化和营养吸收的功能。高等动物体主要有：皮肤系统（integumental system）、骨骼系统（skeletal system）、肌肉系统（muscular system）、消化系统（digestive system）、呼吸系统（respiratory system）、循环系统（circulatory system）、排泄系统（excretory system）、生殖系统（genital system）、内分泌系统（endocrine system）和神经系统（nervous system）。这些系统又都在神经系统和内分泌系统的调节控制下，彼此协调地执行不同的生理功能，并组成完整的动物机体，完成生命活动。

四、细胞分裂与遗传 ⓔ

内容见配套数字课程。

第三节 动物早期胚胎发育基本规律

发育（development）是生物体从生命开始到成熟的生命周期中，通过自我构建和自我组织，生物体结构和功能从简单到复杂的一系列有序的发展变化过程。通常，把从受精卵经过细胞分裂、组织分化和器官形成，直到发育成性成熟个体的过程称为个体发育（ontogeny 或 individual development）。在精子和卵子融合即卵子受精成为受精卵之前，精子和卵子这两种配子都经历了一个自身发育的胚前发育（pre-embryonic development）过程，即雌雄生殖细胞经过分化与成熟，成为具有受精能力的精子或卵子的发生过程。除了无性生殖以外，多细胞动物的个体发育过程都是从受精卵开始。高等动物的个体发育又分为胚胎发育(embryonic development)和胚后发育(post-embryonic development)两个阶段。胚胎发育是指从受精卵起到胚胎离开卵膜或母体的一段过程。动物从卵孵化出或从母体分娩出之后,发育成为性成熟个体的过程称为胚后发育。

在动物个体发育过程中,由单细胞形态的受精卵发展成结构功能复杂的成熟个体,不仅是细胞分裂增加数量,而且经历了细胞分化(cytodifferentiation)和形态建成(morphogenesis)两个过程。分裂增加的细胞通过细胞分化过程而获得不同的生化特征,细胞的形态、结构、分布及生理功能均发生了改变,并通过形态建成过程而形成机体内部不同生理功能的组织、器官及系统。动物的早期胚胎发育(early embryo development)一般是指从受精到器官原基建成的过程。

一、受精

受精(fertilization)是指雌雄生殖细胞——卵子和精子各自的单倍体基因组相互融合形成二倍体合子即受精卵的事件。受精过程包括精卵相遇、精子穿入卵子、引发卵子发生一系列变化,最终是二者原核的融合而形成二倍体的合子。

1. 精卵的接近

动物每次交配成功时排出大量的精子,大多数精子能通过自身主动运动或依靠生殖道上皮细胞的纤毛运动而接近卵子。对海胆受精过程的研究结果表明,新产出的海胆卵子能够释放化学物质与精子表面的受体相互识别,而且吸引精子。许多哺乳动物的精子经过雌性生殖道时,在雌性分泌物质的作用下,精子外部包裹的蛋白质被降解清除,精子质膜的理化和生物学特性发生变化,此后精子才具备受精能力,这个过程称为精子获能。

2. 精卵接触的变化

(1) 顶体反应　精子头部与卵膜上的某种糖蛋白结合,诱发精子顶体反应(acrosomal reaction)。顶体是覆盖于精子头部细胞核前方、介于核与质膜间的囊状细胞器。顶体内的结合素(卵结合蛋白,bindin)可识别卵膜上的特异受体,只有属于同一物种的精子和卵子才能结合;而且顶体中还含有顶体酶系统。在顶体反应过程中,顶体小泡破裂并释放出顶体内的各种酶,通过酶解作用溶解卵子胶状膜和卵黄膜,形成通道;随后,精子穿过通道,精卵质膜融合,精子的细胞核、线粒体和中心粒进入细胞内(图 2-24)。顶体反应是受精的先决条件。

(2) 卵子激活　未受精卵子的细胞活动几乎处于静止状态,很快消亡。卵子一旦与精子结合,卵子的代谢速率迅速提高,并开始合成 DNA 等一系列细胞活动,这就是卵子的激活(activation)(图 2-25)。

① 皮层反应(cortical reaction)。当精细胞与卵细胞的细胞质膜融合时,卵质膜在精子进入的位点上除极化,除极化波导致膜电位发生变化,卵内产生钙离子释放波,分布于卵细胞质外周的皮层颗粒(cortical granule)与卵细胞质膜融合并以胞吐方式释放内含物(酶类、多糖类、透明质素、阻止顶体酶作用的物质等),这些内含物快速分布到整个卵了的皮层并产生影响。皮层颗粒释放的酶类使卵膜上的精子结合受体失活,由此阻断其与晚到的精子结合,这就是早期阻断多精进入的快速阻断机制。

② 卵黄膜反应(vitelline reaction)。皮层反应发生之后,皮层颗粒内容物被释放到卵细胞质膜

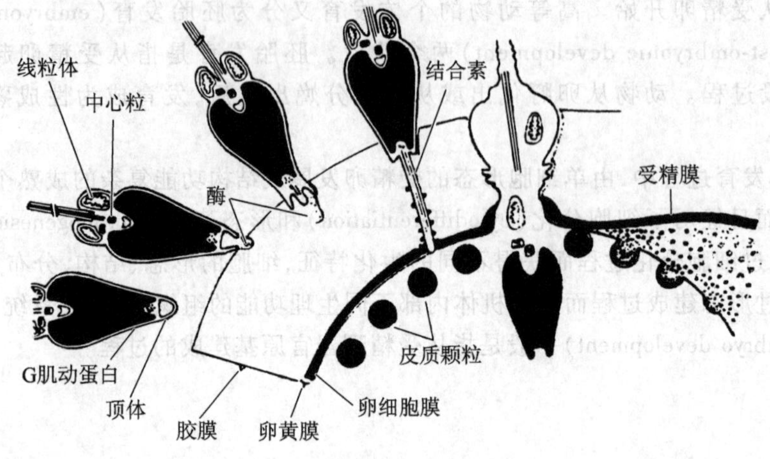

图 2-24　海胆受精示意图

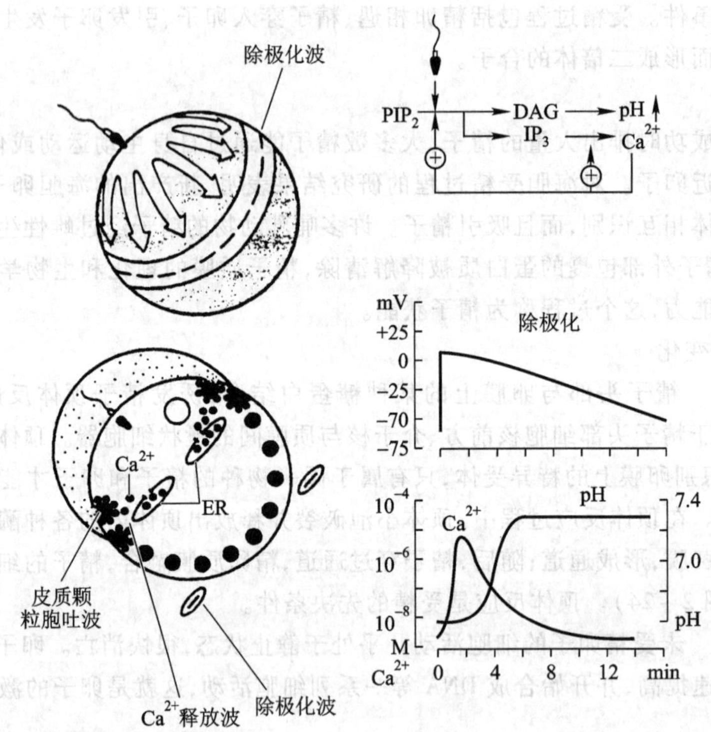

图 2-25　卵子的激活

和卵黄膜之间，形成皮层颗粒膜，皮层颗粒内容物如黏多糖吸水膨胀，使原来的卵黄膜向外凸出，这种变化称为卵黄膜反应。

③ 透明带反应。皮层颗粒所释放的透明质素(hyalin)在卵黄膜表面形成透明带(hyalin layer)，皮质颗粒中释放的酶对透明带中的精子受体分子进行修饰，使之丧失与精子结合的能力，称为透明带反应。透明带、卵黄膜和皮层颗粒膜一起形成受精膜(fertilization envelope)，受精膜最先在精子

入卵的位置形成，逐步扩展至整个卵细胞，同时，皮层颗粒分泌的过氧化物酶使受精膜硬化，从而阻断多精入卵，这就是后期阻断多精进入的永久阻断机制。

④ Ca^{2+} 信号对提高卵内 pH 以及激活卵子蛋白质合成与 DNA 复制等新陈代谢活动具有重要作用。

对于大多数动物来说，通常是 1 个卵子只允许 1 个精子进入完成受精作用，称为单精受精（monospermy），多精进入是有害的，会导致胚胎早期死亡。然而，有些动物如鲨类、两栖类、爬行类、鸟类等，在正常受精状态下，有时发生有 2 个以上的精子进入 1 个卵内，此现象称为多精受精（polyspermy）；此时，仅有 1 个精子发挥受精作用，多余的精子在卵内被降解消失。

（3）雌雄原核的形成和融合　精子进入卵细胞后，核膜破裂，精子染色体解凝聚成为松散的染色质，破碎的核膜与松散的染色泡重新聚集，形成雄原核（male pronucleus），雄原核在中心粒的微丝作用下向雌原核方向迁移。卵细胞核在完成第二次减数分裂之后，形成的细胞核即雌原核（female pronucleus）。DNA 复制在单倍体的精、卵细胞中分别完成。雌雄原核相遇之后，核膜互融，形成共同的核膜，恢复双倍体，融合后的受精卵称为合子（zygote），融合形成的核即为合子的细胞核。两性原核融合具有保证双亲遗传的作用。受精过程到此结束，受精卵是个体发育的起点。受精过程不仅启动 DNA 的复制，而且也激活卵内的 mRNA、rRNA 等，合成个体发育所需要的蛋白质，随后开始第一次卵裂。

二、卵裂

卵子受精之后，受精卵开始进入卵裂期。卵裂期内，体积较大的单细胞受精卵经过多次有丝分裂，形成许多较小的细胞的过程称为卵裂（cleavage）。卵裂形成的细胞，称为分裂球（blastomere）。与一般的细胞有丝分裂相比，卵裂的速度快，细胞周期短；每次分裂之后，分裂球未生长又开始新的分裂，因此卵裂的结果是分裂球数目越来越多，其体积越来越小；分裂球只有内部物质重新分配而无细胞生长，因此分裂球的核质比越来越大；当分裂球的核质比与这种动物体细胞的比值相同时，分裂球便开始生长并进行一般的细胞分裂。

卵裂时分裂沟从受精卵的表面内陷，形成分裂面。正常的卵裂，第一次分裂面通过卵轴，与卵的赤道面垂直，从动物极（卵的一端，与植物极相比，其卵黄含量较少且细胞分裂较快）到植物极，将卵子分成相等的两个分裂球，称为经裂。第二次卵裂也是经裂，与第一次分裂面垂直，也与赤道面垂直，将两个球再分为两半，于是成为 4 个分裂球。第三次卵裂与第一、二次分裂面垂直，与赤道板平行，将 4 个分裂球分成 4 个动物极分裂球与 4 个植物极分裂球，这种分裂为纬裂（图 2－26）。第四次卵裂开始，分裂面就不规则地出现经裂或纬裂。当卵裂至 16～64 细胞期，形成多细胞实心球体称为桑葚胚（morula）。由于各种动物卵内有不同的卵黄含量，其卵内不同区域的卵黄分布均匀程度不一，而卵黄量的多少影响着卵裂的速度，过多的卵黄甚至阻止卵裂面将细胞完全分开；因此，卵内各个区域的卵裂速度和它所含的卵黄量成反比。

卵裂形式主要分为两大类。完全卵裂（total cleavage）指卵裂面将受精卵完全分开，卵裂球大小相差不多，这种卵裂类群多见于卵黄量少的少黄卵。少黄卵当中的均黄卵（isolecithal egg），其卵黄分布均匀，形成的分裂球大小相等，称均等分裂（equal cleavage），如海胆、文昌鱼。卵黄量中等的端黄卵（telolecithal egg）也进行全裂，其卵黄分布不均匀而偏近卵的一极，形成体积较小的动物极分裂

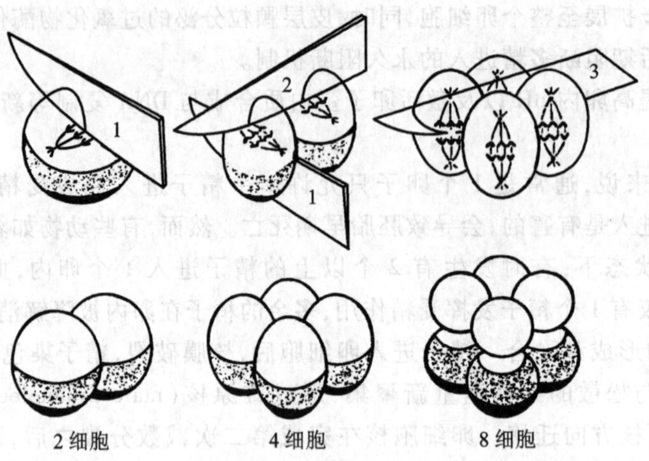

图 2-26　动物的卵裂

球和体积较大的植物极分裂球，称不等分裂(unequal cleavage)，如软体动物、多数两栖类、肺鱼等(图 2-27)。

不完全卵裂(partial cleavage)也称为偏裂，指卵裂面不能通过整个受精卵，卵裂只在不含或含卵黄少的细胞质部位进行，这种卵裂类群多见于卵黄量多的多黄卵。由于受精卵内含大量卵黄的区域阻止细胞分裂，因此卵裂面不能通过整个卵。卵黄量多的端黄卵(telolecithal egg)，卵的细胞质仅存在于动物极的一端而形成胚盘(blastoderm)，卵裂局限于该胚盘上，称为盘状卵裂(discal cleavage)，简称盘裂，如乌贼、硬骨鱼、爬行类和鸟类。中黄卵(centrolecithal egg)的卵黄集中于中央，因此卵裂只限于受精卵的表面，称为表面卵裂(peripheral cleavage)，如昆虫卵。

可见，卵裂类型受遗传基因的支配和卵质中物质分布的影响。经过卵裂，受精卵的细胞质被

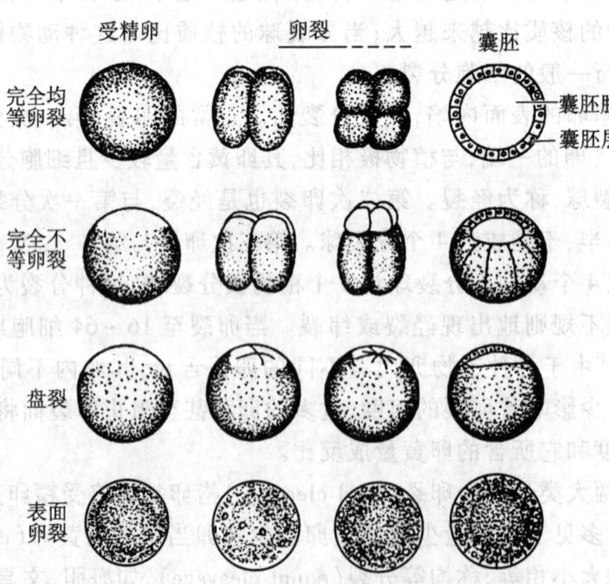

图 2-27　卵裂类型和囊胚形成

分割成不同部分，细胞质中的物质被分配到一定的分裂球，因此，各个分裂球所含物质有所不同，但其细胞核都是全能的。等同潜能的细胞核在不同细胞质的影响下，细胞核中的不同基因被激活而开始表达，各个分裂球从而有不同的分化方向，发育出不同的组织器官，因此卵裂是胚胎正常发育的基础。

三、囊胚的形成

受精卵经过一系列卵裂之后，单层分裂球排列围成中空的球状体，这时的胚胎称为囊胚(blastula)。囊胚中央的空腔称为囊胚腔(blastocoele)，囊胚外周由单层的囊胚层细胞构成囊胚壁。早期胚胎的这一发育期称为囊胚期。囊胚的形态受其受精卵和卵裂类型的影响，主要分为4种：

(1) 腔囊胚　均黄卵或少黄卵经多次全裂，形成皮球状的囊胚，中间有较大的囊胚腔，这种囊胚叫作腔囊胚。卵裂进行全裂又等裂的动物，形成典型的腔囊胚，囊胚壁厚度大致相同，如海胆与文昌鱼。卵裂进行全裂但不均等的动物，植物极细胞较大而囊胚壁增厚，囊胚腔偏向动物极，如两栖类。

(2) 实心囊胚　有些全裂卵，由于其分裂球排列紧密，中间没有腔，或者分裂初期尚有裂隙存在，以后被分裂球挤紧消失而成为实心球体，这种囊胚称为实心囊胚。水螅、水母、某些环节动物和软体动物的囊胚属此类型。

(3) 表面囊胚　中黄卵进行表面卵裂，到囊胚期形成由一层完整分裂球包围在一团实体卵黄的外面，没有囊胚腔。如昆虫的囊胚。

(4) 盘状囊胚　硬骨鱼类、爬行类或鸟类等典型的端黄卵进行盘状卵裂，形成盘状的囊胚，盖于卵黄上，称为盘状囊胚。

从动物的进化来看，实心囊胚和原始的腔囊胚为较低等的类型，在海绵动物、腔肠动物、扁形动物和一些低等的环形动物中出现；两侧对称型的腔囊胚见于低等脊椎动物和某些无脊椎动物，两栖类是更高等的端黄卵型的腔囊胚；由于卵黄的集中，从腔囊胚发展成为无脊椎动物中黄卵的表面囊胚和脊椎动物及某些无脊椎动物端黄卵的盘状囊胚。高等哺乳动物的腔囊胚是次生均黄卵形成的更高级的腔囊胚，其囊胚细胞已有初步的形态分化和发育方向。

四、原肠胚的形成

囊胚进一步发育进入原肠形成阶段，囊胚的一部分细胞内置进入囊胚腔，胚胎由单层细胞组成发展成双胚层或三胚层，内置的细胞形成原肠(内胚层)，这一阶段形成的胚胎称为原肠胚(gastrula)，胚胎发育期为原肠期。原肠胚的细胞移动过程，称为原肠形成或原肠作用(gastrulation)。各类动物具有不同的原肠形成方式，主要包括5种(图2-28)：

(1) 内陷(invagination)　由囊胚植物极细胞向内陷入，形成两层细胞，外面的一层称为外胚层(ectoderm)，向内陷入的一层为内胚层(endoderm)。内胚层围绕的空腔将形成未来的肠腔，称为原肠腔(gastrocoele)。原肠腔与外界相通的孔称为原口或胚孔(blastopore)。

(2) 内移(ingression)　由囊胚特定位置的一部分细胞移入内部而形成内胚层。初始移入的细胞位于囊胚腔中，排列不规则，随后逐渐调整排列成规则的内胚层。内移法形成的原肠胚没有原

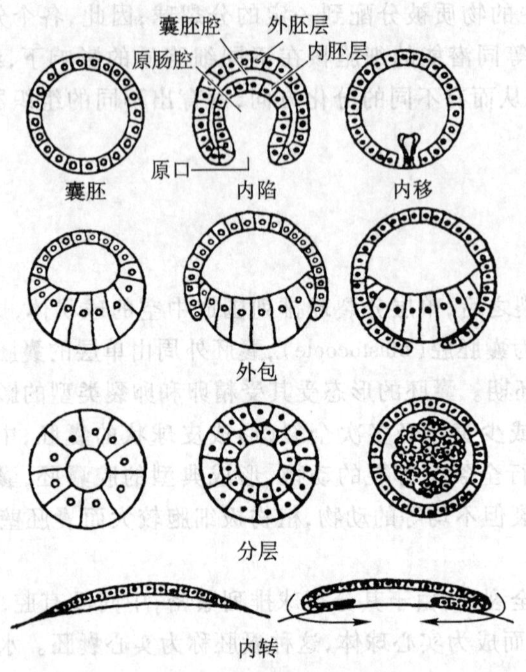

图 2-28 原肠胚形成的方式

口,以后在胚体的一端开孔,形成原口。

(3) 外包(epiboly) 动物极细胞分裂快,植物极细胞由于卵黄多分裂较慢,结果动物极细胞逐渐向下包围植物极细胞,形成外胚层,被包围的植物极细胞形成内胚层。

(4) 分层(delamination) 原本只有一层的囊胚细胞,向内部分裂出一层内胚层或向外移出一层外胚层,形成两层近似相互平行的细胞层。

(5) 内转(involution) 通过盘裂形成的囊胚,分裂的细胞沿着边缘方向伸展,再向内伸展转入成为内胚层。

以上的几种原肠形成方式往往不是单一进行,常常是两种或两种以上的原肠形成方式同时进行,最常见的是内陷与外包、分层和内移同时进行。

三胚层动物在内外两胚层形成之后继续发育,在内外胚层之间形成中胚层(mesoderm)。在中胚层之间形成的空腔即体腔(coelom)(真体腔)。

中胚层的形成有以下两种方式(图 2-29):

(1) 端细胞法(telocells method) 在胚孔的两侧,内外胚层交界处各有一个细胞分裂成细胞团,形成索状,并向内、外胚层之间伸展,形成中胚层。由于中胚层之间的真体腔是中胚层细胞向内和向外裂开形成的,又称为裂体腔(schizocoel),故端细胞法又称为裂体腔法(schizocoelous method)。

(2) 体腔囊法(coelesac method) 在原肠背部两侧,内胚层向囊胚腔形成一对囊状突起,称体腔囊(coelom sac)。体腔囊逐渐发育增大并与内胚层脱离,在内外胚层之间逐步扩展成为中胚层,中胚层包围的腔为体腔。由于体腔囊来源于原肠,又称肠体腔,故此法又名肠体腔法(enterocoelous method)。

原肠胚时期,细胞分裂变慢,细胞开始生长,细胞核内的 RNA 转录作用开始明显,新的蛋白质开始合成。原肠胚的形成是动物发生过程的一个重要阶段。囊胚期以前,胚胎的结构简单,囊胚细

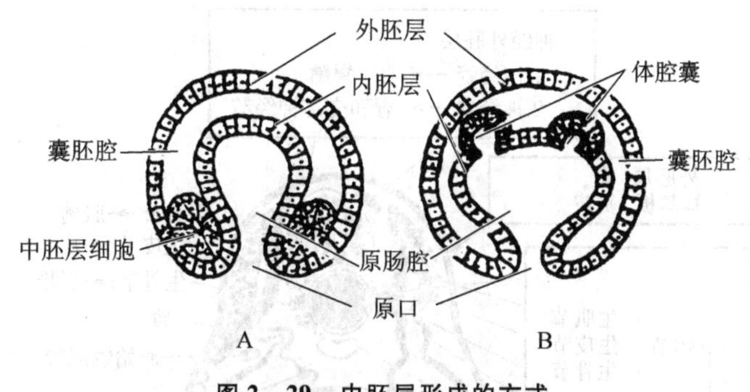

图 2-29　中胚层形成的方式

A. 端细胞法　B. 体腔囊法

胞的结构基本类似，细胞没有发生分化或仅有少许差别。从原肠胚开始，胚胎出现胚层的分化，新形成的不同胚层之间相互诱导，为胚胎进一步形成复杂的组织和器官奠定了基础；随着胚层的分化，细胞出现形态差别，新的蛋白质被合成，细胞也有了不同的分工和发育方向。

从动物的系统发育来看，海绵动物和腔肠动物虽然是多细胞动物，但无论是结构或生理活动都比较简单，相当于两个胚层的胚胎。扁形动物开始有中胚层，结构比较复杂，细胞分化明显，生理活动有显著改变。更高等的动物都发育具有 3 个胚层的胚胎。可见三胚层的出现是动物进化上的一个重要阶段。

五、神经胚的形成与器官的建成

神经胚（neurula）是指在原肠胚形成之后，从出现神经板开始到神经板闭合成神经管这一发育阶段的脊索动物胚胎。首先，原肠胚背面内胚层加厚、分化成中胚层并外突，脱离原肠后而形成脊索（notochord）。然后，形成脊索的中胚层细胞诱导其上方（背方）外胚层细胞下陷形成神经板，神经板的两侧隆起形成纵褶（神经嵴），神经板中央凹陷形成神经沟。最后，纵褶向背中线合拢而形成神经管，这个过程称为神经胚形成（neurulation）。神经管是脑和脊髓的原基。脊索和神经管构成胚体的中轴，对早期胚胎体形的建立具有重要意义。

三胚层形成之后，动物体的组织和器官开始分化。内胚层分化为消化管的大部分上皮、肝、胰、呼吸器官，及排泄器官和生殖器官的一部分。中胚层分化为肌肉组织、结缔组织、生殖和排泄器官的大部分。外胚层分化为皮肤上皮，包括皮肤腺和其他皮肤衍生物，及神经组织、感觉器官和消化管的两端（图 2-30）。

胚胎时期由胚层器官原基发育成器官的过程称为器官建成（organogenesis）或器官发生。胚层器官原基对周围细胞起诱导作用，使有关细胞协调发育，经过形态发生和细胞分化，逐渐形成特定的组织并发育成为执行一定生理功能的各种器官。

1. 内胚层的变化

内胚层分化出的组织与中胚层及外胚层形成的组织相互结合，形成消化系统、呼吸系统，以及排泄系统与生殖系统的一部分，内分泌腺如甲状腺、副甲状腺、胸腺也起源于内胚层。

以脊椎动物为例。胚胎的消化管为原肠，依前后部位的次序，分为前肠、中肠和后肠 3 个部分。

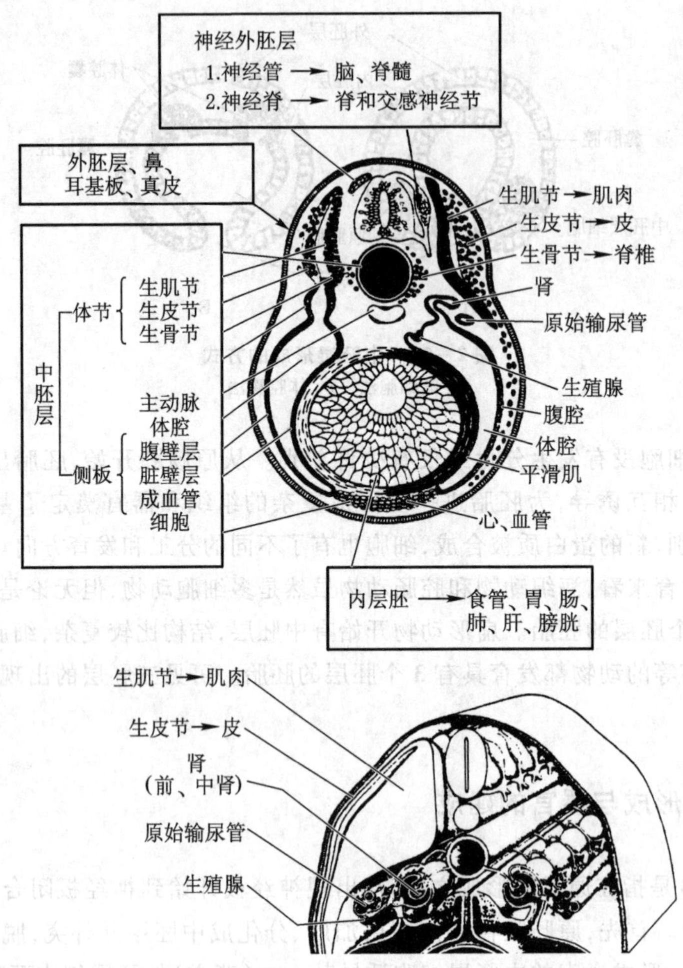

图 2－30　两栖动物神经胚形成后的胚胎发育

前肠依次衍化成口腔、咽及消化管系统的前部。胚胎前端的腹面，外胚层内陷，与内胚层前肠部分相遇，形成口板，口板裂开后，成为胚胎的口腔。口腔内的舌也是由两部分组成，一是由咽部舌骨弓的内胚层，另一部分是口腔外胚层，舌的肌肉来自中胚层。舌上的味蕾由内胚层形成，唾液腺则源于外胚层。口腔后的前肠区发育成咽，呼吸器官和一部分内分泌系统也由此起源。脊椎动物主要的呼吸器官，在水生动物与陆生动物分别为鳃和肺，两栖动物的幼体用鳃，变态过程中肺逐步代替了鳃。鳃有内鳃和外鳃之分，但都起源于鳃裂，鳃裂的前身是鳃囊。所有的脊椎动物胚胎期都有鳃囊。典型的水生动物胚胎期具有 6 对鳃囊，是咽部的内胚层向外突起，相应的外胚层内陷，二者相遇，成为鳃板。此后，鳃板也像口板一样裂开，成为鳃裂。鳃裂之间纵行的隔，称为鳃弓。第一、二对鳃弓与牙、舌的起源有密切的关系。在两栖类和陆生脊椎动物中，第一鳃囊不破裂，形成鼓室和听管。在陆生脊椎动物中，尽管内鳃与外鳃都不发生，但所有的鳃囊和鳃弓都在早期胚胎中出现。所有的脊椎动物，除了圆口纲和软骨鱼外，都从咽的腹面形成出 1 个或 1 对囊状突起，硬骨鱼发育成为鳔，陆生种类成为肺芽，肺芽发展为气管和肺。内分泌腺如甲状腺、副甲状腺、胸腺的发生位置在咽和鳃囊附近。

咽以后的消化管分化成食管、胃、小肠和泄殖腔。其中食管特化最少。胃的特化是管腔扩大，肌肉发达，并富有腺体。咽、食管和胃部起源于前肠，小肠则部分起源于前肠，大部分源于中肠。小肠的发育主要是加长变细和发生丰富的腺体。小肠的十二指肠部位，是前肠的最后部分，肝和胰腺就从这一位置上发生。小肠的后端衍生出一个扩大的区域，接受导尿管和生殖管，称为泄殖腔。膀胱和尿囊也从此处发生。泄殖腔通到体外的肛道口的一部分是由外胚层形成。

2. 中胚层的变化

在脊椎动物胚胎发育中，中胚层首先形成脊索、中胚层和间充质细胞，三者均位于内胚层和外胚层之间。间充质细胞是一种分化程度低、分化能力强的细胞，在胚胎发育过程中能够分化成多种结缔组织细胞、血管内皮细胞和肌细胞等。

脊椎动物的两侧中胚层分裂成为体壁中胚层和脏壁中胚层，二者之间的空腔成为体腔。体壁中胚层与外胚层之间，由于生皮节和生肌节衍生的细胞侵入，形成真皮层和皮下肌。体腔外壁朝里的一层中胚层成为腹腔外膜。脏壁层是两侧中胚层靠里面的一层，与内胚层相联系。在内胚层和脏壁中胚层之间发生内脏肌和血管。脏壁中胚层成为腹腔内膜。脏壁层还形成了肠系膜，哺乳动物特有的膈肌也是脏壁中胚层与生肌节细胞共同形成的。

在躯体的前部，中胚层背腹的中间部分，按体节分成若干个生肾节。按照发生的位置和时间的前后，生肾节从前至后发生前肾、中肾和后肾。前肾是鱼类的排泄器官。两栖类胚胎时期的排泄器官是前肾，成体则为中肾。爬行类、鸟类和哺乳类的排泄器官是后肾，但是其胚胎期都有前肾和中肾出现，前肾没有生理功能，爬行类和鸟类的中肾在早期胚胎阶段具有一定的生理功能。雄性中肾导管演化为输精管，与后肾的输尿管分开。

在胚胎发育早期，位于中肠背部中央、靠近中肾处的细胞带移动到两侧，成生殖嵴，原始生殖细胞迁入其中。随后间充质细胞侵入生殖嵴，原始生殖细胞发育为生殖细胞，雌雄开始分化。原始生殖细胞可能来源于肠壁的内胚层，因此由生殖细胞和血管、神经及结缔组织等构成的生殖腺有内胚层和中胚层两个来源，生殖导管则主要源于中胚层。与肾器官联系在一起的肾上腺有两个来源，源自中胚层的肾上腺皮质与来自外胚层的肾上腺髓质，肾上腺皮质和髓质的不同起源导致其细胞功能亦不相同，前者分泌皮质素，后者分泌肾上腺素。

血管系统起源于间充质细胞。血管系统最早是以血岛的形式出现在脏壁中胚层。这些血岛由间充质细胞聚集形成一堆堆独立的结构，然后，外周的细胞与中间的细胞脱离形成血管，管内的细胞散开，成为血细胞。最早出现的胚胎血管是卵黄静脉，再衍化为心脏、腹动脉、背大动脉、动脉弓以及肠下静脉。心脏进一步发育分化出心室、心耳和静脉窦。

发育最晚且变化最大的是骨骼系统和肌肉系统。骨骼系统由间充质细胞演化成软骨，而后在成骨细胞作用下形成硬骨。脊椎动物的主轴骨骼和附肢骨骼都来源于中胚层。肌肉系统也起源于间充质细胞，大部分起源于生肌节，属横纹肌；一部分起源于脏壁中胚层，为平滑肌；心脏肌是由中胚层派生的。

3. 外胚层的变化

脊椎动物外胚层主要形成皮肤的表皮、神经系统和感觉系统，眼虹膜、皮肤腺、眼球晶状体及视网膜、消化管的口腔和肛道口也来源于外胚层。

表皮与中胚层衍生的真皮的相接部分为生发层，能不断地分裂向表面生长。表皮细胞分化为角质层及其衍生物，如鳞片、羽毛和毛发。表皮生发层深入到真皮部分，分化为哺乳动物的汗腺和乳腺。

神经系统在神经胚期开始发生。神经板的两侧隆起形成神经嵴,以后按体节发育成为神经节。由神经板发育成为神经沟,神经板的外层成为神经管的里层,形成支持细胞和成神经细胞。神经细胞又特化为树状突与轴状突。神经嵴向背中线合拢形成神经管,脊椎动物神经管的前端膨大成为脑,脑先分化为前脑、中脑与后脑,然后前脑与后脑再次分化,形成端脑、间脑、中脑、后脑与小脑5部分。

眼由脑衍生出来。在间脑和中脑的交界处,出现视泡,以后又逐步诱导形成晶体与角膜。嗅觉上皮、内耳前庭器官由与脑接触的外胚层分化形成。

外周神经系统由迁移的神经嵴细胞形成。在神经胚形成过程中,当神经管形成和脱离外胚层时,一部分细胞既不整合入神经管也不进入外胚层,而是开始迁移,在不同区域产生不同类型的细胞。3个因素影响迁移的嵴细胞的命运:① 细胞来源,② 迁移时所受的影响,③ 靶位置的状况。细胞命运的决定经过一系列“二选一”的过程:

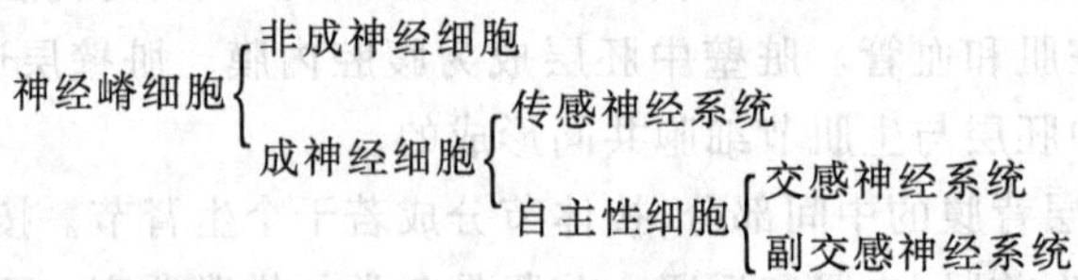

成神经细胞在迁移的终点进行最后分化。细胞一端成为输入区,形成接受信息的树突,另一端特化为输出信息的轴突。非成神经细胞形成皮肤及其衍生物中的色素细胞等。

第四节　动物形态学基本概念

动物体制的改变、体腔的出现以及体节的形成都是动物进化的标志,其中两侧对称的体形、三胚层的出现、形成真体腔和身体产生分节对动物进化发展都有重要的意义,伴随着它们的产生,动物结构的复杂性、生理功能和代谢水平都进化到更高的一个层次,从而使动物的适应和生存能力更强,分布环境和空间也随之扩大。

一、体制

体制(pattern of organization or structure plan)是指动物身体或器官系统的基本结构形式,通常指对称性(symmetry),即机体各部分的布局比例和器官的排列,其形态是否能够被点、线或平面分为相等部分。动物的体形多种多样,身体的对称性大致可归纳为:

1. 不对称

单细胞动物(如草履虫、绿眼虫、变形虫等)和一些海绵动物的身体没有中轴或中点,身体各部分的布局比例依生理状态或着生位置而异,其体制属于不对称(asymmetry)。

2. 辐射对称

通过身体纵轴的任何平面都能把身体平分为相等的两部分(图2-31)。典型的辐射对称体型有腔肠动物的水螅体、水母体以及棘皮动物的海星、海胆等动物,例如海星有5个辐射轴;但棘皮动

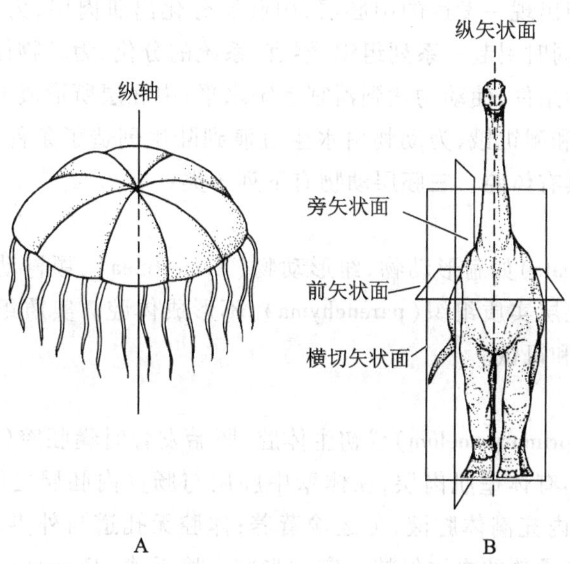

图 2-31 身体的对称类型(Kardong, 2002)
A. 辐射对称 B. 两侧对称

物的辐射对称是次生性的,其胚胎和幼体阶段是两侧对称的,成体则退化为辐射对称(radial symmetry)。两辐对称(biradial symmetry)是辐射对称的变形,通过身体纵轴只有 2 个切面可以把身体分为 2 个相等的部分,腔肠动物的珊瑚纲和栉水母动物中比较多见,是介于辐射对称和两侧对称的中间形式。

3. 两侧对称

通过身体纵轴只有 1 个切面(称为纵矢状面或正中矢面)可以把身体分为相等的 2 部分。在动物界从扁形动物开始出现两侧对称(bilateral symmetry)。这是运动定向和身体各部分分化和机能分工的结果。两侧对称的动物身体出现前、后、左、右和背、腹之分。前方分化为头部,神经、感官相对集中于此;后方为尾端。背部司保护,腹部司运动。可见,两侧对称使动物获得更广泛的适应,体型进入更高的分化阶段。

二、体腔

体腔(coelom)是动物身体内部各内脏器官之间的腔隙,体腔内充满液体,称体腔液。体腔的形成在动物进化上具有重要意义:它增进了机体的灵活性,扩大了容纳内脏器官的空间,让更多细胞处于表面获得物质交换的机会,使动物有更大的体积和复杂性;充满液体的体腔对某些动物起到流体静力学的骨架作用,提高动物的运动功能;而且,真体腔的形成与循环、排泄、生殖等系统也有密切的关系。

体腔的形成与胚胎发育过程的中胚层分化有关。未出现三胚层以前的多细胞动物,包括海绵、腔肠、栉水母动物不具有体腔。海绵动物中的空腔,是水沟系(canal system),是海绵动物特有的结构;腔肠动物有由内、外胚层围成的中央腔,即原肠腔(gastrocoele),具消化和运输的功能。三胚层的出现，使内、外胚层之间出现一发达的中胚层，中胚层分化出肌肉层，为动物运动、消化和新陈代谢能力的提高打下基础；同时引起一系列组织、器官、系统的分化，为动物体结构的发展和各器官生理的复杂化提供了必要的条件，使动物达到器官系统水平；中胚层所形成的实质组织能贮藏水分和养料，使动物能够抗干旱和耐饥饿，为动物由水生过渡到陆生创造了条件。三胚层出现之后，也并非所有的三胚层动物都具有体腔。三胚层动物有下列3类：

1. 无体腔动物

无体腔动物（Acoelomata）如扁形动物、纽形动物（Nemertinea）、颚胃动物（Gnathestomulida）等，这些动物具有发达的中胚层实质组织（parenchyma），不形成体腔。实质组织有贮藏水分和养料的功能，使动物能忍受干旱和饥饿。

2. 假体腔动物

假体腔又称原体腔（primary coelom）或初生体腔，胚胎发育时囊胚腔（blastocoel）遗留的空腔成为成体的体腔。假体腔具有体壁肌肉层，在体壁中胚层与肠壁内胚层之间无体腔膜（或称体腔上皮），缺乏肠壁肌肉层，腔内充满体腔液，可运输营养；体腔无孔道与外界相通，体腔液保持一定压力，起到静力骨架作用，使柔软的虫体保持一定的形状。腹毛类（Gastrotrich）、轮虫类（Rotifera）、线形动物（Nematoda）、棘头动物（Acanthocephala）和内肛动物（Entoprocta）等属于假体腔动物（Pseudocoelomata）。

3. 真体腔动物

由中胚层形成的体腔，即真体腔（coelomate），也称次生体腔。真体腔内外由肌肉（起源于中胚层）包围，既有体壁肌肉层也有肠壁肌肉层，而且具有由中胚层形成的体腔膜。具有真体腔的动物称为真体腔动物（coelomata）。一些三胚层动物以裂体腔法（schizocoelous method）（端细胞法）形成体腔（图2－33），称为裂腔动物（schizocoela），这类动物在胚胎发育中，胚胎的分裂细胞相互交错排列，称为螺旋卵裂（spiral cleavage），其骨骼起源于外胚层，胚胎的原口后来发展成为成体的口，故又称为原口动物（protostomia），包括环节、软体、星虫、节肢、帚虫和腕足等动物门。另外一些三胚层动物以体腔囊法（coelesac method，也称肠体腔法）形成体腔，称为肠腔动物（en-

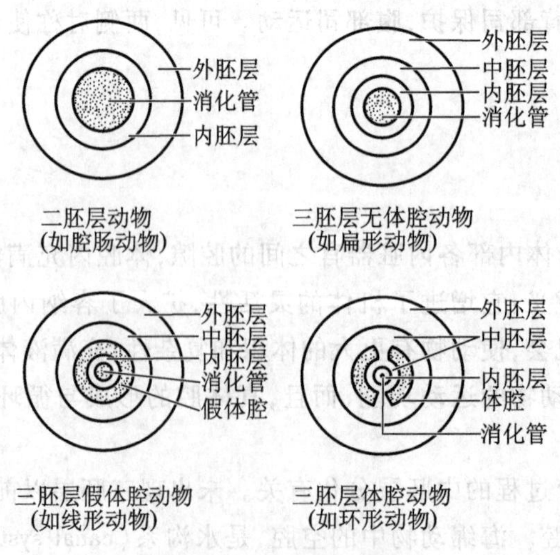

图2－32　动物的体腔

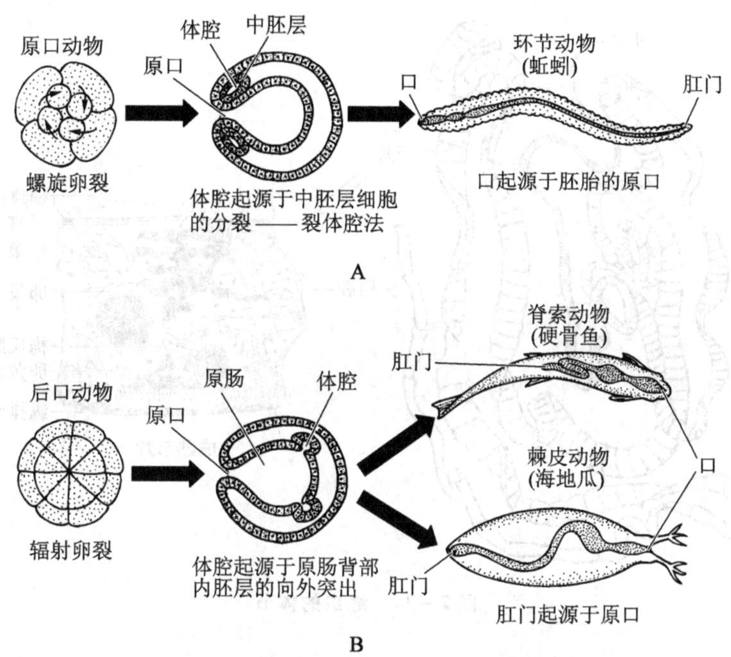

图 2-33 原口动物与后口动物的体腔形成

A. 原口动物的体腔形成 B. 后口动物的体腔形成

terocoela),这类动物在胚胎发育中,胚胎的分裂细胞相互成行排列,称为辐射卵裂(radial cleavage);而且其骨骼起源于中胚层,具有钙化;胚胎的原口后来或成为成体的肛门,或原口封闭,在相反的一端(成长后前端或口面)由外胚层内陷而形成口,故又称为后口动物(deuterostomia),包括毛颚(chaetognatha)、棘皮、半索和脊索动物门。

三、体节

随着中胚层的出现,一些动物的身体沿纵轴方向分隔成若干重复的区段,每段即为一个体节(metamere or somite),体节数量因种而异。体节由中胚层和外胚层的分化组织共同参与形成,而内胚层则不参与。分节现象(metamerism)是动物身体不同部分特化及分工的开始,每个体节内可容纳各种器官。体节分为同律分节(homonomous metamerism)和异律分节(heteronomous metamerism)两类。同律分节除了身体的前 2 节和最后 1 节外,其余各体节形态基本相同,属于比较原始的分节现象,如环节动物的蚯蚓(*Pheretima*)、沙蚕(*Nereis*)等。异律分节即体节之间的形态结构明显不同,身体不同部位的体节分布有不同的器官而执行不同的机能,如多毛类隐居目(Sedentaria)种类、节肢动物等均为异律分节。节肢动物分别由若干体节集合形成身体的头、胸、腹等体区(tagma);头部控制全身其他体节,胸部司运动,腹部司消化和生殖等。分节现象可能由低等蠕虫(如涡虫、绦虫、纽虫)的假分节现象(pseudometamerism)进化而来,假分节动物的节片分割只是外胚层的分化组织,没有中胚层参与。

高等脊椎动物的体节已经高度地愈合成为各个体区,体节的重复特征不能够从外表看出,但体

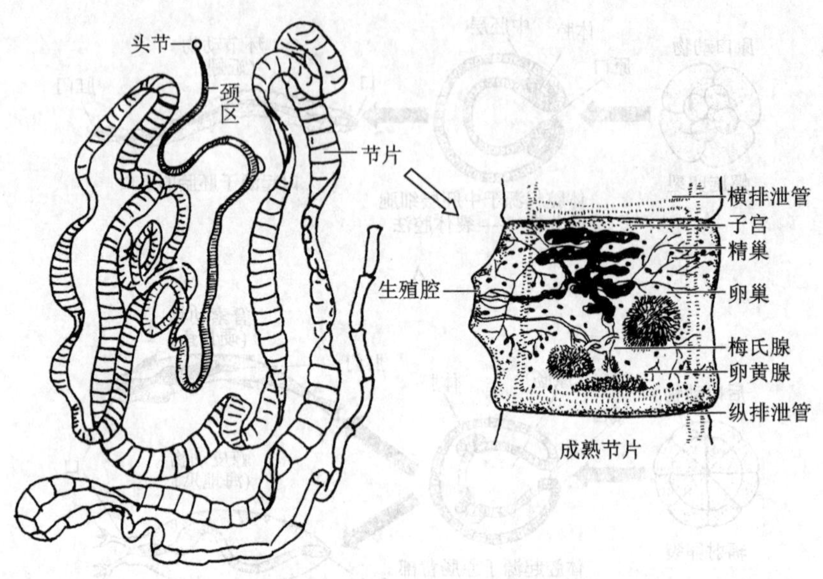

图 2-34 绦虫的体节

内如脊椎骨分节明显,附肢也分节;有的仅在胚胎期或幼体期显示分节,成体分节不显著。分节提高了动物的运动能力,大多数体节都能够独立地进行运动,而且每一体节相当于一个单位,有利于提高新陈代谢和适应外界环境。异律分节使动物身体的分化更为复杂,各体节的分工更加精细,体节之间既分工又组合,不同体节群进一步分化出头、胸、腹等具有不同功能的体区,使有机体整体运动更加灵活,对复杂环境更加适应,因此在动物演化上具有重要的意义。至今,动物分节的深入研究仍需要进一步开展。

第五节 动物分类基本知识

一、物种概念

物种(Species)是生物分类系统上的基本单位,是客观存在于自然界的生命形式。物种有自己相对稳定的明显特征,可以与别的物种相区别。随着科学的发展以及人们对自然界认识的深入,物种的概念得以不断发展。在林奈时代,对种的认识比较简单,认为物种是固定不变的。自进化的概念被广泛接受以来,人们认识到地球上的物种是在长期的进化过程中,经过变异、遗传和自然选择的结果。关于物种定义的提法很多,可以综合表述为:物种是自然分布在一定的区域、具有共同基因组成(由此具有共同的祖先以及相似的外形、内部结构、生理、行为和发育等生物学特性)以及能够自然生育出有生殖力的后代的全部生物个体。

物种是一个生殖的群体,具有不断繁衍后代的能力。不同物种之间存在着生殖隔离。生殖隔离是指在自然情况下,不同物种的个体不发生杂交或杂交不育。生殖隔离的形式包括:① 不发生交配。由于性行为不同、雌雄性器官不相配合等因素造成。② 配子不亲和。即使发生交配,但雌雄配子不能完成受精或受精后杂种胚胎不能正常发育。③ 杂种不育。杂种即使能够生长和发育，但不能生殖后代。例如，马和驴属于不同的物种，它们的形态特征不同，具有不同的基因库。马和驴的染色体数量分别为 64 和 62 条，且染色体形态存在很大差别。雄驴和雌马杂交后产生的后代为骡(mule)，骡是不育的，其染色体数量为 63 条。可见，马和驴的基因库是不能混合的，双方因此都保持了物种所特有的基因库。生殖隔离是鉴定若干不同群体是否属于同一物种的重要依据之一。

物种内部由于地理上充分隔离后所形成的形态上有一定差别的群体，称为亚种(subspecies)，如东北虎和华南虎。丰富的亚种保证了物种能够适应于各种不同的生态环境。如果消除了地理隔离，亚种可互相交配和繁衍。经过人工选择，物种内部所产生的具有特定基因型和经济性状或形态的群体则称为品种(variety 或 breed)，如家鸭可分为卵用型(金定鸭)、肉用型(北京鸭)和卵肉兼用型(土北鸭)等不同品种。品系(strain 或 line)是指从品种中经过人工选择产生的具有特定基因型和经济性状的群体，如金定鸭可分为蛋大系、蛋多系等不同品系。

金定鸭和北京鸭

变异是绝对的，是物种发展的根据；不变是相对的，是物种存在的根据。形态相似和生殖隔离是其不变的一面。在有性生物，物种呈现为统一的生殖群体，由占有一定空间并具有实际或潜在生殖能力的若干个种群所组成，而且与其他物种种群在生殖上是隔离的。简言之，物种是由具有相同的形态结构和生活特性，能繁衍有生殖能力后代的个体所组成的群体，是生物界存在的基本单位，具有相对的独立性和稳定性。

国际上对生物的学名(scientific name)统一规定了命名规则。物种的命名法采用“双名法”，亚种的命名法采用“三名法”。物种的学名由两个拉丁字或拉丁化的文字所组成，称为“双名法”，如黄嘴白鹭 *Egretta eulophotes* (Swinhoe)。前面一个文字为属名，第一个字母要大写，后面的文字为物种名。学名之后还附加该物种初定人的姓氏。如果物种的学名已经在原定学名的基础上发生了改变，那么就在该物种初定人的姓氏上加上括号。如黄嘴白鹭 *Egretta eulophotes* (Swinhoe)就是在黄嘴白鹭原定学名 *Herodias eulophotes* Swinhoe 的基础上发生的改变。亚种的命名法采用“三名法”，即在物种学名之后再加上亚种名，如华南虎是虎的一个亚种，其学名为 *Panthera tigris amoyensis* (Hilzheimer)。

二、分类系统

生物分类具有各种标准和方法。现行的自然分类系统(natural classification system)是以动物形态学或遗传学上的相似性和差异性的总和为基础，也参考解剖学、地理学、生态学、胚胎学和古生物学等学科的许多证据，目的在于反映出物种及其类群之间在进化上的亲缘关系。近年来分类学建立了不少新准则，如基于遗传物质 DNA 的相似性准则、蛋白质类型差异的生物化学准则、免疫学准则和行为学准则，等等。这些分类学新准则目前虽然存在学术争议且尚未普遍推广，但或许能够更为准确地确定出生物间的相互关系，因此成为研究热点。可以预见，随着生物学新技术的创新和应用，生物分类系统也将变化和完善。

自然分类系统按照生物之间的异同程度、亲缘关系的远近，划分为界(Kingdom)、门(Phylum)、纲(Class)、目(Order)、科(Family)、属(Genus)、种(Species)7 个等级或分类阶元(catcgory)。在分类等级中，物种是分类的基本单元。几个相近的物种归并为同一属，几个相近的属归并为同一科，依此类推，一直到分类的最高等级——界。

生物分类等级示例：

等级	category	白鹭	
界	Kingdom	动物界	Animalia
门	Phylum	脊索动物门	Chordata
纲	Class	鸟纲	Aves
目	Order	鹳形目	Ciconiiformes
科	Family	鹭科	Ardeidae
属	Genus	白鹭属	*Egretta*
种	Species	白鹭	*garzetta*

为了更精确地表达物种的分类地位，上述阶元可以进一步细分。细分的方法一般在纲、目、科、属、种的阶元之上加上“总”（Super-），在门、纲、目、科、属、种的阶元之下加上“亚”（Sub-）。如：目之上有总目（Superorder），之下有亚目（Suborder），其他阶元依此类推。

三、生物分界

生物分界知识随着人们对生物认识的深化而不断发展。最早的生物划分，可以追溯到古希腊的亚里士多德（Aristotle）（前384—前322），他将生物分为植物和动物两界。夏、商代（前21—前11世纪）的甲骨文也把生物分为植物和动物两界。这种简单的分界法将能活动的生物分为动物界，将不会活动的生物分入植物界，那些不食不动的细菌、霉菌也归入植物界。

19世纪德国Haeckel（1834—1919）从进化的观点将动物分为原生动物（Protozoa）和后生动物（Metazoa），将动植物中间类型的低等单细胞生物归纳为原生生物界（Protista），于是创立了动物界、植物界和原生生物界的三界法。

20世纪以来，随着电镜技术的发展，细胞学的研究表明：细菌、蓝藻与其他生物大不相同，在它们的细胞中，染色质是分散于细胞质中，不具成形的细胞核；而且在分裂方式及遗传上也与其他生物存在着许多不同，于是将它们独立为原核生物（Prokaryota），其他生物则为真核生物（Eukaryota或Eucaryota）。此外，真菌不像植物那样能够利用叶绿素进行光合作用，又不像动物那样能够捕食其他生物，因而另立为真菌界。1969年，Whittaker综合和总结了前人的研究，将生物分为原核生物界（Prokaryota）、原生生物界（Protista）、真菌界（Fungi）、植物界（Plantae）和动物界（Animalia）五界（图2-35），其中，原生生物、真菌、植物和动物都属于真核生物。

此外，还有一些学者提出不同的生物分界学说。Leedale（1974）将原生生物分别归入植物界、真菌界和动物界，提出四界说，即原核生物、植物、真菌、动物四界。鉴于病毒（Virus）是非细胞结构，一些学者将其另立为病毒界，如我国学者陈世骧（1979）将生物划分为三总界和六界，即非细胞总界的病毒界，原核总界的细菌界和蓝藻界，真核总界的植物界、真菌界和动物界。

20世纪70年代以来，分子生物学技术逐渐应用于生物分类。1977年，美国微生物学家沃斯（Carl Richard Woese）和福克斯（George Edward Fox）发现古细菌（Archaebacteria）（生活在缺氧、高温、高盐、高压、极酸性或碱性等极端环境中）与真细菌（Eubacteria，如大肠杆菌）在核糖体rRNA基因序列方面存在差异，首先提出生物分界的三域（Domain）学说即三总界（Superkingdom）学说，该学说将原核生物划分为古细菌总界（Archaebacteria）和真细菌总界（Eubacteria），将真核生物立为一个

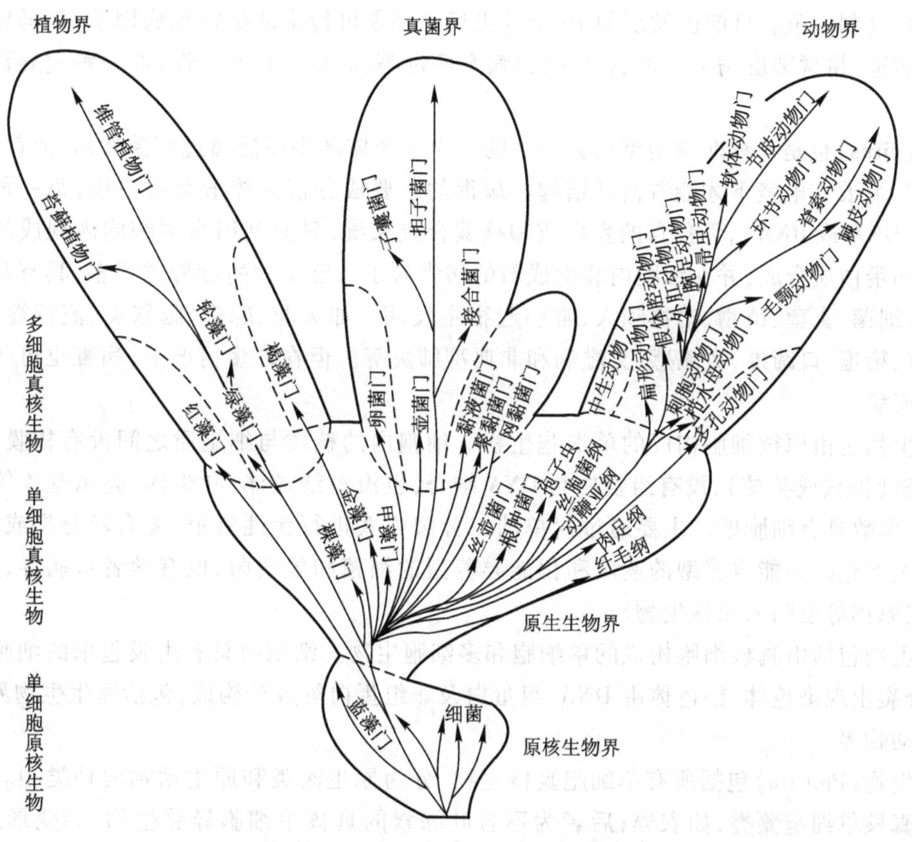

图 2-35　五个界的生物分类体系

总界(Eucaryota,包括原生生物界、真菌界、植物界、动物界)。此后,许多学者进一步发现古细菌与真细菌在分子生物学和表型的许多特征上也存在着巨大的差异。1990 年,沃斯为了强调古细菌和真细菌的差别,删去古细菌总界(Archaebacteria)的后缀“-bacteria”和真细菌总界(Eubacteria)的前缀“eu-”,称之为 Archaea(古菌,也称为古核生物)和 Bacteria。目前已知,与真细菌相比,真核生物与古菌的亲缘关系更为接近,真核生物是在晚期才迅速分化产生原生生物、真菌、植物和动物。三域(Domain)学说已经被多数学者所接受。

能量和营养物质是生物生存的必要条件。凡是能够通过生物合成,利用二氧化碳、氮以及无机盐合成有机物的生物称为自养生物(autotrophic organism),也称为生产者,如绿色植物等。植物被植食性动物所食,为植食性动物提供了能量和营养物质,而肉食性动物又通过捕食植食性动物而获取能量和营养。生物以植物或其他动物为食,最终的能量和营养物质来源于自养生物,称为异养生物(heterotrophic organism),属于消费者。真菌等一些生物通过分解动植物尸体或有机物获得能量和营养物质,也属于异养生物,它们把有机物分解成为无机物返回自然,属于分解者(decomposer)。这三者保证了生物与环境之间的能量流动和物质循环,显示其营养联系在生物进化过程中的整体性和系统性。

在生物界当中,类病毒(viroid)是一种非细胞型、无外壳保护的核糖核酸(RNA)分子。它们不含蛋白质和酶,不能独立进行代谢,但是在侵染植物后能与宿主细胞核结合,利用宿主细胞代谢装置进行自我复制增殖。目前已发现的10余种类病毒都是可传染的植物致病因子,如马铃薯纺锤体块茎病类病毒、柑橘裂皮病类病毒、黄瓜苍白病类病毒等,对宿主有专一性,即一种类病毒只寄生于一种植物。

病毒(virus)也是一种非细胞型的分子生物。由于个体微小而能通过细菌滤器,故曾被称为“滤过性病毒”,需要在电镜下才能看清其结构。病毒的主要成分仅为核酸和蛋白质,每一种病毒只含一种核酸(DNA或RNA),无独自的蛋白质和核酸合成系统,只能利用宿主细胞内现成的代谢系统进行核酸和蛋白质合成,并在细胞内装配成新的病毒粒子。已知的病毒种类很多,具有高度的寄生性,可感染细菌、真菌、植物、动物和人,常引起宿主发病。如天花、麻疹、腮腺炎、流行性感冒、某些肝炎、鸡瘟、猪瘟、口蹄疫、禽流感、艾滋病和非典型肺炎等。但在许多情况下,病毒也可与宿主共存而不产生疾病。

原核生物是由原核细胞构成的单细胞生物。细胞内的核质与细胞质之间没有核膜,因此无成形的细胞核(拟核或类核),没有组蛋白与DNA结合,也没有线粒体、叶绿体、高尔基体等由膜包围的细胞器,多数具有细胞壁。主要通过简单的二分裂方式进行无性繁殖,无有丝分裂或减数分裂。原核生物主要包括光能自养型的蓝藻和化能异养型的细菌和放线菌,也有学者将病毒、立克次体、螺旋体、支原体等也归入原核生物。

真核生物包括由真核细胞构成的单细胞和多细胞生物。细胞内具有由膜包围的细胞核和细胞器,细胞分裂出现染色体,染色体由DNA、组蛋白及非组蛋白等成分构成,包括原生生物界、真菌界、植物界和动物界。

原生生物(Protista)包括所有单细胞真核生物,分为原生藻类和原生动物两种类型。前者为含叶绿体的真核单细胞藻类,如衣藻;后者为不含叶绿素的真核单细胞异养生物,如变形虫、纤毛虫等。眼虫类(Euglenaceae)是介于动物和植物之间的真核单细胞生物,其多数物种具有叶绿体,在光照下为自养性,但是在无光条件下则能够吸收溶解于水中的有机物质,为异养性,因此属于兼养型生物(mixotrophic organism)。

真菌(Fungus)是细胞壁中含有几丁质(chitin)的异养真核生物,营腐生或寄生生活,不具叶绿体,繁殖方式包括无性生殖和有性生殖。包括真菌(Eumycota)和黏菌(Myxomycota)等,目前记载的物种已超过10万。真菌的生长结构称为营养体,其营养体除少数低等类型为单细胞外,大多是由菌丝构成的菌丝体,菌丝为单细胞或多细胞。如酵母、霉菌、菇蕈(如香菇、木耳)以及与单胞藻共生形成的地衣。黏菌的营养体由多细胞聚合为团块,胞间分化低,能做变形运动及吞食食物,其生殖时的孢子具纤维素细胞壁。

植物的细胞内具有叶绿体,能进行光合作用,细胞壁由纤维素构成,具有色素体(内含叶绿素、胡萝卜素、叶黄素、藻红素或藻蓝素等),包括光能自养真核生物的各种类型:

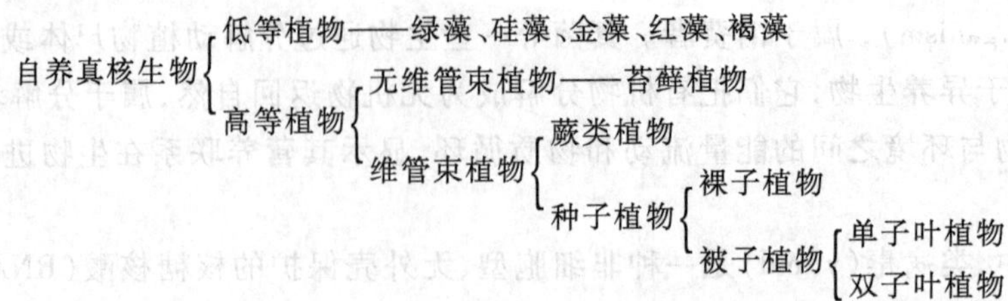

动物是典型的异养真核生物，其细胞没有细胞壁。动物需要摄食或捕食动植物或微生物而获取营养物质和能量，多数种类能运动，对环境刺激能够产生行为反应，即具有活动性（activity）。广义的动物包括原生生物界（Protista）的单细胞原生动物（Protozoa）和动物界（Animalia）的多细胞后生动物（Metazoa），已经定名约 130 万种。和其他生物相似，动物与人类生活关系密切。野生动物分布于地球上的各种环境，在维持生态平衡中起重要作用，成为自然环境不可分割的组成部分；家养动物为人类提供肉、蛋、乳、皮毛和畜力，是食品等工业的重要原料；而且，一些模式动物（model animal）在生命科学和人类健康等科学研究中发挥重要作用。所谓模式动物是指人们选定的具有大量生物学研究背景数据的实验动物，模式动物具有易于取材、养殖、繁殖和实验操作等特点，而且其养殖、繁殖和实验技术等方面的标准化有利于保证实验研究的科学性和重复性，目前模式动物只有少量物种，如果蝇（*Drosophila melanogaster*）、线虫（*Caenorhabditis elegans*）、斑马鱼（*Danio rerio*）、小鼠（*Mus musculus*）、大鼠（*Rattus norvegicus*）和猕猴（*Macaca mulatta*）等。

本 章 提 要 ⓔ

内容见配套数字课程。

复习与思考

复习题

1. 生物与非生物的根本区别何在？
2. 生命的基本特征是什么？
3. 构成生物元素有哪些？其中哪些是基本元素，哪些是属于微量元素？
4. 试述水在生物体内的作用，并说明水在机体内的不同状态及其变化与机体抗性的关系。
5. 何谓体内平衡？主要有哪些方面的内容？
6. 何谓原生质？它与细胞之间是什么关系？
7. 细胞基本构造分几部分？比较它们的结构和功能。
8. 单位膜是什么？如何理解“质膜是动态的活动膜”？
9. 细胞器主要有几类？它们各有哪些功能？
10. 理解细胞增殖、细胞周期、细胞分裂的基本概念。
11. 试比较单细胞生物和多细胞生物的细胞增殖规律有何不同？
12. 细胞分裂期和分裂间期如何进行划分，它们又各分为哪些阶段（期）？
13. 简要说明遗传学的三个基本定律。
14. 中心法则的主要内容是什么？
15. 何谓基因？试比较真核生物与原核生物的结构基因异同。
16. 组织、器官和系统三者有何关系？
17. 试比较动物四大组织在形态和机能特征方面有何异同？
18. 假复层上皮与变移上皮有何不同？

19. 软骨组织与骨组织的机能及化学成分有何区别？
20. 试比较横纹肌、心肌、斜纹肌和平滑肌在结构上有何异同？
21. 神经细胞有哪些结构，其功能如何？
22. 高等动物的早期胚胎发育包括哪几个阶段，各个阶段的胚胎有何区别？
23. 何谓体腔？动物体腔的出现有什么生物学意义？
24. 请举一物种实例说明动物的自然分类系统。
25. 解释下列名词：

顶体反应　完全卵裂　端细胞法　体腔囊法　辐射对称　两辐对称　两侧对称　假体腔　同律分节　异律分节　无体腔动物　真体腔动物　器官建成　原口动物　后口动物　物种　品种　双名法　三域系统　模式动物

思考题

1. 生命的本质是什么？
2. 动物的物质组成、细胞结构和营养方式有什么特点？与植物有哪些不同之处？
3. 阐述细胞、组织、器官和系统之间的关系，理解生物体是统一的整体。
4. 动物的体制、胚层、分节和体腔对动物的发展进化有什么意义？
5. 如何鉴别两个不同的动物个体是否是属于同一物种？

第三章

动物的类群

▶ 学习目的

掌握从原生动物到哺乳动物各类群动物的主要形态构造特征，了解动物在形态特征、生理功能、行为习性方面对其栖息环境的适应；理解不同动物类群之间的系统关系和进化历程；掌握动物形态学、分类学的基本术语；了解各门类动物的代表种、常见种和重要经济种，对动物界有一个比较完整的认识。

动物已定名的物种约有 130 万个，其形态各异，色彩缤纷，生活方式多样，是自然环境不可分割的组成部分。动物分布广泛，从海洋到陆地、赤道到两极、地下到高空，无所不在，生活在草原、山地、沙漠、森林、农田、湿地、水域和土壤等各种生境中，不少种类寄生在其他动物或植物体内。

根据构成动物机体的细胞数量和分化情况，动物划分为原生生物界(Protista)的单细胞原生动物(Protozoa)和动物界(Animalia)的多细胞后生动物(Metazoa)。原生动物是异养型原生生物的典型，绝大多数种类的身体是由一个细胞构成并能够独立完成各项生理机能；后生动物是多细胞动物，机体的细胞之间出现了构造和机能分化，生存和适应能力显著提高。后生动物根据机体细胞构成、胚层分化、体制、体腔、体节、附肢、脊索和脊椎构造等分化情况又分为 30 多个门类(表 3－1)。

分类学家对动物界的门类划分尚有争论，有待今后研究的进一步完善。Johnson(1977 年)将动物界分为 28 门，Webb(1978 年)分为 33 门，Alexender(1979 年)分为 30 门。目前，动物界分为 33 门的观点被大多数学者所接受。其中一些原来的“纲”升为“门”，如轮虫纲升为轮虫动物门，并增加了一些种类少的动物门类，如星虫动物门。

表 3－1　动物的门类

分类特征		序号	门的名称	种数
原生生物界：单细胞(原生动物)		1	原生动物门 Protozoa	44 000
动物界：多细胞(后生动物)	中生动物	2	中生动物门 Mesozoa	50
	侧生动物	3	海绵动物门 Spongia	5 000
		4	扁盘动物门 Placozoa	1

续表

分类特征					序号	门的名称	种数
	真后生动物	二胚层、辐射对称			5	腔肠动物门 Coelenterata	9 000
					6	栉水母动物门 Ctenophora	100
		三胚层、两侧对称	无体腔动物		7	扁形动物门 Platyhelminthes	15 000
					8	纽形动物门 Nemertinea	700
					9	颚胃动物门 Gnathestomulide	100
			假体腔动物		10	腹毛动物门 Gastrotricha	400
					11	轮虫动物门 Rotifera	1 800
					12	动吻动物门 Kinorhyncha	100
					13	线虫动物门 Nematoda	15 000
					14	线形动物门 Nematomorpha	250
					15	棘头动物门 Acanthocephala	500
					16	内肛动物门 Entoprocta	90
			真体腔动物	裂体腔动物	17	软体动物门 Mollusca	110 000
					18	鳃曳动物门 Priapulida	10
					19	星虫动物门 Sipunculida	300
					20	缢虫动物门 Echiurida	100
					21	环节动物门 Annelida	9 000
					22	须腕动物门 Pogonophora	100
					23	有爪动物门 Onychophora	70
					24	缓步动物门 Tardigrada	400
					25	舌形动物门 Pentastomida	90
					26	节肢动物门 Arthropoda	1 000 000
					27	外肛动物门 Ectoprocta	20 000
					28	帚虫动物门 Phoronida	10
					29	腕足动物门 Brachiopoda	300
				肠体腔动物	30	毛颚动物门 Chaetognatha	50
					31	棘皮动物门 Echinodermata	6 000
					32	半索动物门 Hemichordata	80
					33	脊索动物门 Chordata	70 000

第一节　单细胞动物

一、进化地位

原生动物门是最原始、最低等的动物,机体通常由一个细胞构成,故又称单细胞动物(unicellular animal),但细胞构造最复杂,有各种细胞器(organelle),能独立完成动物的各项生理机能。少数原生动物由几个或较多细胞聚合为群体,但它不同于多细胞动物,一般未出现细胞分化,某些种类也仅仅是体细胞和生殖细胞的区别,体细胞在群体内各自独立。

二、主要特征

1. 一般形态

原生动物的分布十分广泛,生活在各种水域、潮湿土壤,有些种类寄生在动植物体内。形态多样,大小从几微米到数毫米。

原生动物体表覆有具弹性的表膜(pellicle)。表膜是质膜形成的一个十分复杂的膜系,表膜可以是刚性的或是高度可变形的,这取决于膜系是如何组织的。表膜具有维持外形的支持作用,纤毛虫的表膜结构中还具有刺丝泡(trichocyst),泡内有刺丝(filament),当受到刺激,刺丝便射出,捕捉食物或放出毒液麻醉来敌。

表膜之下为一层薄而透明的外质(ectoplasm)。外质之下为内质(endoplasm),内有许多胞器,如储蓄泡(reservior)、眼点(stigma)、光感受器(photoreceptor)、溶酶体、高尔基体、内质网、伸缩泡(contractile vacuole)和食物泡(food vacuole)等。眼点是感光细胞器,对弱光有正趋向性;若遇强光,眼虫、变形虫、纤毛虫等均呈负趋光性。

2. 运动与摄食

自由生活的原生动物的表膜外有纤毛(cilium)或鞭毛(flagellum),有的能变形伸出伪足(pseudopodium)。鞭毛、纤毛、伪足是运动器。鞭毛数目较少而长,多着生于细胞的某一部位;纤毛数目较多而短,着生于体表各个部位。鞭毛和纤毛的微细构造基本相同(图 3-1),最外层为细胞膜,内为纵向排列的微管(microtubule)。外围的微管为 9 个双联体(doublets),中央为 1 对微管。每个双联体有 2 条短臂(arms)对着一侧的双联体;有 1 条放射辐(radial spoke)伸向中央。双联体之间还有微细的具弹性的连丝(links)。双联体微管由微管蛋白(tubulin)构成,短臂由动力蛋白(dynein)构成,具有 ATP 酶的活性。鞭毛、纤毛打动时弯曲是微管彼此滑动的结果,由 ATP 供应能量。其运动和摄食主要分为三类:鞭毛虫借鞭毛运动,以胞口(cytostome)来吞食;纤毛虫以体表短纤毛运动和捕食;食物由口沟(oral groove)经胞口、胞咽(cytopharynx)成为食物泡进入内质,残渣由胞肛(cytoproct)排出;变形虫以伪足完成运动和摄食,残渣随着身体运动由质膜从身体后方排出体外。此外,质膜还能通过渗透作用从周围水体吸收营养物质。寄生种类主要靠渗透方式从宿主获得营养,寄生的某些阶段以伪足或以胞口摄取宿主的血细胞或肝细胞等为营养。鞭毛虫植鞭亚纲(Phytomastigina)的种类具有色素体,如叶绿体(chloroplast)等,能在有光的环境下进行光能自养(phototrophy)。

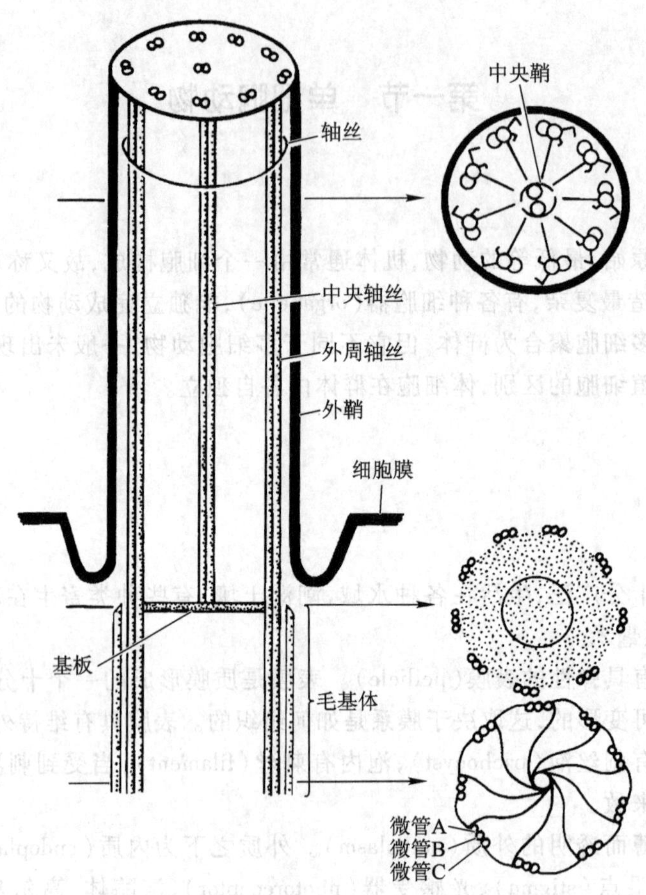

图 3-1 纤毛超微结构(Pechenik J A,2000)

3. 生殖

原生动物的生殖分为无性生殖和有性生殖两大类。

无性生殖(asexual reproduction)见于所有的原生动物,有的种类(如锥虫 *Trypanosoma*)只有无性生殖。无性生殖方式常有二分裂(binary fission)(图 3-2)、多分裂(multiple fission)、出芽生殖(budding reproduction)、质裂(plasmotomy)等几种。多分裂时,细胞核先分裂多次,形成多个子核,随后细胞质分裂,最后形成多个子细胞。多分裂也称裂殖生殖(schizogony),多见于孢子虫纲。出芽生殖实质是二分裂,只是 2 个子体大小不同,大的为母体,小的为芽体。质裂见于多核的种类,分裂时核不分裂,细胞质分裂并围绕部分核,形成若干个多核的子体,子体分开再恢复为多核的新虫体,如多核变形虫(*Pelomyxa*)、蛙片虫(*Opalina*)等属此。

有性生殖(sexual reproduction)主要有接合生殖(conjugation)和配子生殖(gametogony)。配子生殖存在于多数原生动物中,虫体经减数分裂形成两性配子(gamete),配子融合(syngamy)或受精(fertilization)发育为新个体。融合的两性配子的形状大小相同称同配生殖(isogamy),大小、形状不同则为异配生殖(heterogamy)。接合生殖见于纤毛虫类,如草履虫(*Paramoecium*)。生殖时二虫腹面紧贴,部分细胞质融合,随即两虫大核崩解,小核经两次分裂(其中有一次为减数分裂)产生 4 个核,其中 3 个核随

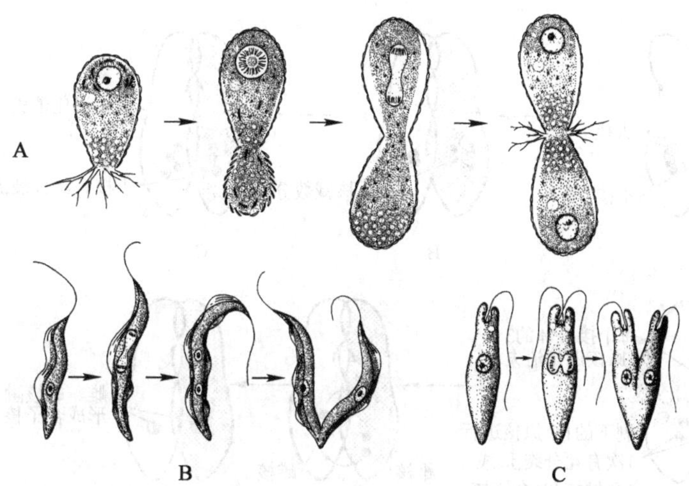

图 3-2 二分裂示意图(Hickman C P, *et al*, 1995)

A. 鳞壳虫 B. 锥虫 C. 绿眼虫

后消失,仅留近胞口的1个核。该核再行一次有丝分裂,成为大小不同的2个核,小的为雄核,大的为雌核。不久两虫体交换雄核,并与对方雌核融合,成为合子核。随后两虫分开,合子核分裂3次成为8个核,其中4个为小核,4个成为新的大核。小核中的3个退化消失。接着剩下的小核又行1次有丝分裂,形成2个小核,虫体同时横分裂为2个,每个子体各携1个小核和2个大核,最后子体内小核再分裂1次,虫体也再横分裂1次。这样,2个草履虫经接合生殖形成了8个新虫(图3-3)。

三、原生动物门分类

原生动物隶属于原生生物界,已记述的原生动物约有5万种,其中2万余种为化石种。原生动物的分类至今意见不一。本书根据运动胞器等特征,将其分为鞭毛虫纲(Mastigophora)、肉足虫纲(Sarcodina)、孢子虫纲(Sporozoa)、丝孢子虫纲(Cnidospora)和纤毛虫纲(Ciliata)5纲。

1. 鞭毛虫纲

具鞭毛,根据营养方式又分为2个亚纲:

(1) 植鞭亚纲(Phytomastigina) 虫体通常具色素体,能进行光合作用,属自养型。根据鞭毛着生位置、色素体构造和数目、体表质膜和细胞壁(cell wall)等构造,分为6个目,即金滴虫目(Chrysomonadida),如钟罩虫(*Dinobryon*);隐滴虫目(Cryptomonadida),如唇滴虫(*Chilomonas*);腰鞭毛目(Dinoflagellida),如夜光虫(*Noctiluca*)、角鞭虫(*Ceratium*)、沟腰鞭虫(*Gonyaulax*)等赤潮生物(图3-4);眼虫目(Euglenida),如绿眼虫(*Euglena*);绿滴虫目(Chloromonadida),如空腔虫(*Coelomonas*);团藻目(Volvocida),本目有单细胞和多细胞群体的种类,如盘藻(*Gonium*)、团藻(*Volvox*),显示由单细胞向多细胞动物的演化进展。

(2) 动鞭亚纲(Zoomastigina) 虫体一般无色素体,为异养型,许多种类营寄生生活。分7目,即领鞭目(Choanoflagellida),鞭毛基部具原生质领,如原绵虫(*Proterospongia*);根鞭目(Rhizomastigida),变形虫状,如变形鞭毛虫(*Mastigamoeba*);动质体目(Kinetoplastida),如利什曼原虫(*Leishmania*),杜氏利什曼原虫(*L. donovani*)(图3-4G)寄生于人体肝、脾等器官,引起"黑热病"(我国重点

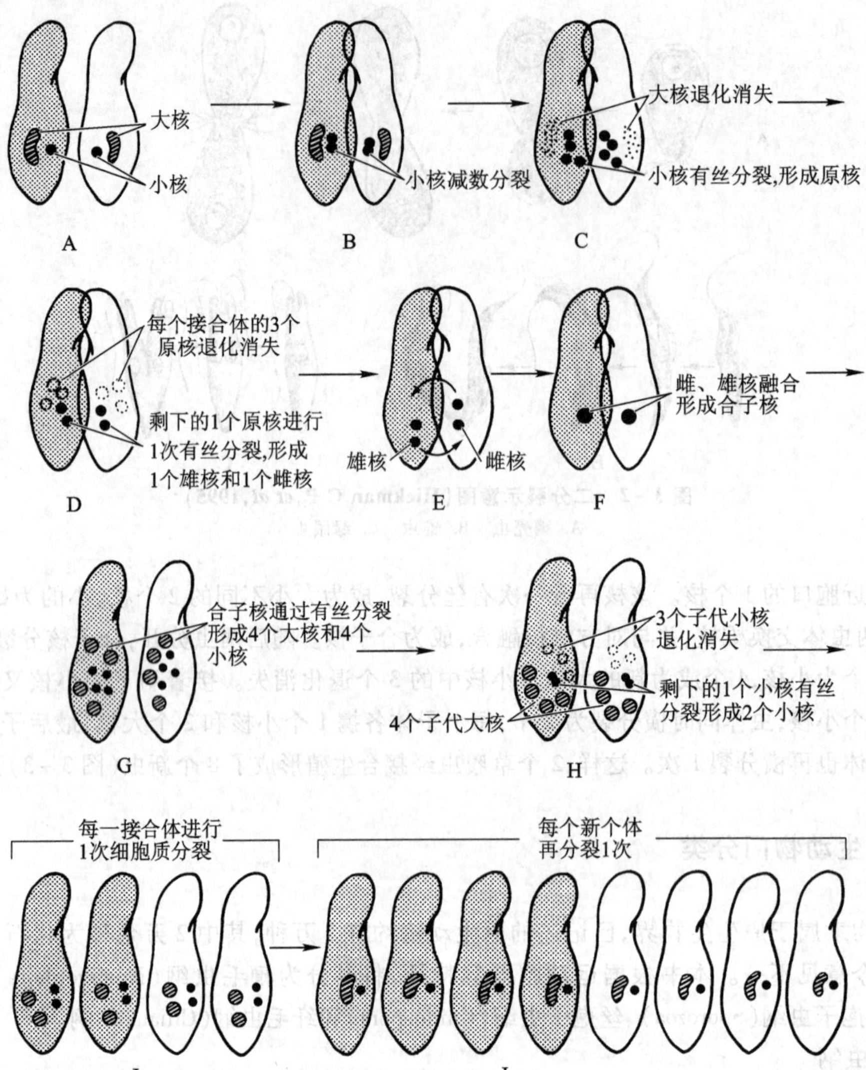

图 3-3 原生动物接合生殖示意图

防治的 5 大寄生虫病之一),由白蛉子(*Phlebotomus*)传播;曲滴虫目(Retortamonadida),如锥虫(*Trypanosoma*);双滴虫目(*Diplomonadida*),如贾第虫(*Giardia*);毛滴虫目(Trichomonadida),如阴道滴虫(*Trichomonas vaginalis*);超鞭毛目(Hypermastigida),如披发虫(*Trichonympha*)。

2. 肉足虫纲

具伪足,细胞构造简单,生活中常出现带鞭毛的配子期,分 2 亚纲:

(1) 根足亚纲(Rhizopoda) 伪足为无轴型,分 3 目:变形虫目(Amoebina),如痢疾内变形虫(*Entamoeba histolytica*)(图 3-5L)寄生于人体肠道里,能溶解肠壁组织引发痢疾;有壳目(Testacea),虫体具几丁质单室外壳,如砂壳虫(*Difflugia*);有孔虫目(Foraminiferida),虫体具碳酸钙质的单室或多室外壳,壳上多孔,伪足由小孔伸出,种类和数量巨大,已知的约 2 万余种,地中海一些海岸每克泥沙中含 5 万多个有孔虫壳。虫体死后其坚硬的外壳沉积海底,形成了富含钙质、硅质的

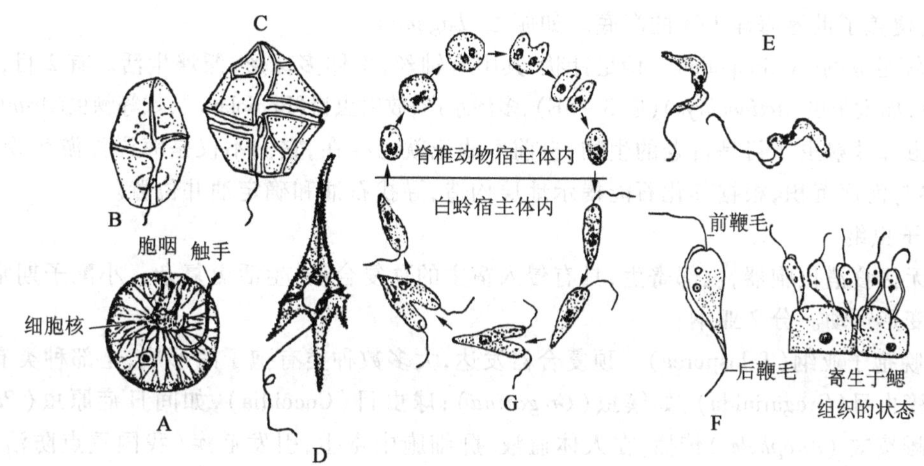

图 3-4　鞭毛虫纲的种类

A. 夜光虫　B. 裸甲腰鞭虫　C. 沟腰鞭虫　D. 角鞭虫
E. 伊氏锥虫（*Trypanosoma evansi*）　F. 鳃隐鞭虫　G. 杜氏利什曼原虫生活史

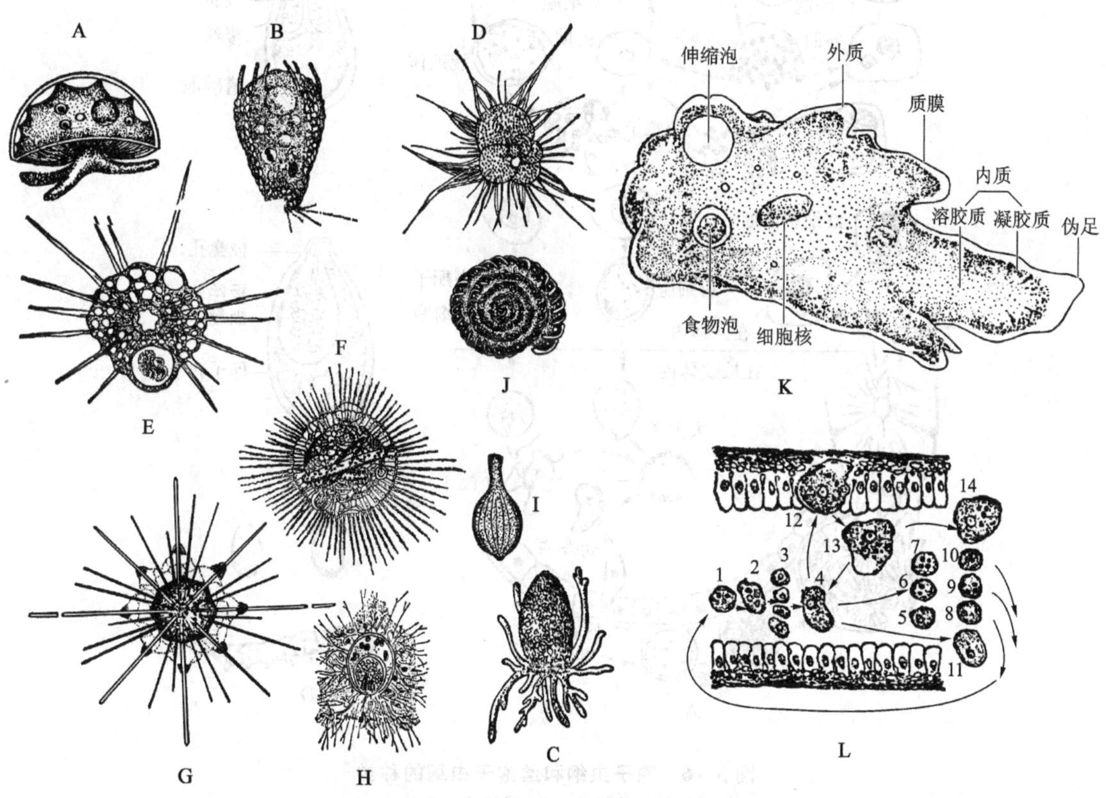

图 3-5　肉足虫纲各目代表

A. 表壳虫　B. 鳞壳虫　C. 砂壳虫　D. 球房虫　E. 放射太阳虫　F. 艾氏辐球虫
G. 等辐骨虫　H. 球骨虫　I. 瓶虫　J. 纺锤虫　K. 大变形虫　L. 痢疾内变形虫生活史
1. 进入肠的四核包囊　2~4. 小滋养体形成　5~7. 含一、二、四核包囊　8~10. 排出的一、二、四核包囊
11. 从人体排出的小滋养体　12. 进入组织的大滋养体　13. 大滋养体　14. 排出的大滋养体

特殊软泥，覆盖了世界海洋1/3的海底。如瓶虫（*Lagena*）。

（2）辐足亚纲（Actinopoda） 伪足针状，其中有轴丝，虫体多球形，漂浮生活。有2目，太阳虫目（Heliozoa），如太阳虫（*Actinophrys*）（图3－5E），多淡水产；放射虫目（Radiolaria），如等棘虫（*Acanthometra*）。

有孔虫和放射虫2目是古老的生物，自前寒武纪就已存在，它们不仅是海洋浮游生物的重要成员，而且参与海底沉积，根据其化石能揭示地层构造，寻找石油和确定油井位置。

3. 孢子虫纲

虫体无摄食消化胞器，全部寄生，具有侵入宿主的顶复合器，生活史复杂。小配子期常具鞭毛，孢子多能变形运动。分2亚纲：

（1）晚孢子亚纲（Telosporea） 顶复合器发达，大多数种类有孢子的形成，全部种类有子孢子，分2目。簇虫目（Gregarinida），如簇虫（*Gregarina*）；球虫目（Coccidia），如间日疟原虫（*Plasmodium vivax*），由雌按蚊（*Anopheles*）传播，在人体血液，肝细胞中寄生，引发疟疾（我国重点防治的5大寄生虫病之一），隔日发作（图3－6A）。

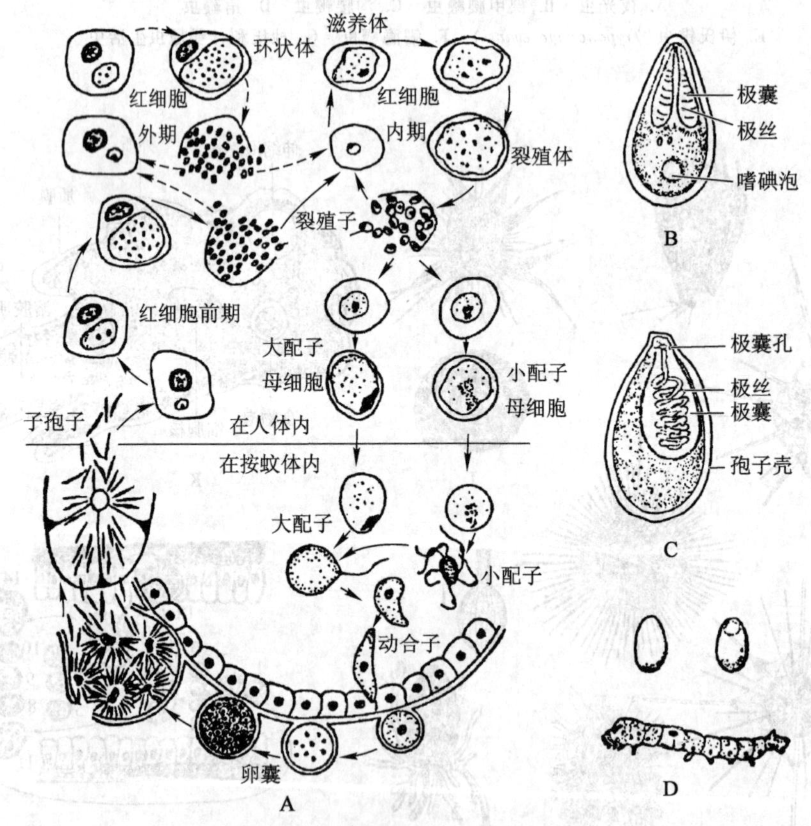

图3－6 孢子虫纲和丝孢子虫纲的种类

A. 间日疟原虫生活史 B. 碘泡虫 C. 单极虫

D. 蚕微粒子虫的新鲜孢子（上）和病蚕皮肤所表现的特殊斑点（下）

（2）焦虫亚纲（Piroplasmia） 顶复合器不发达，无配子生殖和孢子生殖，仅1目：焦虫目（Piroplasmida），如巴贝斯虫（*Babesia*）。

4. 丝孢子虫纲(Cnidospora)

虫体具极囊或盘卷极丝。分2亚纲：

(1) 黏孢子亚纲(Myxospora)　孢子一端具1~4个极囊(多具2个),孢子大,有2~3个不同形状的瓣所包围。多寄生鱼的体表,如碘泡虫(*Myxobolus*,也称碘孢虫)、单极虫(*Thelohanellus*)等(图3-6)。

(2) 微孢子亚纲

孢子一般只具一条极丝,孢子小,只有一个瓣。多寄生节肢动物身上,如蚕微粒子(*Nosema bombycis*)(图3-6D)和蜂微粒子(*Nosema apis*)。

5. 纤毛虫纲

体表具短纤毛,是构造最复杂的一类原生动物。根据纤毛模式和胞口构造等分为3亚纲7目：

(1) 动片亚纲(Kinetofragminophora)　体表纤毛均匀分布,无复合纤毛器。分4目：裸口目(Gymnostomata),口区无纤毛,胞口直接开口于体表,如长颈虫(*Dileptus*);庭口目(Vestibulifera),口区具前庭,如结肠肠袋虫(*Balantidium coli*);下毛目(Hypostomata),体前端有1对外质漏斗,其内有纤毛并伸入胞口胞咽,如蓝管虫(*Nassula aurea*);吸管虫目(Suctorida),幼体具纤毛,自由生活,成虫无纤毛,具触手和柄,固着生活,如足吸管虫(*Podophrya*)(图3-7I)。

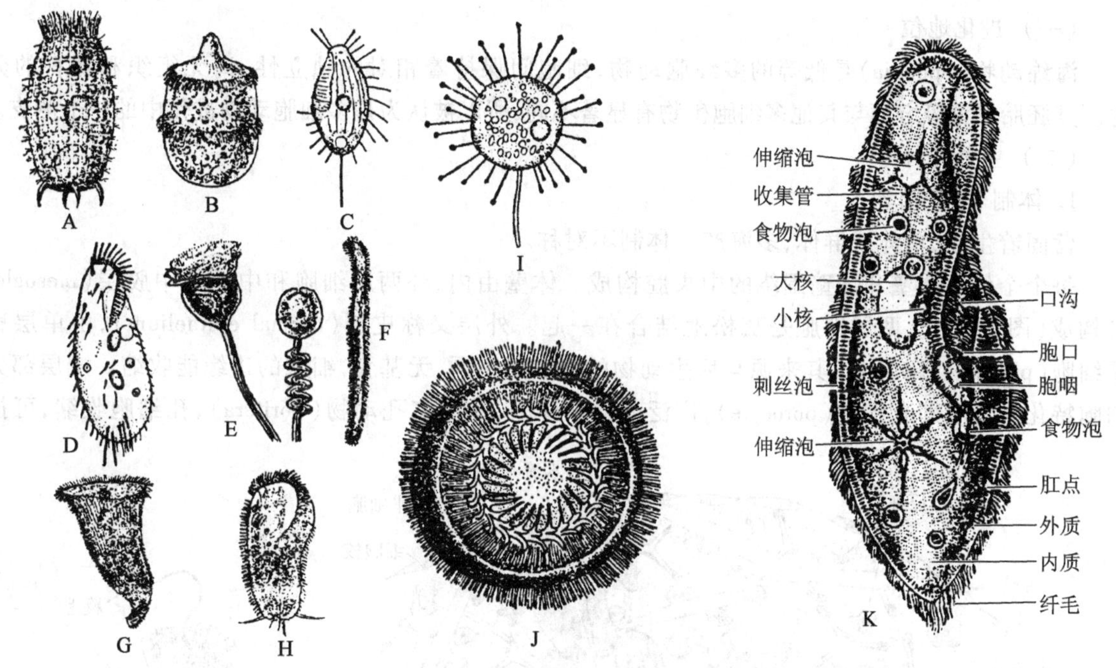

图3-7　几种常见的纤毛虫

A. 板壳虫　B. 栉毛虫　C. 银灰膜袋虫　D. 伪尖毛虫　E. 钟虫
F. 旋口虫　G. 喇叭虫　H. 尾棘虫　I. 固着足吸管虫　J. 车轮虫反口面观　K. 大草履虫

(2) 寡毛亚纲(Cligohymenophora)　口区发达,多数具复合纤毛器。分2目：膜口目(Hymenostomata),口前腔中有纤毛构成小膜带或波动膜,如草履虫(*Paramecium*);缘毛目(Peritricha),体表纤毛退化消失,虫体顶端具口盘,口盘周围有波动膜或口旁纤毛带,如车轮虫(*Trichodina*)(图3-7J)、独缩虫(*Carchesium*)。

(3) 多膜亚纲(Polyhymenophora) 口区具显著的口旁小膜带,体表纤毛一致或成为复合纤毛结构,如棘毛(cirrus)等。仅1目:旋毛目(Spirotricha),如游仆虫(*Euplotes*)、尾棘虫(*Styionychia*)(图3-7H)等。

附:中生动物门

内容见配套数字课程。

第二节 无体腔动物

无体腔动物(acoelomata)包括海绵动物门、腔肠动物门、扁形动物门的多种动物。

一、海绵动物门

(一) 进化地位

海绵动物(Spongia)是低等的多细胞动物,细胞间保持着相对的独立性,尚无组织和器官的分化。其胚胎发育等方面与其他多细胞生物有显著不同,所以被认为是多细胞动物进化中的一个侧支。

(二) 主要特征

1. 体制、体壁结构

营固着生活,单体或群体,多海产。体制不对称。

每个个体由体壁和体壁围绕的中央腔构成。体壁由内、外两层细胞和中间的中胶层(mesoglea)构成(图3-8)。两层细胞是疏松地结合在一起。外层又称皮层(dermal epithelium),由单层扁平细胞(pinacocytes)组成,其来源与后生动物的表皮层不同,无基膜,细胞的边缘能收缩。皮层部分细胞特化为管状即孔细胞(porocyte),广泛分散在体表,故名多孔动物(Porifera),孔细胞收缩,可控

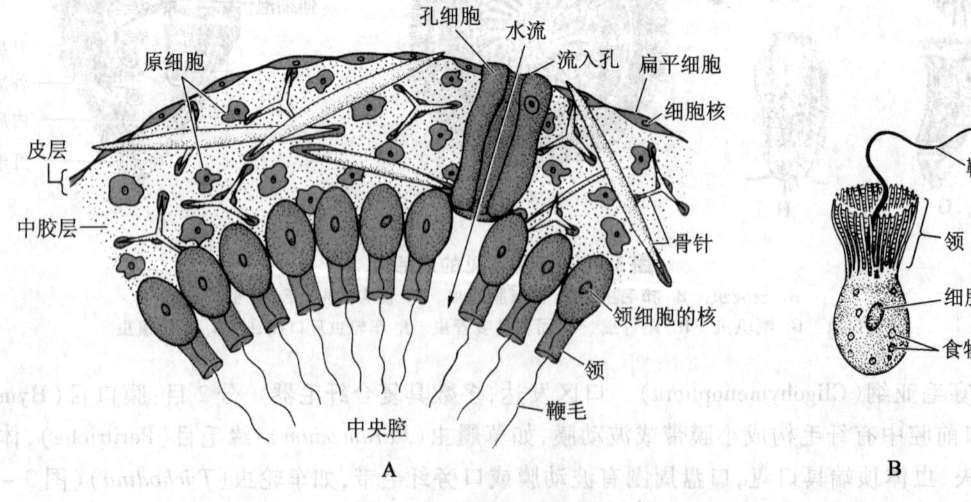

图3-8 海绵动物体壁结构图
A. 海绵体壁结构示意图 B. 领细胞结构示意图

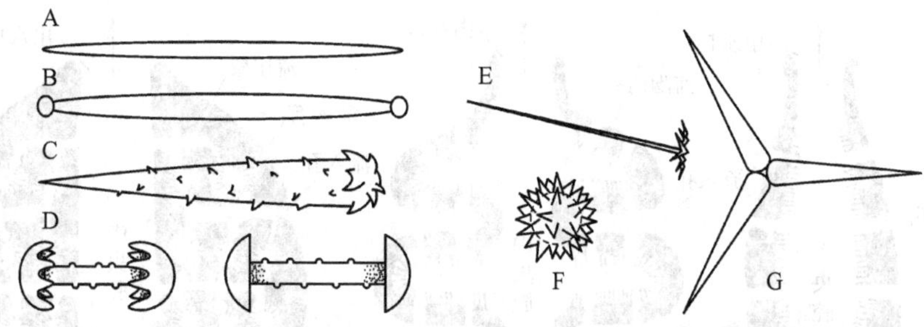

图 3－9　海绵动物骨针代表类型

A. 二尖骨针　B. 双头骨针　C. 单放多刺针　D. 双盘骨针　E. 二次三叉骨针　F. 球星型骨针　G. 三轴骨针

制水流。内层又称胃层（stomachic epithelium），由特殊的领细胞（choanocyte）构成。领细胞具一透明的细胞质突起形成的领（collar），领的中央有一鞭毛，鞭毛打动引起水流，水中的食物颗粒和氧由领携入细胞内营细胞内消化。中胶层为胶状，其间散布有钙质、硅质骨针和类蛋白质的海绵丝、几种变形细胞（amoebocyte）。骨针（spincule）和海绵丝（spongin fiber）起支持作用，骨针形状多种，有单轴、三轴、四轴等（图 3－9）。一部分变形细胞能分泌形成骨针，称为造骨细胞（scleroblast）；部分能分泌海绵丝（图 3－10），称为成海绵丝细胞（spongioblast）；部分变形细胞有排泄作用，或细胞内消化，有的还能形成精子和卵子，称为原细胞（archaeocyte）；还有一些变形细胞称为星芒细胞（collencyte），可能有神经传导作用。

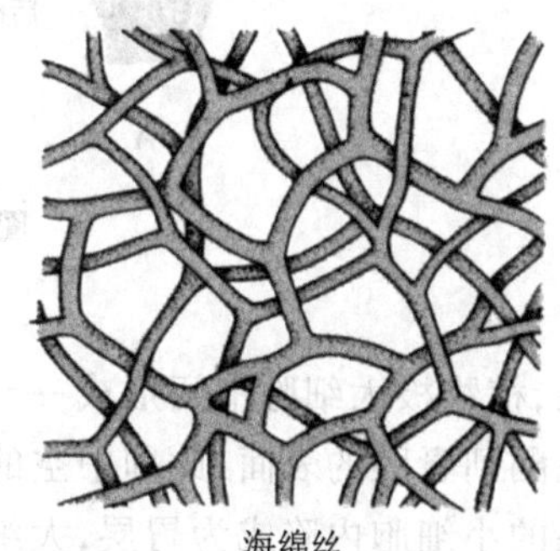

图 3－10　海绵丝示意图

2. 水沟系

海绵动物具有特殊的水沟系（canal system），水沟系分为 3 类：① 单沟型（ascon type），水流直接由孔细胞流入中央腔，再由中央腔的出水孔流出，如白枝海绵（*Leucosolenia*）。② 双沟型（sycon type），相当于单沟型体壁折叠，形成许多平行的盲管。在外侧的为流入管（incurrent canal），向中央腔的为辐射管（radial canal）。双沟型海绵体壁增厚了，领细胞层面积增大，滤食能力也增强，毛壶（*Grantia*）等属此。③ 复沟型（leucon type），是在双沟型体壁基础上进一步折叠，体壁更厚，领细胞层面积更大，中央腔缩小，滤水速度也更快。许多大型海绵如矶海绵（*Reniera*）、淡水海绵（*Spongilla*）等属此，它们每天滤水量超过自身体积的上万倍(图 3－11)。

3. 生殖与胚胎发育

海绵动物无性生殖分为出芽（budding）和芽球（gemmule）两种。前者是体壁局部向外突出成芽体，成熟后脱落长成新个体；芽球由中胶层生成，由若干原细胞（即变形细胞）聚成堆，外包几丁质膜或骨针。一个海绵可形成许多芽球，成体死后芽球能耐恶劣环境，一旦环境改善，芽球内的细胞便释放出来形成新个体。海绵再生（regeneration）能力很强，如白枝海绵碎片只要超过 0.4 mm，带有若干领细胞就能再生重新长成新个体。海绵中有性生殖很普遍，多雌雄同体，但精卵不同时成熟，少数雌雄异体。生殖细胞由中胶层的变形细胞形成，部分领细胞亦可脱去鞭毛和原生质领后发育为精子。成熟精子随水流进入其他个体，由领细胞携入到中胶层与卵结合。

海绵的胚胎发育相当特殊，受精卵经多次卵裂形成囊胚，随后动物极小细胞向囊胚腔内生出鞭

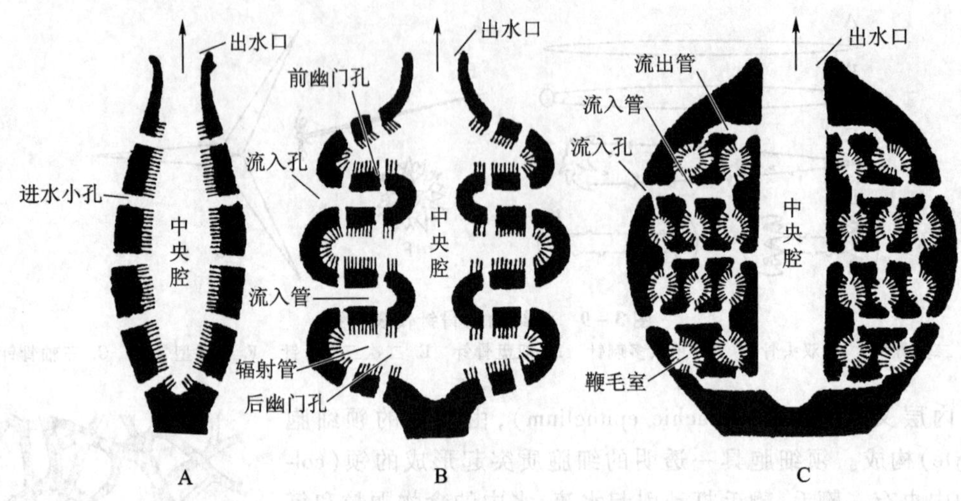

图 3-11 海绵动物的水沟系（江静波等，1965）

A. 单沟型 B. 双沟型 C. 复沟型

毛，植物极大细胞中间形成一开口，接着动物极小细胞从植物极大细胞开口处翻出，小细胞上的鞭毛翻到囊胚的表面，此即中空的两囊幼虫（amphiblastula），并从母体的出水孔释放出来。随后具鞭毛的小细胞内陷成为胃层，大细胞留在外面形成表层。然后固着长成新海绵（图 3-12）。钙质海绵（Calcarea）的胚胎发育就经历两囊幼虫阶段。幼体固着后由单沟系原海绵（olynthus）发育成双沟系再形成复沟系成体；寻常海绵（Demospongiae）则经历实心的实胚幼虫（parenchymula）。可见，海绵动物的原肠作用与其他后生动物相反，称为逆转现象（inversion），故列为侧生动物（Parazoa）。

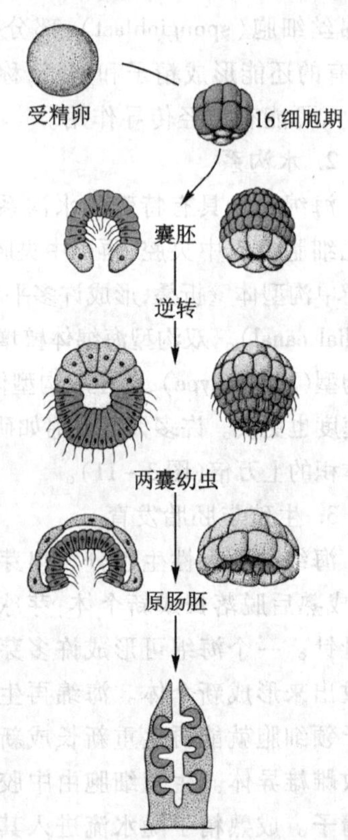

图 3-12 海绵动物的早期胚胎发育

（三）海绵动物门的分类

已知的海绵动物约 1 万种，根据骨针、水沟系等特征，分为 3 纲：钙质海绵纲（Calcarea）、六放海绵纲（Hexactinellida）、寻常海绵纲（Demospongiae）。

1. 钙质海绵纲

骨针钙质，水沟系简单，个体较小，多生活于浅海。分 2 目：

（1）同腔目（Homocoela） 单沟型，如白枝海绵（图 3-13A）。

（2）异腔目（Heterocoela） 双沟型、复沟型，如毛壶。

2. 六放海绵纲

骨针六放，硅质，或由硅质丝联成网状。体较大，单体，常对称，主要生活于 450 ~ 900 m 深或更深海底。分 2 目：

（1）六放星目（Hexasterophora） 骨针六放，如偕老同穴（*Euplectella*）（图 3-13D），体花瓶状或柱状，中央腔内常有 1 对俪虾（*Spongicola*）营偏利共生。

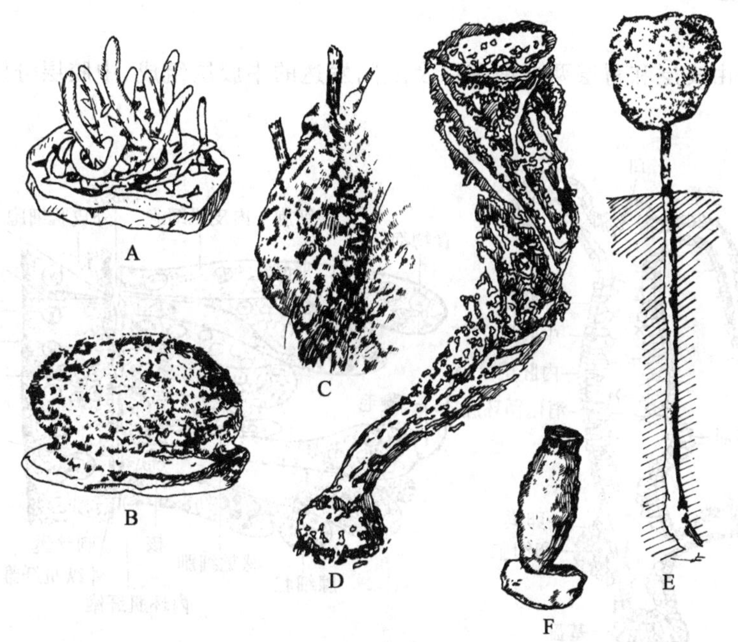

图 3－13　海绵动物种类示意图

A. 白枝海绵（附在木块上）　B. 浴海绵（附在木片上）
C. 淡水海绵（附在木柱上）　D. 偕老同穴　E. 佛子介　F. 樽海绵

（2）双盘目（Amphidiscophora）　骨针双盘型，两端具钩，如佛子介（*Hyalonema*）（图3－13E）。

3. 寻常海绵纲

硅质骨针或海绵丝，或两者联合，骨针单轴或四射型，或两种骨针均存在，埋在海绵丝中，非六放型，95%海绵属此纲。目前分类意见不一，本书分3亚纲：

（1）四射海绵亚纲（Tetractinellida）　骨针四放，无海绵丝，浅海产，如掌海绵。

（2）单轴海绵亚纲（Monaxonida）　骨针单轴，海绵丝有或无，大多数生活于浅海，少数深海。如穿贝海绵（*Cliona*）；淡水生活的种类全部属于本亚纲，如淡水海绵（*Spongilla*）。

（3）角海绵亚纲（Reratosa）　无骨针，海绵丝构成网状，群体较大，如浴海绵（*Euspongia*）。

附：扁盘动物门

内容见配套数字课程。

二、腔肠动物门

（一）进化地位

腔肠动物（Coelenterata）在动物的进化上居重要地位，最早出现胚层分化，为两胚层动物。身体为辐射对称（radial symmetry）。

（二）主要特征

1. 体壁结构

腔肠动物体壁由皮层和胃层两层细胞以及之间发达的中胶层组成，中胶层分泌自内外胚层（图 3－14）。

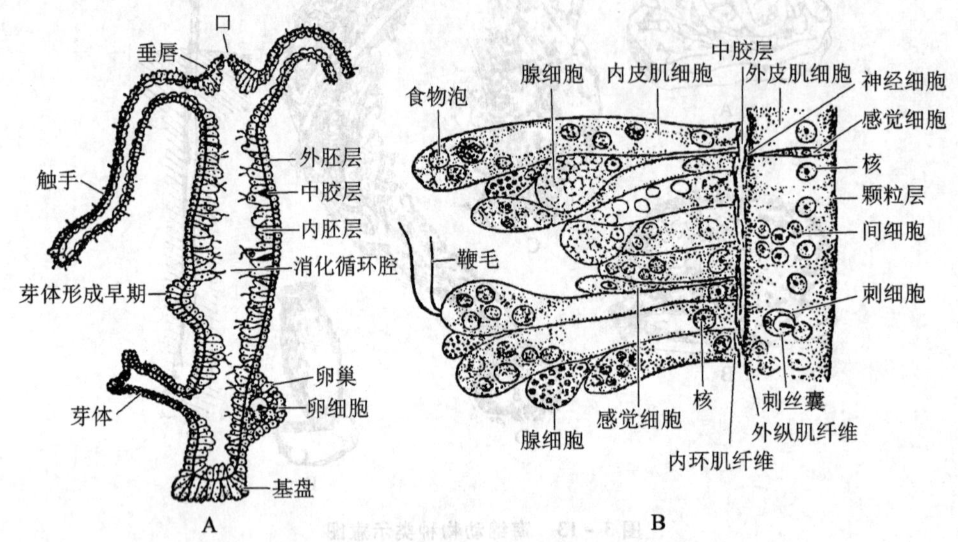

图 3－14　水螅的纵切和横切结构示意图

A. 水螅的纵切结构示意图　B. 水螅的横切结构示意图

（1）皮层由外胚层发育而来，主要有上皮细胞，其基部有肌原纤维沿身体纵轴排列，它的收缩使身体和触手变短，故上皮细胞又称皮肌细胞（epithelio-muscular cell）。皮肌细胞之间分布有腺细胞（gland cell），能分泌黏液，使水螅便于附着或在基质上滑动；感觉细胞（sensory cell）体积小，在口和触手等处较多，它的基部与神经纤维连接。神经细胞（nerve cell）位于皮肌细胞基部，接近中胶层，它的细胞突起彼此相连成网状，构成神经网（nerve net），起传导刺激向四周扩散的作用。刺细胞（cnidoblast）是腔肠动物特有的，分布于体表皮肌细胞之间，以触手上为多。刺细胞内有刺丝囊（nematocyst），囊内有毒液和一盘旋的丝状管（即刺丝）（图 3－15）。遇到刺激，囊内刺丝翻出，注射毒液或把外物缠卷，利于防御和捕食（图 3－16）。间细胞（interstitial cell）主要在外胚层细胞之间，是一种未分化的胚胎性细胞，可以分化为刺细胞和生殖细胞等。

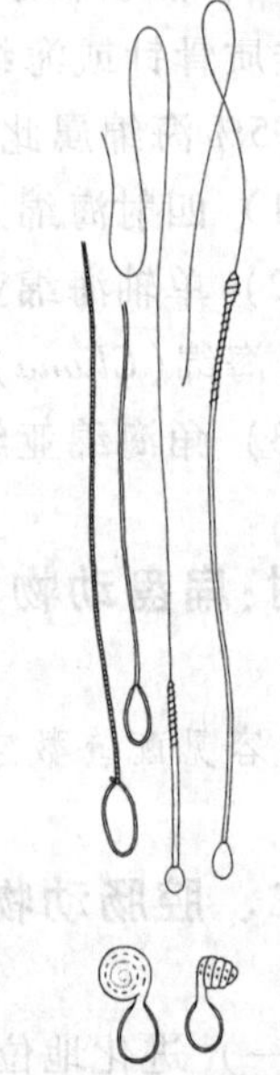

图 3－15　腔肠动物刺丝囊类型示意图

（2）中胶层为胶状物，在电镜下可看到许多小纤维，皮肌细胞突起也伸入中胶层。中胶层作为弹性“骨骼”，起支持作用。

（3）胃层由内胚层发育而来，包括内皮肌细胞、腺细胞、少数感觉细胞和间细胞。内皮肌细胞顶端多具鞭毛（1～5 根），鞭毛摆动能激动水流，同时皮肌细胞伸出伪足吞食食物，基部肌原纤维呈环状排列，收缩时使身体和触手变细。可见内皮肌细胞兼有收缩和营养功能。胃层的腺细胞能分泌酶进入中央消化循环腔(gastrovascular cavity),消化食物。

2. 生殖与发育

生活史中出现两种基本形态,即水螅型(hydroid type)和水母型(medusa type)(图 3-17);水螅型营固着生活,多呈筒形、管形,顶端有口,口周有数目不等的触手。水母型营漂浮生活,呈铃形、伞形,凹入的下伞面(subumbrella)中央有下垂的垂管(manubrium),其游离端为口,伞的边缘具缘膜(velum)、触手及感觉器等。有的种类水螅型发达,有的水母型发达,有的两种形态兼有,有的种类两种形态交替出现。

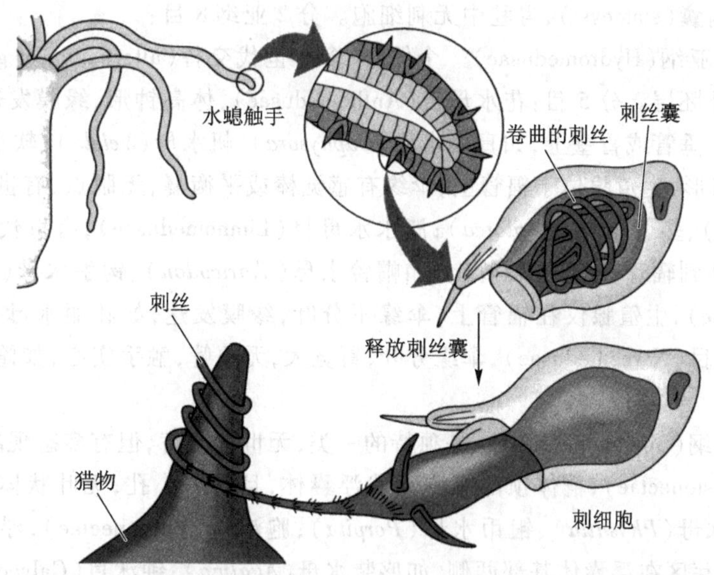

图 3-16　腔肠动物刺细胞结构示意图(Campbell N A, *et al*, 1997)

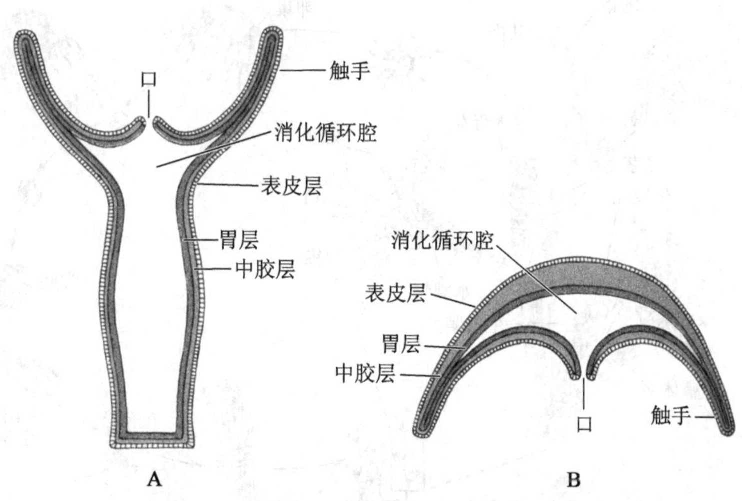

图 3-17　腔肠动物水螅型、水母型示意图

A. 水螅型　B. 水母型

腔肠动物的生殖有无性生殖和有性生殖。无性生殖多为出芽生殖。有性生殖的种类多雌雄异体，发育经浮浪幼虫(planula)。有的种类有世代交替现象。

（三）腔肠动物门的分类

现生的腔肠动物约11 000种，除少数淡水生活外，其余皆海产，且多数为浅海种类。分3纲：水螅纲(Hydrozoa)、钵水母纲(Scyphozoa)、珊瑚虫纲(Anthozoa)。

1. 水螅纲

本纲动物水螅型发达，个体小，基部附着端为基盘(basal 或 pedal disk)；水母型个体小，有缘膜，触手基部有平衡囊(statocyst)，胃腔中无刺细胞。分2亚纲8目：

（1）水螅水母亚纲(Hydromedusae)　个体小，多有世代交替(alternation of generation)，单体或群体，生殖腺来自外胚层。分5目：花水母目(Anthomedusae)，体高钟形，缘膜发达，多数有眼点，无平衡囊，生殖腺位于垂管或胃壁上，如真囊水母(*Euphysora*)、帆水母(*Velela*)；软水母目(Leptomedusae)，体半球形或扁形，生殖腺位于辐管上，伞缘有感觉棒或平衡囊，无眼点，有世代交替，如薮枝螅(*Obelia*)(图3－18)、多管水母(*Aequorea*)；淡水水母目(Limnomedusae)，有世代交替，生殖腺在胃壁上，从主辐叶延伸到辐管，或仅在辐管上，如帽铃水母(*Tiaricodon*)、钩手水母(*Gonionemus*)；硬水母目(Trachymedusae)，生殖腺仅在辐管上，伞缘不分叶，缘膜发达，如壮丽水母(*Aglaura*)、怪水母(*Geryonia*)；筐水母目(Narcomedusae)，伞缘分叶，胃宽大，无辐管，触手实心，如筐水母(*Aegina*)(图3－19A～H)。

（2）管水母亚纲(Siphonophorae)　是独特的一类，无世代交替，但有多态现象(polymorphism)，有3目：囊泳目(Cystonectae)，群体顶部有胞囊状浮囊体，且具一小孔，无叶状体，芽区仅在浮囊体基部一侧，如僧帽水母(*Physalia*)、银币水母(*Porpita*)；胞泳目(Physonectae)，浮囊体椭圆形，无顶孔，气囊内有隔片，芽区在浮囊体基部两侧，如盛装水母(*Agalma*)；钟泳目(Calycophorae)，群体顶部有泳钟体和叶状体，无浮囊体，如爪室水母(*Chelophyes*)、双生水母(*Diphyes*)(图3－19I～L)。

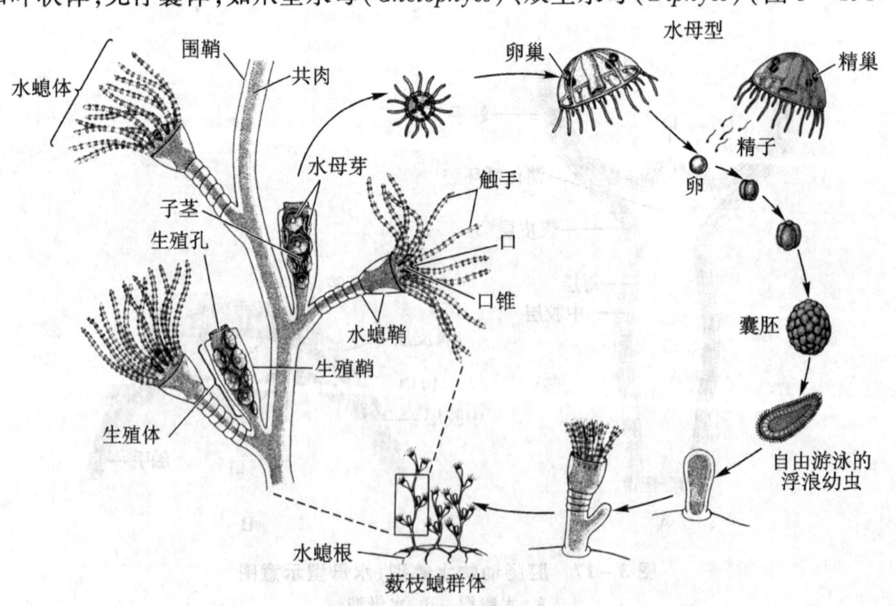

图3－18　薮枝螅生活史

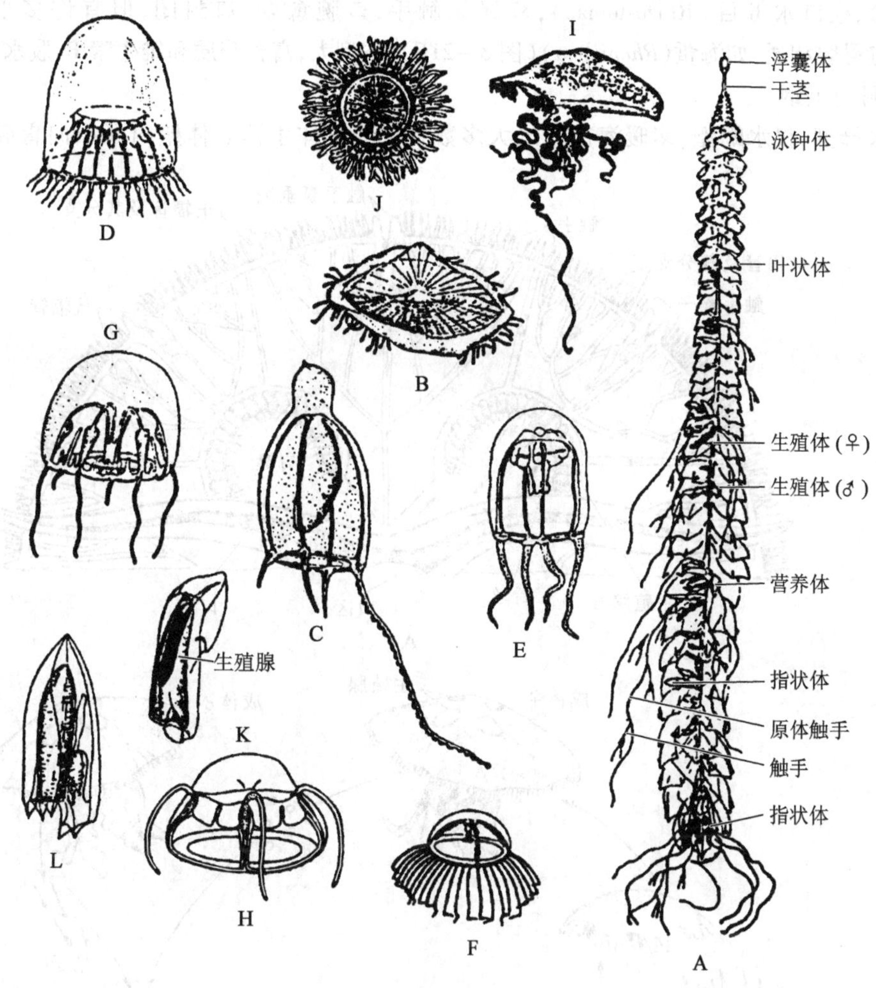

图 3-19　水螅纲的种类

A. 管水母(*Agalma elegans*)　B. 帆水母　C. 真囊水母　D. 锥状多管水母(*Aequorea conica*)
E. 帽铃水母(*Tiaricodon coeruleus*)　F. 钩手水母　G. 枝管怪水母(*Geryonia proboscidalis*)
H. 四手筐水母(*Aegina citrea*)　I. 僧帽水母　J. 银币水母(*Porpita porpita*)
K. 爪室水母(*Chelophyes appendiculata*)　L. 双生水母(*Diphyes chamissonis*)

2. 钵水母纲

其生活史主要阶段是单体水母型,水螅型阶段不发达或完全消失。体形较大,无缘膜,消化循环腔构造复杂,有发达的辐射管(radial canals)(图 3-20),具有由内胚层来源的胃丝(gastric filaments),上有刺细胞。生殖细胞由内胚层发育而来。分 5 目:十字水母目(Stauromedusae),营固着生活的钵水母,身体由水螅型和水母型共同组成,上伞面延长为柄,用于固着,下伞面向上,如喇叭水母(*Haliclystus*)(图 3-21A);立方水母目(Cubomedusae),伞部立方形,伞缘四边形,触手基部形成足叶,触手囊 8 个,下伞面向内延伸为假缘膜,如手曳水母(*Chiropsalmus*);冠水母目(Coronatae),外伞中部有一紧缩沟,将伞分上下两部分,胃囊也分上下两部分,多深海产,如缘叶水母(*Periphylla*);旗口水母目(Semaeostomae),伞碗状、碟状,具口腕,口腕中有纤毛沟,辐管复杂,如海月水母(*Aurelia*)、霞水母

(*Cyanea*);根口水母目(Rhizostomae),伞缘无触手,口腕愈合,口封闭,但有许多小吸口(suctorial mouth)与胃腔相通,如海蜇(*Rhopilema*)(图3-21E),体型大,富含胶质和维生素B,脱水后为名贵食品。

3. 珊瑚虫纲

无水母型,仅水螅型,多暖海产。绝大多数种类为群体生活。体壁内胚层向胃腔延伸形成许多

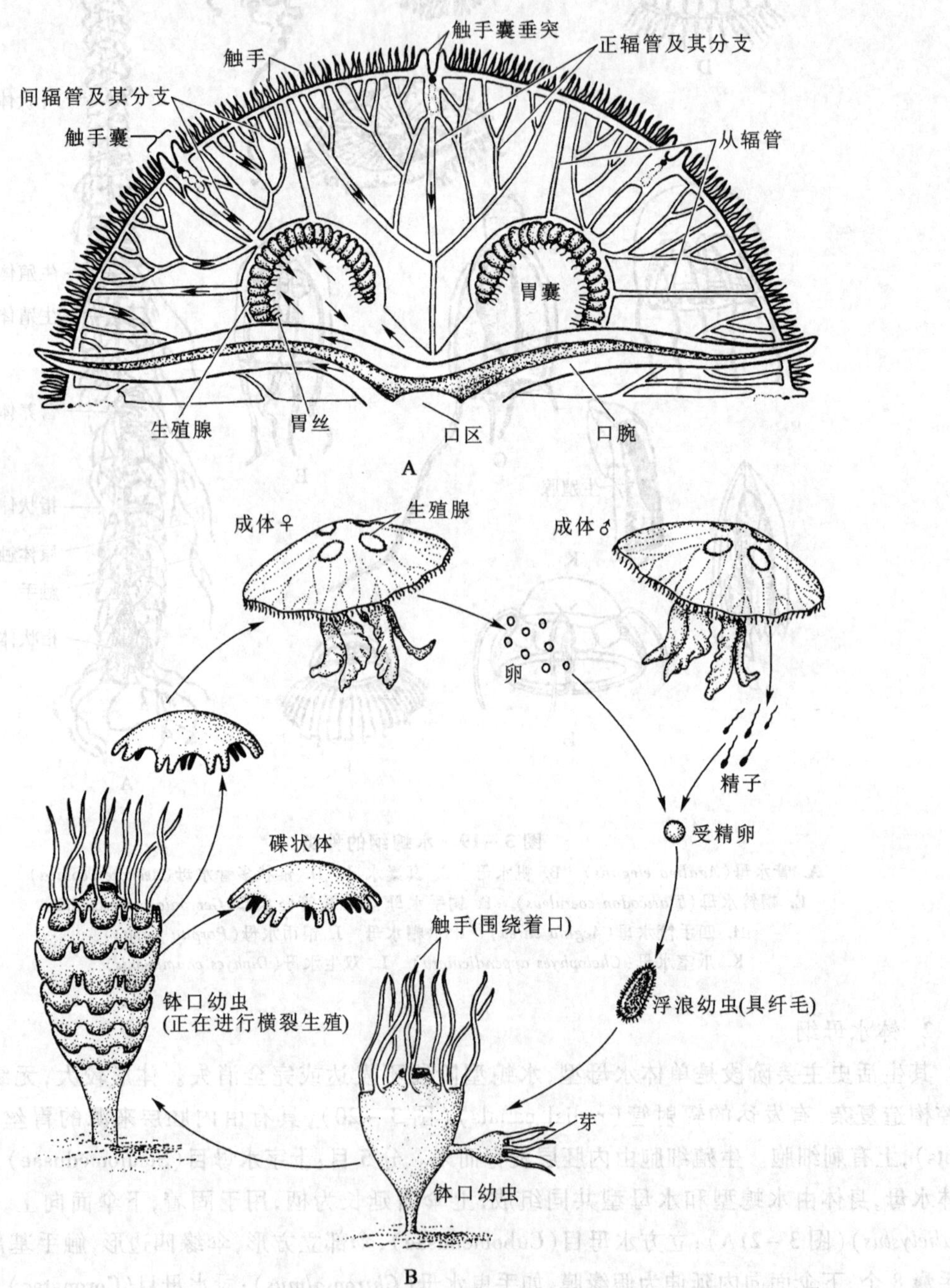

图3-20 海月水母及其生活史

A. 海月水母口面观 B. 海月水母生活史

隔膜(mesenteries),增加胃腔的表面积(图 3－22)。隔膜的排列和数量是分类的主要依据之一。外胚层细胞能分泌形成骨骼,骨骼分角质、石灰质,形态也各异。已知的珊瑚纲动物约 7 000 种,是腔肠动物中最大的一纲,分 2 亚纲 14 目:

(1) 八放珊瑚亚纲(Octocorallia)　全部群体生活,触手、隔膜均为 8 个,有 6 目:匍匐珊瑚目

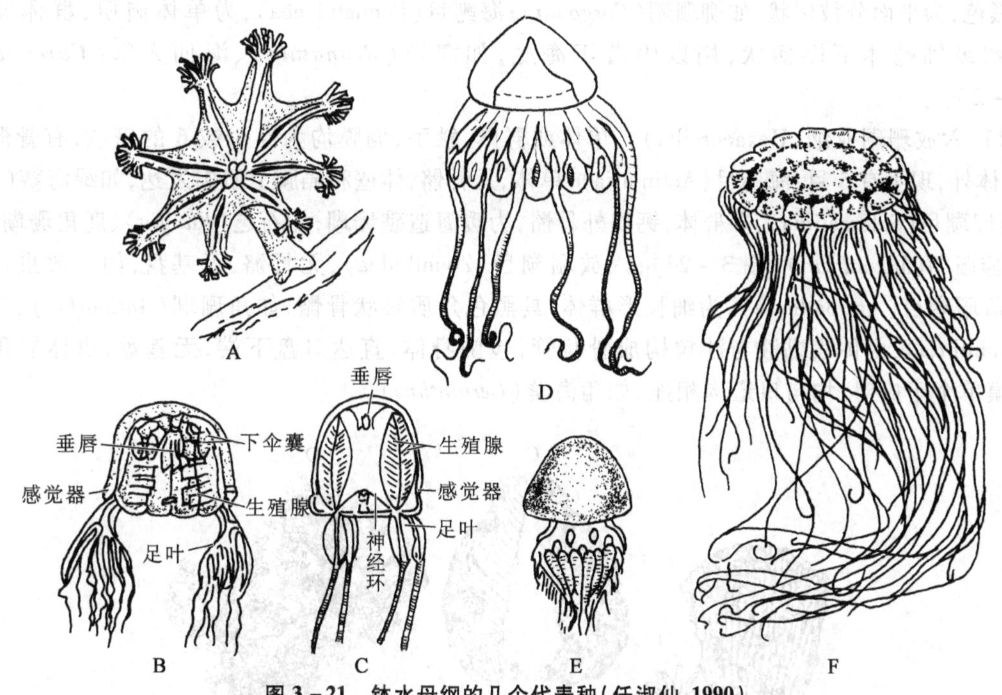

图 3－21　钵水母纲的几个代表种(任淑仙,1990)

A. 喇叭水母　B. 手曳水母　C. 灯水母　D. 缘叶水母　E. 海蜇　F. 霞水母

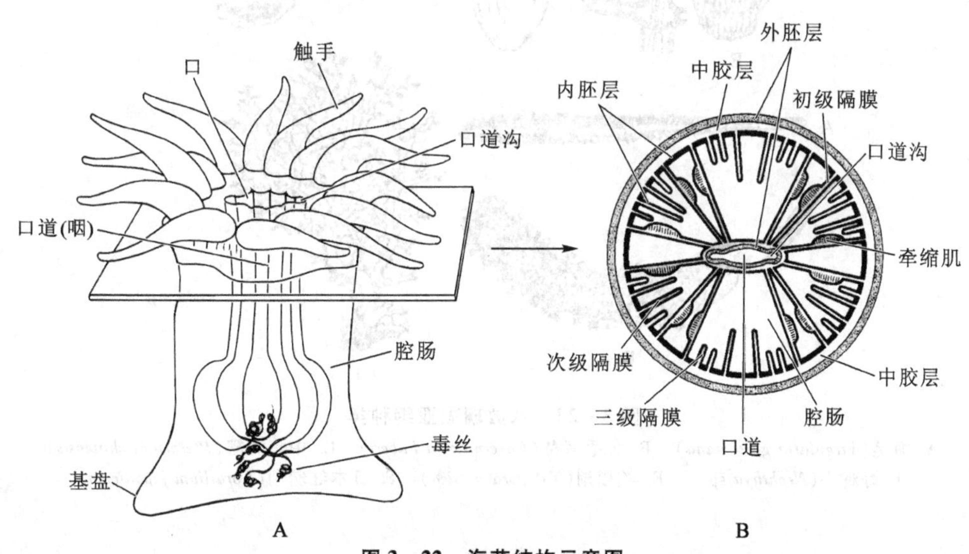

图 3－22　海葵结构示意图

A. 海葵纵切面结构示意图　B. 海葵横切面结构示意图

(Stolonifera),所有个体均由一匍匐茎上独立发生,如笙珊瑚(*Tubipora*);全腔目(Telestarea),个体中茎简单,直立或分支,向两侧长出珊瑚体,如全腔珊瑚(*Telesto*);软珊瑚目(Alcyonacea),为肉质个体,集中在远端,埋在胶状共肉中,如海鸡冠(*Alcyonium*);共鞘目(Coenothecalia),群体骨骼分枝粗短,由钙质愈合成片,再堆积为大块状,如苍珊瑚(*Heliopora*);柳珊瑚目(Gorgonacea),多数具珊瑚硬蛋白组成的中轴骨,黑色,为平面分枝树状,如柳珊瑚(*Gorgonia*);海鳃目(Pennatulacea),为单体肉质,群体珊瑚呈羽状,初级轴螅体下端柄状,用以固着于海底,如海鳃(*Pennatula*)、海仙人掌(*Cavernularis*)(图 3-23)。

(2) 六放珊瑚亚纲(Hexacorallia)　单体或群体,触手、隔膜均为6个或6的倍数,有骨骼者骨骼均在体外,现生有5目:海葵目(Actiniaria),单体,无骨骼,体壁和隔膜上肌肉发达,如绿海葵(*Sagartia*);石珊瑚目(Scleractinia),多群体,钙质外骨骼,为暖海造礁珊瑚,如石芝(*Fungia*)、鹿角珊瑚(*Acropora*)、脑珊瑚(*Meandrina*)(图 3-24);六放珊瑚目(Zoanthidea),无骨骼,无基盘,如六放虫(*Zoanthid*);角珊瑚目(Antipatharia),为细长形群体,具黑色角质轴状骨骼,如角珊瑚(*Antipathes*);角海葵目(Cerianthria),由体表黏液与沙粒构成骨状管,包围身体,直达口盘下端,无基盘,虫体居角质管内,隔膜单个不成对,均与口道沟相连,如角海葵(*Cerianthus*)。

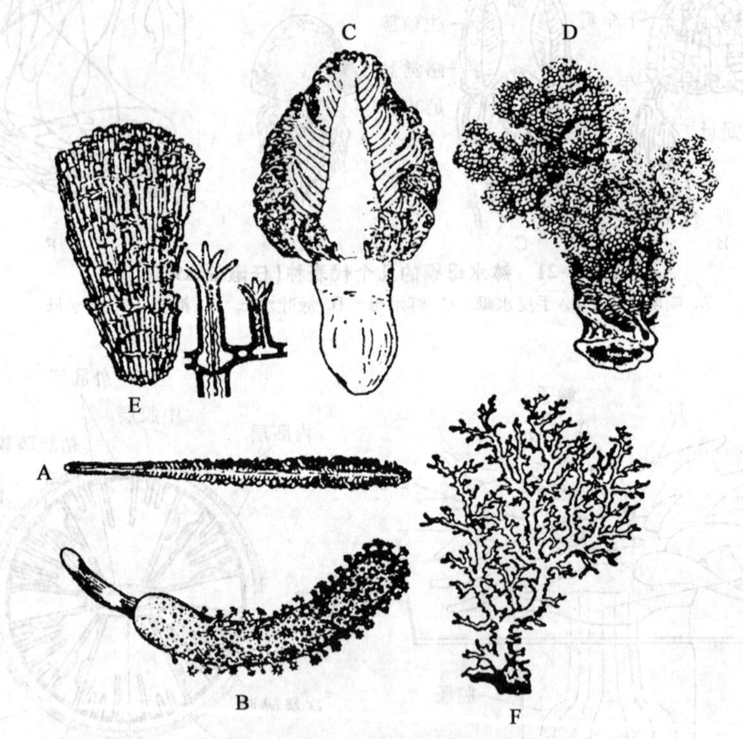

图 3-23　八放珊瑚亚纲种类

A. 海笔(*Virgularia gustaviana*)　B. 仙手海葵(*Cavernularia haberi*)　C. 中华海鳃(*Pteroeides chinensis*)　D. 海鸡头(*Nephthya* sp.)　E. 笙珊瑚(*Tubipora musica*)　F. 日本红珊瑚(*Corallium japonicum*)

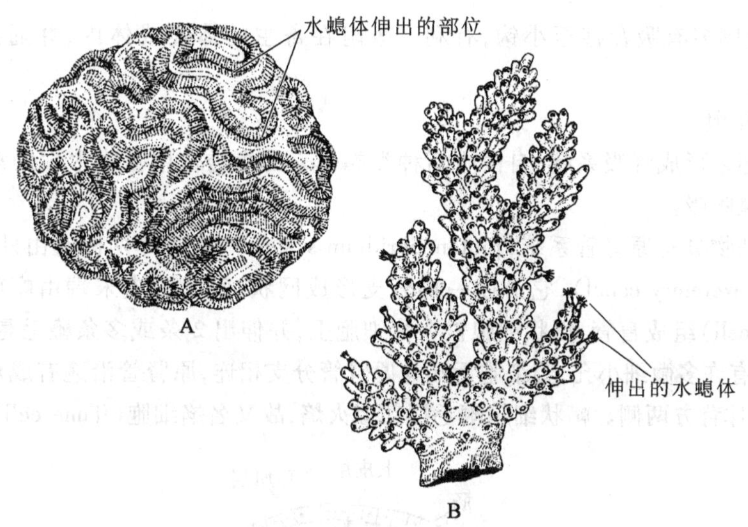

图 3-24　六放珊瑚亚纲类群

A. 脑珊瑚　B. 鹿角珊瑚

附:栉水母动物门 ⓔ

内容见配套数字课程。

三、扁形动物门

(一) 进化地位

扁形动物(Platyhelminthes)是一类三胚层(triploblast)、无体腔(acoelomate)、不分节(unsegmented)、背腹扁平、两侧对称(bilateral symmetry)的动物。两侧对称使动物运动定向,机体各部分结构和机能分化,出现了明显的前、后、左、右、背、腹之分,背部司保护,腹部司运动,神经和感官向前方集中,机体的机能和效率明显提高。

(二) 扁形动物门的主要特征

1. 实质组织及皮肤肌肉囊

在内外胚层基础上,扁形动物出现了中胚层(mesoderm)。中胚层的出现引起一系列组织、器官、系统的分化。扁形动物中胚层形成实质组织(parenchyma),能贮藏水分和养料,机体抗干旱、耐饥饿能力提高了。中胚层分化形成了复杂的肌肉组织,如环肌(circular muscle)、纵肌(longitudinal muscle)、斜肌(diagonal muscle),它们与外胚层形成的表皮层紧贴而成为皮肤肌肉囊(dermo-muscular sac),强化了运动机能(图 3-25)。

2. 消化系统

扁形动物具不完全消化系统(incomplete digestive system),通向外界的开孔是口,口后是咽,咽壁肌肉发达,能伸缩,肠与咽相连,没有肛门。食物消化后的残渣经口排出。自由生活的种类肠道发达,有的肠道反复分支,有利于消化吸收及营养成分的运输。寄生生活的种类消化道退化甚至消失，口周围多有吸盘甚至小钩，有利于吸附在寄主的体表或体内，并通过其特化的体壁渗透寄主的营养。

3. 呼吸与排泄

扁形动物还未形成呼吸系统，自由生活种类靠体表的渗透作用吸收水中的氧并排出二氧化碳，寄生种类营厌氧呼吸。

多数扁形动物具有原肾管系统(protonephridium system)，即身体两侧有由外胚层内陷形成的一或数对排泄管(excretory canal)，它沿途一再分支形成网状，每个分支末端由帽状细胞(cap cell)和管细胞(tubule cell)组成盲管，帽状细胞盖在管细胞上，并伸出2条或多条鞭毛悬垂于管细胞中央腔中；管细胞壁具有许多微细小孔，管细胞后端与原肾管分支相连，原肾管沿途有成对的肾孔(nephridiopores)开口于身体背方两侧。帽状细胞鞭毛摆动似火焰，故又名焰细胞(flame cell)(图3-26)。鞭毛

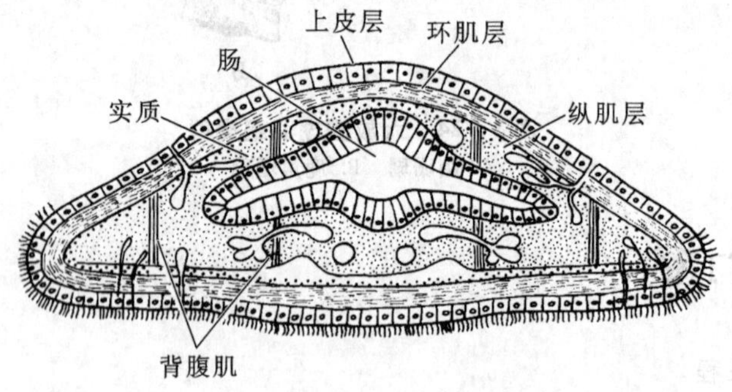

图3-25 涡虫横切结构示意图(Pechenik J A,2000)

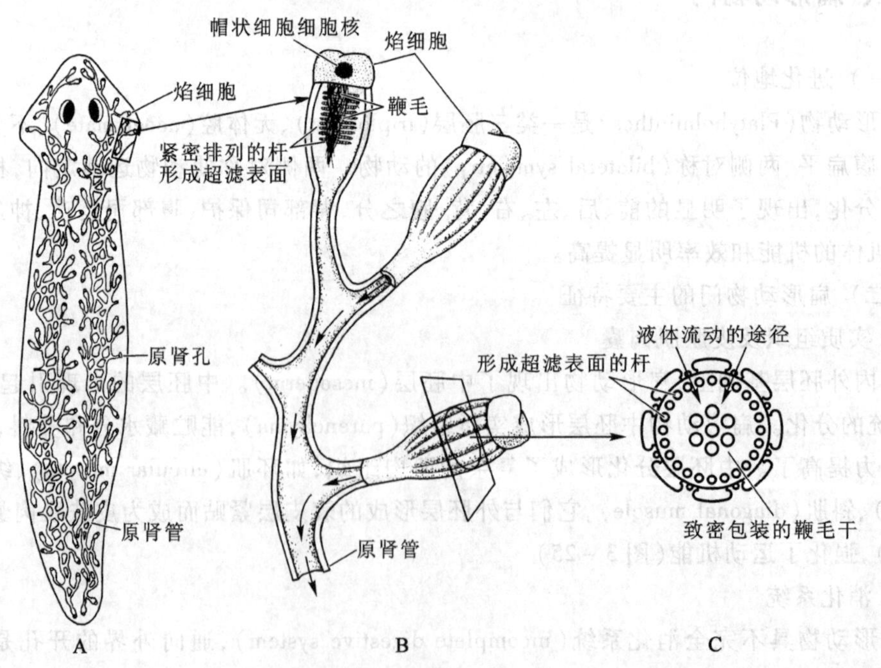

图3-26 涡虫排泄系统

A. 涡虫(淡水自由生活种类)的排泄系统 B. 几个焰细胞(箭头示液体流动方向) C. 焰细胞的横切(过鞭毛束)

摆动驱使组织中水分进入管细胞,并沿原肾管流向肾孔排出。实验证明,原肾系统主要是调节体内水分,尤以淡水种类原肾管发达,海产种类不发达。

4. 神经系统与感觉器官

扁形动物体前端有 1 对发达的脑神经节(cranial ganglion),由它向后发出若干纵行神经索(neural chord),索间有许多横神经相连,形成梯形神经系统(ladder-type nervous system)支配全身(图 3-27)。体前端背侧有一对眼点(eyespot),构造简单,由色素细胞(pigment cell)和视觉细胞(sensory cell)构成,感知光线明暗,但不能成像。体前端两侧有 1 对耳突(ear rising),司味觉和嗅觉;脑神经节附近有平衡囊(statocyst);体表各处分布有感觉细胞,感受触觉、化学刺激、水流等。寄生生活种类的感觉器官退化。

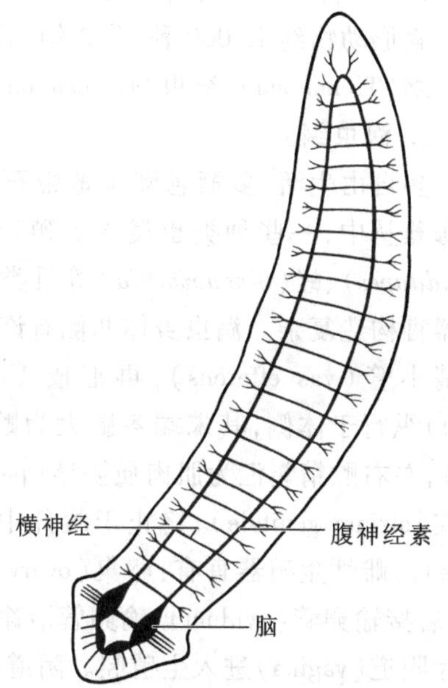

图 3-27 涡虫神经系统示意图
(Mader S S,1998)

5. 生殖与发育

自由生活的扁形动物涡虫类再生能力很强,多缢缩断裂成两个,靠再生形成新个体。在实验室将其切成几段,每段都能再生成一个完整的虫体。

多数雌雄同体,异体受精。生殖系统来源于中胚层,形成固定的构造复杂的生殖器官(图 3-28)。具有外生殖器,出现了交配行为和体内受精,是动物由水生过渡到陆生的必备条件。

淡水种类直接发育,海产种类经螺旋型卵裂(spiral cleavage),外包法形成实心原肠胚,经牟勒氏幼虫(Muller's larva)发育为成体(图 3-29)。

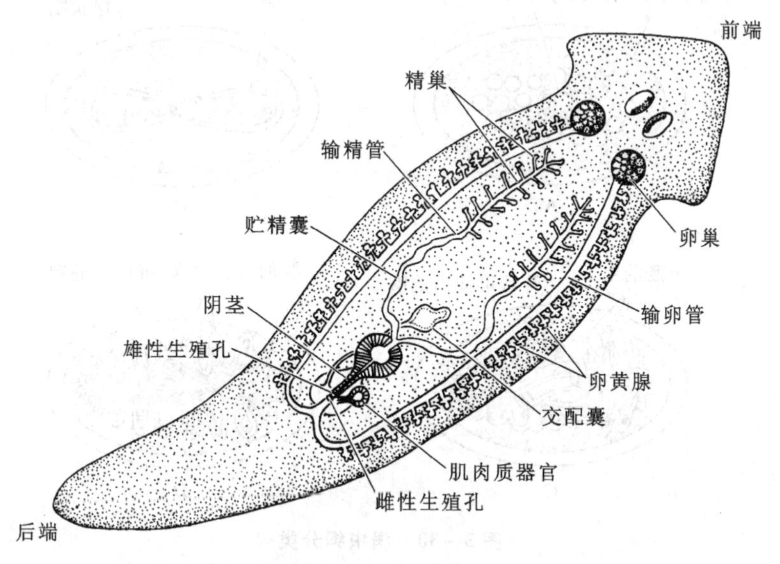

图 3-28 涡虫生殖系统

（三）扁形动物门的分类

扁形动物约15 000种，分3纲：涡虫纲（Turbellaria）、吸虫纲（Trematoda）、绦虫纲（Cestoida）。

1. 涡虫纲

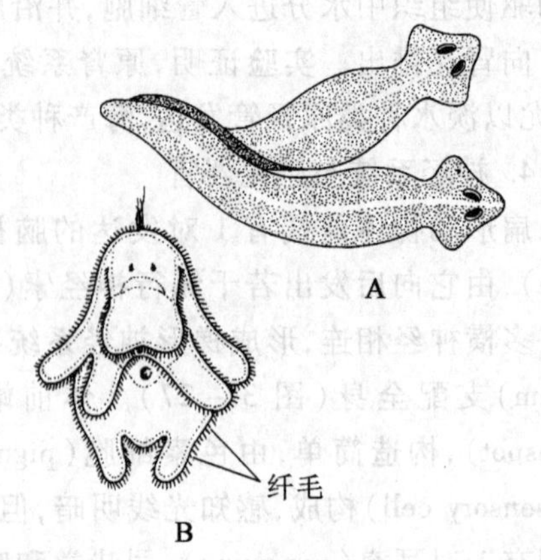

图3-29 涡虫交配及牟勒氏幼虫结构示意图
A. 涡虫交配 B. 牟勒氏幼虫

多自由生活，多栖息潮湿地带石块下或潮间带石下或海藻丛中，一些种类也侵入养殖埕地（蛏田），成为蛤（*Ruditapes*）、蛏（*Sinonovacula*）等贝类的养殖敌害。其生殖器官构造复杂。涡虫身体两侧有许多精巢（testis）连着输精小管（vas efferens），再汇成1对输精管（deferent duct）纵行于体侧，其末端各膨大为贮精囊（seminal vesicle），左右贮精囊汇为肌肉质阴茎（penis），最后开口于生殖腔（atrium genitale），终止于腹部中线的生殖孔（gonopore）。雌性生殖器官有：卵巢（ovary）1对位于体前端两侧，后接输卵管（oviduct），输卵管沿途接受许多卵黄腺（vitellaria）分泌物，在身体后端两侧输卵管汇合为阴道（vagina）进入生殖腔。阴道前方伸出一个膨大的交接囊（copulatory bursa），供交配时贮藏对方的精子。涡虫类雌雄同体，但需异体交配，卵子在输卵管上段受精，受精后沿输卵管下行，并被卵黄腺分泌物包裹成卵荚（ovisac），每个卵荚中有几个至几十个受精卵。不具卵黄腺的种类，产的卵较少，受精卵在生殖腔中被黏液黏裹成卵块产出。

涡虫纲主要分为4个目（图3-30）。无肠目（Acoela），无明显肠道，咽后有一堆吞噬细胞，行细胞内消化，无肾管，直接发育，如旋涡虫（*Convoluta*）。单肠目（Rhabdocoele），肠管状或囊状不分支，如直口涡虫（*Stenostomum*）。三肠目（Tricladida），肠管分3主干，1前2后，有侧盲突，如真涡虫

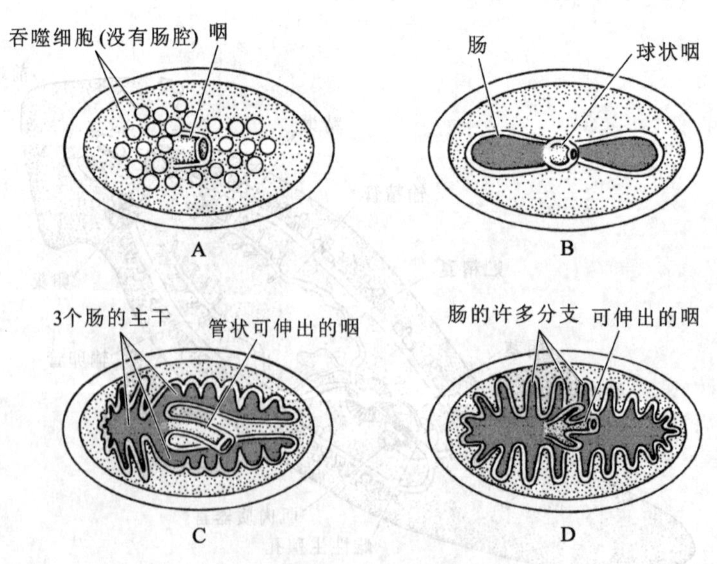

图3-30 涡虫纲分类
A. 无肠目 B. 单肠目 C. 三肠目 D. 多肠目

(*Dugesia*)。多肠目(Polycladida),肠主干不明显,多分支,如平角涡虫(*Planocera*)。

2. 吸虫纲

营寄生生活,体表的纤毛退化,出现了吸盘(sucker)、吸钩(hooks),消化系统趋退化,体表被有保护和兼吸收营养的皮膜(integumental membrane)。生活史复杂。分3亚纲:

(1) 单殖亚纲(Monogenea) 绝大多数外寄生,在鱼类、两栖类、软体动物的体表、鳃等处寄生,前后端均有1个黏附器(sticking organ)。如三代虫(*Gyrodactylus*)、指环虫(*Dactylogyrus*)(图3-31)。

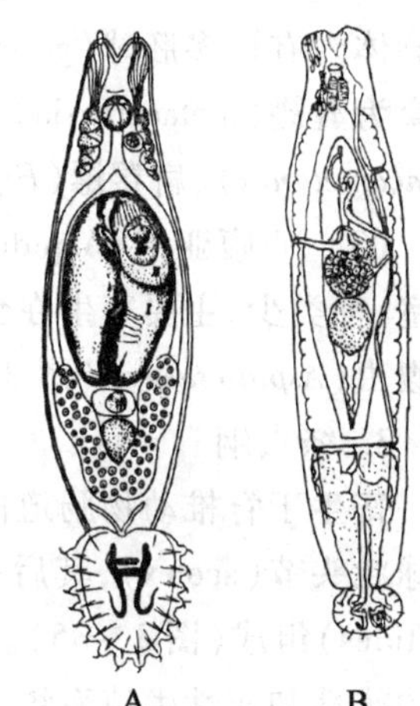

图3-31 三代虫及指环虫

A. 三代虫 B. 指环虫

(2) 复殖亚纲(Digenea) 成虫具口吸盘(oral sucker)和腹吸盘(ventral sucker),生活史复杂,有2~4个宿主,终宿主多为脊椎动物。本亚纲超过6 000种,是吸虫纲中最大的一类,其中许多是人、畜体内寄生虫。如日本血吸虫(*Schistosoma japonicum*),成虫寄生在人及哺乳动物肠系膜小静脉中,引发血吸虫病(我国重点防治的5大寄生虫病之一);寄生于人体的血吸虫还有埃及血吸虫(*S. haematobium*)(图3-32)和曼氏血吸虫(*S. mansoni*),但在我国流行的只有日本血吸虫;布氏姜片虫(*Fasciolopsis buski*)的成虫寄生在人或猪的小肠内;肝片吸虫(*Fasciola hepatica*)寄生在牛、羊等草食动物和人的肝胆管内;华支睾吸虫(*Clonorchis sinensis*)(图3-33)的成虫寄生在人、狗、猫等的肝及胆管内。这类吸虫受精卵内含毛蚴(miracidium),入水后发育为胞蚴(Sporocyst),

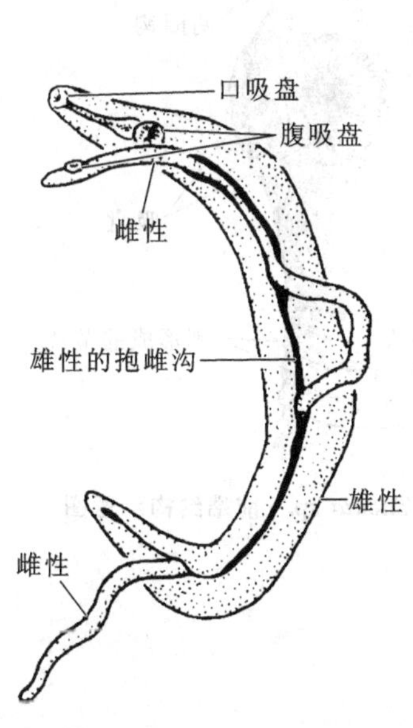

图3-32 埃及血吸虫

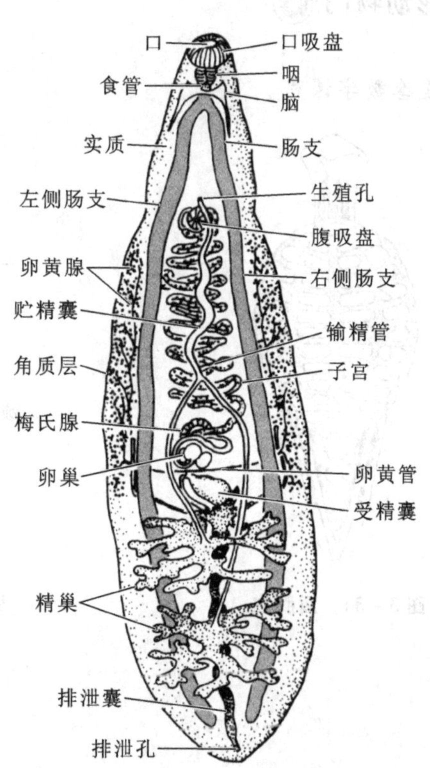

图3-33 华支睾吸虫

胞蚴体内有许多胚球(germ cell)各发育成雷蚴(redia),雷蚴体内的胚球发育为尾蚴(cercaria),再发育为囊蚴(metacercaria),最后发育为成虫。一般在尾蚴阶段侵入人畜体内。中间宿主多为钉螺(*Oncomelania*)、扁卷螺(*Hippeutis*)、椎实螺(*Lymnaea*)等。所以消灭吸虫类疾病需采取综合措施。

(3) 盾腹亚纲(Aspidogastraea)　体腹部具有1个巨大腹吸盘,吸盘上纵横肌将吸盘分为许多小室,种类少,主要寄生在鱼类、软体动物和海龟等体表或消化、排泄系统中,与宿主关系不密切,如盾腹虫(*Aspidogaster*)(图3-34)。

3. 绦虫纲

寄生于脊椎动物肠道内,无自由生活阶段,无消化道。体为长带状,体长为1 mm~12 m,前端为球状头节(scolex),其后一段为不分节的颈区(neck),颈后为节裂体(strobila),由许多节片(proglottides)组成(图3-35)。节片数目依种而异,少的仅4节,多的达4 000多节。每个节片都有完整的雄性和雌性生殖系统,能自体受精,亦可异体受精(图3-36)。受精后发育为妊娠节片(gravid proglottid),由身体后端逐节脱落,随宿主的粪便排出体外。幼虫在中间宿主体内发育,再移到终宿主发育为成虫;有的在同一宿主发育为成虫。分2亚纲:

(1) 单节绦虫亚纲(Cestodaria)　形如蠕虫不分节,发育经十钩蚴(decacanth),如旋缘绦虫(*Gyrocotyle*)。

(2) 多节绦虫亚纲(Eucestoda)　成体具节片,发育经六钩蚴(hexacanth embryo),如牛绦虫(*Taenia saginata*)、猪绦虫(*T. solium*)(图3-36)等。

附:纽形动物门

内容见配套数字课程。

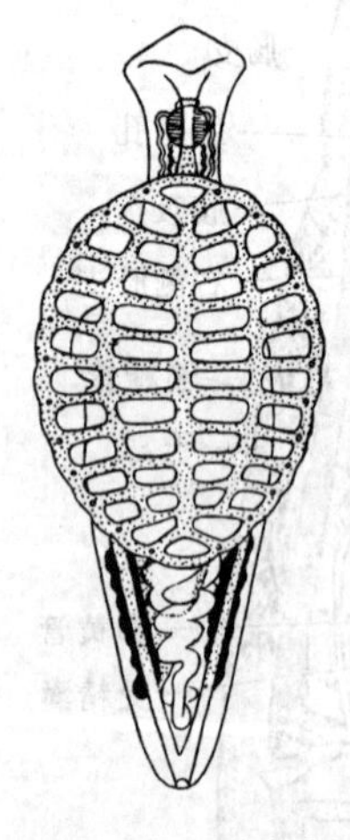

图3-34　盾腹虫

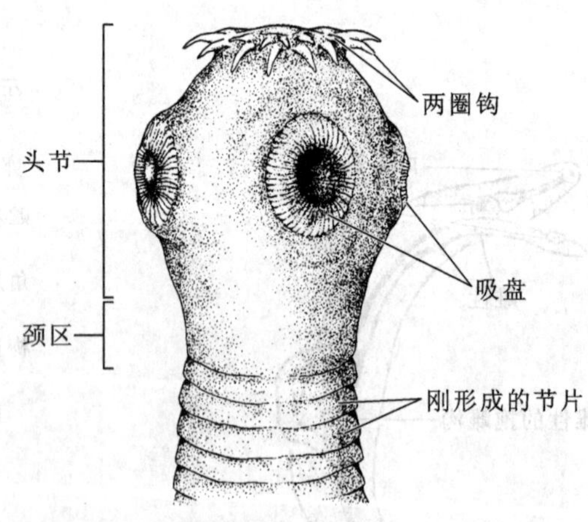

图3-35　绦虫(*Taenia* sp.)前端结构示意图

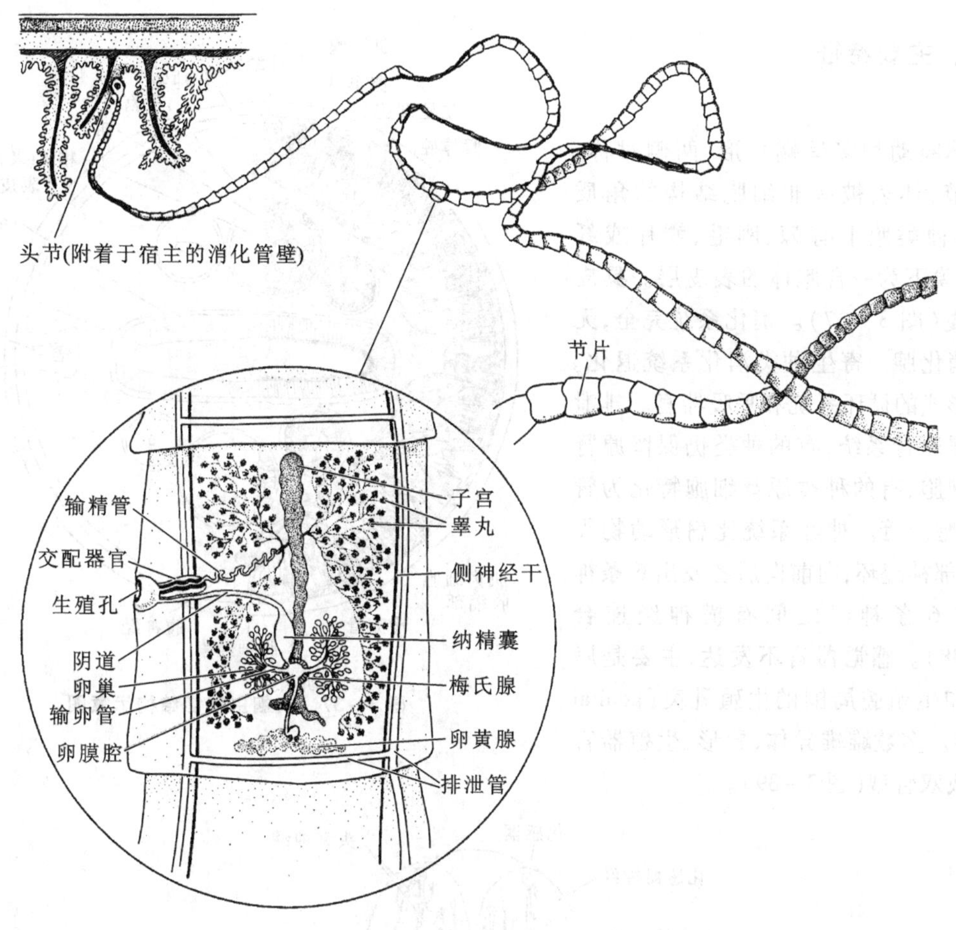

图 3-36　猪绦虫结构

第三节　假体腔动物

一、进化地位

假体腔动物(Pseudocoelomata)又名原腔动物(Protocoelomata),是构造复杂、数量庞大的一个类群。它们共同的特点是具有假体腔(pseudocoelom 或 primary coelom)。胚胎发育中的囊胚腔(blastocoel)遗留到成体,成为成体的体腔。它的体壁具中胚层来源的肌肉层,而肠壁无中胚层,也无肠系膜(mesenterium),原体腔中充满体腔液(coelom fluid),或含有胶质和间质细胞(mesenchymal cell),无体腔膜,由体腔液将体壁和肠道分开。体腔液不仅可输送营养物质,还起到静力骨骼的作用,使虫体保持一定的形态。

二、主要特征

假体腔动物多呈蠕虫形，两侧对称，体不分节，体表被有非细胞结构的角质膜，有的种类膜上有棘、刚毛、鳞片或纤毛；角质膜下为一合胞体的表皮层。具皮肤肌肉囊（图 3－37）。消化系统完全，无特殊的消化腺。寄生种类消化系统退化。无任何形式的循环系统和呼吸器官。排泄器官仍属原肾系统，有的种类仍保留原肾管和焰细胞，有的种类原肾细胞特化为管状，属细胞内管。神经系统比扁形动物集中，有咽部神经环，向前向后各发出 6 条神经，向后 6 条神经之间有横神经连合（图 3－38）。感觉器官不发达，主要是唇部乳突和生殖腔周围的生殖乳突（genital papillae）。多数雌雄异体、异形，生殖器官单管型或双管型（图 3－39）。

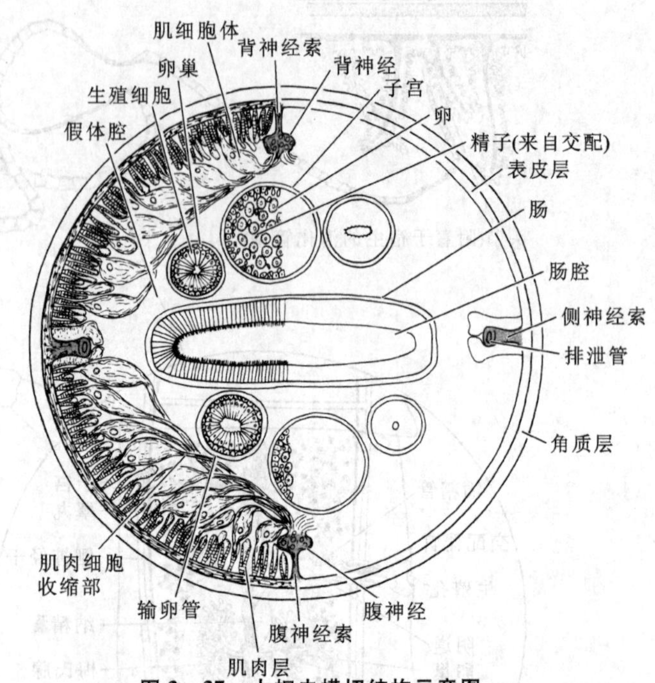

图 3－37　人蛔虫横切结构示意图

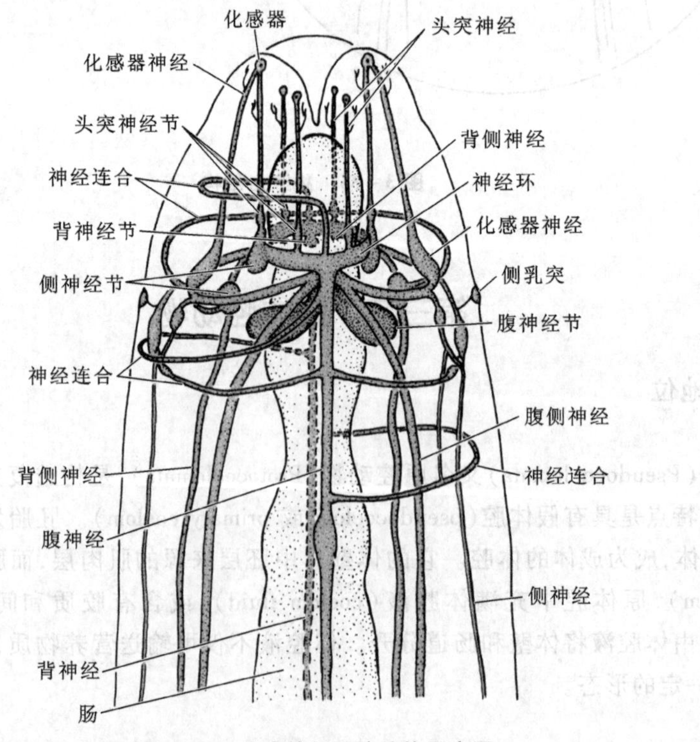

图 3－38　线虫神经系统结构示意图

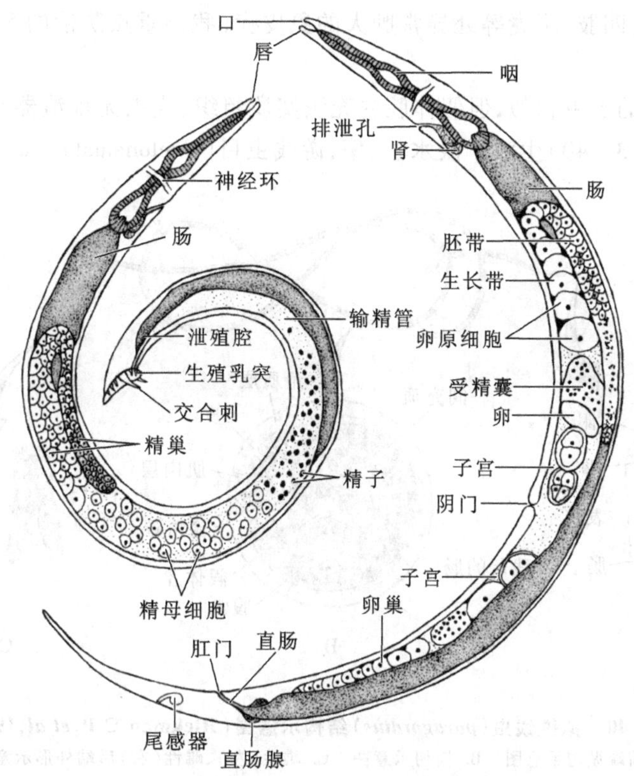

图 3-39 小杆线虫(*Rhabditis*)生殖系统及内部结构示意图(Pechenik J A,2000)

三、假体腔动物分类

假体腔动物约 18 000 余种,划分 7 个门:线虫门(Nematoda)、线形动物门(Nematomorpha)、棘头动物门(Acanthocephala)、腹毛动物门(Gastrotrica)、轮虫门(Rotifera)、动吻动物门(Kinorhyncha)、内肛动物门(Entoprocta)。

(一) 线虫门

约 15 000 种,根据 Maggenti(1981)意见,线虫独立为门,下分 2 纲 20 目。

1. 无尾感器纲(Aphasmida)

无尾感器纲又称有腺纲(Adenophorea),无尾感器,但有尾腺,有 9 目,人鞭虫(*Trichuris*)属于毛首目(Trichocephalida)。

2. 尾感器纲(Phasmida)

尾感器纲又称胞管肾纲(Secernentea),尾端具 1 个尾感器,无尾腺,化学感受器不发达;有 11 目。十二指肠钩虫(*Ancylostoma duodenale*)属圆线虫目(Strongylida),该虫以口部的钩齿咬附在人的小肠壁,吸食人的血液,数目多时会引起人的严重贫血,重者引起心脏病甚至死亡(我国重点防治的 5 大寄生虫病之一);蛲虫(*Enterobius vermicularis*)、人蛔虫(*Ascaris lumbricoides*)属于蛔虫目(Ascaridia);血丝虫(*Wuchereria*)属于旋尾目(Spiruria),寄生在人体淋巴腺和淋巴管中,重复感染使淋巴阻塞,组织增生,导致四肢、阴囊等处异常肿大的象皮症(我国重点防治的5大寄生虫病之一)。

（二）线形动物门

体线形,与线虫门的圆虫相似,但假体腔内充满实质组织,成虫无排泄器官,消化器官退化。铁线虫目(Gordiodea)(图3-40)生活于淡水、土壤;游线虫目(Nectonematoidea)为远洋浮游生活。

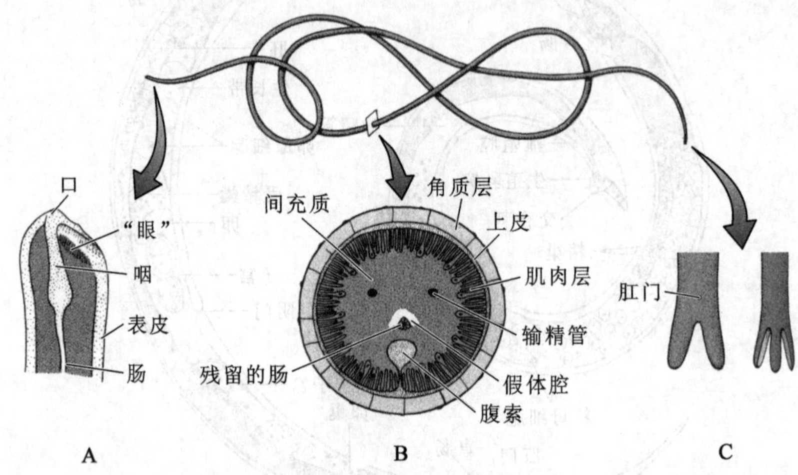

图3-40　拟铁线虫(*paragordius*)结构示意图(Hickman C P, *et al*, 1995)

A. 前端纵切示意图　B. 横切示意图　C. 雄性(左)、雌性(右)后端外形示意图

（三）棘头动物门

体前端具吻,吻上有刺钩(图3-41),成虫和幼虫均内寄生,无消化器官。分原棘头虫目(Archiacanthocephala)、古棘头虫目(Palaeacanthocephala)、始棘头虫目(Eocanthocephala)3目。

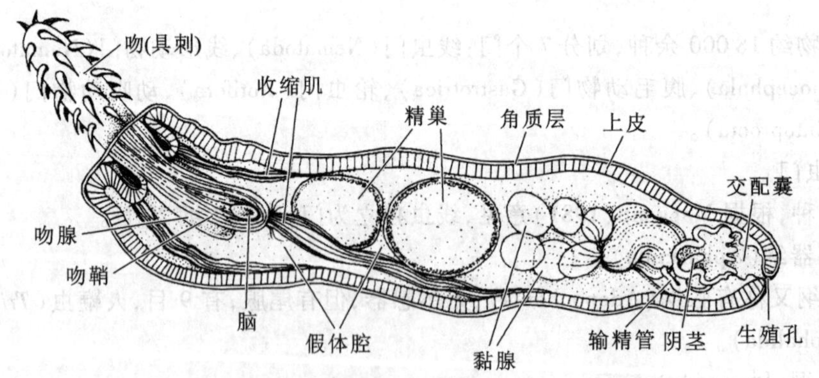

图3-41　棘头虫(*Acanthocephalus*)结构示意图

（四）腹毛动物门

水生、小型,体圆筒形,不分节,体表具刚毛或鳞片,腹部刚毛强壮,因而得名。消化器官完全。是扁形动物和原腔动物之间起桥梁作用的类群。分2目:大鼬目(Macrodasyida)体带状,咸水生活;鼬虫目(Chaetonotida)体瓶状,多淡水产(图3-42)。

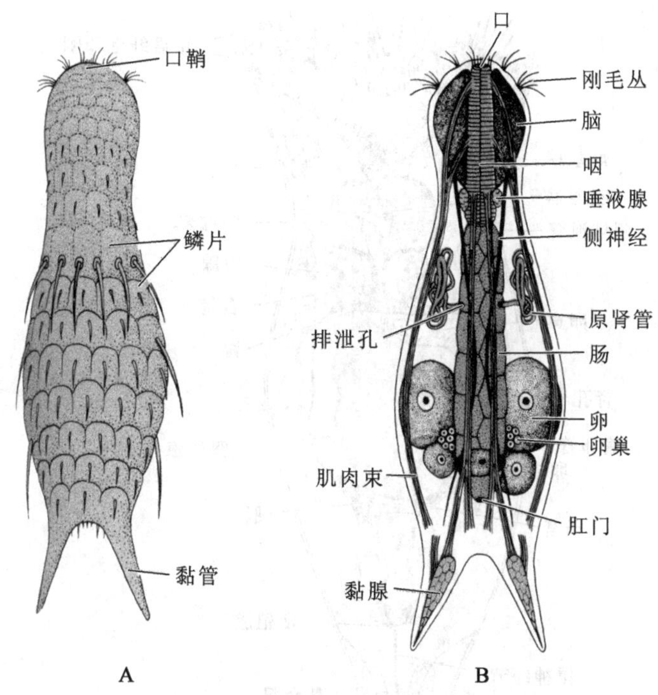

图 3－42　鼬虫结构示意图

A. 鼬虫背面观　B. 鼬虫内部结构(腹面观)

(五) 轮虫门

轮虫门有 1 800 余种,体前端有一个轮盘(trochal disc,又称头冠 corona),上有 1～2 圈纤毛,躯干和尾部表面有环纹,尾部细,末端具分叉的趾(toes),为附着器,内有足腺(pedal gland)能分泌黏液(图3－43)。分 2 纲:双巢纲(Digononta),雌体两个卵巢,如旋轮虫(*Philodina*);单巢纲(Monogonta),雌体卵巢仅一个,如臂尾轮虫(*Brachionus*)、龟甲轮虫(*Keratella*)、晶囊轮虫(*Asplanchna*)等。

轮虫是许多鱼类、虾类幼体的重要饵料,但养殖池中大量出现时,导致水质恶化和育苗失败。

轮虫的生殖有两种方式,一是春夏季的孤雌生殖(parthenogenesis),此时产的为夏卵或非需精卵(amictic egg),不必受精直接发育成全雌后代,即不混交雌体(amictic female);另一是夏末秋初的有性生殖,夏卵发育出的雌虫称混交雌体(mictic female),能同时产出两种大小不同的卵子,具单倍染色体,即需精卵(mictic egg)。大卵受精后发育为雌体,小卵不经过受精而直接发育为雄体,雌雄虫交配后雄虫即死亡,雌虫继续生活,体内受精卵具多量卵黄并被厚壳,产卵后雌虫也死亡,而卵能耐冬季低温,称冬卵或休眠卵(resting egg),到翌春温度回升,冬卵发育为雌虫。

(六) 动吻动物门

体表分节带,无纤毛(图 3－44),我国在东海大陆架及沿海发现有 10 余种,均为圆动吻虫目(Cyclorhagida),如烟台、大连、青岛沿海产的烟台刺节虫(*Echinoderes tchefouensis*)。

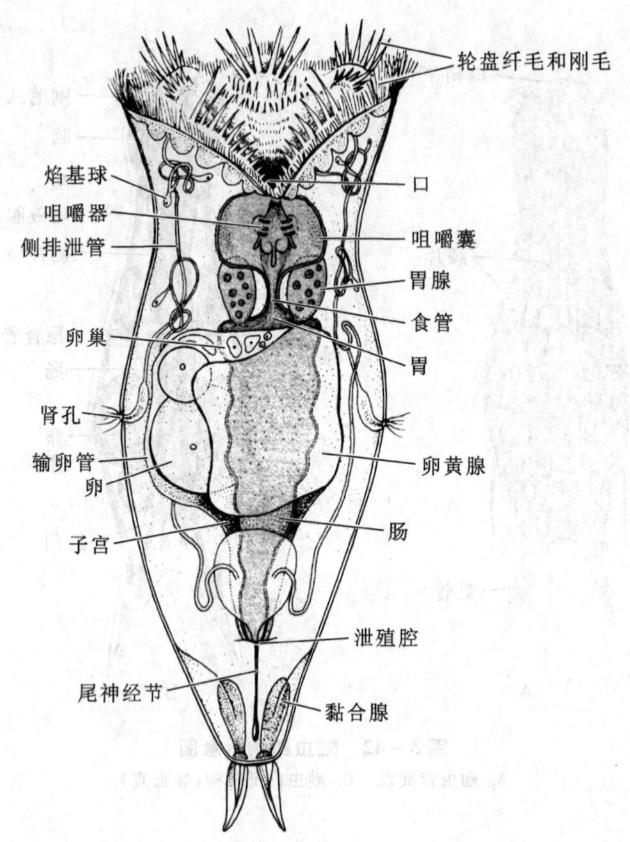

图 3-43 水轮虫(*Epiphanes senta*)结构示意图

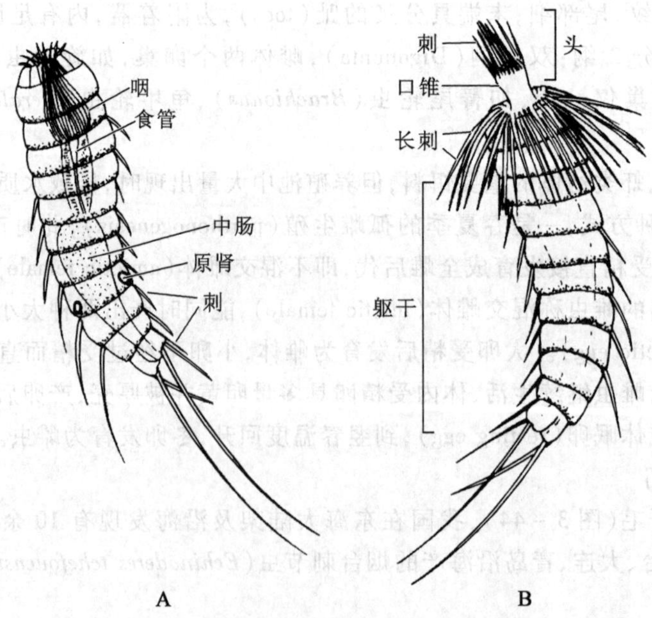

图 3-44 动吻虫(*Echinoderes*)结构示意图

A. 动吻虫(头缩回) B. 动吻虫(头伸出)

（七）内肛动物门

体分萼部（calyx）、柄部（stalk）和基部的附着盘（attachment disk），萼部前方有触手冠（tentacular crown），肛门开口于触手冠之内（图 3-45），故名。水生群体或个体生活，群体体型不超过 5 mm，个体高不超过 0.5 mm。全世界约 150 种，我国记录的有 3 科 4 属 9 种，如巴伦支海虫（*Barentsia*）。

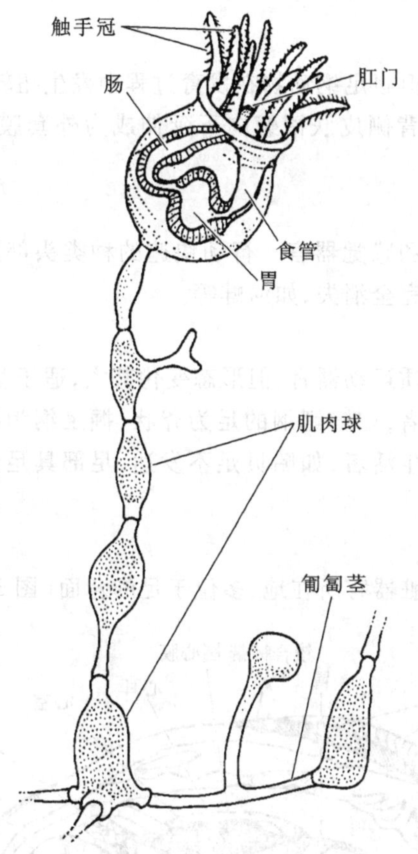

图 3-45　柄萼虫（*Pedicellina*）结构示意图

第四节　软体动物和环节动物

软体动物（Mollusca）与环节动物（Annelida）的胚胎发育中都出现螺旋卵裂方式和担轮幼虫时期，所以两类群动物之间的亲缘关系十分接近，推测可能都起源于扁形动物的涡虫纲。在进化地位上，软体动物和环节动物代表着动物进入了真体腔阶段。

一、软体动物门

软体动物是仅次于节肢动物的动物界第二大门。已知的种类约有 11.5 万种，其中化石种类 3.5 万种，现生的约 8 万种。它们的形态和生活方式多种多样，与人们的生活有着密切关系。

(一) 主要特征

软体动物从外表看,其形态差异甚大,但有着许多共同的结构:身体柔软不分节或假分节,通常由头、足、内脏囊、外套膜和贝壳等几部分构成;除瓣鳃纲外,口腔内有颚片、齿舌;神经系统包括神经节、神经索和围绕食道的神经环;体腔退化为围心腔等;多间接发育,发育经担轮幼虫期,有的种类还经历面盘幼虫期。

1. 体制和分部

软体动物体制为左右对称,但腹足纲动物在发育过程中发生扭转而变得不对称。身体柔软,软体部分为头部、足部和内脏团。背侧皮肤褶襞向下延伸成为外套膜,由外套膜分泌形成石灰质贝壳,覆盖在身体最外面。

(1) 头部

头部位于身体前端,具摄食和感觉器官。行动快速的种类头部发达,如乌贼;行动迟缓的种类头部退化,如石鳖、角贝等,甚至完全消失,如河蚌等。

(2) 足部

足部位于身体腹面,为肌肉质运动器官,但形态变化甚大;适于基质上匍匐爬行者如鲍、石鳖等足底平扁;适于底质上潜掘栖居者,如瓣鳃纲的足为斧状,掘足纲为柱状;游泳生活者,如头足类足包围口的四周呈腕状;一些附着生活者,如贻贝足不发达,足部具足丝腺,能分泌足丝;营固着生活者,如牡蛎成体足完全退化。

(3) 内脏团

内脏团(visceral mass)是内脏器官所在地,多位于足的背面(图3-46)。

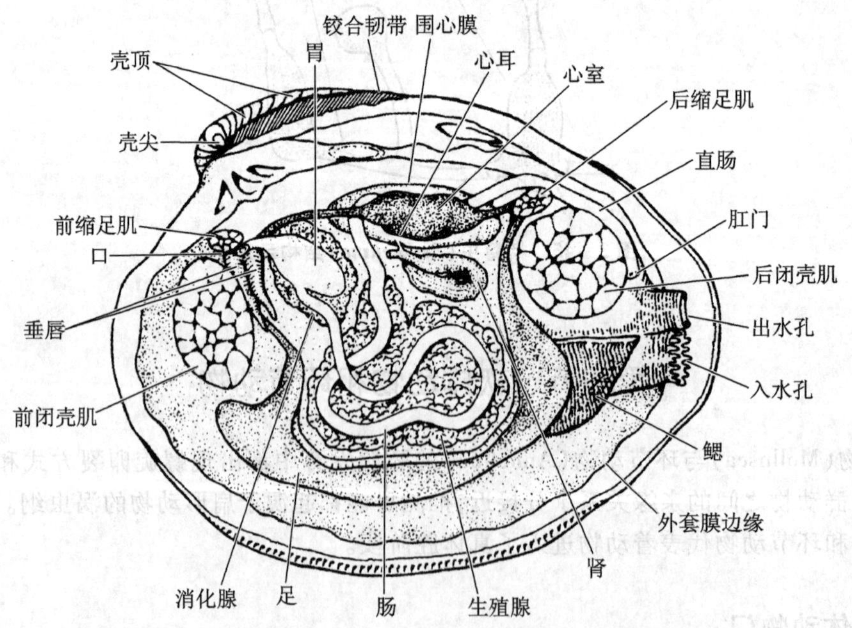

图3-46 瓣鳃纲薪蛤(*Mercenaria mercenaria*)内部结构示意图

(4) 外套膜

外套膜(mantle)是身体背侧皮肤延伸形成包被内脏团、鳃等器官的薄膜,通常分3层,外层和内层为表皮细胞层,中间层为肥厚的结缔组织。外套膜的外侧表皮层能分泌形成贝壳,珍珠就是由它分泌形成的(图3-47)。水生的种类外套膜内表面或边缘密生纤毛,借其摆动而激起水流,从而进行呼吸、滤食、排泄等活动;陆生种类外套膜内表面富有血管,有进行气体交换的功能。外套膜所包裹的室腔即外套腔(mantle cavity),内除鳃、足等器官外,消化、排泄、生殖器官亦开口在此。头足类的外套膜厚实,富含肌肉,其收缩时能挤压外套腔中的水从漏斗射出,借水流反作用力而前进。

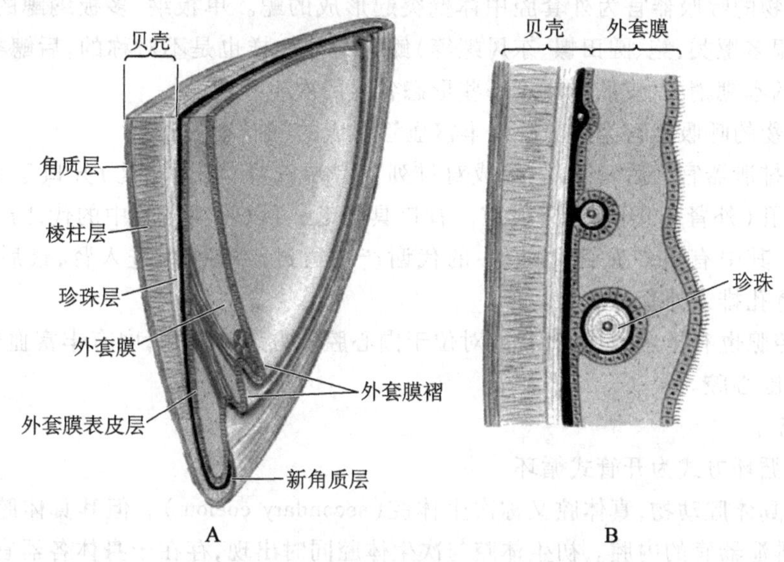

图3-47　贝壳、外套膜结构与珍珠的形成

A. 瓣鳃纲贝壳、外套膜结构示意图　B. 珍珠的形成

(5) 贝壳

软体动物除极少数种类外,绝大多数都有贝壳(shell),通常位于身体的最外面,为保护器官。但不同的种类,贝壳的数目、形态变化很大:无板类无壳;腹足类、单板类、掘足类一片贝壳;瓣鳃类两片贝壳;头足类贝壳退化为内壳或成体完全消失;多板类有8片贝壳。贝壳的形态及其上的纹、刺、肋、齿等是分类的依据之一。贝壳通常分3层,外层称壳皮,为角质层(periostracum),由贝壳素(conchiolin)构成,起保护贝壳的作用;中间一层为棱柱层(prismatayer),较厚、质地疏松,占贝壳的大部分,故又称壳层(ostracum);内层为珍珠层(pearlayer),由薄片状霰石结晶(aragonite)组成,又称壳底(hypostracum),其表面光滑,具珍珠色彩(图3-47)。整个贝壳主要由碳酸钙组成,占90%~98%;贝壳素约占5%,以及其他微量元素等。随着个体的生长,外套膜不断分泌,贝壳也不断地加大加厚。外套膜分泌旺盛时,贝壳生长也快,反之生长减慢,于是在贝壳表面形成了疏密相间的生长纹,可作为生长情况和年龄测定的依据。

2. 消化系统

软体动物食性复杂,有肉食性、植食性、杂食性或腐食性,取食方式有滤食、捕食或刮舐等多种。除双壳纲由于头部退化没有口腔外,其他软体动物都有口腔。口腔内有唾液腺、颚和齿舌

(radula)。颚位于口腔的前背部,有刮食物的作用;齿舌位于口腔底部,由有规律排列的角质齿片组合而成。摄食时由于肌肉的伸缩,角质齿片作前后活动而将食物锉碎舐食。齿片的形状、数目和排列方式是鉴定种类的重要特征。食道之后接胃,典型结构包括晶杆(crystalline style)、晶杆囊(style sac)、胃盾。胃盾为几丁质,双壳纲和一些腹足纲动物具有,位于胃壁上,与晶杆前端相接触,具有参与研磨以及保护胃的作用。多数植食性种类的胃的一部分形成晶杆囊,内有一胶质棒状结构的晶杆。晶杆搅动与胃值研磨将所含的消化酶(淀粉酶等)释放到胃内,并搅动食物,帮助消化。胃后接肠及肛门。肝开口于胃或肠的前端,头足类一般还有胰。

3. 呼吸与排泄

水生软体动物的呼吸器官为外套腔中体壁突起形成的鳃。单板纲、多板纲鳃的数目较多。腹足纲的前鳃类(很多螺类:鲍、圆田螺、东风螺等)鳃与身体一样也是不对称的,后鳃类(泥螺、海兔、海牛等)则原有的本鳃消失,皮肤形成了一些形态各异的次生性鳃。

陆生软体动物的呼吸器官为外套膜内丰富血管形成的“肺”。

软体动物的排泄器官为后肾管,一般成对排列。一端以肾口(内肾孔)开口于围心腔(即真体腔),另一端以肾孔(外肾孔)开口于外套腔。肾口具纤毛,可以收集体腔中的代谢产物。肾口之后是肾的腺体部分,其中有很多血管,血液中的代谢产物通过渗透作用进入肾,最后经肾的膨大部分——膀胱,由肾孔排入外套腔。

另外,围心腔腺也有排泄的功能,常或对位于围心腔前方背部两侧,内有丰富血管,血液代谢产物通过渗透进入围心腔。

4. 循环系统

软体动物的循环方式为开管式循环。

软体动物是真体腔动物,真体腔又称次生体腔(secondary coelom)。但其真体腔退缩局限于围心腔、生殖腔和排泄器官的内腔。初生体腔与次生体腔同时出现,存在于身体各器官组织之间。这些组织间隙充满的不是体腔液而是血液,故名血窦(blood sinus)或血腔(haemocoel),血液由心室流出经动脉进入血窦,再由静脉引出流回心脏,血窦无血管壁包围,因此软体动物的血液不全在血管中流动,故为开管式循环系统。

开管式循环效率较低,软体动物的头足类动物适应快速游泳生活,其血液循环方式演变为闭管式循环(具体描述见环节运物章节)。

5. 神经系统

软体动物的中枢神经系统包括成对的神经节,神经节间由2条神经索连接。脑神经节(cerebral ganglion),发出神经连接头部的感觉器官,并且通过神经索通向其他神经节;足神经节(pedal ganglion),发出神经通向足部;侧神经节(pleural ganglion),发出神经通向外套膜和鳃;脏神经节(visceral ganglion),发出神经连接消化道和内脏。

头足类神经系统发达,神经节多集中在食道周围形成脑,并有1个中胚层分化的软骨匣包围,这在无脊椎动物中是唯一的,是对快速运动和复杂行为的适应。

6. 生殖与发育

多数雌雄异体,少数雌雄同体,但异体受精。腹足类和头足类还有雌雄异形现象。

生殖系统包括1对生殖腺、输送管和生殖孔,但在腹足类中有一些种类没有生殖导管,生殖细胞由肾管排到外套腔。体外或体内受精,如头足类和部分腹足类需经过交尾(coition),雄体有交接突起，交尾时将精子送入雌体。精卵多在外套腔中受精。

生殖方式有卵生（oviparous）和卵胎生（ovoviviparous）。卵生方式是成熟精卵直接排到体外，受精、胚胎和幼体发育均在体外水中进行。但也有一些种类，雄体排出的精子被雌体吸入，在雌体的鳃腔或输卵管中受精，在母体内发育成为独立生活的幼虫（larva）才离开母体（但营养来自卵黄），称为卵胎生。

软体动物除头足类是不完全卵裂——盘裂外，多数是完全卵裂与扁形、环节动物相似。头足类和某些腹足类是直接发育，其他多数种类发育经历担轮幼虫（trochophore），有的还有第 2 个幼虫期，即面盘幼虫（veliger larva）阶段（图 3－48）。担轮幼虫呈梨形，具有典型的前纤毛环（prototroch）。有的种类担轮幼虫后期出现壳腺（shell gland），此时分泌贝壳并逐渐包被全身，同时足部、头部、外套膜等也相继出现，前纤毛环发展成为面盘（veliger），面盘幼虫后期经变态而成为幼年个体。

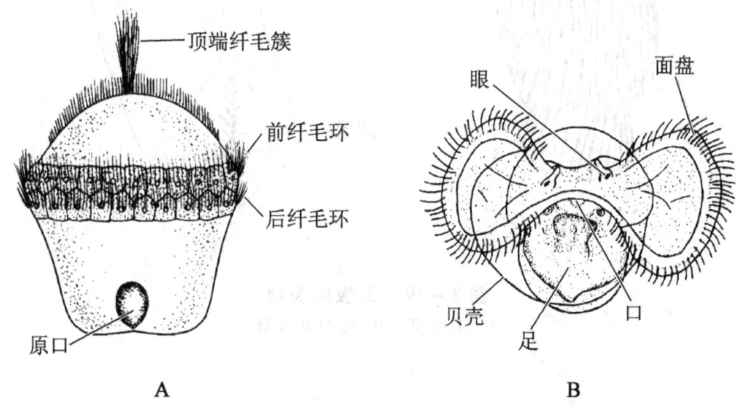

图 3－48　帽贝（*Patella* sp.）的担轮幼虫、面盘幼虫结构示意图

A. 担轮幼虫　B. 面盘幼虫

（二）软体动物门分类

软体动物门分为 7 纲：无板纲（Aplacophora）、多板纲（Polyplacophora）、单板纲（Monoplacophora）、瓣鳃纲（Lamellibranchia）、掘足纲（Scaphopoda）、腹足纲（Gastropoda）和头足纲（Cephalopoda）。

1. 无板纲

无板纲也称为沟腹纲（Solenogasters），为软体动物中的原始类型。体似蠕虫，无贝壳，腹面中央通常具一条腹沟，外套膜发达，表面具角质层及各种石灰质骨刺（图 3－49）。神经系统由围绕食管的神经环和由其向后延伸的 2 对神经索组成。种类不多，约 250 种，全部海产，分布于低潮线以下至数百米深海。如我国南海产的龙女簪（*Proneomenia*）。

2. 多板纲

多板纲亦为原始类型。身体背面具 8 个覆瓦状排列的板状贝壳。体呈椭圆形，左右对称，口和肛门分别位于身体的前后端。多板类的贝壳不能覆盖整个身体，在贝壳和外套膜边缘之间裸露的部分称“环带”（cycle band）。环带表面具角质层或石灰质的鳞片、骨针、角质毛等。足在身体腹面，肥大；鳃位于足周围的外套沟中，数目多（图 3－50）。神经系统与无板纲相似。海产，约 600 余种，另有 350 种左右的化石。如鳞侧石鳖（*Lepidopleurus*）、毛肤石鳖（*Acanthochiton*）、鬃毛石鳖（*Mopalia*）等。

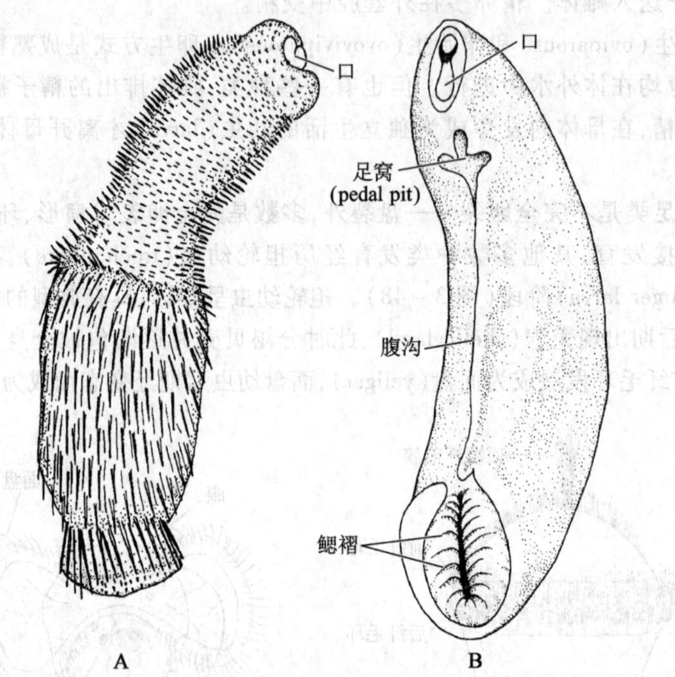

图 3-49 无板纲类群

A. 毛皮贝 B. 隆线新月贝

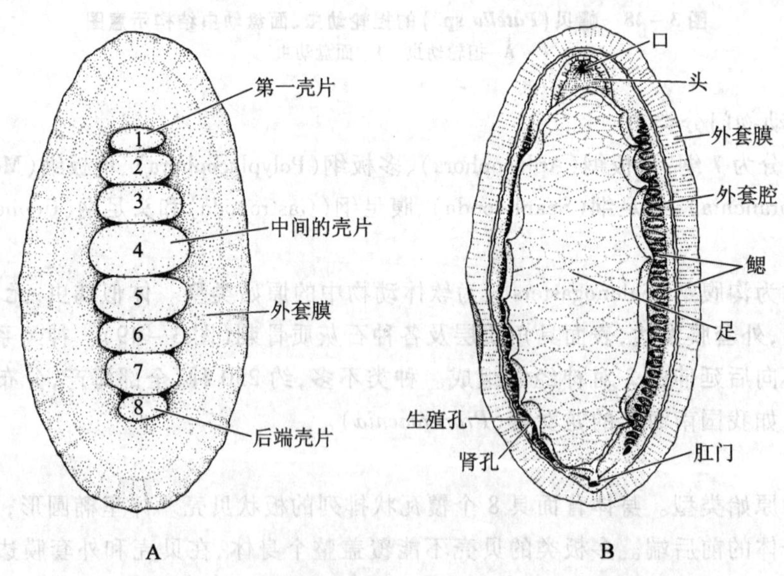

图 3-50 石鳖(*Katharina tunicata*)外形结构示意图

A. 背面观 B. 腹面观

3. 单板纲

长期来人们一直以为单板纲已灭绝，只在寒武纪、泥盆纪地层中发现过它们的化石。直到1952年丹麦“海神号”(Galathea Expedition)调查船在哥斯达黎加(Gosta Rica)西部沿海3 570 m深处采到了10个现生的标本，名为新碟贝(*Neopilina*)(图3－51)。之后又在太平洋和南大西洋2 000～7 000 m深海底发现了7种。

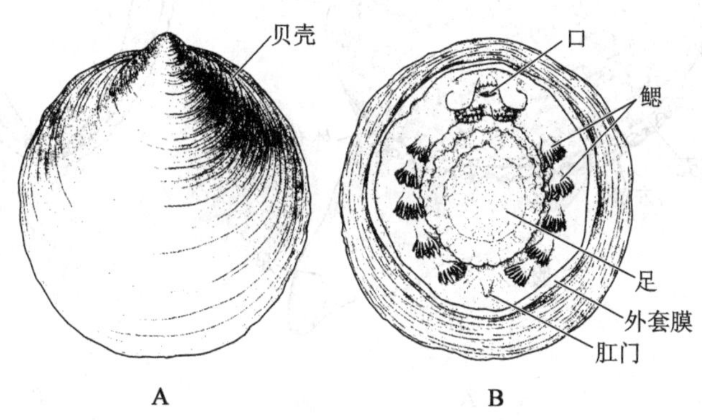

图3－51　新碟贝(*Neopilina galathea*)外形示意图

A. 背面观　B. 腹面观

单板纲亦属原始种类，其神经、消化系统，鳃的位置和结构等与多板纲相似。但只有1个贝壳，呈帽状，某些器官有较明显的分节现象，与多板纲、腹足纲等不相同，故单独列出1纲。目前对其了解不多，尚待进一步深入。

4. 瓣鳃纲

身体侧扁、左右对称，体表具2片贝壳，故又名“双壳纲”(Bivalvia)；头部退化以至消失，又名“无头类”(Acephala)；足部发达呈斧状，又称“斧足类”(Pelecypoda)。鳃呈瓣状，1～2对；神经系统较简单，有脑、脏、足3对神经节及相连的神经索；心脏具1心室2心耳，位于围心腔中；肾1对，一端开口于围心腔，另一端与外套腔相通(见图3－46)。多数雌雄异体，少数雌雄同体。发育经历担轮幼虫和面盘幼虫期，大部分海产，少数淡水产，已知的种类达30 000种左右。

瓣鳃纲的贝壳形态结构变化甚大，色彩花纹亦多样。通常左右两壳相对，两壳在背部互相以韧带(ligament)相连合，腹缘分离，壳背方隆起处为壳顶(umbo)，壳顶朝向的一方为前，相反一方为后方。贝壳表面有以壳顶为中心的环形生长线，以及由壳顶为起点向腹缘伸出的放射状刻纹，称放射肋(radial rib)，生长线和放射肋互相交织形成格子状的刻纹或呈鳞片状、棘状等的突起；有的种类生长线和放射肋均不明显，表皮光滑。在壳顶内方两壳相接部分为铰合部(hinge)，其上常常具铰合齿；贝壳内面有闭壳肌痕、外套膜肌痕及水管肌痕等(图3－52)。

瓣鳃纲通常活动性较小，有的以足挖凿泥沙在泥沙中埋栖或穴居；有的以足丝黏附于其他物体上营附着生活；有的以贝壳的一部分固着在其他物体上，营固着生活，终生不改变生活地点；有的在岩石、贝壳、珊瑚骨骼上或竹木等上凿穴而栖。由于活动性小、耗氧量低、常常可以达到很高的密度；由于它们靠鳃的纤毛和唇瓣等过滤水中小型浮游生物、有机碎屑等为食，养殖中一般不必投喂。因此该纲的许多种类已成为捕捞和养殖的重要对象。

根据贝壳铰合齿的形态、闭壳肌的发育程度和鳃的构造等，瓣鳃纲分为3目：

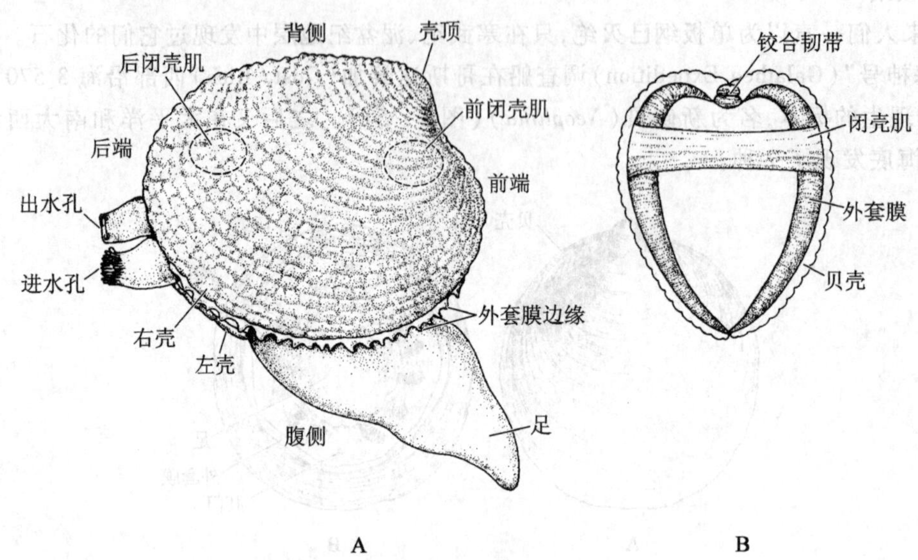

图 3－52　瓣鳃纲外形结构示意图（Pechenik J A，2000）

A. 侧面观　B. 过贝壳横切

（1）列齿目（Taxodonta）　铰合齿多，排成 1 列或 2 列，闭壳肌 2 个。主要种类有蚶科的泥蚶（*Tegillarca granosa*）、毛蚶（*Scapharca subcrenata*）、魁蚶（*Arca inflata*）等（图 3－53）。

（2）异柱目（Anisomyaria）　铰合齿退化或没有，前闭壳肌小或完全没有。常见种类如：紫贻贝（*Mytilus edulis*）、马氏珠母贝（*Pinctada martensii*）、栉孔扇贝（*Chlamys farreri*）（图 3－53）、长牡蛎（*Crassostrea gigas*）等。

（3）真瓣鳃目（Eulamelliibranchia）　铰合齿少或无，2 个闭壳肌近相等，每鳃反折为两片鳃瓣，鳃丝间有血管相通。如产于淡水的三角帆蚌（*Hyriopsis cumingii*），海产的文蛤（*Meretrix meretrix*）、缢蛏（*Sinonovacula constricta*）、鳞砗磲（*Tridacna squamosa*）等。

5. 掘足纲

贝壳呈长圆锥形稍弯曲的管状，两端开口，故又名管壳类（Siphonoconchae）。足发达成圆柱状，头部退化为前端的 1 个突起（图 3－54）。海产，多在泥沙中穴居，约 350 种。常见的有大角贝（*Dentalium vernedei*）、胶州湾角贝（*D. kiaochowwanense*）等。

6. 腹足纲

贝壳 1 个，呈螺旋状，故又名单壳纲（Univalvia）或"螺类"（图 3－55）；足位于身体腹面，发达，足底平跖适于在基质上匍匐爬行；头部发达，具口、眼、触角等。内脏囊因发育过程中扭转而左右不对称（图 3－56）；具脑、侧、脏、足 4 对神经节，心脏为 1 心室，1～2 心耳。发育经担轮幼虫和面盘幼虫期。为软体动物中种类最多的一纲，约 9 万余种，其中有 15 000 种为化石种。海洋、淡水、陆地皆有分布。分 3 亚纲。

（1）前鳃亚纲（Prosobranchia）　通常具外壳，侧脏神经索交叉成"8"字形，本鳃简单，位于心室的前方。如鲍（*Haliotis*）、圆田螺（*Cipangopaludina*）、东风螺（*Babylonia*）等（图 3－57）。

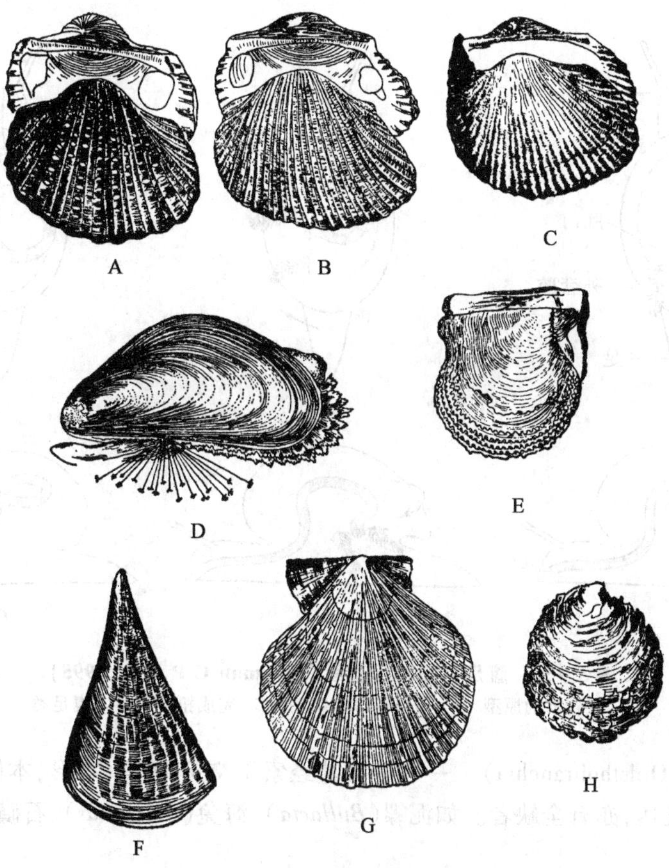

图 3-53 瓣鳃纲类群

A. 泥蚶 B. 毛蚶 C. 魁蚶 D. 贻贝 E. 马氏珠母贝
F. 羽状江珧(*Pinna attenuate*) G. 栉孔扇贝 H. 近江牡蛎

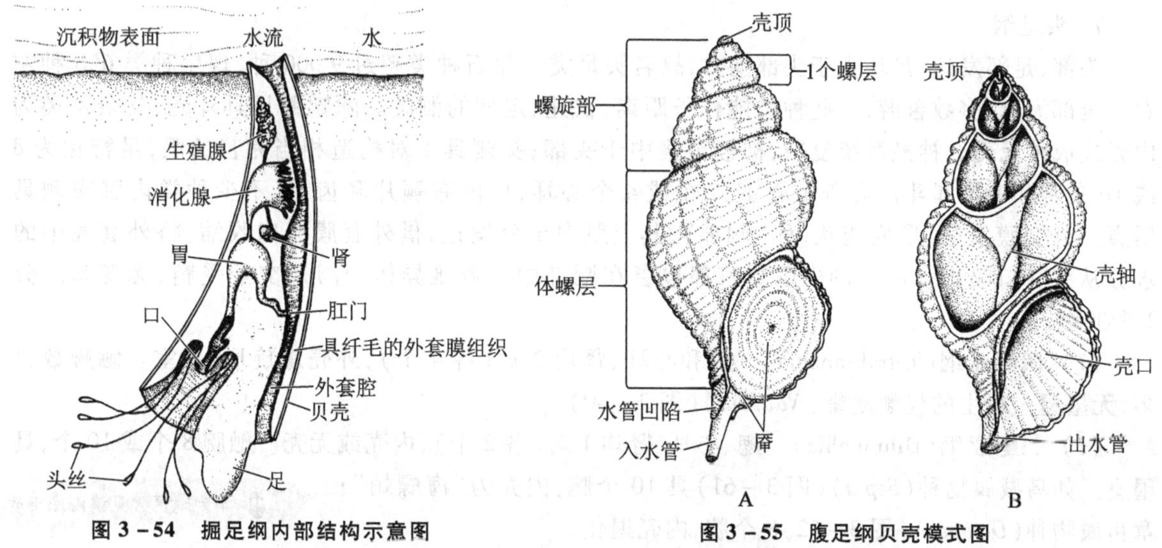

图 3-54 掘足纲内部结构示意图

图 3-55 腹足纲贝壳模式图

A. 典型贝壳外观图 B. 典型贝壳纵切示意图

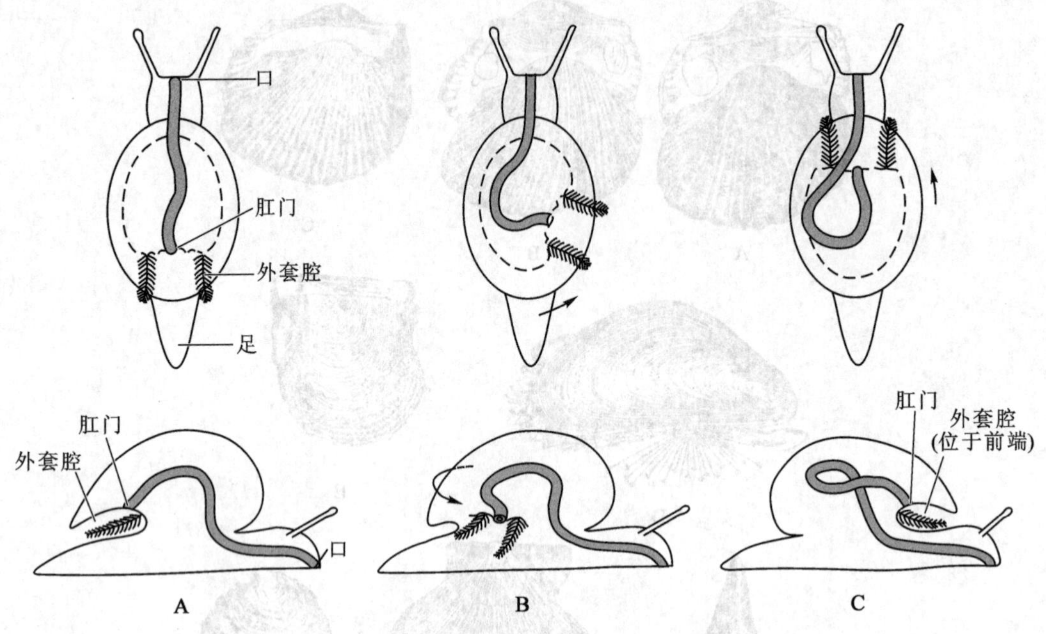

图 3-56 腹足纲扭转示意图(Hickman C P, *et al*, 1995)

A. 扭转前的原型 B. 假想的过渡类型 C. 完成扭转的早期腹足类

(2) 后鳃亚纲(Opisthobranchia) 一般侧脏神经索不交叉为"8"字形,本鳃和心耳位于心室的后方。贝壳通常不发达,亦有全缺者。如泥螺(*Bullacta*)、海兔(*Notarchus*)、石磺海牛(*Homoiodoris*)等(图 3-58)。

(3) 肺螺亚纲(Pulmonata) 无鳃,以"肺"呼吸,多栖于陆地或淡水,头部发达,触角 1~2 对,眼生于触角基部(基眼类)或生于后触角顶端(柄眼类)。如椎实螺(*Lymnaea*)、大蜗牛(*Helix*)等(图3-59)。

7. 头足纲

头部、足部发达,足环生于头部前方,故名头足类。化石种类超过 9 000 种,现生种类 650 种左右。全部海产,多数善游,一些种类能作长距离、快速、定期的洄游。除鹦鹉贝具外壳,其余种类为内壳或成体无壳。神经系统复杂,神经节集中于头部;头侧具 1 对构造相当完善的眼,足特化为 8 或 10 条腕和 1 个漏斗。心脏 1 心室,2 个或 4 个心耳;口内有颚片和齿舌,不少种类内脏腹侧具墨囊。外套膜发达,形成袋状,称"胴部",其上肌肉十分发达,借外套膜肌肉收缩,将外套腔中的水分从漏斗口喷出。所有的内脏器官都包裹在胴部中。雌雄异体、异形,交配受精,无变态。分 2 个亚纲:

(1) 四鳃亚纲(Tetrabranchia) 鳃和心耳、肾均 2 对(各 4 个),外壳螺旋形、分室。触腕数目多,无墨囊。现生的仅鹦鹉螺(*Nautilus*)(图 3-60)。

(2) 二鳃亚纲(Dibranchia) 鳃、心耳、肾均 1 对(各 2 个),内壳或无壳。触腕 8 个或 10 个,具墨囊。如乌贼属物种(*Sepia*)(图 3-61)具 10 个腕,内壳为"海螵蛸";章鱼属物种(*Octopus*)(图 3-62)8 个腕,内壳退化。

华南地区常见滨海底栖软体动物

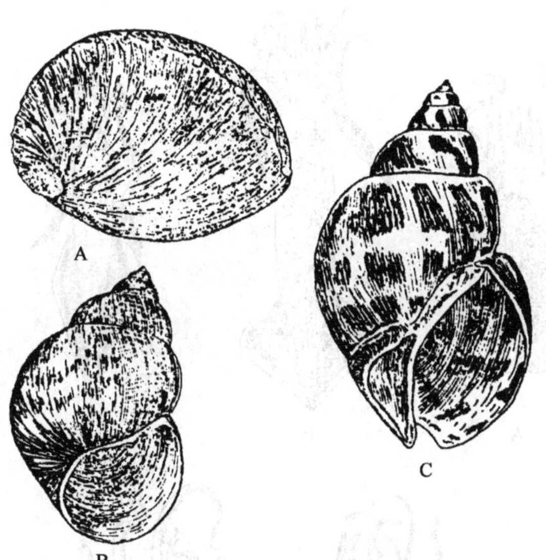

图 3-57　前鳃亚纲种类

A. 皱纹盘鲍(*Haliotis discus hannai*)
B. 中华圆田螺(*Cipangopaludina cathayensis*)
C. 方斑东风螺(*Babylonia areolata*)

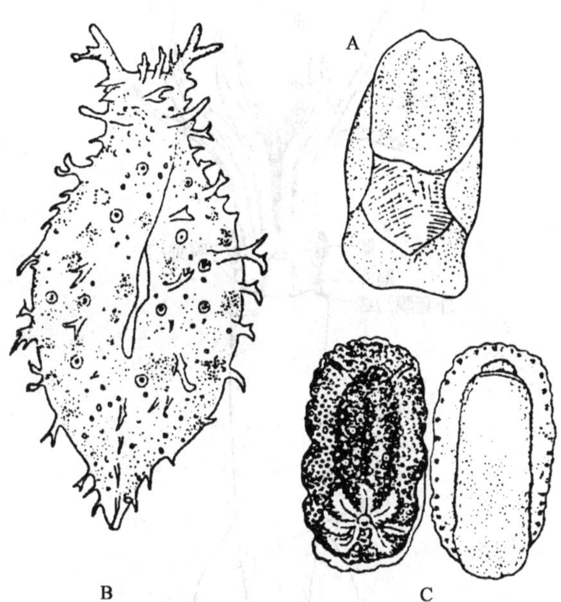

图 3-58　后鳃亚纲种类

A. 泥螺(*Bullacta exarata*)
B. 蓝斑背肛海兔(*Notarchus leachii cirrosus*)
C. 石磺海牛(*Homoiodoris japonica*)

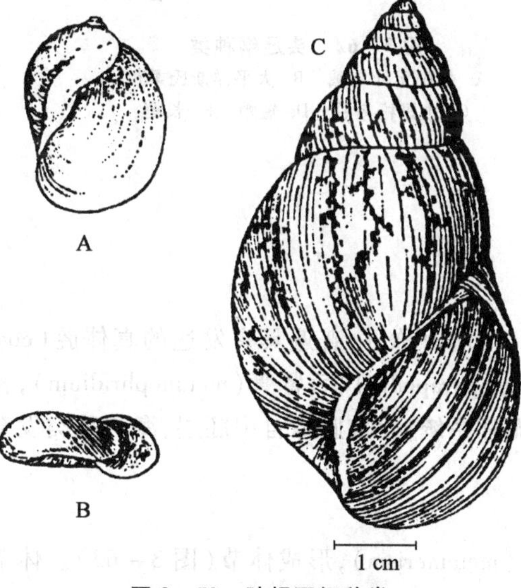

图 3-59　肺螺亚纲种类

A. 椎实螺　B. 扁卷螺(*Planorbis*)
C. 褐云玛瑙螺(*Achatina*)

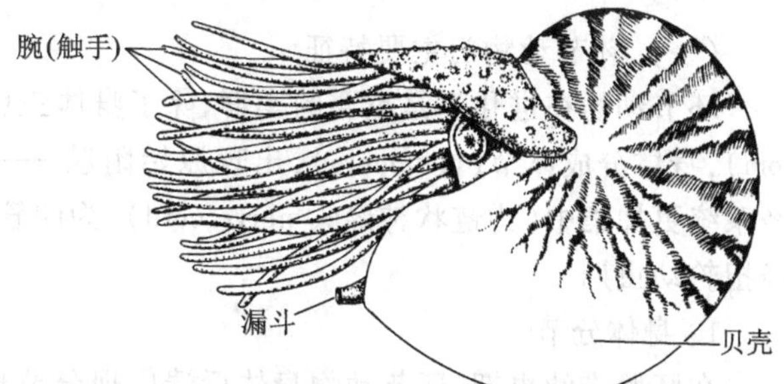

图 3-60　鹦鹉螺(*Nautilus* sp.)外形结构示意图

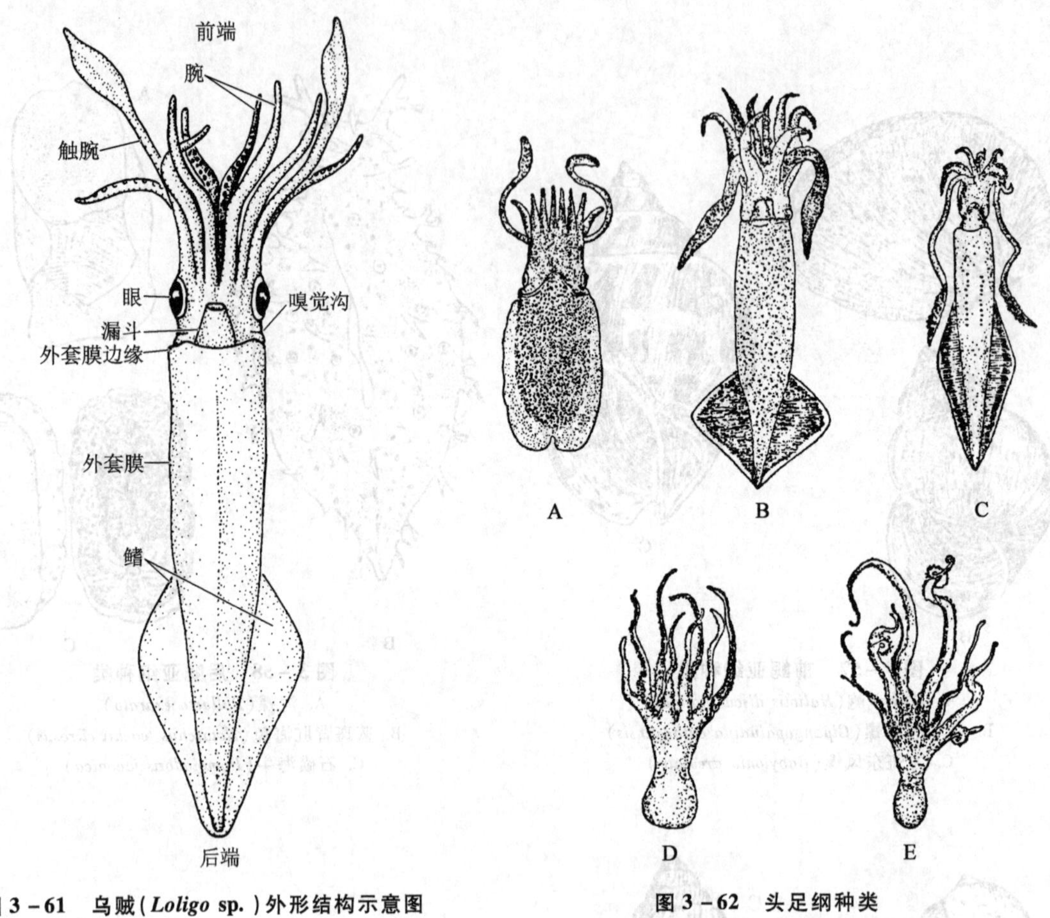

图 3-61 乌贼(*Loligo* sp.)外形结构示意图

图 3-62 头足纲种类
A. 曼氏无针乌贼 B. 太平洋斯氏柔鱼
C. 中国枪乌贼 D. 短蛸 E. 长蛸

二、环节动物门

(一) 环节动物门主要特征

环节动物在进化上是重要的类群,除了身体三胚层,两侧对称外,普遍具有发达的真体腔(coelom),身体分成体节(metamere),出现原始附肢——疣足(parapodia)、后肾管(metanephridium),神经系统更加集中(为链状神经索 nerve cord),为闭管式循环系统,生殖腺源自中胚层,海产种类发育经担轮幼虫期。

1. 身体分节

在胚胎或幼虫期,环节动物身体后端出现分节现象(metamerism),形成体节(图 3-63)。体节是机体分化的开始,也是进化的重要标志。环节动物多数是同律分节(homonomous metamerism),即除了前端两节和最后一节外,其余体节形态构造基本相同;部分种类出现异律分节(heteronomous metamerism),即前后端体节在形态结构和机能上均不相同。异律分节为机体分部和机能分工提供了可能。

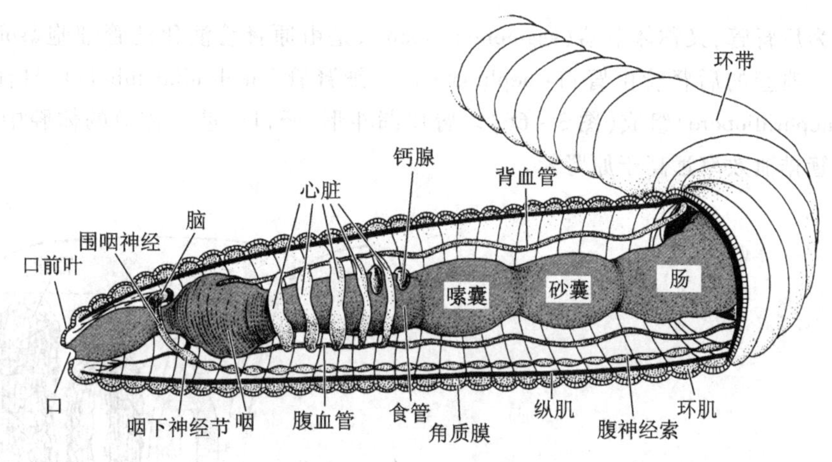

图 3-63　蚯蚓前端内部结构

2. 体腔

环节动物的真体腔发生在原肠形成后，由端细胞法（telocells method）形成裂体腔（schizocoel），在体壁和肠壁上都有由中胚层形成的肌肉层和体腔膜，这样不仅体壁运动能力增强了，肠壁蠕动能力也提高了，从而消化能力和消化效率也随之增强。体腔内充满了体腔液，分布有神经、循环、排泄、生殖等器官（图 3-64）。因而真体腔的形成在动物进化上具有重要意义。

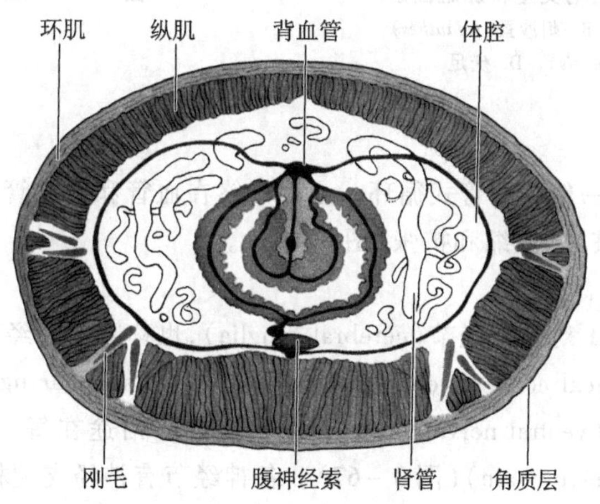

图 3-64　蚯蚓体中部横切结构示意图（Starr C, *et al*, 1992）

3. 附肢

环节动物多毛类（Polychaeta）在每个体节两侧由体壁向外突出形成 1 对扁平状的疣足，分为背叶（notopodium）和腹叶（neuropodium），各有 1 束刚毛和粗黑的针毛（aciculum），以及背须（dorsal cirrus）和腹须（ventral cirrus）。附肢的出现，提高了机体运动能力和感觉作用（图 3-65）。寡毛类（oligochaeta）疣足退化，但体表具刚毛（sctae），亦为运动器官。

4. 排泄器官

排泄器官为后肾管,又称体节器(segmental organ),是由原肾管演化的管细胞(solenocyte)代替焰细胞和肾管。典型的后肾管由肾口(nephrostome)、细肾管(nephridial tubule)、排泄管(excretory duct)和肾孔(nephridiopore)组成(图 3-66)。肾口漏斗形,开口于前一体节的体腔中,肾孔开口于体壁上。后肾管排泄效率远高于原肾管。

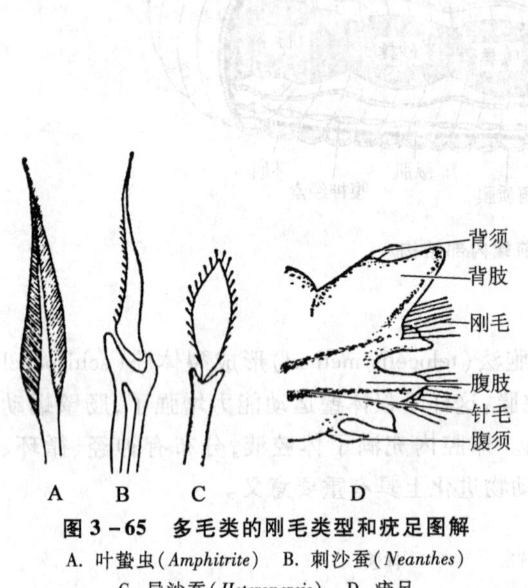

图 3-65 多毛类的刚毛类型和疣足图解

A. 叶蛰虫(*Amphitrite*) B. 刺沙蚕(*Neanthes*) C. 异沙蚕(*Heteronereis*) D. 疣足

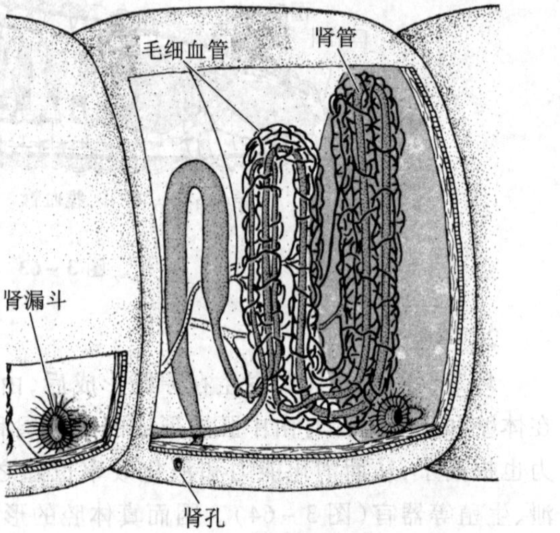

图 3-66 后肾管结构示意图

5. 循环系统

环节动物的循环系统一般为闭管式循环。血液始终在血管和微血管中流动。血液流动的动力来自背血管及动脉弧(心脏)的收缩和扩张(图 3-63)。

6. 神经系统

环节动物前端背侧有 1 对脑神经节(cerebral ganglia),也称咽上神经节(epipharyngeal ganglia),由围咽神经(circumpharyngeal connective)与 1 对咽下神经节(subpharyngeal ganglia)相连。由咽下神经节向后发出腹神经索(ventral nerve cord)通向身体后端,沿途在每一体节上都有 1 对神经节,成为纵贯全身的神经链(nerve chain)(图 3-67)。各神经节有神经支配相应部位。

7. 生殖与发育

生殖腺源自中胚层的体腔上皮,多数种类生殖腺仅限于若干体节(如蚯蚓),但有的种类只在生殖季节由体腔上皮产生生殖细胞,没有固定的生殖腺(如沙蚕);部分多毛类和螠类发育经过担轮幼虫时期。

(二) 环节动物门分类

环节动物约 9 000 多种,分 4 纲:多毛纲(Polychaeta)、寡毛纲(Oligochaeta)、蛭纲(Hirudinea)、螠纲(Echiurida)。

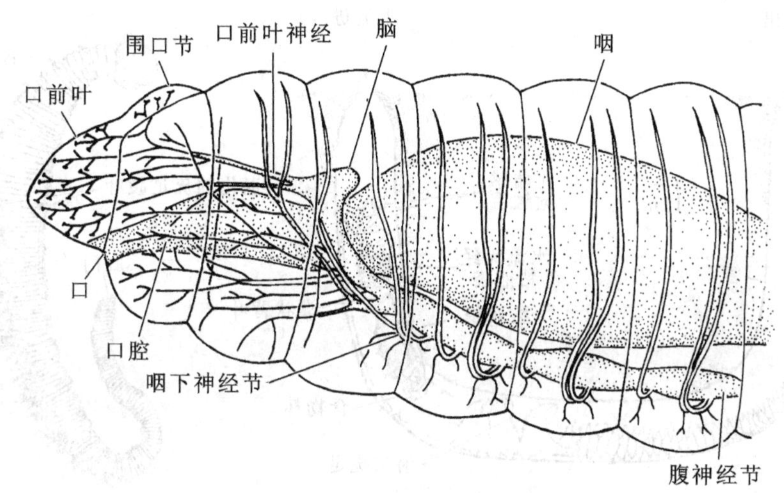

图 3－67　蚯蚓神经系统前端观

1. 多毛纲

多毛纲约 6 000 种，为较原始的类群。头部显著，背面常有口前叶（prostomium）、2 对眼、触手触须各 1 对，体节具疣足，无环带，雌雄异体，多为海产。发育具担轮幼虫期，依生活习性分 2 亚纲：

（1）游走亚纲（Errantia）　自由生活，包括在海底爬行、游泳、潜钻生活的类群，如沙蚕（*Nereis*）、矶沙蚕（*Eunice*）、才女虫（*Polydora*）等。

（2）隐居亚纲（Sedentaria）　包括管居和固定穴居者，如蛰龙介（*Terebella*）、丝鳃虫（*Cirratulus*）、沙蠋（*Arenicola*）（图 3－68）等。

2. 寡毛纲

寡毛纲约 3 000 种，一般认为是海产穴居的原始环节动物侵入淡水和陆地而发展起来的。身体分节而不分区，疣足退化，雌雄同体，生殖腺 1～2 对，有由体腔管（coelomoduct）发育而来的生殖导管，性成熟时体表形成环带（Clitellum），交配时两虫互相授精，卵产于环带中，脱落成卵蚕（cocoon），直接发育。根据生殖腺、环带及刚毛构造等分 3 目（图 3－69）：

（1）带丝蚓目（Lumbriculida）　每个体节刚毛 4 对，精巢 1 对，雄性生殖孔位于精巢所在的体节，卵巢 1～2 对。如淡水产的带丝蚓（*Lumbriculus*）。

（2）颤蚓目（Tubificida）　每节刚毛 4 束，每束多超过 2 根，常为发状；精巢、卵巢各 1 对，位于相邻的两个体节，雄性孔位于精巢所在体节之前或之后的相邻体节上。多水生，个别陆生。如水丝蚓（*Limmodrilus*）、白丝蚓（*Fridericia*）。

（3）单向蚓目（Haplotaxida）　2 对精巢通常处于 2 个相邻体节，随后为 2 对卵巢体节。亦有种类仅 1 对精巢和 1 对卵巢。若精巢仅 1 对者，卵巢必与之相隔 1～2 个体节。雄性孔处于精巢之后 1 至几个体节上。如杜拉蚓（*Drawida*）、环毛蚓（*Pheretima*）。

3. 蛭纲

蛭纲约 500 种，形态与寡毛纲有许多相似，如头部无触手、触须，无疣足，雌雄同体，生殖腺和

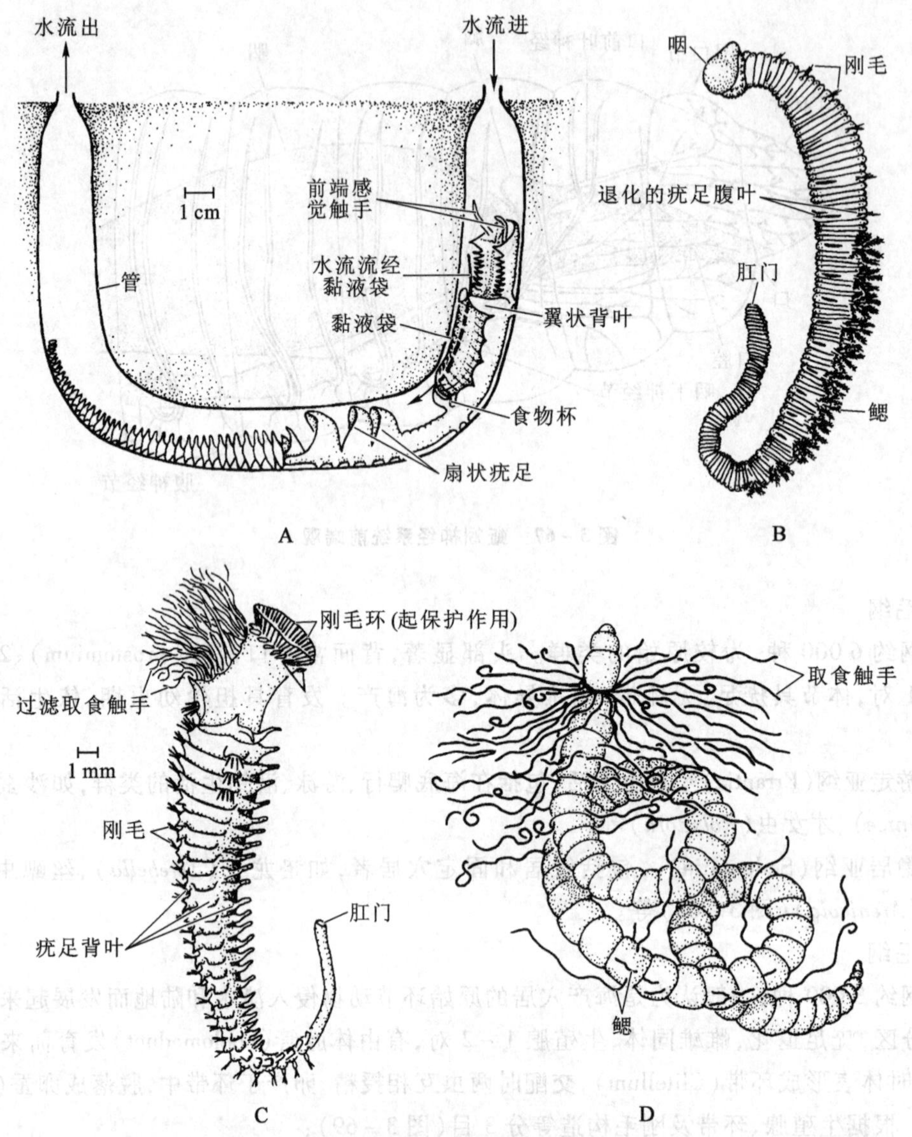

图 3-68　多毛类的代表

A. 毛翼虫(*Chaetopterus variopedatus*)　B. 沙蠋(*Arenicola marina*)
C. 帚毛虫(*Sabellaria alveolata*)　D. 丝鳃虫(*Cirratulus cirratus*)

生殖导管限于几个体节，成熟时出现环带，卵产后形成卵茧，但体节数目少，多数种类无刚毛，有次生性体环，身体前后两端各有1吸盘，体腔常为葡萄状组织(botryoidal tissue)所填塞，故体腔退化消失，形成发达的血窦。雌雄同体，直接发育。多淡水生活，少数海产。分四目(图3-70)：

(1) 棘蛭目(Acanthobdellida)　体表具刚毛，无前吸盘，前端体节有体腔，如棘蛭(*Acanthobdella*)。

(2) 吻蛭目(Rhynchobdellida)　具吻，背、腹血管与血窦同时存在，如鳃蛭(*Ozobrandius*)、中华颈蛭(*Trachelobdella sinensis*)。

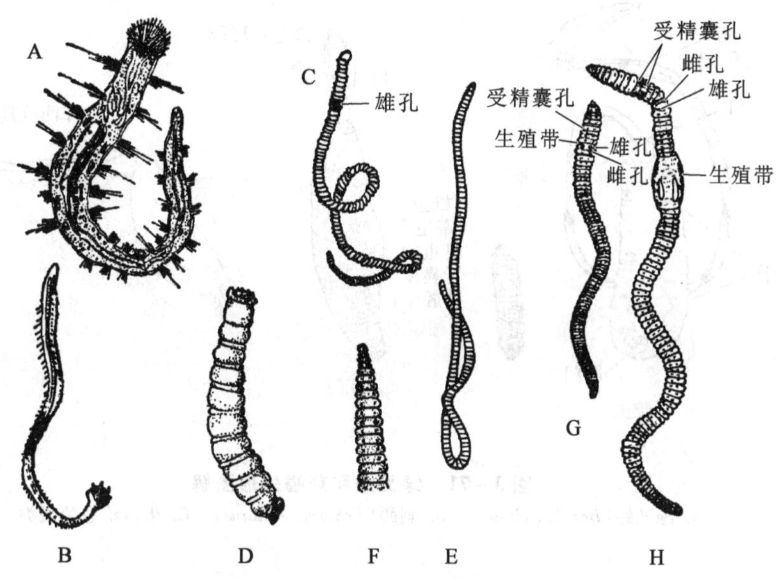

图 3-69　几种常见的寡毛类

A. 颗体虫　B. 尾盘蚓　C. 水丝蚓　D. 蛭形蚓
E. 带丝蚓　F. 带丝蚓前端腹面观　G. 杜拉蚓　H. 异唇蚓

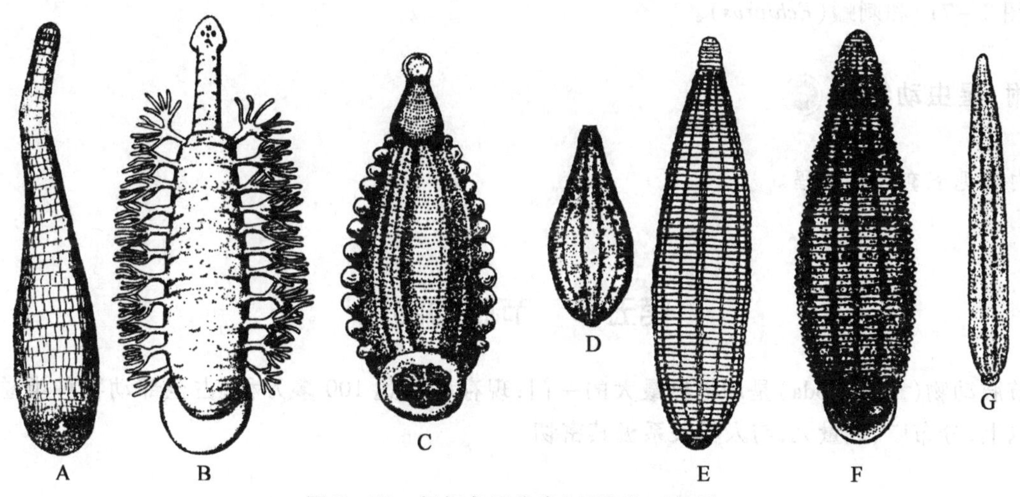

图 3-70　蛭纲各目代表(任淑仙,1990)

A. 棘蛭　B. 鳃蛭　C. 中华颈蛭　D. 扁蛭(*Glossiphonia*)
E. 鑫线蛭　F. 山蛭(*Haemadipsa*)　G. 石蛭

(3) 颚蛭目(Gnathobdellida)　口腔内具 3 个颚板,水生或陆生,如医蛭(*Hirudo medicinalis*)、金线蛭(*Whitmania*)。

(4) 咽蛭目(Pharyngobdellida)　无吻、无颚板,但有肉质颚,水生或半陆生,如石蛭(*Erpobdella*)。

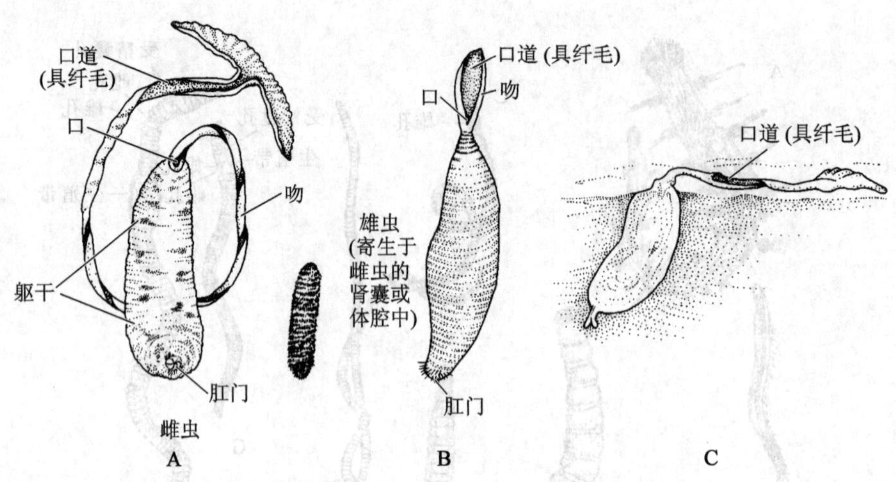

图 3-71 绿叉螠和刺螠外形图解

A. 绿叉螠(*Bonellia viridis*) B. 刺螠(*Echiurus echiurus*) C. 生活状态的螠类

4. 螠纲

幼体分节,成体不分节。成体分两部分,吻在身体前端扁平状突出,末端分叉或为铲状,吻能伸缩;躯干囊状或柱状,柔软光滑,有的种类体表具刚毛或乳突,底栖或管居。常见的有叉螠(*Bonellia*)(图 3-71)和刺螠(*Echiurus*)。

附:星虫动物门 ⓔ

内容见配套数字课程。

第五节 节肢动物门

节肢动物(Arthropoda)是动物界最大的一门,现存种类达 100 多万种,占全部动物种类总数的 80% 以上,分布广、数量大,与人类关系极其密切。

一、进化地位

一般认为,节肢动物起源于环节动物或类似环节动物的祖先。因此,许多特征与环节动物相似,如三胚层、两侧对称、真体腔、身体分节等,但又有许多特征比环节动物进步,如身体分部,神经感官等集中于头部,附肢分节等。

二、主要特征

1. 身体分部、附肢分节

异律分节进一步发展，出现身体分区，机能分工更明显。节肢动物的身体一般分为头、胸、腹部，同一分区的体节互相愈合，外表往往看不出体节，仅能从附肢或内部器官加以区分。头部主要是摄食和感觉，胸部主要是运动和支持作用，腹部主要是代谢和生殖功能。有的种类头部和胸部进一步愈合为头胸部，或胸部和腹部愈合为躯干部。附肢按体节排列，基本上每个体节有 1 对附肢。节肢动物的附肢分节，附肢与体躯之间也有关节。分节的附肢增加了附肢运动的灵活性。有的附肢还特化为感觉、捕食、咀嚼、呼吸和生殖等器官。附肢分为单肢型（uniramous）和双肢型（biramous）。触角（antenna）和昆虫的胸肢多为单肢型，甲壳类胸腹部附肢多为双肢型（图 3－72）。

2. 几丁质外骨骼和蜕皮现象

具有坚厚体壁是节肢动物的另一特征。体壁通常分 3 层，由外向内分别为表皮、上皮、基膜（图 3－73）。上皮（epidermis）是体壁中唯一的细胞层，由单层多角形细胞构成。它向内分泌 1 层基膜，是糖蛋白、黏多糖蛋白等凝结的不定形颗粒状薄膜，与结缔组织相连，具有支持、防止摩擦损伤和半渗透性滤膜的作用；向外分泌形成非细胞结构的表皮层（cuticle）。表皮细分为 3 层，最外层是上表皮（epicuticle），极薄，厚 0.1～1 μm，由蛋白质及脂质组成，高等种类还含蜡质；其下为外表皮（exocuticle），由几丁质与蛋白质结合的糖蛋白。起初外表皮是柔软的，经鞣化（tan）变得坚硬，再加上碳酸钙、磷酸钙的沉积，外表皮会更坚硬；最内层为内表皮（endocuticle），较厚，主要是几丁质及

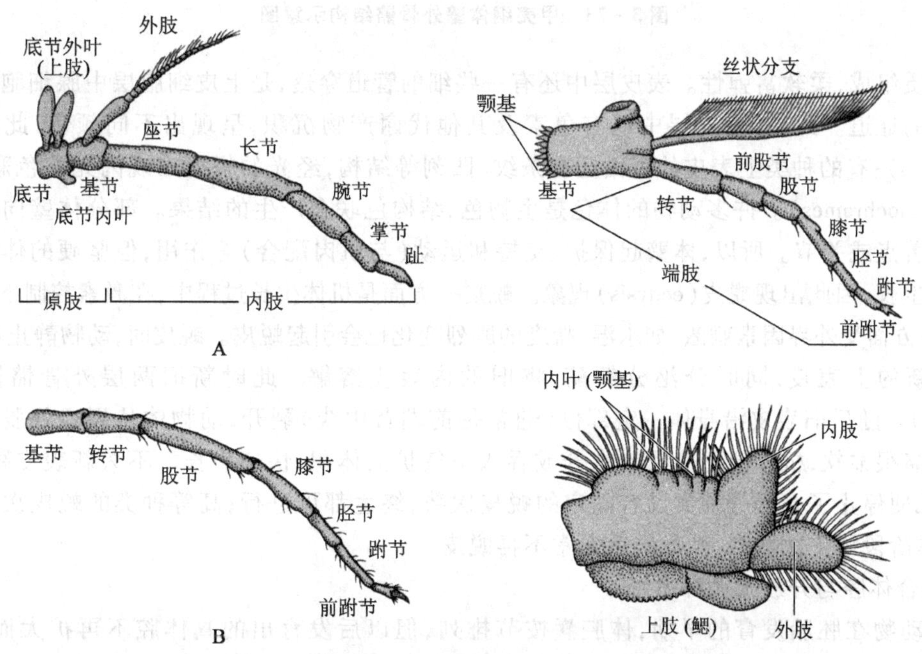

图 3－72 节肢动物单肢型及双肢型示意图（Freeman S, *et al*, 1998）

A. 双肢型附肢 B. 单肢型附肢

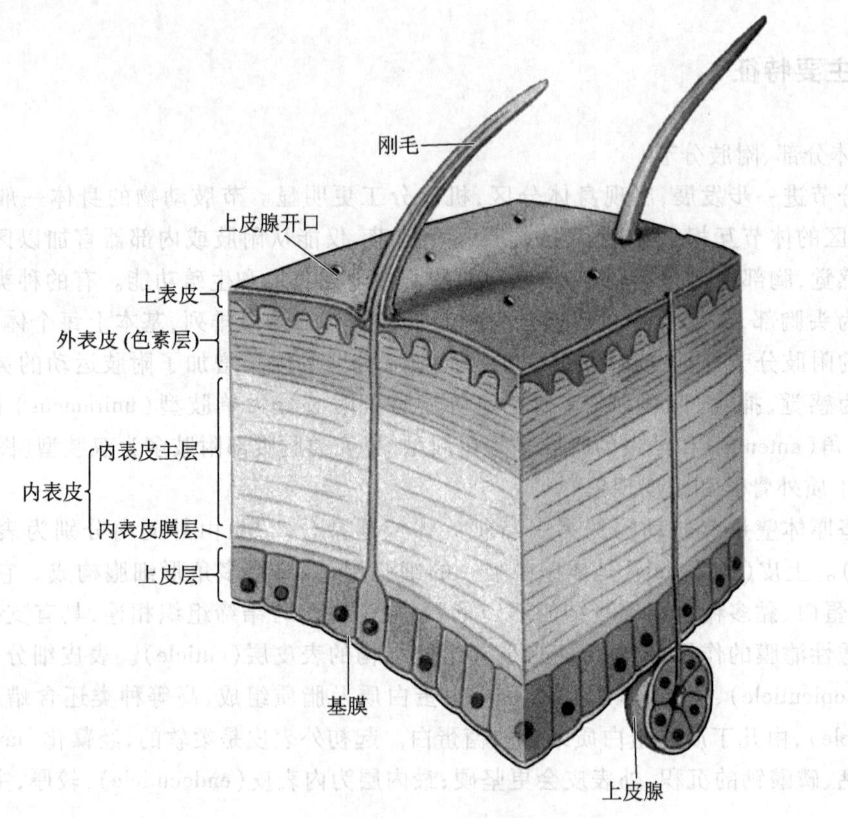

图 3-73 甲壳纲体壁外骨骼结构示意图

少量蛋白质组成,柔软富弹性。表皮层中还有一些细的管道穿透,是上皮细胞层中腺细胞输送分泌物到体表的通道。此外,表皮层中还有色素及其他代谢产物沉积,呈现出不同颜色,此即生物色(biochromes);有的种类上表皮的表面还有条纹、凹刻等结构,经光的折射出现闪光的色彩,此为结构色(schemochromes)。许多动物的体色是生物色、结构色联合产生的结果。部分体壁向内延伸成为肌肉附着点或关节。所以,体壁起保护、支持和运动(与肌肉配合)等作用,但坚硬的体壁也限制了机体的生长,因此出现蜕皮(ecdysis)现象。蜕皮一方面是机体生长过程中,在激素控制下的周期性行为,另一方面受外界因素刺激,如水温、盐度的剧烈变化也会引起蜕皮。蜕皮时,动物静止不动,上皮细胞分泌新的上表皮,同时分泌分解酶,将旧的内表皮溶解。此时新旧两层外骨骼同时存在(图 3-74)。随后旧表皮沿身体一定部位(通常是前端背中线)裂开,动物体从裂口处脱出。刚蜕皮的外骨骼很柔软,机体便迅速吸收水分或吞入空气扩大体积,快速生长。不久新表皮鞣化变硬,变厚,生长便停止了。低等种类没有固定的蜕皮次数,终生都可进行;高等种类的蜕皮次数多是固定的,幼体阶段蜕皮次数多,性成熟后通常不再蜕皮。

3. 混合体腔与开放式循环系统

节肢动物在胚胎发育的早期,体腔囊按节排列,但以后发育出的真体腔不再扩大而是退化,幼体孵化后真体腔仅残留于生殖腺腔、排泄管腔,一部分移到身体背中央,左右体腔囊汇合,形成心脏和围心腔,不久围心腔膜消失,在消化道与体壁之间的初生体腔和次生体腔相混合,故称混合体腔(mixed coelom),内充满血液,也称血腔(hemocoel)(图 3-75)。在这个血腔中,甲壳类有

1个心脏和腹部背侧中央的1支腹上动脉；昆虫类则有前方的动脉和腹部背侧的心脏，心脏按体节膨大为心室，每个心室两侧各有1个心孔，有瓣膜控制血液倒流。节肢动物的血液由心脏经动脉进入血腔，直接浸润着组织和器官，血腔中的血液由心孔流回心脏。开放式循环系统由于血液

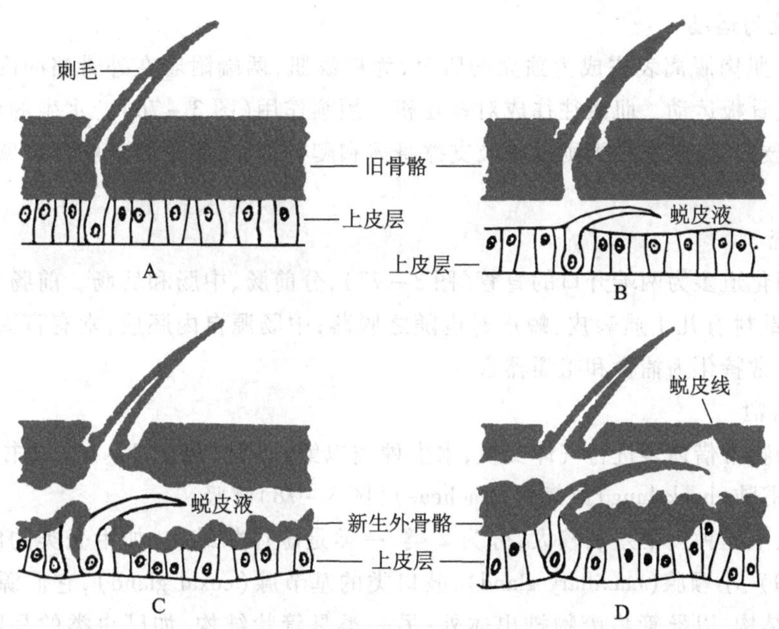

图3-74　节肢动物蜕皮过程示意图

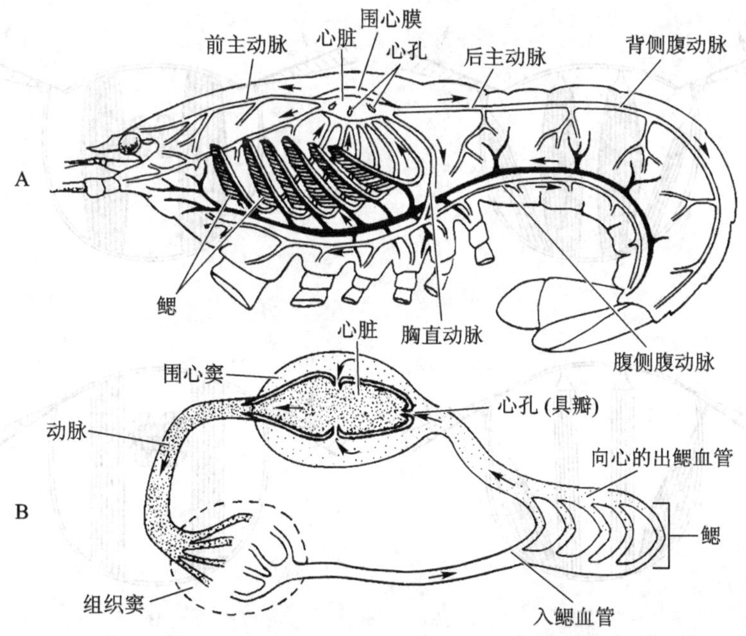

图3-75　节肢动物（龙虾）循环系统结构示意图

A. 龙虾的循环系统结构示意图　B. 血液循环模式

在血管和血腔中运行，血压较低，可避免因断肢等的大量失血。血液中含几种类型的血细胞，血浆中溶有呼吸色素，在低等甲壳类和昆虫中含血红蛋白，其他多数种类含血清蛋白，血液呈无色或淡蓝色。

4. 肌肉系统与运动

节肢动物的肌肉脱离表皮成为独立的肌束，为横纹肌，两端附着在外骨骼的内表面和内突上，肌束的收缩引起骨板运动。肌束往往成对地互相起颉颃作用（图 3 – 76）。水生的种类多以腹部附肢划水，胸部附肢爬行；陆生种类则以胸肢支撑身体和爬行；昆虫除附肢外胸部体壁还延伸形成翅，借以飞行。

5. 消化系统

节肢动物消化道多为两端开口的直管（图 3 – 77），分前肠、中肠和后肠。前肠和后肠由外胚层内陷而成，其内壁衬有几丁质表皮，蜕皮时也随之脱落；中肠源自内胚层，常有盲囊、腺体等。在口周的头部附肢常常特化为捕食和咀嚼器官。

6. 呼吸与排泄

小型节肢动物常借体表进行气体交换，水生种类以鳃（gill）（见图 3 – 75）或书鳃（book gill）呼吸，陆生种类以书肺（book lung）或气管（tracheae）（图 3 – 78）呼吸。

排泄器官在不同种类中差别较大，分为 2 类，一类是腺体状结构，如甲壳类的触角腺（antennal gland）（图 3 – 79）、小颚腺（maxillary gland），肢口类的基节腺（coxal gland），它们源自体腔囊，呈囊状，内为海绵状结构，以导管将废物排出体外；另一类是管状结构，如昆虫类的马氏管（Malpighian tubules）（图 3 – 79），位于中后肠交界处，源自内胚层或外胚层的单层细胞构成的盲管，收集的废物

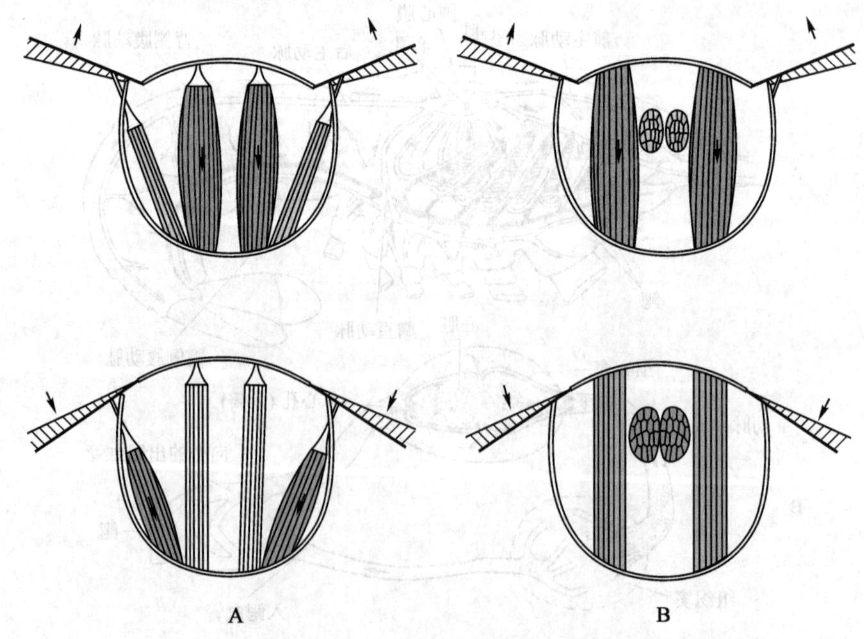

图 3 – 76 昆虫飞行肌结构示意图

A. 直接飞行肌（蝗虫、蜻蜓等） B. 间接飞行肌（蝇类、蚊类等）

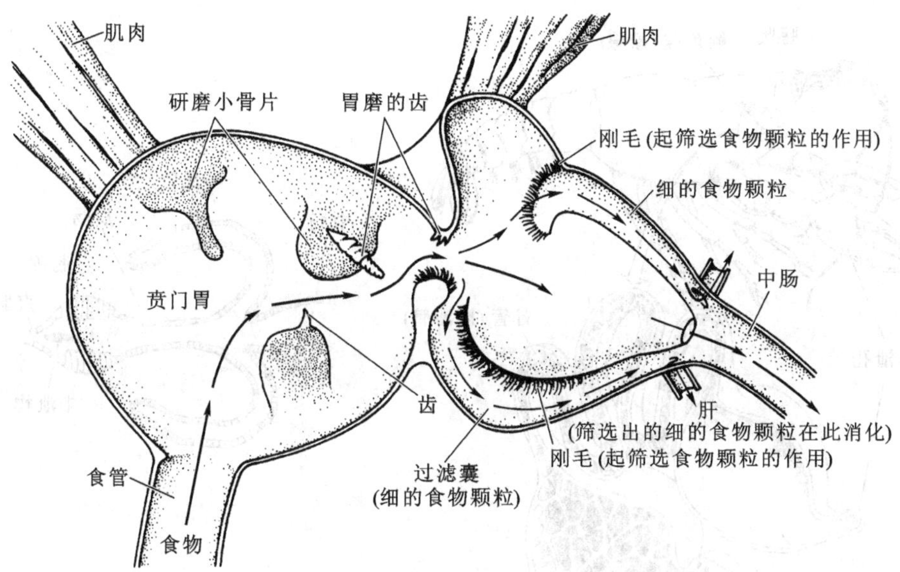

图 3-77　节肢动物(软甲亚纲)消化系统结构示意图

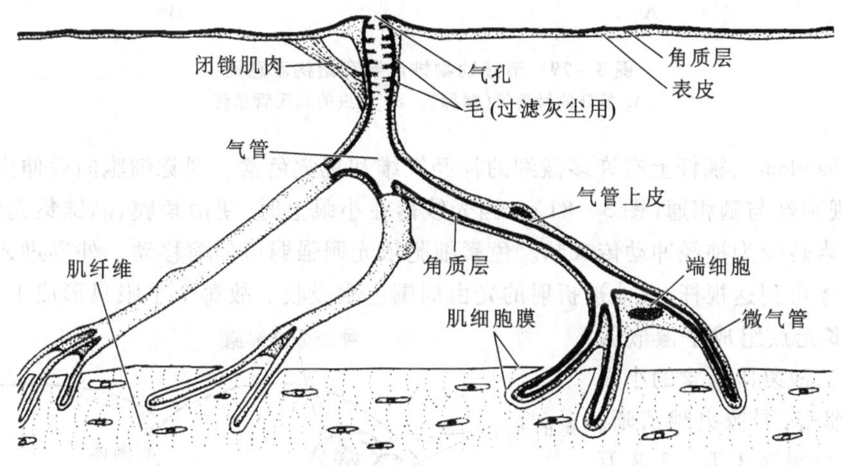

图 3-78　昆虫的气管系统结构示意图

进入后肠随粪便排除。

7. 神经与感官

节肢动物的神经系统与环节动物类似,为链状结构(图 3-80),但随着体节愈合,神经节也有愈合现象,尤其头部神经节愈合为脑,更趋集中。

感觉器官分布体表、触角、附肢及关节等处。眼位于头部,复杂程度各异。低等种类仅几个感光细胞,高等种类由许多小眼(ommatidium)组成复眼(compound eye),能感知外界物体的形状、距离、运动、颜色和光强等。小眼是视觉单位,四方形或六角形,从外到内由双凸或平凸的角膜(cornea)、角膜分泌细胞、圆柱状或圆锥状的晶锥(crystal cone)、晶锥分泌细胞和色素细胞(pigment cell)组成集光部分。晶体之下是 1 组 6~12 个视觉细胞(retinular cell),为感光部分。视觉细胞向

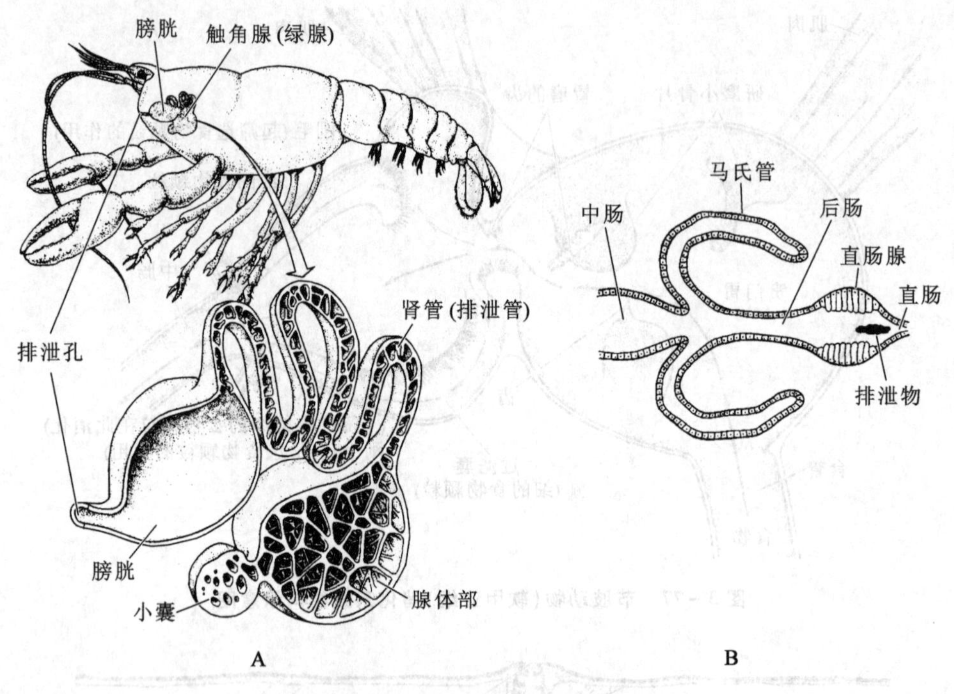

图 3-79 节肢动物排泄器官结构示意图

A. 螯虾的触角腺(绿腺) B. 昆虫的马氏管系统

心分泌视杆(rhabdom),视杆上有许多微细的神经纤维和视觉色素。视觉细胞向后伸出轴突穿过小眼基膜,汇为视神经与脑相通(图 3-81)。当光线落在小眼上时,便由角膜、晶锥集光到达视杆,由周围的视觉色素转变为神经冲动传入脑。色素细胞依光照强弱可伸缩移动。外界进入的光线只有垂直于小眼时才可到达视杆,其他被折射的光由周围色素吸收。故每个小眼只形成 1 个点像,如同电视屏幕,许多光点组成了镶嵌像(mosaic image),故复眼所含的小眼越多,点像越细密,图像也越清晰。蜻蜓复眼中的小眼达 1 万 ~2.8 万个,龙虾有 1.5 万个。复眼大而圆突,视野达 180°以上,但视力差,仅为人眼的 1/80 ~1/60,如家蝇视距为 50 ~70 cm,但光波敏感范围为 254 ~700 nm,比人宽,尤其对紫外光敏感,一些昆虫在夜间仍能看到物体;对闪烁光分辨能力比人强,如丽蝇可感知 265 次/s 的闪烁光,而人一般只能感受 20 ~30 次/s,最多 50 次/s 闪烁光。

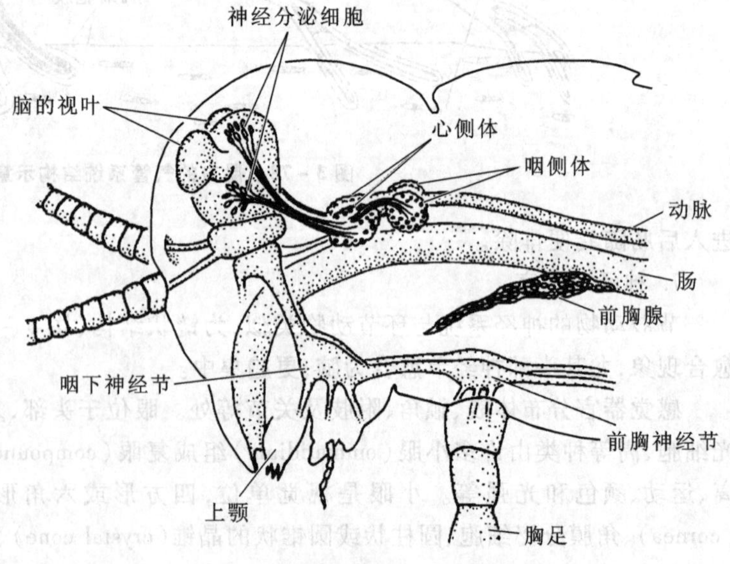

图 3-80 昆虫神经内分泌结构示意图

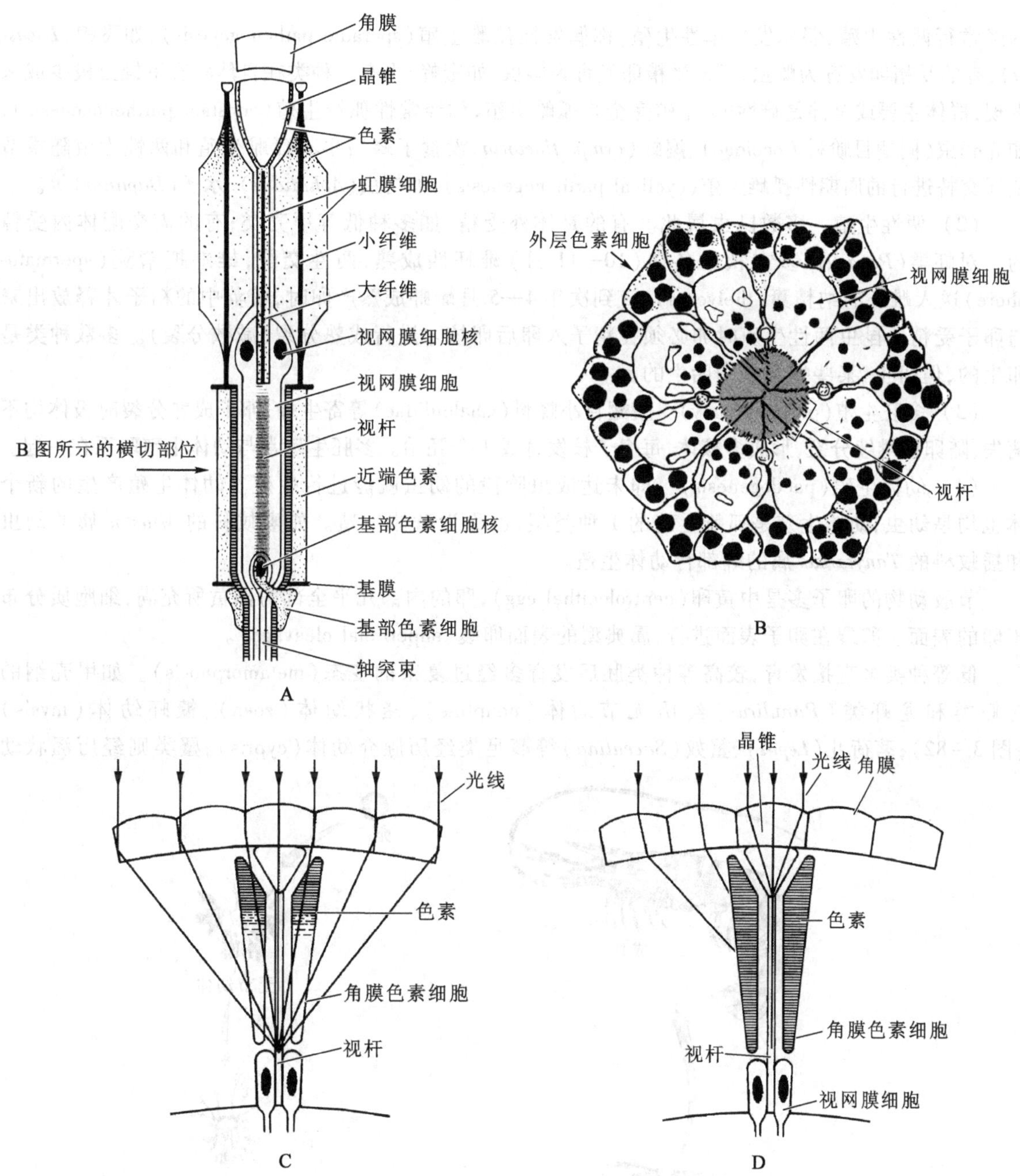

图 3-81 节肢动物小眼结构及成像原理示意图

A. 蝴蝶小眼纵切结构示意图 B. 蝴蝶小眼横切结构示意图 C. 暗适应型——重叠成像 D. 光适应型——并列成像

8. 生殖与发育

节肢动物多为雌雄异体，水生低等种类体外受精，完全卵裂；高等和陆生种类多数经交配，表面卵裂。少数种类直接发育，多数种类经历不同的幼虫期。

节肢动物生殖方式多种多样，以适应不同的生活方式，简述如下：

(1) 单性生殖(parthenogenesis) 亦称孤雌生殖，即卵不必受精就能发育为新个体的现象。有的经常行两性生殖，偶尔发生单性生殖，称偶发性孤雌生殖（sporadic pathenogenesis），如飞蝗（*Locusta*）；有的受精卵发育为雌虫，而未受精卵发育为雄虫，如蜜蜂；也有的种类在自然状态下雄虫极少或未发现，群体主要或全部是雌性的，生殖完全是孤雌生殖，称经常性孤雌生殖（constant parthenogenesis），如介壳虫（同翅目蚧科 Coccidae）、瘿蜂（*cynips tinctoria*，没食子蜂）；也有孤雌生殖和两性生殖随季节变迁交替进行的周期性孤雌生殖（cyclical parthenogenesis），如蚜虫（*Aphididae*）、水蚤（*Daphnia*）等。

（2）两性生殖 多数昆虫属此。有的是体外受精，如多种低等甲壳类；有的需交配体内受精的。对虾类（*Penaeus*）多在秋末冬初（10—11 月）雄虾性成熟，两性交配，雄虾把精荚（spermatophore）送入雌虾的纳精囊（thelycum），直到次年 4—5 月雌虾成熟产卵时，精荚中的精子才释放出来与卵子受精。昆虫两性生殖时卵必须在精子入卵后卵核才进行成熟分裂（减数分裂）。多数种类是卵生的，但蚜虫、某些蝇类是卵胎生的。

（3）多胚生殖（polyembryony） 膜翅目小蜂科（Chalcididae）等寄生蜂，卵子成熟分裂时极体均不消失，随卵核继续分裂，形成多核体，每个子核发育成 1 个胚胎。多胚生殖常与幼体生殖联系在一起。

（4）幼体生殖（paedogenesis） 即未达成虫阶段的幼虫就能进行生殖。幼体生殖产生的新个体也均是幼虫，幼体生殖是孤雌生殖的 1 种类型，也称为童体生殖。如瘿蚊科的 *Miastor* 属的幼虫和摇蚊科的 *Tanytarsus* 属的蛹都行幼体生殖。

节肢动物的卵子多是中黄卵（centrolecithal egg），卵的内部几乎全部为卵黄所充满，细胞质分布于卵的表面。卵裂在卵子表面进行，属典型的表面卵裂（superficial cleavage）。

低等种类多直接发育，较高等种类胚后发育多经过复杂的变态（metamorphosis）。如甲壳纲的对虾类和龙虾类（*Panulirus*）经历无节幼体（nauplius）、溞状幼体（zoea）、糠虾幼体（mysis）（图 3－82）；茗荷儿（*Lepas*）、蟹奴（*Sacculina*）等蔓足类经历腺介幼体（cypris）；蟹类则经历溞状幼

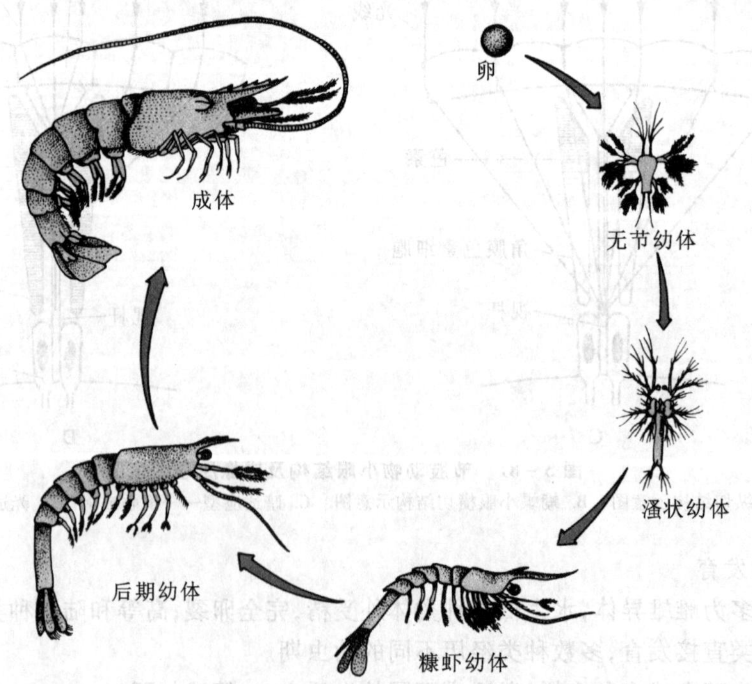

图 3－82 海湾对虾（*Penaeus*）生活史

体、大眼幼体(megalopa)阶段。昆虫的胚后发育通常也经历复杂的变态和蜕皮。2次蜕皮之间的时间间隔称龄期(instar),初孵的为1龄,第一次蜕皮后为2龄,以后每蜕皮1次增加1龄。绝大多数昆虫都经历幼虫和蛹期(pupa),幼虫最后一次蜕皮成为蛹,此时不食不动,体内器官进行重大改组,最后蛹经蜕皮成为成虫,这一过程称为羽化(emergence)。这是完全变态(holometabola)(图3-83)。完全变态的昆虫,其幼虫常有特殊名称,如金龟子的幼虫称蛴螬(grub),家蝇幼虫称蛆(maggot),家蚕幼虫称蚕(silkworm),等等。低等昆虫发育由幼虫而为成虫,不具蛹期,属不完全变态(heterometabola),蜻蜓、蜉蝣、蜚蠊、蝗虫等属于此类。其中如果幼虫和成虫生活环境和形态基本相似,只是大小、体节不同,翅具翅芽、性器官未成熟,这种幼虫称为若虫(nymph),如蜚蠊、蝗虫;若幼虫和成虫不仅形态不完全相同,而且幼虫水生,成虫陆生,这种幼虫称为稚虫(naiad),如蜻蜓、蜉蝣等。原始无翅虫,其幼虫和成虫除大小外,外形无明显区别,如衣鱼、跳虫等。

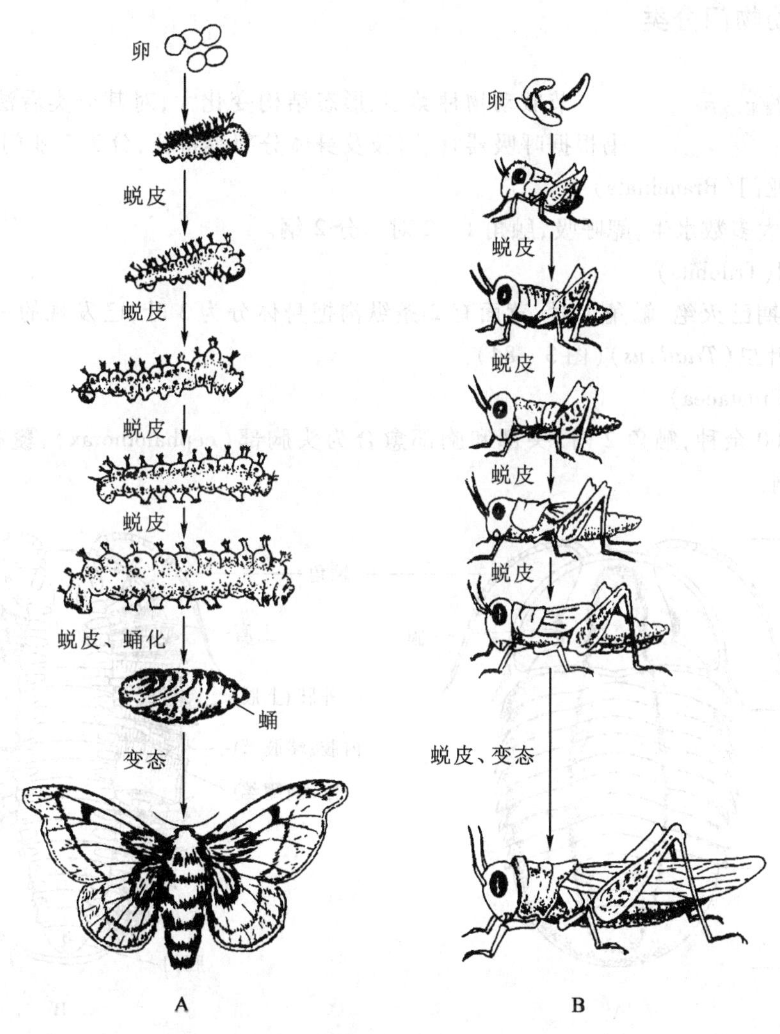

图3-83　昆虫的变态类型

A. 蚕蛾的完全变态　B. 蝗虫的不完全变态

昆虫类在生长发育过程中若遇不良环境，如气候恶劣、食物短缺等，便停止一切活动，代谢下降而呈相对静止的状态，借以度过不良环境，这种保存物种的适应称为休眠（dormancy），当恶劣环境改善，或抑制生命活动正常进行的环境条件消失，动物便很快恢复正常生活。休眠分冬眠（hibernation，指冬季低温引起的）和夏眠（aestivation，指盛夏高温引起）。滞育（diapause）是动物进化过程中形成的一种比休眠更深化的新陈代谢被抑制的生理状态，它不直接依赖外界环境的影响，而是动物对于有节律地重复到来的不良环境的历史性反映。如一化性家蚕蛾在5月间所产的卵是滞育卵，卵产下的一周之后即进入休眠状态，在未接触到像冬季那样的低温之前不会发育。这种卵若一直处于室温中多是死亡，若置于冰箱中使其接触一定的低温，再放回到相应的温度条件下就能顺利发育孵化。

三、节肢动物门分类

福建省常见陆生甲壳纲、蛛形纲及多足纲动物

节肢动物种类多、形态结构变化大，对其分类看法很不一致。本书根据呼吸器官、附肢及身体分部等特征，分为3亚门8纲。

（一）有鳃亚门（Branchiata）

有鳃亚门绝大多数水生，鳃呼吸，触角1~2对。分2纲。

1. 三叶虫纲（Trilobita）

在古生代末期已灭绝，触角1对，背面有2条纵沟把身体分为3叶，已发现的三叶虫纲化石达4 000余种，如三叶虫（*Triathrus*）（图3-84）。

2. 甲壳纲（Crustacea）

现生有31 000余种，触角2对，头部和胸部愈合为头胸部（cephalothorax），覆有头胸甲（carapace）。分8亚纲：

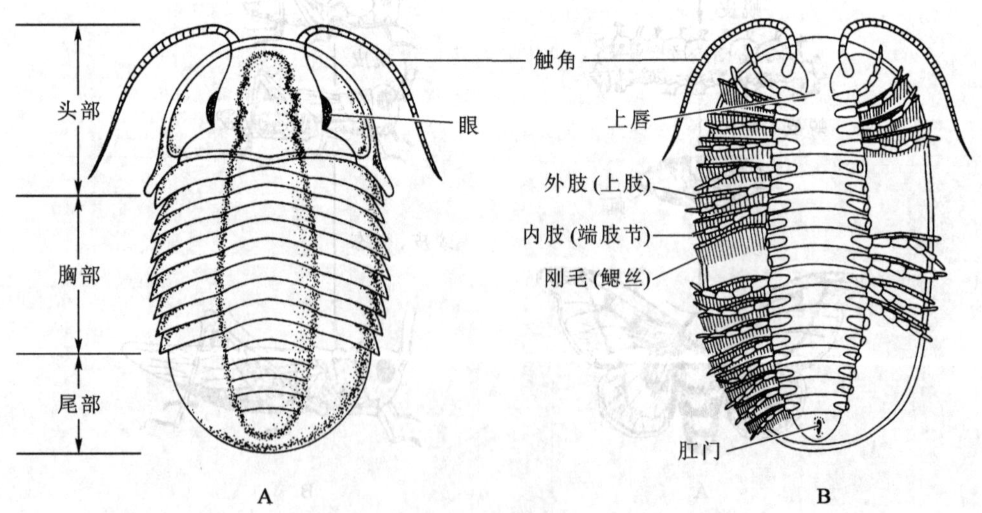

图3-84 三叶虫纲外形示意图

A. 三叶虫背面观 B. 三叶虫腹面观

(1) 头虾亚纲(Cephalocarida) 新近才发现的原始的甲壳类,仅 10 余种,体小不超过 4 mm,头部覆马蹄形甲壳,无眼,全身分 19 节,前 11 节具同型附肢,尾节具 2 细长尾叉,如头虾(*Hutchinsoniella*)。

(2) 鳃足亚纲(Branchiopoda) 体小型,淡水产,体节不定数,附肢基部着生扁平的鳃。常见的有溞(*Daphnia*)(图 3-85)、叶肢介(*Estheria*)(图 3-86)、丰年虫(*Chirocephalus*)、鲎虫(*Apus*)(图 3-87)等。

(3) 介形亚纲(Ostracoda) 小型种类,体表具两枚壳瓣,胸肢不超过 2 对,单肢型。如海萤(*Cypridina*)(图 3-88)、腺介虫(*Cypris*)等。

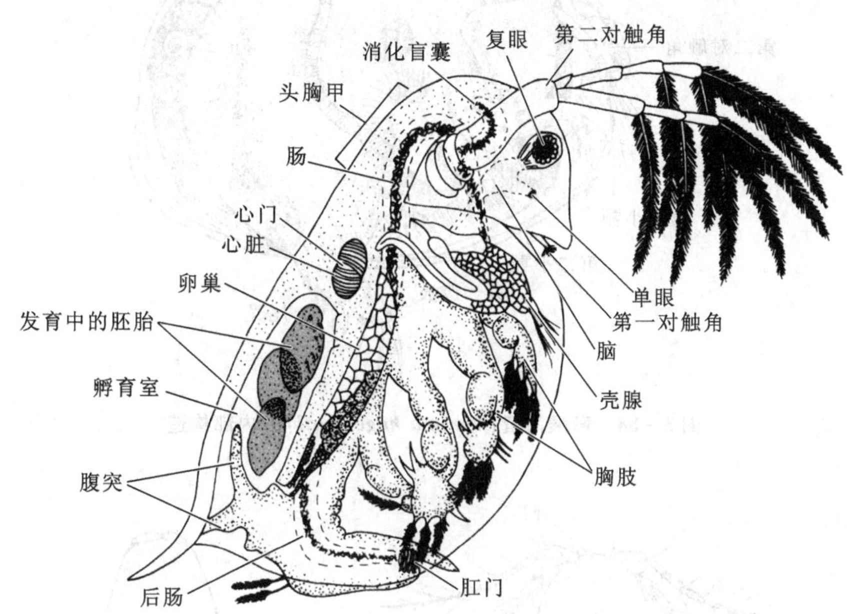

图 3-85 蚤状溞(*Daphnia pulex* ♀)

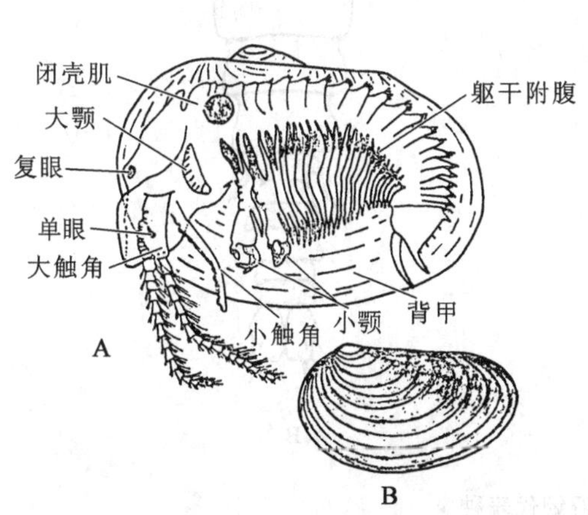

图 3-86 叶肢介

A. 结构 B. 外壳

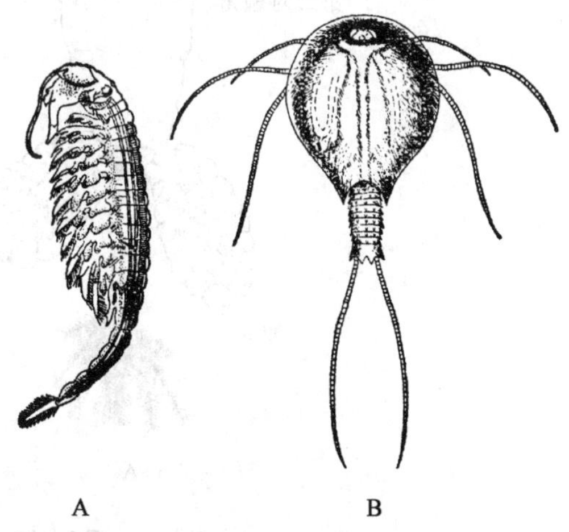

图 3-87 丰年虫和鲎虫

A. 丰年虫 B. 鲎虫

(4) 桡足亚纲(Copepoda) 小型种类,体圆筒形,无背甲,触角2对,第2对发达,单肢型,胸部前面的1~2节与头部愈合,腹部细无附肢,约7 000种,如哲水蚤(*Calanus*)、猛水蚤(*Harpacticus*)、剑水蚤(*Cyclops*)(图3-89)等。

(5) 须鳃亚纲(Mystacocarida) 仅长唇虾属(*Derocheilocaris*)8种和栉唇虾属(*Ctenocheilocaris*)

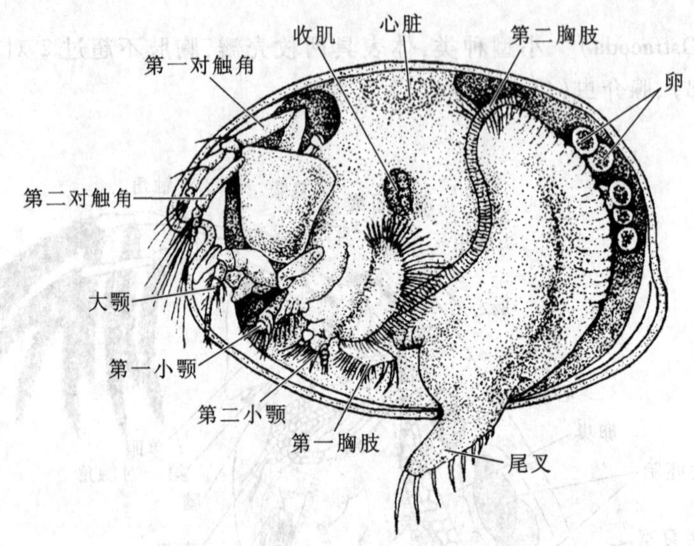

图3-88 弯喉海萤(*Vargula hilgendorfi*)的内部构造

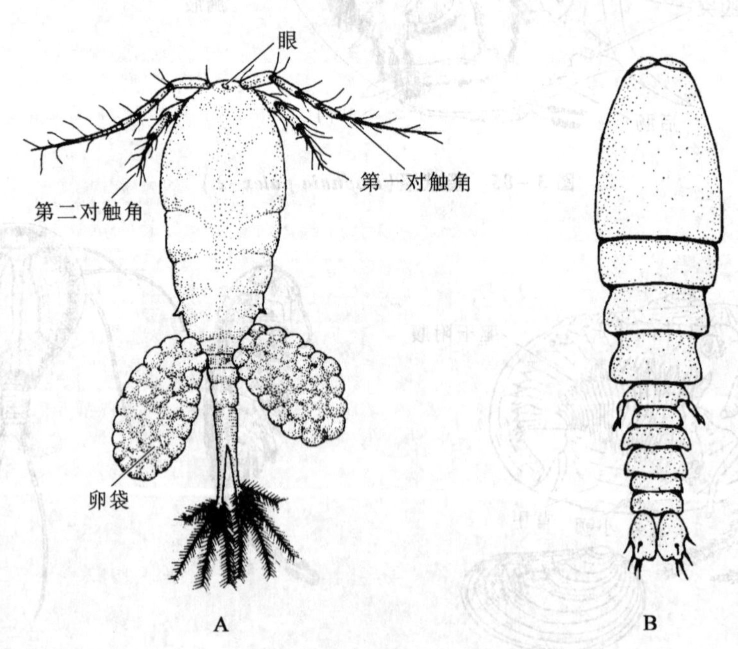

图3-89 桡足亚纲代表种类

A. 剑水蚤 B. 分叉小猛水蚤(*Tisbe furcata*)

5 种,栖于沙质潮间带,形态构造与桡足类相似,体小不足 1 mm,2 对触角发达,头部仅中眼,胸部 6 节,胸肢不发达,腹部 5 节无附肢。

(6) 鳃尾亚纲(Branchium) 约 70 种,小型,头胸部具发达背甲,复眼 1 对无柄,胸肢 4 对双肢型,腹部小双片状不分节,如鲺(*Argulus*)。

(7) 蔓足亚纲(Cirripedia) 约 900 种,全海产,自由生活的种类具背甲形成的外套,外有石灰质骨板包裹身体,如藤壶(*Balanus*)、茗荷儿(*Lepas*)(图 3-90)等,约 1/3 种类在鲸、海龟、鱼类等身上共生或寄生。

(8) 软甲亚纲(Malacostraca) 为甲壳纲高等种类,约 21 000 种。身体 21 节:头部 6 节,胸部 8 节,腹部 6 节,尾部 1 节。分目意见不一致,主要有:等足目(Isopoda),附肢均为单肢型,无背甲,如生于海岸的海蟑螂(*Ligia*)、生于湿土的鼠妇(*Porcelio*)和淡水生活的栉水蚤(*Asellus*)(图 3-91)。端足目(Amphipoda),体侧扁,分头、胸、腹 3 部分,无背甲,头部 1 对复眼无柄,如钩虾(*Gammarus*)。糠虾目(Mysidacea),似小虾,头胸甲后端凹入,如糠虾(*Mysis*)。涟虫目(Cumacea),小型底栖,头胸部特膨大,腹部和尾窄细,背甲前方有 1 假额剑,如针尾涟虫(*Diastylis*)。磷虾目(Euphausiacea),头胸甲完整,具发光器分布于眼柄,胸肢基部、腹部侧甲等处,如南极磷虾(*Euphausia superba*)。口足目(Stomatopoda),体背腹扁、背甲小,腹部与尾节发达,第二胸足特别发达,如虾蛄(*Squilla*)。十足目(Decapoda),头胸甲发达,胸肢后 5 对为步足,分 2 类:游泳类,头胸甲前方具额剑,如对虾(*Penaeus*)、沼虾(*Macrobrachium*)(图 3-92);爬行类,头胸甲无额剑,如龙虾(*Panulirus*)(图 3-93)、寄居蟹(*Pagurus*)(图 3-94)以及各种蟹类,如梭子蟹(*Neptunus*)、青蟹(*Scylla*)、绒螯蟹(*Eriocheir*)等(图 3-95)。

甲壳纲有许多种类经济价值很高。桡足类、枝角类、糠虾类、磷虾类是海洋浮游生物的重要成员,是许多海洋动物的饵料;软甲亚纲的虾、蟹类是珍贵的水产品,又是水产养殖和海洋捕捞的重要对象。而蔓足亚纲藤壶等既是污损生物,又是养殖业的敌害。

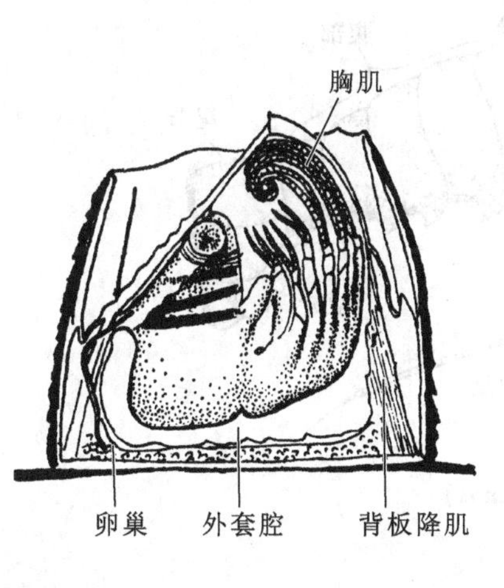

图 3-90 蔓足亚纲代表种类

A. 藤壶(去一侧骨片,示内部结构) B. 茗荷儿

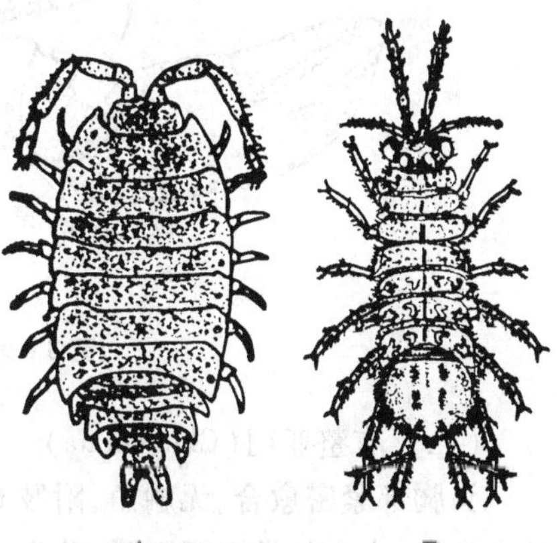

图 3-91 软甲亚纲等足目代表种类

A. 鼠妇 B. 栉水蚤

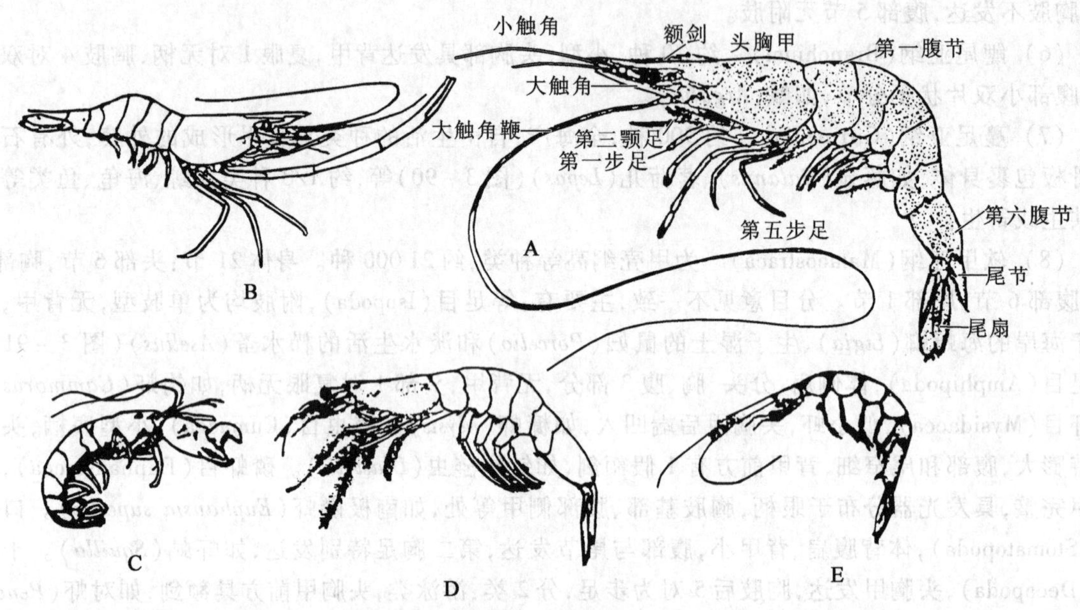

图 3-92 软甲亚纲十足目游泳类代表种

A. 对虾 B. 沼虾 C. 鼓虾(*Alpheus*) D. 中国毛虾(*Acetes chinensis*) E. 萤虾(*Lucifer*)

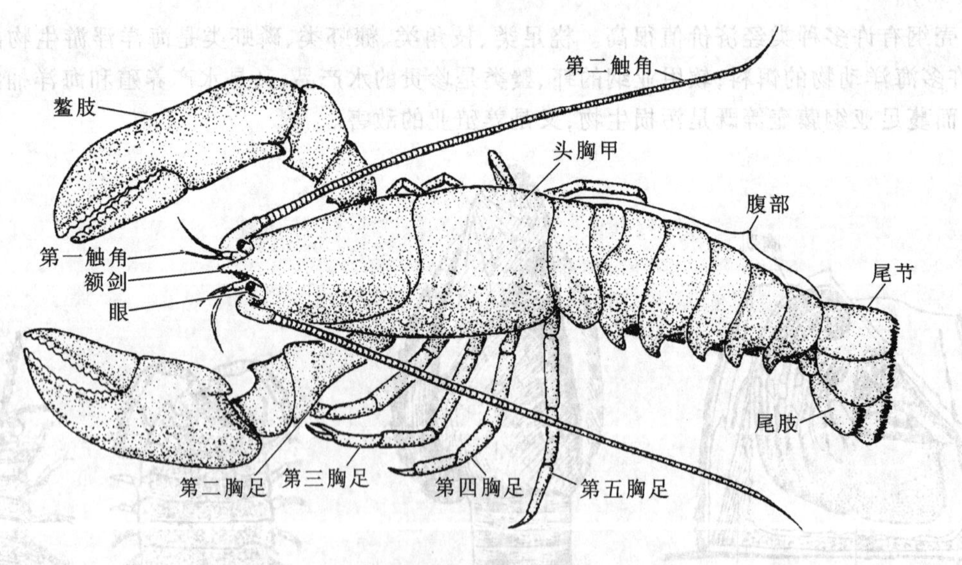

图 3-93 美洲螯龙虾(***Homarus americanus***)

（二）有螯亚门(Chelicerata)

头胸部紧密愈合，无触角，附肢 6 对，第一、二对分别为螯肢(Chelicerae)、脚须(pedipalps)，后 4 对为步足，水生种类书鳃呼吸，陆生种类以书肺、气管呼吸。分 3 纲。

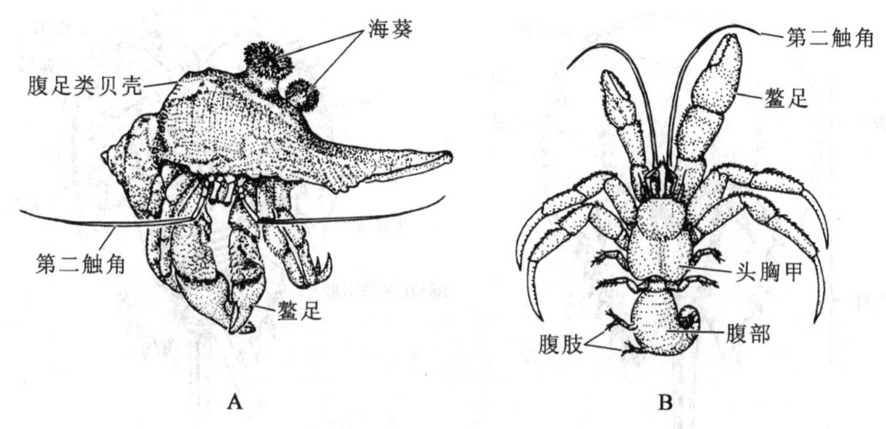

图 3－94　寄居蟹

A. 隐蔽于腹足类壳内　B. 离壳后

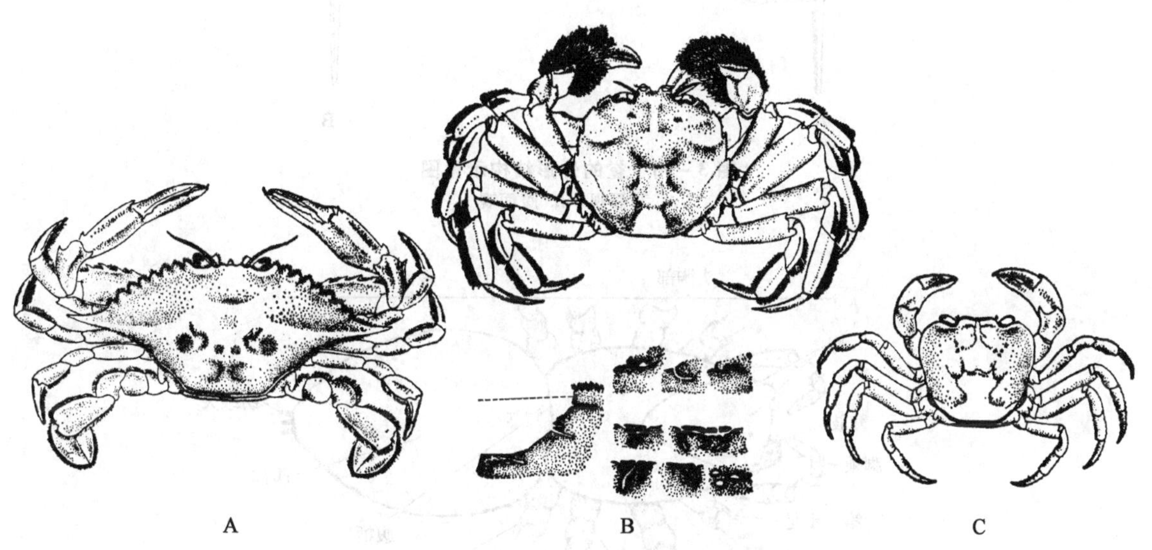

图 3－95　软甲亚纲十足目爬行类代表种

A. 三疣梭子蟹　B. 河蟹及其洞穴　C. 溪蟹

1. 肢口纲(Merostomata)

据报道有 3 属 5 种，中国鲎(*Tachypleus tridentatus*)是现生常见种，体长达 60 cm，分头胸部、腹部和尾剑 3 部分。头胸部马蹄形，背面隆起，有 3 条纵嵴，腹面稍凹，6 对附肢均排列在口的两侧，故名肢口类；腹部较小，近六角形，尾部三角形如剑，又名剑尾类(Xiphosura)(图 3－96)。

2. 蛛形纲(Arachnoidea)

体分头胸部和腹部，无触角，体表几丁质外骨骼薄且不坚硬，无复眼，单眼发达；头胸部附肢 6 对：第一对螯肢，第二对脚须，余 4 对为步足(图 3－97)；以书肺和气管呼吸。本纲 6 万多种，分 10 目，常见的有蝎目(Scorpionida)，如钳蝎(*Buthus*)。蜱螨目(Acarina)，分蜱类和螨类：蜱类头胸部与腹部愈合，体节消失，脚须基节与上唇构成口锥用以吸血，如牛蜱(*Boophilus*)；螨类身体柔软，如危

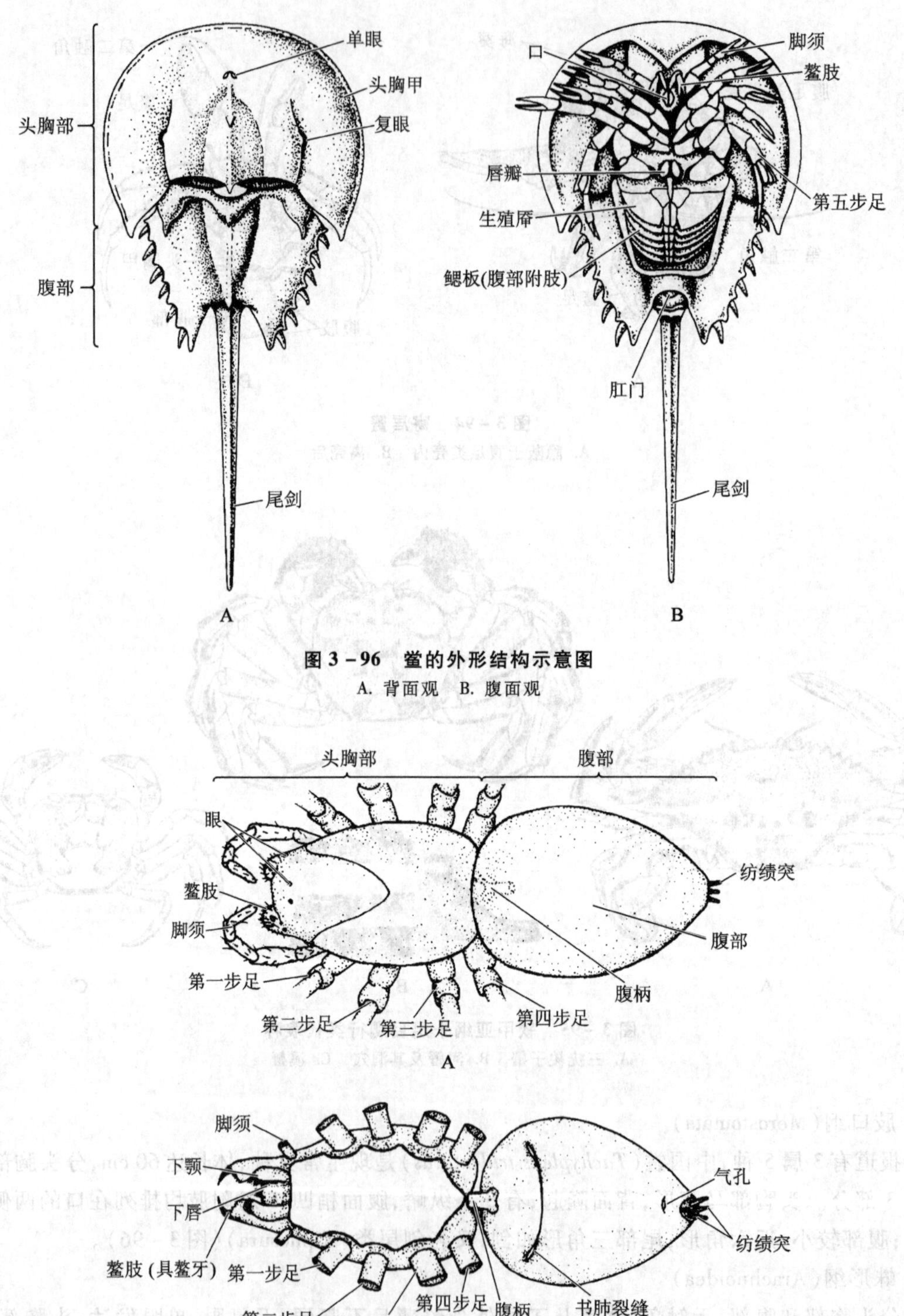

图 3－96　鲎的外形结构示意图

A. 背面观　B. 腹面观

图 3－97　典型的蜘蛛外形结构示意图

A. 典型蜘蛛的背面观　B. 典型蜘蛛的腹面观

害棉花的棉红蜘蛛（*Tetranychus urticae*，亦称棉叶螨）、寄生人体皮肤的疥螨（*Sarcoptes scabiei*）。蜘蛛目（Araneida），头胸部和腹部皆不分节，之间以一细柄相连，螯肢有毒腺，腹部末端有纺织腺 2～4 对，内通丝腺，能牵丝结网，如圆蛛（*Araneus*）、拉土蛛（*Latouchia*）、蝇虎（*Menemerus*）等常见种。此外还有拟蝎目（Pseudoscorpiones）、避日目（Solifugae）、鞭蝎目（Palpigradi）、尾鞭目（Uropygi）、无鞭目（Amblypygi）、节腹目（Ricinulei）和盲蛛目（Opiliones）等。

3. 海蜘蛛纲（Pantopoda）

海产小型，约 500 种。形似蜘蛛，头部有 1 个突出圆柱形的吻，头后有颈部，附肢细长（图 3－98），以南北两极冷水区分布较普遍，常与苔藓虫，水螅等群体在一起，如海蜘蛛（*Nymphon rubrum*）。

（三）气管亚门（Tracheata）

以气管呼吸，触角 1 对，附肢单肢型，故又称单肢亚门。多数陆生，有的种类能在空中飞翔，少数水生。约 90 万种。有的学者将之分为 6 纲：有爪纲（Onychophora）、唇足纲（Chilopoda）、综合纲（Symphyla）、倍足纲（Diplopoda）、烛蛾纲（Pauropoda）和昆虫纲（Insecta）。本书分 3 纲。

1. 原气管纲（Prototracheata）

原气管纲约 70 种，具有多门动物特征。体蠕虫状，体表柔软具环纹，体壁皮肌囊；附肢粗短不分节，末端具 2 爪；气管呼吸，气管短而不分支；神经系统为梯形结构。有的学者将之独立为有爪动物门（Onychophora），如栉蚕（*Peripatus*）（图 3－99）。

2. 多足纲（Myriapoda）

多足纲约 1 万种，体蠕虫状，分头、躯两部，体背腹扁或细长圆形，每体节 1～2 对附肢。包括唇足纲、综合纲、倍足纲和烛蛾纲。如陆生蜈蚣（*Scolopendra*），小型的么蚰（*Hanseniella*），除前后端少数体节外多数体节具 2 对附肢的马陆（*Julus*）等（图 3－100）。

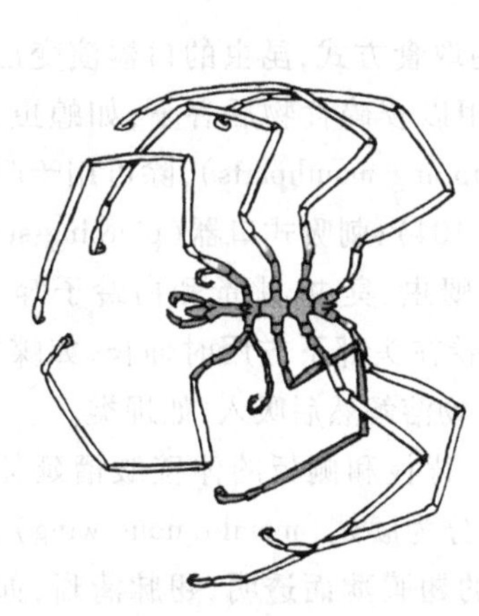

图 3－98　海蜘蛛纲外形示意图（背面观）

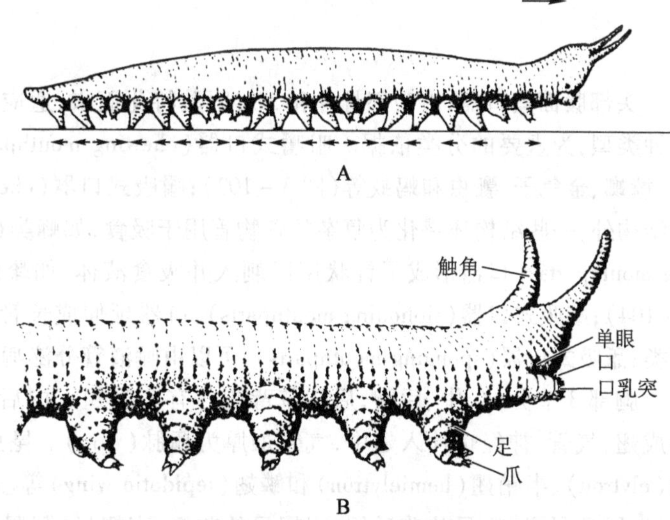

图 3－99　栉蚕外形及前端结构示意图

A. 栉蚕外形示意图　B. 栉蚕前端结构示意图

3. 昆虫纲(Insecta)

有的报道为 85 万种,有的报道 100 万种,而且还有新种不断被发现。昆虫身体分头、胸、腹 3 部分(图 3－101)。典型特征是胸部具有 3 对足及 2 对翅。头部卵圆形由 6 节愈合而成,单眼 1～3 个,复眼 1 对,触角 1 对。不同种类和不同性别触角形态变化大(图 3－102),为分类依据之一。

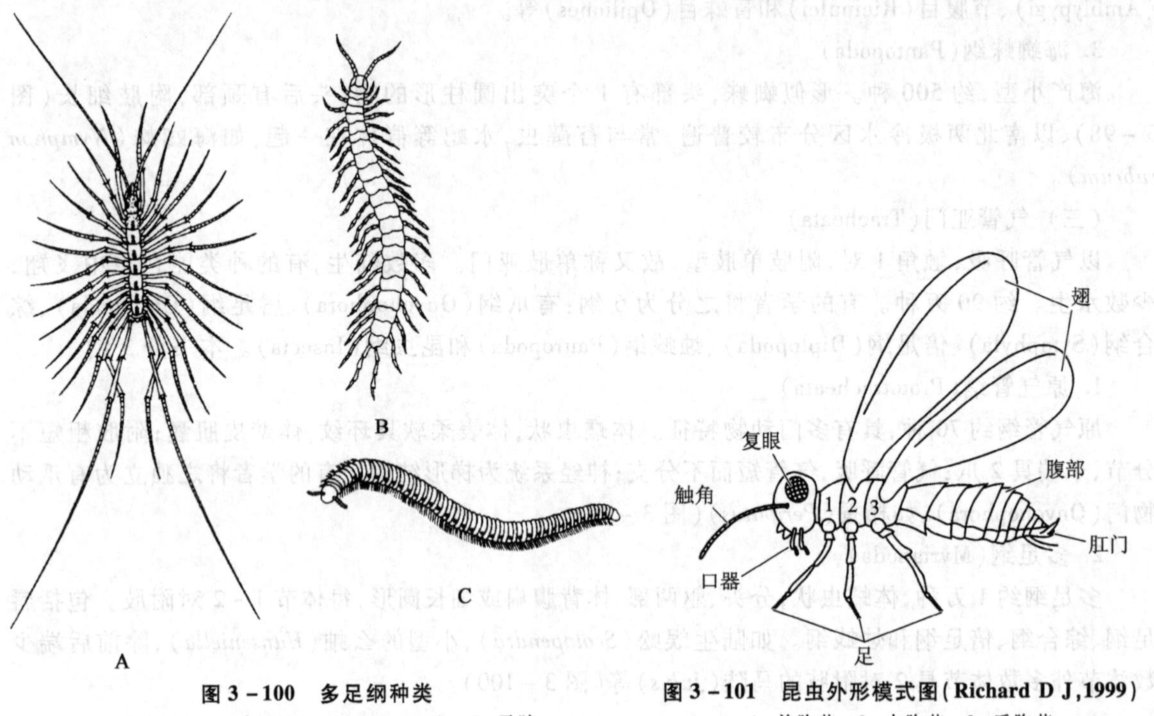

图 3－100　多足纲种类

A. 蚰蜒　B. 一种蜈蚣(*Scolopendra* sp.)　C. 马陆

图 3－101　昆虫外形模式图(Richard D J,1999)

1. 前胸节　2. 中胸节　3. 后胸节

头部腹面具口器,由头部骨片和 3 对附肢特化而来,适应不同的取食方式,昆虫的口器演变出了多种类型,为重要的分类依据。咀嚼式口器(chewing mouthparts),用以咬碎食物后吞下,如蝗虫、蜻蜓、螳螂、金龟子、瓢虫和蚂蚁等(图 3－103);嚼吸式口器(chewing-lapping mouthparts),除可用于咀嚼的结构外,一些结构还特化为复杂的食物管用于吸食,如蜂类(图 3－104);刺吸式口器(piercing-sucking mouthparts),口器形成了针状用以刺入并吸食液体,如雌蚊、蝉、蚜虫、臭虫、跳蚤和白蛉子等(图 3－104);虹吸式口器(siphoning mouthparts),口器延伸成长管状,盘卷在头部下方用时伸长,如蝶类、蛾类;舐吸式口器(sponging mouthparts),可以由唾液管分泌唾液将食物溶解然后吸入,如蝇类。

胸部 3 节分前、中、后胸,后 2 节背侧各有 1 对翅。中后胸侧区背板和侧板的体壁皱褶延伸扩展成翅,气管、神经也伸入翅中,气管加厚为翅脉(vein)。昆虫的翅分为膜翅(membranous wing)、鞘翅(elytron)、半鞘翅(hemielytron)和鳞翅(lepidotic wing)等。膜翅的翅膜薄而透明,翅脉清晰,如膜翅目、脉翅目、蜻蜓目的前后翅,双翅目的前翅,直翅目、鞘翅目和半翅目的后翅。鞘翅质坚而厚,无明显的翅脉,静止时折叠覆盖在后翅和身体背侧,如鞘翅目的前翅;半鞘翅多是前翅,基部角质化,端部膜质,如蝽象等半翅目的前翅;鳞翅目如蛾、蝶类的前后翅和毛翅目的前翅,翅表密被鳞片。蚊、蝇的后翅退化为棒状平衡棒(halter)。原始类群如弹尾目、原尾目、双尾目、缨尾目的昆虫无翅;蚤蠊目昆虫

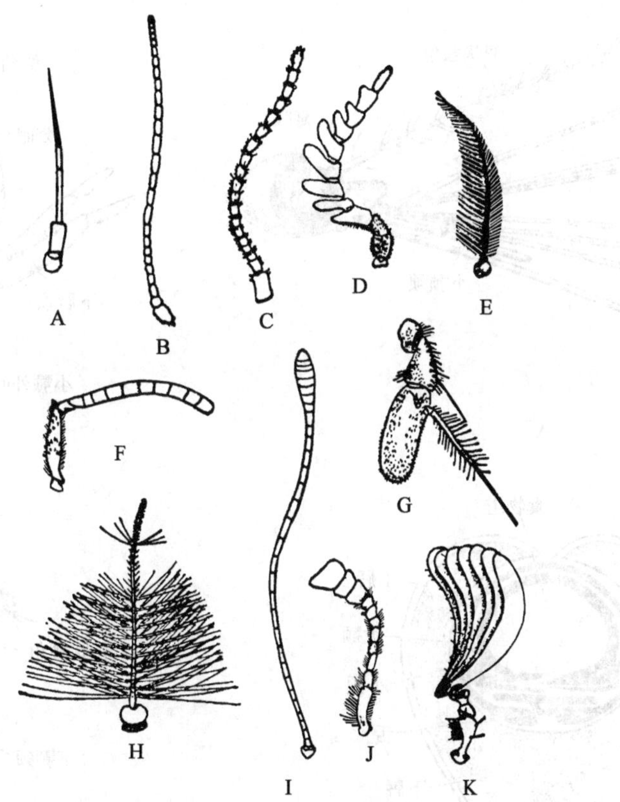

图 3－102 昆虫的各类触角

A. 刚毛状 B. 丝状 C. 念珠状 D. 锯齿状 E. 双锯齿状 F. 膝状 G. 具芒触角 H. 环毛状 I. 球杆状 J. 锤状 K. 鳃片状

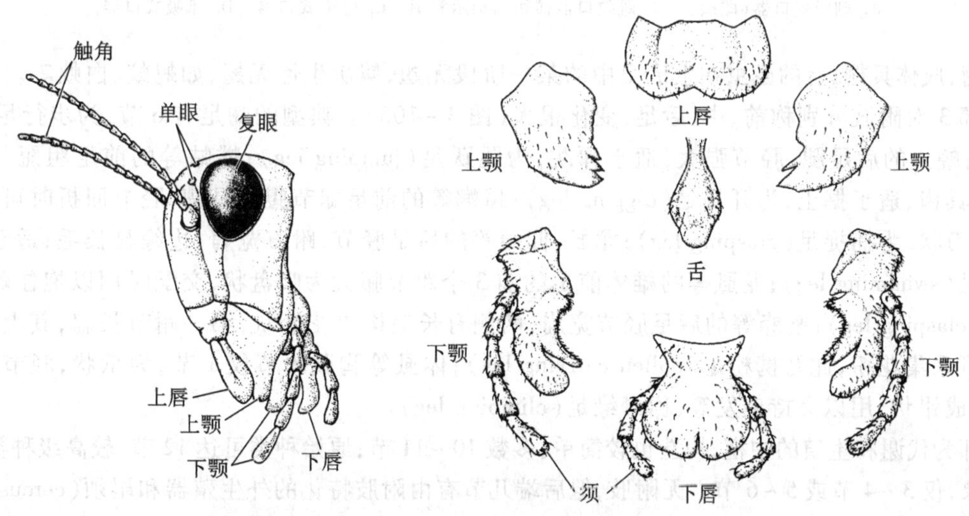

图 3－103 昆虫头部结构及咀嚼式口器示意图

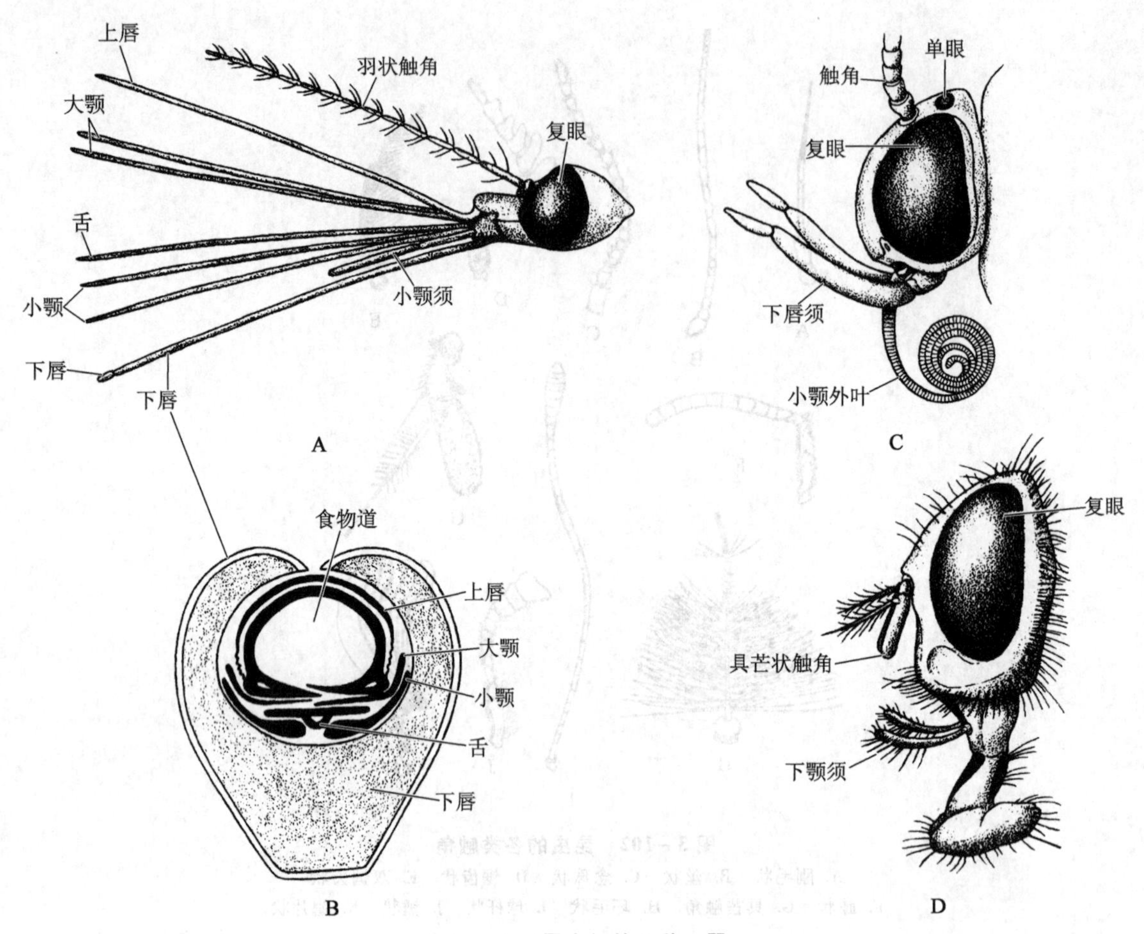

图 3-104 昆虫纲的几种口器

A. 刺吸式口器(雌蚊) B. 雌蚊口器横切结构示意图 C. 虹吸式口器 D. 舐吸式口器

初始无翅,成体具翅;有的昆虫在生活史中的某一阶段无翅,属次生性无翅,如蚂蚁、白蚁等。

胸部3对附肢分别称前、中、后足,变化很大(图3-105)。典型的胸足有6节,为步行足(walking leg);蝗虫的后足腿、胫节强大,适于弹跳,为跳跃足(jumping leg);蝼蛄等的前足粗短,胫节宽扁,前缘具齿,适于掘土,为开掘足(digging leg);螳螂等的前足腿节腹面具槽,胫节回折时可嵌入槽内,呈折刀状,为捕捉足(grasping leg);龙虱、仰蝽等的后足胫节、跗节宽扁,边缘具长毛,适于游泳,为游泳足(swimming leg);龙虱等的雄体前足的前3个跗节膨大为吸盘状,交配时用以抱住雌体,为抱握足(clasping leg);蜜蜂等的后足胫节宽扁,两侧有长毛构成花篮状,第一跗节长扁,其上有横排的硬毛可采集花粉,此乃携粉足(pollen carrying leg);体虱等胸肢跗节仅1节,为爪状,胫节外缘突起,二者成钳状,用以夹持毛发等,称攀缘足(climbing leg)。

腹部为代谢和生殖的中枢,构造也较简单:多数10~11节;原始种类可达12节,较高级种类,多有愈合现象,仅3~4节或5~6节。无附肢,但后端几节有由附肢特化的外生殖器和尾须(cercus),雌性外生殖器即产卵器(ovipositor),雄性为交配器(petasma)。腹部前8节侧面各有1气孔。

昆虫纲分为2亚纲、34目。

(1) 无翅亚纲(Apterygota) 原始性无翅,体弱小,腹部具附肢痕迹,有4目,即原尾目(Protu-

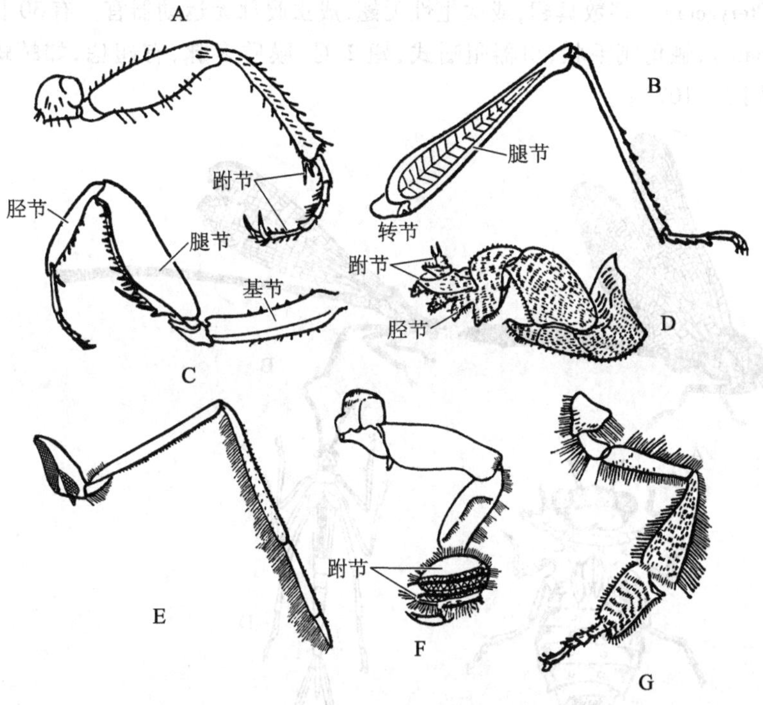

图 3－105　昆虫足的结构与类型

A. 步行足（步行虫）　B. 跳跃足（稻蝗后足）　C. 捕捉足（螳螂前足）　D. 开掘足（蝼蛄前足）
E. 游泳足（松藻虫后足）　F. 抱握足（龙虱前足）　G. 携粉足（蜜蜂后足）

ra）、弹尾目（collembola）、双尾目（Diplura）和缨尾目（Thysanura）。缨尾目体被鳞片，触角和尾须细长，常见的有蛀食衣物纸张的衣鱼（*Lepisma*）和湿地生活的石蛃（*Machilis*）等（图 3－106）。

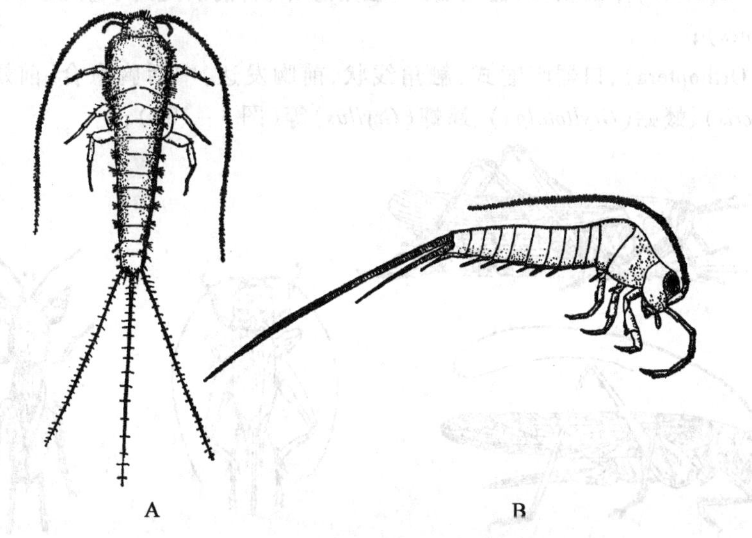

图 3－106　昆虫纲缨尾目的代表种类

A. 栉衣鱼　B. 石蛃

（2）有翅亚纲（Pterygota） 多数具翅，或次生性无翅，成虫腹部无运动器官。有30目，主要的有：

① 蜻蜓目（Odonata），触角刚毛状，口器咀嚼式，翅2对，膜质多脉，有翅痣，如蜻蜓（*Aeschna*）、豆娘（*Archilestes*）等（图3－107）；

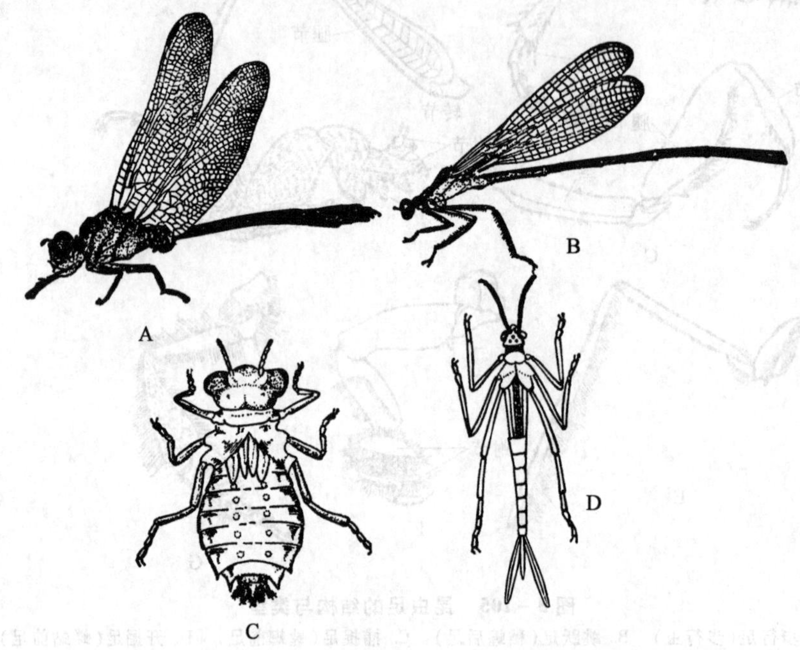

图3－107 昆虫纲蜻蜓目的代表种类

A. 蜻蜓 B. 豆娘 C. 红蜻（*Crocothemis servilia*）的稚虫 D. 绿河蟌（*Agrion virgo*）的稚虫

② 等翅目（Isoptera），体柔软，口器咀嚼式，触角念珠状，前后翅等长，翅膜常超过腹部末端，如家白蚁（*Coptotermes*）；

③ 直翅目（Orthoptera），口器咀嚼式，触角线状，前胸发达，中后胸愈合，前翅革质，后翅膜质，如蝗虫（*Chondracris*）、蝼蛄（*Gryllotolpa*）、蟋蟀（*Gryllus*）等（图3－108）；

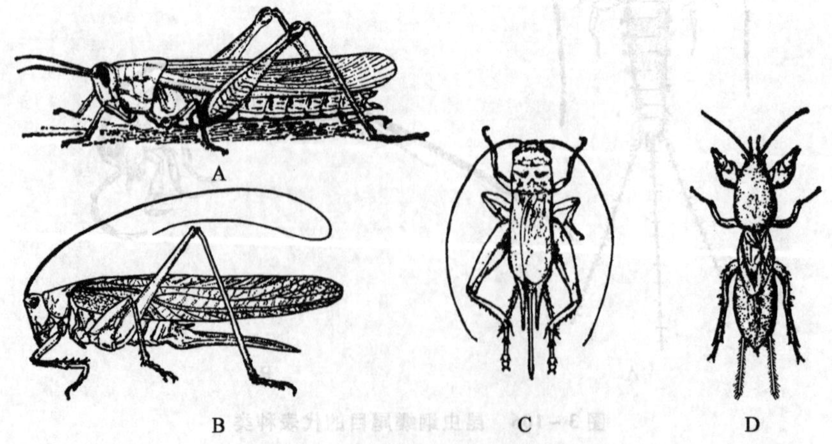

图3－108 昆虫纲直翅目的代表种类

A. 蝗虫 B. 螽蜥 C. 蟋蟀 D. 华北蝼蛄

② 同翅目(Homoptera),口器刺吸式,前翅膜质或革质,呈半鞘翅,静止时翅折叠为屋脊状,如鸣蝉(*Oncotympana*,俗称"知了")、白蜡虫(*Ericerus*)等(图 3－109);

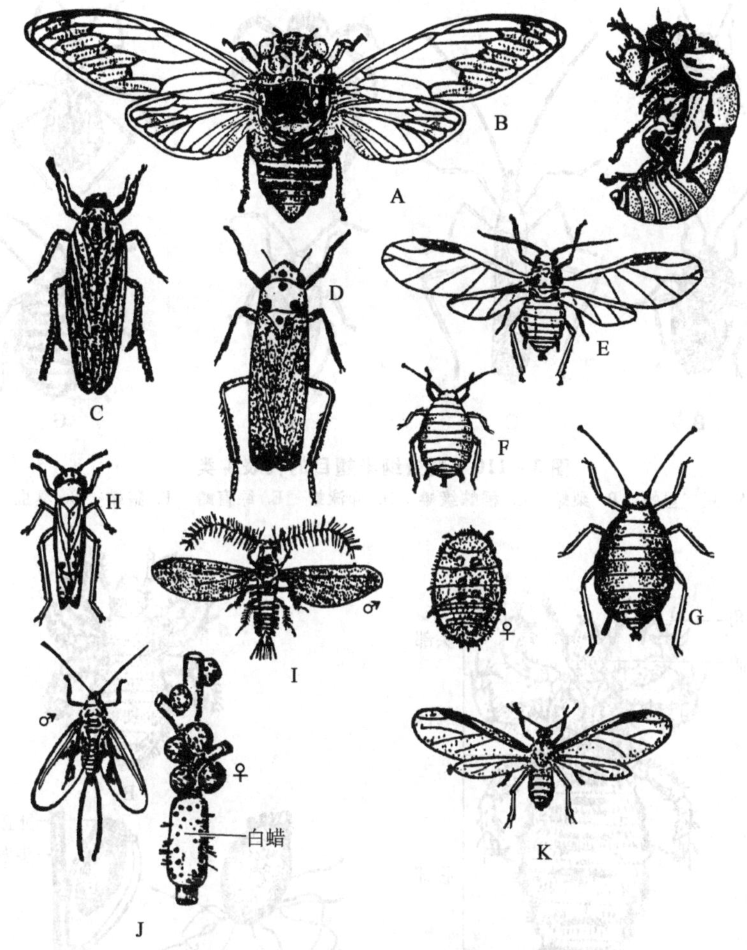

图 3－109 昆虫纲同翅目的代表种类

A. 鸣蝉 B. 鸣蝉幼虫 C. 灰飞虱 D. 黑属叶蝉 E. 蚜虫(有翅型) F. 蚜虫(无翅型) G. 蚜虫(无翅型) H. 棉叶蝉 I. 吹绵介壳虫 J. 白蜡虫 K. 五倍子蚜

⑤ 半翅目(Hemiptera),口器刺吸式,前翅半鞘翅,后翅膜质,静止时折叠于腹部背面,多具臭腺,如荔枝蝽(*Tessaratoma*)、臭虫(*Cimex*)等(图 3－110);

⑥ 虱目(Anoplura),体小无翅,口器刺吸式,胸部各节愈合,粗短适于攀缘,如人体虱(*Pediculus*)(图 3－111);

⑦ 鞘翅目(Coleoptera),口器咀嚼式,触角 10～11 节,形状多变,前翅角质,后翅膜质,通常叫"甲虫",如萤火虫(*Luciola*)、瓢虫(*Rodolia*)、星天牛(*Anoplophora*)、金龟子(*Holotrichia*)等(图3－112);

⑧ 鳞翅目(Lepidoptera),包括蝶类和蛾类,口器虹吸式,体表和翅密被鳞片,如二化螟(*Chilo*)、家蚕(*Bombyx*)、菜粉蝶(*Pieris*)、棉铃虫(*Heliothis*)等(图 3－113);

福建省常见鳞翅目蝶类

⑨ 双翅目(Diptera),口器刺吸式或舐吸式,前翅膜质,后翅特化为平衡

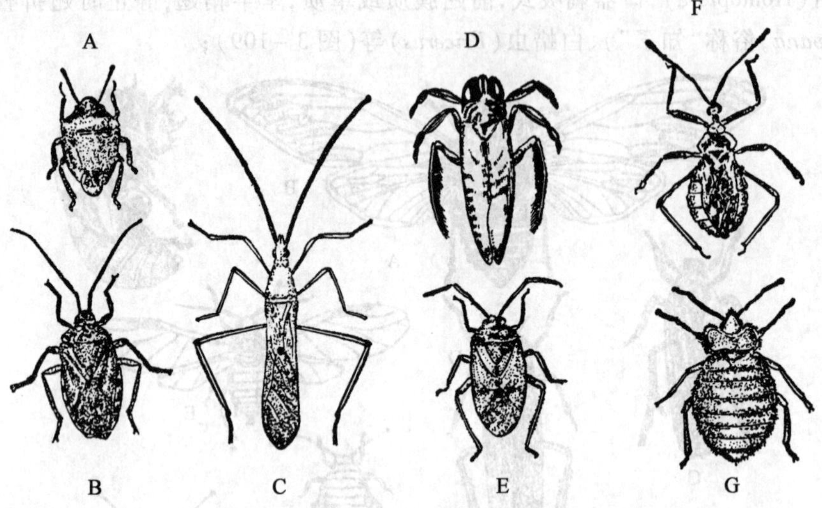

图 3-110　昆虫纲半翅目的代表种类

A. 豆二星蝽　B. 梨蝽　C. 稻蛛缘蝽　D. 仰泳蝽　E. 绿盲蝽　F. 猎蝽　G. 臭虫

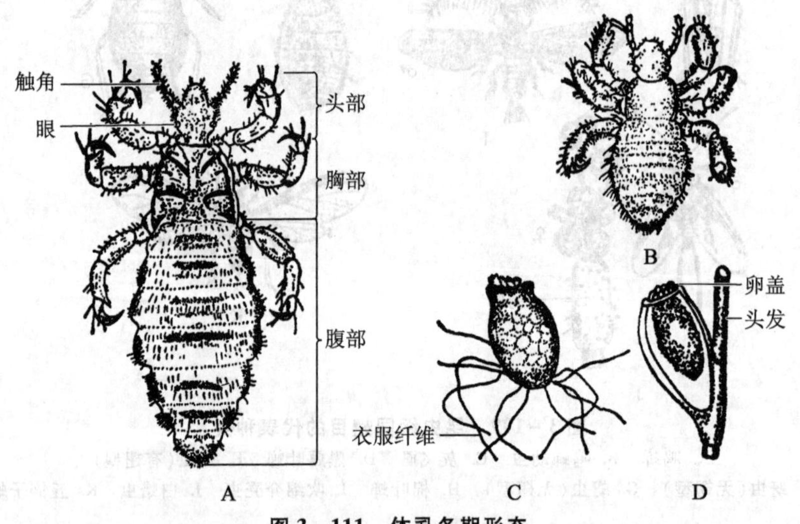

图 3-111　体虱各期形态

A. 体虱成虫　B. 体虱若虫　C. 体虱卵　D. 头虱卵

棒，少数无翅，如库蚊(*Culex*)、按纹(*Anopheles*)、伊蚊(*Aedes*)、白蛉(*Phlebotomus*，俗称白蛉子)、牛虻(*Tabanus*)、舍蝇(*Musca*)和果蝇(*Drosophila*)等(图 3-114)；

⑩ 蚤目(Siphonoptera)，体小，侧扁，无翅，口器刺吸式，善跳跃，如人蚤(*Pulex*)(图 3-115)；

⑪ 膜翅目(Hymenoptera)，双翅膜质，后翅小于前翅，口器咀嚼式或嚼吸式，腹部第一节并入胸部，第二节细，成"细腰"状，如胡蜂(*Vespa*)、蜜蜂(*Apis*)、蚂蚁(蚁科 Formicidae 通称)、熊蜂(*Bombus*)等(图 3-116)。

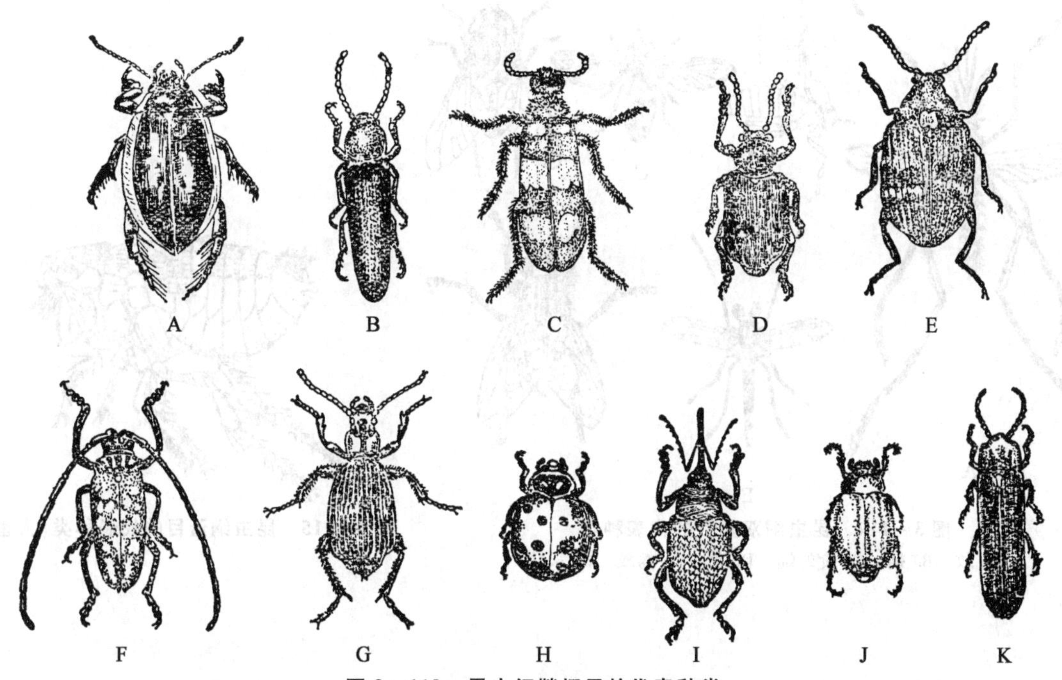

图 3－112　昆虫纲鞘翅目的代表种类

A. 龙虱　B. 叩头虫　C. 地胆　D. 叶甲　E. 豆象　F. 天牛　G. 步行虫　H. 瓢虫　I. 象鼻虫　J. 金龟子　K. 萤火虫

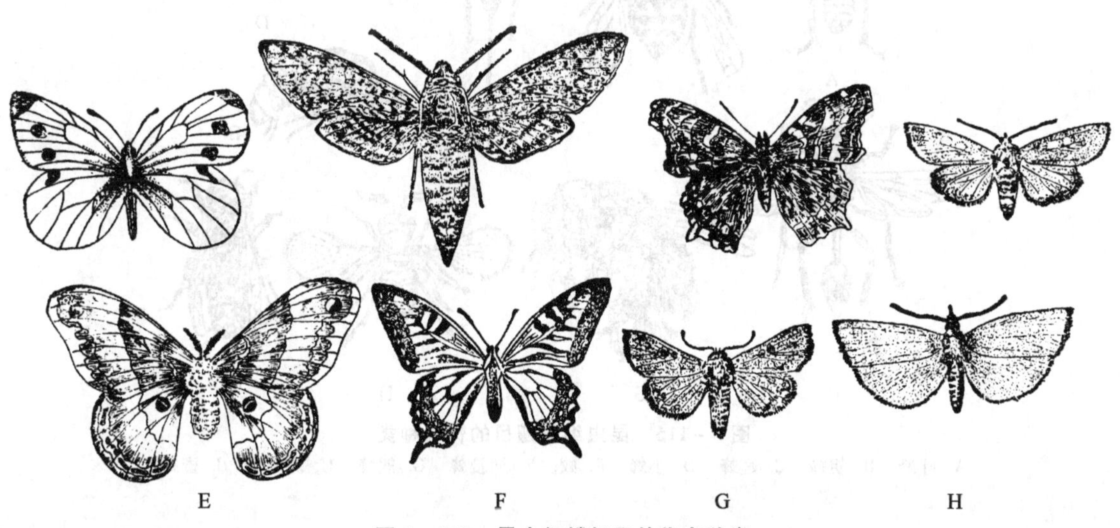

图 3－113　昆虫纲鳞翅目的代表种类

A. 菜粉蝶（♀）　B. 天蛾　C. 蛱蝶　D. 黏虫　E. 天蚕蛾　F. 凤蝶　G. 棉铃虫　H. 二化螟

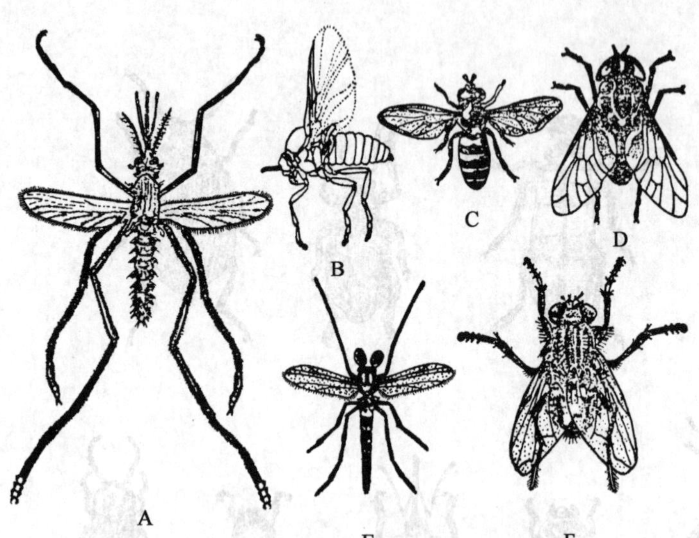

图 3-114 昆虫纲双翅目的代表种类

A. 蚊 B. 蚋 C. 食蚜蝇 D. 虻 E. 摇蚊 F. 家蝇

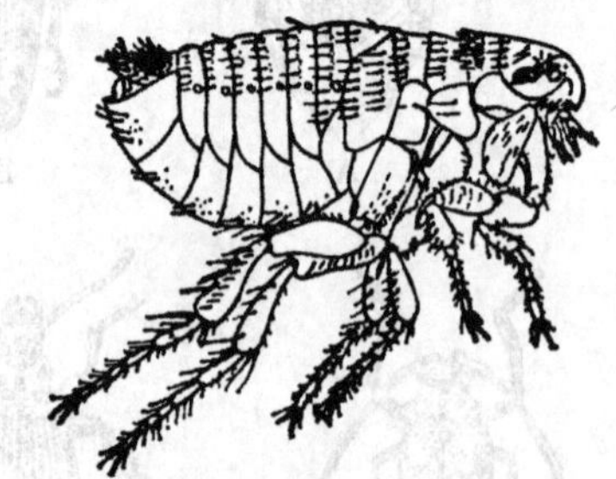

图 3-115 昆虫纲蚤目的代表种类(人蚤)

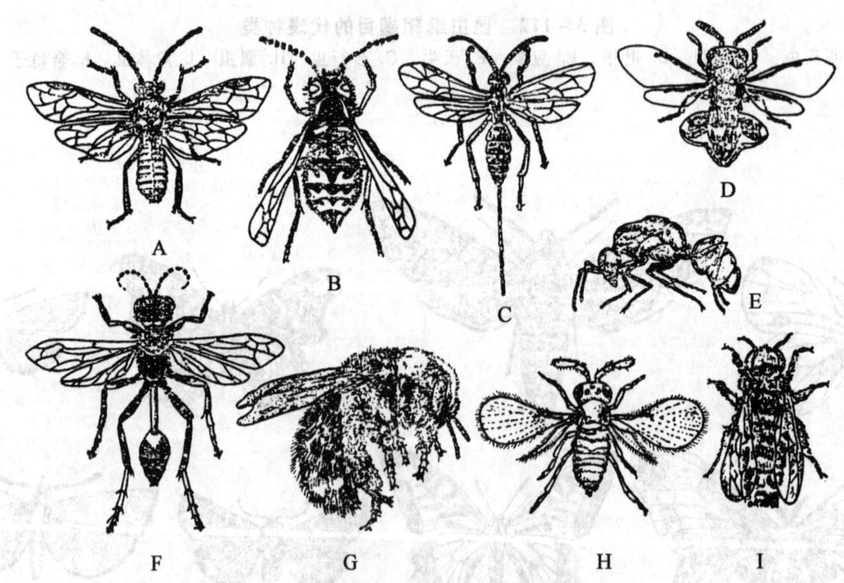

图 3-116 昆虫纲膜翅目的代表种类

A. 叶蜂 B. 胡蜂 C. 姬蜂 D. 小蜂 E. 蚁 F. 细腰蜂 G. 熊蜂 H. 赤眼蜂 I. 蜜蜂

第六节　棘皮动物门

现生的棘皮动物(Echinodermata)约6 000种,全部海产,营底栖生活,从潮间带至水深数千米的深海都有分布。化石种类有20 000余种,从早寒武纪初现,在整个古生代,尤其在石炭纪,海百合十分繁盛。

一、进化地位

棘皮动物与前面介绍的几门原口动物(protostomia)不同,属后口动物(deuterostomia),普遍认为其与脊索动物具有相同的祖先;身体基本上属辐射对称,没有头、胸、腹等的分区,只有口面(口所在的身体一侧)和反口面之分(图3-117)。多数种类是五辐对称(pentamerous radial symmetry),但它们的幼体是两侧对称的,故成体的五辐对称是次生性的。具有中胚层起源的内骨骼,内骨骼由钙化的小骨片(ossciles)彼此以关节相连,排列成一定形式,支撑身体。有的骨片成为细小的骨针(spicula)分散在体壁中,还有的小骨片形成棘状突出于体表,使体表粗糙,故名棘皮动物。

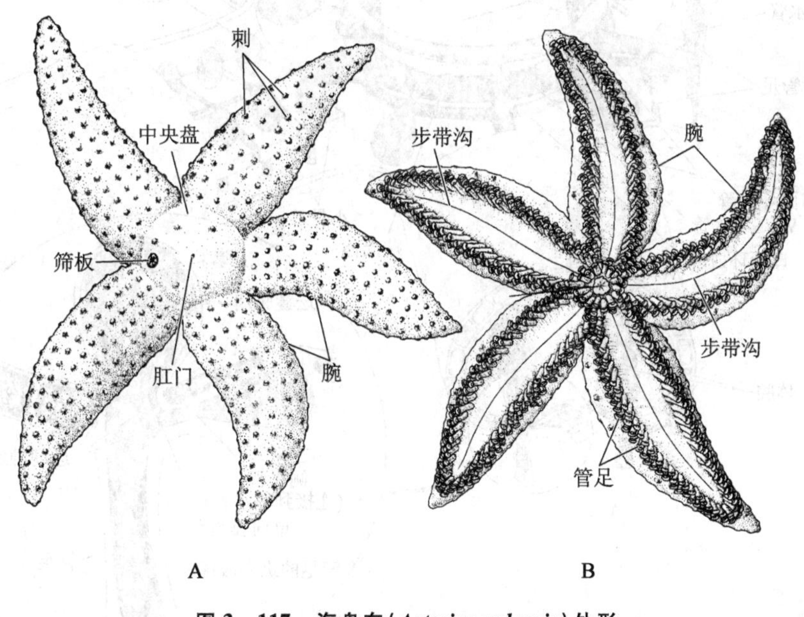

图3-117　海盘车(*Asterias vulgaris*)外形

A. 反口面　B. 口面

二、主要特征

1. 管系统

具有特殊的水管系统（water vascular system）、血系统及围血系统（perihemal system）（图3－118）。棘皮动物的次生体腔发达，除了围绕内脏器官的围脏腔（perivisceral coelom）（图3－119）外，还有一部分体腔形成特殊的水管系统，另一部分形成围血系统。以海星类为例，在口面口的周围的体内有1环水管（ring canal），由环水管向各腕发出5支辐管（radial canal）直达各腕末端。辐管两侧又分出长短相间的侧水管（lateral canal），侧水管末端又膨大为坛囊（ampulla），坛囊向口面穿过腕内骨片成为管足（podium）。管足位于腕腹面的步带沟（ambulacral groove）中，整齐地排成2行或4行。当坛囊收缩，囊内液体进入管足，管足伸长与地面接触，管足末端的吸盘吸着地面；当坛囊胀大，管足缩短离开地面。坛囊和管足的交替伸缩，完成动物爬行运动。环水管的间辐区还有1～5个

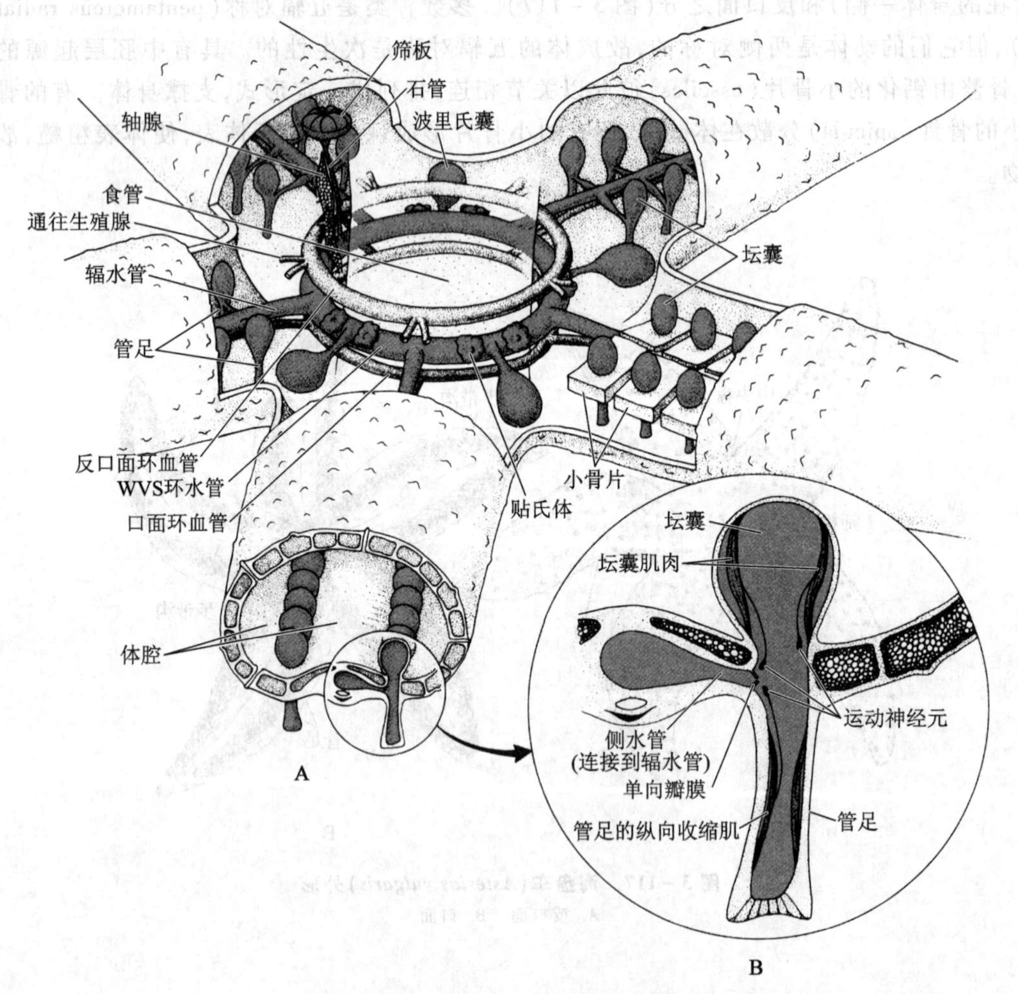

图3－118 海盘车的水管系统和血系统

A. 水管系统、血系统示意图 B. 管足结构示意图

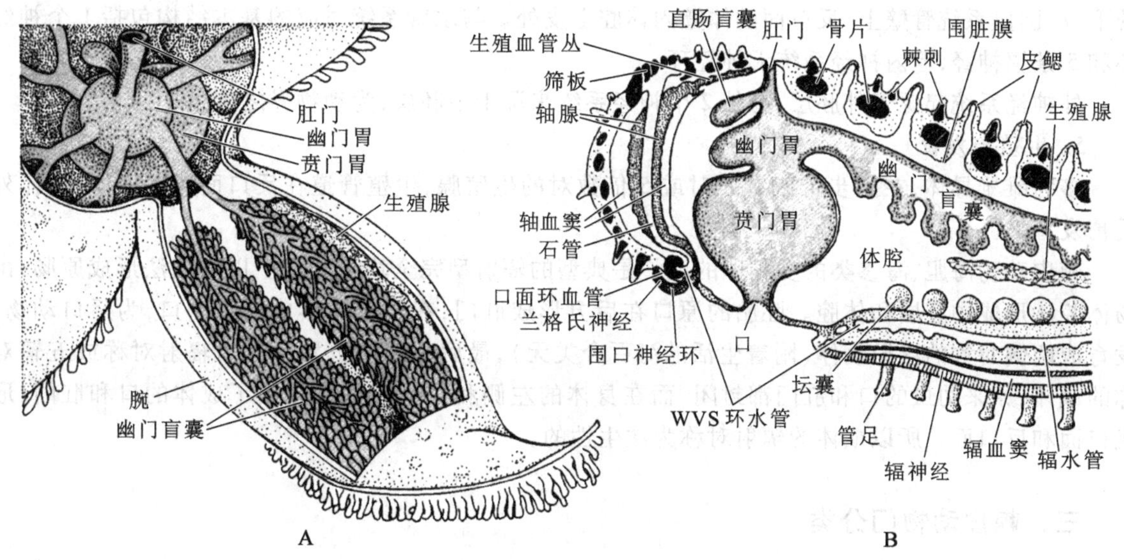

图3－119　海星消化系统结构示意图

A. 海星消化系统示意图　B. 海星消化系统示意图(侧面观)

波里氏囊(polian vesicles)和4～5对皱褶形的贴氏体(Tiedemann's bodies),前者贮藏环水管中的液体,后者能产生体腔细胞。水管系统中充满液体并与周围海水等渗,液体中含有体腔细胞、少量蛋白质和浓度很高的钾离子,相当于1个液压系统。环水管与石管(stone canal)相通,石管向上伸达反口面的筛板(madreporite),筛板位于肛门一侧,筛板上有许多凹纹和小孔,小孔是海水进出的孔道。

棘皮动物的血系统(图3－118)是指与水管系统相应的一系列管道,如环水管之下有环血管,辐水管之下有辐血管,与石管平行的有1个深褐色海绵状腺体,称轴腺(axial gland),有一定的搏动能力。在接近反口面有胃血管环(gastric hemal ring)并分支进入幽门盲囊,到达反口面时又形成反口面血管环,并分支到生殖腺,在筛板附近有1个背囊,亦具搏动能力。在上述血系统之外并与之平行的有围血系统,它实质上是体腔的一部分,包围在血管系统之外成为一套窦隙系统。血系统和围血系统的功能尚不清楚。而营养物质由体腔液输送,在中央盘和各腕中都有发达的体腔围绕在内脏器官的周围,充满体腔液,体腔膜上纤毛摆动驱动体腔液流动。

2. 消化系统

棘皮动物的食性有肉食性、植食性和杂食性。消化道分两类:囊状和长管状。海星、蛇尾等为囊状,其消化道没有肛门(蛇尾)或者退化不用(海星),所以没有消化的食物残渣从口中排除。海胆、海参等为长管状,有肛门,海参的直肠突起形成树枝状结构,称水肺(又称呼吸树),有呼吸和排泄功能。

3. 呼吸与排泄

棘皮动物体表有薄膜状突起,其内连体腔,有呼吸的功能,称为皮鳃(papula)。

棘皮动物无排泄系统。其体腔内的变形细胞将已形成固体颗粒的代谢废物搬运到体外。

4. 神经系统

棘皮动物具有与水管系统平行的3个中枢神经系统,分别称为外神经系统(epineural system)、下神经系统(hyponeural system)、内神经系统(entoneural system)。3个神经系统分别位于围血系统的下方、围血系统管壁上、反口面的体壁内体腔上皮处。与水管系统对应的基本结构包括 1 个神经环和 5 条辐神经,但内神经系统无神经环。

外神经系统起源于外胚层,另外 2 个神经系统来源于中胚层,为动物界之唯一。

5. 生殖与发育

多为雌雄异体,在间步带区有 5 对或 5 倍数对的生殖腺,生殖管道在反口面有孔通体外,体外受精发育。

棘皮动物海胆、海参类的受精卵的卵裂是典型的辐射型完全均等分裂。以内陷法形成原肠,由肠体腔法形成中胚层和体腔。胚胎的原口在后方形成肛门,在相对面形成幼虫的口,为后口动物。发育成两侧对称的浮游幼体(附着生活的海百合类无),最后变态下沉发育成为辐射对称或五辐对称的成体,原来幼虫的口和肛门都封闭,而在身体的左侧和右侧分别发育出了成体的口和肛门,形成口面和反口面。所以成体的辐射对称为次生性的。

三、棘皮动物门分类

根据体盘、腕的构造、骨片排列和棘的构造、幼体的形态等,棘皮动物分为 5 纲。

1. 海星纲(Asteroidea)

关节能活动。腕的腹面中央有步带沟,内有具吸盘的管足 2 或 4 列。体表有皮鳃(papula)、棘刺(spine)、棘钳(pedicellaria)等。发育经羽腕幼虫(bipinnaria larva)。现生 1 600 种,分 3 目:

(1) 显带目(Phanerozonia)　腕具 2 行明显的边缘板,管足 2 列,无皮鳃,如槭海星(*Astropecten*)、砂海星(*Luidia*)(图 3－120B)。

(2) 有棘目(Spinulosa)　边缘板小、叉棘简单或缺乏,如太阳海星(*Solaster*)、海燕(*Asterina*)(图 3－120C)。

(3) 钳棘目(Forcipulata)　边缘板不显著,叉棘复杂,呈剪状,如海盘车(*Asterias*)、翼海星(*Pteraster*)。

2. 蛇尾纲(Ophiuroidea)

体盘与腕分界明显,无步带沟,管足 2 列,无吸盘和坛囊。腕细长可弯曲,有的种类腕有连续分支,发育经蛇尾幼虫(ophiopluteus)。现生 2 000 余种,分 2 目:

(1) 真蛇尾目(Ophiurae)　腕不分支,如孔蛇尾(*Ophiotrema*)、真蛇尾(*Ophiura*)、阳遂足(*Amphiura*)。

(2) 蔓蛇尾目(Euryalae)　腕分支,常缠绕成团,如蔓蛇尾(*Euryale*)、筐蛇尾(*Gorgonocephalus*)(图 3－121)。

3. 海胆纲(Echinoidea)

5 条腕翻向反口面并互相愈合,体呈球形或扁平饼状,骨板嵌合成胆“壳”,胆壳表面常有棘,发育经海胆幼虫(echinopluteus),现生约 900 种,分 2 亚纲十几个目:

(1) 规则海胆亚纲(Endocyclica)　胆壳球形、五辐对称。如马粪海胆(*Hemicentrotus pulcherrimus*)、紫海胆(*Anthocidaris crassispina*)、细雕刻肋海胆(*Temnopleurus toreumaticus*)(图 3－122);

(2) 不规则海胆亚纲(Exocyclica)　胆壳非球形,不对称,如心形海胆(*Echinocardium cordatum*)、饼干海胆(*Laganum*)、楯海胆(*Clypeaster*)。

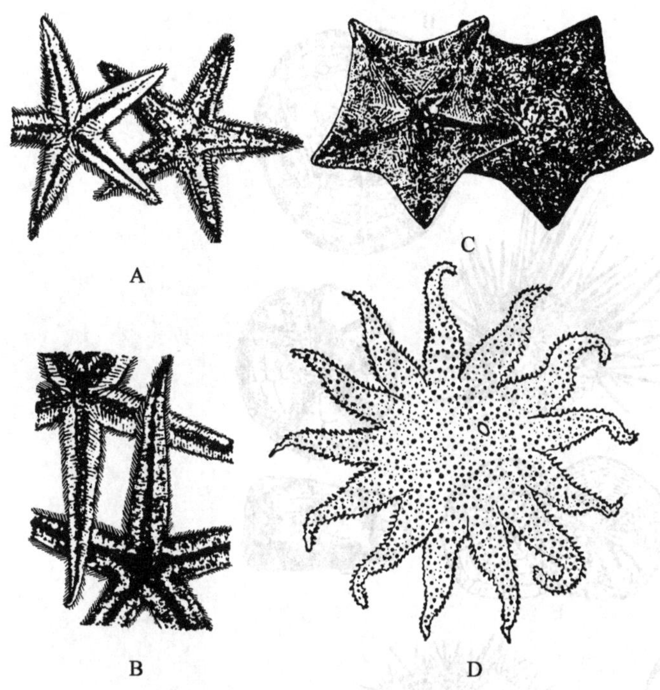

图 3－120　海星纲的常见种类

A. 正形械海星(*Astropecten scoparius*)　B. 砂海星(*Luidia quinaria*)
C. 海燕(*Asterina pectinifera*)　D. 陶氏太阳海星(*Solaster dawsoni*)

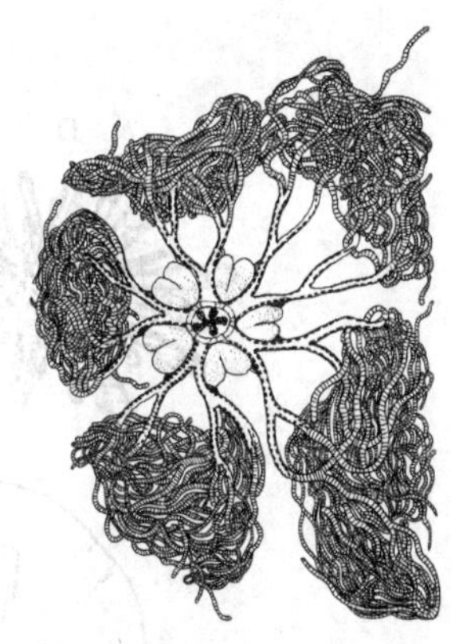

图 3－121　筐蛇尾(*Gorgonocephalus* sp.)

4. 海参纲(Holothuroidea)

身体沿口面与反口面延长呈筒状,口在前端,口周有围口膜,外围有 1 圈触手。无腕,体壁肌肉发达,无棘刺和棘钳,骨板微小埋于体壁中。发育经耳状幼虫(auricularia)和桶形幼虫(dolioaria)。现生 1 100 种,分 6 目:

(1) 指手目(Dactylochirotida)　触手简单,身体包在一个可变形的壳内,如球海参(*Sphaerothuria*)。

(2) 枝手目(Dendrochirotida)　触手树状分支,如瓜参(*Cucumaria*)、赛瓜参(*Thyone*)。

(3) 楯手目(Aspidochirotida)　触手叶状或盾形,如刺参(*Stichopus*)、梅花参(*Thelenota*)、(图 3－123)。

(4) 弹足目(Elasipodida)　触手叶状,管足少,口在腹面,无呼吸树,深海种,如浮游海参(*Pelagothuria*)。

(5) 芋参目(Molpadiida)　具 15 个指状触手,管足乳突状,仅在肛门附近,身体后端缩为尾形,如芋参(*Molpadia*)、海棒槌(*Paracaudina chilensis*)(图 3－123C)。

(6) 无管足目(Apodida)　触手指状或羽状,10～20 个,无管足,无呼吸树,如锚海参(*Synapta*)。

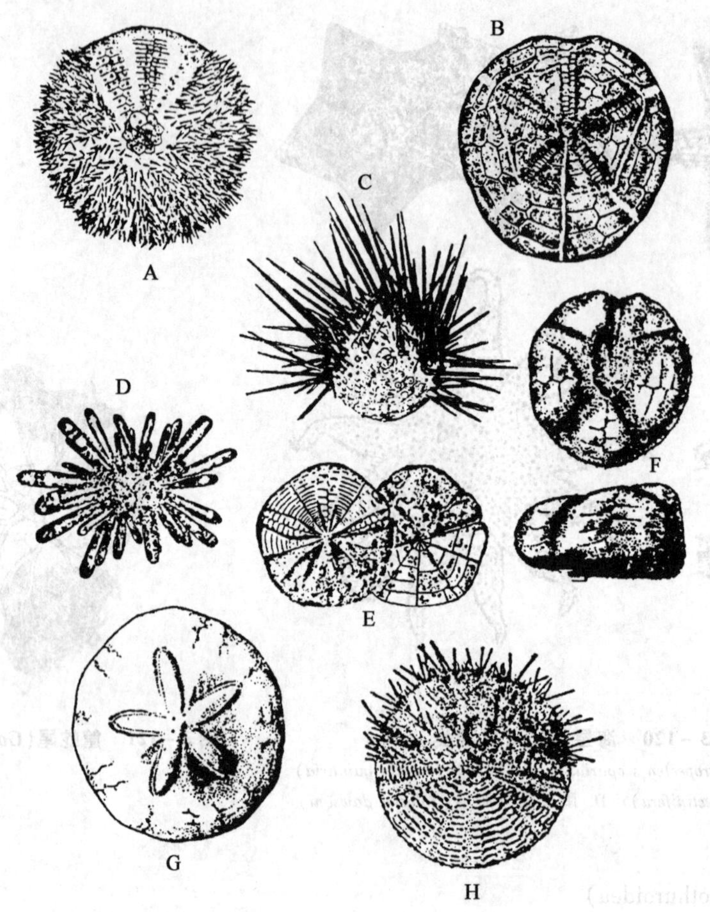

图 3-122 海胆纲的种类(江静波等,1965)

A. 马粪海胆 B. 中华釜海胆(*Faorina chinensis*) C. 紫海胆 D. 石笔海胆(*Heterocentrotus mamillatus*) E. 扁平蛛网海胆(*Anachnoides placenta*) F. 心形海胆 G. 雷氏饼干海胆(*Peronella lesueuri*) H. 细雕刻肋海胆

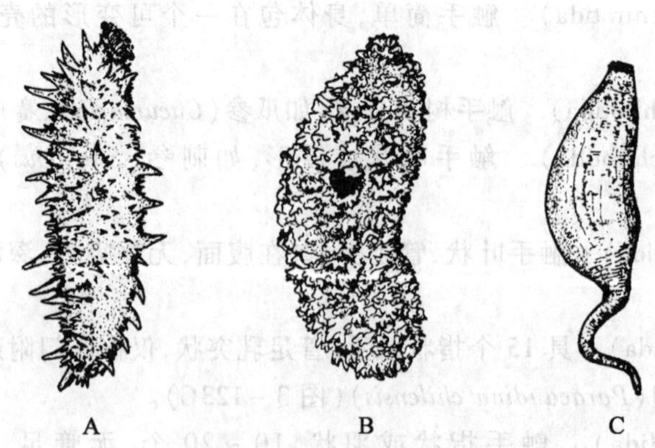

图 3-123 海参纲常见种类

A. 刺参 B. 梅花参 C. 海棒槌

5. 海百合纲(Crinoidea)

身体由上方的冠部(crown)和下方的柄部(stalk)组成(图 3－124)。柄的内部由一系列构成关节的骨片组成,每隔一定距离多数有环状排列的卷枝(cirri),柄的末端根状以固着海底。冠部相当于海星、蛇尾类的中央盘,以反口面附在柄上或卷枝上,向外伸出腕,原始种类 5 个腕,多数种类腕离开冠部后即分为两支,有的种类腕分支后再分支,可多达 40～200 个腕。腕亦由一系列小骨片组成,两侧向外伸出羽枝(pinnules),腕和羽枝上有步带沟,沟中有 3 个一丛的管足。

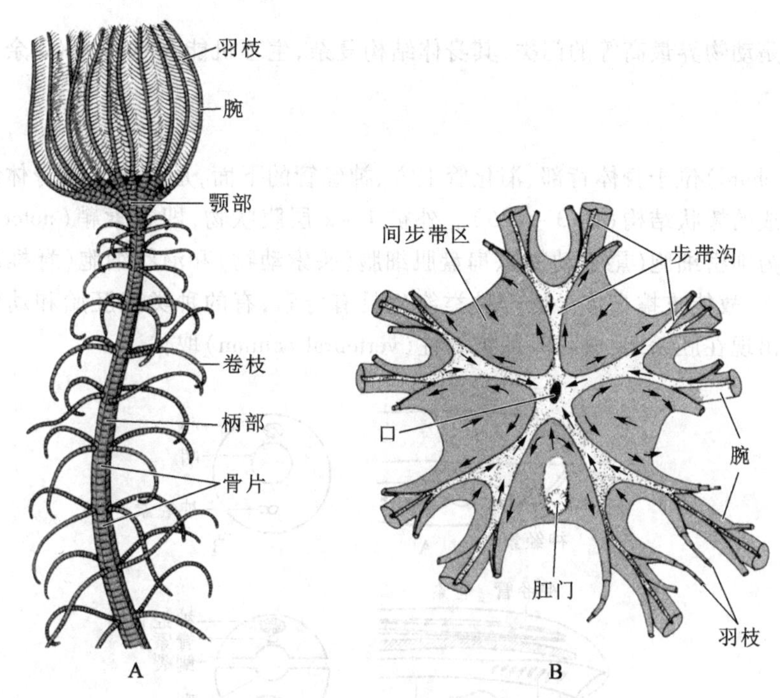

图 3－124 海百合纲代表物种结构示意图

A. 海百合的冠部和柄部外形结构示意图 B. 海羊齿颚部腹面观

现生的海百合约 630 种,多生活在潮间带及浅海硬质海底或珊瑚礁上,分 4 目。另有化石种类 5 000 多种。

(1) 等节海百合目(Isocrinida) 具卷枝,如海百合(*Metacrinus*)(图 3－124A)。

(2) 羽星目(Comatulida) 无柄,自由生活,如海羊齿(*Antedon*)(图 3－124B)、羽星(*Comanthus*)。

(3) 多腕目(Millericrinida) 无卷枝,如深海海百合(*Bathgcrinus*)。

(4) 弓海百合目(Cyrtocrinida) 无卷枝而有萼骨的海百合。

附:原口动物和后口动物若干小门类 ⓔ

内容见配套数字课程。

第七节　脊索动物

一、脊索动物门主要特征

脊索动物是动物界最高等的门类，其身体结构复杂，生理机能完善，70 000 余种，具有下列共同特征。

1. 脊索

脊索(notochord)位于身体背部、消化管上方、神经管的下面，是 1 条支持身体纵轴、柔软具弹性的结缔组织组成的棒状结构(图 3－125)。外被 1～2 层膜状物，即脊索鞘(notochordal sheath)，脊索的细胞分别为细密细胞(尾索动物)、扁盘肌细胞(头索动物)和泡状细胞(脊椎动物)。整条脊索既结实又有弹性，故能支撑身体。低等种类终生具有脊索，有的种类仅胚胎和幼体存在脊索，高等的种类脊索只出现在胚胎期，成长时即被脊柱(vertebral column)取代。

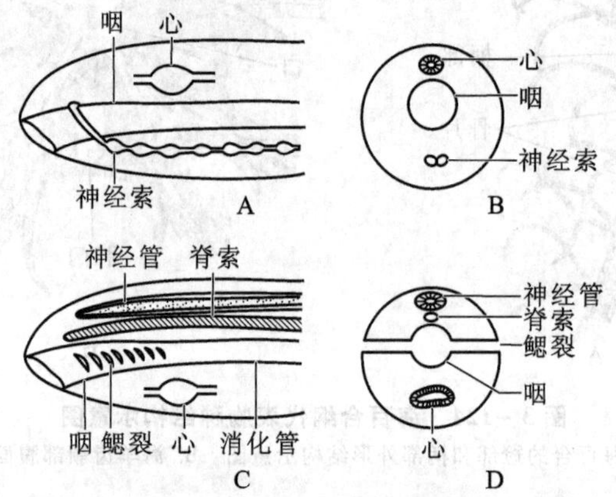

图 3－125　脊索动物与无脊椎动物的构造模式比较

A. 无脊椎动物体的纵断面　B. 无脊椎动物体的横断面
C. 脊索动物体的纵断面　D. 脊索动物体的横断面

2. 背神经管

背神经管(dorsal tubular nerve cord)位于身体背部脊索的上方，是中枢神经系统，呈管状结构，来源于外胚层。高等的种类背神经管前方分化为脑(brain)、后段成为脊髓(spinal cord)。

3. 咽鳃裂

咽鳃裂(pharyngeal gill slits)位于咽部两侧，左右成对，是消化管前段与体外直接相通的裂孔，内有咽鳃(gill)，是呼吸器官。低等种类咽鳃裂终生存在，高等种类只见于胚胎或幼体，随后完全消失，成体以肺呼吸。

4. 其他特征

尾部存在的种类，其位置总是在肛门的后方(肛后尾，postanal tail)；心脏的位置总是在消化管的腹面；骨骼系统是内骨骼，起源于中胚层，能随机体的生长而增长。

二、脊索动物门分类

根据脊索存在与否、背神经管的分化情况、咽鳃裂的形态结构与分化，脊索动物门分为3亚门。

1. 尾索动物亚门

大部分尾索动物(Urochordata)的脊索和背神经管只在幼体出现，且脊索仅位于幼体的尾部，故此得名。成体变态后，脊索消失，背神经管退化为位于出水管孔与入水管孔之间的1个神经节，而咽部则极度扩展，咽鳃裂则由几个变化为数千个。生活方式也由游动的自由生活变为固着生活。这种变态后成体的构造比变态前幼体的构造更为简单的变态称为逆行变态或退化变态。

成体体外包被着胶质状、具有高度韧性的被囊(tunic)(图3-126)。被囊是由体壁上皮分泌的蛋白质、无机盐和纤维素所组成。为开放式循环，具有心脏，从心脏流出的血经肠血管、鳃血管到血窦，再到身体各部，血流方向不固定，同1条血管即可以充当静脉也充当动脉。食物与水流从入水管孔进入，水流经咽部鳃裂到围鳃腔并进行气体交换，从出水管孔流出。食物颗粒经咽壁腹侧的纤毛沟(内柱，endostyle)，依靠纤毛摆动将食物送到咽上部的围咽纤毛环，并再运送到咽部背侧的纤毛沟(背板，dorsal lamina)进入胃肠消化吸收，残渣从肛门排到围鳃腔并经出水管孔排到体外。排泄器官为位于肠弯曲处的1个尿泡，排泄结晶的尿酸颗粒进入围鳃腔，经出水管孔排到体外。雌雄同体，异时成熟，异体受精。成熟精子随水流进入异体围鳃腔，在围鳃腔中与成熟卵受精，受精卵经出水管孔排出，在体外发育。刚孵出的幼体体长1~5 mm，经数小时到1 d左右即以身体前部的附着突起吸附在水中物体上，开始变态。

尾索动物亚门分为3纲，约1 300种。

(1)尾海鞘纲(Appendiculariae)　形小似蝌蚪，营自由生活，咽鳃裂、脊索、背神经管终生存在。如尾海鞘(*Appendicularia*)、住囊虫(*Oikopleura*)(图3-127A)。

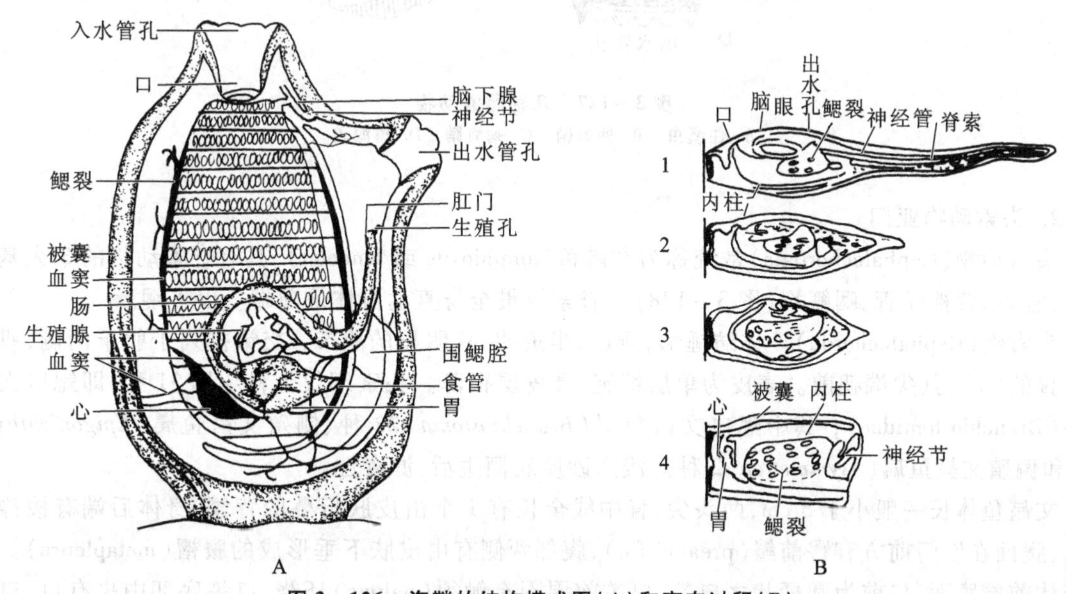

图3-126　海鞘的结构模式图(A)和变态过程(B)

（2）海鞘纲（Ascidiacea）　其幼体形似蝌蚪，自由游泳生活，具脊索、背神经管和咽鳃裂。发育经变态后尾部消失，脊索和背神经管也消失，咽鳃裂增多，体表被囊增厚，固着生活，单体或群体。如柄海鞘（*Styela*）（图 3－127B）、菊海鞘（*Botryllus*）（图 3－127C）。

（3）樽海鞘纲（Thaliacea）　成体身体桶形，被囊透明，上有环肌带，入、出水管孔分别位于体前、后端。漂浮自由生活。单体或群体，生活史复杂，有世代交替现象。如樽海鞘（*Doliolum*）（图 3－127D）、萨尔帕（*Salpa*）。

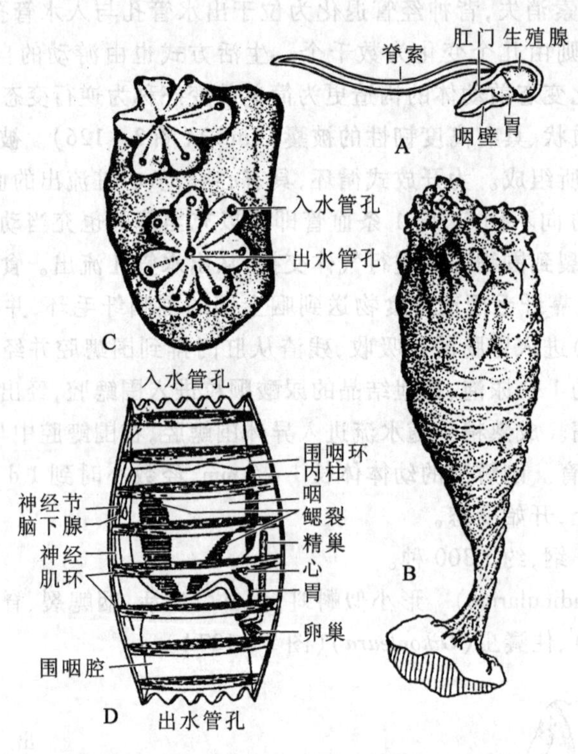

图 3－127　几种尾索动物

A. 住囊虫　B. 柄海鞘　C. 菊海鞘　D. 樽海鞘

2. 头索动物亚门

头索动物（Cephalochordata）常统称为文昌鱼（amphioxus 或 lancelet），具有脊索动物的 3 大基本特征：脊索、背神经管、咽鳃裂（图 3－128）。脊索纵贯全身直达身体最前端。仅 1 纲。

头索纲（Cephalochorda）　体纺锤形，侧扁，半透明，具明显的肌节，交错排列于躯干两侧，肌节似倒置的“V”，其尖端朝前。表皮为单层细胞，真皮层很薄。头索纲仅 1 科 3 属 31 种，即鳃口文昌鱼科（Branchiostomidae），其中鳃口文昌鱼属（*Branchiostoma*）22 种、侧殖文昌鱼属（*Epigonichthys*）7 种和偏殖文昌鱼属（*Asymmetron*）2 种。浅海砂质底栖生活，滤食性。

文昌鱼体长一般小于 5 cm，两头尖，背中线全长有 1 个由皮肤折叠的背鳍，身体后端有梭镖状尾鳍，腹面在肛门前方有臀前鳍（preanal fin），腹部两侧有由皮肤下垂形成的腹褶（metapleure）。口位于体前端腹面，口前为圆桶状之口笠，口笠前周围有触须（palpus）环绕，口笠底部中央有口，口周为缘膜（velum），缘膜周边有触手（tentacle）。触须、触手起到过滤泥沙的作用。食物颗粒随着水流

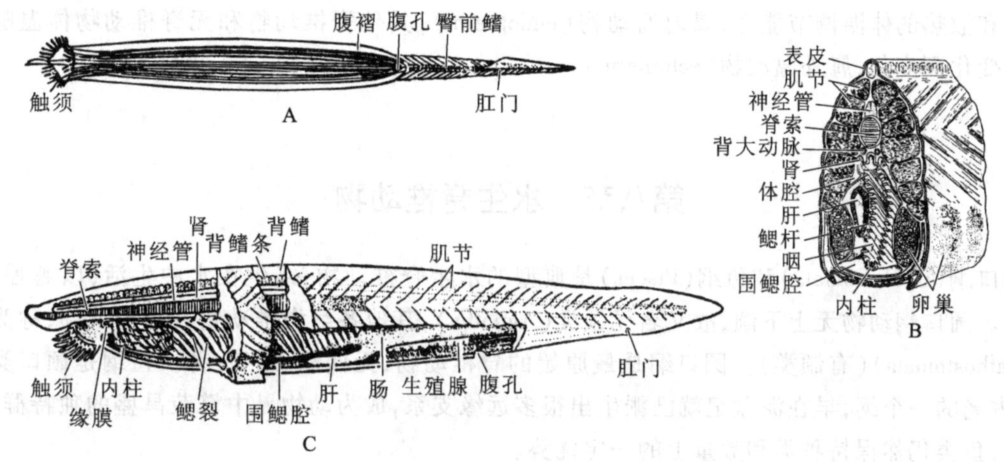

图 3-128　文昌鱼外形及内部结构

A. 全形腹面　B. 过咽部横切　C. 全形侧面及部分纵剖面

从口进入到咽，咽发达，约占整个消化管 1/2，其两侧有许多鳃裂；水经鳃裂进行气体交换，并排除到围鳃腔，再经腹孔排出体外。咽的背部和腹部分别有背板和内柱，咽的前端有围咽纤毛环，背板、内柱、围咽纤毛环中的纤毛摆动促进食物颗粒形成团状，并按一定方向进入肠管。肠为 1 直管，其前段腹侧有 1 个前伸的盲囊称为肝盲囊，能分泌消化液，肛门位于尾鳍腹面左侧。循环系统闭管式，腹大动脉有搏动能力，无心脏，血液无色。排泄器官为 1 组肾管（nephridium），有 90～100 对位于咽壁背方两侧，其结构与无脊椎动物的后肾管相似。雌雄异体，体壁两侧约有 26 对生殖腺，向围鳃腔内突入。生殖季节为 6—7 月，生殖腺成熟后破裂，精子和卵子进入围鳃腔，自腹孔排出，体外受精，受精卵发育成两侧对称、自由游泳生活的幼体，随后营底栖生活并变态发育成为成体。

中国沿海文昌鱼分布广泛。厦门分布有白氏文昌鱼（*Brnachiostoma belcheri*）和青岛文昌鱼（*Brnachiostoma tsingtauense*，或称为日本文昌鱼 *B. japonicus*）。福建南部及台湾的沿海均有分布。厦门刘五店在历史上曾经以盛产文昌鱼而著名，生物量曾经超过 1 000 尾/m^2，年产高达 50 吨，形成特殊的文昌鱼渔业；20 世纪 60 年代后由于渔场泥土淤积，底质环境改变，产量急剧下降。青岛文昌鱼目前已知的分布区包括中国的青岛、秦皇岛、烟台、厦门和日本的大部分海区。中国的南海、广东汕头和台湾海峡南端等地也分布有短刀偏文昌鱼（*Asymmetron cultellus*）。目前，文昌鱼被列为国家二级重点保护动物，厦门市已建立文昌鱼自然保护区。

头索动物、尾索动物通常合称为原索动物（protochordate）。

3. 脊椎动物亚门

多数脊椎动物（Vertebrata）的脊索只在胚胎期出现，随后被脊柱（vertebral column）所代替；出现明显的头部和眼、耳、鼻等重要的感觉器官，神经管前端分化出五部脑，所以该亚门动物又被称为有头类（Craniata）。水生种类以鳃呼吸，陆生种类和次生性水生种类以肺呼吸。

脊椎动物亚门分为 6 纲：圆口纲（Cyclostomata）、鱼纲（Pisces）、两栖纲（Amphibia）、爬行纲（Reptilia）、鸟纲（Aves）和哺乳纲（Mammalia）。

两栖纲、爬行纲、鸟纲、哺乳纲被合称为四足类（Tetrapod）。爬行纲、鸟纲、哺乳纲在胚胎发育中出现羊膜，称为羊膜类（Amniota），其他脊椎动物则称为无羊膜类（Anamnia）。鸟纲和哺乳纲动物具有产热和散热的体温调节能力,属内温动物(endotherm),其他脊椎动物和无脊椎动物体温随环境温度的变化而变化,属外温动物(ectotherm)。

第八节　水生脊椎动物

圆口纲(Cyclostomata)和鱼纲(Pisces)是典型的水生脊椎动物,终生在水中生活,以鳃呼吸,以鳍游泳。圆口纲动物无上下颌,故又名无颌类(Agnatha),其他各纲脊椎动物具有上下颌,称为颌口类(Gnathostomata)(有颌类)。圆口纲是最原始的脊椎动物,无偶鳍,约50种。鱼纲是颌口类最原始、最古老的一个纲,早在泥盆纪就已派生出很多远缘支系,成为动物界中繁荣昌盛的独特群体,时至今日,鱼类仍然保持种类和数量上的一定优势。

一、圆口纲

1. 圆口纲的主要特征

圆口纲动物脊索终生存在,未形成脊椎,只有椎弓的雏形(如有成对按节排列的间椎弓片、弧椎弓片附在脊索背面);具奇鳍,无偶鳍(图3-129),即该纲动物尚无附肢;骨骼软骨性,肌肉分节,交错排列于躯干两侧,肌节似倒置的"W",其尖端朝前;脑分为5部分,但分化程度较低,排列成为1条直线;鼻孔单个,位于头部背中线上,故又称单鼻类(Monorhina);仅具内耳。具独特的鳃囊(gill pouch),为呼吸器官;与半寄生、寄生生活相适应,消化管简单,在呼吸道背部为食管、肠,未消化残渣经肛门排出,出现独立的肝,位于围心囊后方。雌雄异体,体外受精。精卵成熟后进入体腔,经尿生殖孔排出体外。心脏由1心房、1心室、1静脉窦组成(无动脉圆锥),属单循环,血液具红细胞;泌尿系统为中肾,输尿管为前肾管。生殖腺单个,无输出导管,精子或卵子成熟后落入体腔,经泄殖孔

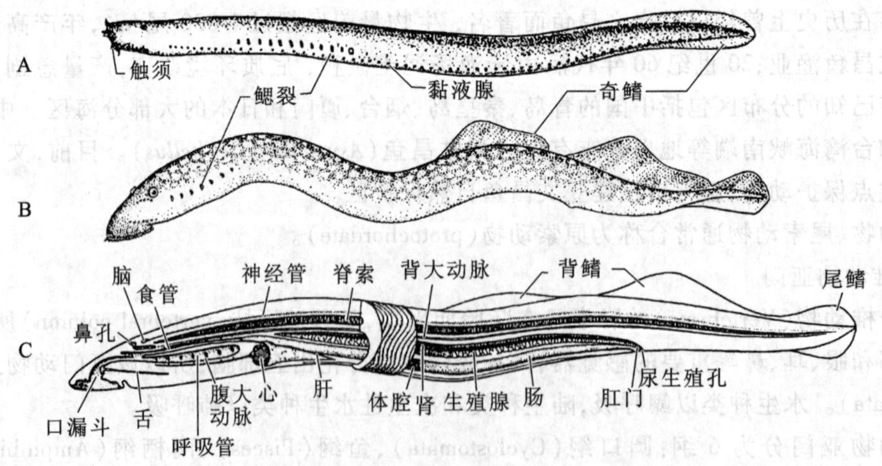

图3-129　圆口纲动物的外形与内部结构(Storer *et al.*, 1965)
A. 盲鳗　B. 七鳃鳗　C. 七鳃鳗内部结构

排出体外。身体多呈长圆筒形,海产或淡水产。

2. 圆口纲的分类

根据口的构造和鳃囊数目等特征可将该纲分为2目:

(1) 七鳃鳗目(Petromyzoniformes)　具圆形口吸盘(吸附型口漏斗)和齿舌,其上具有角质齿。成体半寄生生活,以口吸盘吸附在大型鱼类体表,用角质齿锉食宿主的血肉,口内有口腺分泌抗凝剂,使得寄主的血液不能凝固。头部具1对眼,鼻孔位于两眼之间稍前方。体内呼吸道有7对内鳃孔,通7对鳃囊,鳃弓愈合为鳃笼(branchial basket)支持鳃囊。7对外鳃孔通体外。当其吸附在寄主体表时,水流进出都通过外鳃孔。以前把这7对鳃孔也当作眼,故俗称为八目鳗。内耳具前后两个半规管。雌雄异体,体外受精。幼体(沙隐虫,*Ammocoete*)底栖滤食生活,经过3~7年才变态为成体。十多种,分布广泛,海、淡水均产。产于我国有东北七鳃鳗(*Lampetra mori*)和瑞氏七鳃鳗(*L. reissnei*)和日本七鳃鳗(*L. japonicus*)均分布东北地区。七鳃鳗幼体沙隐虫和文昌鱼具有许多相似的特征,如口笠、咽部腹面的内柱(沙隐虫变态为成体后,内柱变为甲状腺)、底栖滤食生活等,支持脊索动物和原索动物具有共同祖先的论点。

(2)盲鳗目(Myxiniformes)　口在身体最前端,无口吸盘,具2对吻须和1~2对口须。眼退化且埋于皮下而得名。成体寄生生活,寄生在大型鱼类体内,噬食其血肉(体内寄生,为脊椎动物之唯一)。鳃孔1~16对,鳃笼不发达。内耳具1个半规管。雌雄同体,幼体阶段生殖腺前段为卵巢、后段为精巢,成体则有1段退化,分别发育为雌性或雄性。直接发育。40多种,均海产。如大西洋盲鳗(*Myxine glutinosa*)分布大西洋沿岸;蒲氏粘盲鳗(*Eptatretus burgeri*)外鳃孔6对,分布于我国东海、黄海,以及朝鲜南部和日本海中部以南。

二、鱼纲

(一) 鱼纲的主要特征

1. 外形和皮肤

鱼类的体形以纺锤型为主,即头尾轴最长、背腹轴次之,左右轴最短,呈流线形,能减少运动阻力,如淡水的鲤鱼、青鱼,海水的鲨鱼、鲐鱼等属此。其他体形有侧扁型,如鲳鱼等,背腹轴显著延长,左右轴更短;平扁型,如鳐等,背腹轴最短,左右轴延长;棍棒型,如鳗鲡、黄鳝等,背腹轴和左右轴均缩短,头尾轴延长,其中带鱼呈长带状(图3-130)。其他一些不规则体形变化甚大,如刺鲀,全身体表长棘,体内充满气体时呈球形;鲆、鲽、鳎双眼等器官移到身体一侧。

皮肤由表皮与真皮层构成。表皮由几层扁平状非角质化的细胞构成,基部为生发层,真皮较薄,由结缔组织构成,富有血管及神经。皮肤富有单细胞黏液腺,所分泌的黏液在体表形成黏液保护层,又能滑润身体减少游动的阻力。体表被鳞片是鱼类的重要特征。鳞片(scale)是皮肤衍生物,由真皮(dermis)或真皮和表皮(epidermis)共同形成。根据其来源和结构分为3类(图3-131):

(1)盾鳞(placoid scale)　为软骨鱼类所特有,为原始类型。盾鳞由真皮和表皮共同形成。与脊椎动物的牙齿同源。

(2)硬鳞(ganoid scale)　为硬骨鱼类原始种类的鳞片,见于鲟鱼和雀鳝等,由真皮演化而来。典型的硬鳞呈斜方形,含硬鳞质(ganoin),能反射出特殊的亮光。

(3)骨鳞(bony scale)　为绝大多数硬骨鱼的鳞片,由真皮演化而来,略呈圆形,前端插入鳞囊内，后端游离，彼此排列或复瓦状。它又分 2 类，游离端光滑的为圆鳞（cycloid scale），鲤形目鱼类多被圆鳞；游离端呈细齿状为栉鳞（ctenoid scale），鲈形目鱼类多见。骨鳞由许多同心圆的环片（sclerite）组成。鳞片能反映出鱼体的生长情况。鱼体春夏季生长快，形成的环片较宽（称夏环），秋冬生长慢，形成的环片较窄（称冬环），夏环和冬环组成了年轮。

鱼类的体表多有特殊感觉器官——侧线（lateral line）。它在体侧纵贯躯干部至尾部，在头部多分支，或交织成网。鲨鱼类侧线为敞沟状露于体表；硬骨鱼类呈管状埋于皮下，主管多分支穿过鳞片开口于体表。管内充满黏液，管壁上皮中有许多纤毛细胞样的侧线感受器，有神经末梢通入（图 3－132），经侧线神经进入延脑的听觉侧线区。侧线是特化的皮肤感受器，能感知水流的方向、速度、压力以及低频振动和其他动物所产生的电流等。

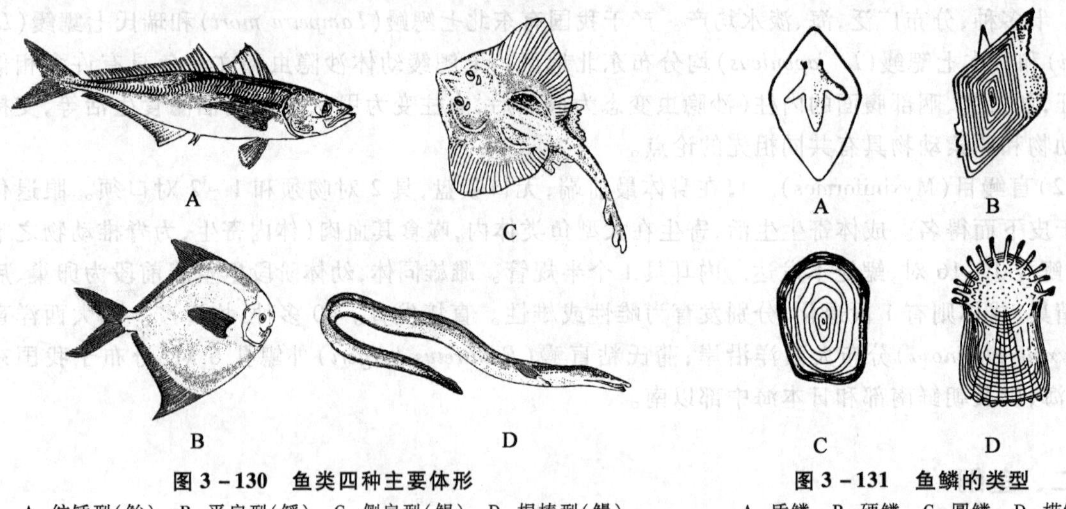

图 3－130　鱼类四种主要体形

A. 纺锤型（鲐）　B. 平扁型（鳐）　C. 侧扁型（鲳）　D. 棍棒型（鳗）

图 3－131　鱼鳞的类型

A. 盾鳞　B. 硬鳞　C. 圆鳞　D. 栉鳞

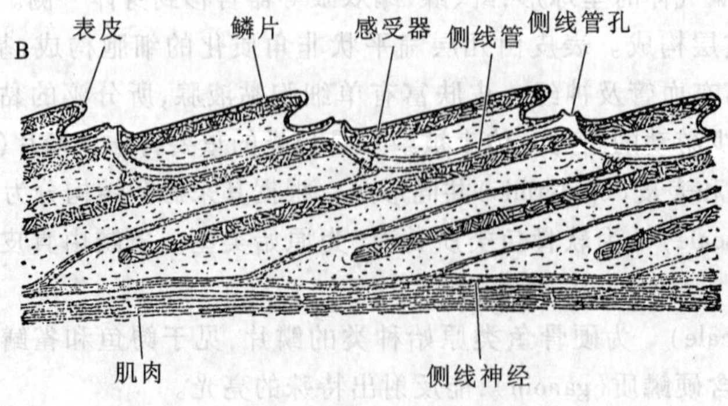

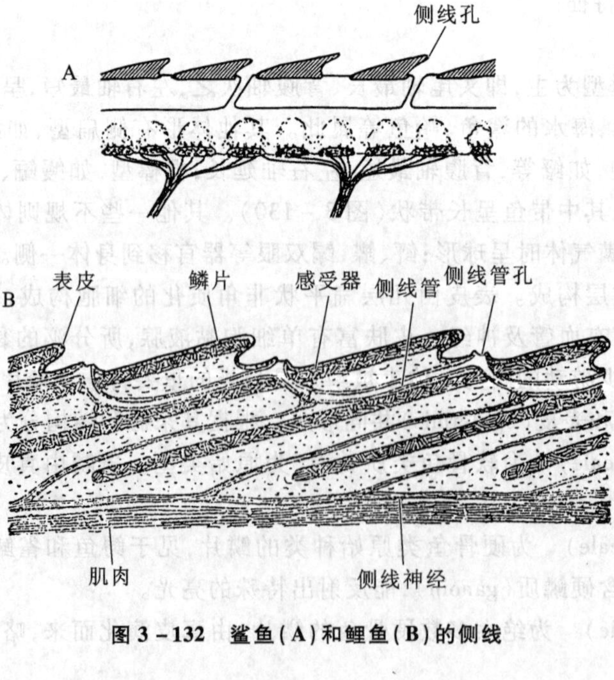

图 3－132　鲨鱼（A）和鲤鱼（B）的侧线

被侧线管分支穿透的鳞片称为侧线鳞(lateral line scale),侧线鳞、侧线上鳞(由背鳍起点基部至侧线这一长度上的鳞片数目)和侧线下鳞(由臀鳍起点基部至侧线这一长度上的鳞片数目)的数目是分类的依据之一(图 3－133),通常以鳞式(scale formula)表示。鲤鱼的鳞式表示为:

$$33-39(\text{侧线鳞})\frac{5-6(\text{侧线上鳞})}{5-6(\text{侧线下鳞})},\text{简写为 }33-39\frac{5-6}{5-6}$$

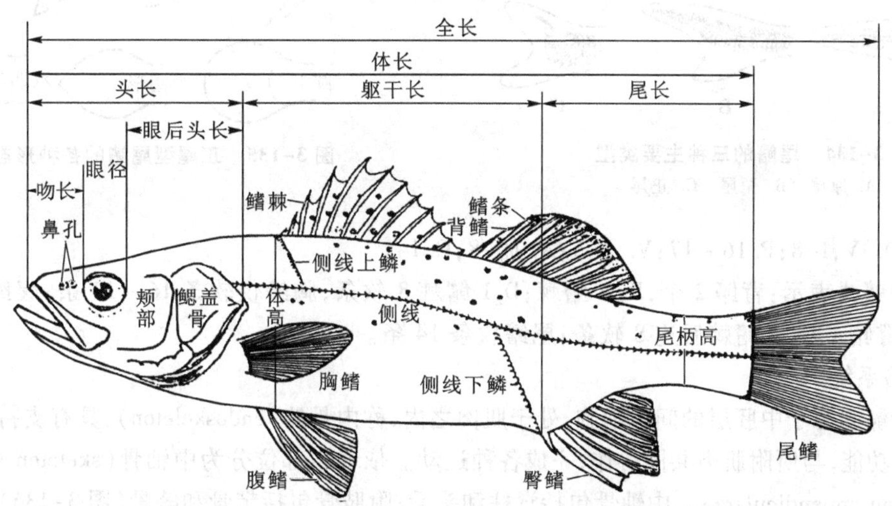

图 3－133　鲈(*Lateolabrax japonicus*)的外形测量

鳍(fin)是鱼的运动器官,分为身体左右两侧成对的偶鳍(paired fin)和不成对的奇鳍(median fin)。偶鳍 2 对,在胸部的为胸鳍(pectoral fin,简写为 P),在腹部的为腹鳍(ventral fin,简写为 V)。偶鳍主要是维持身体平衡和改变运动方向。奇鳍均处于身体纵轴中线上,分背部的背鳍(dorsal fin,简写为 D),尾部的尾鳍(caudal fin,简写为 C)和肛门后方的臀鳍(anal fin,简写为 A)。背、臀鳍主要是保持身体平衡,防止倾斜;尾鳍和尾部肌肉的活动,作为前进的动力,起推进器的作用。运动快速并能长距离游泳的鱼类,尾部肌肉发达,尾鳍强大。不同鱼类,各鳍变化很大,如黄鳝缺偶鳍,奇鳍也很退化;鳗鲡缺腹鳍;电鳗缺背鳍;鳐类无臀鳍,胸鳍极度扩张并与头、躯侧面愈合为体盘;赤魟无尾鳍,有的种类背鳍不止 1 个;有的种类背、臀鳍后方各有若干小鳍,有的种类背鳍后方有脂鳍(adipose fin);䲟鱼的第一背鳍特化为吸盘;爬岩鳅的腹鳍和胸鳍联合为大的吸盘;弹涂鱼的胸鳍基部肌肉发达,能在滩涂上爬行或跳跃。飞鱼的胸鳍扩大延长,甚至长达尾部,具空中滑翔能力。

尾鳍的形态变化较大,与发育程度及运动能力有关。大体分 3 类:原尾(protocercal tail),指脊柱末端平直,将尾鳍分为上下对称的两叶,尾鳍后端圆。属原始类型,见于圆口纲和鱼纲胚胎、初期仔稚鱼期。歪尾(heterocercal tail),脊柱尾端上弯,伸入尾鳍上叶,尾鳍上下两半不对称,多见于鲨类和鲟类。正尾(homocercal tail)脊柱仅达尾鳍基部,末端略有上弯,尾鳍外形上下对称(图 3－134)。正尾型的尾鳍外形又分新月形、叉形、凹形、平截形、圆形、尖圆形和双凹形等(图 3－135)。

软骨鱼类的鳍,外面覆盖膜,内有角质鳍条支持;硬骨鱼类的鳍条多骨质,鳍条间多有鳍膜相连。骨质鳍条分鳍棘和软条两种,鳍棘是不分支也不分节的硬棘,软条则柔软有薄节,远端分支或不分支,均由左右两半合并而成。鳍的种类、鳍条构成和数目等也是分类的依据之一,尤其背鳍、臀鳍的组成和鳍条数更是常用。鳍的种类、鳍条组成和数目的表达式称为鳍式。D、P、V、A、C 分别代表背、胸、腹、臀、尾鳍，大写的罗马字表示鳍棘，阿拉伯数字代表软条，鳍棘和软条连续时以"-"表示，鳍条数目范围以"~"表示，鳍棘和软条分离时，之间插以"，"号。如：

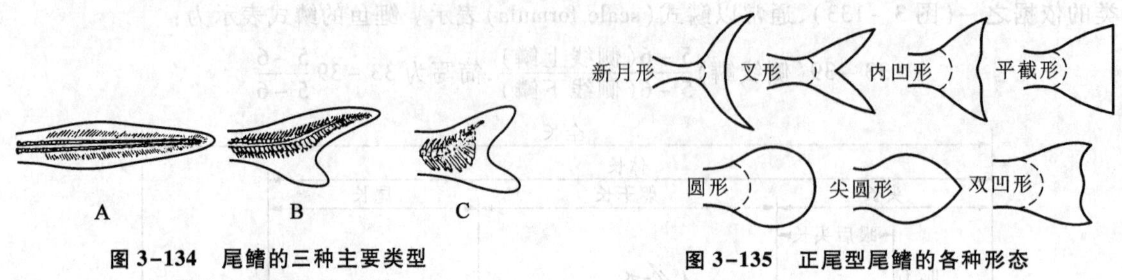

图 3-134 尾鳍的三种主要类型

A. 原尾 B. 歪尾 C. 正尾

图 3-135 正尾型尾鳍的各种形态

鲻鱼：D. IV，I-8；P. 16~17；V. Ⅰ-5；A. Ⅲ-8；C. 14。

鲻鱼的鳍式表示：背鳍 2 个，D_1 4 鳍棘；D_2 1 鳍棘 8 软条；胸鳍仅软条 16~17 条；腹鳍 1 鳍棘后接 5 软条；臀鳍 1 个，3 鳍棘后连 8 软条；尾鳍软条 14 条。

2. 骨骼系统

鱼类骨骼起源于中胚层的间叶细胞，处于肌肉之内，称内骨骼（endoskeleton），具有支持身体、保护内部器官的功能，与所附肌肉共同协作，完成各种运动。依着生部位分为中轴骨（skeleton axiale）和附肢骨（skeleton appendiculare）。中轴骨包括脊柱和头骨；附肢骨包括带骨和鳍骨（图 3-136）。

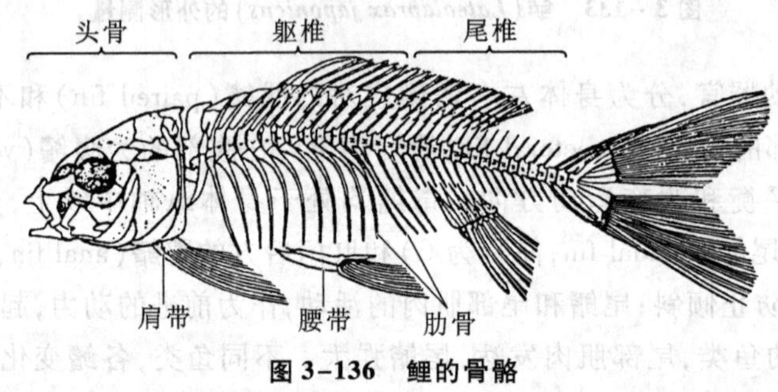

图 3-136 鲤的骨骼

(1) 脊柱（columna vertebralis） 由许多椎骨（vertebrae）组成，纵贯全身，用以支持身体，保护脊髓和主要血管，为脊椎动物的特征。椎体双凹型，凹处有脊索残余。椎体背面有髓弓（neural arch），呈弧形，前后椎体的髓弓围成为椎管（vertebral canal），内存脊髓；髓弓背面为髓棘（neural spine）。髓弓前缘突出成前关节突（prezygapophysis），椎体后上缘有后关节突（postzygapophysis），前后关节突彼此相接，加强了脊柱的坚韧性和活动性。鱼类的椎骨分躯椎（trunk vertebra，又称体椎）和尾椎（caudal vertebra）两类（图 3-137）。躯椎腹面两侧各有 1 小突起，称椎体横突（paraphysis），其末端连接肋骨。鱼类的肋骨分背肋（dorsal rib）和腹肋（ventral rib），背肋位于肌隔与水平隔膜相切的地方，腹肋位于肌隔与腹膜相切的地方。躯椎最前面几块无肋骨，尾椎除最前面几块具肋骨外，其余也无肋骨。硬骨鱼中有些种类兼有背腹肋，如梭鱼第三椎骨、带鱼 1—4 躯椎兼有背肋和腹肋，其余仅腹肋，鲤鱼仅腹肋无背肋。尾椎也有椎体、髓弓、椎管、髓棘，但腹面有尾椎骨特有的脉弓（hemal arch），呈弧形，其所围的空腔为脉管（hemal canal），内藏尾动脉和尾静脉，脉弓腹面会合为脉棘（hemal spine）。最后几块尾椎的脉棘和髓棘常与尾鳍基部连接。

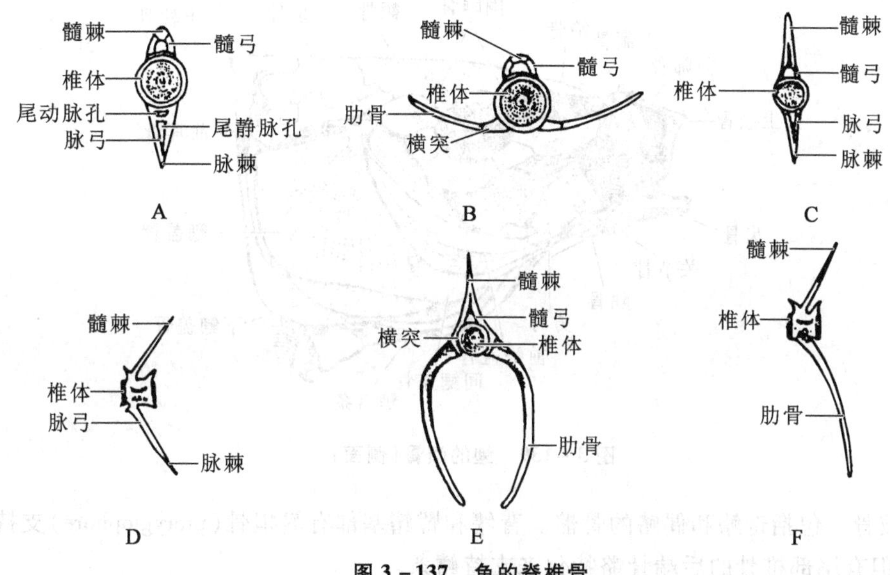

图 3－137 鱼的脊椎骨

A. 灰星鲨尾椎骨(正面) B. 灰星鲨躯椎(正面) C. 鲤鱼尾椎骨(正面)
D. 鲤鱼尾椎骨(侧面) E. 鲤鱼躯椎(正面) F. 鲤鱼躯椎(侧面)

(2) 头骨(skull) 分上部和下部,上部为包藏脑及视、听、嗅等感官的脑颅(neurocranium),下部为包含口咽腔和食管前部的咽颅(splachnocranium)。

软骨鱼类头骨全为软骨,脑颅由整块软骨构成(图 3－138),形似抽屉,顶部开放无骨片覆盖。多数种类前部为吻软骨(rostral cartilage),两侧为鼻囊(olfactory capsule),内含嗅囊。鼻囊后方的凹窝即眼囊(optic capsule),其后方为隆起的耳囊(auditory capsule)。脑颅后方为枕部,正中为枕骨大孔(foramen magnum),其下方两侧突起为枕髁(condylus occipitalis),与脊柱相关节,底部为基板。硬骨鱼的脑颅比软骨鱼类的脑颅复杂得多。由许多骨片组成,有软骨性硬骨(cartilage bone)和膜性硬骨(membrane bone)。前者在形成过程中要经历软骨阶段,后者形成过程不经历软骨阶段。出现了枕骨、前耳骨、基蝶骨、眶蝶骨、中筛骨等软骨性硬骨,组成脑颅底和保护感觉器官;在顶部出现顶骨、额骨等膜性硬骨;因此整个脑颅是封闭式的(图 3－139)。

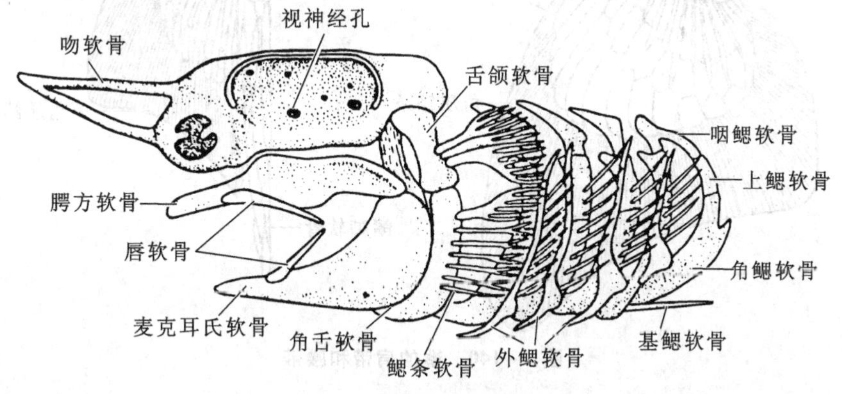

图 3－138 鲨的脑颅和咽颅(侧面)

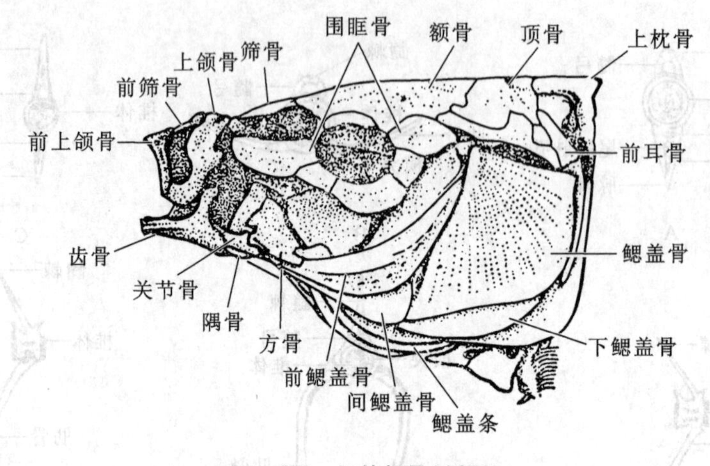

图 3-139　鲤的颅骨(侧面)

(3) 附肢骨　包括奇鳍和偶鳍的骨骼。背鳍和臀鳍基部有鳍担骨(pterygiophore)支持鳍条,尾鳍无鳍担骨,但有尾部椎骨的后端骨骼特化来支持鳍条。

偶鳍骨骼包括带骨和鳍骨。支持胸鳍的骨骼为肩带(shoulder girdle),支持腹鳍的骨骼为腰带(pelvic girdle)。软骨鱼类的肩带为1根"U"形软骨,包括乌喙部(coracoid part)和肩胛部(scapular part)(图3-140)。两部之间有3块基鳍骨(pterygium),基鳍骨相连着许多辐鳍骨,支持着鳍条。真骨鱼类的肩带由肩胛骨(scapular)、乌喙骨(coracoid)、锁骨(cleithrum)等组成(图3-141)。软骨鱼类的腰带仅1根坐耻骨,真骨鱼类的腰带为1对无名骨(innominatum)。除硬骨鱼类的肩带直接与头骨相连外,其他带骨均游离隐藏于肌肉中,故鱼类附肢骨与脊柱没有直接联系。

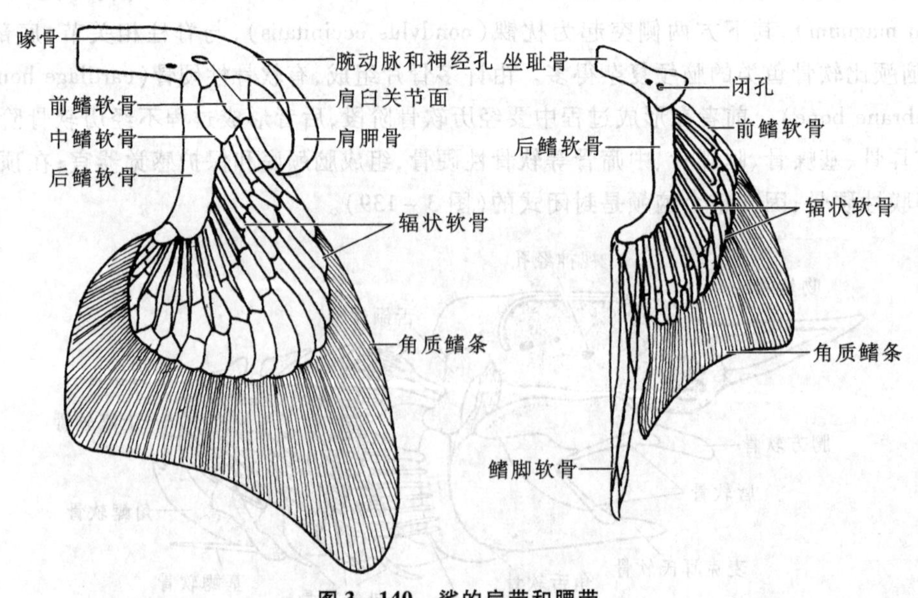

图 3-140　鲨的肩带和腰带

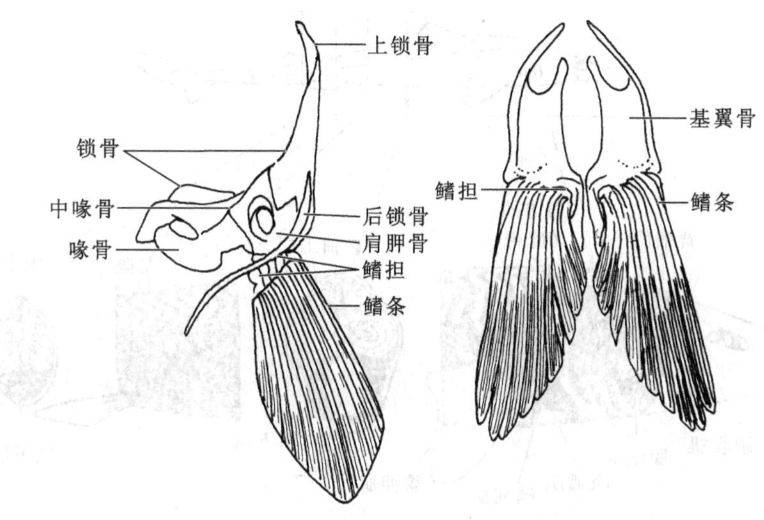

图 3－141　鲤的肩带和腰带(侧面)

3. 肌肉系统

鱼类的肌肉系统分化程度不高,躯干和尾部肌肉与圆口类相似,由肌节组成,肌节之间有肌隔联系。比圆口类进化程度高的表现在,体侧肌肉被一水平侧隔(lateral septum)分为上下两部分,分别称轴上肌(epaxial muscle)和轴下肌(hypaxial muscle)(图 3－142)。轴上肌分化出背鳍肌肉,轴下肌分化出偶鳍和臀鳍肌肉。尾部的一部分肌肉分化出尾鳍肌肉;头部和咽部一部分肌节分化为头部腹面及鳃裂间的肌肉。6 条动眼肌由胚胎时期最前端的 3 个肌节分化而成。电鳐(*Torpedo marmorata*)等鱼类具有由肌肉演化而来的发电器官,能放出一定电压的电流用以攻击或防御。

4. 消化系统

包括消化管和消化腺。消化管包括口、咽、食管、胃、肠和肛门(图 3－143)。口由上下颌组成,是摄食器官。口的位置与鱼类食性关系密切,如以浮游生物为食的口多上位;以底栖或岩石上生物为食的口多下位;以中上层漂浮生物为食的口多端位等等。口通入宽大的口咽腔,其中两侧与鳃裂相通的为咽(腔)。软骨鱼类颌骨上的牙齿是由盾鳞转化而来;硬骨鱼类的口腔齿着生于颌骨、腭骨、犁骨、舌骨、鳃弓等上,鲤科鱼类的咽喉齿则着生在第五对鳃弓所特化的咽骨上。

多数鱼类鳃弓内缘着生鳃耙(gill raker),是滤食器官。鳃耙形状与数目也与食性有关。取食大型食物的鱼类,鳃耙粗短,排列稀松;食细微食物的鱼类,鳃耙细长且排列紧密;以浮游植物、底层有机碎屑为食的鱼类,鳃耙进一步特化为异形鳃耙,如白鲢鳃耙连成海绵状结构。

口咽腔之后是食管。食管短,连于胃的贲门部。胃是消化管最膨大的部分。软骨鱼类中的全头类,硬骨鱼类中的鲤科鱼类等没有胃,仅在食管之后有一膨大的肠球,胆管和胰管开口于此,无肠腺。有的硬骨鱼类在胃与肠交界处有指状、瓣状或盲管状突起,称为幽门盲囊(pyloric caeca)(图 3－144),其作用与分泌和吸收有关。鲨、鳐等软骨鱼类的肠管中有由肠壁向管内突出呈螺旋形薄片,称螺旋瓣(spiral valve)。它有延缓食物通过和增加消化吸收面积的功用。鱼类肠管的长短因食性不同而异,草食性鱼类肠管长,肉食性则短。软骨鱼类、肺鱼类肠管终止于泄殖腔中,未消化

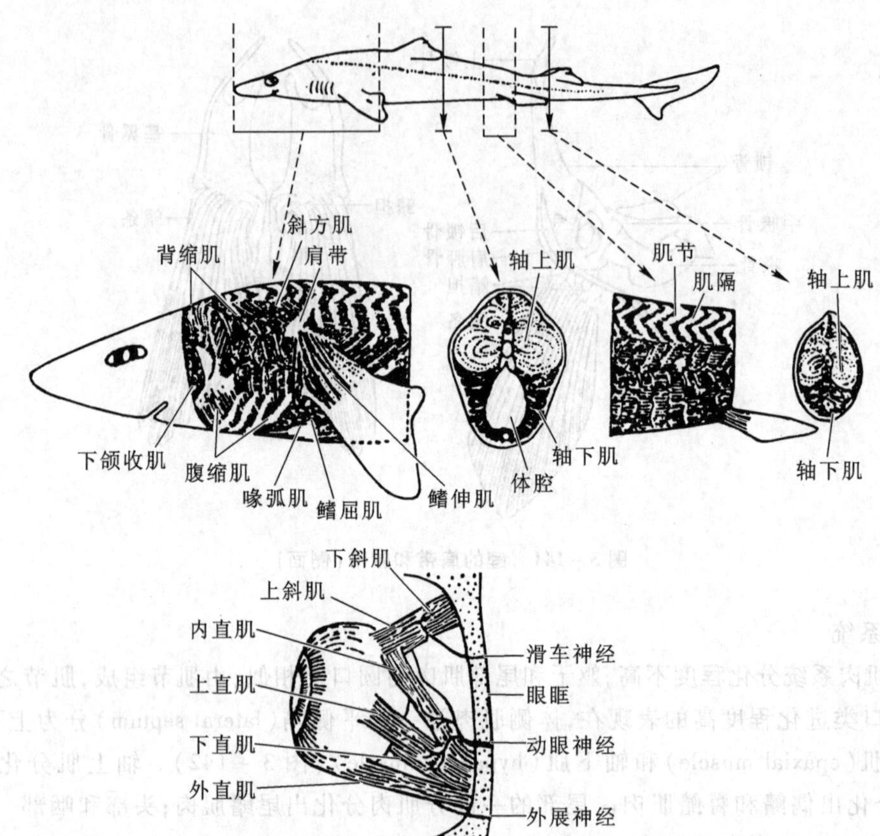

图 3－142 鲨的肌肉(下图为 6 对动眼肌)

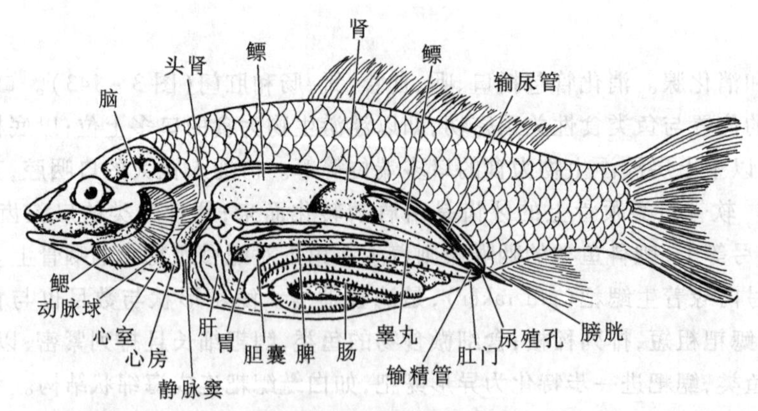

图 3－143 鲤的内脏(侧面)

残渣从泄殖腔孔排出;硬骨鱼类肛门单独开孔于生殖孔之前。

鱼类的消化腺包括胃腺、肠腺、肝和胰腺。肝是最大的消化腺,靠近胃,分叶。有些鲤科鱼类肝不定形,常常分散在肠系膜上,其中还混有胰腺细胞,故称肝胰腺(hepato-pancreas)。肝分泌胆汁而贮藏于胆囊(gall bladder),再由胆管输入十二指肠。胆汁通常为绿色或黄色,具有活化脂肪酶、刺

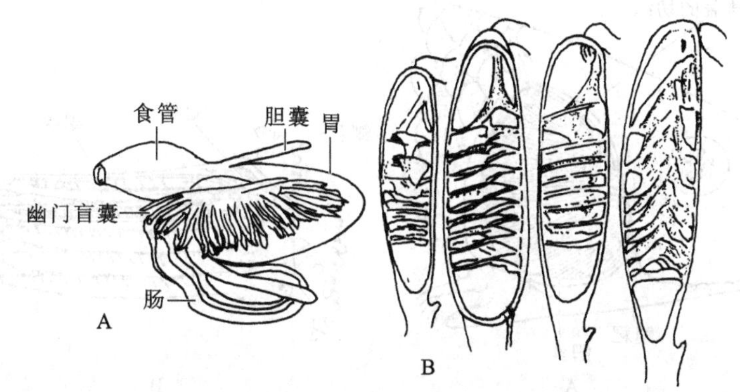

图 3－144　银鲳的幽门盲囊(A)和鳐类的几种螺旋瓣(B)

激肠蠕动的作用。软骨鱼类有定形胰脏,位于胃幽门部和肠管之间,有胰管开口于螺旋瓣的起始处,大多数硬骨鱼类的胰脏为弥散性腺体,分布于肠系膜的脂肪组织内和肝门静脉的四周。胰为重要消化腺,分泌的胰液含有蛋白质消化酶、脂肪酶、淀粉酶等多种消化酶。鲨鱼的直肠有直肠腺,分泌高度浓缩的氯化钠无色液体,帮助肾调节血液的盐浓度。

5. 呼吸系统

呼吸器官主要是鳃,在成体鱼为内鳃,来源于外胚层。鳃主要由鳃弓(gill arch)、鳃隔(gill septum)、鳃瓣(gill lamellae)等几部分组成。硬骨鱼类和大多数软骨鱼类具 5 对鳃裂。第 1—4 对鳃弓上为 4 对全鳃,每 1 全鳃有 2 个半鳃(鳃片)。硬骨鱼类第 5 对鳃弓无鳃片;软骨鱼类第 1 对鳃弓上只 1 片鳃片,即 4 对全鳃,1 对半鳃。硬骨鱼类的鳃裂外侧有鳃盖(gill cover)保护,鳃片间的鳃隔比较退化,仅在鳃弓内侧残留细棒状痕迹;软骨鱼类鳃较原始,鳃裂直接开口体外,鳃隔发达,通常为 5 对,通出体外,并与相邻的鳃构成外鳃裂(图 3－145、图 3－146)。

软骨鱼类多数种类在第 1 对鳃裂前方有 1 对小孔,称喷水孔(spiraculum),其前壁仍具残存的鳃,已失去呼吸功能,称假鳃(pseudobranchia)。喷水孔为退化的鳃裂,是咽部与外界相通的管道。硬骨鱼类喷水孔消失,但一些种类的鳃盖内面亦残留假鳃。

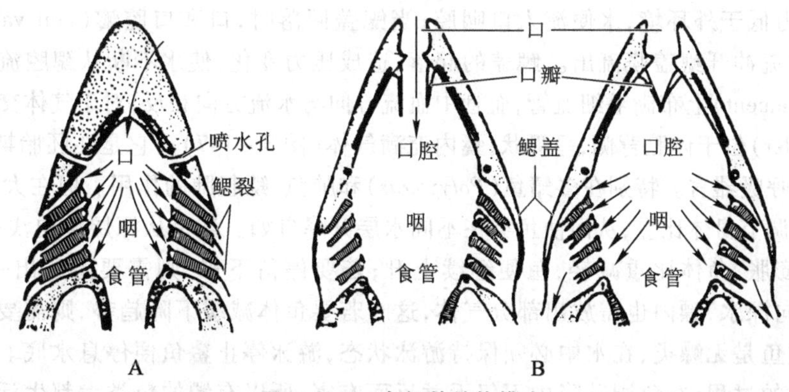

图 3－145　鱼鳃的结构模式

A. 软骨鱼(鲨鱼)　B. 硬骨鱼

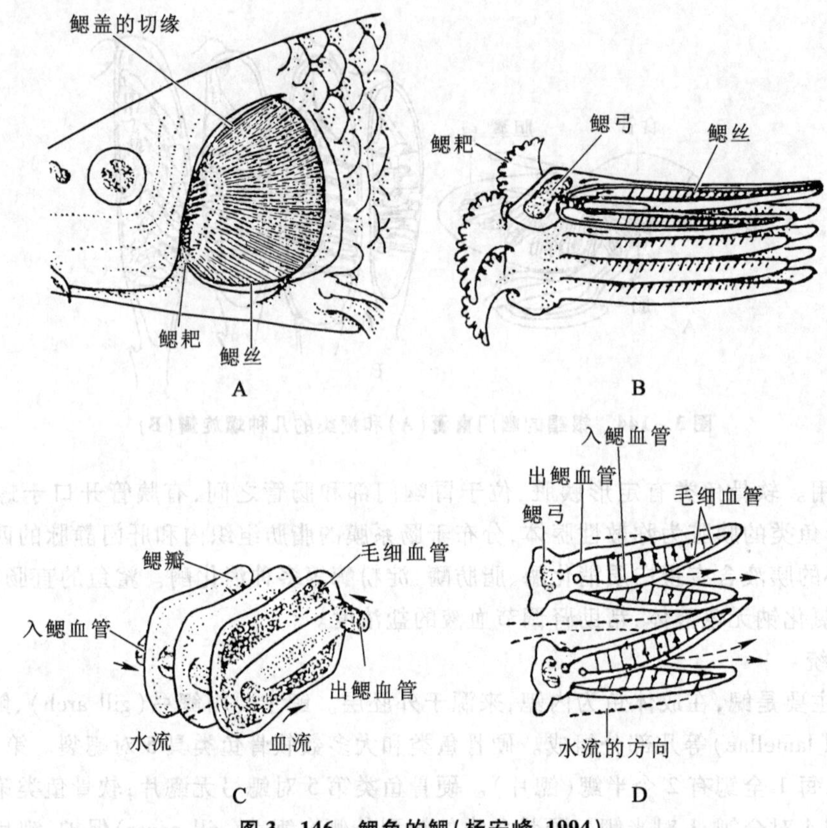

图 3－146 鲤鱼的鳃(杨安峰,1994)

A. 切除鳃盖,示四对全鳃 B. 鳃的一部分,示鳃耙、鳃弓和鳃丝
C. 一条鳃丝的放大 D. 呼吸时,鳃丝的位置,示血流和水流的方向

众所周知,水中溶解氧含量较空气少得多,鱼类在水中要获得充足的氧,一方面要有尽可能大的鳃表面积,另一方面还要有大量的水流通过鳃部。通常鱼类呼吸时,水流由口流入口咽腔,经鳃部由鳃孔排出。水的吸入和排出主要靠上下颌和鳃部肌肉的活动,但有鳃盖的硬骨鱼类,鳃盖的活动起到了泵的作用,当鳃盖提起时,鳃盖膜由于外界水的压力作用紧紧盖住体壁封闭了鳃孔,于是口腔、鳃腔中压力低于外环境,水便流入口咽腔;当鳃盖回落时,口和口腔瓣(oral valve)关闭,口咽腔、鳃腔缩小,水流冲开鳃盖膜流出。鳃盖的起落,造成压力变化,使水不断从鳃腔流过。

鳃丝(gill filament)上布满毛细血管,血管中血流方向与水流方向相反,对于气体交换十分有利。

鳔(air bladder)位于体腔背侧,呈囊状,囊内充满气体(图 3－147)。它是在胚胎期由消化管突起分离出来的辅助呼吸器官。特别在多鳍鱼(*Polypterus*)和肺鱼,鳔起肺的作用。但在大多数鱼类而言,鳔的基本功能是调节身体比重,从而使鱼类在不同水层升降自如。当鱼从深层游向浅层时,因水压力降低,鳔内气体膨胀,鱼体比重减轻,鱼便继续上升;若要停留下来,则需要鳔放出一部分气体;相反,若从浅水游向深水,鳔内也需放出部分气体,这时若要鱼体减缓下降趋势,则需要停止放气或吸入部分气体。鲨鱼是无鳔类,在水中必须保持游泳状态,游泳停止鲨鱼便停息水底。鳔的比重调节是一个比较缓慢的过程,在急剧升降中不仅无益反而有害,所以有鳔的鱼类大都生活在比较固定的水层;而急速游泳的鲨鱼,以及大多数底栖生活鱼类、深海鱼类和急流中栖息的鱼类都没有鳔。

有鳔的鱼类,鳔内气体调节有 2 种方式。一种是通过鳔与食管相连的鳔管,这是通鳔类(physoslomous)；另一种是无鳔管的闭鳔类(physoclistous)，鳔内具气体分泌和重吸收的系统，其中的红腺(red gland)能从具有动脉和静脉对流系的毛细血管网中分泌气体到鳔内；鳔的另一特殊的卵圆区(oval area)能行气体的重吸收(图3－148)。

鲤形目鱼类具有韦伯氏器(Weber's organ)(图3－149)，由前3块脊椎的一部分变化成韦伯氏小骨，包括三角骨(又名捶骨)、间插骨(又名砧骨)和舟骨(又名镫骨)，三角骨的后端和鳔壁相接触，舟骨和内耳的围淋巴腔接触。水中的声波引起鳔内气体产生同样振幅的波动，通过韦伯氏器传导到内耳，从而感受到声波。所以鳔又有听觉的辅助作用。鲤科鱼类、海产的大小黄鱼等鳔收缩放气时还能发声，这种发声在生殖季节有集群等生物学意义。

此外，鱼类还有鳃以外的其他辅助呼吸器，如鳗鲡的皮肤、黄鳝的口咽腔、泥鳅的肠、弹涂鱼的尾鳍、乌鳢和攀鲈等的鳃上腔的褶鳃、肺鱼和雀鳝等的鳔等都具有气体交换的功能。

6. 循环系统

鱼类循环系统包括心脏、血管、血液和淋巴系统。鱼类的心脏小，仅占体重的0.2%；构造简单，由一心房、一心室、一静脉窦、一动脉圆锥组成(图3－150，硬骨鱼为动脉球，是腹大动脉基部膨大

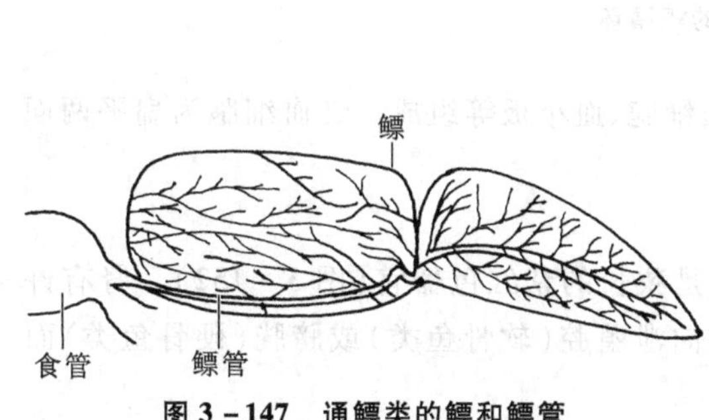

图3－147 通鳔类的鳔和鳔管

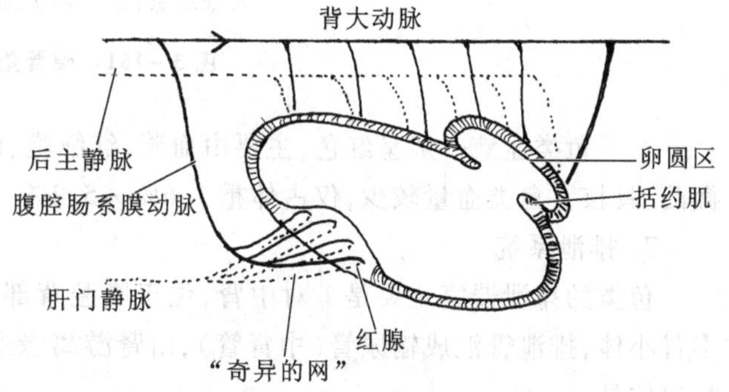

图3－148 闭鳔类的鳔(示红腺和卵圆区)

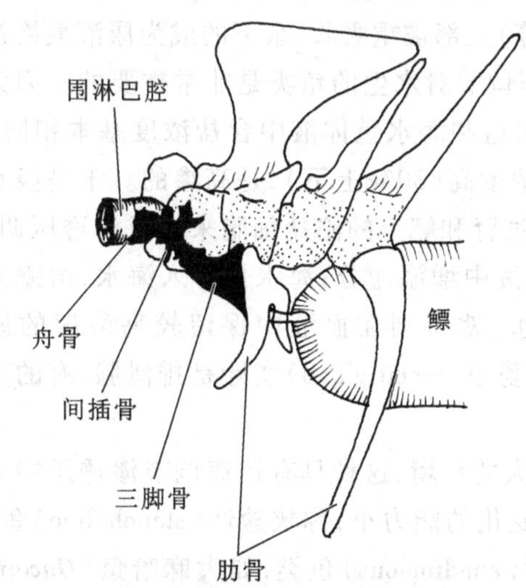

图3－149 韦伯氏器(杨安峰，1994)

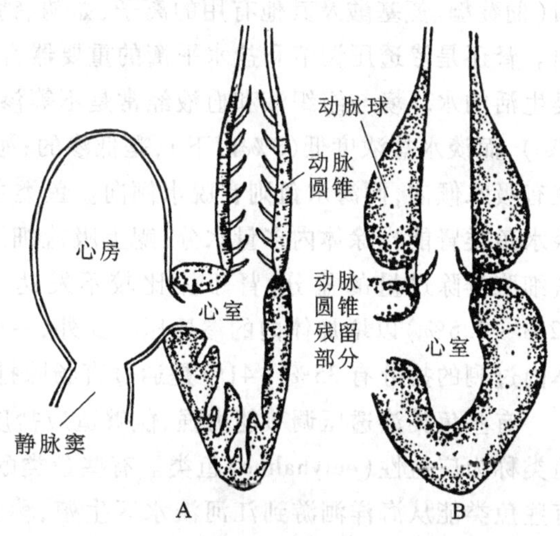

图3－150 鱼类的心脏比较

A. 软骨鱼类 B. 硬骨鱼类

形成)，属单循环，心脏中的血为缺氧血。心脏位于最后鳃弓的后面腹侧，处于围心腔(pericardial cavity)中，借横隔(transverse septum)与腹腔分开。心室泵出血液由腹大动脉进入鳃，在此进行气体交换。出鳃的血为富氧血，经背大动脉送到身体各组织(图 3-151)。最后头部和躯干的血液分别由前主静脉和后主静脉经静脉窦进入心房，消化管系统的血液由肝静脉经静脉窦进入心房。然后心房到心室，再送到鳃，依此循环不息，完成物质运输。

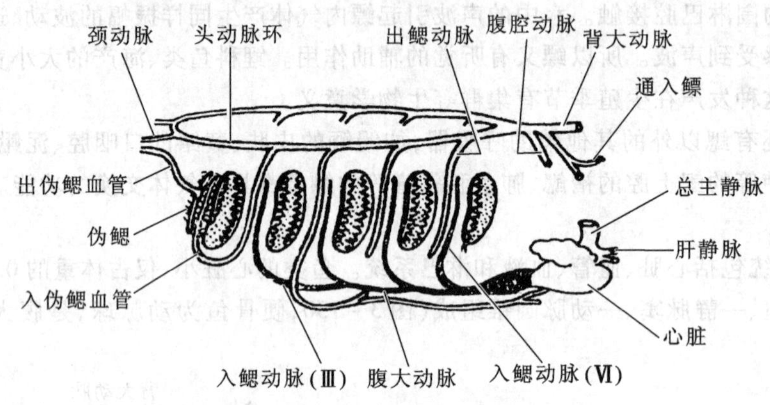

图 3-151 硬骨鱼的鳃循环

鱼类血液一般呈红色，主要由血浆、红细胞、白细胞、血小板等组成。红血细胞为扁平两面微凸，具核。鱼类血量较少，仅占体重 1.6%～5.2%。

7. 排泄系统

鱼类的排泄器官主要是 1 对中肾，位于腹腔背部，是狭长的紫红色器官(图 3-152)。肾有许多肾小体，排泄管汇成输尿管(中肾管)，由肾游离缘通向泄殖腔(软骨鱼类)或膀胱(硬骨鱼类)而排出体外。

肾的主要功能是生成尿液。由血液携带的溶解物质进入肾，经肾小体过滤，其中水分和营养物质(葡萄糖、氨基酸及其他有用的离子，如钠、钙、镁、氯等)大部被重吸收，余下的成为尿液最终被排出。肾还是渗透压调节和盐水平衡的重要器官。渗透压调节对水生的鱼类是非常重要的。因为鱼类生活的水环境与组织液和血液经常是不等渗的。淡水鱼和海水鱼体液中含盐浓度基本相同(约 7‰)，而淡水盐浓度低(3‰以下)，是低渗的；海水含盐浓度高(30‰上下)，是高渗的。于是淡水鱼就有吸水倾向，而海水鱼则有脱水倾向。鱼类主要是通过肾和鳃上的泌盐细胞来完成渗透压调节。淡水鱼类肾能排除体内多量水分，鳃上吸盐细胞能向血液中增添盐分；海水鱼吞入海水，由鳃上泌盐细胞排除过量的盐分，肾小体比较不发达，减少失水；鲨鱼则在血液中保留较高浓度的尿素(2%～2.5%)以增加体内的渗透压。此外，一些鱼的直肠腺(rectal gland)实际是排泄腺，有的鲨鱼体内过剩的盐分有 35%～41%是通过直肠腺排除的。

有些鱼类渗透压调节能力强，能够适应盐度差异较大的环境，这种具有迅速调节渗透压能力的鱼类称为广盐性(euryhaline)鱼类。有些鱼类耐受盐度变化的能力小，称狭盐性(stenohaline)鱼类。有些鱼类能从海洋洄游到江河淡水区生殖，称为溯河性(anadromous)鱼类，如大麻哈鱼(*Oncorhynchus*)。相反，有的鱼类则从淡水栖息地洄游到海洋中去生殖，称为降河性(catadromous)鱼类，如河鳗(*Anguilla*)等。

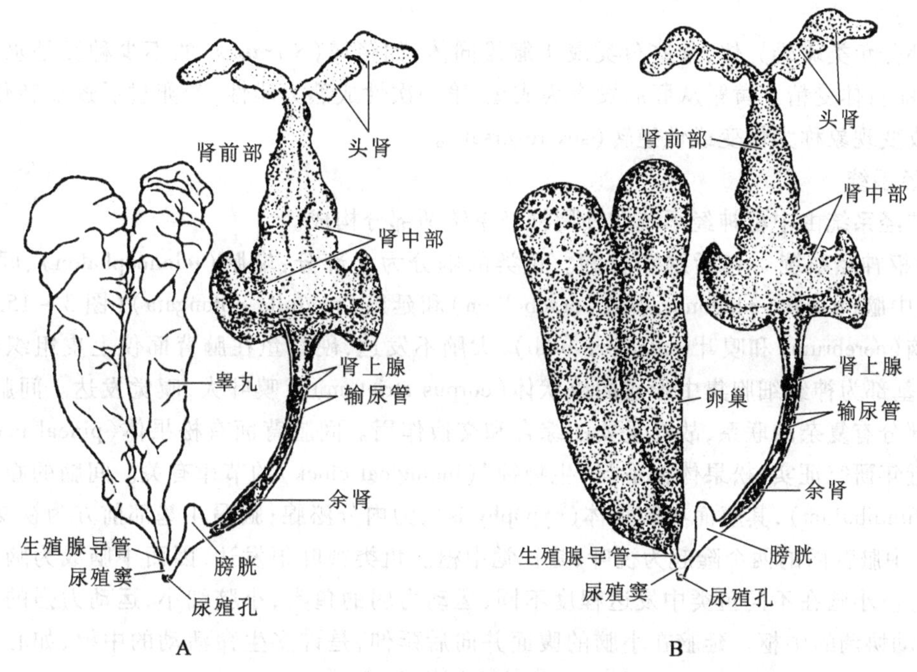

图 3-152　鲤鱼的排泄和生殖系统

A. 雄性　B. 雌性

8. 生殖系统

鱼类的生殖器官主要由生殖腺(gonad)和生殖导管(reproductive duct)两大部分组成(图 3-152)。体内受精的鱼类,雄鱼还有外生殖器,能将成熟的精子导入雌鱼生殖导管内。

生殖腺也称性腺,位于腹腔背侧,有生殖腺系膜固定,血管和神经通过系膜分布到生殖腺。鱼类多雌、雄异体,雄性生殖腺为 1 对精巢,雌性为 1 对卵巢。少数鱼类左右成对的性腺愈合而为单个,如玉筋鱼(*Ammodytes*)、绵鳚(*Zoarces*)等。卵巢平时为扁平带状,生殖季节里卵巢发育很快,并占据体腔的大部分,主要生成卵子,卵子数目依种类和个体大小的不同有差异。精巢一般为白色线状器官,在生殖期也显著增大,它主要产生精子。

硬骨鱼类的生殖腺由腹膜分化成的囊状膜包裹着,形成封闭式卵巢和精巢,这是高等硬骨鱼类所特有,其输卵管和输精管也是这些被膜延长而成,与输尿管没有联系。

软骨鱼类的输精管、输卵管均来源于中肾管。输卵管中部常膨大为壳腺(shell gland),后部则扩展成子宫(uterus)。卵巢中发育成熟的卵子落入体腔,然后经输卵管的喇叭孔进入输卵管,并在此受精。受精卵下行,经壳腺时被分泌的物质包裹形成卵壳,再移至子宫。胎生的种类,受精卵在子宫中发育;卵生的种类,则进一步下行经泄殖腔排到体外。

一般说来,鱼类的雌雄两性在形态上并无显著差异,体内受精者雄鱼常有交接器(copulatory organ),如雄性鲨鱼的腹鳍最后一根鳍条延长为鳍脚,左右鳍脚并合可以输送精子到雌性的泄殖腔。但有部分鱼类两性异形(sexual dimorphism),如角鮟鱇(*Ceratias holbolli*)的雄鱼体小,并以口吸附在雌鱼身上,营寄生生活;泥鳅雄鱼的胸鳍呈三角形,雌鱼胸鳍圆形。在生殖季节,有些种类雄鱼往往发生一些变化,如体色改变,有的胸鳍上出现表皮细胞角化的锥状突,即“追星”,有的体形也会发生变化等等。

绝大部分鱼类雌雄异体，某些鱼类属于雌雄同体，如鲈属（*Serranus*）的不少种类是永久性的雌雄同体，且能自体受精。黄鳝从胚胎发育为成鱼，第一次性成熟为雌性，产卵过后逐渐转化为雄性。这种性别改变现象称为性变或性逆转（sex reversal）。

9. 神经系统

鱼类神经系统由中枢神经系统和外周神经系统两部分构成。

（1）中枢神经系统　包括脑和脊髓。鱼类的脑分为5部分：端脑（telencephalon）、间脑（diencephalon）、中脑（mesencephalon）、小脑（cerebellum）和延脑（medulla oblongata）（图3－153）。端脑分化为大脑（cerebrum）和嗅叶（olfactory bulb），大脑不发达，硬骨鱼在脑背面仅上皮组织而无神经细胞，大脑基部为神经细胞集中形成的纹状体（corpus striatum）。嗅叶大，嗅觉发达。间脑小，但它和脑的各部分有复杂的联系，故具重要的综合和交换作用。间脑背面有松果体（pineal body），是内分泌腺。近年研究证实，松果体似乎与"生物钟"（biological clock）的节律有关。间脑的腹面延伸为脑漏斗（infundibulum），其腹面有脑垂体（hypophysis），为内分泌腺；脑漏斗基部前方为视交叉（optic chiasma）。中脑背面的两个隆起为视叶，是视觉中枢。鱼类视叶很发达，因而中脑成为脑五部分中最大的部分。小脑在不同鱼类中发达程度不同，运动力弱的鱼类，小脑细小，运动力强的种类小脑发达，是运动协调的中枢。延脑在小脑的腹面并向后延伸，是许多生命活动的中枢，如心血管活动的控制，陈代谢的调节，侧线和内耳的控制等的中枢均在延脑。

脊髓紧接延脑之后，延伸至最后一个椎骨，受髓弓的保护，呈圆柱状，分节明显。

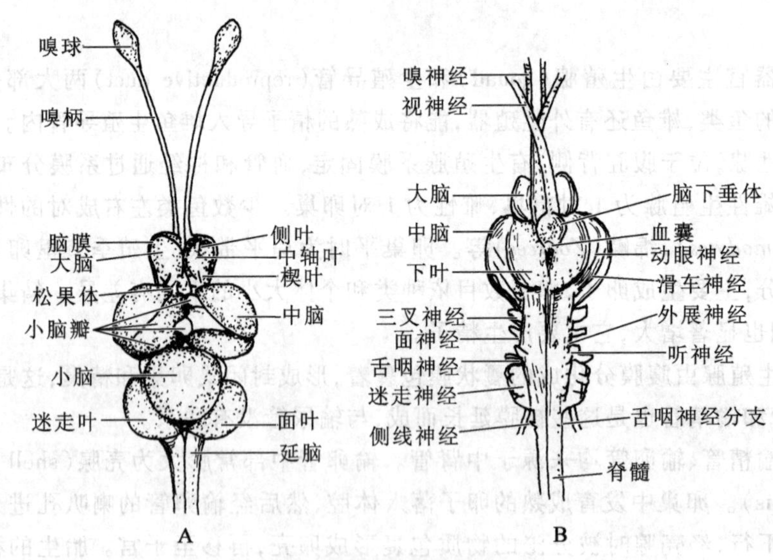

图3－153　鲤鱼的脑

A. 背面观　B. 腹面观

（2）外周神经系统　包括脑神经和脊神经。鱼类脑神经10对，依序为大脑嗅叶发出的嗅神经（Ⅰ）、间脑发出的视神经（Ⅱ）、中脑发出的动眼神经（Ⅲ）、滑车神经（Ⅳ）、小脑发出的三叉神经（Ⅴ）、延脑发出的外展神经（Ⅵ）、面神经（Ⅶ）、听神经（Ⅷ）、舌咽神经（Ⅸ）和迷走神经（Ⅹ）。

脊神经是脊髓两侧发出的神经，每一个脊椎骨都有1对，由椎间孔穿出，分布到每节的肌肉等器官。脊神经是由背根和腹根愈合而成。背根内含感觉神经纤维,来自感觉器官或背神经节,通入脊髓,故又称感觉根;腹根则含运动神经纤维,自脊髓内部发出,通到身体各部分,又称运动根。

在圆口类,脊神经的背根和腹根不结合成脊神经,在鱼类和其他脊椎动物则在脊柱内结合为1根,从椎间孔伸出后分为3支:背支分布到背面的皮肤和肌肉,腹支分布至体侧和腹面的皮肤和肌肉,脏支分布到内脏器官。

10. 感觉器官

鱼类对外界的触、热、冷、痛、味、光、声、电、压力等刺激都有感受能力,这与鱼类的感觉器官发达分不开。主要感觉器官有嗅觉、视觉、味觉、皮肤感受器和侧线等。

(1) 嗅觉器官(olfactory organ) 由鼻腔内的嗅囊所构成,囊壁上皮有成簇的嗅细胞,嗅细胞为杆状或梭形,外端有纤毛,后端有神经纤维,每个嗅细胞的神经纤维汇成嗅神经(olfactory nerve)通到大脑嗅叶。鱼类通常只有1对外鼻孔,只有嗅觉的功能。肺鱼类、总鳍鱼类具内鼻孔,故有嗅觉和呼吸的双重机能。

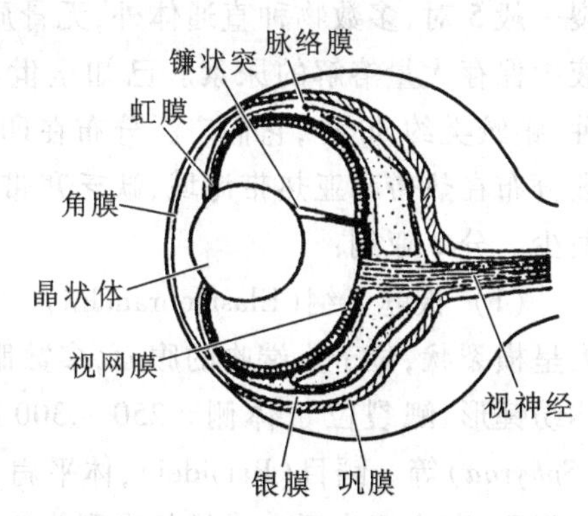

图3-154 鲤鱼的眼(纵切面)

(2) 视觉器官(visual organ) 鱼眼与其他脊椎动物的眼有基本相同的构造,包括光学部分和感觉部分。光学部分主要有晶状体(lens)、角膜(cornea);感觉部分主要是眼底的视网膜(retina)。晶状体和视网膜之间为眼后房,内为玻璃液;晶状体与角膜之间为眼前房,充满水状液(图3-154)。鱼眼显著特点是:角膜扁平、晶状体球形无弹性,无眼睑和泪腺,巩膜和脉络膜之间具1层银膜(argentea)。由于晶状体球形缺乏弹性,角膜扁平,所以难以改变曲度来调节视力,而是采取移动晶状体来提高视力。通过调节可视10~12 m以内的距离。板鳃类靠晶状体腹面的睫状突(ciliary process)、硬骨鱼靠视神经通入处的镰状突(falciform process)伸缩使晶状体移动,从而调节焦距。

在山洞全黑暗环境生活的鱼类,鱼眼多退化。南美的四眼鱼(*Anableps*),晶状体分为上下两部分,上部适于空气中视物,下部适于水中视觉,二者与视网膜的距离不同。深海鱼类,有的与山洞鱼类一样,眼睛全部退化;另一类则眼睛很发达,在极其微弱的光线中也能视物。

(3) 听觉器官(auditory organ) 鱼类仅具内耳,内有椭圆囊(utriculus)、球状囊(sacculus)和3条半规管(semicircular canal)。内耳也有感受声音的作用,但主要功能为平衡。

(4) 侧线器官(lateral line organ) 为鱼类特有,是高度特化的皮肤感受器,具有感知水流、压力变化和低频振动等机能。

11. 内分泌系统

内分泌系统的内分泌腺是一种无管腺,分泌的激素直接进入血液循环传送到体内一定器官进行化学调节。鱼类内分泌腺包括脑垂体、甲状腺、松果体、胰岛、性腺、胸腺、肠腺等等。

脑垂体(hypophysis)位于间脑腹面,包括腺垂体和神经垂体两部分。前者较大,能分泌多种激素,对于生长发育,尤其骨骼的生长,以及新陈代谢和性的功能等均有调节作用,而且能调节其他内分泌腺的活动。后者较小,其内的激素是由丘脑下部的视上核和室旁核的神经细胞所分泌,这些激素有升高血压、刺激子宫收缩和抗利尿等作用。我国在养殖业上已广泛使用垂体加工的垂体液注射鱼体,促进性腺和精卵成熟。

甲状腺(thyroid gland)在板鳃类体内位于下颌骨的后方中央的舌肌中;多数硬骨鱼类的甲状腺主要弥散在腹大动脉及鳃区的间隙组织里。甲状腺激素的主要功能是促进新陈代谢,与鱼类发育有关,此外在器官和色素的形成方面也有重要作用。

(二) 鱼纲的分类

根据骨骼系统,把现生的鱼类分为两大群系,即软骨鱼系和硬骨鱼系。

1. 软骨鱼系

软骨鱼系(Chondrichthyes)主要特征是:软骨,被盾鳞;口在腹面,肠中具螺旋瓣;鳃隔发达,鳃裂一般5对,多数物种直通体外,无骨质鳃盖;歪尾;无鳔;体内受精,雄体有鳍脚,卵生或卵胎生;血液中保存大量溶解的尿素。已知全世界现存软骨鱼类约800种,其中鲨类约340种,鳐类约430种,银鲛类约30种,它们广泛分布在印度洋、太平洋和大西洋。我国的软骨鱼类有190多种,大多数分布在热带和亚热带海域,缺乏寒带性种类,其中以南海分布的种类最多,东海次之,黄海、渤海最少。分2亚纲:

(1) 板鳃亚纲(Elasmobranchii) 鳃间隔特别发达,且连于体表,形成板状,故名板鳃类。口宽大呈横裂状,位于头端吻的腹面,多数眼后有一喷水孔,侧线隐于皮下。分2目:鲨目(Selachoidei),体纺锤形,鳃裂位于体侧。250~300种。常见的有斜齿鲨(*scoliodon*)、星鲨(*Mustelus*)、双髻鲨(*Sphyrna*)等。鳐目(Batoidei),体平扁,胸鳍扩大与体前端愈合形成体盘,呈菱形或圆盘形;鳃裂位于腹面,营底栖生活。常见的有犁头鳐(*Rhynchobatus*)、鳐(*Raja*)、魟(*Dasyatis*)、燕魟(*Gymnura*)等(图3-155)。

(2) 全头亚纲(Holocephali) 头大而侧扁,因上颌骨与脑颅愈合而得名。头侧4对鳃裂,由皮膜状鳃盖掩盖着,仅以1个鳃孔通向体外;皮肤光滑无鳞;侧线发达呈敞沟状,在头部多分支;尾细长如鞭。种类不多,我国仅有黑线银鲛(*Chimaera phantasma*)(图3-156),居深海,冬季移向近海,南海、东海、黄海均有捕到。

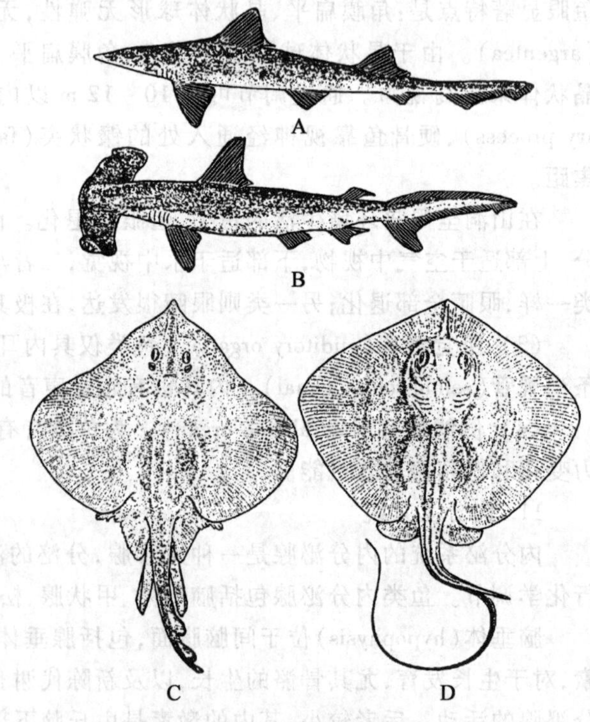

图3-155 几种软骨鱼类

A. 斜齿鲨 B. 双髻鲨 C. 鳐 D. 赤魟

2. 硬骨鱼系

硬骨鱼系(Osteichthyes)具有硬骨,体被骨鳞,少数被硬鳞或无鳞;口多端位,肠中不具螺旋瓣;鳃隔退化,具骨质鳃盖;皮肤黏液腺发达;多正尾;多数具鳔;多数体外受精,卵生,少数发育经变态。分3个亚纲:

(1) 总鳍亚纲(Crossopterygii) 具内鼻孔;偶鳍为具鳞的肉叶,其内骨骼与其他陆生脊椎动物的五趾型肢骨相近;肠中具螺旋瓣;原尾;鳔能行气呼吸。这是古老的鱼类,出现于泥盆纪。现存仅几种,如矛尾鱼

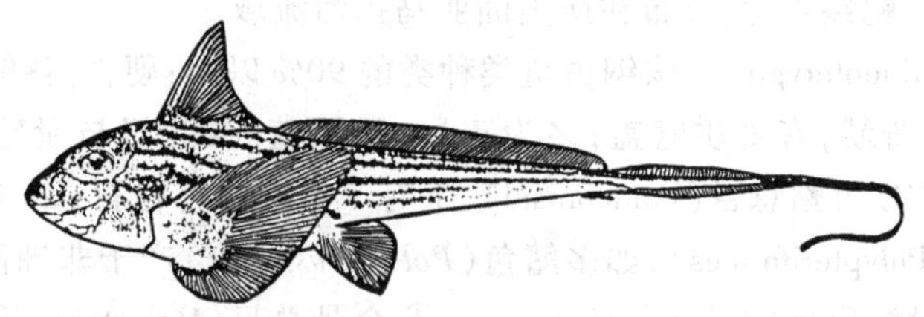

图 3-156 黑线银鲛

(*Latimeria chalumnae*)(图 3-157A),为动物界珍贵的活化石。体长 0.75~2 m,体重 13~80 kg,深海生活。1938 年在非洲东南部的马达加斯加岛附近第一次捕到一条,此后,在科摩罗群岛又陆续捕到,1975 年在捕到 1 条成体矛尾鱼的右输卵管中发现有 4 条带卵黄的幼鱼,方知矛尾鱼是卵胎生。

(2) 肺鱼亚纲(Dipnoi) 具内鼻孔,鳔能呼吸,体被圆鳞,原尾。亦为古老鱼类,出现时期与总鳍鱼相近,但偶鳍内骨骼排列异于其他陆生动物。我国四川地层有其化石。全世界现存的肺鱼有 3 属 5 种:澳洲肺鱼(*Neoceratodus forsteri*)(图 3-157B),鳔不成对,鳃发达,为肺鱼中最大的一种,分布在澳大利亚昆士兰的河川中,体长 1.75 m;非洲肺鱼(*Protopterus annectens*)(图 3-157C)体长 1.4 m,鳔 1 对,鳃裂 5 对,栖于中非的淡水环境,有 3 种;美洲肺鱼(*Lepidosiren paradoxa*)(图 3-

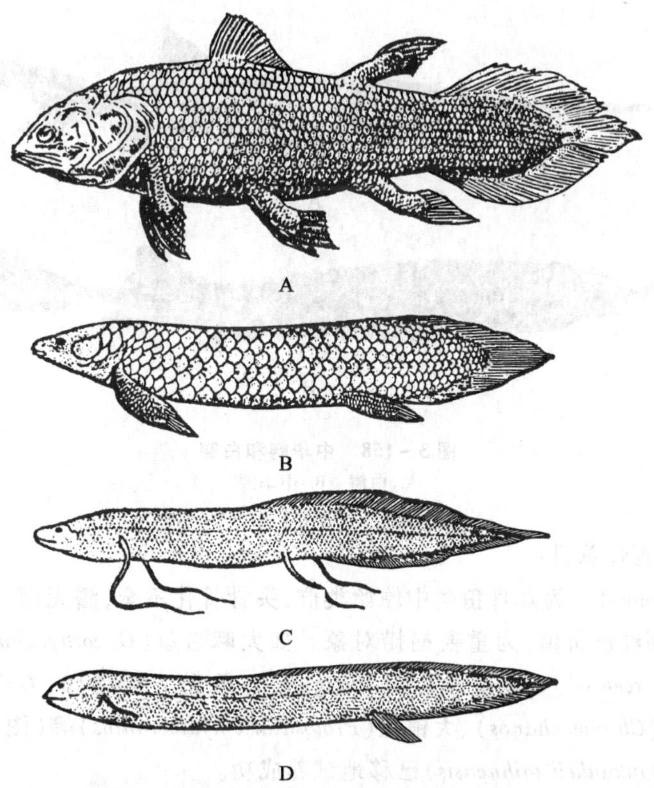

图 3-157 肺鱼和矛尾鱼

A. 矛尾鱼 B. 澳洲肺鱼 C. 非洲肺鱼 D. 美洲肺鱼

157D)体长 1 m,鳔 1 对,鳃裂 4 对,分布在南美洲亚马孙河流域。

(3) 辐鳍亚纲(Actinopterygii) 该纲占鱼类种类的90%以上;硬骨;各鳍具真皮性辐射状排列的鳍条;无内鼻孔;体被骨鳞;有骨质鳃盖;多为正尾;无泄殖腔,肛门与泄殖孔分开。分目意见不一,有的分 5 个总目,即① 古鳕总目(Palaeonisci),下有 7 个目均为化石;② 多鳍总目(Brachiopterygii),下有 1 目多鳍目(Polypteriformes),如多鳍鱼(*Polypterus* spp.)产于非洲刚果及尼罗河;③ 硬鳞总目(Chondrostei),下设鲟形目(Acipenseriformes);④ 全骨总目(Holostei),下有 6 目:弓鳍目(Amiiformes)、剑鼻目(Aspidorhynchiformes)、坚齿目(Pycnodontiformes)、厚躯目(Pachycormiformes)、雀鳝目(Lepidosteiformes)、叉鳞目(Pholidophoriformes);⑤ 真骨总目(Teleostei)下分软鳍组(Malacopterygii)和棘鳍组(Acanthopterygii),大多数鱼类属于该总目。

下面介绍几个重要目。

鲟形目(Acipenseriformes) 属硬鳞总目,为古老的类群。体纺锤形,被硬鳞或无鳞,软骨,歪尾,吻部特别延长,口在吻的腹面。我国常见的白鲟(*Psephurus gladius*),为我国特产大型鱼类,分布长江干流和出海口,体无鳞,仅尾部背侧有 1 列棘状硬鳞,吻特长如剑,具 1 对丝状吻须,为国家一级重点保护动物。中华鲟(*Acipenser chinensis*),分布长江中上游干支流和湖泊,吻较白鲟短,体被 5 行骨板,亦为国家一级保护动物,已被成功地进行人工养殖。鲟形目鱼类多海产,但必须在淡水中生殖,个体通常很大,最大的超过 8 m,以底栖动物为食(图 3-158)。

图 3-158 中华鲟和白鲟

A. 白鲟 B. 中华鲟

以下的类群属于真骨总目:

鲱形目(Clupeiformes) 为真骨鱼类中原始类群,头骨骨化不全,鳍无棘,腹鳍腹位,鳔具鳔管。种类多,许多具有很高经济价值,为重要捕捞对象。如大麻哈鱼(*Oncorhynchus keta*)、鲱鱼(*Clupea pallasi*)、鲥鱼(*Hilsa reevesii*)、鳓鱼(*Ilisha elongata*)、凤鲚(凤尾鱼,*Coilia mystus*)、沙丁鱼(*Sardinella*)、遮目鱼(*Chanos chanos*)、大银鱼(*Protosalanx hyalocranius*)等(图 3-159A ~ D)。我国太湖银鱼(*Neosalanx tankankeii taihuensis*)已移地试养成功。

鲤形目(Cypriniformes) 为鱼类中的大类群,前 4 枚脊椎骨愈合,具韦伯氏器,鳍多无硬棘,有时为假棘,且不超过 3 根。腹鳍腹位,背鳍 1 个,鳔管与食管相通。已知至少 5 000 种,广泛分布世界各地;我国淡水产的鱼类多属此目。其中鲤科(Cyprinidae)有 200 多属,2 000 多种。主要经济种

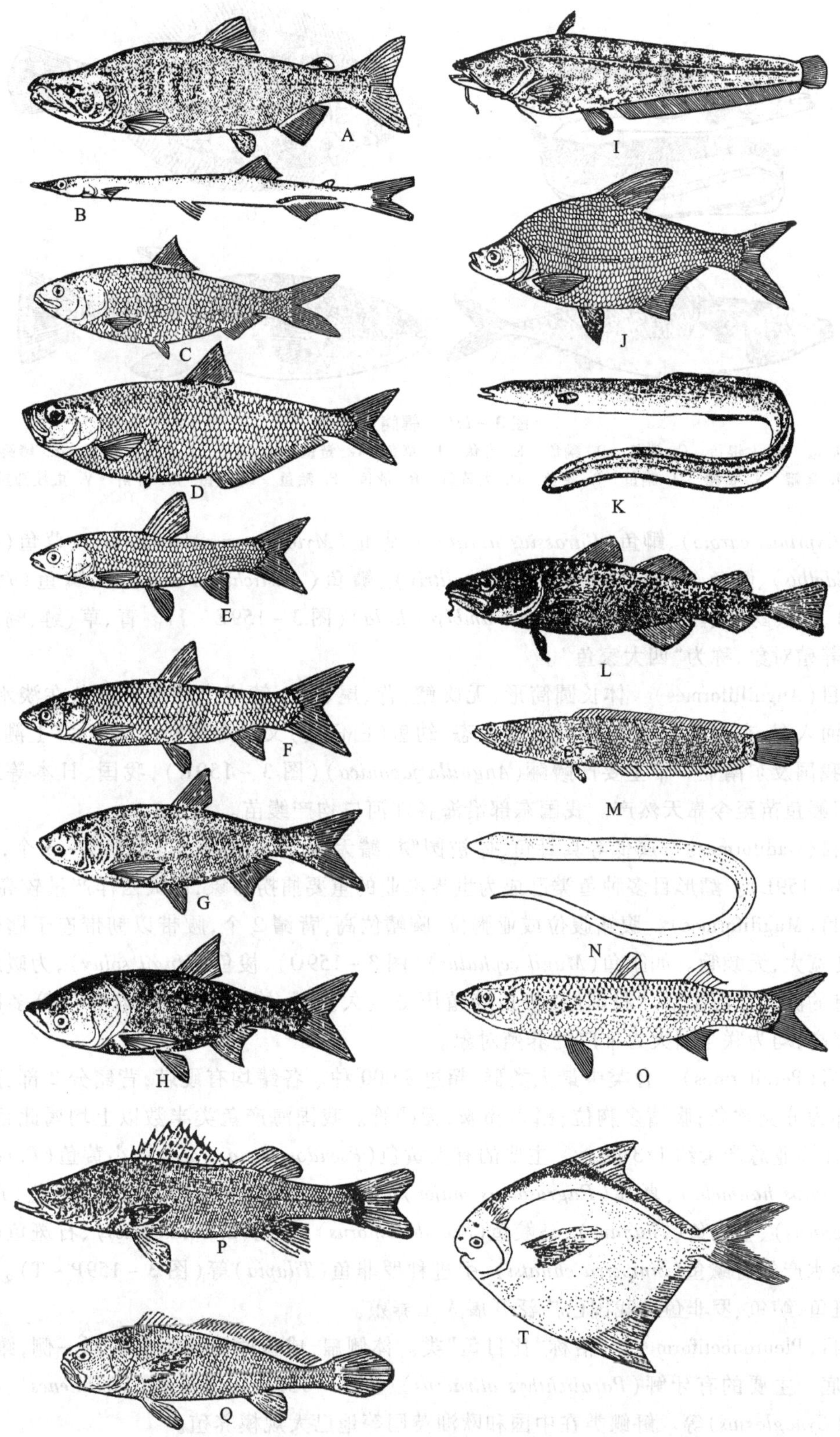
A
I
B
J
C
K
D
E
L
F
M
G
N
H
O
P
T
Q

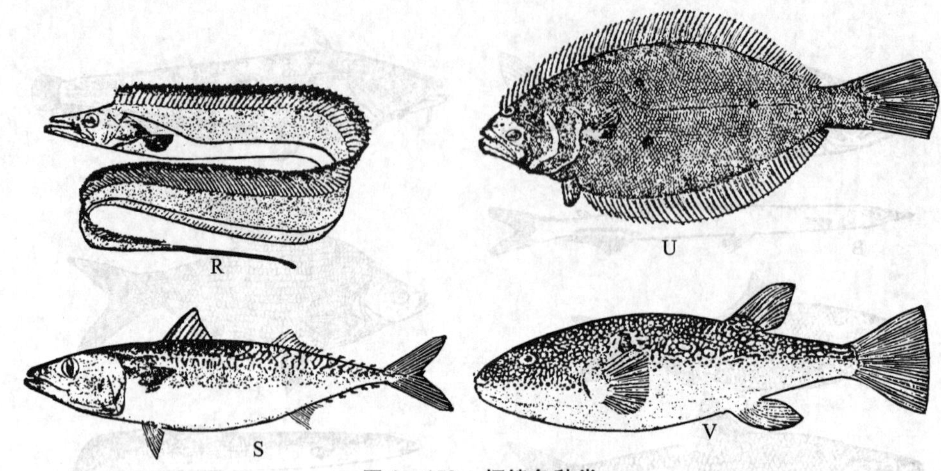

图 3-159 辐鳍鱼种类

A. 大麻哈鱼 B. 大银鱼 C. 鲥鱼 D. 鳓鱼 E. 青鱼 F. 草鱼 G. 鲢鱼 H. 鳙鱼 I. 鲇鱼 J. 鲂 K. 鳗鲡 L. 鳕 M. 乌鳢 N. 黄鳝 O. 鲻鱼 P. 鲈鱼 Q. 大黄鱼 R. 带鱼 S. 鲐鱼 T. 鲳鱼 U. 牙鲆 V. 虫蚊圆鲀

如:鲤鱼(*Cyprinus carpio*)、鲫鱼(*Carassius auratus*)、青鱼(*Mylopharyngodon piceus*)、草鱼(*Ctenopharyngodon idellus*)、鲢鱼(*Hypophthalmichthys molitrix*)、鳙鱼(*Aristichthys nobilis*)、鳊鱼(*Parabramis pekinensis*)、团头鲂(武昌鱼)(*Megalobrama amblycephala*)(图 3-159E~J)。青、草、鲢、鳙是我国著名的淡水养殖对象,称为"四大家鱼"。

鳗鲡目(Anguilliformes) 体长圆筒形,无腹鳍,背、尾、臀 3 鳍完全相连。成鱼在淡水区生活,成熟后降河入海,在海洋中生殖,孵化后经变态,幼鱼(白仔鳗)又从海洋到江河口,并上溯到江河湖泊定居。我国及东南亚一带主要产鳗鲡(*Anguilla japonica*)(图 3-159K),我国、日本等地已大规模养殖,但鳗鱼苗至今靠天然产。我国东部沿海各江河口均产鳗苗。

鳕形目(Gadiformes) 属低等真骨鱼,体被圆鳞,鳍无棘,腹鳍多喉位,背鳍 2~3 个,颏部有 1 根须(图 3-159L)。鳕形目多种鱼类已成为世界渔业的重要捕捞对象,以大西洋产量较高。

鲻形目(Mugiliformes) 腹鳍腹位或亚胸位,胸鳍位高,背鳍 2 个,腰带以韧带连于匙骨或后匙骨上,鳃孔宽大,无鳔管。如鲻鱼(*Mugil cephalus*)(图 3-159O)、梭鱼(*Mugil soiuy*),为暖水性近海鱼类,亦有的溯入江河生活。我国鲻、梭鱼养殖历史较久。鲻、梭、罗非鱼和遮目鱼等多以碎屑为食,转化率高,均为联合国大力推广的养殖对象。

鲈形目(Perciformes) 鱼类中最大类群,超过 8 000 种。各鳍均有硬棘,背鳍分 2 部分,前部为硬棘,后部为分支软条;腹鳍多胸位;鳞多栉鳞,无鳔管。我国海产鱼类半数以上均属此目,年产量占全国海洋渔业总产量约 1/3 以上。主要的有大黄鱼(*Pseudosciaena crocea*)、小黄鱼(*P. polyactis*)、带鱼(*Trichiurus haumela*)、真鲷(*Pagrosomus major*)、鲈鱼(*Lateolabrax japonicus*)、鲐鱼(*Pneumatophorus japonicus*)、金枪鱼(*Thunnus*)、马鲛鱼(*Scomberomorus*)、鲳鱼(*Stromateoides*)、石斑鱼(*Epinephelus*)等,淡水产的有鳜鱼(*Siniperca chuatsi*)、引进种罗非鱼(*Tilapia*)等(图 3-159P~T)。大黄鱼、真鲷、石斑鱼、鲈鱼、罗非鱼等我国已广泛开展人工养殖。

鲽形目(Pleuronectiformes) 俗称"比目鱼"类。体侧扁,成鱼两眼移到头的同一侧,鳍无棘,侧卧贴于海底。主要的有牙鲆(*Paralichthys olivaceus*)(图 3-159U)、高眼鲽(*Cleisthenes herzensteini*)、舌鳎(*Cynoglossus*)等。鲆鲽类在中国和欧洲英国等地已大规模养殖。

鲀形目(Tetraodontiformes)　齿固结成骨板,鳃孔缩小,体表为粒状鳞或骨板,无腹鳍,有的种类能以食管充气使身体鼓胀漂浮水面。常见的有三刺鲀(*Triacanthus*)、独角鲀(*Monacanthus*)、马面鲀(*Navodon*)、东方鲀(*Fugu*)和翻车鲀(*Mola*)等。我国绿鳍马面鲀(*Navodon septentrionalis*)产量大。东方鲀有多种,肉极鲜美,但卵巢、肝等有强毒,血液、皮肤等亦有毒,食用时必须慎重处理。现已开展人工养殖,养殖的鱼体毒性降低。

此外,鳢形目(Ophiocephaliformes)的乌鳢(*Ophiocephalus argus*),合鳃目(Symbranchiformes)的黄鳝(*Monopterus albus*),海龙目(Syngnathiformes)的海马(*Hippocampus*)、海龙(*Syngnathus*),颌针鱼目(Beloniformes)的燕鳐(*Cypselurus*,俗称飞鱼)等也都具有一定经济意义。乌鳢、黄鳝、海马等亦已人工养殖。

第九节　陆生外温脊椎动物

爬行类、两栖类、鱼类和无脊椎动物依赖于吸收周围环境的热能进行体温调节,缺乏完善的代谢产热调节机制,体温接近于环境温度,称为外温动物(ectotherm)或变温动物(poikilotherm)。

在古生代泥盆纪(距今35 000万年前),全球海陆分布发生了巨大变化,经过造山运动和造陆运动,许多地区的大陆面积增加,淡水面积缩小,气候由潮湿温暖变为干燥炎热,引起了生物界的变革。

水陆环境存在巨大差异。水中是溶解态的氧,空气中是气态氧;空气中所含的氧比水多20倍以上;水的密度比空气大1 000倍以上;水体环境比较恒定,水温变化小,而陆上环境多样,水分含量低,气温变化剧烈。脊椎动物由水生转为陆生面临着一系列矛盾,必须靠四肢支撑身体并完成运动,呼吸空气中的氧,防止体内水分的蒸发,维持体内各项生理活动所必需的体温,适应陆地生活的神经和感官系统,完成陆地生殖等等。

古代总鳍鱼类中的骨鳞鱼(*Osteolepis*)尝试登陆并获成功,这是脊椎动物进化史上的划时代的事件。骨鳞鱼等成了古两栖类的直接祖先。两栖类(Amphibia)发展了五趾型附肢,解决了陆上运动问题;发展了肺,初步解决了空气呼吸;神经和感官也有进步。但两栖类对陆栖生活的适应能力尚不完善,仍有3个根本问题未能克服:第一是体内水分保持能力低下;第二是绝大多数种类无法离开水体进行陆上生殖;第三是不能保持体温的恒定。所以两栖类比较接近于水生脊椎动物,还无法完全脱离水体,它们与圆口类、鱼类同属于低等脊椎动物类群。爬行类(Reptilia)起源于古代的两栖动物,爬行类比两栖类有更多的进步性,它解决了两栖类未能解决的3个问题中的前2个,已演化为真正的陆生脊椎动物。此外,它们还获得了一系列与陆生生活相适应的特征,如陆上运动、感觉、气体交换和血液循环等。现存的和古代的爬行类中都有水栖的种类,属于次生性现象,是陆栖脊椎动物在地理和生态上的再占领。

一、两栖纲

(一) 两栖纲的主要特征

1. 外形

现存两栖类的体形依生活方式不同而分为3类:穴居的种类呈蠕虫状,水生的种类为鱼形,陆生的为蛙形。穴居和水栖种类具有尾部，蛙类成体无尾，幼体具尾，穴居者四肢退化。以蛙类为例，身体分头、躯干和四肢几部分。头部呈三角形，背腹扁平，口宽大，由上下颌组成；上颌背侧有1对外鼻孔，具鼻瓣；有1对突出的眼，具眼睑，但只有下眼睑能活动，瞬膜半透明；眼后有1对圆形鼓膜。躯干部粗短，两侧着生1对前肢和1对后肢(图3-160)。

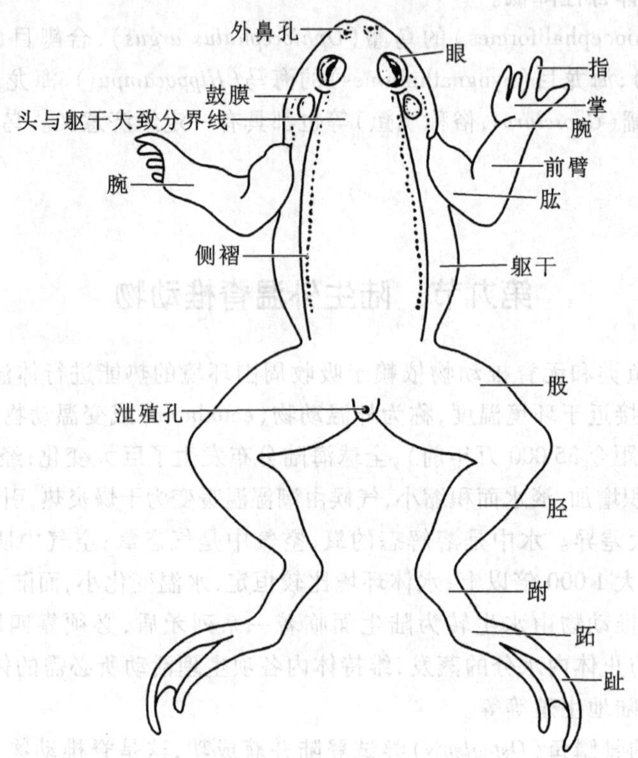

图3-160 青蛙的外形

2. 皮肤

皮肤裸露，由表皮和真皮构成。表皮角质层(stratum corneum)不发达，水栖种类仅有薄的角质膜，陆栖的蟾蜍角质化程度稍高。角质层的旧细胞常常可以脱落，这是脊椎动物常见的一种蜕皮现象。表皮层基部为生发层(stratum germinativum)，能不断地产生新表皮细胞，并向外推移，以替代衰老的角质层细胞。真皮层由纤维结缔组织构成，外层为疏松层(stratum spongiosum)，由结缔组织纤维构成网状，内层为致密层(stratum compactum)(图3-161)，含致密的结缔纤维。真皮之下为皮下结缔组织(subcutaneous connective tissue)，皮肤借此与体壁肌肉相连。

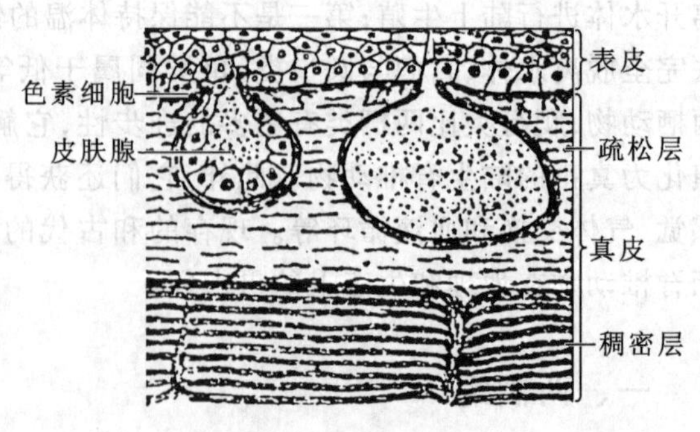

图3-161 蛙的皮肤切面

蛙类皮肤中富含腺体,这些腺体包括黏液腺(mucus gland)、毒腺(poison gland)等,它们是表皮层细胞下陷到真皮中形成的多细胞腺。黏液能湿润皮肤,这对防止水分蒸发和进行皮肤呼吸十分重要,是两栖纲的显著特征。蟾蜍皮肤的毒腺由黏液腺转化而来,分泌毒汁防止敌害侵扰。蟾酥就是蟾蜍的皮肤毒腺(包括耳后腺)分泌的毒液加工而成。真皮层中富含血管、淋巴隙和色素细胞。色素细胞形态变化可改变动物体色,使与环境相适应,即保护色。

3. 骨骼系统

由于向陆生生活过渡,两栖类的骨骼与鱼类相比发生了很大变化,脊柱进一步分化,出现颈椎和荐椎,肩带不与头部相连,腰带通过荐椎与脊柱相连接,出现五趾型附肢。骨骼系统分为中轴骨和附肢骨。中轴骨又分头骨、脊柱和胸骨(sternum)(图 3-162)。

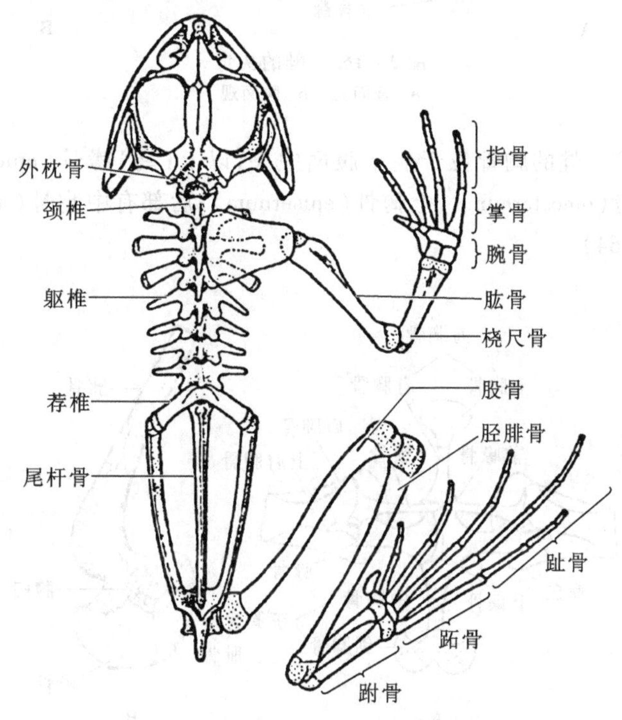

图 3-162　蛙的骨骼(背面观)

(1) 头骨　由脑颅和咽颅组成。脑颅包括脑匣和围绕感觉器官的软骨囊,咽颅包括上下颌、舌骨等骨骼(图 3-163)。舌骨(hyoid)大部为软骨,舌骨体位于口底中央。

(2) 脊柱　蛙科动物的脊柱由 9 块椎骨(vertebra)和 1 块尾杆骨(urostyle)组成。脊椎由前往后分为颈椎(cervical vertebra)、躯椎、荐椎(sacral vertebra)和尾椎。颈椎在鱼纲是没有的,蛙开始出现,且只 1 块即寰椎,椎体小,不具横突和前关节突。躯椎 7 块、椎体(centrum)圆盘状,前凹后凸型,但最后 1 块椎体为双凹型(蟾蜍躯椎为前凹型)。荐椎 1 块,构造与躯椎基本相同,但横突特长,并向后侧方延伸,与腰带的髂骨(ilium)相接,椎体双凸型,后面有 2 个"T"型突起与尾杆骨相接。这种同一个体椎骨有不同类型的情况称为参差型椎体。尾杆骨在胚胎时由几个尾椎骨愈合而成,近前端侧面有 1 对小孔,相当于椎间孔,第 10 对脊神经由此孔发出。

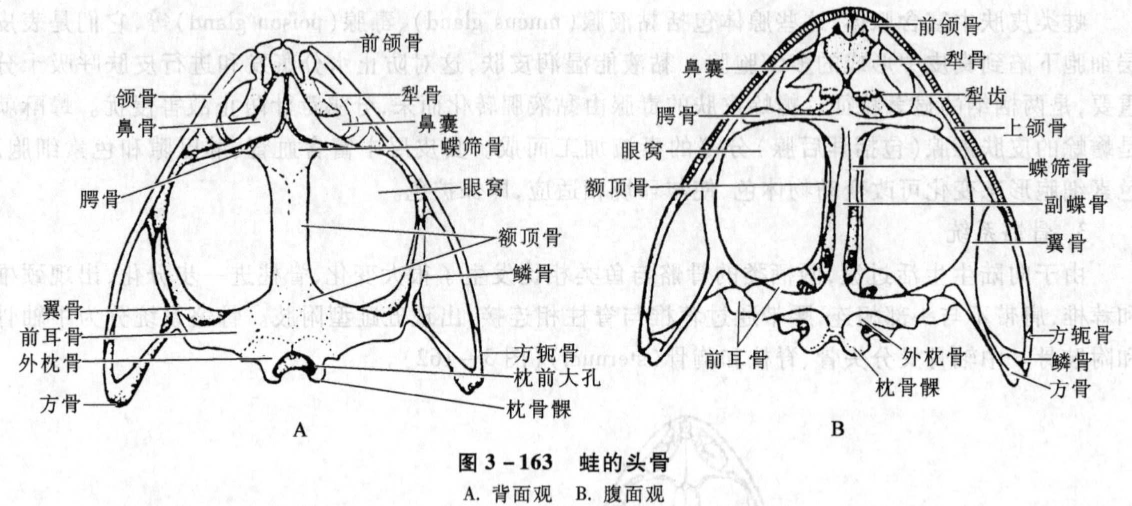

图 3-163 蛙的头骨

A. 背面观 B. 腹面观

(3) 胸骨(sternum) 蛙的胸骨位于躯干腹面中央,以上(乌)喙骨(epicoracoid)分界,分为前后两部分,前部有肩胸骨(omosternum)、上胸骨(episernum);后部有中胸骨(mesosternum)和剑胸骨(xiphisternum)(图 3-164)。

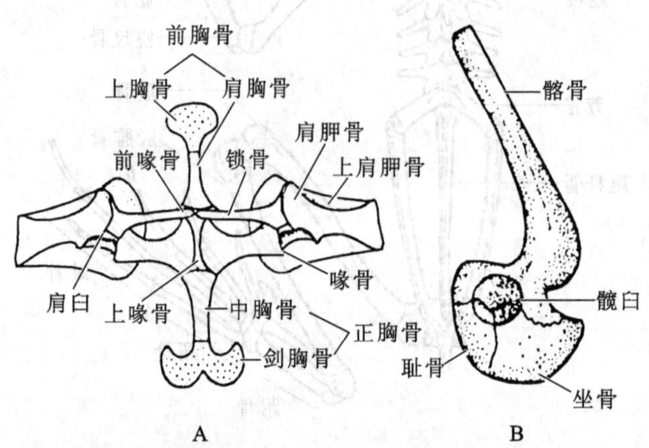

图 3-164 黑斑蛙的肩带及胸骨腹面观(A)和腰带(B)

(4) 附肢骨骼 分为前后肢,包括带骨和肢骨(图 3-164)。前肢包括肩带(pectoral girdle)和前肢骨(anterior appendicular skeleton)。肩带由上肩(胛)骨(suprascapula)、肩胛骨(scapula)、锁骨(clavicle)、(乌)喙骨(coracoid)等组成。肩胛骨、锁骨、喙骨会合处成 1 个凹窝,即肩臼(glenoid fossa)与前肢骨相关节。前肢骨由 1 根肱骨(humerus)、1 根桡尺骨(radioulna)、6 块腕骨(carpus)、5 块掌骨(metacarpus)及指骨(phalanx)组成,第 1 指骨隐于皮下,外表只见 4 指。后肢包括腰带(pelvic girdle)和后肢骨(pesterior appendicular skeleton)。腰带由髂骨(ilium)(又名肠骨)、坐骨(ischium)、耻骨(pubis)组成。髂骨棒状,前端与荐椎的横突相接,后端与坐骨、耻骨相愈合,形成左右关节窝,即髋臼(acetabulum)与后肢相关节。后肢骨包括 1 根股骨(femur),1 根胫腓骨(tibiofibula),2 块跗骨(tarsals),其中外侧 1 块名跟骨或腓跗骨(calcareum),内侧的 1 块名距骨或胫跗骨(astragalus),3 块小跗骨(tarsus),5 块跖骨(metatarsus)及趾骨(phalanx)构成,拇趾内侧有 1 距(calcar)。

肩带是两栖纲分类的重要特征。蟾蜍科动物左右侧的上乌喙骨在腹部相互重叠,称为弧胸型(arciferous)肩带。蛙科动物左右侧的上乌喙骨在腹中线相互平行愈合在一起,称为固胸型(epicoracoid)肩带(图 3－164)。

4. 肌肉系统

蛙类幼体(蝌蚪)时体肌是分节的,成体除了背腹部的一些肌肉残留分节痕迹外,绝大部分已不分节(图 3－165)。与陆生生活相适应,蛙的附肢肌肉发达。蛙的骨骼肌数量多,依身体不同位置可分为:躯干部肌肉,头部肌肉,四肢肌肉。

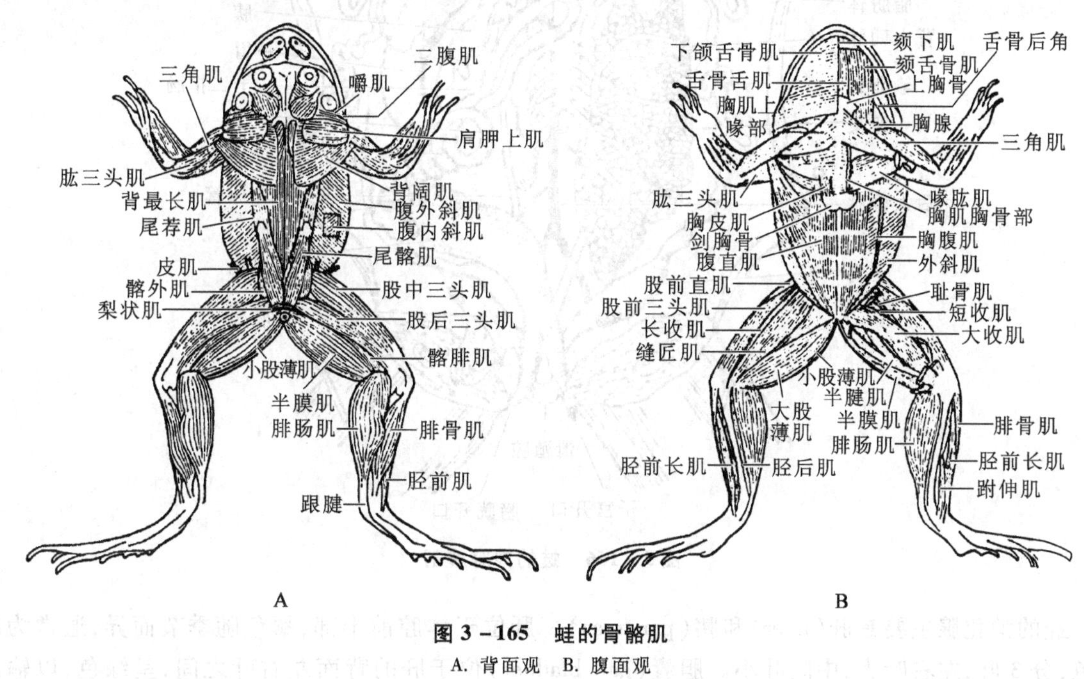

图 3－165　蛙的骨骼肌

A. 背面观　B. 腹面观

5. 消化系统

消化系统分为消化管和消化腺。消化管包括口腔、食管、胃、小肠、大肠、泄殖腔。口腔具颌齿(maxillary tooth)、犁骨齿(vomerine tooth)以及唾液腺,具有摄食和湿润功能,无咀嚼和消化功能。此外还有 1 对内鼻孔(internal naris)、1 对耳咽管(auditory tube)孔,口底有肉质舌(tongue),蛙的舌柔软多肉,以前端固着于口底前方,后端游离即舌尖。捕食时舌自口腔翻出,粘住昆虫再送回口中。舌面有黏液腺和乳头状小突起。这些构造与捕食相适应。有些种类雄性口角内侧还有 1 对声囊(vocal sac)开口(如黑斑蛙)。口腔后部通向咽(pharynx),其后与食管相连,为食物通道。咽的腹方为喉门(glottis)(又称声门),后与喉头气管腔相通。食管为粗短的管子,后端与胃相连。胃为肉质囊状,前端称贲门(cardia),后方连小肠的一端称幽门(pylorus)。小肠前段又名十二指肠(duodenum),其后为回肠(ileum),胆管开口于十二指肠。回肠经几个回曲后通入大肠(又名直肠,rectum),后端通入泄殖腔(cloaca),以泄殖腔孔开口于体外(图 3－166)。

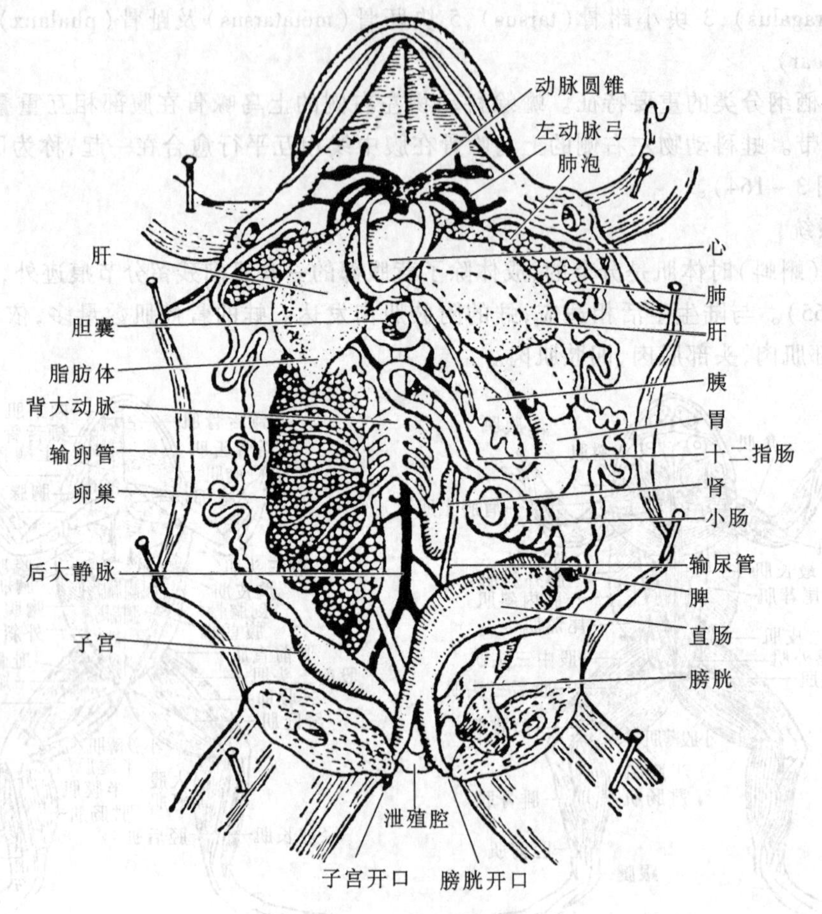

图 3－166 蛙的内脏解剖

蛙的消化腺主要是肝(liver)和胰(pancreas)。肝位于体腔前半部,颜色随季节而异,通常为暗棕色,分3叶,左右叶大,中间叶小。胆囊(gall bladder)位于肝的背面左右叶之间,呈绿色,以输胆管、胆总管通入十二指肠。胰脏位于胃和十二指肠之间,为狭长不规则的叶状,呈淡红色,胰管与胆总管汇合后通入十二指肠。

6. 呼吸系统

蛙在幼体和成体期具有不同的呼吸器官,幼体(蝌蚪)时以鳃(gill)呼吸,成体时以肺(lung)呼吸。有尾类的低等种类成体鳃、肺并存。肺位于肝背面,心脏的两侧,是1对中空、薄壁、富有弹性的囊状构造。囊腔中有许多网状隔膜,将内腔隔为若干小室,称肺泡(alveolus),以增加肺的呼吸面积。肺泡壁上密布微血管以便进行气体交换。左右肺在靠近喉头处会合成1个粗短的喉头气管腔,再以狭小的裂缝开口于咽部,形成喉门。喉头气管腔由1块环状软骨(cricoid cartilage)和1对杓状软骨(arytenoid cartilage)所支持。喉门两侧各有1片褶膜,称声带(vocal cord),气体出入喉门振动声带而发声。

两栖类还没有出现胸廓,呼吸主要是通过口腔底部的上下运动来完成的,称为咽式呼吸。口底下降时,鼻孔外瓣膜开放,空气进入口腔(图3－167A);接着瓣膜关闭,口底上举,喉门开放,空气进入肺囊进行气体交换(图3－167B);随后,喉门关闭,口腔底部进行轻微下降和抬升的反复运动,口腔内的空气通过口腔黏膜进行少量气体交换,即口咽腔呼吸(图 3-167C);最后,腹肌收缩,加上肺囊自身弹性回缩,肺内气体被压入口腔,经鼻孔呼出(图 3-167D)。

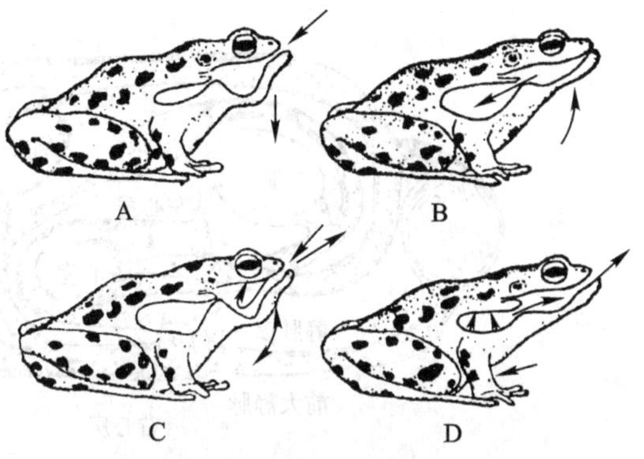

图 3-167 蛙的咽式呼吸过程

两栖类的皮肤是非常重要的辅助呼吸器官。

7. 循环系统

从两栖类开始,脊椎动物血液循环具有体循环和肺循环,即双循环。

(1) 心脏 在蝌蚪时心脏仅一心房一心室。成体为两心房一心室(图 3-168),外被围心囊(pericardium)。心房前方有静脉窦(sinus venosus),心室腹面有动脉干(truncus arteriosus)。心房与心室、心室与动脉干之间均有瓣膜,防止血液倒流。

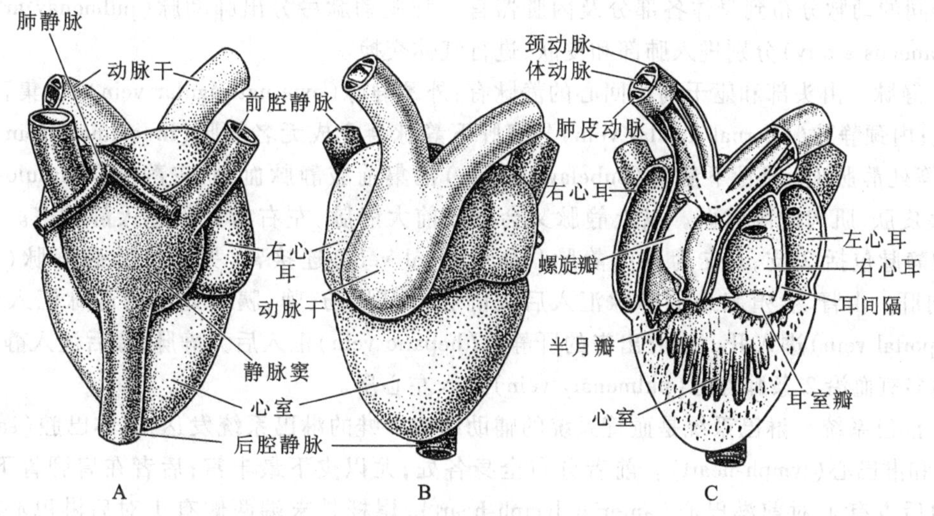

图 3-168 蛙的心脏

A. 背面观 B. 腹面观 C. 纵切面观

蛙出现了肺循环。由于心室没有分隔,心室里主要是混合血,因此为不完全的双循环。左心房接受肺静脉(pulmonary vein)回心的,由肺经气体交换后的富氧血。右心房接受静脉窦回心的缺氧血,静脉窦接受的是 2 支前大静脉和 1 支后大静脉来的血液(图 3-169)。心脏收缩时,静脉窦首先收缩,将缺氧血注入右心房,接着左右心房收缩,左心房富氧血和右心房缺氧血一起压入心室。不过心室中的血液分布稍有差别,右心房来的血处于心室偏右一侧,左心房来的血处于心室偏左一侧,心室中央部分为混合血。心室收缩泵出的血液经左右动脉干后分支为:颈动脉弓(carotid arch)、体动脉弓(systemic arch)和肺皮动脉弓(pulmo-cutaneous arch)。心室收缩初期,右侧血液首先进入距离较近的肺皮动脉弓;心室收缩的中期,混合血液注入体动脉弓;心室收缩末期,左侧富氧血压入总颈动脉弓。

(2) 动脉 在头部两侧的总颈动脉弓分叉为内颈动脉(internal carotid artery)和外颈动脉(external carotid artery),分别伸向眼、脑、颈和下颚、口腔等处;2 支体动脉弓先分出左右锁骨下动脉

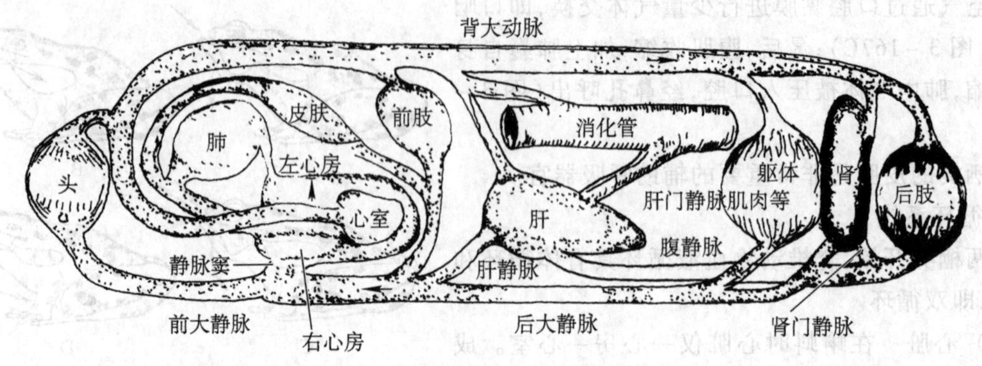

图 3-169 两栖类血液循环路径

(subclavian artery)后,再联合成背大动脉(dorsal aorta)。锁骨下动脉伸至前肢、食管等处;背大动脉亦分出不同的动脉分布到身体各部分及内脏器官。肺皮动脉弓分出肺动脉(pulmonay artery)和皮动脉(cutaneous artery)分别进入肺部和皮肤,进行气体交换。

(3) 静脉 由头部和躯干前段回心的静脉有:外颈静脉(external jugular vein),汇集舌、下颚等处静脉血;内颈静脉(internal jugular vein)与肩胛下静脉会合成无名静脉(innominate vein)汇集脑、颚、肩胛等处静脉血;锁骨下静脉(subclavian vein)汇集前肢静脉血;肌皮静脉(musculo-cutaneous vein)汇集皮肤、肌肉的静脉血。以上静脉又会合成前大静脉,左右前大静脉入静脉窦。由身体后部回心的静脉包括 2 支,1 支为肾门静脉(renal portal vein)连接肾,另 1 支为腹静脉(abdominal vein)伸向肝。由肾、生殖腺来的静脉汇入后大静脉;由胃、肠、脾、胰等处来的静脉汇入肝门静脉(hepatic portal vein)进入肝。由肝出来的肝静脉(hepatic vein)汇入后大静脉,最后注入静脉窦。两肺回心的多氧血沿 2 条肺静脉(pulmonary vein)进入左心房。

(4) 淋巴系统 淋巴系统是血管系统的辅助结构。蛙的淋巴系统发达,有淋巴腔(saccus lymphaticus)和淋巴心(lymph-heart)。前者分布全身各处,尤以皮下最丰富;后者在肩胛骨下、第三椎骨横突的后方有 1 对前淋巴心(anterior lymph-heart),尾杆骨末端两侧有 1 对后淋巴心(posterior lymph-heart)。淋巴心能搏动,将淋巴液推回心脏。

脾脏属于淋巴系统,为暗红色圆球状,位于肠系膜上,其主要功能是吞噬衰老的红细胞,吸收血液中的异物,产生新的白细胞。

8. 排泄系统

蛙的排泄系统(excretory system)主要是肾(kidney),大量的尿液由肾脏产生。肾属于中肾,位于体腔稍后方的脊柱两侧,为 1 对暗红色长椭圆形器官。两肾都伸出 1 条排泄管(即输尿管 ureter)通入泄殖腔(cloaca)。泄殖腔腹面有 1 个两瓣状的膀胱(urinary bladder),尿液经泄殖腔进入膀胱贮积(图 3-170)。

9. 生殖系统

雄性具 1 对精巢(testis),为淡黄色长卵圆形,位于肾脏腹侧。精巢内产生的精液(semen)经过输精小管进入肾,再经输尿管、泄殖腔排出体外。雄性的输尿管也是输精管(vas deferens)。雌性具卵巢(ovary)1 对,以卵巢系膜悬于腹侧体腔中。成熟的卵子由卵巢落入体腔,借助体腔液流动、腹肌收缩、输卵管中纤毛摆动等,被吸入输卵管(oviduct)内,在输卵管内移动时,沿途被管壁分泌的胶

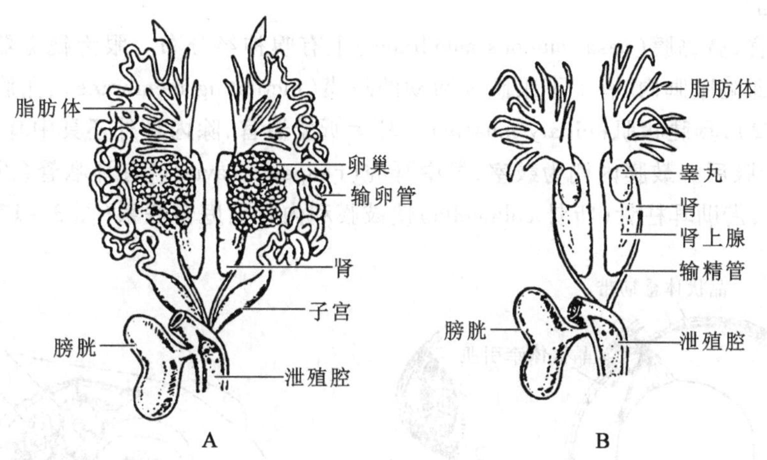

图 3－170　蛙的泄殖系统(任淑仙,1990)

A. 雌蛙　B. 雄蛙

状物包裹。输卵管末端开口于泄殖腔,成熟卵经泄殖腔排出体外,与精子结合(图 3－170)。

雌雄生殖腺的前方都有黄色指状的脂肪体(corpus adiposum 或 fat bodies)。在生殖季节里脂肪体发达,是贮藏营养物质的结构。

10. 神经系统

蛙脑分大脑、间脑、中脑、小脑和延脑共 5 部。大脑具左右两半球,腹面有纹状体。顶部和侧部出现了零星神经细胞,称原脑皮(archipallum),左右两半球内各具 1 个脑室(lateral cerebral ventricle);间脑内腔(第三脑室)侧壁较厚,即为视丘(thalamus)、腹面为视交叉;中脑腹面增厚为大脑脚(crus cerebri);蛙的小脑不发达。脑神经 10 对(图 3－171)。

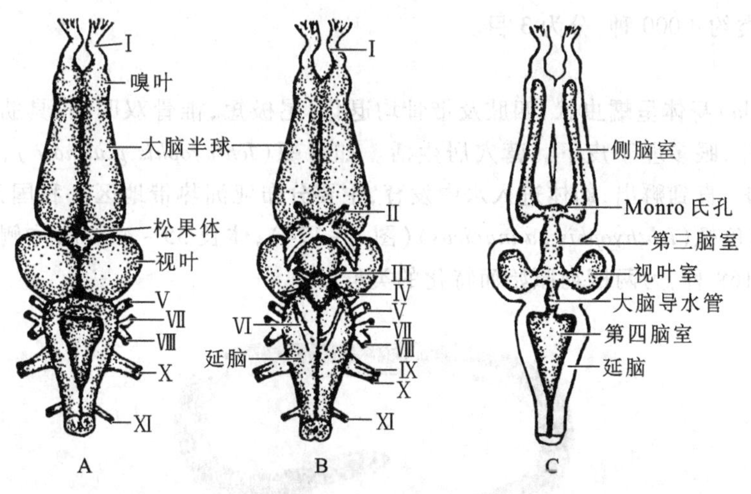

图 3－171　蛙的脑

A. 背面观　B. 腹面观　C. 纵切面观

11. 感觉器官

鼻是嗅觉器官,鼻黏膜(nasal mucous membrane)上有嗅神经分布。眼为视觉器官,有适应陆生的特征。眼球可深陷眼眶内,有上下眼睑和活动的瞬膜(nictitating membrane),角膜较突出,水晶体较扁圆(图 3-172),具睫状肌(ciliary muscle)。耳为听觉器官,除内耳外还具中耳。中耳的鼓膜直接露于体外,位于眼后。鼓膜内侧为鼓室,即中耳腔(tympanic cavity),有耳咽管(欧氏管 Eustachian tube)和咽腔相通,借助耳柱骨(听骨 columella)使鼓膜和内耳前庭窗联系(图 3-173),传递声波。

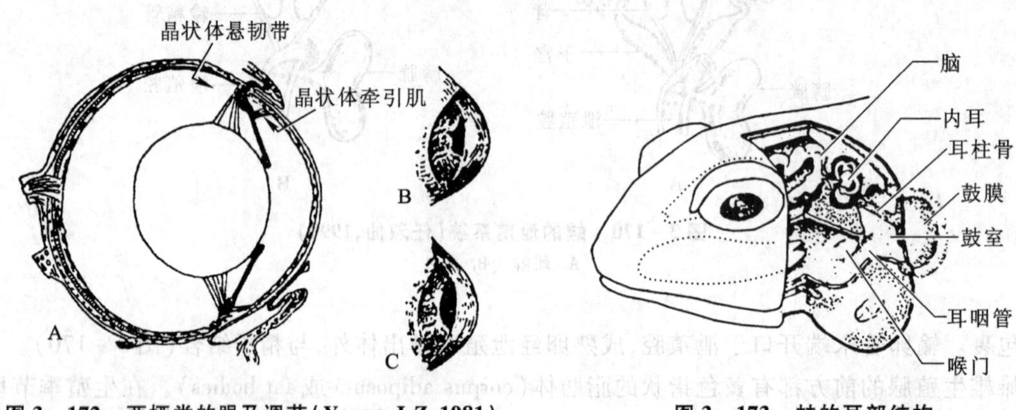

图 3-172　两栖类的眼及调节(Young J Z,1981)

A. 眼球纵切　B. 眼肌松弛　C. 眼肌收缩

图 3-173　蛙的耳部结构

12. 内分泌腺

主要的内分泌腺有甲状腺(thyroid)、胸腺(thymus)、肾上腺(adrenal)、脑垂体(pituitary)、副甲状腺(parathyroid)、胰岛腺(islets of langerhans)、性腺(gonad)等。蛙的甲状腺在舌骨后侧突后方,胸腺在鼓膜后方、下颌降肌的下面。

(二) 两栖纲的分类

现存的两栖类约 4 000 种,分为 3 目。

1. 无足目

无足目(Apoda)身体呈蠕虫状,四肢及带骨均退化,尾极短,椎骨双凹型,具肋骨,无胸骨,皮下具源于真皮的鳞片,眼多埋于皮下。营穴居生活。如鱼螈(*Ichthyophis glutinosa*),雌体常将产出的卵以身体缠绕保护,直到孵出,幼体进入水中发育,主要分布亚洲热带地区。我国云南西双版纳、广西、广东产有版纳鱼螈(*Ichthyophis bannanicus*)(图 3-174),体长 35~42 cm,体侧具有 1 条乳黄色纵带。无足目约 168 种,为两栖纲原始而特化的类群。

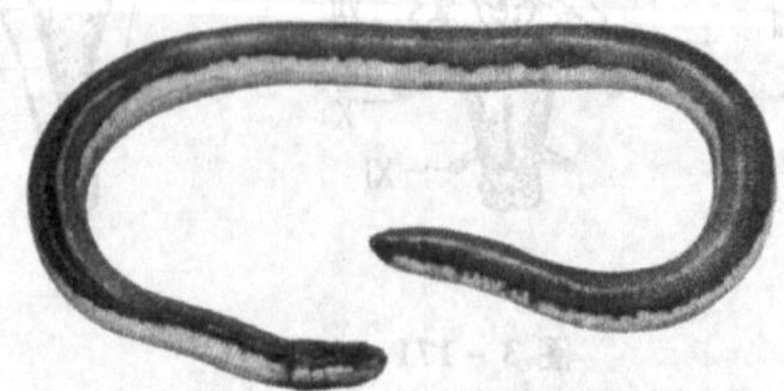

图 3-174　版纳鱼螈

2. 有尾目

有尾目(Urodela)身体呈圆柱形,终生具长尾,一般有2对细弱的附肢,皮肤裸露无鳞,椎体在低等种类为双凹型,较高等种类为后凹型,具肋骨和胸骨,水栖游泳生活,无鼓膜和鼓室,无眼睑或具不活动的眼睑。本目有8科约369种(图3-175),我国有3科38种。

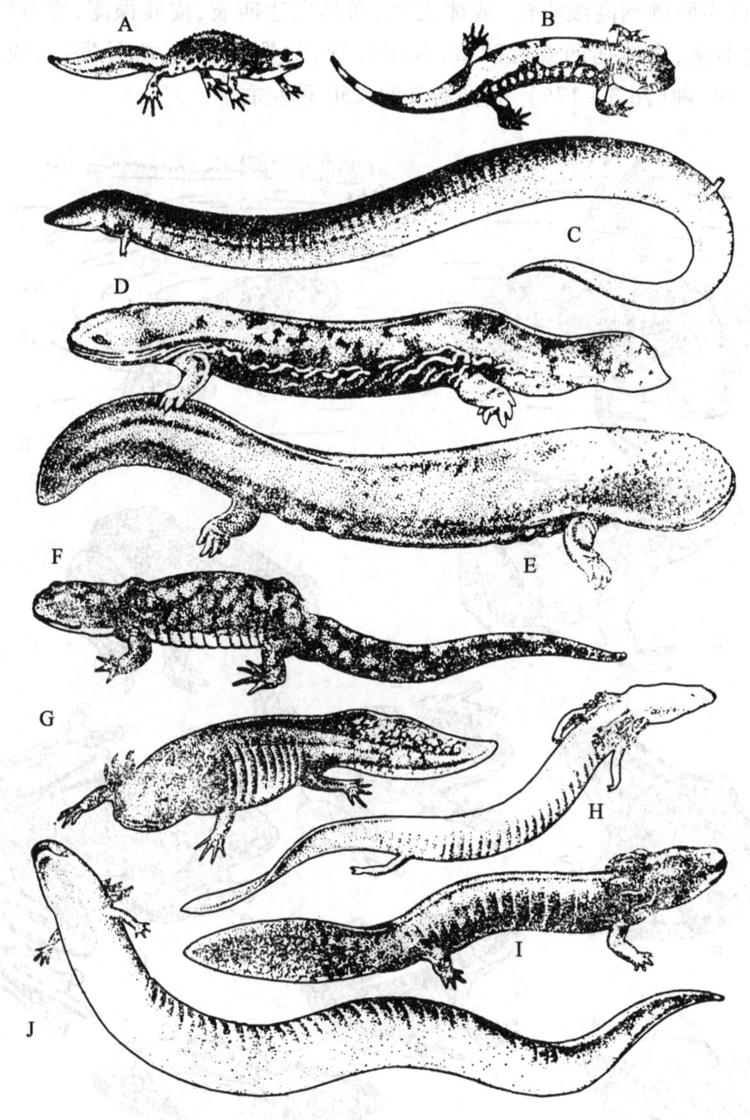

图3-175　有尾目代表动物

A. 北螈　B. 蝾螈　C. 三趾螈　D. 隐鳃鲵　E. 大鲵
F. 钝口螈　G. 钝口螈幼体　H. 洞螈　I. 泥螈　J. 鳗螈

(1) 隐鳃鲵科(Cryptobranchidae)　眼小,无眼睑,犁骨齿长弧形,体侧有纵肤褶。如大鲵(娃娃鱼,*Megalobatrachus davidianus*)。

(2) 小鲵科(Hynobiidae)　具眼睑,体侧无纵肤褶。犁骨齿为两短列,卵袋为1对弧形圆筒袋。如极北小鲵(*Hynobius keyserlingii*)。

（3） 蝾螈科（Salamandridae） 具眼睑，体侧无纵肤褶。犁骨齿为"八"字形，卵单生。如蝾螈（*Cynops*）。

其他如泥螈（*Necturus*）、洞螈（*Proteus*）和鳗螈（*Siren*）等，主要分布在北美洲等地。

3. 无尾目

无尾目（Anura）为两栖纲高级类群，成体无尾，而具发达四肢，皮肤裸露，富有腺体，具鼓膜和眼睑、瞬膜，头骨骨化不全，椎体前凹或后凹型，具尾杆骨，肋骨短或缺，胸骨发达，成体陆栖或水陆两栖。共 18 科，约 3 680 种（图 3－176），我国有 7 科 250 种左右。

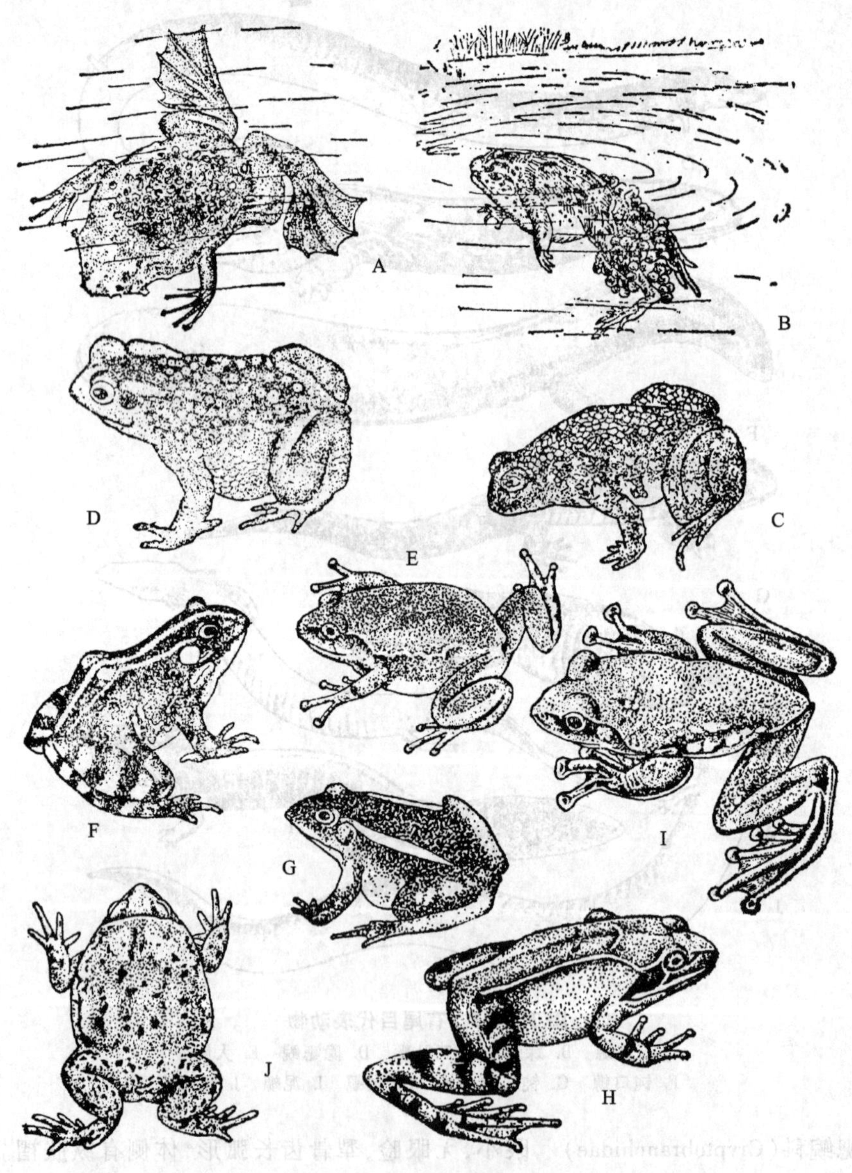

图 3－176 无尾目代表动物

A. 负子蟾 B. 产婆蛙 C. 东方铃蟾 D. 大蟾蜍 E. 无斑雨蛙 F. 黑斑蛙 G. 金线蛙 H. 中国林蛙 I. 大树蛙 J. 北方狭口蛙

（1）盘舌蟾科（Discoglossidae） 舌为盘状，周围与口腔黏膜相连，不能自如伸出，腹面有醒目的花斑，椎体后凹，肩带弧胸型。如东方铃蟾（*Bombina orientalis*）。

（2）锄足蟾科（Pelobatidae） 瞳孔多纵置，趾间无蹼或蹼极不发达，指趾关节下瘤或不显著或节间有长短肤棱，椎体变凹，肩带弧胸型。如挂墩角蟾（*Megophrys kuatunensis*）。

（3）蟾蜍科（Bufonidae） 体较粗短，不具自由的骨质肋骨，椎体前凹型，具耳后腺，不具齿。如大蟾蜍（*Bufo bufo*）。

（4）姬蛙科（Microhylidae） 无耳后腺，椎体参差型，肩带固胸型。如北方狭口蛙（*Kaloula borealis*）。

（5）雨蛙科（Hylidae） 舌卵圆形，后端微有缺刻，指趾末端均有吸盘，指趾末两节间有介间软骨，吻圆、短而高，椎体前凹，肩带弧胸型。我国常见的有无斑雨蛙（*Hyla arborea*），背部嫩绿色，腹部白色，常栖于草茎或矮树上，雄蛙的口底具单个内声囊，鸣声尖脆。

（6）蛙科（Ranidae） 不具自由骨质肋骨，1—7椎体前凹型，第8枚双凹型。指趾末端无宽大吸盘，或有则吸盘背面有凹痕，无介间软骨。常见的有黑斑蛙（*Rana nigromaculata*）、金线蛙（*Rana plancyi*）、中国林蛙（*Rana temporaria chensinensis*），均为著名食虫动物。中国林蛙即蛤士蟆，秋季东北捕获的雌蛙的输卵管，即"哈士蟆油"，为著名滋补中药。

（7）树蛙科（Rhacophoridae） 指趾末端均有宽大吸盘，有介间软骨，末端具"Y"形骨迹。如大树蛙（*Rhacophorus dennysi*）。

其他的如负子蟾（*Pipa americana*），产南美洲，属于负子蟾科（Pipidae）。雌蟾生殖期背皮呈海绵状，凹陷内藏有受精卵，幼体孵出后入水。

华南地区常见两栖纲动物

二、爬行纲

（一）爬行纲的主要特征

1. 爬行纲适应陆地生活的主要表现如下：

（1）羊膜卵（amniote egg） 爬行类是脊椎动物中首先出现羊膜卵的羊膜动物。由此，动物的生殖可以摆脱水的束缚，确保了动物陆上生殖的成功。羊膜卵的最大特点是受精卵在胚胎发育过程中产生羊膜，羊膜围成1个腔，腔中充满羊水，胚胎就在相对稳定、特殊的水环境中发育，加上坚韧的卵壳及其他一些构造，因而羊膜卵可以在干燥的陆地环境中成功发育及孵出小动物。

羊膜卵外包卵膜，卵膜通常有3层，从内到外依序为蛋白（albumen）、壳膜（shell membrane）和卵壳（shell）。坚韧的卵壳为石灰质硬壳，不透水但具透气性。卵中含丰富的卵黄（yolk），供应卵生种类胚胎发育所需要的营养物质。在胚胎发育过程中，胚胎周围的胚膜（embryonic membrane）向上发展为环状的皱褶，皱褶从背方包围胚胎之后互相愈合打通，皱褶的外层为绒毛膜（chorion）、内层为羊膜（amnion），羊膜包围的腔即羊膜腔，绒毛膜包围的是胚外体腔。胚胎就悬浮在羊膜腔的羊水中。在羊膜形成的同时，自胚胎的消化管后端突出，形成尿囊（allantois）。尿囊外壁与绒毛膜紧贴，其上富有血管，是胚胎的呼吸和排泄器官（图3－177）。

（2）皮肤角质化 爬行类的皮肤一般覆盖有1层角质鳞或骨板，皮肤干燥缺乏腺体，可防止水分的大量散失，皮肤的呼吸作用丧失。

（3）机体结构和机能的进一步完善 爬行类骨骼骨化程度增高，五指型附肢和带骨进一步发

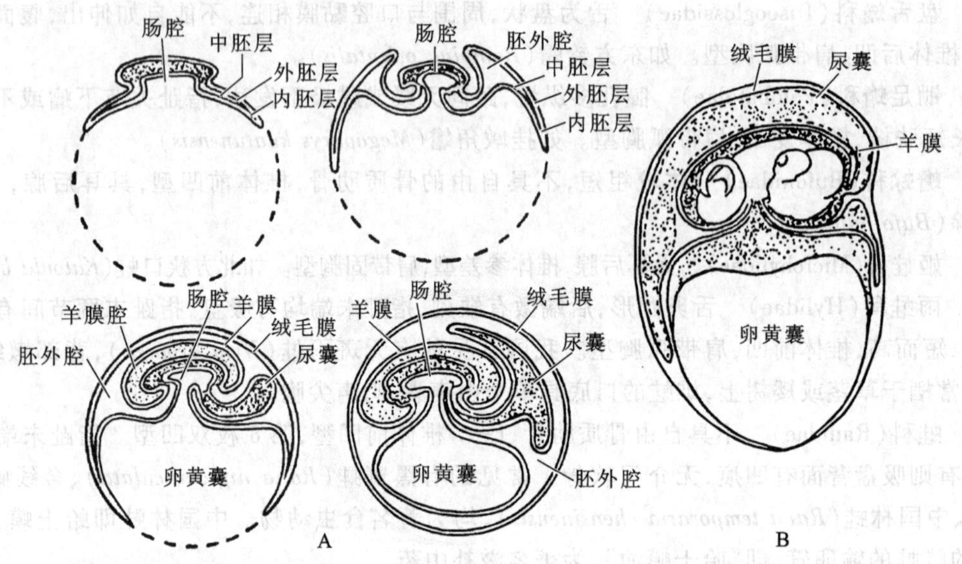

图 3-177 羊膜卵的胚胎发育过程(A)和发育中的蜥蜴胚胎(B)

展,与中轴骨的联系更为密切;颈部出现,颈椎数目增多,前 2 枚颈椎特化,与头部形成关节,头部活动更加自如;神经系统又有了发展,大脑出现新脑皮(neopallium),脑神经增至 12 对,感觉器官发达,主动活动能力增强;出现胸廓,开始出现胸式呼吸,完全用肺呼吸;具交配器行体内受精,出现了具高级排泄机能的后肾(metanephros)。应当看到,爬行类虽然解决了在陆地环境正常生活和生殖的关键问题,但也有一些问题未能解决,毕竟还是低等的羊膜动物,机体结构和机能尚未达到鸟类和哺乳类那样的水平,如心室左右分隔还不完善,保留 2 个体动脉弓,血液循环仍为不完全的双循环;体温的调节能力亦低,属于体温不恒定的变温动物(poikilotherm)。

2. 爬行纲躯体结构

(1) 外形　具有四足动物的基本体型,体分头、颈、躯干、尾和四肢 5 部分。体表被有角质鳞片,指(趾)端具爪,四肢强健,颈部明显,尾部细长,这些都显示了陆生生活的特点,也是与两栖类区别的外形特征。由于生活环境复杂,外形也出现不同特化,一般可分为蜥蜴型、蛇型和龟鳖型。

(2) 皮肤　皮肤干燥缺乏腺体。皮肤角质层增厚,沉积了大量角质蛋白(keratin)。角蛋白是一种极难溶解的物质,有良好防水性。在许多种类中,角质层形成鳞片状或甲板状构造。角质层被磨损可由其下的细胞不断补充。角质层的形成物为粒状、覆瓦状、大型盾片;有的和皮下真皮骨板相结合,形成大型的甲板;有的成为小棘,小刺。蛇类和蜥蜴的角质鳞要定期更换,即蜕皮(ecdysis),快速生长时,每月蜕皮 1 次。爬行类的真皮,有时表皮都有发达的色素细胞,具有保护色(protective coloration)、警戒色(warning coloration)的作用外,还有吸收热量以提高体温的功能。

(3) 骨骼系统　与两栖类相比,爬行动物骨骼的骨化程度高,软骨少,骨骼的各部发育好,分区明显。这对于陆生支持身体、保护内部器官和较大的活动能力都有重要意义。

① 脊柱　已分化为颈椎、胸、腰椎、荐椎和尾椎。颈椎多个,前 2 个分化为寰椎(atlas)和枢椎

(axis)。寰椎与头骨枕骨髁相关节,能与头骨一起在枢椎的齿状突上转动,于是头部的活动有更大灵活性。多数种类脊柱的椎体为前凹型或后凹型,低等种类为双凹型。胸、腰椎上都有发达的肋骨,胸部的肋骨与胸骨相连,共同组成胸廓(图3-178)。荐椎2枚,粗大,有发达的横突与腰带相连。尾椎数目依种而异,向末端逐渐变细。多数蜥蜴在遇到危险时能自截断尾。这是由于尾椎骨椎体中部被未骨化的盘状部分成两半,断尾后能再生。"自截"是一种防卫适应。新生尾椎骨为软骨,色泽也和未断部分有差异。

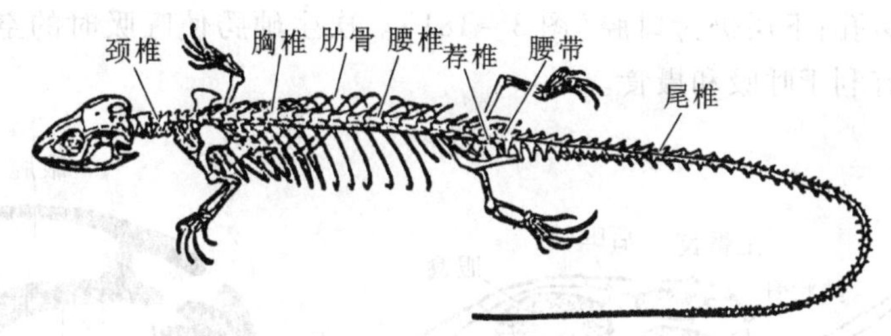

图3-178 石龙子的骨骼

② 头骨 由于爬行类脑腔的扩大,头骨顶部弓形隆起(图3-179);眼窝之间间距小,具薄骨片形成的眶间隔(interorbital septum);在爬行类头骨的两侧,眼眶后面的颞部有一或两个明显的孔

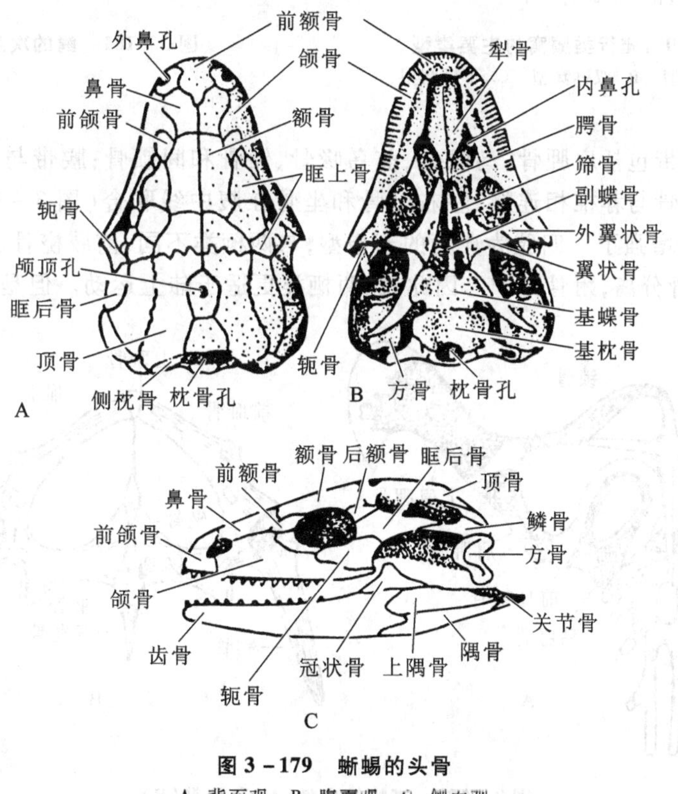

图3-179 蜥蜴的头骨

A. 背面观 B. 腹面观 C. 侧面观

洞称为颞窝(temporal fossa),是由于相邻骨块缩小或消失形成。颞窝的出现与咬肌的发达有关,是爬行类分类的重要依据。古代原始种类无颞窝,随着演化出现双颞窝、合颞窝、上颞窝和宽颞窝等多种。现代多数爬行动物(蜥蜴、蛇、鳄)和鸟类为双颞窝类(diapsid),哺乳类为合颞窝类(synapsid),龟鳖类特殊,属无颞窝类(anapsid)(图3-180)。头骨一个有意义的特征是从爬行类开始出现羊膜动物特有的次生硬腭(palatum durum),即颅骨底部、口腔的顶壁由前颌骨、颌骨的腭突和腭骨本身向后延伸形成水平隔,把原口腔前部分成上下两层,上层与鼻腔相通,成为呼吸和嗅觉的通道,后端为次生性内鼻孔;下层仍为口腔(图3-181)。次生硬腭使呼吸时的空气进出和摄食时口腔内食物咀嚼分开,有利于呼吸和摄食。

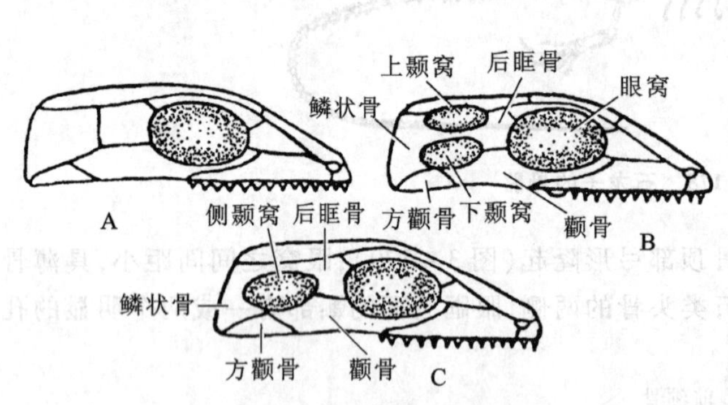

图3-180 爬行类颞窝的主要类型

A. 无颞窝型 B. 双颞窝型 C. 下颞窝型

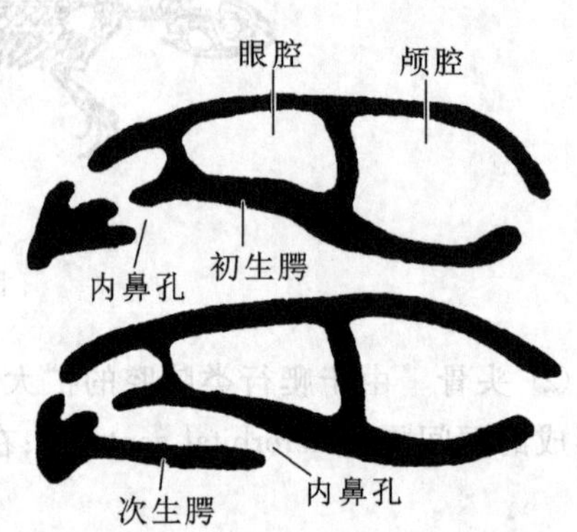

图3-181 鳄的次生硬腭形成示意图

③ 附肢骨 肩带包括肩胛骨、乌喙骨、前乌喙骨、锁骨和间锁骨;腰带与两栖类相似,包括髂骨、耻骨和坐骨。髂骨与荐椎相连接,左右耻骨和坐骨在腹中线联合(图3-182),形成闭锁式骨盆,支持后肢的力量增强了。四肢为典型的五指型,与两栖类不同,前肢桡骨、尺骨分离,腕骨块数完善,后肢胫骨、腓骨分离,跗骨集中。因此,比两栖类更适于陆上运动。但是,爬行类的肩带和腰

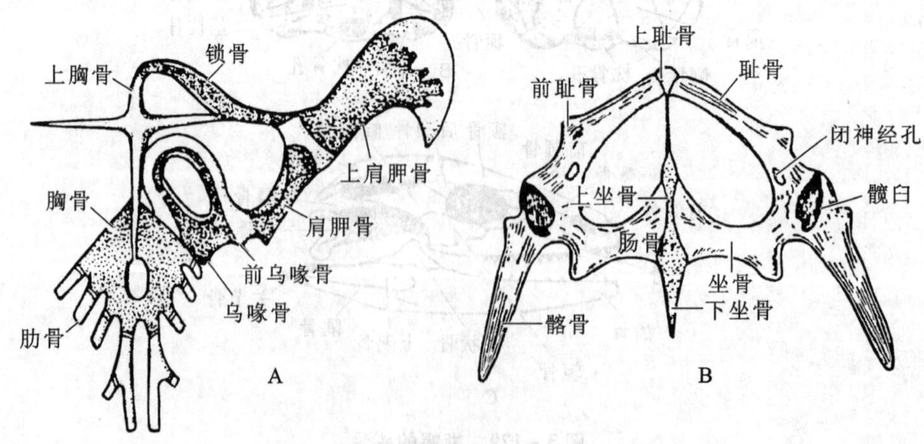

图3-182 蜥蜴的肩带(A)和腰带(B)

带分别通过肱骨和股骨与躯干长轴成直角相关节,当动物停息时,腹部着地,四肢并非完全支持躯体;不少种类即使在奔跑中肢体仍然保持这种低效率的角度,只有蜥蜴和鳄类能将腿的方向垂直于地面,将身体抬起,以完成快速的运动。蛇类及其他适于钻穴生活的爬行类,带骨和肢骨则有不同程度的退化甚至消失。

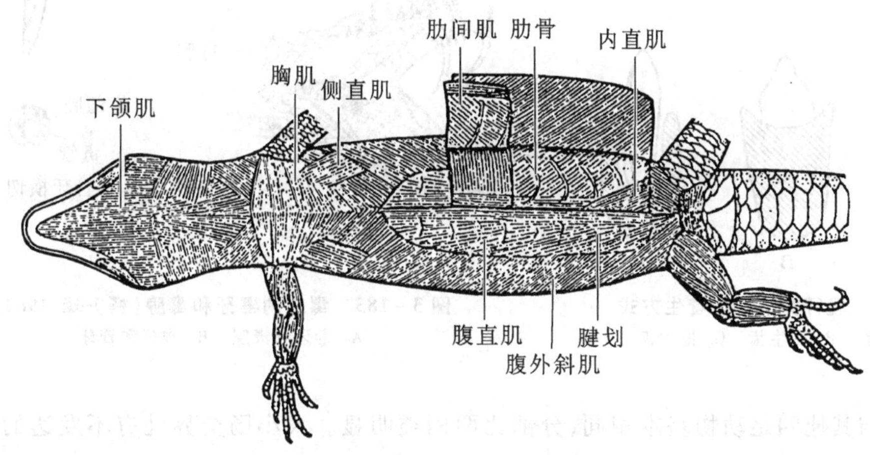

图 3-183 石龙子的肌肉

(4) 肌肉系统 爬行类随着运动的复杂,骨骼的分化,肌肉系统也比两栖类有了更多的分化,特别是肋间肌(intercostal muscle)(图 3-183)和皮肤肌(skin muscle)是陆生动物所特有。肋间肌调节肋骨的升降,协同腹壁肌肉完成呼吸运动。皮肤肌控制鳞片活动,在蛇类尤为发达,能调节腹鳞起伏,改变其与地面接触情况,从而完成特殊的运动方式。

(5) 消化系统 牙齿、口腔腺、肌肉质舌的发达是陆生动物的特征。爬行类的牙齿有多种形式着生在颌骨上,低等种类牙齿附生在颌骨咬合面的顶端表面,称端生齿(acrodont);蜥蜴类和蛇类牙齿着生在颌骨内侧,称侧生齿(pleurodont);鳄类等牙齿着生在颌骨的齿糟内,称为槽生齿(thecodont),槽生齿比较牢固(图 3-184)。各类牙齿脱落后都能更新,不断长出新齿。龟鳖类无齿而代以角质鞘。毒蛇和毒蜥(*Heloderma*)具有特化的毒牙,着生在上颌骨上,分沟牙和管牙。沟牙前缘具 1 纵沟,毒腺分泌的毒汁沿纵沟注入捕获物体内,通常有 1 对至数对,沟牙在无毒牙之前为前沟牙(proteroglyphic tooth),之后为后沟牙(opisihoglyphic tooth)。管牙 1 对,内有细管,毒液沿此管由牙端的管孔射出(图 3-185)。

口腔腺发达,包括腭腺(palatine gland)、唇腺(labial gland)、舌腺(lingual gland)、舌下腺(sublingual gland)等浆液腺,起着润滑食物利于吞咽的作用。毒腺(poison gland)是口腔腺的特化,有毒腺管与毒牙相通。不少种类的舌除了完成吞咽的基本功能外,还有感觉作用。舌尖分叉其上具化学感受器小体,蛇及蜥蜴类通过张开口腔反复伸缩舌头,能把外界的化学刺激传送到口腔顶部的嗅觉器官——犁骨器。避役(*Chameleon*)的舌很特殊,当充血后能迅速"射"出,粘捕昆虫,舌长几乎与体长相等。其他多数种类,如龟、鳖、鳄类的舌紧连于口腔底部,不能伸出口外。

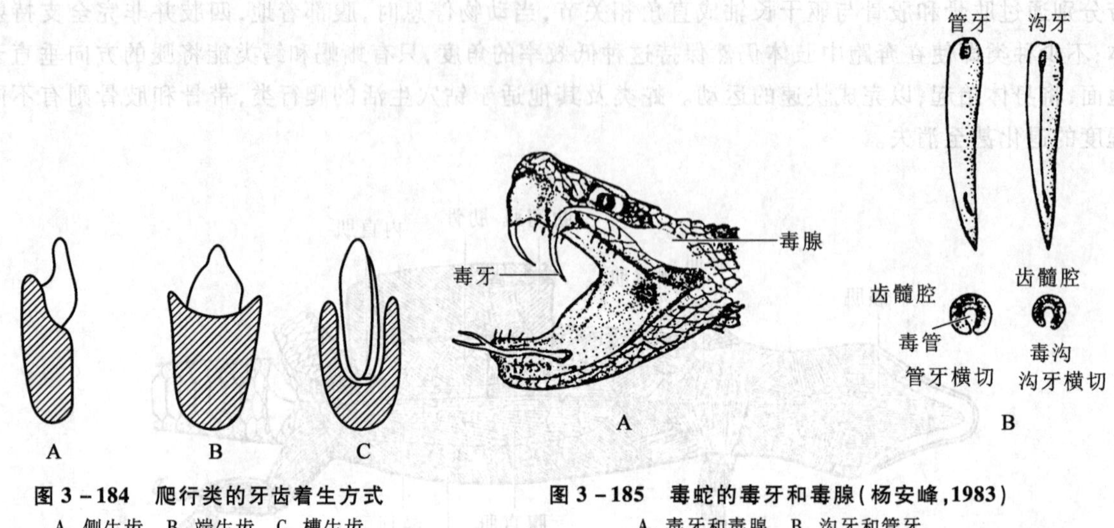

图 3-184 爬行类的牙齿着生方式
A. 侧生齿 B. 端生齿 C. 槽生齿

图 3-185 毒蛇的毒牙和毒腺(杨安峰,1983)
A. 毒牙和毒腺 B. 沟牙和管牙

消化管与其他四足动物基本相同,分部比两栖类明显。大小肠交界处有不发达的盲肠(blind diverticulum),是脊椎动物首次出现的器官(图 3-186)。大肠开口于泄殖腔,大肠、泄殖腔和膀胱均有水分重吸收功能。

(6) 呼吸系统 爬行类皮肤丧失呼吸功能,气体交换主要在肺里进行。它与两栖类同属囊状肺,但爬行类的肺内壁有更复杂的小膈壁,近似海绵状,气体交换面积比两栖类大为扩展。蜥蜴和蛇类的肺左右不对称,一大一小。更有特别者,一些蜥蜴和避役的肺的后部伸出许多盲囊(肺囊)(图 3-187),有贮藏气体而无气体交换的功能。这种结构到了鸟类发展为气囊,很可能与古爬行类中的翼龙类为减轻骨骼重量有相似的关系。水生爬行类的咽壁和泄殖腔壁富有毛细血管,有辅助气体交换的作用。爬行类具 1 对外鼻孔,内鼻孔裂缝状开口于近腭中线的口腔,舌后有喉,喉门通入喉腔,由环状软骨和 1 对杓状软骨支持着。

爬行类的呼吸保留了两栖类的咽式呼吸外,还因为有了胸廓,借助肋间肌和腹壁肌肉运动发展了胸式呼吸。爬行类多数无膈胸膜(也称横膈,diaphragm),但鳄类等在肝与肺之间有横膈板,使肺从腹腔中部分地分隔出来。

(7) 循环系统

主要特点是心室分隔不完全,为不完善的双循环。心脏包括 1 个静脉窦、2 个心房和 1 个心室(图 3-188)。静脉窦趋于退化。心室中有不完全的肌肉膈。鳄类心室分隔趋于完全,仅有 1 孔相通。动脉弓比两栖类有了进一步发展,成体心脏发出的 3 条独立血管(动脉弓):心室右侧发出的肺动脉弓,很快分为左右肺动脉;心室左侧发出右体动脉弓,在心脏的出口处分为颈动脉和锁骨下动脉;心室中部发出左体动脉弓,绕过心脏的左边向后与右体动脉弓汇合形成背大动脉。当心脏收缩时,自静脉窦经右心房至心室右侧的缺氧血,经肺动脉弓分别进入左右肺。自肺静脉回心的富氧血经左心房至心室的左侧,其中靠心室中央的混合血进入左体动脉弓,靠左侧的富氧血进入右体动脉弓。左右体动脉弓在背部合成背大动脉后行(图 3-189)。近年研究表明,爬行类体动脉内血液的混合程度并不高,心脏内的缺氧血和富氧血事实上被功能性地分开了。从心电图记录也表明,心脏收缩时,血液

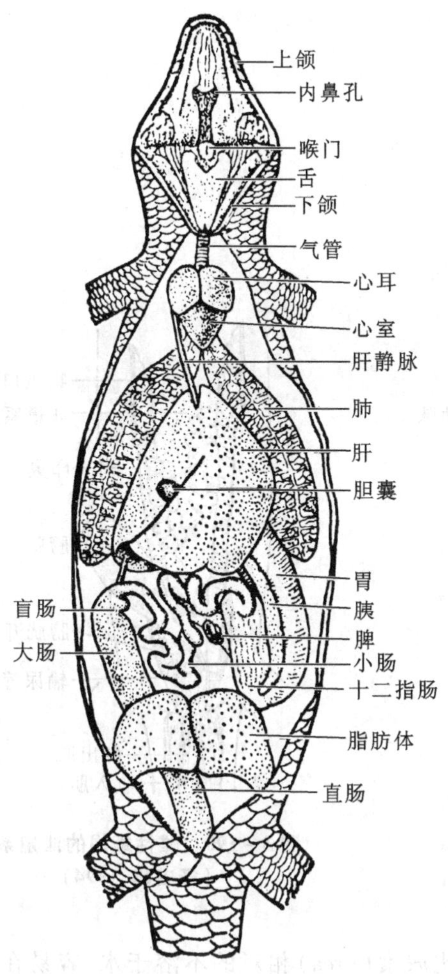

图 3-186 石龙子的内脏
(杨安峰,1983)

图 3-187 避役的肺和气囊

首先注入肺动脉弓。当肺动脉阻力增大时再注入体动脉,而且证实进入左体动脉弓(混合血)的血量远较进入右体动脉弓的少。

爬行类静脉系统类似两栖类,但肺静脉和后大静脉有较大发展,肾门静脉较退化。

(8) 排泄系统 与其他羊膜动物一样,爬行类的肾脏在系统发生上均为后肾,具有单独的输尿管,尿液送至泄殖腔排出(图 3-190)。有些种类还具膀胱。由于羊膜动物具有较高的代谢水平,肾门静脉两端均为毛细血管,血液流速缓慢已不能满足需要。因此,羊膜动物从尾部来的血液大多穿过肾脏直接经后大静脉回心,肾门静脉趋于退化。背大动脉也发出分支入肾。

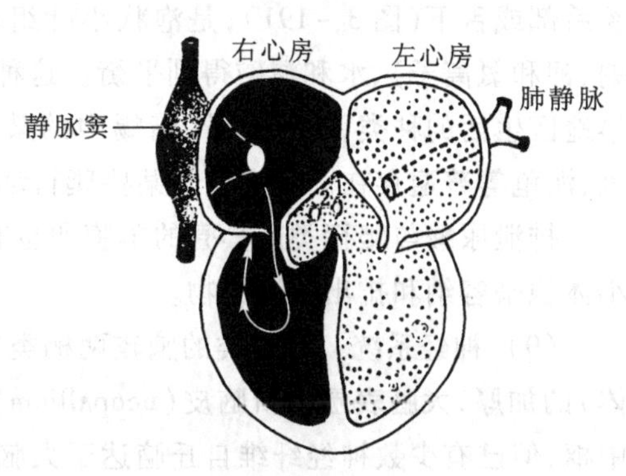

图 3-188 龟的心脏及血液流动
(杨安峰,1983)

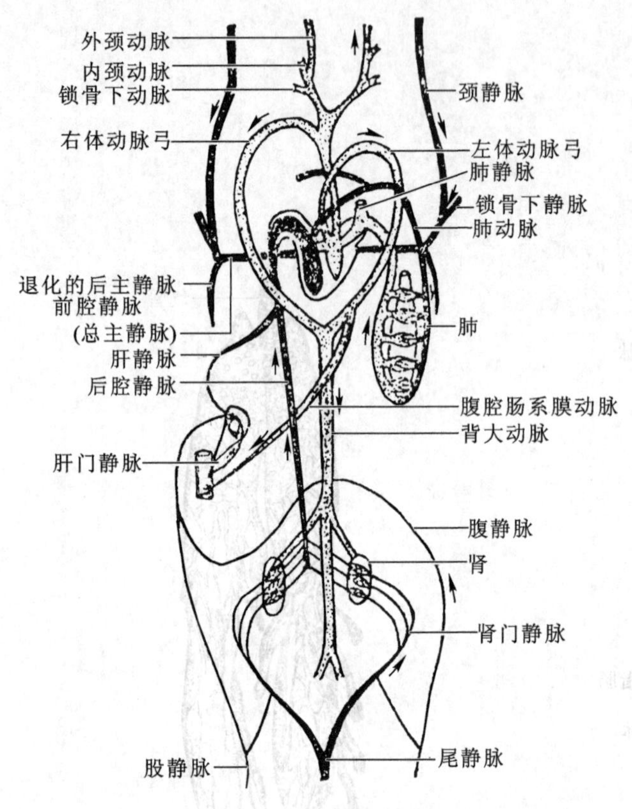

图 3-189 爬行类循环系统模式图

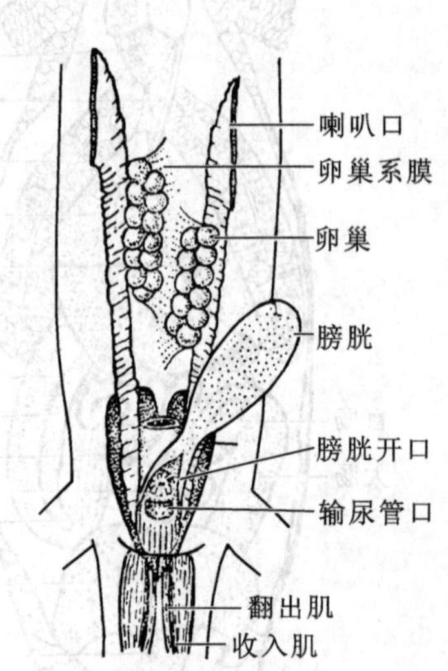

图 3-190 雌性蜥蜴的泄殖系统
（杨安峰，1994）

多数爬行动物排泄的废物为尿酸（uric acid），比尿素（urea）相对的不溶于水，容易在尿中沉淀为白色半固体物质。当这些物质沉淀时，水即被重吸收入血液，排尿失水极少，对爬行类适应陆生生活很重要。但不是尿液中的所有离子均与尿酸盐一起沉淀，尚有一些离子留于尿液中，其中钠、钾离子从泄殖腔或膀胱重吸收时送回血液，由盐腺（salt gland）排除。盐腺位于头部的眼后方或鼻腔后部或舌下（图 3-191），是泡状小叶组成，其中含复管腺，能分泌很浓的盐分，使体内盐（主要钠、钾和氯离子）、水和酸碱得到平衡。这种肾外盐排泄（extrarenal salt excretion）的盐腺在海洋和干旱地区生活的种类，如石龙子、蜥蜴中的某些种类、海鬣蜥（*Amblyhynchus cristatus*）、巨蜥、海蛇、海龟、泥龟等普遍存在。有人认为某些爬行动物盐腺的重要性甚至超过肾脏。

排泄尿酸与爬行类产具壳的羊膜卵也有关。在卵壳内发育的胚胎能以最低程度的失水和以较小体积来容纳和排出代谢废物。

（9）神经系统　爬行类的脑较两栖类发达，大脑半球显著（图 3-192），但仍主要为底部（纹状体）的加厚，大脑表层的新脑皮（neopallium）开始聚集神经细胞层。中脑视叶（opticlobe）仍为高级中枢，但已有少数神经纤维自丘脑达于大脑。间脑顶部的颅顶体（parietal body）发达。有不少种类具有顶眼（parietal eye），具感光能力，这对于变温动物能更有效地利用日光热能是十分重要的。中脑和小脑也比两栖类发达。

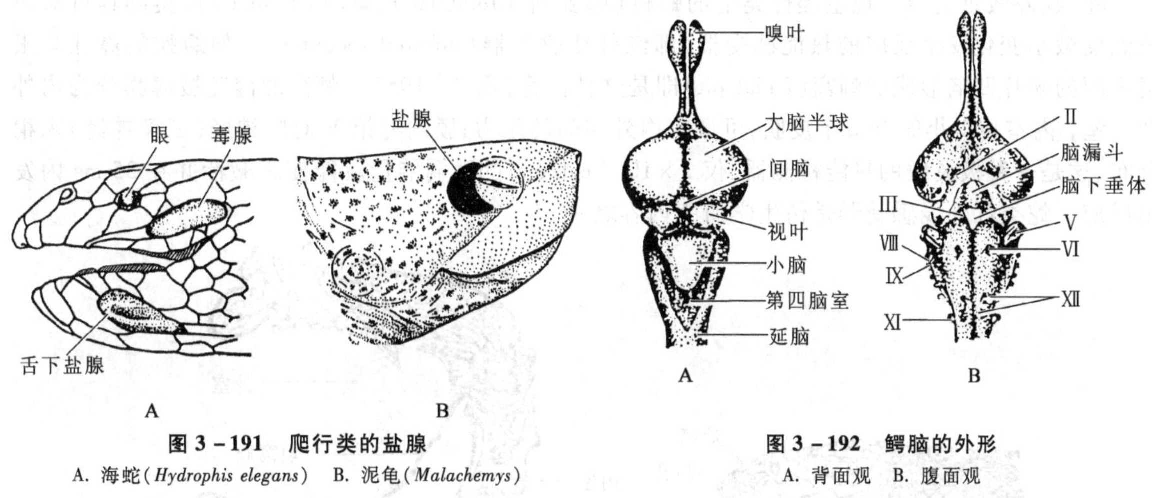

图 3-191 爬行类的盐腺

A. 海蛇(*Hydrophis elegans*) B. 泥龟(*Malachemys*)

图 3-192 鳄脑的外形

A. 背面观 B. 腹面观

脑神经12对,即增加了延脑的2对,Ⅺ脊副神经(spinal accessory nerve)和Ⅻ舌下神经(hypoglossal nerve)。前者控制咽、喉、肩部的运动,后者控制舌的运动。

(10) 感觉器官 爬行类的感觉器官比两栖类发达,且有一些特殊感受器。

① 嗅觉器官 鼻腔及嗅黏膜均比两栖类扩大。蜥蜴及蛇类的犁鼻器(vomeronasal organ)或称贾氏器(Jacobson's organ)十分发达(图3-193),是由嗅黏膜的一部分伸长而成,位于口腔顶部而不与鼻腔相连,为化学气味的感受器。

② 视觉器官 爬行类的眼与羊膜动物眼相同,能够改变晶体的凸度以调节视距,而无羊膜动物却只单纯通过改变晶状位置来调节视距。多数爬行类具可动的眼睑,但蛇类和许多穴居的蜥蜴眼的外面被以透明而不活动的皮膜(图3-194)。其他爬行类一般都有透明而能动的瞬膜。

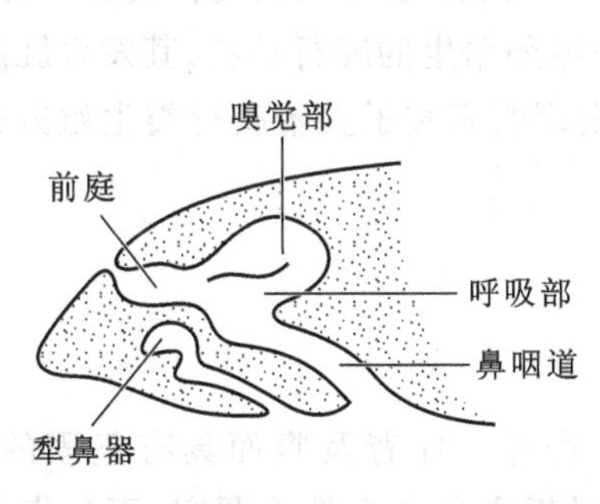

图 3-193 蜥蜴的嗅觉器官和犁鼻器

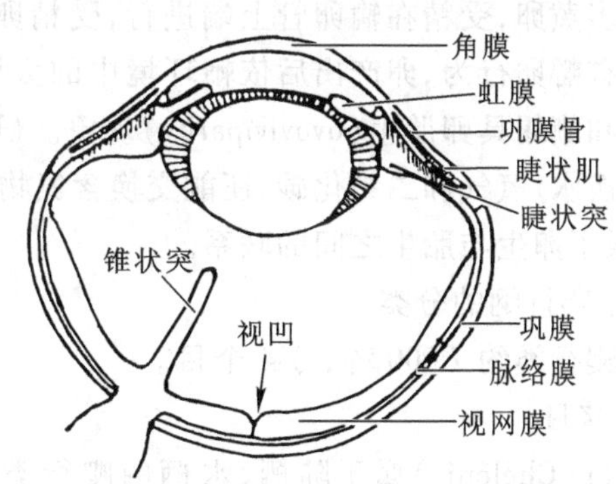

图 3-194 爬行类的眼球剖面

(Pearson & Ball,1981)

③ 听觉器官 鼓膜内陷,出现了外耳道的雏形。内耳司听觉的瓶状囊(lagena)显著加长,鳄类还出现卷曲。蛇类适于穴居,鼓膜、中耳和耳咽管等均退化,声波沿地面通过头骨的方骨传到耳柱骨,从而使内耳感觉。

④ 红外线感受器　现生爬行类中的蝰科（蝮亚科 Crotalinae）、蟒科（Boidae）种类都具有对环境温度微小变化发生反应的热能感受器，即红外线感受器（infrared receptor）。如蝮蛇的鼻孔与眼睛之间的鳞片凹陷形成的颊窝（facial pit）即是这种器官（图 3－195）。颊窝的窝腔被薄膜分为内外两小室，内室借 1 小管开口于皮肤，可调整内外腔间的压力；膜内有第 V 对脑神经（三叉神经）末梢分布，这是一种极灵敏的热能检测器，仅 2×10^{-5} cal/cm^2 的微弱能量就能使之激活并在 35 ms 内发出反应。蛇类红外线感受器是仿生学研究内容之一。

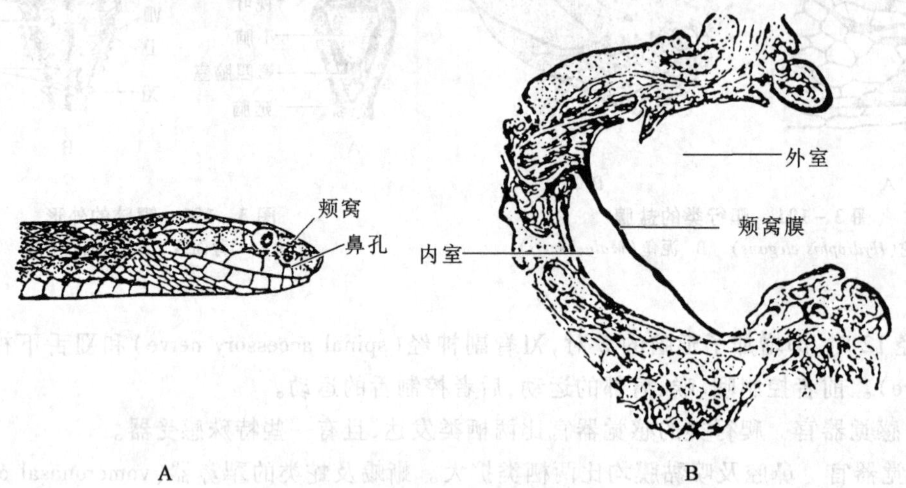

图 3－195　蝮蛇的颊窝
A. 颊窝的位置　B. 颊窝的内部结构

（11）生殖系统　爬行类为体内受精，雄性具 1 对精巢，输精管达于泄殖腔，腔壁具有可膨大而伸出的交配器（copulatory organ）。蛇类、蜥蜴交配器成对，龟类和鳄类为单个突起。雌性生殖系统基本与两栖类相同。

卵为多黄卵，受精在输卵管上端进行，受精卵下行时逐渐被包上蛋白、壳膜和革质卵壳。多数爬行类没有孵卵行为，卵产出后依赖环境中的太阳能等热量孵化，但也有少数爬行类具孵卵行为，一些蛇类和蜥蜴具卵胎生（ovoviviparity）现象。研究证实，一些卵胎生的爬行动物，其发育胚胎不仅与母体交换水、氧气和二氧化碳，还能交换含氮物质。这一发现既充实了关于爬行类生殖方式的认识，也打通了卵生与胎生之间的联系。

（二）爬行纲的分类

现存爬行类约 7 000 种，分 4 个目。

1. 龟鳖目

龟鳖目（Chelonia）属于陆栖、水栖的爬行类，均在陆上产卵。体背及腹面具有坚固的甲板，甲板外被角质鳞或厚皮。躯干部的脊柱、肋骨和胸骨常与甲板愈合。头骨无颞窝，不具齿而代之以角质鞘。方骨不活动，舌不具伸展性，具眼睑。泄殖腔孔纵裂，雄性单个交配器。已知的有 12 科约 250 种（图 3－196）：

（1）龟科（Testudinidae）　陆栖，四肢强壮不呈桨状，爪强钝。甲板外被角质鳞，颈部可呈“S”形缩入壳内。如金龟（乌龟）（*Geoclemys reevesii*），其背腹甲在侧缘联合为完整的龟壳，背甲上有 3 条纵向棱嵴，遍布全国。

图 3-196　龟鳖目代表动物

A. 乌龟　B. 棱皮龟　C. 玳瑁　D. 中华鳖

（2）棱皮龟科（Dermochelidae）　大型海龟，四肢特化为桨状，甲板外被革皮，背面具 7 条纵棱，分布于热带及亚热带海洋，仅 1 属 1 种，即棱皮龟（*Dermochelys coriacae*），为国家二级重点保护动物。

（3）海龟科（Cheloniidae）　中、大型海龟，四肢桨状，甲板外有角质鳞板，头不能缩入壳内，分布于热带或亚热带海洋。如玳瑁（*Eretmochelys imbricata*），为国家二级重点保护动物。

（4）鳖科（Trinychidae）　中、小型淡水龟类，甲板外有革质皮，指（趾）间具蹼，吻长成管状。我国常见种为中华鳖（甲鱼，*Amyda sinensis*），为著名滋补食品，已大规模人工养殖。

2. 喙头目

喙头目（Rhynchocephalia）为原始陆栖种类，体长 50～65 cm，被细鳞，体背有鬣鳞，爪发达。头骨具双颞窝。椎体双凹型，方骨不能动，端生齿，顶眼发达，雄性不具交配器。仅 2 种，如喙头蜥（楔齿蜥，*Sphenodon punctatum*）（图 3-197），产于新西兰，为起源于 1 700 万年前的“活化石”。

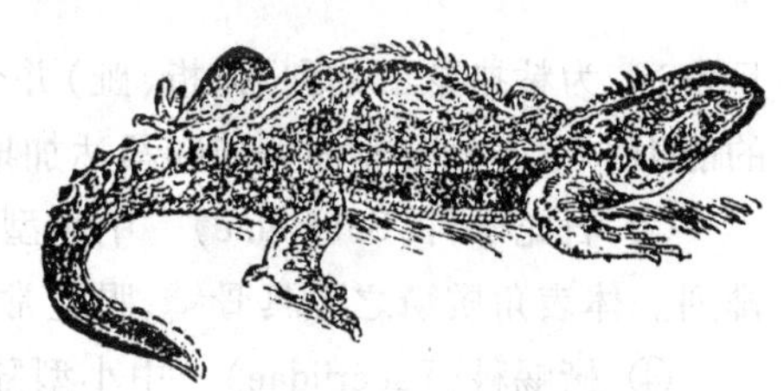

图 3-197　喙头蜥

3. 有鳞目

有鳞目（Squamata）为陆栖、穴居或水栖、树栖，体被角质鳞，头骨具双颞窝，方骨可动，椎体双凹或前凹型，具端生或侧生齿，泄殖腔孔横裂，雄性具成对的交配器，分 2 亚目：

（1）蜥蜴亚目（Lacertilia or Sauria）　中、小型爬行动物，多数具附肢、肩带及胸骨，左右下颌骨在前端合并。眼睑可动。鼓膜、鼓室、耳咽管一般均有。20 科约 3 800 种（图 3-198）。

① 壁虎科（Gekkonidae）　原始夜行性或树栖生活类群。眼大，瞳孔常垂直，多不具眼睑。具颗粒状鳞。指（趾）端常具膨大的吸盘状趾垫，适于攀缘，以昆虫为食。常见的种类为壁虎（*Gekko swinnhonis*）。

② 避役科（Chameleonidae）　树栖，眼大而突出，具厚眼睑，每个眼可单独活动和调距。舌特殊

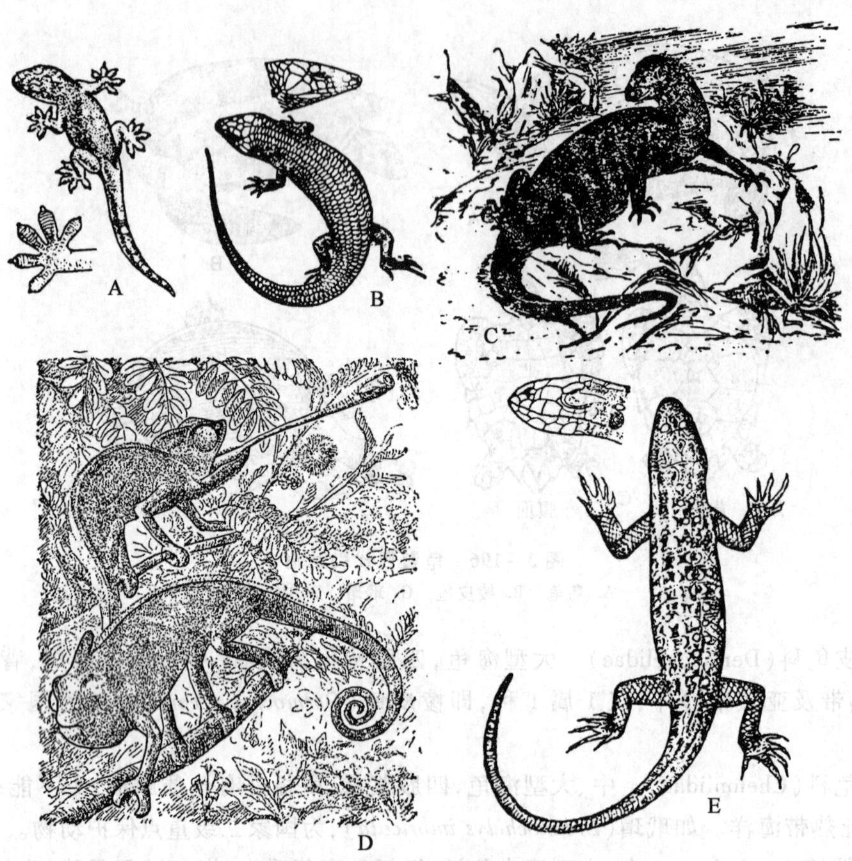

图 3－198 蜥蜴亚目代表动物

A. 壁虎 B. 石龙子 C. 巨蜥 D. 避役 E. 麻蜥

且发达，为粘捕昆虫的利器，指（趾）并合为内外 2 组，适于握枝。尾长具缠绕性。皮肤有迅速变色的能力。主要分布非洲大陆和马达加斯加，少数见于南亚、南欧。如避役（*Chamaeleon vulgaris*）。

③ 石龙子科（Scincidae） 中小型陆栖种类，体粗壮，四肢短或缺，常具圆形光滑鳞片、覆瓦状排列。体表角质鳞之下具骨鳞，眼睑常透明。如石龙子（*Eumeces chinensis*）。

④ 蜥蜴科（Laceriidae） 中小型陆栖种类，体鳞一般具棱嵴，头部具大型对称鳞板、紧贴于头骨上。四肢发达，五指（趾）具爪。常见的如麻蜥（*Eremias argus*）。

⑤ 蛇蜥科（Anguidae） 体侧有纵沟，四肢消失或退化。头顶具对称大鳞，躯干和尾被以覆瓦状圆鳞。陆生，白天伏于洞穴，晚上出来活动，取食昆虫等。卵石或卵胎生。如脆蛇蜥（*Ophisaurus harti*）。

⑥ 巨蜥科（Varanidae） 体型大，头和吻长，头顶无对称排列的盾片；背鳞颗粒状，腹鳞四边形，成横行排列，鳞下承以骨板，四肢强壮，爬行快速；分布非洲、南亚、东南亚、大洋洲。我国仅 1 种巨蜥（*Varanus salvator*），分布广西、广东、云南、海南等地，为国家一级重点保护动物。

（2）蛇亚目（Serpentes 或 Ophidia） 穴居及攀缘类群，四肢退化，胸骨无，带骨也多退化。腹鳞宽大，利于爬行。左右下颌骨在前端以弹性韧带相联结，方骨发达且与脑颅形成可动关节，使得上下颌打开的角度扩大，可以吞食大型猎物。成对内脏器官常一前一后排列。眼睑不动，外耳孔消失，无鼓膜。舌伸缩性强，末端分叉。13 科约 3 000 种（图 3－199）。

① 蟒科(Boidae) 地栖或树栖,为该亚目中体型最大者(30 cm ~ 11 m)。为蛇类中较低等类群。腹鳞较窄,腰带退化,但有股骨痕迹。泄殖腔两侧有 1 对角质的爪状物,即为退化的后肢残迹。卵生或卵胎生。卵生者有孵卵行为。无毒牙,主要靠缠绕绞死猎物,上唇鳞片窝陷形成唇窝(labral pit),为热能感受器。如蟒蛇(*Python molurus*),分布我国南方,为国家一级重点保护动物。

图 3-199 蛇亚目代表动物

A. 竹叶青 B. 蝮蛇 C. 五步蛇 D. 响尾蛇 E. 火赤链 F. 水游蛇 G. 蟒蛇 H. 眼镜蛇 I. 金环蛇

② 游蛇科(Colubridae) 陆栖、树栖或水栖。上下颌均具齿,无沟牙或具后沟牙。卵生或卵胎生。种类多,占蛇类种数的 90% 左右。我国常见种如火赤链(*Dinodon rufozonatum*)、红点锦蛇(*Elaphe rufodorsata*)、水游蛇(*Natrix annularis*)。

③ 眼镜蛇科(Elapidae) 陆栖或树栖,上下颌具齿,上颌骨一般较短,前沟牙。本科为著名毒蛇。常见的有眼镜蛇(*Naja naja*)、金环蛇(*Bungarus fasciatus*)、银环蛇(*B. multicinctus*),主要分布我国华南地区。

④ 蝰科(Viperidae) 陆栖、树栖或水栖。上颌骨短且能活动,张口时借头骨上一系列可动骨骼的推动,使上颌骨及毒牙竖直,管牙,体粗壮,尾短,主要以温血动物为食,多以伏击方式毒杀后吞食。分 2 亚科:蝰亚科(Viperiinae)和蝮亚科(Crotalinae),主要区别在于蝮亚科的眼与鼻孔之间具颊窝,前者无。蝮亚科主要分布美洲,蝰亚科分布中心在非洲。有蝮亚科分布的地区就没有蝰亚科种类;同样,有蝰亚科分布的地区就不出现蝮亚科种类。本科主要种如蝮蛇(*Agkistrodon halys*)、五步蛇(尖吻蝮,*A. acutus*)、烙铁头(龟壳花蛇,*Trimeresurus mucrosquamatus*)、竹叶青(*T. stejnegeri*)。

4. 鳄目

鳄目(Crocodilia)水栖,体被大型坚甲,头骨具特化的双颞窝,具次生腭,槽生同型齿,牙齿着生在齿槽内,均为圆锥状。心室分隔较完善,室间隔仅有 1 孔相通。四肢强壮,趾间具蹼,耻骨退化,尾侧扁,泄殖腔孔纵裂,雄体单个交配器。约 20 种。扬子鳄(*Alligator sinensis*)(图 3-200)为中国特产,国家一级重点保护动物,在安徽等地已开展人工繁殖。

华南地区常见爬行纲动物

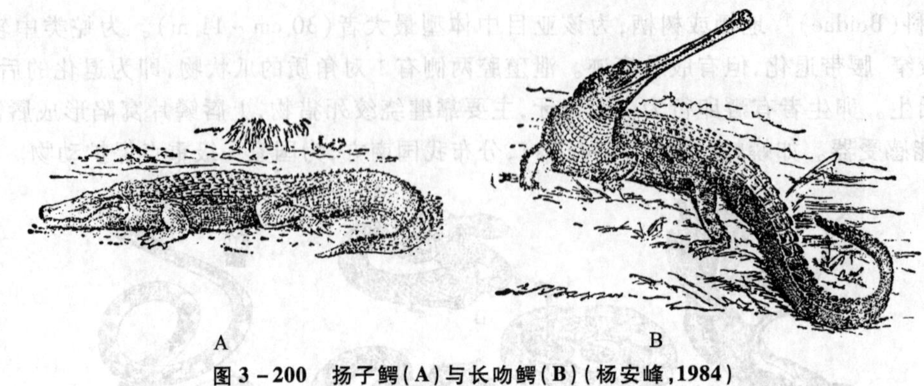

图 3-200 扬子鳄(A)与长吻鳄(B)(杨安峰,1984)

第十节 陆生内温脊椎动物

鸟类(Aves)和哺乳类(Mammalia)都是内温动物(endotherm),具有较高而稳定的代谢水平和产热、散热的调节能力,能够保持体温恒定并略高于环境温度。这是与外温动物(ectotherm)的本质区别。由于内温动物的体温恒定,故又称为恒温动物(homeotherm,或称为热血动物 warm-blooded animal)。高而恒定的体温(鸟类为 37.0~44.6 ℃,哺乳类为 25~37 ℃)有利于体内各种酶的活动,从而提高新陈代谢水平和行为活动的主动性,减少对环境的依赖性,因此鸟类和哺乳类的分布范围包括两极至赤道的不同地区。

鸟类和哺乳类都是从古代爬行动物起源的,在系统进化历史上,哺乳类比鸟类出现早,是从类似于古两栖类特征的原始爬行动物起源的(图 5-12),而鸟类是从较为特化的古代爬行动物起源的,因而哺乳动物躯体结构上往往还保持有某些两栖类的特征,如头骨具 2 个枕骨髁,皮肤富有腺体,排泄尿素等;而鸟类则保持着一些爬行类的特征,如单个枕骨髁,皮肤干燥,排泄尿酸等等。

鸟类和哺乳类各以不同方式适应陆生生活,克服陆上快速运动、防止体内水分蒸发、保持恒定体温、提高代谢水平等。与其他脊椎动物相比,鸟类具有一系列适应飞翔生活的特征,具有长距离迁徙的最强能力。哺乳类的胎生(vivipary)和哺乳(suckle)特性,加强了个体之间的相互作用,即社会关系,由此提高了后代的成活率。

一、鸟纲

鸟类在外部形态、内部结构及生理活动等方面更加复杂和更为进步,是前肢特化为翼、体表被覆羽毛、恒温和卵生的高等脊椎动物。

(一) 鸟纲的主要特征

1. 外形

鸟类身体分头、颈、躯干和尾几部分。外形呈流线型,体表被羽毛,能减少飞行阻力。头细小,头端具角质喙(bill),是啄食器官。颈长而灵活,躯干呈纺锤形、坚实;尾部短小,尾端着生扇状尾羽(tail feather),在飞行中起舵的作用。前肢特化为翼(wing),具飞羽(remiges)。后肢为足,具 4 趾(图 3-201)。

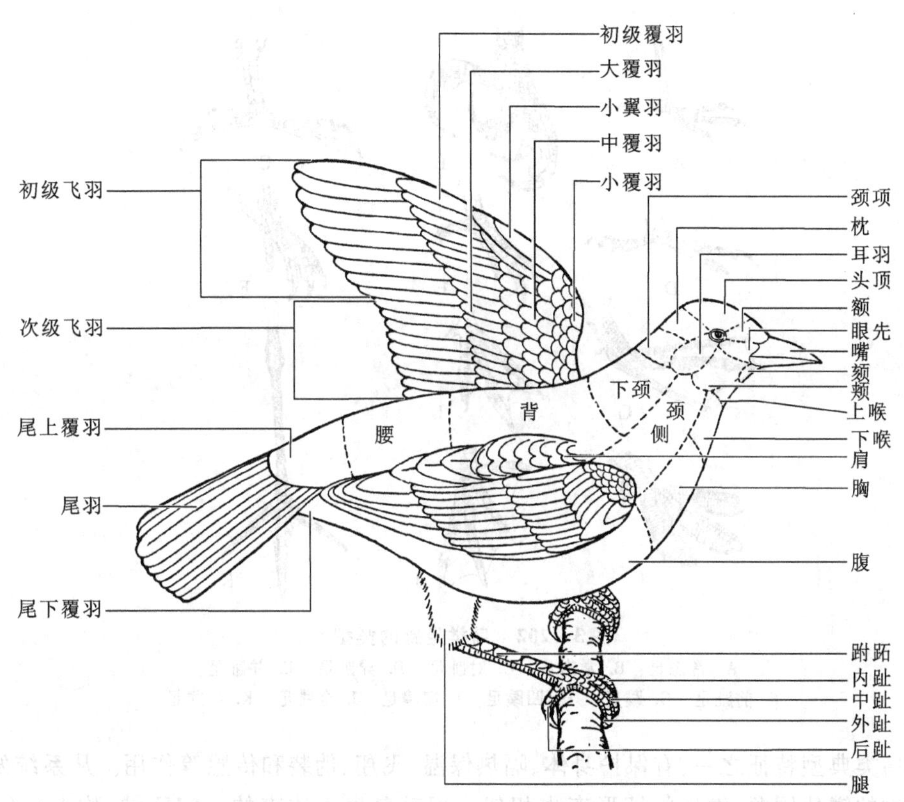

图 3－201　鸟类的外部形态(郑作新,1997)

鸟喙(嘴)的长度和形状多种多样,与它们的特殊食性和取食方式相互适应。喙的形状分为:① 钩曲状:如鹰、鹦鹉;② 楔状,如啄木鸟;③ 圆锥状,如鸡;④ 扁平状,如鸭;⑤ 强直而端钩,如鸬鹚;⑥ 强直而端尖,如鹤;⑦ 扁长而末端为杓状,如琵鹭;⑧ 上下喙左右交叉,如交嘴雀等。

足的形态因种而异,也是适应生活环境的结果,是分类的重要依据之一。足趾排列分为:① 常态足(亦称不等趾足):三趾向前,一趾向后,如鸡;② 对趾足:第一、四趾向后,二、三趾向前,如啄木鸟;③ 异趾足:第一、二趾向后,三、四趾向前,如咬鹃;④ 并趾足:向前的三趾基部都有不同程度的愈合,如翠鸟;⑤ 前趾足:四趾均向前,如雨燕(见图 3－202A～F)。游禽和涉禽的足具有蹼,适应于游泳和涉水,根据蹼的形态可分为:① 蹼足:前三趾间有全蹼相连,如雁、鸭;② 凹蹼足:蹼的中部凹入,如鸥;③ 瓣蹼足:趾的两侧有叶状瓣膜,如鸊鷉;④ 全蹼足:四趾间均具蹼,如鸬鹚;⑤ 半蹼足:趾间微具蹼膜,如鹭(图 3－202G～K)。

2. 皮肤

鸟类皮肤特点是薄、韧、缺乏腺体。薄、韧既减轻重量,又有利肌肉运动。鸟类皮肤唯一腺体称尾脂腺(oilgland 或 uropygial gland),鸟类常以喙啄取尾脂腺分泌的油脂涂抹羽毛,用以润泽羽毛防止变形和避免潮湿等,游禽(雁、鸭等)尾脂腺特别发达。

皮肤外面具有由表皮衍生的角质物,如羽毛(feather)、喙、爪(claw)、鳞片(scale)等。一些鸟类的冠(comb)和垂肉(wattle)为加厚的真皮,其中富有血管。

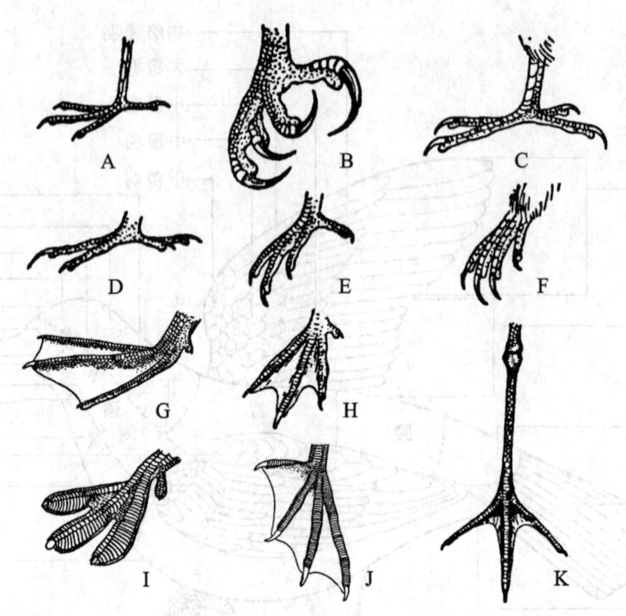

图 3-202 鸟类足趾的类型

A. 常态足 B. 常态足 C. 对趾足 D. 异趾足 E. 并趾足
F. 前趾足 G. 蹼足 H. 凹蹼足 I. 瓣蹼足 J. 全蹼足 K. 半蹼足

羽毛是鸟类典型特征之一,有保护身体、隔热保温、飞翔、伪装和传感等作用。从系统发生上羽毛与爬行动物的鳞片同源,发生初期形态也相似。羽毛着生于体表的一定区域,称羽区(或羽域)(pteryla),不着生羽毛的地方称裸区(或无羽区)(apteria)(图 3-203)。鸟类腹部的裸区还与孵卵有关,当雌鸟孵卵时,腹部羽毛大量脱落,该区称"孵卵斑"(brood patch)。全身所被覆的羽毛总称为羽衣(plumage)。成鸟的羽通常分为正羽、绒羽和纤羽。

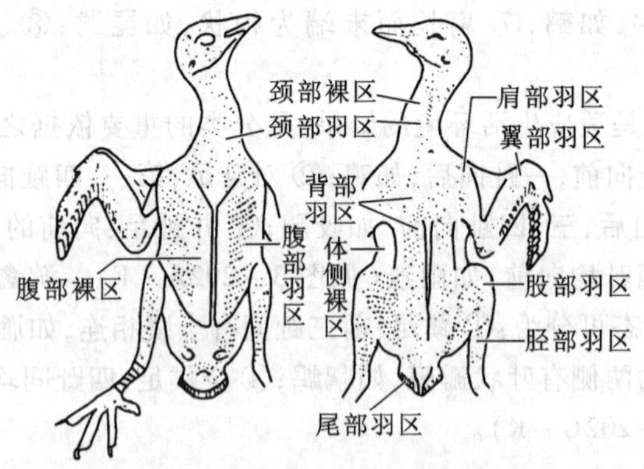

图 3-203 鸟类皮肤的羽区和裸区

正羽(contour feather),亦称翮羽,为大型羽片,由羽轴(scape of shaft)和羽片(vane of web)构成。羽轴下部为羽根或翮(calamus),羽根插入皮肤中,末端有 1 孔称下脐(lower umbilicus)。羽根上端与羽片交界处为上脐(upper umbilicus),此处丛生的散羽称副羽(after feather)。羽轴上部为羽干,两侧的羽片称甲羽。羽片由羽干两侧的羽支(barb)和羽小支(barbule)构成。羽小支上有羽小钩(hooklet)使相邻的羽小支互相钩连起来,成为有弹性的羽片(图 3-204)。若羽小支被外力分开,鸟可用喙予以梳理,重新钩连羽小钩,使羽片保持完好的结构和功能。

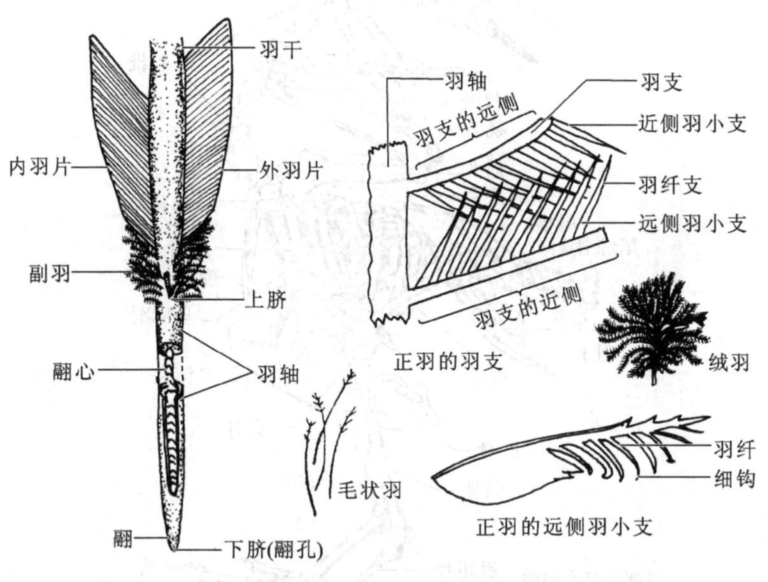

图 3-204 鸟羽的结构

绒羽(plumule of down feather)位于正羽之下,呈花絮状,又称冉羽。其特点:无羽干,羽根短,羽支柔软,丛生于羽根顶端,不具羽小钩。因此整个绒羽蓬松,具很强的保温性能。冬季鸟类绒羽丰厚。

纤羽(hairy feather)又名毛状羽,外形有的似毛发,有的末端着生少数羽枝和羽小枝,纤羽多分布在口鼻部或散生在正羽和绒羽之间。纤羽具有触觉作用,与神经系统相连。散生于初级飞羽之间的纤羽将信息从翅膀通过神经传递到大脑,起到飞行信息传感器的作用。

鸟类的嘴缘、鼻周、眼周多具须(bristle),为特化的正羽。具有过滤空气,保护鼻、眼的作用。喙须则能够感知猎物。

鸟类的羽毛是定期更换的,称换羽(molt)。通常 1 年换羽两次。在秋季生殖结束后,冬季到来之前换的新羽为冬羽(winter plumage),冬季之后及春季换的鲜艳新羽为夏羽(summer plumage),或称婚羽(nuptial)。换羽的生物学意义在于有利越冬、迁徙和生殖。飞羽和尾羽的更换大多是逐渐更替的,从而不影响鸟类飞行;但雁鸭类飞羽更换则为一次性全部脱落,此时无飞翔能力,而隐匿于人迹罕至的湖边草丛中。

3. 骨骼系统

适应飞行,鸟类骨骼发生显著变化。主要有:骨骼轻而坚固,骨骼内具有充满气体的腔隙(pneumatization);头骨、脊柱、骨盆的骨块有愈合现象;胸椎、肋骨、胸骨联结成牢固的胸廓;肢骨和带骨有较大的变形(图 3-205)。

(1) 头骨 头骨薄而轻,组成脑颅的几块骨愈合为一整体,骨中有蜂窝状小孔。上下颌骨延伸成为喙,口内无牙。脑发达,使颅腔膨大,顶骨呈圆拱形,枕骨大孔移至腹面;视觉器官的发达,眼眶膨大,脑颅腔后推,颅侧壁被挤压至中央成眶间隔(图 3-206)。

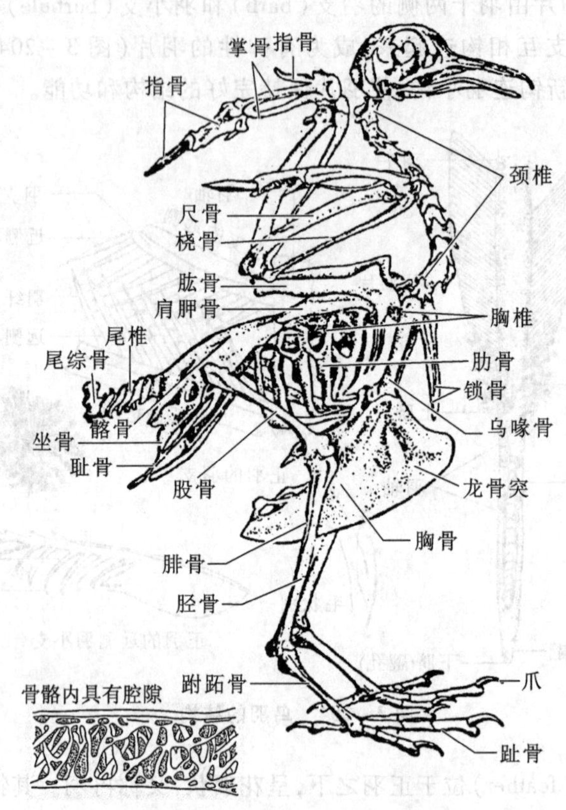

图 3－205　鸟类的骨骼

(2) 脊柱和胸骨　脊柱由颈、胸、腰、荐和尾椎 5 部分组成。椎体马鞍形,使得椎骨之间的结合既牢固又灵活。颈椎数目变异大(8～25 枚)。寰椎呈环状与头骨联连;可以在枢椎上转动,增加了颈部灵活性。胸椎 5～6 枚,借助硬骨质的肋骨与胸骨联结,构成牢固的胸廓。肋骨具钩状突起彼此相连。胸骨中线处具高耸的龙骨突起(keel),增加了两翼运动的胸肌附着面,不会飞的鸵鸟等走禽类则没有龙骨突。前几个胸椎与最后一个颈椎愈合。最后一个胸椎与腰椎、荐椎及前几块尾椎愈合为鸟类特有的愈合荐骨(synsacrum),提高后肢的负重能力。中间几个尾椎骨可活动,最后几块尾椎又愈合为尾综骨(pygostyle),以支持扇形尾羽。尾羽起着舵的作用,尾羽的类型及其羽毛数量是形态分类的主要依据(图 3－207)。鸟类脊椎骨的愈合和尾椎骨的退化,使躯体部骨骼连结为一个整体,身体中心集中在中央,这些都有利于飞行时保持平衡。

(3) 带骨及肢骨　鸟类的肢骨和带骨也有愈合和减少的现象。

肩带由肩胛骨、乌喙骨和锁骨组成,3 块骨的联结处构成肩臼,与翼的肱骨相关节。左右锁骨以及退化的间锁骨在腹中线处愈合成“V”形,称叉骨(wishbone),是鸟类的特有结构。叉骨具弹性,在鸟翼剧烈扇动时可避免左右肩带碰撞。前肢特化为翼,手部骨骼的腕骨、掌骨和指骨愈合或消失(图 3－208),使翼的骨骼构成一个整体,扇翼有力。由于指骨退化,现代鸟类前肢无爪。少数种类,如南美的麝雉(*Opisthocomus hoazin*)幼鸟指上有爪,适于攀缘。

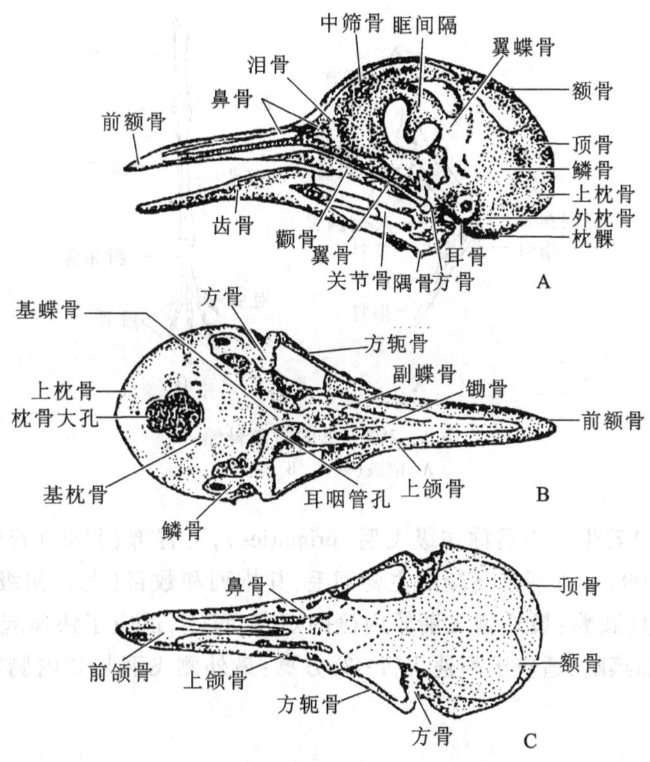

图 3-206 雏鸽的头骨(郑作新,1982)

A. 侧面 B. 腹面 C. 背面

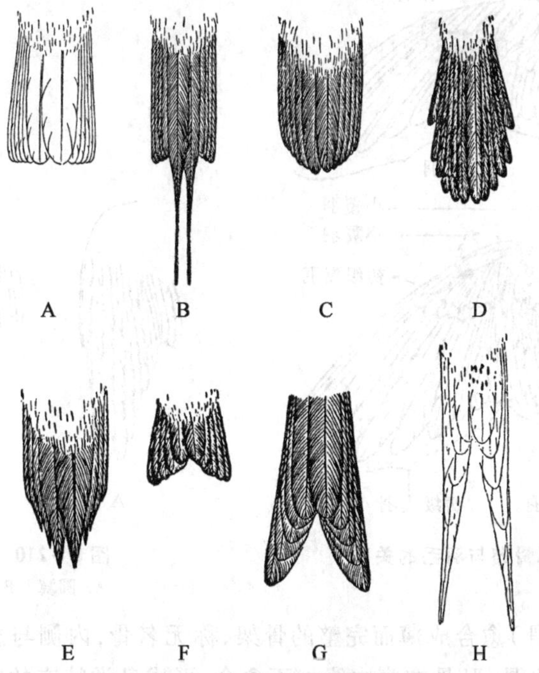

图 3-207 尾羽的类型

A. 平尾 B. 尖尾 C. 圆尾 D. 凸尾 E. 楔尾 F. 凹尾 G. 叉尾 H. 铗尾

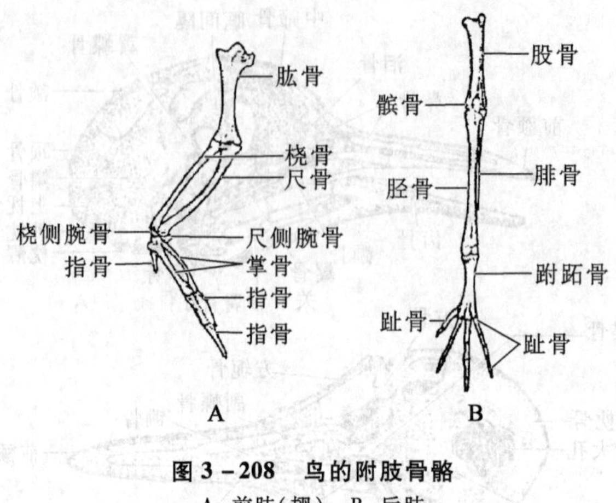

图 3－208 鸟的附肢骨骼

A. 前肢(翅) B. 后肢

前肢手部(腕、掌、指骨)着生的飞羽称初级飞羽(primaries),下臂部(尺骨)着生的飞羽称次级飞羽(secondaries)(图 3－209)。飞羽是飞翔的主要羽毛,其排列和数目(尤以初级飞羽)是鸟类分类的依据之一,通常分为:① 圆翼:最外侧飞羽较内侧的短,如黄鹂,适应于快速起飞和敏捷飞行;② 尖翼:最外侧飞羽最长,如燕鸥,适应于高速飞行;③ 方翼:最外侧飞羽与其内侧等长,如鹰,适应于翱翔(图 3－210)。

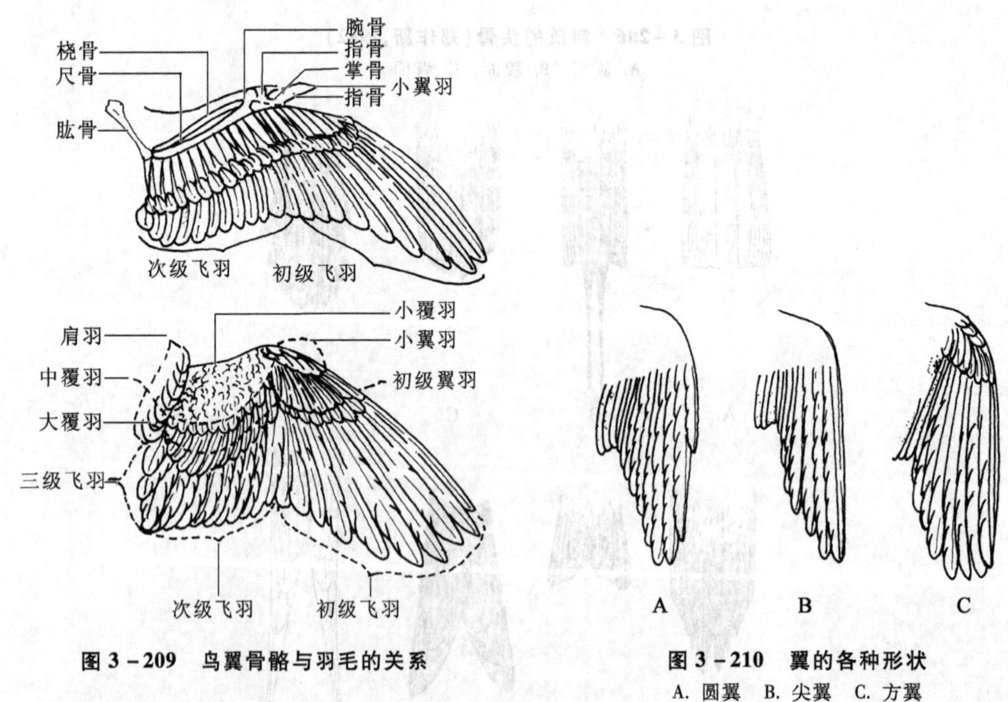

图 3－209 鸟翼骨骼与羽毛的关系

图 3－210 翼的各种形状

A. 圆翼 B. 尖翼 C. 方翼

腰带(髂骨、坐骨、耻骨)愈合成薄而完整的骨架,称无名骨,内侧与愈合荐骨愈合,外侧有髋臼与后肢股骨相关节,左右坐骨、耻骨在腹中线处不愈合,形成鸟类特有的“开放式骨盆”,适应于鸟类产大型硬壳卵。但少数陆栖原始种类(如鸵鸟),左右耻骨或坐骨在腹中线处有愈合现象。后肢强健，腓骨退化为刺状，胫骨发达，其与跗骨上段愈合成1块胫跗(tibiotarsus)，跗骨下段与一部分跖骨愈合成1块跗跖骨(tarsometatarsus)。这种骨骼的简化、延长和之间的关节形式，能增加起飞和降落时的弹性。多数鸟类具4趾，趾的数目和形态与生活习性有关，也是分类的依据。

4. 肌肉系统

鸟类骨骼肌的形态结构由于适应飞行而有显著改变，主要表现为：① 由于胸椎以后的脊柱愈合，导致背部的肌肉退化。颈部肌肉相应发达。② 翼上扬(胸小肌)和下扇(胸大肌)的肌肉十分发达，其起点均附在胸骨(图3-211)。此外，支配前后肢的肌肉，其肌体部都集中在躯体的中心部分，通过伸长的肌腱来操纵肢体运动。发达胸肌也有利于保持重心的稳定，在维持飞行平衡中有着重要意义。③ 后肢具有适于树栖握枝的肌肉，这些肌肉(包括栖肌、贯趾屈肌、腓骨中肌)借肌腱、肌腱鞘与骨骼关节三者间的巧妙配合、使鸟类能够栖止于树枝上(图3-212)。④ 具特殊的鸣管肌肉(图3-229)。⑤ 皮下肌肉也较发达，皮下肌收缩能够使羽毛竖起，与散热等有关。

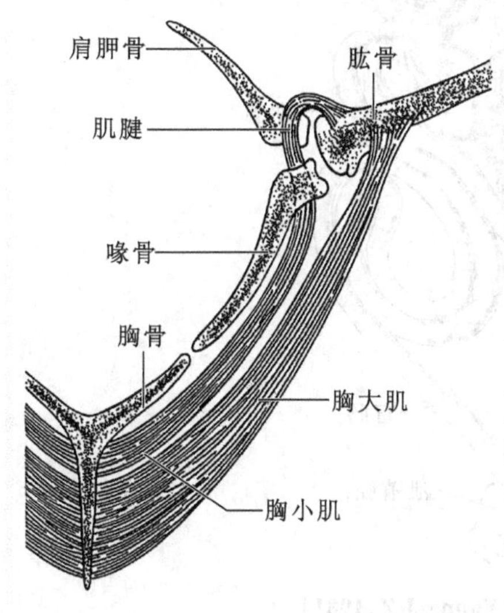

图3-211　鸟类胸肌与骨骼的关系

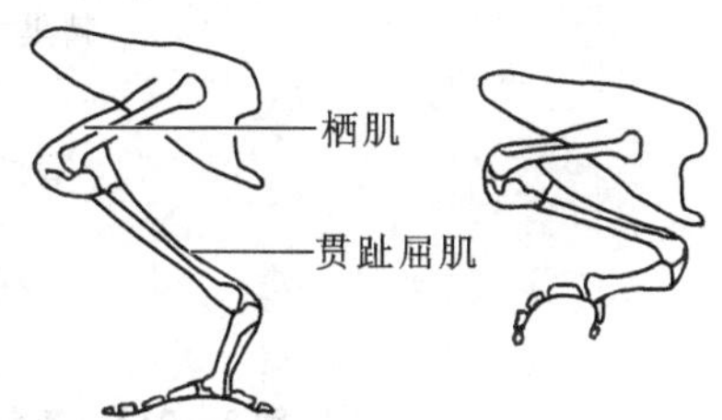

图3-212　鸟类足部的闭合机制

5. 消化系统

口内无牙。喙有角质鞘。口腔内有唾液腺，雨燕目的金丝燕(*Collocalia*)的唾液腺最发达，唾液有黏性但不含消化酶，仅食谷类的雀形目鸟类唾液中含淀粉消化酶。食管为长而细的管道；一些鸟类(食谷、食鱼)食管下部膨大为嗉囊(crop)，是临时贮存和软化食物的器官；雌鸽在育雏初期嗉囊能分泌“鸽乳”用以饲喂雏鸽；鸬鹚和鹈鹕的嗉囊能将食物制成食糜，亦用于喂饲雏鸟。鸟类的胃分为前后2部分：腺胃(glandular stomach 或 proventriculus)在前，肌胃(砂囊，muscular stomach 或 gizzard)在后(图3-213)。腺胃壁薄，分泌黏液(强酸)和消化液消化食物。肌胃壁厚具发达肌肉层，内壁为坚硬的革质层，胃腔中含不少砂粒；在肌肉的作用下，革质层与砂粒一起将食物磨碎。胃内砂粒对于所摄食的种子的消化有密切关系。实验证明：胃内含砂粒的鸡，对燕麦的消化力比无砂粒者提高3倍，对一般谷物及种子的消化力可提高10倍。肉食性鸟类的肌胃相对不发达。鸟类的直肠极短，不存贮粪便，但具吸收水分的功能；这能减少飞行的负荷和减少失水。大小肠交界处有1对盲肠，尤以植物纤维为食的鸟类盲肠特别发达。盲肠有吸水作用，并能与细菌一起消化植物纤维。有学者认为盲肠液有聚集维生素 B 的作用。肛门开口于泄殖腔,与爬行类相同。鸟类泄殖腔背方有 1 特殊腺体,称腔上囊(法氏囊,bursa fabricii),是一种淋巴器官;随着年龄的增大,腔上囊逐渐萎缩,因此可用于鉴定鸟类的年龄。

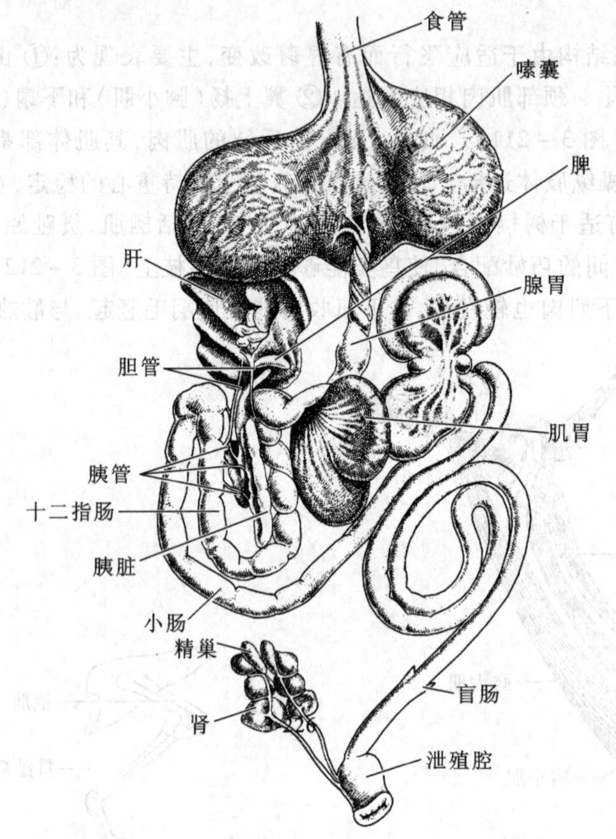

图 3-213　家鸽的消化系统(Young J Z,1981)

鸟类消化力很强,消化速度快,这是与鸟类活动性强,新陈代谢旺盛有关。实验证实,对雀形目鸟类喂以谷物、果实和昆虫,仅 1.5 h 即可通过消化管;美洲黑鸭(*Anas rubripe*)摄食食物后 30 min 即可排出。高度的消化力和能量消耗使鸟类食量增大,进食频繁。雀形目鸟类日摄食量约为体重的 11% ~ 30%,蜂鸟每日食进的蜜浆等于其体重的 2 倍;体重 1 500 g 的雀鹰每昼夜能吃 800 ~ 1 000 g 肉。

6. 呼吸系统

鸟类适应飞行生活的最明显特征是具有与气管相通的、非常发达的气囊(air sac),以保证飞翔时剧烈的呼吸作用。鸟类的肺较小,是 1 个缺乏弹性的实心海绵状体,主要是由大量的毛细支气管(parabronchus)组成。气管下端分为左右支气管进入肺的腹内侧,立即膨大成 1 个前庭,向前即为中支气管(mesobronchus),直达肺的远心段。中支气管分出次级支气管(secondary bronchus),次级支气管之间由细小的毛细支气管彼此联系,最后形成 1 个完整的气管网,它们不仅没有盲管,而且全部与毛细血管紧靠在一起,气体的交换就在毛细支气管壁与毛细血管之间进行。所以鸟类的肺无论是体积或效能都大大超过爬行类的肺。

气囊实质上是气管分支的一部分,是中支气管和次级支气管伸出肺外末端膨大的膜质囊。气囊分布于内脏器官间，有的还有分支通入肌肉间、皮肤下面和骨腔内。主要的气囊有 9 个：颈气囊、前胸气囊，后胸气囊和腹气囊各 1 对，锁间气囊 1 个（图 3－214）。

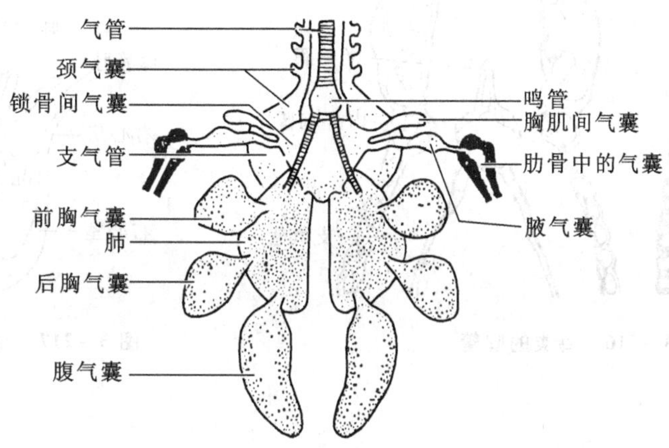

图 3－214　家鸽的呼吸系统模式图

气囊的存在使鸟类产生独特的双重呼吸（dual respiration），即呼气和吸气时都有空气经过肺部进行气体交换（图 3－215）。当举翼时气囊扩张，空气经肺部而吸入，扇翼时气囊压缩，空气再次经过肺而排出。飞翔越快，举翼和扇翼越猛烈，气体交换也越快，从而确保了氧气的充分供应和高能量的消耗。气囊的存在也能使身体比重减轻，特别是迅速飞翔时辅助完成强烈的呼吸作用和体温调节（呼出大量气体散发热量，吸进空气时冷却）。鸟类静止时呼吸作用是靠肋骨的升降，胸廓的扩大和缩小的方式来完成。

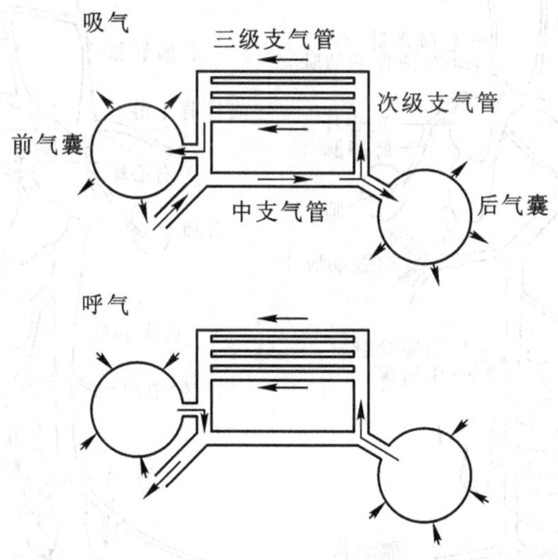

图 3－215　鸟类双重呼吸模式图

鸣管（syrinx）是气管特化而成的发声器官，位于气管和支气管交界处，此处的内外侧管壁变薄称为鸣膜（图 3－216）。它由空气振动使鸣膜振动而发声，因此呼气和吸气都能发声。鸣膜外鸣肌则调节鸣膜可发出各种鸣声。

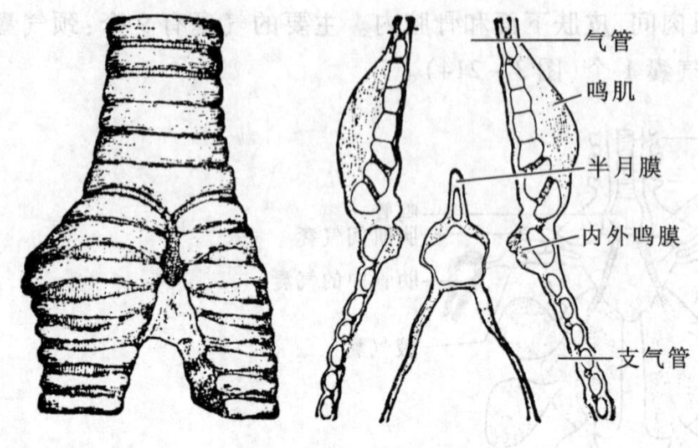

图 3－216 鸟类的鸣管

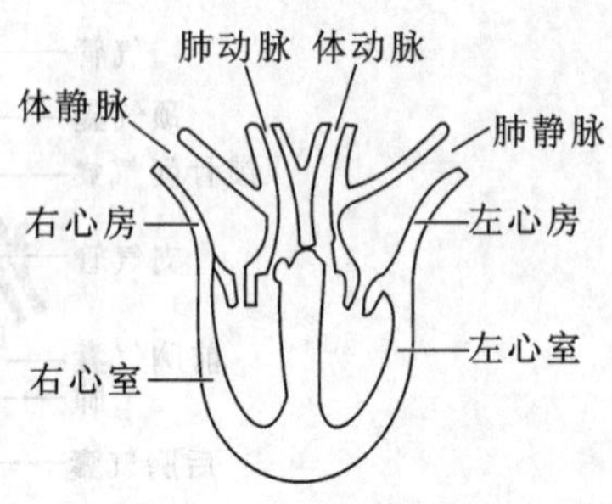

图 3－217 鸟类的心脏模式图

7. 循环系统

鸟类心脏的相对大小居脊椎动物的首位，约占体重的 0.4～1.5%，具完整的 4 个腔（图 3－217），动静脉血完全分开，为完全的双循环。双循环包括体循环和肺循环，即富氧血自左心室压出，流经全身各部分，进行气体交换后成为缺氧血回到右心房；右心房的缺氧血经右心室到达肺，进行气体交换后成为富氧血回到左心房。鸟类心搏频率快，一般均在 300～500 次/min，动脉血压较高，如雄鸡为 188 mmHg，雌鸡为 163 mmHg，因而血流快速。左体动脉弓消失；肾门静脉趋于退化，具有鸟类特有的尾肠系膜静脉，它收集内脏血液进入肝门静脉（图 3－218）。血液中的红细胞含量较哺乳类少，约为2 000 000～7 645 000 个/mm³，红细胞具核。鸟类具 1 对大的胸导管，收集躯体的淋巴

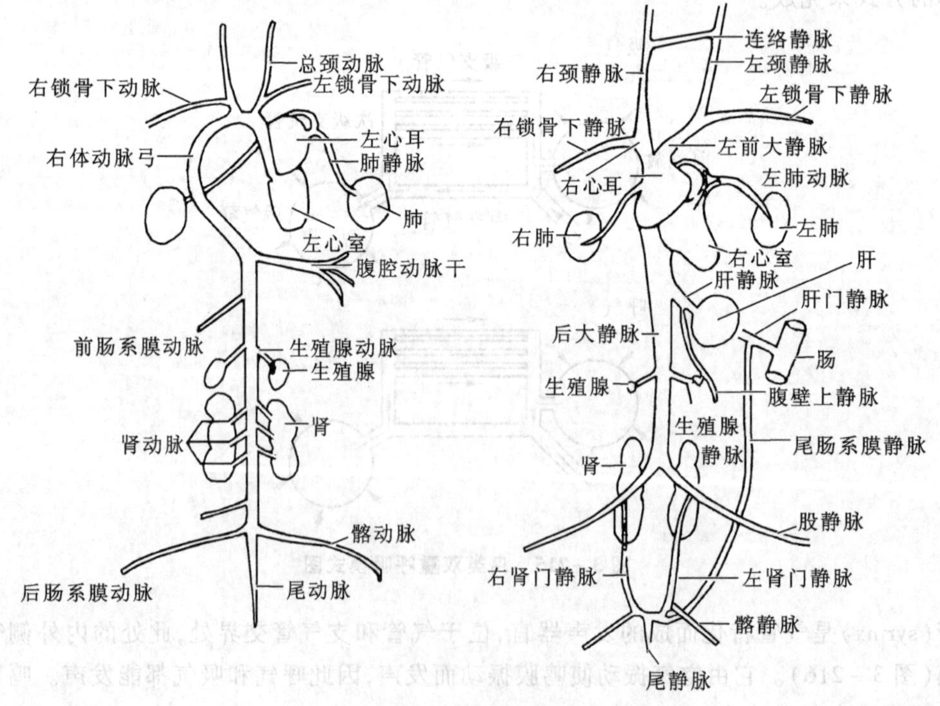

图 3－218 鸟类循环系统（动脉和静脉）

液,然后注入前大静脉;小肠绒毛中不具哺乳类那种乳糜管,因而肠内碳水化合物、蛋白质和脂肪的代谢产物均经肝门静脉直接进入肝后贮藏利用。

8. 排泄系统

鸟类的肾与爬行类类似,胚胎期为中肾,成体为后肾,相对体积较哺乳动物大,可占体重 2% 以上,肾小球数目比哺乳类多 2 倍。鸟类不具膀胱(图 3－219),尿与粪便随时排出。鸟类尿的主要成分也是尿酸,失水少。许多海鸟具有盐腺(salt gland),位于眼眶上部,开口于鼻间隔,故又称鼻腺(nasal gland),能分泌体内多余的盐分,适应于摄入海洋动物和海水。

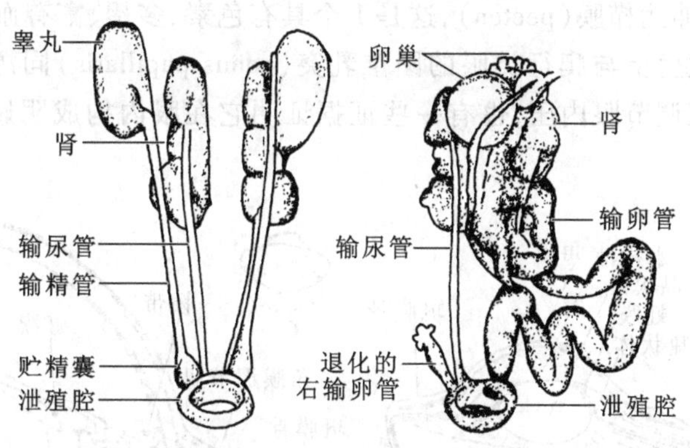

图 3－219　家鸽的泌尿生殖系统

9. 神经系统

鸟类的脑与爬行类接近,如大脑皮层(cerebral cortex)不发达,大脑和小脑表面比较平滑,嗅叶退化。但鸟类的纹状体(striatum corpora)非常发达(图 3－220),是复杂本能与学习行为的中枢。间脑由上丘脑、丘脑和丘脑下部 3 部分构成,其中丘脑下部(或称下视丘,hypothalamus)构成丘脑底壁,为体温调节中枢,并控制植物性神经系统,还对脑下垂体的分泌有着重要的影响。中脑充满了

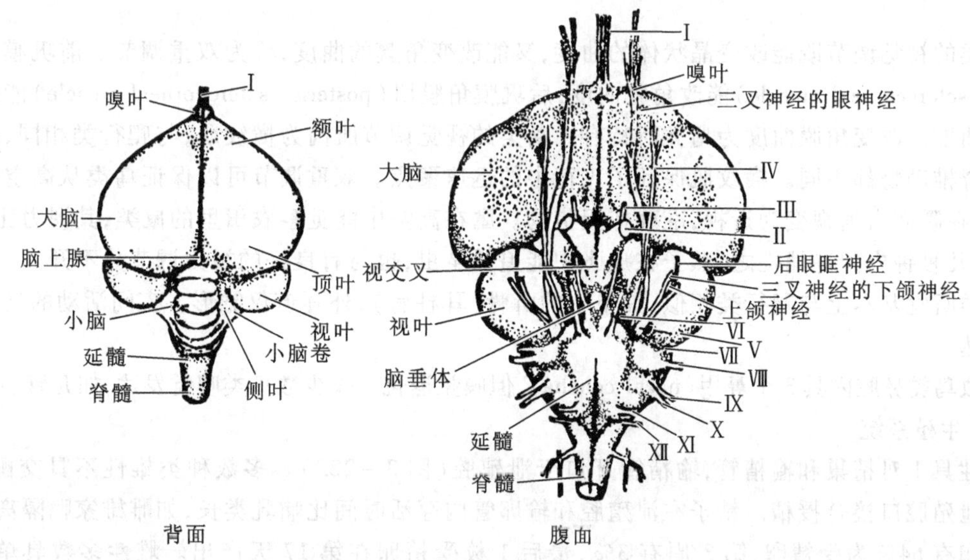

图 3－220　家鸽的脑(杨安峰,1994)

视神经，构成比较发达的视叶。小脑比爬行类发达，为运动协调和平衡的中枢。

鸟类有 12 对脑神经，但第 11 对(副神经)不发达。

10. 感觉器官

鸟类视觉器官最发达，听觉次之，嗅觉最为退化，这是与飞翔生活相适应。视觉为飞行定向器官。

鸟类的眼相对大小比其他脊椎动物都大，外观呈扁圆形，即扁平眼(flat eye)，但鹰类为球状(globular eye)，鸮为筒状(tubular eye)。眼球最外壁为坚韧的巩膜(sclera)，前壁内着生 1 圈覆瓦状排列的环形骨片，称巩膜骨，构成眼球壁的支架，使鸟类飞行时不因强大气流压力而使眼球变形。后眼房视神经从后背方伸达栉膜(pecten)，这是 1 个具有色素、多褶、富有血管的器官(图 3－221)，其功能尚不很清楚，在发生上与爬行类眼的圆锥乳突(conus papillaris)同源，一般认为与视网膜的营养有关，还可改变体积调节眼内压，也有一些证据证明它在眼内构成阴影，减少高飞时强日光造成的目眩。

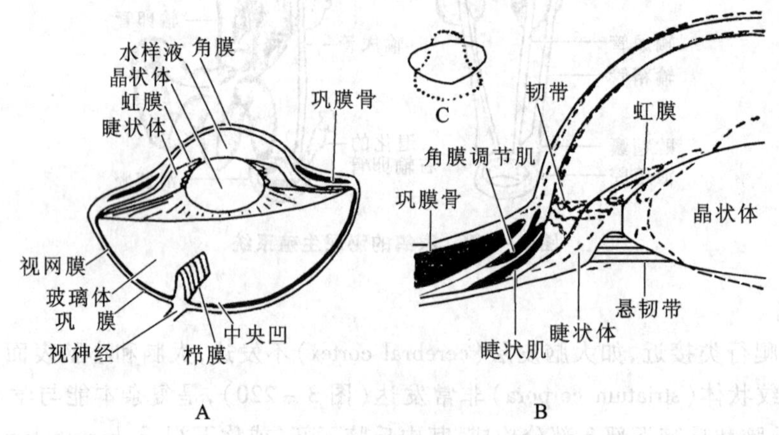

图 3－221　鸟眼结构与视力调节

A. 眼球结构　B. 眼球局部切面　C. 水晶体调节的形状

鸟类的视觉调节既能改变晶状体的曲度，又能改变角膜的曲度，称为双重调节。前巩膜角膜肌(anteior sclerocorneal muscle)能改角膜曲度，后巩膜角膜肌(posterior sclerocorneal muscle)能改变水晶体的曲度。改变角膜曲度为鸟类所特有。鸟类的视觉调节肌肉为横纹肌，与爬行类相同，而与其他所有脊椎动物都不同。横纹肌保证了飞行中的迅速聚焦。双重调节可以保证鸟类从高空俯冲到地面时，在瞬间由远视变为近视，准确捕捉猎物。鹰在高空中能觉察农田里的鼠类，其视力比人好 8 倍，并在几秒钟内俯冲捕捉之；燕子在疾飞中能追捕昆虫，也与有良好的视力调节分不开。

鸟类听觉基本上与爬行类相似，具单一的听骨(耳柱骨)，外耳道仅雏形。夜间活动的鸟类听觉比较发达。

多数鸟类鼻腔内具 3 个鼻甲(nacal concha)，但嗅觉退化。仅少数鸟类嗅觉发达，如兀鹫、几维等。

11. 生殖系统

雄性具 1 对精巢和输精管，输精管开口于泄殖腔(图 3－222)。多数种类雄性不具交配器，借雌雄鸟泄殖腔口接合授精。精子在泄殖腔和输卵管内存活时间比哺乳类长，如雌雄家鸭隔离后第 1 周产的卵有 64% 为受精卵，第 3 周有 3%，最后 1 枚受精卵在第 17 天产出。雌性多数具单一(左侧)有功能性卵巢，右侧卵巢退化，这与飞行生活、产大型具硬壳卵有关。但鹰类约有半数的雌鸟卵

岩鹭卵壳的超微结构及其元素组成

巢是成对的。鸟类卵的蛋白层中具有卵黄系带，使胚盘保持朝上，利于孵化（图 3－222）。

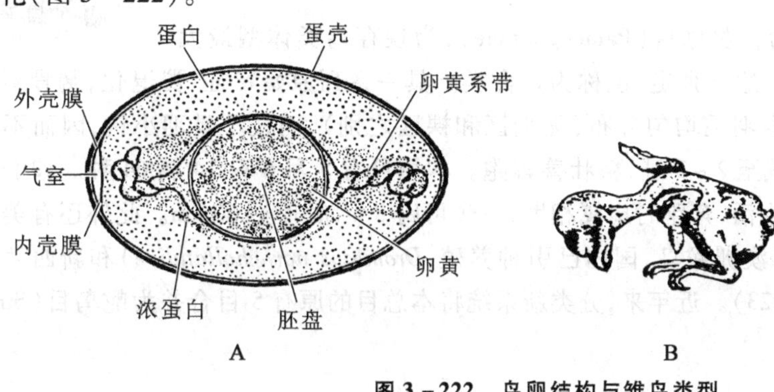

图 3－222 鸟卵结构与雏鸟类型

A. 鸟卵结构 B. 晚成鸟 C. 早成鸟

鸟类生殖腺的活动有明显的季节变化，生殖多在日照时间增长的春季里开始。增加光照能刺激鸟类提早产卵，并且能使鸟类在秋冬季能产较多的卵。增强光照一方面促进进食，另一方面刺激脑下垂体分泌激素刺激卵巢发育。鸟类性腺发育和生殖行为的出现是在外界条件作用下，通过神经内分泌系统的调节而实现的。性成熟大多在出生后一年，鸣禽、鸭类不足 1 岁成熟，鸥、鹰类 3～5 年。鸟类还具有建立领地（territory）、筑巢（nestbuilding）、求偶炫耀（courtship display）、配对（pair formation）、孵卵（incubation）、育雏（parental care）等一系列生殖行为，保证后代有较高的成活率。鸟类在筑巢时候具有“独立营巢”和“集群营巢”的不同习性，后者在岛屿或人迹罕至的地区常见。巢有地面巢、浮巢、洞巢、编织巢等形式。编织巢多以树枝、草茎、毛羽等为巢材，编织比较精巧。攀禽等以树洞或其他裂隙为巢，有的加巢材，有的不加巢材。多数鸟类每年产卵 1 窝（brood），窝卵数依种而异，少则 1～2 枚，多则 8～15 枚，窝卵数的多少与蛋的大小成反比；家养的鸡、鸭、鸽类等一年可产多窝。鸟类婚配制有 1 雌 1 雄、1 雄多雌或 1 雌多雄。孵卵多由雌鸟担任，也有雌雄轮流（如鸽、鹤、鹳等），还有由雄鸟担任（如鸸鹋、三趾鹑等）。每种鸟的孵卵期也是稳定的（短的如雀形目小型种类 10～15 d，长的如鹰类 29～55 d，信天翁 63～81 d）。孵卵期满时雏鸟将壳啄破而出。根据出壳雏鸟的发育程度分为早成鸟（precocial）和晚成鸟（altricial）：凡是刚出壳的雏鸟被有密绒羽，眼已张开，腿脚有力，在绒羽干后即可随亲鸟觅食，称早成鸟，多数地栖鸟类和游禽如鸡、鸭等属此；若刚出壳的雏鸟，体表光裸或被稀疏绒羽，眼不能睁开，必须一段时间留在巢内由亲鸟喂饲，而后才能外出活动的称晚成鸟，雀形目、攀禽、猛禽及一部分涉禽属此，如红尾伯劳、白鹭。通常，那些筑巢隐蔽安全，或亲鸟凶猛足可卫雏的，多为晚成鸟；早成鸟则是地栖鸟类提高成活率的一种适应。晚成鸟的窝卵数比早成鸟少。可见，雏鸟早成性或晚成性是长期自然选择的结果。

（二） 鸟纲的分类

已知的鸟类约 11 121 种，分为古鸟亚纲（Archaeornithes）和新鸟亚纲（Neornithes）。古鸟亚纲为早已灭绝的化石种类，如始祖鸟（*Archaeopteryx lithogrdphica*），已报道的仅 7 架化石，均获自侏罗纪地层中，距今约 1.5 亿年。其主要特征：具牙齿，肋骨无钩状突起，掌骨不合并、前肢指端具爪，无尾综骨，胸骨无龙骨突等。新鸟亚纲分为 4 个总目，齿颚总目（Odontognathae）已灭绝，上下颚具齿，如黄昏鸟（*Hesperornis regalis*）、鱼鸟（*Ichthyornis victor*），其余 3 个总目包括现存的全部鸟类。近年来，随着分子生物学研究的进展，鸟类传统分类系统发生了大调整。

1. 平胸总目

中国鸟类分类新系统

平胸总目（Ratitae），也称为古颚总目（Palaeognathae），为现存鸟类体型最大者，体重达 135 kg，体高 2.5 m。适于奔走，也称为走禽类。具一系列原始特征：翼退化，胸骨不具龙骨突，不具尾综骨和尾脂腺，全身羽毛均匀分布（无羽区和裸区之别），羽枝不具羽小钩，因而不成羽片，雄鸟具发达的交配器，足趾减至 2～3 趾，粗壮善奔跑。本总目有 5 目 6 科 14 属 64 种。如非洲鸵鸟（*Struthio camelus*），适于沙漠生活，奔跑时扇翼相助，一步可跨 8 m，时速达 60 km。此外还有美洲鸵鸟（*Rhea americana*）、鸸鹋（又名澳洲鸵鸟，国内已引种养殖，*Dromaius novaehollandiae*）和新西兰的小斑几维（*Apteryx owenii*）（图 3－223）。近年来，分类新系统将本总目的原有 5 目合并为鸵鸟目（Struthioniformes）

2. 企鹅总目

企鹅总目（Impennes），也称为楔翼总目，适于潜水生活的中大型游禽，前肢鳍状，具鳞片状羽毛（羽轴短而宽，羽片狭窄）均匀分布于体表，尾短，腿短并移至躯体后方，趾间具蹼。在陆上行走时，躯体直立，左右摇摆。皮下脂肪发达，利于在寒冷地区和在水中保温。骨骼沉重不充气，龙骨突发达，利于前肢划水，游泳快速。

企鹅为群居鸟类。主要食物为鱼类等。本总目只有 1 目（Sphenisiformes）1 科 6 属 18 种。代表种为王企鹅（*Aptenodytes patagonicus*），分布在南极洲附近，可延布到非洲南部。每产 1 卵，由雄鸟孵卵，此时雄鸟将卵置于脚上由下腹部下垂的袋状皮褶将卵和脚面覆盖，孵卵期约 56 天。多数企鹅种类双亲轮流孵卵。南极大陆还有帝企鹅（*A. forsteri*），为企鹅中最大者。此外还有南非企鹅（*Spheniscus demersus*）、凤头黄眉企鹅（*Eudyptes chrysocoma*）等（图 3－224）。

图 3－223　平胸总目代表种类

A. 非洲鸵鸟　B. 美洲鸵鸟　C. 鸸鹋　D. 几维

图 3－224　企鹅总目代表种类

A. 凤头黄眉企鹅　B. 王企鹅

3. 突胸总目

突胸总目(Carinatae),也称为今颚总目(Neognathae),包括现存的绝大多数鸟类,计 33 目 11 039种。共同特征是:胸骨具龙骨突,最后 4 ~6 枚尾椎骨愈合成 1 块尾综骨,前肢为翼。分布遍及全球,与人类关系密切。我国突胸总目现生鸟类约 21 目 83 科 1 445 种,占世界现存鸟类约 13%。近年来分类系统改变后,我国鸟类分为 26 目 109 科

中国鸟类分类新系统

根据鸟类的生态习性和形态特征,我国的现生鸟类可分为 6 个生态类群① 游禽类:蹼发达,适于游泳和潜水;尾脂腺发达;水中生活,以鱼虾等水生生物为食;包括 6 个目,潜鸟目、䴙䴘目、鹱形目、鹈形目、雁形目和鸥形目(也有学者把鸥形目归属于鸻形目)。② 涉禽类:喙、颈和脚都比较长;蹼不发达,胫的下部裸露,适于涉水捕食;包括鹳形目、鹤形目和鸻形目。游禽类和涉禽类合称为水鸟(waterbird)。③ 猛禽类:喙爪均特强壮和弯曲;肉食性;飞行能力强;视觉锐利;为国家一级或二级保护动物;包括隼形目和鸮形目。④ 地禽类:喙、脚强壮,常在地面行走取食;翼短而圆;多数种类营巢于地面;鸡形目鸟类不善飞翔;也有学者把地禽类分为鹑鸡类(鸡形目)和鸠鸽类(鸽形目)。⑤ 攀禽类:足不呈常态足,而呈前趾足、并趾足、对趾足或异趾足;适于攀缘树干、岩壁等。包括 8 个目,鹃形目、夜鹰目、鹦形目、雨燕目、咬鹃目、佛法僧目、䴕形目。⑥ 鸣禽类:鸣管和鸣肌发达,善于鸣啭,鸣声多变;具常态足,跗跖后部鳞片愈合为完整的 1 块(靴状鳞);善于营巢,雏鸟晚成性;即雀形目。

鸟类生态类群及其各目分类检索

现就常见的目简介如下(图 3-225 ~230):

(1) 䴙䴘目(Podicipediformes) 游禽,具瓣蹼足,善潜水,尾羽短且全为绒羽。淡水生活,在水面以植物茎叶筑浮巢。遇警时能背负幼鸟在水下潜逃。我国常见的有小䴙䴘(*Podiceps ruficollis*),又名水葫芦。

(2) 鹱形目(Procellariiformes) 亦称管鼻目。喙粗壮而侧扁,由多数角质片所覆盖,末端具钩;鼻孔开口于角质管内,具 1 或 2 个管孔;蹼足;翼尖长,善翱翔。为海洋性鸟类,具鼻腺。产卵于岸边地上。晚成鸟。如短尾信天翁(*Diomedea albatrus*),为大型海鸟,常飞行数十公里寻找食物,有飞行 8 000 km 的环志记载,雅称为“环球飞行家”。

(3) 鹈形目(Pelecaniformes) 大型游禽,具全蹼足;喙长而末端具钩,以鱼为食,晚成鸟。如斑嘴鹈鹕(*Pelecanus philippensis*)、鸬鹚(*Phalacrocorax carba*)、红脚鲣鸟(*Sula sula*)、小军舰鸟(*Fregata minor*)等。鹈鹕的喉囊(gular pouch,喉部的皮囊,能伸缩)特别发达,作为捕获鱼的暂存处并有利于热天散发体温。鸬鹚又称鱼鹰,一些地区饲养鸬鹚用来捕鱼。鲣鸟和军舰鸟为我国西沙群岛著名特产。军舰鸟为掠食性鸟类,常以快速敏捷的飞行,于高空掠夺其他鸟类喙中所衔的鱼类。鹈鹕属和鲣鸟属的全部种类都是国家二级重点保护动物。近年来,鸬鹚科、鲣鸟科、军舰鸟科新归类成为鲣鸟目(Suliformes)。

(4) 雁形目(Anseriformes) 为大中型游禽。主要特征是:喙扁,边缘具梳状突齿,上喙先端具“喙甲”(nail,嘴端的甲状附属物);腿位后移,蹼足;具翼镜(speculum,或称为翅斑,为翼上初级飞羽或次级飞羽上的明显色斑,具有光泽);雄鸟具交配器;尾脂腺发达;气管基部具膨大的骨质囊;早成鸟。该目在我国仅 1 科,即鸭科(Anatidae),鸟类遍布世界,主要在北半球生殖,长距离南迁越冬。如小天鹅(*Cygnus bewickii*)、绿头鸭(*Anas platyrhynchos*)、斑嘴鸭(*Anas poecilorhyncha*)、鸿雁(*Anser cygnoides*)、豆雁(*Anser fabalis*)、鸳鸯(*Aix galericulata*)等。本目是重要的经济鸟类。绿头鸭、斑嘴鸭是家鸭的原祖;鸿雁是家鹅的原祖。天鹅属全部种类以及鸳鸯都是国家二级重点保护动物。

图 3-225 游禽类代表种类

A. 鸊鷉 B. 信天翁 C. 鹈鹕 D. 鸬鹚 E. 鸳鸯 F. 天鹅 G. 绿头鸭 H. 黑嘴鸥 I. 燕鸥

（5）鸥形目（Lariformes） 中小型游禽，具凹蹼足；翼尖长，尾羽发达，善飞行；早成鸟。活动于沿海及内陆的鱼塘、淡水湖泊等水域，以鱼、虾等为食。如红嘴鸥（*Larus ridibundus*）、黑嘴鸥（*Larus saundersi*）、普通燕鸥（*Sterna hirundo*），常聚成大群活动。分类新系统将鸥形目归并入鸻形目。

（6）鹳形目（Ciconiiformes） 为大中型涉禽，喙、颈、脚均长，胫部裸露，趾细长，4 趾在同一平面上（这一点与鹤类不同），外趾与中趾基部具微蹼，爪不发达，眼先裸露。生活在沿海滩涂及内陆的水田及山涧溪流等湿地环境，常在浅水处啄食鱼、虾、昆虫、软体动物等，晚成鸟。国内有 4 科 32 种。常见的鹭科（Ardeidae）鸟类有池鹭（*Ardeola bacchus*）、白鹭（*Egretta garzetta*）、夜鹭（*Nycty corax nyctycorax*）、大白鹭（*E. alba* 或 *Casmerodius albus*）、苍鹭（*Ardea cinerea*）、牛背鹭（*Bubulcus ibis*）等，常聚群在树上营巢。鹳科（Ciconiidae）种类的种群数量稀少，白鹳（*Ciconia ciconia*）和黑鹳（*C. nigra*）均为国家一级重点保护动物。近年来，鹭科和鹮科新归类入鹈形目。

中国的鹭科鸟类

（7）鹤形目（Gruiformes） 涉禽，外形与鹳形目相似，但后趾较小，且与前三趾不在同一平面上；飞翔时两腿向后伸直。多栖于湖泊等淡水湿地。营地面巢，早成鸟。国内有 4 科 33 种。如丹顶鹤（*Grus japonensis*），在我国东北及内蒙古北部生殖，鸣声高亢洪亮，营巢地面，产 2 卵，两性孵卵

图 3-226　涉禽类代表种类

A. 白鹳　B. 白鹭　C. 苍鹭　D. 丹顶鹤　E. 大鸨　F. 骨顶鸡　G. 普通秧鸡　H. 金眶鸻　I. 白腰草鹬　J. 普通燕鸻

图 3-227　猛禽类代表种类

A. 红隼　B. 鹗　C. 鸢　D. 草鸮　E. 长耳鸮　F. 领鸺鹠

时间约 32 d，为国家一级重点保护动物。本目还有鸨科（Otidae）、三趾鹑科（Turnicidae）和秧鸡科（Rallidae）的种类，如大鸨（*Otis tarda*，又名地鵏）、普通秧鸡（*Rallus aquaticus*）、骨顶鸡（*Fulica atra*）

图 3-228 地禽类代表种类

A. 柳雷鸟 B. 褐马鸡 C. 原鸡 D. 环颈雉 E. 红腹锦鸡 F. 鹧鸪 G. 鹌鹑 H. 珠颈斑鸠 I. 毛腿沙鸡

等。鸨科鸟类因猎捕过度，数量稀少，已被列入国家一级重点保护动物。近年来，鸨科新归类为鸨形目(Otidiformes)

(8) 鸻形目(Charadriiformes) 中小型涉禽，蹼不发达；奔跑快速，翼尖善飞，主要生殖在北半球，冬季南迁到我国南部，远及澳大利亚等地；雌雄羽色相同，羽色适于隐蔽；栖息于滨海、河湖边缘的湿地，以底栖动物等小型水生动物为食物；地面筑巢，雏为早成性。国内分布有 9 科 74 种，常见的有金眶鸻(*Charadrius dubius*)，巢营于海滨或溪边的沙土或卵石间；白腰草鹬(*Tringa ochropus*)常见于淡水环境，喜单独活动；普通燕鸻(*Glareola maldivarum*)，喙短而宽，尾分叉，为著名捕食蝗虫的鸟类。在山东微山湖地区调查，1 窝燕鸻 1 个月内可消灭蝗虫 16 200 多只。

(9) 隼形目(Falconiformes) 大中型昼行性猛禽，肉食性；喙粗强，喙形勾曲，基部具蜡膜(cere)；脚短健，爪勾曲锋利；在大树或岩洞营巢，晚成鸟；捕食小型鸟兽等；猛禽有吐“食丸”的习性，即在栖息地休息时，将不能消化的食物(特别是骨骼、羽毛、毛发等)成团吐出，分析这些食丸有利于查明当地小啮齿类的种类和数量。国内有 2 科 59 种。均为国家重点保护动物。常见的猛禽有鸢(*Milvus migrans*)，俗称老鹰，常在空中翱翔，尾端分叉。红隼(*Falco tinnunculus*)体长约 33 cm，

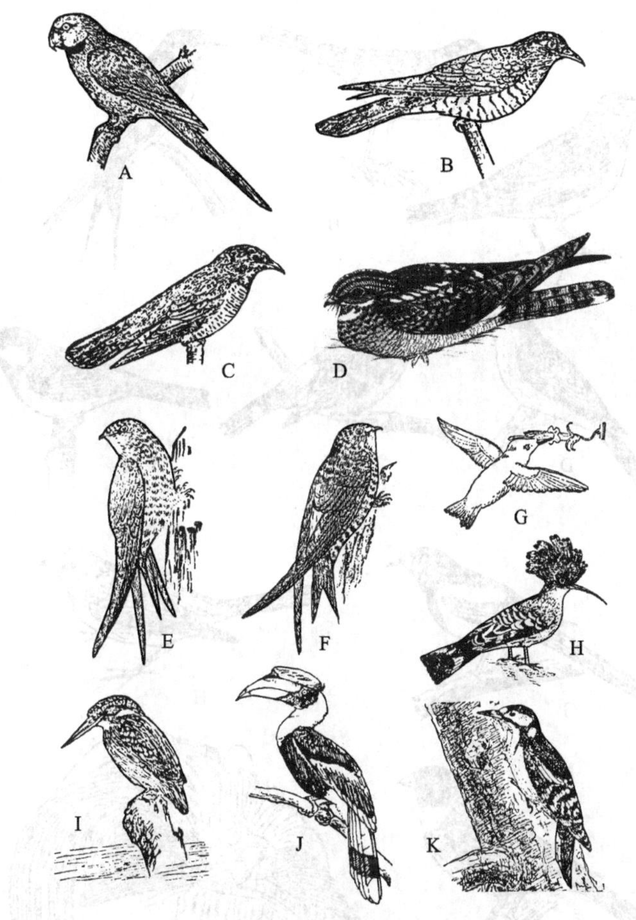

图 3-229 攀禽类代表种类

A. 绯胸鹦鹉 B. 大杜鹃 C. 四声杜鹃 D. 普通夜鹰 E. 普通楼燕 F. 白腰雨燕 G. 红喉蜂鸟 H. 戴胜 I. 普通翠鸟 J. 双角犀鸟 K. 大斑啄木鸟

上体赤褐色,下体具黑色纵纹,脚黄色,飞行快捷,主食害鼠、害虫。秃鹫(*Aegypius monachus*)为现存猛禽中最大的种类,展翅长达 2 m,头顶后部光秃或被绒羽,以鸟兽的尸体为食。鹗(*Pandion haliaetus*)是一种捕食鱼类的猛禽,外趾能后转,趾底多刺突,利于捕鱼。近年来,鹰科新归类为鹰形目(Accipitriformes),下设鹰科和鹗科。

(10) 鸮形目(Strigiformes) 夜行性猛禽;喙、爪均有力,第四趾能前后转动;眼大、向前,脸宽阔,眼周羽毛放射状排列成"面盘",颇似"猫头",故有"猫头鹰"的俗称;听觉发达,耳孔特大,外缘具皱褶或耳羽,有利收集声波;羽毛柔软,飞行时无声;栖息于森林中,营巢于树洞、岩隙间;晚成鸟。国内有 2 科 29 种,全部为国家二级重点保护动物。如草鸮(*Tyto alba*)、长耳鸮(*Asio otus*)、领鸺鹠(*Glaucidium brodiei*)等。鸮类深夜发出洪亮而"凄厉"的声音,食物中 90% 以上是鼠类。

(11) 鸡形目(Galliformes) 为地禽类;常态足,多数种类的雄性跗跖具距(跗跖后方的刺状物);喙脚强壮,适于行走和掘土啄食;翼短而圆,不善飞翔;一般营巢于地面,夜晚栖居在树上;部分种类的头部有肉冠,颌下有肉垂;雌雄两态,雄性羽色艳丽;雏鸟早成性。我国鸡形目种类十分丰富,多为当地的留鸟,计有松鸡科(Tetraonidae)和雉科(Phasianidae)24 属 52 种,其中,褐马鸡(*Cros-*

图 3－230 鸣禽类代表种类

A. 百灵 B. 红喉歌鸲 C. 家燕 D. 红尾伯劳 E. 黄腰柳莺 F. 大山雀 G. 喜鹊 H. 家麻雀 I. 黄胸鹀 J. 极乐鸟

soptilon mantchurium)、黄腹角雉(*Tragopan caboti*)、白冠长尾雉(*Syrmaticus reevesii*)、绿孔雀(*Pavo muticus*)等19种被列为国家一级重点保护动物；原鸡(*Gallus gallus*)、白鹇(*Lophura nycthomera*)、柳雷鸟(*L. lagopus*)、花尾榛鸡(*Tetrastes bonasia*)等21种被列为国家二级重点保护动物。原鸡为家鸡的祖先。松鸡科是北方类型的鸟类代表，它们跗跖部被羽，无距；鼻孔被羽可与雉类区别。鹧鸪(*Francolinus pintadeanus*)、鹌鹑(*C. coturnix*)等为小型种类，鹌鹑已被大量养殖。

（12）鸽形目(Columbiformes) 地禽类，在地面取食植物种子；喙短而细弱，基部多柔软；足短健，具有钝爪，适于地面奔走、掘土取食。分为鸠鸽科(Columbidae)和沙鸡科(Peteroclididae)。鸠鸽类喙基具蜡膜，4趾在同一平面上，营巢于树上或洞穴，为晚成鸟，亲鸟嗉囊发达，在育雏期能分泌鸽乳喂雏。常见的有珠颈斑鸠(*Streptopelia chinensis*)和山斑鸠(*S. orientalis*)。原鸽(*Columba livia*)为家鸽的祖先。沙鸡类喙基不具蜡膜，后趾退化，营巢于地面，为早成鸟。毛腿沙鸡(*Syrrhaptes paradoxus*)结群栖于北方荒漠，体土色而隐蔽，腿覆以毛羽，尾羽延长，常聚成千百只大群远距离迁飞。鸠鸽科和沙鸡科在许多方面差异甚大，因此，分类新系统者将沙鸡科独立划分成沙鸡目（Peterocliformes）。

（13）鹦形目（Psittaciformes） 也称为鹦鹉目。中小攀禽类；第4趾后转成对趾足，爪具利钩适于攀缘树枝；喙短钝，末端具利钩，适于剥食种子硬壳；羽色鲜艳具有光泽；热带森林鸟类，营巢于树洞或岩洞；晚成鸟。国内只有1科2属6种，都被列为国家二级重点保护动物。如我国云南、广西、海南和西藏产有绯胸鹦鹉（*Psittacula alexandri*）。原产地澳大利亚的虎皮鹦鹉（*Melopsittacus unduldtus*）已被广泛笼养成为观赏鸟。善效人言是鹦鹉的著名习性，常誉为"鹦鹉学舌"。

（14）鹃形目（Cuculiformes） 中型攀禽，对趾足；喙纤细而末端下弯；圆尾；多数为寄生性生殖，将卵产于它鸟巢中。晚成鸟。主食昆虫。常见的有大杜鹃（*Cuculus canorus*）、四声杜鹃（*C. micropterus*），前者鸣声"布谷、布谷"，故又名布谷鸟，后者叫声如"割麦割谷"。杜鹃具规律性迁徙，每年早春即来，叫声洪亮，彻夜不停，催人布谷下种，被人传颂。杜鹃可在雀形目等鸟类的巢中产卵，由义亲孵卵及育雏，该现象称为"巢寄生"。

（15）夜鹰目（Caprimul giformes） 夜行性攀禽，前趾基部并合（并趾足），中爪具栉状缘；羽毛柔软，飞时无声；口宽阔，口须发达，适于飞捕昆虫；体色斑驳与枯枝酷似。产卵1~2枚于林间地表。晚成鸟。夜鹰嗜食蚊虫，曾有人在1只鸟的胃中检出500多只蚊虫，俗称蚊母鸟。主要分布在热带地区的森林中，如普通夜鹰（*Caprimulgus indicus*）。

（16）雨燕目（Apodiformes） 小型攀禽，前趾足；喙短阔而平扁；翼尖长善飞，常在空中疾飞，飞时张口捕捉空中飞翔的昆虫。晚成鸟。如普通楼燕（*Apus apus*）、小白腰雨燕（*Apus affinis*）。戈氏金丝燕（*Collocalia germani*）分布于海南岛，生殖期以唾液腺分泌的黏液营巢，即著名的滋补品"燕窝"。红喉蜂鸟（*Calypte anna*）生殖于美国西部，冬季南迁至墨西哥，为鸟类中最小型者，大小不及拇指，体重仅1 g，喙细长，羽毛鲜艳具光泽，嗜食花蜜和小昆虫，可在花前快速扇翅而悬停在空中。蜂鸟科约有329种，其分布仅限于新大陆的温带森林中，分类新系统将蜂鸟科独立成为蜂鸟目（Trochiliformes）。

（17）佛法僧目（Coraciiformes） 攀禽，并趾足；喙形各异；多在洞穴中营巢，晚成鸟。如普通翠鸟（*Alcedo atthis*），喙粗长而尖，背羽翠绿色，尾羽短小，常静伏水边岩石或矮枝上，窥视游近水面的小鱼虾。戴胜（*Upupa epops*）喙细长略下弯，头顶具扇状冠羽，以地面蠕虫等小动物为食。双角犀鸟（*Buceros bicornis*）分布于我国云南南部，喙巨大而下弯，喙基顶部有"盔突"（角质隆起物），在高大树洞中筑巢，雌鸟伏于洞内，雄鸟衔泥和以胃吐出的分泌物将洞口封闭，仅留可伸出喙尖的洞隙，以接受雄鸟喂食。直至雏鸟出飞时，雌鸟则"破门而出"，孵卵期28~40 d。近年来，戴胜科和犀鸟科新归类成为犀鸟目（Bucerotiformes）。

（18）䴕形目（Piciformes） 攀禽，对趾足；森林鸟类；喙长直似凿，舌能升出钩取昆虫；尾羽羽干坚硬而富弹性，啄木时与两脚共成支架。凿洞为巢，孵卵期10~18 d，晚成鸟。常见的有大斑啄木鸟（*Picoides major*）。

（19）雀形目（Passeriformes） 鸣禽，个体大小不一，以小型居多。多数捕食农林害虫，虽有少数成鸟啄食谷粒，但是其育雏期捕食大量昆虫喂雏。有的种类因善鸣或效鸣而为笼鸟。种类多，分为103科，我国有55科约817种，占鸟类总数的50%以上。常见的有：家燕（*Hirundo rustica*）（燕科）；红尾伯劳（*Lanius cristatus*）（伯劳科）；黑枕黄鹂（*Oriolus chinensis*）（黄鹂科）；八哥（*Acridotheres cristatellus*）（椋鸟科）；喜鹊（*Pica pica*）（鸦科）；画眉（*Garrulax canorus*）（噪鹛科）；大山雀（*Parus major*）（山雀科）；家麻雀（*Passer domesticus*）（雀科 Passeridae）；燕雀（*Fringilla montifringilla*）（燕雀科）等等。分布于新几内亚东南部和阿鲁群岛的大极乐鸟(*Paradisea apoda*),雄性体态华美,胁羽延长若金丝,中央尾羽仅存羽轴,生活在热带雨林,以昆虫和水果为食。

二、哺乳纲

哺乳纲动物体表被毛、恒温、胎生和哺乳,是脊椎动物中身体结构、功能、行为最复杂、最完善的高等动物类群。与鸟类相比,哺乳类具有以下的进步性特征:① 大脑皮层加厚,具有高度发达的神经系统和感觉器官,能协调复杂的机能活动和适应多变的环境条件。② 出现口腔咀嚼和消化,进一步提高了营养物质和能量的摄取。③ 更加完善的陆生生殖方式——胎生(vivipary)和哺乳(suckle),保证了后代有较高的成活率。这些进步性特征使哺乳类能广泛辐射适应于陆栖、穴居、飞翔和水栖等各类环境条件,分布遍及全球。

(一) 哺乳纲的主要特征

1. 外形

哺乳动物外形最显著特点是体表被毛,躯体结构与四肢着生均适于陆上快速运动,前肢的肘关节向后转,后肢的膝关节向前转,从而使四肢紧贴身体下方,大大提高了支撑力和弹跳力,有利于步行和奔跑。有明显的头、颈、躯干和尾等几部分,尾部趋于退化。由于适应不同生活方式,形态也有较大改变。水栖的呈鱼形,附肢退化呈桨状;飞翔的种类前肢特化,具翼膜;穴居种类体躯粗短,前肢及蹄爪特化呈铲状。

2. 皮肤

哺乳类皮肤结构致密,有良好的抗透水性,具敏锐的感觉器官和调节体温的能力,皮肤腺发达。

表皮和真皮层均加厚,表皮的角质层发达。小型啮齿类表皮只有几层细胞,人有几十层;象、犀牛、河马、猪等有几百层,称为硬皮动物(pachyderms)。真皮为致密的纤维性结缔组织构成,内含丰富的血管、神经和感觉末梢,能感受温、压、疼觉。真皮的坚韧性极强,故可制革。表皮和真皮内有黑色素细胞(melanocytes),能产生黑色素颗粒,使皮肤呈现黄、暗红、褐及黑色。真皮之下有发达的蜂窝组织,能贮藏丰富的脂肪,构成皮下脂肪层,起着保温、隔热和贮藏能量的作用。哺乳类皮肤衍生物包括皮肤腺、毛、爪、甲、蹄、角等。

毛是哺乳动物特有的,是表皮角质化的产物。每根毛由露出皮肤外的毛干和包在真皮毛囊内的毛根组成。毛根的末端膨大部分称毛球。毛球基部即为真皮构成的毛乳突,内具丰富的血管,供应毛的生长。毛囊内有皮脂腺的开口,分泌的油脂能滋润毛和皮肤。毛囊基部有竖毛肌(图4-2)。竖毛肌为平滑肌,收缩时使毛竖起,有辅助体温调节的作用。哺乳类体表有少毛区,如鼻、唇、生殖孔周围,富有血管,有冷却体温的作用。

毛通常分为针毛(或称枪毛、刺毛)、绒毛和触毛。针毛粗而长,一般比绒毛长1/4至1/3,形成绒毛的保护层,有防止绒毛受湿、缠结和磨损的功能。绒毛细而短,数量多而密,十分柔软,通常有不同程度的弯曲,位于毛被的最内层,有隔热保温的作用。触毛也称为锋毛、导毛,比针毛长且硬,但数量很少,长在嘴边,有触觉作用。

毛的长度、密度、质地、颜色依种而异。极地生活的体毛厚密,热带种类则稀短;水生种类毛退化,或只在唇部有少量触毛。毛在每年的春、秋季更换,称换毛。毛皮动物冬季的毛被(冬毛),绒毛占 95% ~98%，针毛约占 2% ~5%。在换毛期间，旧毛脱落，新毛尚未长齐，毛皮质量差。

哺乳类皮肤腺发达，来源于表皮，下陷到真皮。除了上述的皮脂腺（sebaceous gland）外，还有汗腺（sweat gland）、臭腺（scent gland）、乳腺（mammary gland）等。

汗腺为单管腺，下段盘曲成团。汗液含有盐类、尿素等。汗液的蒸发是散热的主要方式之一。灵长类的汗腺分布全身，其他兽类多局限某一部位，如牛、羊、狗等汗腺仅分布在吻部，兔只在唇部和鼠蹊部，鲸、海牛和鼹鼠等无汗腺。

臭腺是分泌恶臭液体的一种特化皮脂腺，在不同兽类其分布部位不同，麝鼠、河狸及犬科动物为包皮腺；鼬科、灵猫科、某些啮齿类及鼩鼱为肛腺；偶蹄类有眶下腺、跗腺、趾间腺；雄麝腹部有麝香腺。臭腺分泌物有以下的主要作用：气味标记个体的领域；物种识别和两性求偶通讯；作为防御手段，吓退来敌。

乳腺是管、泡混合腺。在单孔类，乳腺组织散布于腹面体表，每小叶分别开口于毛根附近的皮肤表面；其他哺乳类，各小叶的导管集中开口于乳头（图 3－231）。乳头的数目及着生位置因种而异。少则 1 对，如马、蝙蝠、鲸、象和灵长类等；最多的是树袋熊（*Phascolarctos*）达 12 对；食肉类 3 ~4 对；啮齿类 1 ~5 对；牛 2 对；猪 4 ~8 对。乳头数目一般稍多于 1 窝幼仔的数目。通常雌性具乳腺，但灵长类和少数兽类雄性具有功能退化的乳腺。在交配怀孕后，乳腺在脑垂体前叶生乳激素的刺激下，发育和泌乳。乳汁中含有水分、脂肪、蛋白质和糖类等，供幼仔生长之需。各种营养成分的含量也随种而异，通常极地和水栖兽类乳汁中脂肪含量较高，须鲸类和鳍足类可接近或超过 50%。

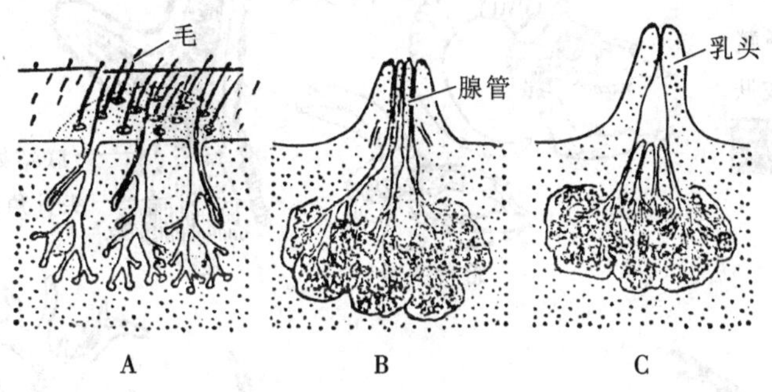

图 3－231　哺乳类乳头的类型

A. 无乳头（鸭嘴兽）　B. 真乳头（人）　C. 假乳头（有蹄类）

爪、甲、蹄都是趾端表皮形成的角质构造，由爪体及下部的爪下体组成。爪体厚并向两侧弯曲包住爪下体。甲是灵长类特有，其爪体平展，不向两侧下包。有蹄类的蹄，其爪体增厚形成包围趾端的蹄壁（图 3－232）。

角是由头部的表皮或膜成骨形成，或二者共同组成，是防御或进攻的武器。有永久性角和脱换角 2 类。

犀角（rhinoceros horn）是由表皮产生的角质纤维交织而成，头骨没有骨质参与角的结构，无骨心，固着在鼻骨的短结上，不脱换，但断落后能长出新角。独角犀仅 1 角，非洲的双角犀有 1 前 1 后的 2 个角（图 3－233），前角较发达。

洞角（或称空角）（hollow horn）由表皮产生的角鞘和额骨上骨质角突紧密结合而成，如牛、羊、黄羊及多数羚羊的角。不脱换。雌雄均有角，但雄性的角较粗长。

爪板
爪下片
A
指甲
B
上甲
下甲
C

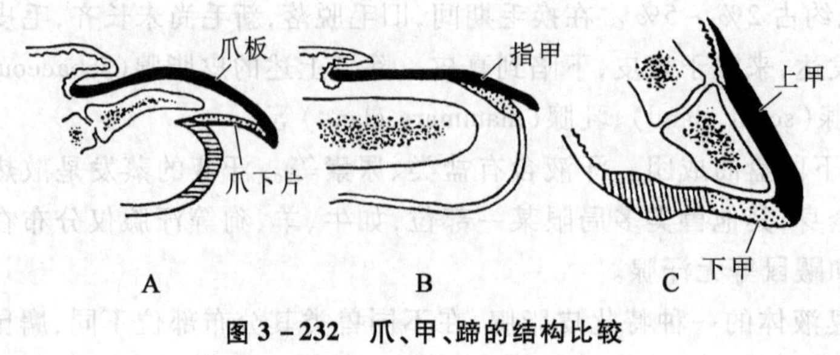

图 3-232 爪、甲、蹄的结构比较

A. 爪 B. 甲 C. 蹄

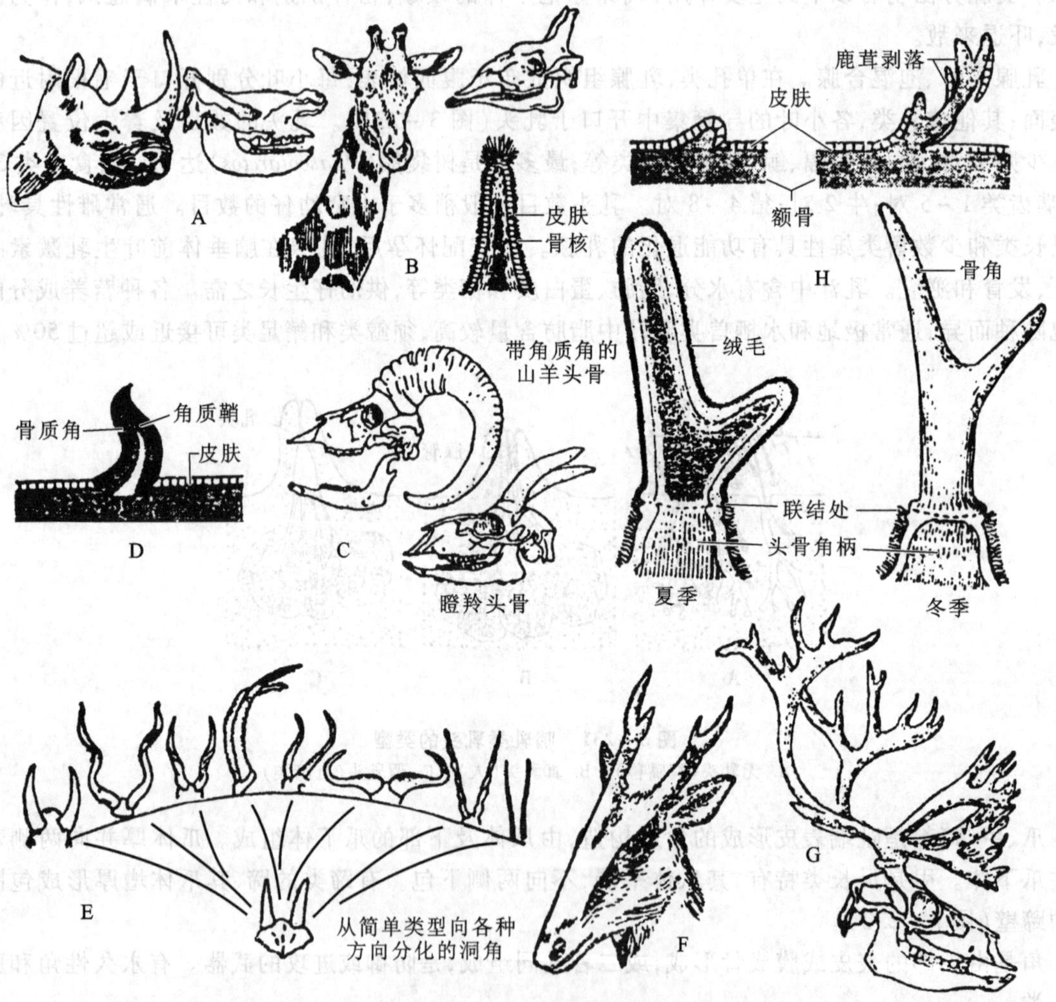

A
皮肤
骨核
B
鹿茸剥落
皮肤
额骨
H
骨角
绒毛
带角质角的
山羊头骨
骨质角
角质鞘
皮肤
D
C
瞪羚头骨
联结处
头骨角柄
夏季
冬季
E
从简单类型向各种
方向分化的洞角
F
G

图 3-233 哺乳类的角

A. 犀角及头骨 B. 长颈鹿的角及头骨 C. 山羊的角及头骨 D. 洞角的结构

E. 洞角的演化类型 F~G. 简单及复杂的鹿角 H. 鹿角的结构与发生

鹿角(antler)由额骨的突起所形成,每年脱换。鹿类一般只是雄性有角,但驯鹿两性均有。生长中的鹿角在骨心外包有带茸毛的皮肤,此时的鹿角称鹿茸。鹿角长成后茸毛和皮肤干落。人工饲养的梅花鹿 1 年常锯取鹿茸 1 ~2 次。

羚羊角(pronghorn)骨心不脱落,角鞘周期性更换,高鼻羚羊(*Saiga talarica*)、叉角羚(*Antilocapra americana*)的角属此类。

瘤角(stubby horn)如长颈鹿(*Giraffa camelopardalis*)的角,在骨心外终生被有皮肤,从不脱落。

3. 骨骼系统

哺乳类的骨骼十分发达,支持、保护和运动的功能进一步完善。表现在脊柱分区明显,结实而灵活;四肢下移至腹面,出现肘(elbow)和膝(knee)(图 3 - 234);头骨因脑和鼻囊的高度发达而特化。颈椎 7 枚,下颌为单一齿骨,2 个枕骨髁,牙齿异型,骨骼系统演化趋势是骨化完全,愈合或简化,使骨骼坚固且轻便,中轴骨韧性提高,四肢运动的速度和步幅增大;长骨的生长仅限于早期,与爬行类终生生长不同,有利于提高骨骼的坚固性和骨骼肌的完善。

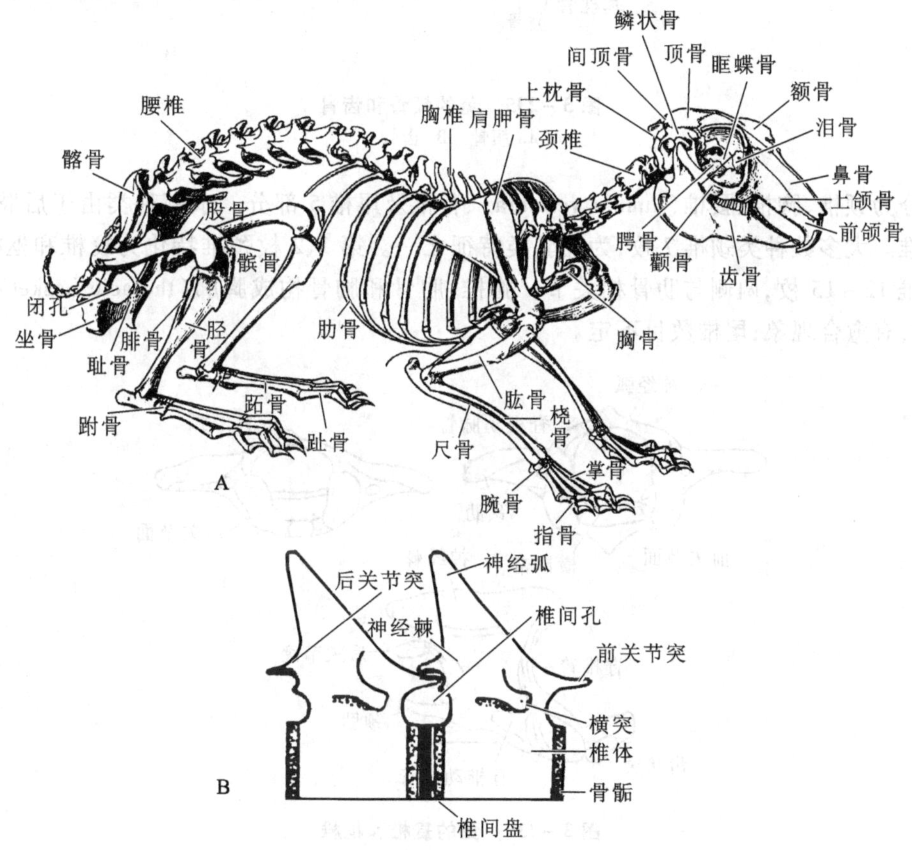

图 3 - 234　兔的骨架(A)及脊椎骨纵剖面(B)

(1) 中轴骨　包括头骨、脊柱、胸骨和肋骨。哺乳类由于脑、鼻囊等的发达及口腔咀嚼的产生,头骨发生了显著变化:头骨骨块的减少和愈合,如枕骨、蝶骨、颞骨和筛蝶骨等均由多块骨块愈合而成;次生腭(又名假腭)的产生;鼻腔内出现复杂的鼻甲骨,有明显的“脸部”;中耳腔 3 块互为关节的听骨(锤骨、砧骨和镫骨)把鼓膜和内耳相联结;下颌仅 1 对下颌骨(齿骨)组成,其后端直接与颅骨相关节,加强了咀嚼能力(图 3 - 235)。

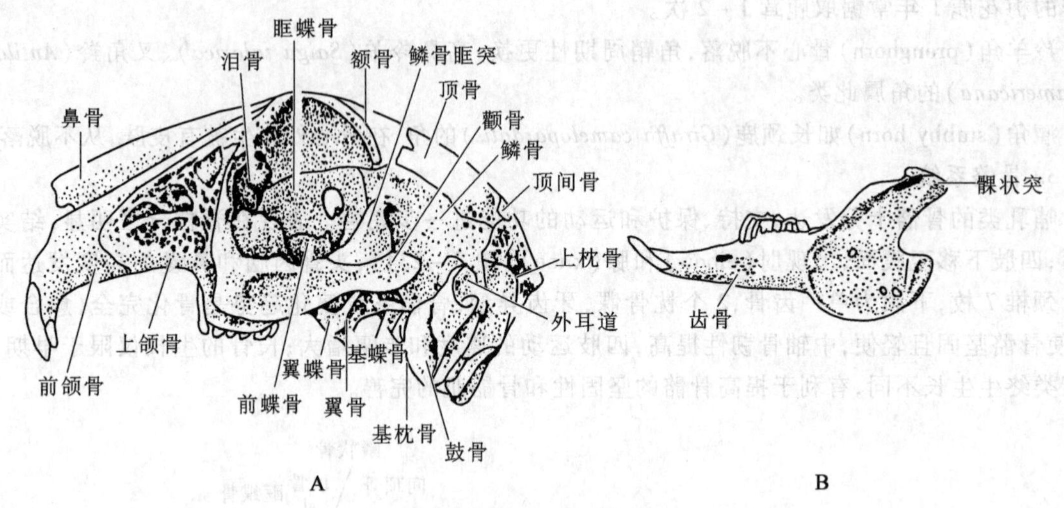

图 3-235 兔的颅骨和齿骨

A. 颅骨 B. 齿骨

脊柱分为颈椎、胸椎、腰椎(lumbar vertebra)、荐椎及尾椎5部分。水栖种类由于后肢退化而无明显的荐椎。大多数种类颈椎7枚,为哺乳类特征之一。第1、2枚颈椎特化为寰椎和枢椎(图3-236)。胸椎12~15枚,两侧与肋骨相关节。胸椎、肋骨和胸骨构成胸廓(thoracic basket)。荐椎多数3~5枚,有愈合现象;尾椎数目不定。

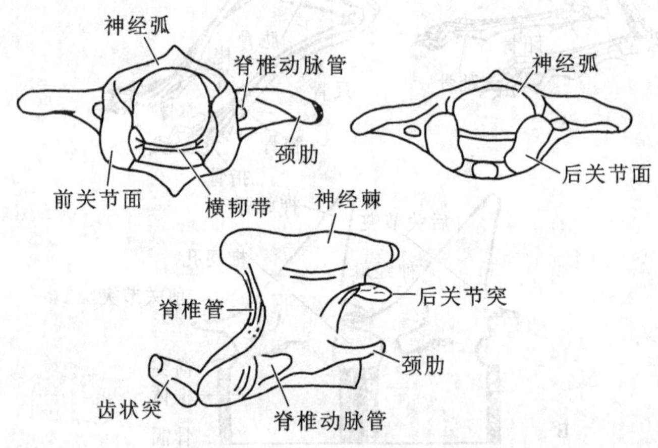

图 3-236 兔的寰椎和枢椎

哺乳类的脊椎骨有宽大的椎体接触,称双平型椎体,提高了脊柱的负荷能力;相邻椎体间有软骨构成椎间盘,起缓冲作用,防止运动时对脑和内脏的震动。

(2) 带骨和肢骨 哺乳动物肩带为薄片状,肩胛骨发达,乌喙骨已退化成肩胛骨上的1个突起,锁骨多趋退化(图3-237),仅在攀缘(如猴)、掘土(如鼹鼠)、飞翔(如蝙蝠)等类群中比较发达。前肢骨构造与其他陆生脊椎运动基本相同,但肘关节(articulatio cubiti)后转。

腰带由髂骨、坐骨和耻骨构成,髂骨与荐骨相关节,左右坐骨与耻骨在腹中线缝合,构成闭锁式

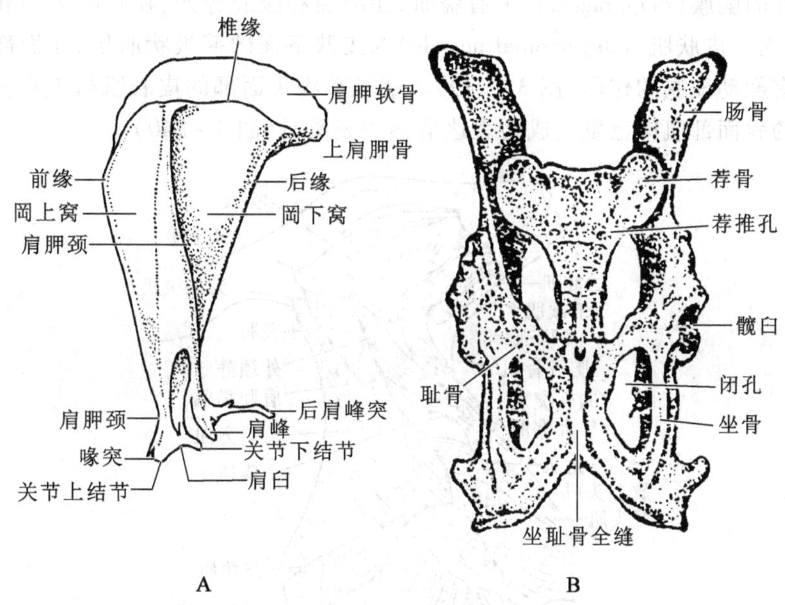

图 3-237　兔的带骨

A. 肩带　B. 腰带

骨盆。腰带愈合加强了对后肢支持的牢固性。后肢骨的构造与一般陆生脊椎动物基本相同,但膝关节(articulatio genu)前移,亦提高了支撑和运动能力。

哺乳类的四肢主要是前后运动,肢骨长而强健,与地面垂直,指(趾)朝前。疾走种类的前后肢均在一个平面上运动,与屈伸无关的肌肉退化,以减轻肢体重量。足趾型分跖行、趾行和蹄行性。跖行性足全部着地,如灵长类、熊等;仅以足趾着地为趾行性,如狗、狐;有蹄类则以趾端着地,与地面接触面积最小,为快速奔跑的蹄行性趾型,如马、牛、羊、鹿等(图 3-238)。

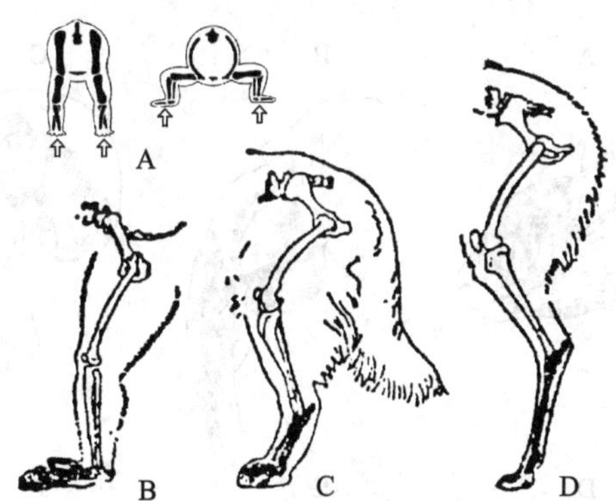

图 3-238　哺乳类的附肢姿态变化与足型

A. 与两爬类的附肢姿态比较　B. 跖行性　C. 趾行性　D. 蹄行性

4. 肌肉系统

哺乳类肌肉系统基本上与爬行类相似,但结构和功能进一步复杂化。特别是四肢、咀嚼、皮肤肌肉发达,具特殊的膈膜(diaphragma),上有膈肌,使胸腔和腹腔分开,在呼吸运动和压迫腹腔促进排粪中起重要作用。皮肤肌(integumental muscle)为皮肤下面的薄板状肌层,在面部、颈部、肩和胸腹等处的皮下,有颤动皮肤的作用(图 3-239)。哺乳动物头面部的皮肤肌衍生自古脊椎动物的舌肌,人和类人猿的脸面部肌肉已发展成为表达情感的表情肌(图 3-240)。

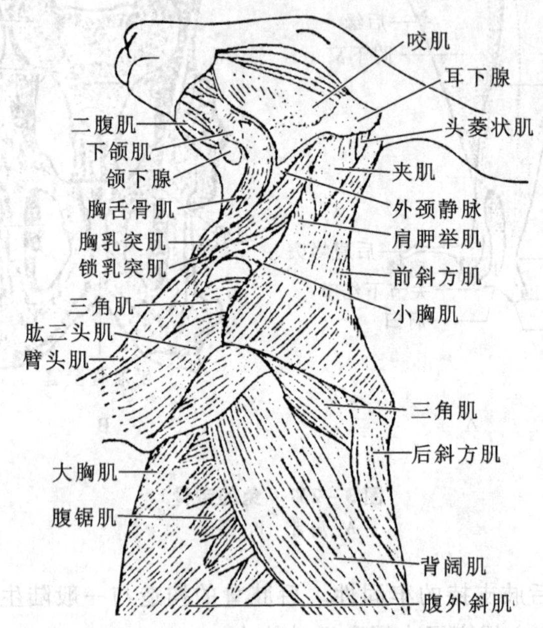

图 3-239 兔的表层肌肉(杨安峰,1994)

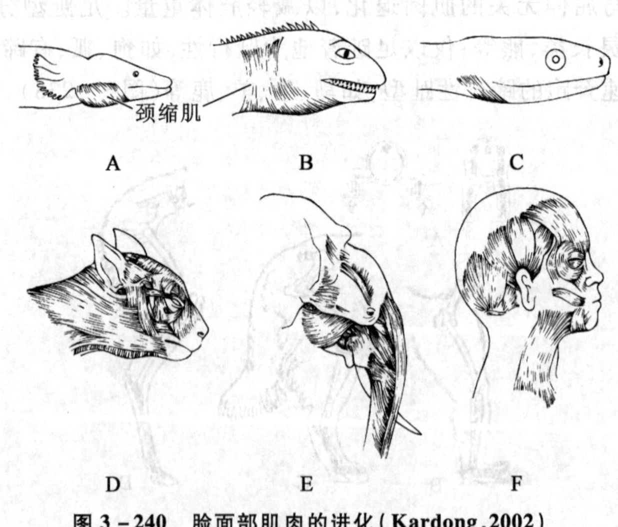

图 3-240 脸面部肌肉的进化(Kardong,2002)

A. 蝾螈 B. 蜥蜴 C. 蛇 D. 猫 E. 象 F. 人

5. 消化系统

哺乳类消化管分化程度高,出现了口腔消化;消化腺发达;从行为上凭借灵敏的感官和有力的运动器官能积极主动及迅速地寻食，是其他动物所不及。

哺乳类出现肉质的唇（lips），有颜面肌肉附着以控制运动，为吸乳、摄食和辅助咀嚼的重要器官。草食性种类唇尤为发达，有的上唇还具唇裂。唇在人类的发音吐字上起重要作用。口裂已大为缩小，在牙齿外侧出现了颊部（cheek），防止食物掉落。某些种类，如树栖的松鼠、猴等的颊部还发展了袋状颊囊（cheek pouches），用以临时贮藏食物。口腔顶壁的骨质硬腭（次生腭）（图 3－194）后面延伸出软腭（soft palate），把鼻腔开口（内鼻孔）与口腔分隔开，由鼻孔吸入的空气可不经过口腔而直接经咽部入喉门。腭部有成排的具角质上皮的棱，防止咀嚼时食物滑脱。须鲸类的鲸须（Whalebone）即为角质棱特化的滤食器官。肉质舌（tongue）在哺乳类最发达，舌面有味蕾（taste bud）为味觉器官，舌除了与摄食、搅拌、吞咽动作有关外，也是人的发音辅助器官。

前颌骨、颌骨和下颌骨着生有牙齿，属槽生齿。哺乳类的牙齿有分化，为异型齿（heterodont dentition），分为门牙（切牙）（incisor，简称 I）、犬牙（尖牙）（canine，简称 C）、前臼齿（premolar，简称 P）和臼齿（molar，简称 M）。门牙用于切割食物，犬牙撕裂食物，前臼齿和臼齿用来咬、切、压、研磨食物。

牙齿的形状和数目在不同种类差异很大（见图 3－254），但同种基本稳定，这在哺乳动物的分类上有重要意义。通常以齿式（dental formula）表示一侧上下颌各类牙齿数目。如猪为$\frac{3\cdot1\cdot4\cdot3}{3\cdot1\cdot4\cdot3}=44$，即猪上颌一侧门牙 3 枚，犬牙 1 枚，前臼齿 4 枚，臼齿 3 枚，计 11 枚，全口计 44 枚。有的种类上下颌齿型、齿数是不同的，如牛的齿式$\frac{0\cdot0\cdot3\cdot3}{4\cdot0\cdot3\cdot3}=32$，上颌无门牙，下颌门牙 4 对。蝙蝠齿式为$\frac{2\cdot1\cdot1\cdot3}{3\cdot1\cdot2\cdot3}=32$；蒙古兔齿式$\frac{2\cdot0\cdot3\cdot3}{1\cdot0\cdot2\cdot3}=28$，其中上颌门齿排成前、后两排，外列门齿大，后列门齿小，为副门齿。

从哺乳类牙齿的发育特征看，有乳齿（deciduous teeth）和恒齿（dentes permanentes）之分。乳牙即幼年期的初生牙，到一定时间（人约 6～7 年）乳牙脱落，长出新牙，即恒齿。恒齿终生不更换。哺乳类的门、犬、前臼齿有乳齿，臼齿无乳齿。多数哺乳类为双套齿（diphyodont），也称再出齿，先乳齿后再换为恒齿，与低等种类的多套齿（polyphyodnt）不同，后者牙齿易脱落，一生有多次替换。

牙齿是真皮和表皮（釉质）的衍生物，由齿质（dentine）、釉质（珐琅质）（enamel）和齿骨质（白垩质）（cement）组成。齿质是牙的主体，内有髓腔，充有结缔组织、血管和神经。釉质是最坚硬的部分，覆盖在齿冠上；齿骨质位于齿根部齿质的周围，与颌骨的齿槽相联合。齿根外有齿龈包被，仅齿冠露在齿龈外（图 3－241）。

口腔有 3 对唾液腺（salivary gland），即耳下腺（parotid gland）、颌下腺（submaxillary gland）和舌下腺（sublingual gland），其分泌物除了黏液为主外，还含有淀粉酶（ptyalin）、溶菌酶等。不少哺乳类以唾液蒸发散热来调节体温。

口腔后部为咽（pharynx），内鼻孔开口于软腭后端达于咽部。咽的两侧还有耳咽管（欧氏管）开口，与中耳相通，调节中耳腔内的气压而保护鼓膜。咽部周围还有大的淋巴腺，即扁桃体（tonsil）。喉门外具一软骨的“喉门盖”，即会厌软骨（epiglottis），食物经过咽时，会厌软骨盖住喉门，防止食物进入气管。

消化管分化明显，多数种类为单胃，食草动物的反刍类（ruminant）为复杂的复胃（反刍胃）。

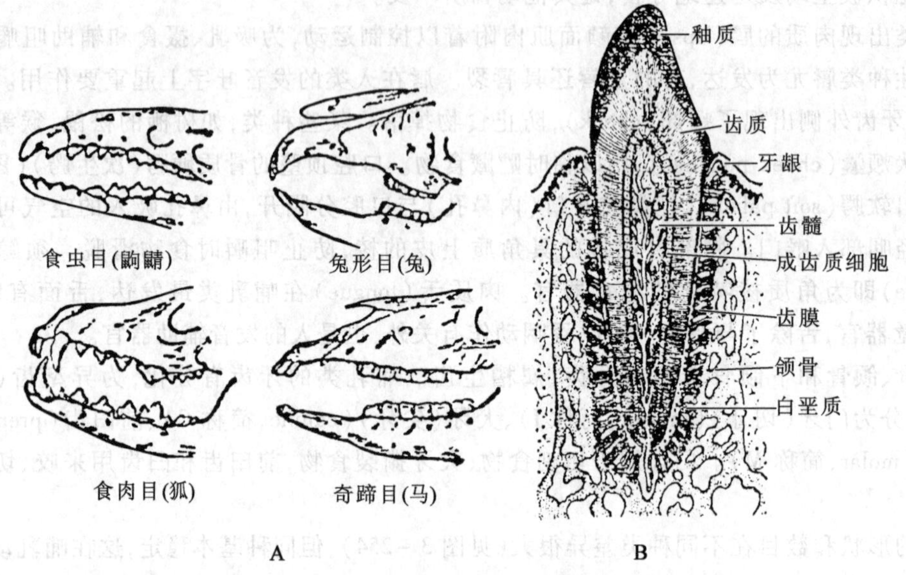

图 3-241　哺乳类的齿系与犬牙结构

A. 齿系　B. 犬牙剖面

反刍胃具四室(图 3-242),即瘤胃(rumen)、网胃(蜂窝胃)(reticulum)、瓣胃(omasum)和皱胃(abomasum),前 3 室为食管变形,皱胃为胃本体,分泌胃液。反刍的简要过程是:混有唾液的纤维质食物(如干草)经食管入瘤胃,在微生物(细菌、纤毛虫和真菌)作用下发酵分解(部分进入网胃);瘤胃和网胃中比较粗糙的草料上浮,刺激瘤胃前庭和食管沟,引起逆呕反射,粗糙食物逆行经食管入口再咀嚼;咀嚼后的食物进入网胃,精细成分经过瓣胃到达皱胃,比较粗糙的食物可反复进行反刍,直至食物被充分分解为止。因此,牛在不进食时仍在不停地咀嚼,就是这种反刍作用。

哺乳类的小肠高度分化(图 3-243),一般分为十二指肠(duodenum)、空肠(jejunum)和回肠(ileum)。十二指肠为小肠的第一段,胆总管和胰导管都通入十二指肠;空肠约占小肠的 2/5,借小肠系膜连于腹腔后壁,移动性大,是消化吸收的主要场所,蠕动快,肠内常呈排空状态故名;回肠为小肠末段,约占小肠总长的 3/5,多盘曲,移动性也大。小肠黏膜富有绒毛(villus),血管和淋巴管。绒毛呈细微的指突状。上有单层柱状上皮、乳糜管(lacteal)(毛细淋巴管)、毛细血管网和平滑肌纤维(图 4-24)。绒毛不断地伸展和收缩,可加速营养物质的吸收和输送。大肠分为结肠(colon)和直肠(rectum)。结肠管径粗细不匀,表面有许多横沟,将肠壁隔成许多小囊,即“结肠袋”。根据结肠的行径和位置又分为升结肠、横结肠、降结肠及乙状结肠四段。结肠有分泌黏液、吸收水分和形成粪便的作用。直肠为大肠末段,终于肛门,其背方多数有 1 对直肠腺。在回肠和结肠交界处有盲肠。食草类盲肠长,家兔盲肠内壁有狭窄的螺旋瓣。灵长目盲肠短,末端有细指状突,称蚓突。

肠的长短与动物食性有关,草食性动物肠最长,如家兔肠为体长的 15~16 倍,使之能有效地分解植物纤维和增加吸收面积。

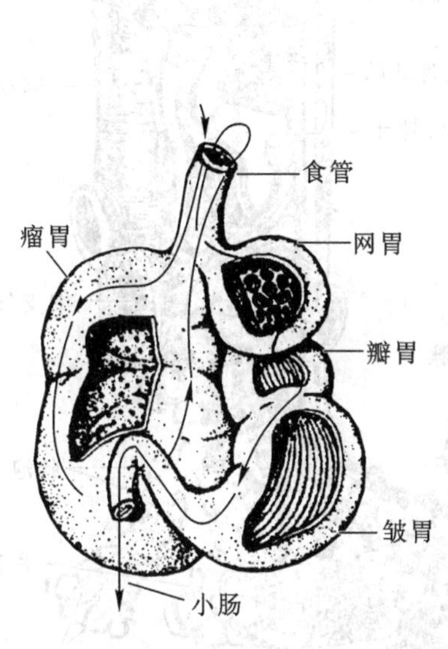

图 3-242 哺乳类的反刍胃

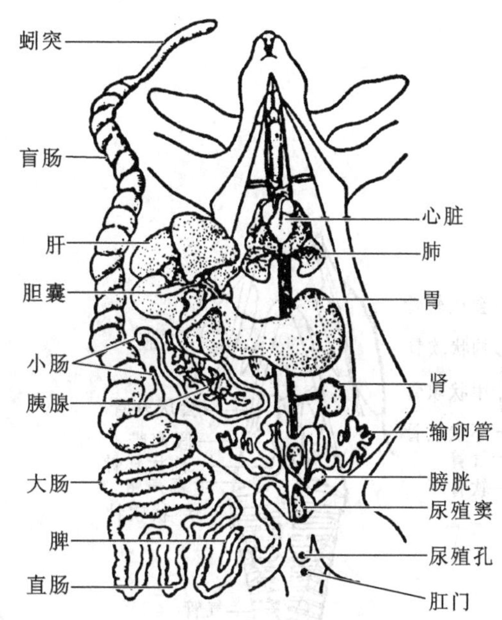

图 3-243 雌兔的内脏

哺乳动物的消化腺有唾液腺、胃腺、肠腺、肝和胰。胃腺在胃的贲门部较少,幽门部较多,分泌的胃液能分解蛋白质和使乳凝固。肠腺在肠壁,分泌的消化酶能将初步分解的蛋白质、淀粉、糖类和脂肪等进一步分解为可吸收的简单的分子。肝位于膈的后方,分叶,如家兔分为5叶,其中间凹处有1个胆囊。胆管和肝管汇合成胆总管通入十二指肠,胆汁能将脂肪乳化,有助于脂肪分解;胰脏呈粉红色,散布在十二指肠间的肠系膜中,由单一胰管开口于十二指肠后部,胰液是一种碱性溶液,其中的碳酸氢盐能够中和进入十二指肠的胃酸,为小肠内多种消化酶的活动提供最适宜的碱性环境,并保护肠黏膜免受酸的侵蚀;胰液中的多种消化酶能分解蛋白质、糖类和脂肪。

6. 呼吸系统

哺乳类呼吸系统发达。空气经外鼻孔、鼻腔、喉、气管入肺。鼻分为上端的嗅觉部分和下端的呼吸通道部分。嗅觉部分有发达的鼻甲,和通入头骨骨腔内的鼻窦,加强对空气的温暖、湿润和过滤作用。喉除了喉盖(会厌软骨)外,由甲状软骨、环状软骨形成喉腔,环状软骨上方有1对小的杓状软骨(图3-244)。甲状软骨与环状软骨之间有黏膜皱襞构成声带(vocal cord),为发声器官。声带紧张程度的改变以及呼气气流的强度可调节音调。

哺乳动物的肺为海绵状,由许多细支气管和肺泡构成。肺泡(alveolus)是呼吸性细支气管末端的盲囊,由单层扁平上皮构成,外面密布微血管,是气体交换的场所(图3-245)。这种结构使呼吸表面积增大,如人的肺泡约7亿个,总面积达60~120 m^2。肺泡之间有弹性纤维,伴随呼气动作使肺被动回缩。肺的弹性回缩使胸腔内呈负压状态,故胸膜壁层和脏层紧紧地贴在一起。胸腔为哺乳动物特有的、是容纳肺的体腔,借横膈膜与腹腔分开。横膈膜的运动可改变胸腔容积(腹式呼吸),肋间肌的收缩导致的肋骨的升降则扩大或缩小胸腔容积(胸式呼吸),二者协调以完成呼吸。哺乳动物胸廓参与支持身体,加之肩带和前肢位于胸廓两侧,使肋骨活动范围受到限制,因而膈肌的出现,对于加强呼吸功能具有重要意义。

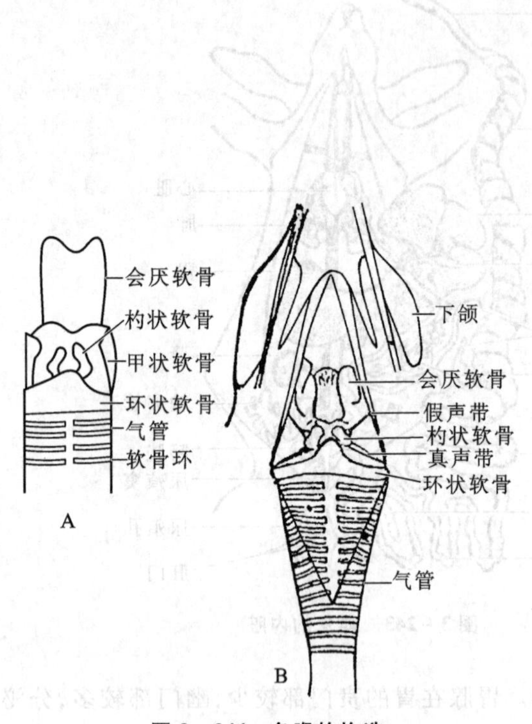

图 3-244 兔喉的构造

A. 喉整体背面观 B. 与其他器官的关系

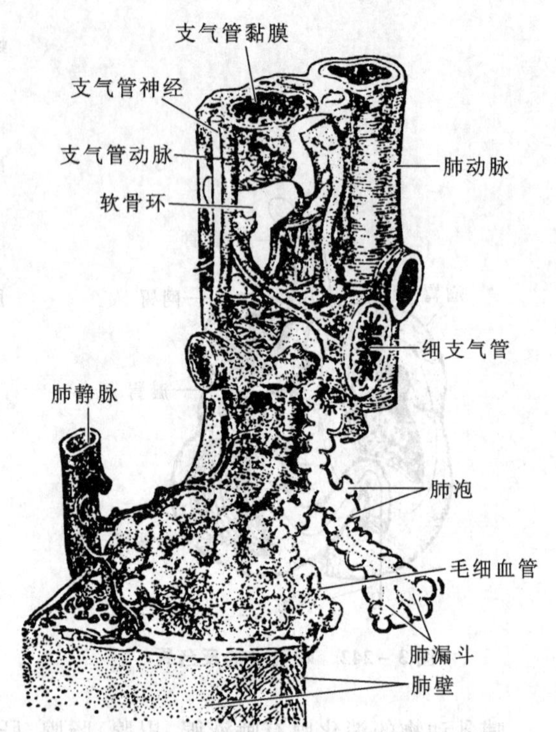

图 3-245 人肺的结构模式图(Young J Z,1981)

7. 循环系统

哺乳动物和鸟类都具有完善的双循环,对维持快速运动和恒温起着保证作用。哺乳动物心脏位于胸腔中央的两肺之间,其尖端稍偏左方。心脏外有膜性囊包裹,称心包(pericardium)。内为心包腔,充满浆液,对心脏有保护作用。心脏分 4 室:2(左、右)心房和 2(左、右)心室,右侧心房与心室壁较薄,内贮静脉血,房室间有三尖瓣(valvula tricuspidalis)(膜质、三瓣,亦称右房室瓣);左侧心房心室壁厚,内贮动脉血,房室间具二尖瓣(valvula mitralis)(又称左房室瓣或僧帽瓣)。左心室和右心室分别将血液泵向体循环(systemic circulation)和肺循环(pulmonary circulation)。

左心室发出 1 条主动脉(aorta),上升后向左弯曲成为主动脉弓(arcus aortae)(鸟类是向右转弯)(图 3-246),向后延伸为背大动脉(dorsal aorta)。主动脉离开左心室后即分出 1 对冠状动脉(arteria coronaria),营养心脏本身;主动脉弓发出 3 条动脉:无名动脉(arteria anonyma)、左颈总动脉(left arteria carotis communis)和左锁骨下动脉(left arteria subclavia)。无名动脉在其发源处分为 2 支,为右锁骨下动脉(right arteria subclavia)和右颈总动脉(right arteria carotis communis),分别至右前肢和头部。背大动脉分支到胸肋部、胃、肠、肝、胰等内脏和后肢及尾部。

后肢、内脏等处静脉汇集成后腔静脉;肾门静脉完全消失;成体腹静脉消失;头部及前肢等静脉血集中到前腔静脉。前、后腔静脉均注入右心房;冠状静脉也注入右心房。

淋巴系统在脊椎动物当中最为发达,包括淋巴管、淋巴结和脾脏等。淋巴为黄色液体,成分接近血浆,内含少量淋巴球;淋巴管和血管一样,是闭合的管系,淋巴管内有大量瓣膜出现,毛细淋巴管以盲端开始于组织间隙,许多毛细淋巴管汇合成为较大的淋巴管,通至淋巴结,最后主要经胸导管(thoracic duct)注入前大静脉入心(图 3-247)。淋巴的流动方向是单向的、向心的。在淋巴管的通路上有圆形或椭圆形大大小不同的淋巴结,在颈部、腋窝、鼠蹊等处较多。其作用为制造淋巴球和吞噬外来的微粒和细菌等。

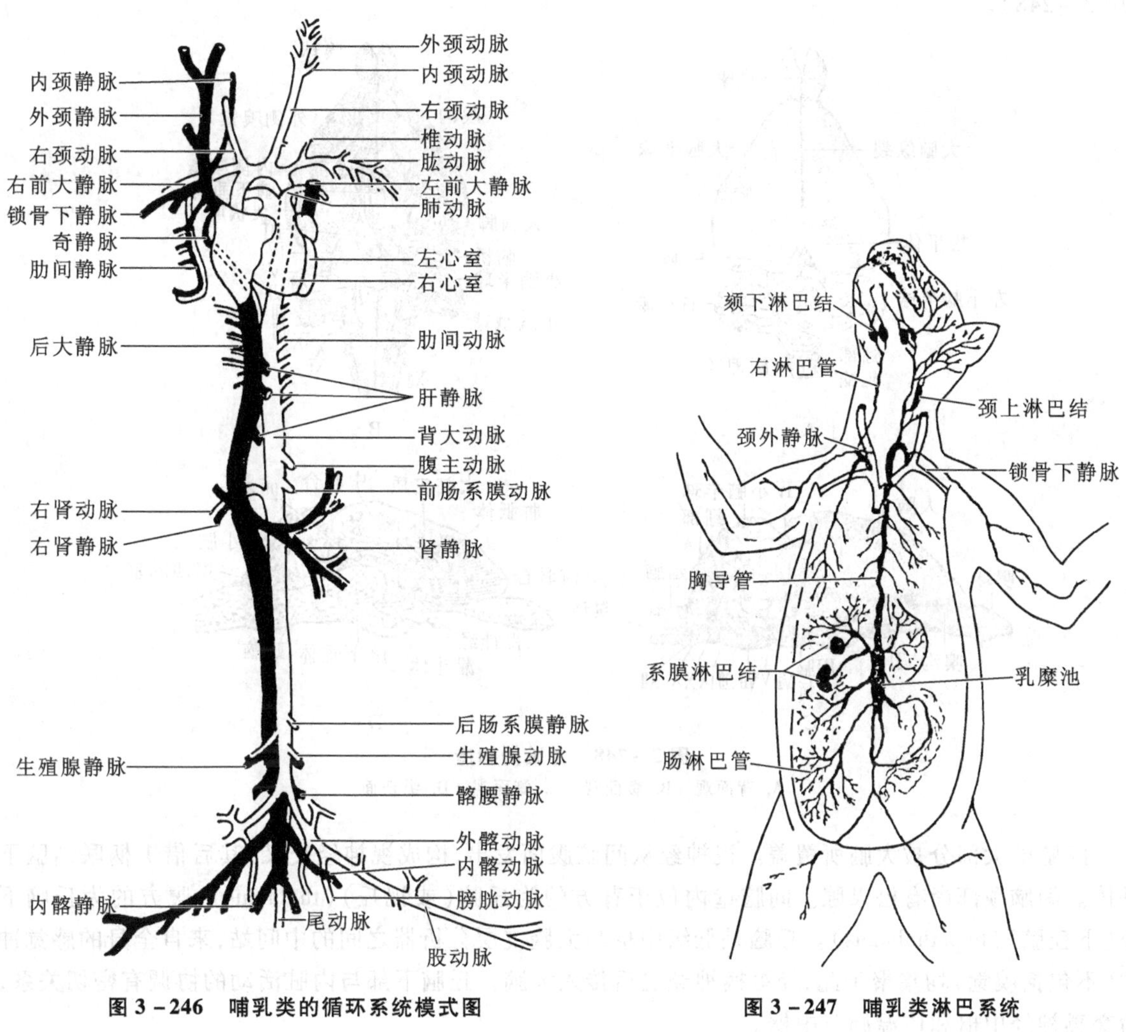

图 3-246 哺乳类的循环系统模式图

图 3-247 哺乳类淋巴系统

脾脏是 1 个长形暗红色器官,位于胃的后方,亦可视为一个大淋巴结,功能为清除衰老的红细胞,贮存部分血液和吞噬外来微粒,制造淋巴球。

8. 神经系统

哺乳类具有高度发达的神经系统,能有效地协调机体内环境的统一并对复杂的外环境迅速做出反应。神经系统也是伴随着机体结构、功能、行为的复杂化而发展、完善的,包括中枢神经系统、周围神经系统和植物性神经系统 3 部分。中枢神经系统的主要特点是,大脑和小脑体积增大,神经细胞所聚集的皮层加厚,出现了脑沟和脑回(皱褶)。

大脑皮层(cerebral cortex)由发达的新脑皮层构成,是哺乳动物高级神经活动的中枢。纹状体(即基底核)(是爬行类和鸟类的高级神经活动中枢)已显著退化;古脑皮层(paleopallium)成为梨状叶,为嗅觉中枢;原脑皮层(archipallium)萎缩,成为端脑内的2个侧脑室下角腔中的1个腊肠状结构——海马(hippocampus 或 Ammon's horn 安蒙氏角),与嗅觉有关。大脑左右两半球通过许多神经纤维互相联络,这些神经纤维构成的通路即胼胝体(corpus callosum),这是哺乳类的特有结构(图3-248)。

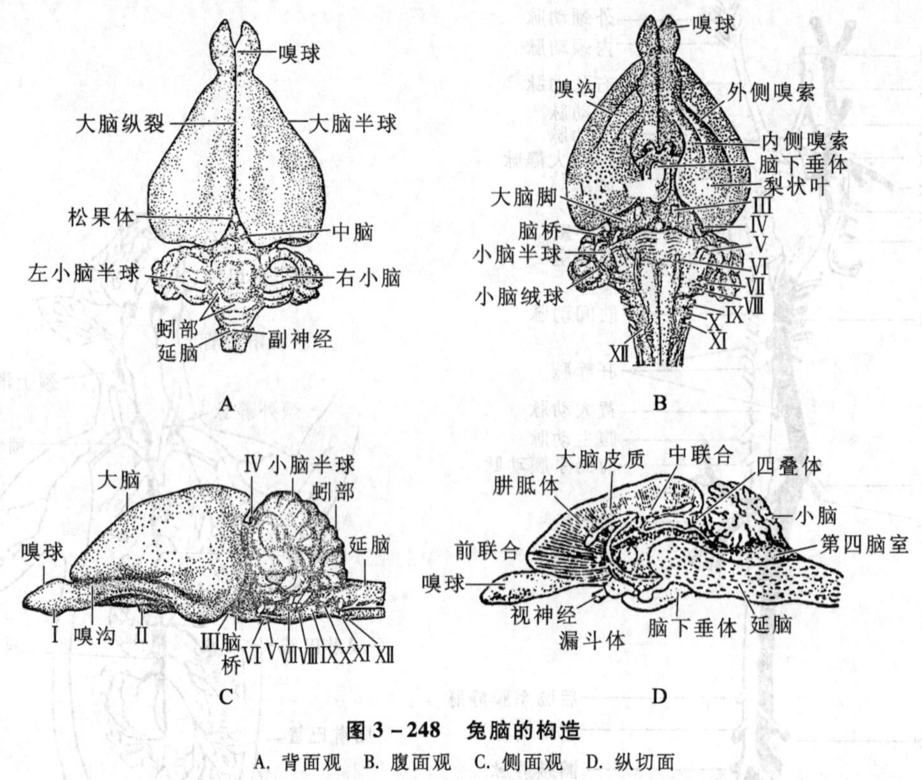

图3-248 兔脑的构造

A. 背面观 B. 腹面观 C. 侧面观 D. 纵切面

间脑的大部分被大脑所覆盖。视神经从间脑腹面发出,构成视神经交叉,其后借1柄联结脑下垂体。间脑顶部尚有松果腺。间脑壁内位于背方的为丘脑(或视丘)(thalamus),腹方的为丘脑下部(下丘脑)(hypothalamus)。丘脑是低级中枢与大脑皮层分析器之间的中间站,来自全身的感觉冲动(不包括嗅觉)均集聚于此,经更换神经之后传入大脑。丘脑下部与内脏活动的协调有密切关系,为交感神经中枢和体温调节中枢。

中脑比其他脊椎动物相对地不发达,其背方具有四叠体(corpora quadrigemina),前面1对视觉反射中枢,后面1对听觉反射中枢。中脑底部的加厚部分构成大脑脚(cerebral peduncle),为下行的运动神经纤维束所构成。

后脑的顶部为发达的小脑是运动协调和维持躯体正常姿势的平衡中枢。小脑皮质又称新小脑,是哺乳类特有的结构。在延脑底部由横行神经纤维构成的隆起,称脑桥(pons varolii),是小脑与大脑之间联络通路的中间站,亦为哺乳类特有结构。大脑和小脑发达的种类,脑桥也发达。

延脑背方为小脑所覆盖，后接脊髓。延脑除了作为脊髓与高级中枢的联络通路外，还具一系列脑神经核，其神经纤维与相应的感觉与运动器官相联系。延脑又是重要的内脏活动中枢，节制呼吸、消化、循环、汗腺分泌以及各种防御反射（如咳嗽、呕吐、泪腺分泌、眨眼等），又称活命中枢。

脑内具脑室，与脊髓的中央管相通。大脑两半球内各具 1 脑室，间脑腔为第三脑室，

延脑中具第四脑室。中脑腔在高等脊椎动物中已成为不明显的细管，称中脑水管（sylvian aqueduct）。各脑室、脊髓中央管以及各种脑膜之间充满脑脊液，它对保证脑颅腔内压力的稳定、缓冲震动、维持内环境（盐分和渗透压）平衡和营养物质代谢，均具有重要作用。

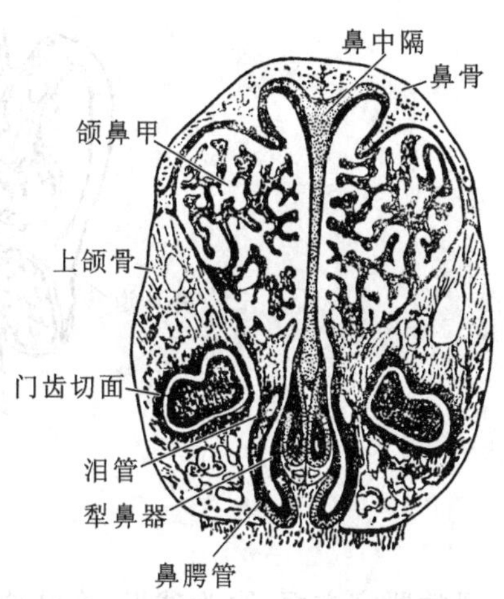

图 3－249　兔鼻腔前部的横切面

9. 感觉器官

哺乳类感官发达，尤以嗅觉和听觉高度灵敏。嗅觉发达表现在鼻腔的扩大和鼻甲骨的出现。鼻甲骨是复杂盘曲的薄骨片（图 3－249），外覆有布满嗅神经的嗅黏膜（图 3－250），使嗅觉表面积大大增加（如兔的嗅神经细胞多达 10 亿个），尤其夜行性种类嗅觉成为重要器官，水栖种类嗅觉比较退化。

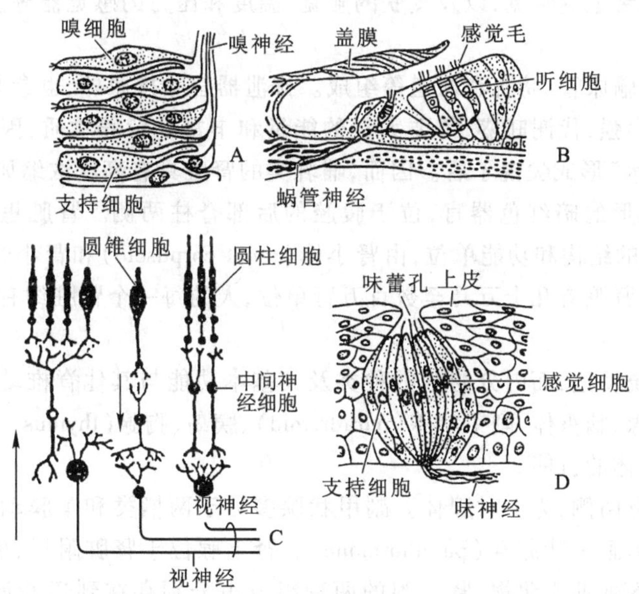

图 3－250　各种感觉上皮组织

A. 嗅黏膜　B. 柯蒂氏器　C. 视网膜　D. 味蕾

敏锐的听觉来自内耳具有发达的耳蜗管（cochlea），中耳具 3 块听小骨（镫骨、锤骨和砧骨），发达的外耳道和外耳壳（图 3－251）。多数种类耳壳可以转动，能有效地收集声波。鼓膜随声波的振动而推动听小骨，听小骨撞击耳蜗管的前庭窗，引起耳蜗管内淋巴液的震动，从而刺激听觉感受器

(柯蒂氏器),将神经冲动传入脑而产生听觉。在水中,哺乳类躯体密度与水的密度相近,声波可以直接由躯体传入内耳。一些齿鲸的下颌骨中空,内充油液,是声波的优良导体。

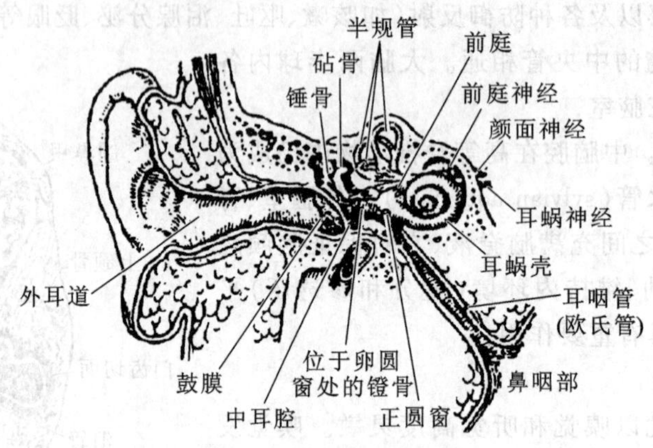

图 3-251 人耳的构造

视觉器官方面,眼为球形,在结构上与其他陆生脊椎动物无大的差别。哺乳类的眼对光波感觉灵敏,但色觉较差,这与多数动物夜行性有关。灵长目则辨色能力及对物体大小和距离的感觉能力强。

此外,还有口腔和舌上的味觉,以及皮肤的触觉、温度和压力的感觉器等。

10. 排泄系统

排泄系统由肾脏、输尿管、膀胱和尿道等组成。排泄器官除排尿外,也参与体温、盐和酸碱平衡的调节。哺乳类运动力强,代谢旺盛,需要大量的能量和丰富的营养物质,因而代谢过程产生的尿量也大,这与陆生“保水”形成尖锐矛盾。因而,哺乳类的肾脏具有高度浓缩尿液的能力。哺乳类的肾属于后肾,为 1 对豆形的暗红色器官,位于腹腔的后部脊柱两侧。肾脏里有许多肾单位(nephron),它是肾脏形成尿的结构和功能单位,由肾小体(renal corpuscle)和肾小管(tubule)组成。哺乳类肾单位数目多,每一肾脏有几十万乃至数百万肾单位,人的每一个肾脏约有 100 万个肾单位。

11. 内分泌系统

哺乳类内分泌系统发达,而内分泌腺的种类及其基本功能与其他脊椎动物相似。主要的内分泌腺有:甲状腺、肾上腺、脑垂体、副甲状腺(parathyroid)、胰岛、胸腺(thymus)、性腺等(图 3-252),能泌多种激素,调节身体的机能。

甲状腺在咽的下方两侧,为 1 对腺体。副甲状腺多见于两栖类和羊膜动物,位于甲状腺背侧,小而卵圆形。分泌物为副甲状腺素(parathormone)。肾上腺位于肾脏附近,由皮质(cortex)和髓质(medulla)组成,从鱼类到哺乳动物,肾上腺的两种组成由分别存在到逐渐混杂,最后髓质集中成团,外被皮质。脑垂体位于间脑腹面,分为前后两叶,前叶亦称腺性垂体(adenohypophysis),后叶称神经性垂体(neurohypophysis)。胰岛是散布在胰脏中的细胞群,含 α 和 β 两种细胞。胸腺位于胸部稍前方,是一种淋巴器官,在幼体时特别发达。

12. 生殖系统

由生殖腺(卵巢和精巢)、生殖导管、附属的腺体及其他附属构造(如交接器等)构成(图 3-253)。

哺乳类雄性精巢为 1 对睾丸,通常位于阴囊(scrotum)中。睾丸由众多的曲细精管(精小管)

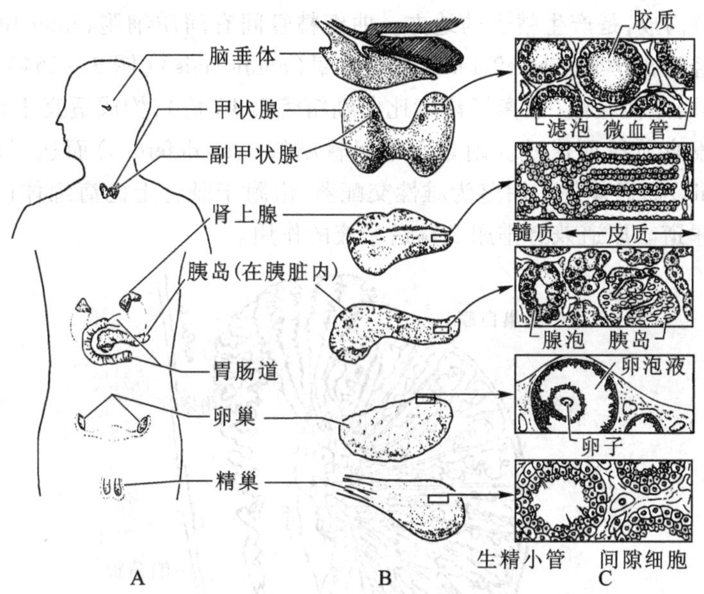

图 3－252　人体的内分泌腺

A. 内分泌腺在人体的分布　B. 各分泌腺的外形　C. 各分泌腺的显微结构

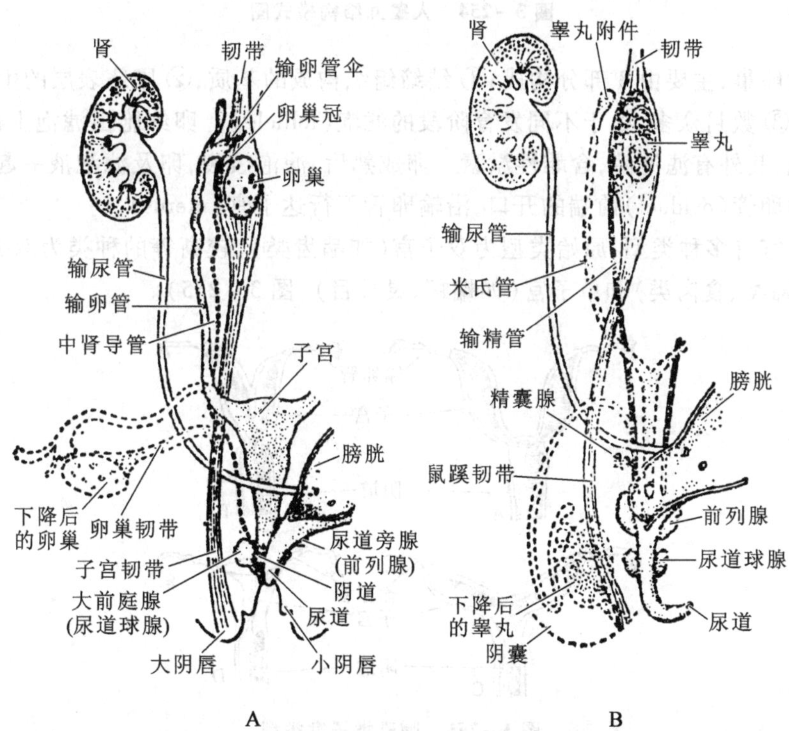

图 3－253　哺乳类雌雄生殖系统模式图

A. 雌性　B. 雄性

(seminiferous tubule)构成,是产生精子的地方。曲细精管间有间质细胞(interstitial cell),能分泌雄性激素。曲细精管经输出小管(vas efferent)而达附睾(epididymis)(图 3-254)。附睾是大而卷曲的管,其壁细胞分泌弱酸性黏液(氢离子浓度比曲细精管大 10 倍),构成适宜于精子存活的条件,精子在这里经历重要发育阶段而成熟。附睾下端经输精管(vas deferens)而达于尿道。精液经尿道(urethra)、阴茎(penis)而通体外。阴茎为雄性交配器,由附于耻骨上的海绵体(corpus cavernosum)构成。海绵体包围尿道。尿道兼有排尿及输送精液的作用。

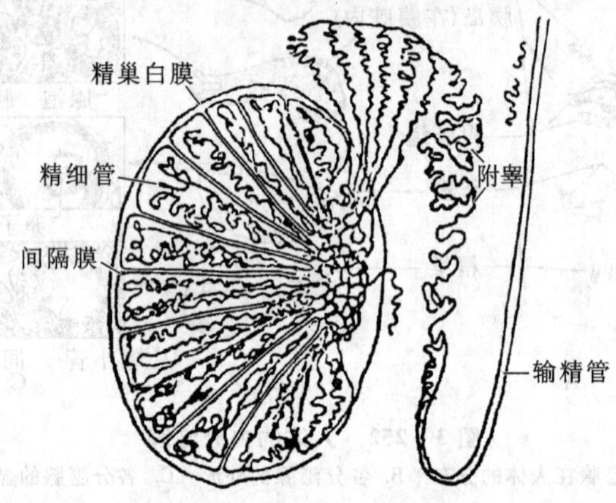

图 3-254 人睾丸结构模式图

雌性具 1 对卵巢,主要由 3 部分构成:① 结缔组织构成的基质;② 围绕表层的生殖上皮(germinal epithelium);③ 数目众多、处于不同发育阶段的滤泡(follicle)。卵细胞由滤泡上皮形成,每个滤泡含 1 个卵细胞,其外有滤泡液,含雌性激素。卵成熟后,滤泡破裂,卵及滤泡液一起被排出。成熟卵排出后进入输卵管(oviduct)前端的开口,沿输卵管下行达子宫(uterus)。

哺乳类的子宫有多种类型,原始类型为双子宫(如啮齿类)、较高等的种类为双分子宫(如猪)、双角子宫(如有蹄类、食肉类)和单子宫(如蝙蝠、灵长目)(图 3-255)。

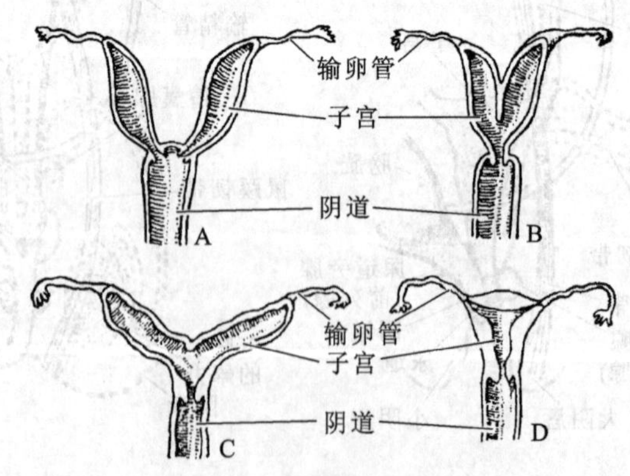

图 3-255 哺乳类子宫类型

A. 双子宫 B. 双分子宫 C. 双角子宫 D. 单子宫

哺乳类是胎生(viviparous)动物,受精卵在母体的子宫内经过胎儿发育后才产出幼体,胚胎通过胎盘(placenta)从母体获得营养。自受精卵、胎儿至幼体产出这一发育过程称妊娠(gestation),经历的时间为妊娠期。雌亲产出发育完全的幼体，称分娩。妊娠期长短依种而异。产出的幼体以母乳哺育。胎生和哺乳是哺乳动物的显著特征。

卵在输卵管上段受精后下行至子宫，同时开始分裂，并植入子宫黏膜。卵裂后多细胞球形成单层中空的胚泡（blastocyst），胚泡壁成为滋养层，紧靠滋养层一团细胞称为胚结（embryonic knot）。从胚结分化为三胚层，进而形成胚胎及胎膜（placental）等构造。胎膜包括羊膜（amnion）、绒毛膜（chorion）、卵黄囊（yolk sac）、尿囊（allantois）和脐带（umbilical cord）等结构。这些结构对于胎儿的生长发育具有保护、营养、呼吸、排泄等功能。

胎盘是由胎儿的绒毛膜和尿囊与母体子宫壁的内膜结合起来形成的。尿囊的外壁与浆膜愈合形成绒毛膜，外表具有许多绒毛状微小突起（绒毛），其中富有毛细血管，与胎儿脐带中的血管相通连。胎儿借绒毛突起与母体子宫的血液相接触，通过渗透作用进行代谢物质的交换，维持胎儿的生长发育。羊膜是包裹着胎儿的薄膜，呈囊状；内部充满液体，称“羊水”（amniotic fluid）（由羊膜上皮分泌的水样液），胎儿悬于羊水中（图 3 – 256）。营养物质通过脐带输入供胎儿之需。

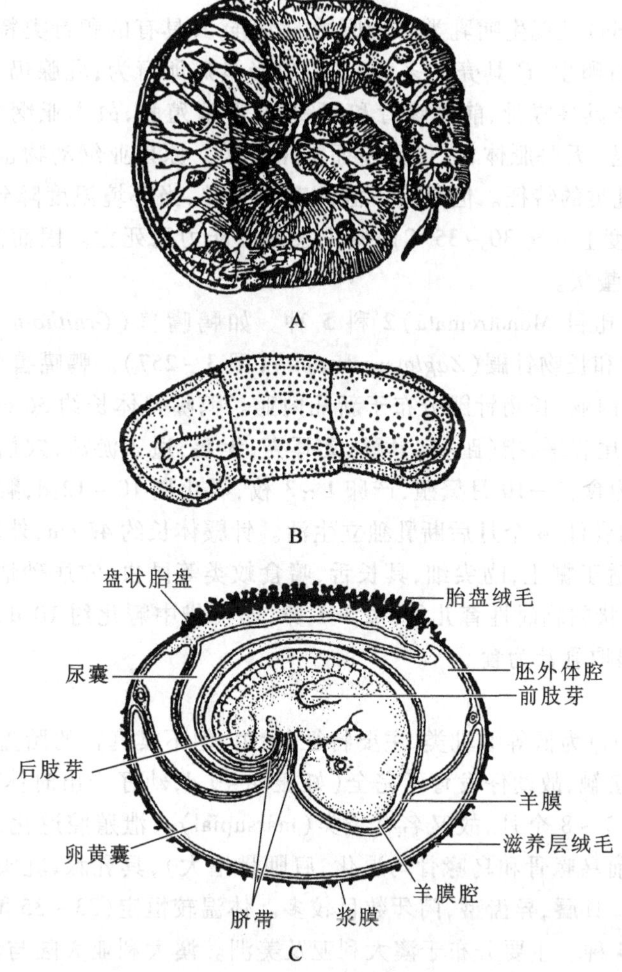

图 3 – 256　哺乳类的胎盘类型

A. 多叶胎盘　B. 环状胎盘　C. 盘状胎盘（12 日龄兔胚）

哺乳类的胎盘分为无蜕膜胎盘(adeciduate placenta)和蜕膜胎盘(deciduate placenta)。前者胚胎的尿囊、绒毛膜与母体子宫内膜结合不紧密,幼体出生时易于与胎盘脱离,即胎盘不脱落、不使子宫壁大量出血。后者胚胎的尿囊、绒毛膜与母体子宫内膜结为一体,幼体出生时需将子宫壁内膜一起撕下产出,造成大量出血。

无蜕膜胎盘一般包括散布状胎盘(diffuse palcenta)和多叶胎盘(cotyledonary placenta)(图 3-269)。前者绒毛均匀分布在绒毛膜上,如鲸、狐猴、某些有蹄类等;后者绒毛汇成许多块小叶丛,散布在绒毛膜上,多数反刍动物属此。蜕膜胎盘一般包括环状胎盘(zonary palcenta)和盘状胎盘(discoidal palcenta)。前者绒毛集中成环带状,围绕胚胎中部,如食肉目、象、海豹等;后者绒毛集中成盘状分布,深入母体子宫壁,如食虫目、翼手目、啮齿目及多数灵长目属此类。蜕膜胎盘效能高,更有利于胚胎发育,一般认为这是哺乳类较高等的类型。人的胎盘属于盘状胎盘。

(二)哺乳纲的分类

现存的哺乳动物约 5 411 种,灭绝记录76 种,分为 3 个亚纲。

1. 原兽亚纲

原兽亚纲(Prototheria)是现生哺乳类中最原始的类群,其具有的爬行类特征反映出哺乳类起源自爬行类。主要表现在:卵生,产具壳的多黄卵,雌兽尚具孵卵行为;乳腺仍为一种特化的汗腺,无乳头;肩带结构似爬行类具乌喙骨、前乌喙骨和间锁骨;有泄殖腔,故本亚纲又称单孔类;雄兽缺乏交配器;大脑皮层不发达,无胼胝体;成体无齿而具角质鞘。原兽亚纲动物也具备哺乳、体表被毛、恒温(26~35 ℃)等哺乳类的特征。但是其体温调节能力差,当环境温度降到 0 ℃时,体温在 20~30 ℃间波动,当环境温度上升至 30~35 ℃时则失去调节能力而死亡。因而活动力不强,分布范围也窄,且冬季冬眠,热天蛰伏。

本亚纲有 1 目(单孔目 Monotremata)2 科 5 种。如鸭嘴兽(*Ornithorhynchus anatinus*)、针鼹(*Tachyglossus aculeatus*)和长吻针鼹(*Zaglossus bruijni*)(图 3-257)。鸭嘴兽分布于澳大利亚,针鼹分布于澳大利亚和新几内亚,长吻针鼹分布于新几内亚。鸭嘴兽体长约 36 cm,尾长约 13 cm,体表覆有软毛,嘴宽扁似鸭,尾扁平,指(趾)间具蹼,无耳壳,无唇,适于游泳,穴居在水边,以软体动物、甲壳类、蠕虫及昆虫等为食;7—10 月繁殖,产卵 1~3 枚,孵化期 10~12 d,孵出的幼仔舐食母兽腹部乳腺(无乳头)分泌的乳汁,4 个月后断乳独立生活。针鼹体长约 45 cm,外形似刺猬,全身被有夹杂着棘刺的硬毛,前肢适于掘土,吻尖细,具长舌,嗜食蚁类等昆虫,穴居砂地,夜出觅食,生殖期间母兽腹部皮肤褶襞成囊状的临时性育儿袋,每产 1 卵,卵在袋中孵化约 10 d,孵出的幼仔在一段时间内(约 50 d)在袋中摄取乳汁为食。

2. 后兽亚纲

后兽亚纲(Metatheria)为低等哺乳类,主要特征:胎生,但不具真正的胎盘,胚胎靠卵黄囊(而不是尿囊)与母兽子宫壁接触,故幼仔发育不完全(妊娠期 40 d,幼仔产出时体长仅约 3 cm),需在母兽的育儿袋中继续发育 7~8 个月,故又名有袋类(marsupial)。泄殖腔退化,仅留残余。肩带表现有高等哺乳类的特征(前乌喙骨和乌喙骨均退化,肩胛骨增大),具乳腺,乳头位于育儿袋内。大脑皮层不发达,无胼胝体。具唇,异齿型,门牙数目较多。体温较恒定(33~35 ℃)。

有 7 目 19 科约 334 种。主要分布于澳大利亚及美洲。澳大利亚大陆与其他大陆分离时,高等哺乳类尚未出现,所以未能侵入,有袋类得以发展,如树袋熊(考拉)(*Phascolarctos cinereus*)、岩大袋鼠(*Macropus robustus*)、袋熊(*Vombatus ursinus*)、斑袋貂(*Phalanger maculatus*),以及肉食性的袋狼(*Thy-*

图 3-257　单孔目代表动物

A. 针鼹　B. 鸭嘴兽　C. 长吻针鼹

lacinus cynocephalus)、食鱼袋鼬(*Dasyurs viverinus*)等(图 3-258)。代表动物有大灰袋鼠(*Macropus giganteus*),适于跳跃,后肢强大,趾有并合现象,1 步可跳 5 m,尾长大,栖息时作为支撑器官。育儿袋发达,幼仔早产,未充分发育,不能吸吮乳汁,母兽乳房有特殊肌肉能将乳汁喷出,幼仔唇部紧裹乳头,喉上升伸入鼻腔,故乳汁能畅流入食管。

图 3-258　有袋目代表动物

A. 负鼠　B. 袋貂　C. 大袋鼠　D. 树袋熊　E. 袋鼩　F. 袋鼹　G. 袋狼

3. 真兽亚纲

真兽亚纲(Eutheria)又称有胎盘类,为高等哺乳动物,现生哺乳动物中绝大多数种类(占 93.47%)属此亚纲。主要特征:具真正胎盘,胎儿发育完善后产出,不具泄殖腔,乳腺发达具乳头,肩带为单一的肩胛骨,大脑皮层发达,具胼胝体,异齿型,齿数有减少趋势,门牙少于 5 枚。有良好的体温调节能力,体温一般恒定于 37 ℃。

现存的真兽亚纲有 19 目 129 科 5 077 种,其中我国分布有 13 目 56 科 693 种,146 种为中国特有。

(1) 食虫目(Insetivora)　也称为劳亚食虫目(Eulipotyphla),为较原始的有胎盘类,体小型,吻尖细，适于食虫，四肢短小，指(趾)端具爪，适于掘土凿穴。牙齿构造较原始，体被绒毛或硬刺，多数夜行性，主食昆虫、蠕虫。全球约4科443种。我国有3科89种，常见的如刺猬(*Erinaceus europaeus*)，背部被棕、白相间的棘刺，其余部分浅棕色，齿式$\frac{3\cdot1\cdot3\cdot3}{2\cdot1\cdot2\cdot3}$，栖于山林或平原草丛中。主食昆虫，兼食小动物及瓜果等，具冬眠习性。鼩鼱(*Sorex araneus*，又名鼩鼠)形似小鼠，被灰褐色细绒毛，尾细长，齿式为$\frac{3\cdot1\cdot3\cdot3}{1\cdot1\cdot3}$。栖山地或平原草丛中或石缝下。专食昆虫，对农业有一定益处。大缺齿鼹(*Mogera robusta*，又名鼹鼠)(图3－259)，适于地下穿穴生活，体粗短，密被无毛向的绒毛，眼小，耳壳退化，锁骨发达，前肢掌心外翻，具爪。齿式为$\frac{3\cdot1\cdot4\cdot3}{3\cdot0\cdot4\cdot3}$。多栖于低山湿地，在农区地下穿穴，破坏作物根系。曾经被列入食虫目的树鼩(*Tupaia belangeri*)，因具有相似于灵长目的特征(大脑较发达、拇趾与其他趾分开等)，分类地位介于食虫目和原始灵长类之间，目前已经另立为攀鼩目(Scandentia)，该目有2科20种，我国仅分布1种。

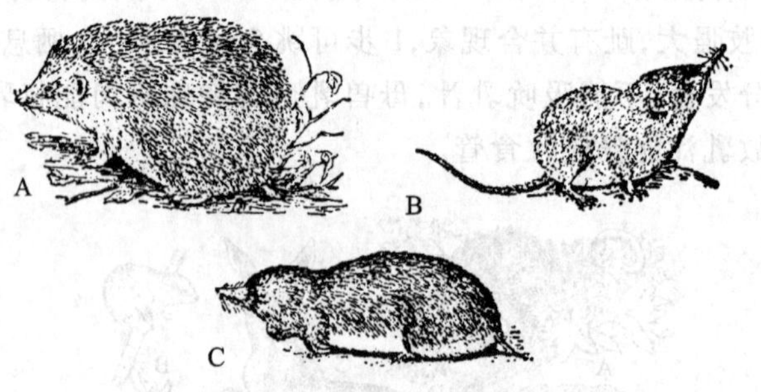

图3－259 食虫目代表动物

A. 刺猬 B. 鼩鼱 C. 大缺齿鼹

(2) 翼手目(Chiroptera) 飞翔的哺乳类，前肢特化，具延长指骨，指骨末端及肱骨、体侧、后肢、尾之间具薄而坚韧的皮质翼膜，第一、二指具爪。后肢短小，具长的弯曲钩爪，适于悬挂栖息。胸骨发达类似鸟类龙骨突，锁骨发达。齿尖锐。夜行性。全球约18科1 145种。我国7科135种。常见的有蝙蝠(*Vespertilio* spp.)(图3－260)，多为群居，尤以越冬为盛。白天在屋缝、岩洞倒挂栖息，黄昏外出飞捕昆虫，栖地堆积的粪便为上等肥料，中药"夜明砂"即经加工的蝙蝠粪。蝙蝠能通过口腔或鼻腔发射出超声波，用耳朵收集从其他物体反射折回的超声波，以此确定物体的距离、方向和大小等，称为回声定位(echolocation)。有冬眠习性，有的种类还有春季远距离迁徙的特点。

图3－260 蝙蝠

(3) 灵长目(Primates) 树栖，除少数外，拇指(趾)与其他指(趾)相对，适于攀缘握枝。锁骨发达，手掌及跖部裸露，且有两行皮垫。指(趾)端除少数具爪外，多具指甲。大脑半球发达，两眼前视，视觉发达，嗅觉较退化。雌兽有月经。多数为群体社会生活。

全球约16科412种。分布在我国的种类(4科31种)全部被列为国家一级或二级重点保护动物。代表性种类如(图3－261)：懒猴(蜂猴，*Nycticebus coucang*)，懒猴科(Lorisidae)，第二趾具爪。

体小，四肢细长，尾甚短。齿式为$\frac{2 \cdot 1 \cdot 3 \cdot 3}{2 \cdot 1 \cdot 3 \cdot 3}$。分布在我国云南、华南地区，树栖性强，少下地，昼伏夜出，行动迟缓。猕猴（*Macaca mulatta*），隶属于猴科（Cercopithecidae），鼻间隔狭窄，鼻孔向下开。拇指（趾）能与他指（趾）相对，尾不具缠绕性，具颊囊和臀胼胝，脸部有裸区，后肢比前肢长，齿式$\frac{2 \cdot 1 \cdot 2 \cdot 3}{2 \cdot 1 \cdot 2 \cdot 3}$。分布于南非及亚洲温热带区域，我国华南及西南盛产，集大群生活，为重要实验动物。黑长臂猿（*Hylobates concolor*），长臂猿科（Hylobatidae），臂特长，站立时手可及地。无尾，具小的臂胼胝，无颊囊，齿式为$\frac{2 \cdot 1 \cdot 2 \cdot 3}{2 \cdot 1 \cdot 2 \cdot 3}$。分布在我国海南岛及云南南部。黑猩猩（*Pan troglodytes*），猩猩科（Pongidae），体型较大，不具臀胼胝，前肢长可过膝，耳及脸部少毛，齿式为$\frac{2 \cdot 1 \cdot 2 \cdot 3}{2 \cdot 1 \cdot 2 \cdot 3}$。高约1.5 m，重70 kg，体黑色，面部无毛，耳较大与人耳相似，几十只为一群，主要树栖，也常到地面活动，杂食性。大猩猩（*Gorilla gorilla*）与黑猩猩都分布非洲。人科（Hominidae）的特点为：毛退化，身体直立，臂不过膝，手足分工，大脑极发达。如智人（*Homo sapiens*），大脑进一步发达，具有语言、思维能力和文化智力。长臂猿科、猩猩科和人科合称为人猿超科（Superfamily Hominoidea）。

（4）鳞甲目（Pholidota）　头、躯干、尾、四肢背面均覆有大型角质鳞片，鳞片之间有少量毛，腹面具毛。不具齿，吻尖，舌发达，前肢爪发达，适于掘穴和挖捕蚁巢，舔食蚁类等昆虫。现存1科8种，我国有1科3种。常见的是穿山甲（*Manis pentadactyla*，又名鲮鲤）（图3－262A），分布长江以南地区，被列为国家二级重点保护动物。

图3－261　灵长目代表动物

A. 懒猴　B. 猕猴　C. 长臂猿　D. 黑猩猩

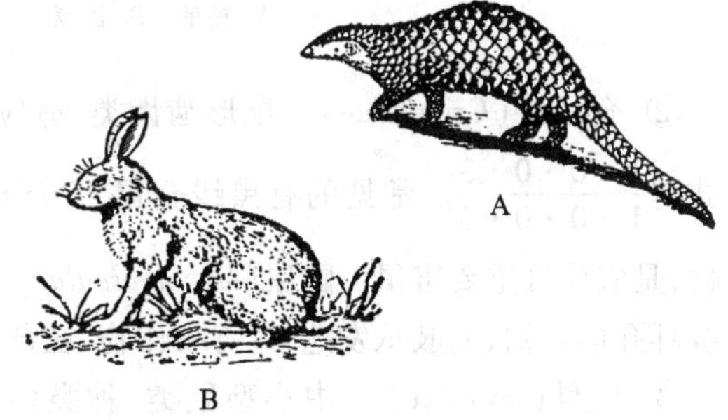

图3－262　鳞甲目和兔形目代表动物

A. 穿山甲　B. 蒙古兔

（5）兔形目（Lagomorpha）　中小型食草动物，后肢长于前肢，胫骨与腓骨愈合，上颌2对门齿前后着生，后1对极小，门齿凿状，终生生长，无犬齿，门齿与前臼齿间呈现空隙，便于泥土等杂物溢出。耳长，上唇具唇裂。全球约2科92种，我国有2科41种（图3－262B）。常见种有草兔（*Lepas capensis*），分布于内蒙古、西藏、新疆、四川、贵州以及西北、东北、华北、华中等区域。鼠兔（*Ochotona* spp.),后肢略长于前肢,耳短圆,无尾,如华西鼠兔(*O. thibetana*)、分布在西南、西北和山西。兔(*Lepas spp.*)经驯养家化后有许多品种,毛用、肉用、毛肉兼用等,为重要养殖对象。

(6) 啮齿目(Rodentia) 为哺乳类中种类和数量最多的一类群,全球约33科2 219种,遍及全世界,善适应环境。我国有9科220种。主要特征:体中、小型,上下颌各具1对门牙,仅前面被珐琅质,呈凿状,终生生长,无犬齿,咀嚼肌发达。我国常见的有(图3-263):

① 松鼠科(Sciuridae) 头骨具眶后突(postorbital process),颧骨发达。松鼠(*Sciurus vulgaris*)为典型树栖种类,毛灰褐,尾长具膨松尾毛,分布于东北、新疆等地。赤腹松鼠(*Callosciurus erythraeus*)为南方常见种。黄鼠(*C. citellus*)为地栖种类,遍布我国内蒙古、东北、西北和华北草原荒漠地区,为危害严重的害兽,对农作物、草场、幼林、堤坝均有危害,又是鼠疫病的自然宿主。旱獭(*Marmota bobak*),也称为土拨鼠,毛黄褐色,群栖于内蒙古、新疆以及河北和山西北部,也破坏草场和传播鼠疫。

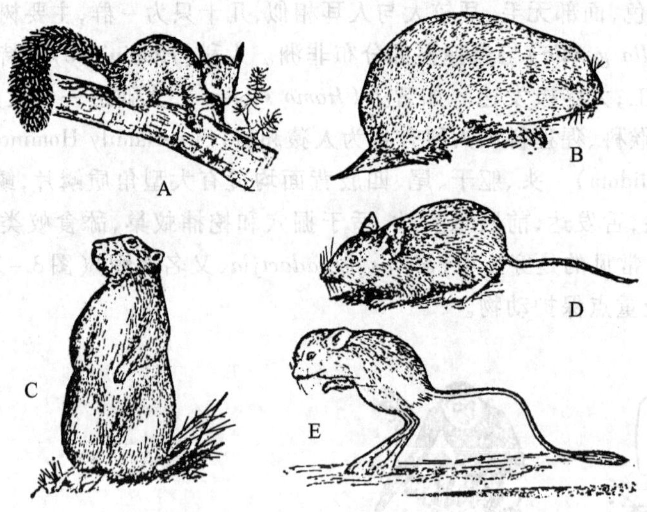

图3-263 啮齿目代表动物

A. 松鼠 B. 鼢鼠 C. 旱獭 D. 小家鼠 E. 跳鼠

② 仓鼠科(Cricetidae) 鼠形啮齿类,适应多种生活方式,体型有变异,无前臼齿,颧骨不发达,齿式为$\frac{1\cdot0\cdot0\cdot3}{1\cdot0\cdot0\cdot3}$。常见的有黑线仓鼠(*Cricetulus barabensis*),具颊囊,分布长江以北各地,有贮粮习性,是农作区重要害鼠。鼢鼠(*M. myospalax*)为地下穿穴生活,体粗壮,毛短,眼隐于皮下,耳壳仅为围绕耳孔的皮褶,前肢爪发达,危害农作物,在黄土高原还破坏梯田田埂,分布于东北、内蒙古等地。

③ 鼠科(Muridae) 中小型鼠类,种类多,分布广,生殖力和适应能力均强,尾长而裸或被鳞片,不具前臼齿,臼齿齿尖常排成3纵裂。常见的有小家鼠(*Mus musculus*)、褐家鼠(*Rattus norvegicus*),生活在房屋内或住宅区的下水道中。

④ 跳鼠科(Dipodidae) 荒漠鼠类,前肢短,后肢及尾显著加长,适跳跃,齿式为$\frac{1\cdot0\cdot0\sim1\cdot3}{1\cdot0\cdot0\cdot3}$。内蒙古分布的三趾跳鼠(*Dipus sagitta*),侧趾完全消失。分布于北方等地。主要危害固沙植物。

⑤ 豪猪科(Hystricidae) 体被硬刺,尾部有中空刺,自卫时竖起身上的尖刺,以向后倒退冲击

来敌,如豪猪(*Hystrix hodgson*),分布于南方等地。

(7) 鲸目(Cetacea) 水栖兽类,适于游泳,体型和结构上有很大变异,鱼形,体毛退化,皮脂腺消失,皮下脂肪层增厚(达 20 ~ 50 cm),前肢鳍状,后肢消失,颈椎有愈合现象,具“背鳍”和水平的叉状“尾鳍”。鼻孔位于头顶,其边缘具瓣膜,入水后关闭,出水呼气时声响极大,形成很高的水柱,故又称喷水孔(blowhole)。肺具弹性,体内具有能贮藏氧气的特殊结构,从而能在 15 ~ 60 min 出水呼吸 1 次。外耳退化,齿型特殊,具齿的种类多为同型的尖锥形牙。雄兽睾丸终生位于腹腔中。雌兽在生殖孔两侧有 1 对乳房,外被皮囊,授乳时有特殊肌肉收缩将乳汁喷入仔鲸口内。本目分为齿鲸亚目(Odontoceti)和须鲸亚目(Mystacoceti)。齿鲸类具圆锥形齿,为同型齿,齿数自1 ~ 2 个,多至 200 多个。须鲸类不具齿,由上腭部角质化板排列成行,自口顶下垂成鲸须(baleen),以滤食小型生物(图 3 - 264)。鲸进化自偶蹄动物,因此也可将其合并为鲸偶蹄目(Cetartiodactyla)

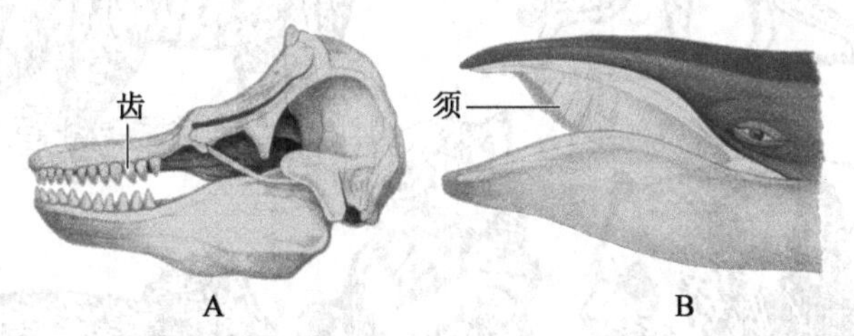

图 3 - 264 鲸的齿(A)和须(B)

本目约 14 科 88 种,我国分布有 9 科 38 种(图3 - 265)。须鲸类是现存个体最大的哺乳动物,如蓝鲸(*Balaenoptera musculus*),体长 21 ~ 27 m,曾经有体长 33 m、重 190 t 的记录。我国沿海有长须鲸(*Balaenoptera physalus*)、座头鲸(*Megaptera novaeangliae*)、小须鲸(*Balaenoptera acutorostrata*)等。小须鲸体长 7 ~ 10 m,为须鲸科当中最小且数量最多的物种。齿鲸类体型大的有抹香鲸(*Physeter catodon*),体长11 ~ 18 m;虎鲸(*Orcinus orca*),体长 5.5 ~ 9.8 m。较小的有太平洋驼海豚(*Sousa chinensis*),也称为中华白海豚,体长 2 ~ 2.8 m;江豚(*Neophocaena phocaenoides*),体长 1.2 ~ 1.9 m 等。海豚能够进行超声波回声定位,常被驯养作为观赏动物和水下作业。白暨豚(*Lipotes vexillifer*,也称为白鳍豚、白鱀豚),体长 1.4 ~ 2.5 m,是分布在我国长江中下游、洞庭湖的淡水齿鲸,我国特有的珍稀水兽。除了小须鲸以外,全部鲸类都已经被国际捕鲸委员会列入禁止商业性捕猎的名单。

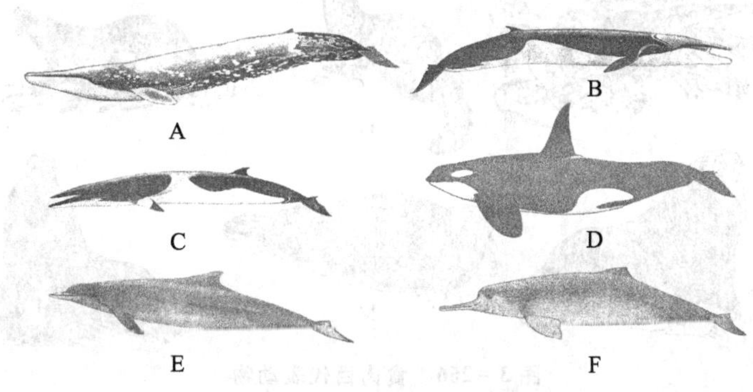

图 3 - 265 鲸目代表动物

A. 蓝鲸 B. 长须鲸 C. 小须鲸 D. 虎鲸 E. 中华白海豚 F. 白暨豚

分布在我国的鲸目种类全部被列为国家一级或二级重点保护动物。

（8）食肉目（Carnivora） 除熊科、浣熊科和大熊猫科外，多为食肉性，犬齿发达，门牙小，臼齿趋于退化，上颌最后一枚前臼齿（P_4）和下颌第一臼齿（M_1）的齿突如剪刀状交叉，特化为裂齿（食肉齿）。足有4或5趾，均具有尖锐而弯曲的爪，脑及感官发达，毛厚密，多具色泽，为重要毛皮兽。全球约16科280种。我国有10科63种。常见的有（图3－266）：

① 犬科（Canidae） 齿式为$\frac{3\cdot1\cdot4\cdot1\sim4}{3\cdot1\cdot4\cdot2\sim5}$，裂齿发达，爪不能伸缩，颜面部长而突出，四支善于奔跑。我国习见的狼（*Canis lupus*）、狐（*Vulpes vulpes*）、貉（*Nyctereutes procyonoides*）、豺（*Cuon alpi-*

图3－266 食肉目代表动物

A. 狼 B. 狐 C. 豺 D. 黑熊 E. 大熊猫 F. 紫貂 G. 水獭 H. 黄鼬 I. 狗獾 J. 虎 K. 猞猁 L. 海象 M. 斑海豹 N. 海狗

nus)等。豺已被我国列入国家二级重点保护动物。

② 熊科(Ursidae)　杂食性,裂齿不发达,体粗壮,头圆,颜面部长,具5指(趾),爪不能伸缩,齿式为$\frac{2\sim3\cdot1\cdot4\cdot2}{3\cdot1\cdot4\cdot3}$。如黑熊(*Selenarctos thibetanus*)、棕熊(*Ursus arctos*)和马来熊(*Helarctis malayanus*)。黑熊体毛黑色,前胸具白色"V"形带。马来熊已被我国列入国家一级重点保护动物,黑熊和棕熊为国家二级重点保护动物。

③ 大熊猫科(Ailuropodidae)　体似熊但吻短,是食肉目中"素食"种类,主食竹类,喜食竹笋。齿式为$\frac{3\cdot1\cdot4\cdot2}{3\cdot1\cdot3\cdot3}$。仅1种,即我国特有的大熊猫(*Ailuropoda melanoleuca*)。仅分布四川西北部、甘肃南部、陕西秦岭南麓,生活在2 000 ~ 3 500 m的针叶林、针阔混交林及落叶林中。体躯多白色,耳壳、眼圈、四肢、肩部黑色。被列为国家一级重点保护动物。

④ 小熊猫科(Ailuridae)　前臼齿、臼齿趋于减少,裂齿不发达,齿式$\frac{3\cdot1\cdot3\sim4\cdot2}{3\cdot1\cdot3\sim4\cdot2\sim3}$,我国仅分布有小熊猫(*Ailurus fulgens*),分布四川、云南、西藏、青海、甘肃的2 000 ~ 3 000 m高山丛林中。被列为国家二级重点保护动物。

⑤ 鼬科(Mustelidae)　中、小型兽类。体细长,腿短,具5指(趾),爪不能伸缩。多数种类在肛门附近具臭腺。齿式为$\frac{3\cdot1\cdot2\sim4\cdot1}{2\sim3\cdot1\cdot2\sim4\cdot1\sim2}$。如紫貂(*Martes zibellina*)、黄鼬(黄鼠狼)(*Mustela sibirica*)、狗獾(*Meles meles*)、水獭(*Letra lutra*)等。紫貂分布于我国东北针叶林及针阔林区,为国家一级重点保护动物。黄鼬分布广,数量大,毛皮产值占重要地位。水獭为半水栖,趾间具蹼,尾长有力,善游善潜,为国家二级重点保护动物。紫貂、水獭的毛皮丰厚轻柔,均已人工养殖以获取名贵毛皮。

⑥ 猫科(Felidae)　中大型兽,头圆吻短,后足4趾,爪能伸缩,善攀缘及跳跃,以捕杀方式获得猎物。犬齿、裂齿均发达,齿式为$\frac{3\cdot1\cdot2\sim3\cdot1}{3\cdot1\cdot2\cdot1}$。常见的有狮(*Felis leo*)、虎(*Felis tigris*)、豹(*Felis pardus*)等,均属大型种类。中小型的有猞猁(*Lynx lynx*)、豹猫(*Felis bengalensis*)等。因人类长期捕杀虎、豹以获取名贵毛皮和药材,导致其种群极少,濒临灭绝。虎、金钱豹、云豹、雪豹均为国家一级重点保护动物;猞猁为国家二级重点保护动物。

以往独立为鳍脚目(Pinnipedia)的肉食性海兽,目前已纳入食肉目,它们的系缘关系与熊、鼬相近。这些海兽的四肢特化为鳍状,趾间有蹼,体流线型,无竖毛肌,皮下脂肪层厚。大部分时间在水中生活,交配、产仔、换毛时到陆上或冰上活动。无裂齿。现生的有海狮科(Otariidae)、海豹科(Phocidae)和海象科(Odobenidae)(图3-279)。我国沿海分布的有斑海豹(*Phoca largha*)、环海豹(*Phoca hispida*)、髯海豹(*Erignathus barbatus*),均为国家二级重点保护动物。

(9) 海牛目(Sirenia)　适应水中生活的植食性海兽。分为儒艮科(Dugongidae)和海牛科(Trichechidae),现存共4个物种。身体纺锤形,前肢特化呈鳍状,无后肢,尾鳍扁平而多肉,皮厚且毛发退化,无外耳,鼻孔有瓣膜且位于吻部上方。头大而圆,颈短,眼小,口腹位,唇发达便于取食海草等水生植物。我国仅热带海域分布有儒艮(*Dugong dugong*)(图3-280),尾叉形,雄兽具有两颗大型门齿,小群缓慢活动于浅海及河口,为国家一级重点保护动物。

(10) 长鼻目(Proboscidea)　为最大的陆栖动物,鼻和上唇愈合延长,形成能卷曲的长鼻,鼻前端可卷起物体,体毛退化、稀疏,具5指(趾),脚底有厚的弹性组织垫,趾端有小蹄。上门牙特别发达，突出唇外，即通常称的象牙，由齿质构成，终生不断生长。臼齿咀嚼面具多行横棱。成群生活在草原和森林中，以草、果实、树叶等为食，齿式为$\frac{1\cdot0\cdot3\cdot3}{0\cdot0\cdot3\cdot3}$。现存的仅 1 科 2 种，非洲象（*Loxodonta africana*）和亚洲象（*Elephas maximus*）（图 3－281）。前者分布非洲撒哈拉沙漠以南，野生公象一般肩高 3 m 以上，体重 2.5 t 左右，后足 5 趾，额部凸出，耳大，雌雄均有象牙，雄象牙长 2 m 以上，重 40 kg。亚洲象分布东南亚和我国西双版纳边境地区，公象高 2.7 m，后足 4 趾，额部下凹，仅雄性有象牙，长约 1.5 m，重 20～30 kg，国家一级重点保护动物。

（11）奇蹄目（Perissodactyla） 草原奔跑兽类，第三趾特别发达，其余各趾退化或消失，趾端具蹄，胃单室，犬齿退化，臼齿咀嚼面上有复杂的棱脊。现存的有 3 科，约 16 种。我国有 2 科 6 种（图 3－282）：

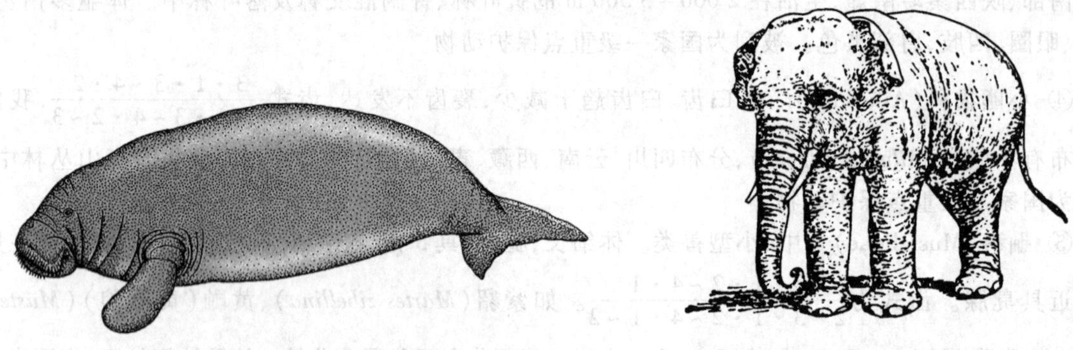

图 3－280 海牛目代表动物　　图 3－281 亚洲象

图 3－282 奇蹄目代表动物

A. 马来貘 B. 双角犀 C. 野马 D. 独角犀 E. 蒙古野驴 F. 斑马

① 马科(Eguidae)　仅第三趾发达，颈背中线具一列鬃毛，腿细长，尾毛极长，门牙凿状，臼齿齿冠高，齿式为$\frac{3\cdot0\sim1\cdot3\sim4\cdot3}{3\cdot0\sim1\cdot4\cdot3}$。仅1属，如蒙古野驴(*Equus hemionus*)、野马(*E. przewalskii*)、斑马(*E. zebra*)等。我国的野马野生种群已灭绝，目前已从国外动物园再引入(reintroduction)。野驴、野马均列为国家一级重点保护动物。

② 貘科(Tapiridae)　四肢短，前肢4趾，后肢3趾，吻延长为鼻状，能自由伸缩，无角，如马来貘(*Tapirus indicus*)分布于马来半岛及苏门答腊岛，亚洲仅此1种，栖于密林多水地区，夜间活动，受惊即逃入水中，嗜食植物嫩芽。

③ 犀科(Rhinocerotidae)　体笨重，前肢3~4趾，后肢3趾，皮肤厚，几乎无毛，额上有1~2个角质纤维性角。如独角犀(*Rhinoceros unicornis*)单角，分布东南亚；双角犀(*Diceros bicornis*)，额上前后2角，分布非洲。

(12) 偶蹄目(Artiodactyla)　具2或4趾，第三、四趾发达，趾端有蹄，尾短，上门牙退化或消失，臼齿结构复杂。现生种类分10科，约234种。除大洋洲外，遍布其他各大洲。我国有6科64种。主要有(图3-283)：

① 猪科(Suidae)　吻部延长，末端成盘状，鼻孔在吻端。毛鬃状，尾细末端具鬃毛，足4趾，2

图3-283　偶蹄目代表动物

A. 野猪　B. 河马　C. 双峰驼　D. 梅花鹿　E. 盘羊　F. 麋鹿　G. 野牛　H. 长颈鹿　I. 麝

侧趾小。中央上门牙大于其他门牙，上犬齿外突成獠牙。杂食，胃单室，我国唯一代表是野猪（*Sus scrofa*）。家猪系古代野猪驯化而成，已有许多品种。

② 河马科（Hippopotamidae）　中、大型兽类，体躯粗大，吻部大而圆，眼凸出，位于头部背方，耳小，体毛稀缺，腿粗短，具4趾，门牙和犬牙獠牙状，终生生长。胃分3室，不反刍。半水栖。如河马（*Hippopotamus amphibius*），分布于非洲。

③ 驼科（Camelidae）　头小、颈长，上唇延伸有唇裂，足2趾，趾端具甲和宽厚弹力垫；胃复杂，3室，反刍；体毛柔软而纤细。有单峰驼（*Camelus dromelarius*）和双峰驼（*C. bacterianus*），均已驯化役用，誉为“沙漠之舟”。前者分布北非和阿拉伯沙漠地区，已无野生；后者野生种分布在我国西北部及中亚，被我国列为国家一级重点保护动物。

④ 鹿科（Cervidae）　脚细长，具4趾，中间1对较大，常具眶下腺和足腺。多数雄鹿具分叉鹿角，能周期性脱落，上颌无门牙，臼齿为低冠齿，齿式为$\frac{0\cdot0\sim1\cdot3\cdot3}{3\cdot1\cdot3\cdot3}$。本科我国有20种，如梅花鹿（*Cervus nippon*）、马鹿（*Cervus elaphus*）、麋鹿（*Elaphurus davidianus*）、麝（*Moschus moschiferus*）、獐（*Hydropotes inermis*）、小麂（*Muntiacus reevesi*）等。多数大型种类均被列为国家级或省级重点保护动物。梅花鹿和马鹿为鹿茸的主要来源，已人工饲养。麝无角，腹部具麝香腺。麋鹿（“四不像”）为我特有的珍奇兽类，已于1900年灭绝，目前已从国外动物园再引入。

⑤ 长颈鹿科（Gireffidae）　长颈、长腿、头顶具2～3个不分叉并包有毛皮的角，终生不脱落，脚具2蹄，齿式$\frac{0\cdot0\cdot3\cdot3}{3\cdot1\cdot3\cdot3}$，限分布于非洲。如长颈鹿（*Giraffa cameleoparadalis*），栖森林草原，以树叶为嫩枝为食。

⑥ 牛科（Bovidae）　偶蹄，多数两性都具1对洞角（少数2对），齿式为$\frac{0\cdot0\cdot3\cdot3}{3\cdot1\cdot2\sim3\cdot3}$。代表种有野牛（*Bos gaurus*）（仅见于云南南部）、牦牛（*Bos grunniens*）（主要分布青藏高原）、黄羊（*Procapra gutturosa*）（自河北至甘肃）、羚牛（*Budorcas taxicolor*）（四川、甘肃及陕西南部高山）以及羚羊（*Gazella subgutturosa*）、盘羊（*Ovis ammon*）等。

华南地区常见哺乳纲动物

本章提要

内容见配套数字课程。

复习与思考

复习题

1. 如何理解原生动物是最原始、最低等的动物，但它的细胞构造和功能又是最复杂的？
2. 为什么说海绵动物是动物发展史上的一个侧支？
3. 为什么说腔肠、扁形和环节动物是动物界发展进化的重要阶段？
4. 试分析吸虫、线虫等对寄生生活的适应性。
5. 机体分节在动物发展进化上有何意义？

6. 软体动物有哪几类生活方式，为什么瓣鳃纲的一些种类（如泥蚶、牡蛎、扇贝、贻贝、蛤仔、缢蛏等）可以高密度养殖？

7. 为什么节肢动物能发展成为种类繁多、数量巨大并分布广泛的动物类群？

8. 比较脊索动物与无脊椎动物形态结构上的主要区别。

9. 鱼儿离不开水，试析鱼类适应水生生活的形态构造。

10. 为什么说爬行纲是真正陆栖脊椎动物的开始？

11. 比较原肾管系统与后肾管系统的构造和功能差异。

12. 试分析鸟类对飞行生活的适应性。

13. 与其他脊椎动物比较，哺乳动物有哪些特有的结构？

14. 胎生、哺乳有何生物学意义？

思考题

1. 动物体温的恒定有什么生物学意义？

2. 比较动物的骨骼系统、消化系统、呼吸系统、循环系统和神经系统的演化历程。

3. 蜜蜂不仅蜂房结构精密，而且能飞越 5 个标志物觅食，具有归巢时序、信号通讯、清洁蜂巢及保温灭菌、定向飞行、社会化集群、分级分工等行为和现象，有学者据此认为蜜蜂是有高级神经活动的高级动物，你同意这个观点吗？为什么？

4. 从不同类群动物的比较研究可以看出：随着时间的推移，动物的结构和形态发展趋势是从简单到复杂，由低级到高级，由不完善到完善。近年来的研究表明，5.3 亿年前地球早期生命演化曾经突变产生 40 多个门类的 80 多种动物，即“寒武纪生命大爆炸”。你认为达尔文的进化论是否就此受到挑战？

第四章

动物机体的结构、功能和调节

▶ **学习目的**

通过本章的学习，掌握动物的皮肤、骨骼、肌肉、消化、循环、呼吸、排泄、神经、感官、内分泌和生殖系统的组成、结构和功能；比较上述各系统在从低等到高等各动物门类中的演化过程，总结其进化发展的特点和适应生活环境的特点；树立生物体形态结构与功能相适应的观点，形态、结构、功能与环境相适应的观点以及进化的观点。

第一节　保护、支持与运动

一、皮肤系统

皮肤系统包括皮肤及其衍生物，是包被在动物身体表面的覆盖层(integument)。皮肤的机能多样。首先，皮肤保护着机体和器官，避免身体和器官的磨损，防止体内水分过度蒸发，防御机械、化学、温度和光线的刺激，防御微生物侵袭。其次是感觉机能，皮肤中的神经末梢丰富，在表皮中形成游离末梢或在真皮、皮下形成各种感觉小体，分别感受冷、热、痛、触、压等刺激。皮肤产生的各种衍生物，使皮肤还具有分泌(黏液腺、皮脂腺、乳腺)、调节体温(体被毛、羽以及汗腺、脂肪层)、排泄(汗腺)、贮藏能量(皮下脂肪)、呼吸、运动(鳍膜、鸟羽、趾间蹼、蝙蝠的皮翼等)以及辅助生殖等机能。皮肤外分泌腺分泌、释放外激素物使动物之间产生相互吸引或排斥等行为。

1. 无脊椎动物的皮肤

原生动物只有柔软的细胞膜或质膜，作为细胞外部的覆盖物；大部分多细胞动物有较复杂的皮肤组织，主要是单层细胞的表皮，有的在表皮外分泌非细胞结构的角质层、黏液、几丁质或贝壳等，以增强保护作用。

蚯蚓的体壁包括角质膜、表皮细胞、环肌、纵肌和体腔膜等部分。表皮细胞只有1层柱状细胞，中间有腺细胞，有分泌作用。另有感觉细胞和感光细胞(图4-1)。

软体动物的表皮细嫩柔软，富含黏液腺，黏液能减少运动的摩擦力。由表皮结合结缔组织扩展形成外套膜，外套膜本身对软体部起保护作用，外套膜缘具有外套触手或外套眼，有感觉的能力，外

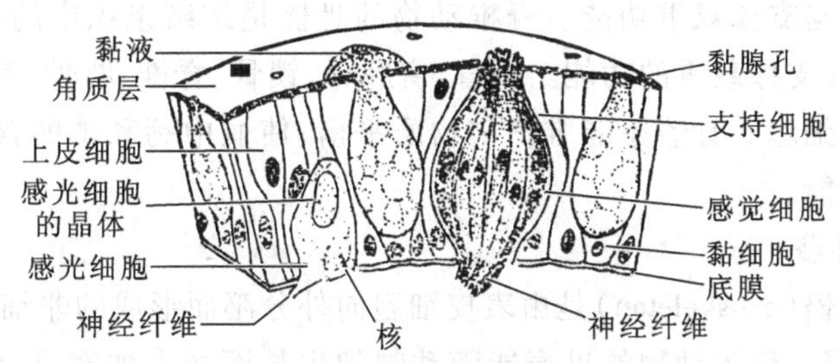

图 4-1　蚯蚓表皮图示感觉细胞

套膜还有控制水流进出的能力。外套膜外侧表皮分泌形成贝壳。头足类具有更复杂的皮肤,其上有角质层、反光细胞层及色素层。

节肢动物的皮肤是无脊椎动物中构造最复杂的一类,几丁质外壳不但有保护作用,而且还有骨骼的支持作用。

2. 脊椎动物的皮肤

包括表皮(epidermis)和真皮(dermis)两部分。表皮多为复层上皮,来源于外胚层,基部为柱状细胞,经常进行有丝分裂以更新上层细胞,外层多扁平细胞。表皮产生许多衍生物,如毛、羽、爪、蹄等。当表皮的外层细胞被其下层细胞产生的新细胞代替时,外层细胞就积累坚韧且具纤维的硬蛋白(即角蛋白,keratin),角蛋白逐渐替代外层细胞的细胞质,细胞死亡,最后脱落,成为无生命的鳞片状,这就是皮屑的来源。这个过程称角质化(keratinization)。具有高度抗磨损和防止水分散发的角质化细胞组成角质层(stratum corneum)。在经常受压或受磨的部位,表皮层特别厚,如胼胝和掌、跖等处。真皮在皮肤的内层,由中胚层演化而来,为结缔组织,比表皮厚,内有血管、神经、感受器和色素细胞等分布。

表皮和真皮都产生衍生物,分别称为表皮衍生物和真皮衍生物。表皮衍生物包括外骨骼(角质鳞、羽、毛、喙、爪、蹄、指甲、洞角等)和腺体(黏液腺、皮脂腺、汗腺、乳腺、香腺等);真皮衍生物包括骨质鳞(硬磷、圆鳞、栉鳞)、鳍条、爬行类的骨板、哺乳类的实角等。板鳃类的盾鳞则是由表皮和真皮共同形成,它与牙齿属于同源结构。

皮肤及其衍生物的变化与水生到陆生环境的变化有关。表皮直接与外界接触,适应外界环境多样性,故表皮的衍生物比较复杂。真皮变异小,衍生物少而简单。

脊椎动物表皮的变化是由单层细胞(文昌鱼)到多层细胞(圆口类及其以上动物),由不角质化(圆口类、鱼类)经轻微角质化(两栖类)到高度角质化(陆生羊膜动物)。真皮的变化由薄(无羊膜类)到厚(羊膜动物,但鸟类例外)。外骨骼的变化是由水生鱼类的骨质鳞到陆栖羊膜动物的角质鳞。两栖类骨质鳞消失而角质鳞尚未形成,皮肤裸露。从羊膜类开始,表皮衍生物发展,形成角质鳞以及羽毛和兽毛,而真皮衍生物趋于退化。

二、骨骼系统

骨骼具有支持、保护和运动(与肌肉配合)等机能。它能使动物的身体坚强并保持一定的形态。骨骼又供肌肉附着,与肌肉共同完成机体的运动。无脊椎动物外骨骼主要功能是防护,节肢动物的几丁质外骨骼具有防护与支撑双重功能。脊椎动物的骨骼是结缔组织中的一种，不仅保护身体的器官，又具有各种连接和支撑载重的功能。头骨、肩胛骨、锁骨、脊椎、肋骨、骨盆等的骨髓腔在成体动物的身体中能制造血细胞。骨骼还能维护矿物质平衡，使血中钙和磷的含量稳定在一定的水平上以维持正常的生理功能。

1. 无脊椎动物的骨骼

无脊椎动物的外骨骼（exoskeleton）是由表皮细胞向外分泌而形成的非细胞结构，包裹在动物体的外表面，来源于外胚层。软体动物的贝壳能随动物的生长而加大加宽，形状不变；节肢动物的几丁质外壳是分节及活动的，不能随机体的生长而增大，由于外骨骼限制了动物的生长，必须定期蜕换以解决其生长的问题，新的外骨骼通过不同方式的硬化（sclerotization，如磷酸钙化、骨质化）而成为坚硬的盔甲。脊椎动物体表的鳞片和甲也有人把它们看成是外骨骼。

脊椎动物体内的骨骼为内骨骼（endoskeleton），由中胚层分化而来。内骨骼由肌肉系统提供动力，就运动性而言，内骨骼比外骨骼有利。在无脊椎动物当中，软体动物的头足类包围脑部神经的软骨匣、外套腔的锁扣以及棘皮动物的骨板，从来源上都是来自中胚层，因此属于内骨骼。海绵的骨针等位于体内，海绵骨针具有支持作用，也有人把它们看成是内骨骼。

2. 脊椎动物的骨骼

脊椎动物的骨骼系统包括脊索（notochord）、软骨和硬骨等。脊索是头索动物、尾索动物和脊椎动物的幼体或胚胎期体内的半坚硬的棒状物，来源于中胚层。脊索细胞的液泡发达，脊索外被由1～2层细胞组成脊索鞘（notochordal sheath）。低等脊索动物，如文昌鱼、圆口类终生具脊索，具支持身体纵轴的功能。鱼类以后的脊椎动物，在胚胎发育过程中脊索逐渐被脊柱（vertebral column）包围或代替。

脊椎动物的骨骼系统由中轴骨骼（axial skeleton）和附肢骨骼（appendicular skeleton）组成（图4-2）。中轴骨骼包括头骨、脊柱、胸骨和肋骨等，附肢骨骼包括前肢的肩带、前肢骨和后肢的腰带、后肢骨。脊椎动物在进化过程中，骨骼发生了巨大变化。动物由水生到陆生，逐渐形成坚固的骨骼结构。随着脑的集中和膨大，感觉器官、摄食器官等也配置在头部，头骨成为骨骼系统中最复杂的部分。低等种类比高等种类有更多的头骨，有的鱼类头骨达180块，两栖类和爬行类为50～95块，哺乳类35块，人只有29块。愈是高等的种类头骨中软骨成分愈少，逐渐为硬骨所代替。一些骨片退化消失，一些骨片愈合，骨与骨之间的连接由疏松到紧密进而彼此愈合。

头骨通常分为脑颅和咽颅。脑颅（neurocranium）保护脑和感觉器官，分为枕区（occipital region）、听区（auditory region）、基板（basal plate）、眶蝶区和筛区。在低等鱼类（软骨鱼类）脑颅仅是1个简单的无顶盖的软骨脑箱；硬骨鱼类及更高等种类，软骨脑箱为硬骨所取代，出现了枕骨、前耳骨、基蝶骨、眶蝶骨、中筛骨等软骨性硬骨，组成脑颅底和保护感觉器官；从硬骨鱼类开始，在脑的背方出现顶骨、额骨等膜性硬骨。

咽颅（splanchnocranium）围绕消化管前端和呼吸器官，又称脏颅，包括一系列（约7对）咽弓（visceral arch）。鱼类第一对咽弓称颌弓（mandibular arch），形成上下颌，第二对为舌弓（hyoid arch），主要把颌弓与脑颅连接起来，其余5对为鳃弓（branchial arch），支持鳃。水生种类咽弓发达，和脑颅关系不密切，仅以韧带与脑颅相连。陆栖种类鳃退化，以肺呼吸，故鳃弓退化，而支持口腔的颌弓及附在其上的膜质骨与脑颅紧密结合。脊椎动物咽颅的演变如表4-1所示。

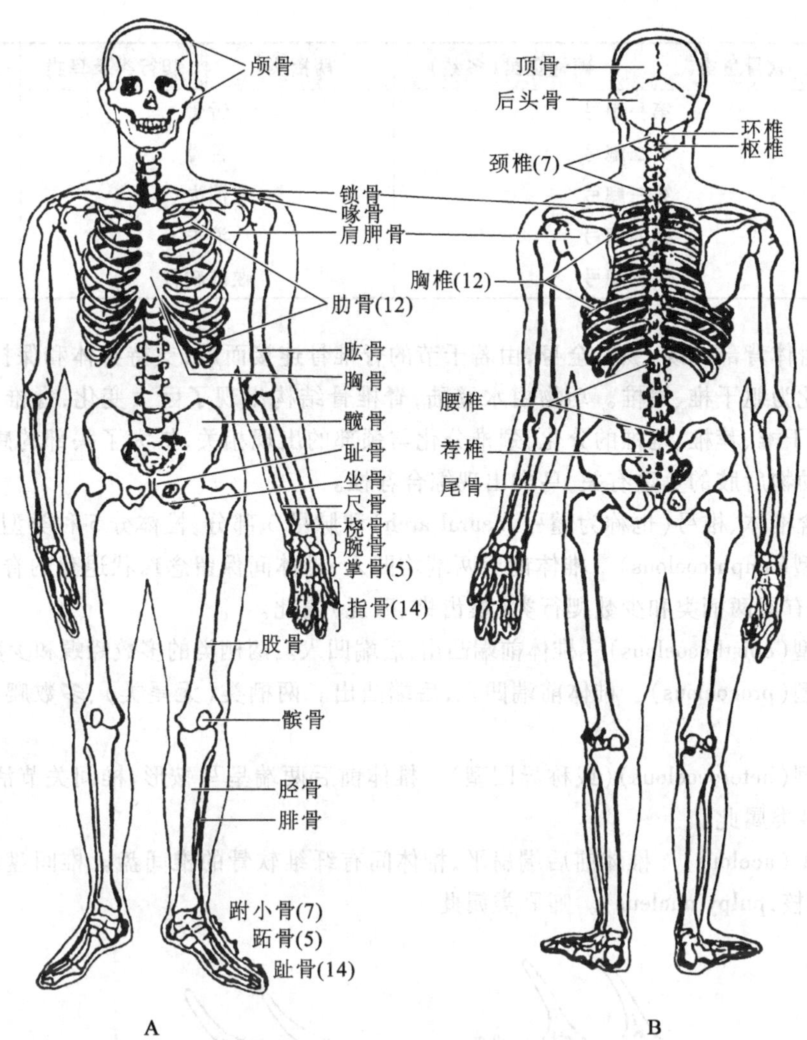

图 4－2 人的骨骼

A. 腹面观 B. 背面观

括号内的数字表示某组骨骼的数目。与其他哺乳动物比较，人类骨骼为初级辍合，带有许多特化的部分。直立的姿势带来了双腿和盆骨的特化，使得手臂从适应树栖生活改变为对工具的操作；脑和颅骨的发达，对人类在自然选择中产生极大的影响，使得人类适应周围环境时更灵活，感觉更敏锐

表 4－1 脊椎动物咽颅的演化

咽弓	软骨鱼类	硬骨鱼类(多数)	两栖类	爬行类及鸟类	哺乳类
第一对	颌弓{腭方软骨	方骨、前翼骨、翼骨	方骨或软骨	方骨	砧骨
	颌弓{麦克尔氏软骨	关节骨	麦克尔氏软骨	关节骨	槌骨
第二对	舌弓{舌颌软骨	舌颌骨	耳柱骨	耳柱骨	镫骨
	舌弓{角舌软骨	舌骨	舌骨	舌骨	舌骨
	舌弓{基舌软骨	舌骨	舌骨	舌骨	舌骨

续表

咽弓	软骨鱼类	硬骨鱼类(多数)	两栖类	爬行类及鸟类	哺乳类
第三对	第一鳃弓		舌骨		舌骨
第四对	第二鳃弓		舌骨		甲状软骨
第五对	第三鳃弓		消失		甲状软骨
第六对	第四鳃弓		消失		会厌软骨
第七对	第五鳃弓		喉部软骨		喉部其他软骨

脊柱位于身体背部中线,纵贯全身,由若干节的脊椎骨连接而成,支持身体和保护脊髓的器官。鱼类脊椎骨分化为躯干椎、尾椎。动物由水登陆,脊椎骨结构出现了巨大变化,脊椎骨从两栖类开始出现颈椎、躯干椎、荐椎、尾椎的分化,颈椎分化与颈部的出现相关,扩大了头部的感觉范围,荐椎的出现与陆生动物后肢的负重有关,鸟类出现综合荐椎。

脊椎骨包含椎体、椎弓(也称为髓弓,neural arch)和脉弓 3 部分,椎体分 5 种类型(图 4-3):

(1) 双凹型(amphicoelous) 椎体前后两端均凹入,椎体间保留念珠状退化的脊索。椎体间活动性低。鱼类、有尾两栖类和少数爬行类(楔齿蜥、壁虎)属此。

(2) 后凹型(opisthocoelous) 椎体前端凸出,后端凹入。两栖类的多数蝾螈和少数爬行类属此。

(3) 前凹型(procoelous) 椎体前端凹入,后端凸出。两栖类(无尾类)、多数爬行类和鸟类第一颈椎属此。

(4) 马鞍型(heterocoelous)(或称异凹型) 椎体前后两端呈马鞍形,椎间关节活动性极大,脊索已不存在。鸟类属此。

(5) 双平型(acelous) 椎体前后端扁平,椎体间有纤维软骨的椎间盘。椎间盘内仍保留少量脊索残余(称髓核,pulpy nucleus)。哺乳类属此。

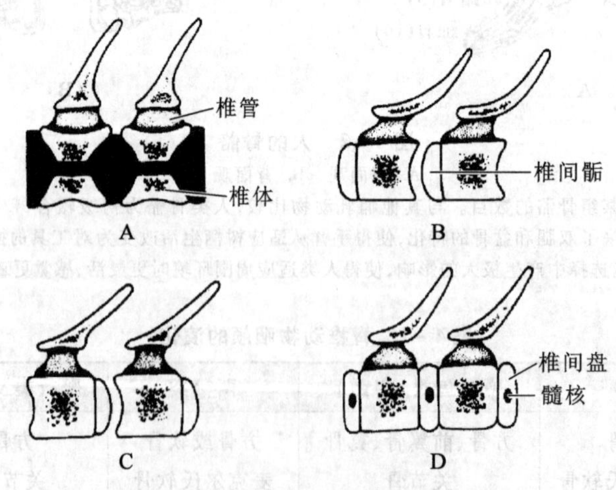

图 4-3 椎体的类型(杨安峰等,1999)

A. 双凹型 B. 后凹型 C. 前凹型 D. 双平型

胸骨位于胸部腹中线,是陆生四足类特有。两栖类开始有胸骨出现,羊膜类全部都有胸骨(龟、鳖、蛇除外),且开始有胸廓。胸廓是由胸椎、肋骨和胸骨,借关节、韧带连接而成,其作用除保护心脏、肺外，对肺呼吸有直接影响。鸟类胸骨发达，具龙骨突。

肋骨位于躯干前部弯曲成弓形，近端连于脊椎骨，远端游离或借助软骨与胸骨相连。

脊椎动物从鱼类开始，都具有成对的附肢，上肢通过肩带、下肢通过腰带分别与身体相连接。肩带的主要构成骨为肩胛骨、乌喙骨、锁骨（不同动物有所增减），这几块骨骼构成肩臼连接上肢的肱骨。除鱼类的肩带通过鳃盖骨连接头骨外，其他动物的肩带骨埋入肌肉中而不与中轴骨相连接，使前肢的运动有较大的灵活性。腰带的主要构成骨为髂骨（肠骨）、坐骨、耻骨（不同动物有所增减），这几块骨骼构成髋臼连接下肢的股骨。鱼类腰带不与脊柱相连接，从两栖动物开始，腰带通过髂骨与脊柱的荐椎相连接，增加陆生动物后肢的负重能力。

从两栖类开始出现 2 对五趾型（pentadactyl）附肢，它们的基本构造很相似。上肢由肱骨、桡骨、尺骨、腕骨、掌骨、指骨所构成，下肢由股骨、胫骨、腓骨、跗骨、跖骨、趾骨所构成。由于动物适应于不同的环境，其附肢（特别是远端）常发生变化。如鸟类的翼，在胚胎期具 13 块腕骨（wrist）和手骨（指骨及掌骨），成体时减至 3 块，大部分指骨消失，但鸟翼的近端骨（肱骨，桡骨和尺骨）变化小。

三、动物运动

运动是动物独有的特点。动物的运动有各种类型，包括细胞质流动、线粒体的膨胀、细胞分裂时纺锤丝和中心粒的运动及肌肉运动等。现已证明，动物的运动实质上都取决于单一的基本机制，即收缩蛋白（contractile protein）的形态改变：伸长或缩短。这种伸缩的机械运动是微丝、横纹肌纤维或微管，在三磷酸腺苷（ATP）的供能下，由肌动球蛋白系统（actomyosin system）的伸缩而引起。

1. 变形运动

变形运动是肉足虫纲的运动方式，在一些高等动物体内的游走细胞，如白血细胞、胚胎间叶细胞、组织间隙中的运动细胞也有变形运动。这些细胞经常改变形状，细胞表面的任何部位都能伸缩形成伪足（pseudopodium）。变形运动的动力是如何产生的，主要有两种假设，一种是“尾部区收缩动力说”，认为伪足前端的内质变化成凝胶时，使体积减小，结果拖曳了内质和细胞其余部分向前；另一种是“前部区收缩动力说”（图 4－4），认为变形虫前部区收缩产生的运动力拖曳了中央稳定化的细胞质，这部分细胞质到达前端时，转化成收缩状态，变成发生着横向运动的原生质凝胶，并由外侧向后运动，一直到转化成松弛状态，再继续前面的变化过程。细胞质的收缩运动是以微丝为基础的运动，细胞内含有肌动蛋白微丝和多种肌球蛋白分子（单头肌球蛋白、肌球蛋白二聚体

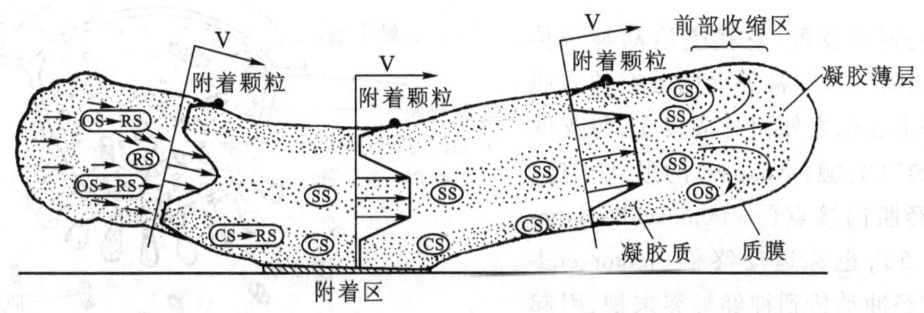

图 4－4　按“前部区收缩动力说”变形运动图式（Karp，1984）

CS. 收缩状态　RS. 松弛状态　SS. 稳定化的细胞质　V. 由附着颗粒揭示的前、中、后部质膜和细胞质流动转化率（箭头示方向）

和多头肌球蛋白），细胞质的收缩运动是肌动蛋白微丝和肌球蛋白或拟肌球蛋白分子间滑动反应的结果。

2. 纤毛运动

纤毛（cilium）是细胞表面短的毛状原生质运动突起。它是原生动物纤毛类的明显特征，但是许多动物体细胞也都有纤毛。纤毛功能有运动、摄食、呼吸等。脊椎动物的气管、食管内腔上皮的纤毛则有保护或辅助排泄、分泌、吞食等功能。在滤食性动物中，纤毛的打动能激动水流，过滤食物颗粒、运送食物和排除滤渣。鞭毛（flagellum）是呈长鞭状的细胞质突起，数目比纤毛少，但其内部构造与纤毛基本相同。各种细胞的鞭毛或纤毛轴，典型的结构都呈（9×2+2）图形，即中央有2条微管，周围有9条二联管微管环绕。

关于鞭毛或纤毛的运动，目前一般都接受"滑动微管模型"，即鞭毛或纤毛的运动是由于二联体微管互相滑动，引起纤毛局部弯曲，才使其发生运动。运动所需的能量是靠在纤毛附近的线粒体所产生ATP来提供的。

3. 肌肉运动

肌肉系统（muscular system）主要指躯干和附肢的肌肉，与骨骼连在一起，完成全身或局部运动。无脊椎动物多具有平滑肌和横纹肌，脊椎动物具有平滑肌和横纹肌、心肌。心脏分布的是心肌，内脏器官主要是平滑肌，横纹肌则多附在骨骼上。横纹肌又称骨骼肌，承担躯干、附肢、眼、鼻、口腔等器官的运动，常常以结缔组织包裹成束状（肌束，fascicles），并由肌腱（tendon）与骨骼相连接。

无脊椎动物的腔肠动物出现皮肌细胞，扁形动物首次出现平滑肌，节肢动物开始出现横纹肌。头索动物、脊椎动物的圆口类和鱼类身体肌肉保持分节现象，鱼类已开始分化出背肌和侧肌及偶鳍肌。从两栖类开始，体肌的分化益趋复杂，分节现象也趋消失。水生脊椎运动鳃肌和颌肌都存在，陆生种类颌肌演变为咀嚼肌和颜面肌，鳃肌退化，舌下肌肉随着舌的发达而发展复杂。从爬行类开始出现皮肌，是起止点都位于皮下的肌肉。哺乳类的皮肌最发达，体内还分化出特有的膈肌。

骨骼肌受神经支配，它接受运动神经传来的信息而收缩。运动神经元的轴突伸入肌肉时，末梢伸出髓鞘之外而分成多支，每支的末梢与肌纤维以突触（synapse）的形式相连，形成一个神经肌肉接点（neuromuscular junction）（图4-5），也称运动终板（motor endplate）。当神经冲动传到神经轴突末梢，引起神经末梢释放神经递质（乙酰胆碱），与突触后膜（终膜）上的受体结合，激活了受体的离

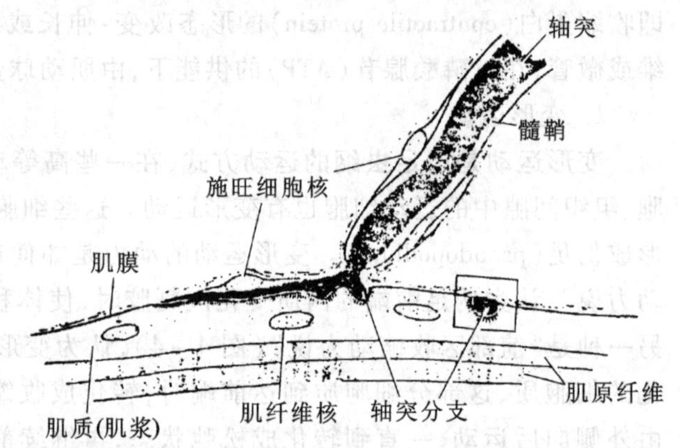

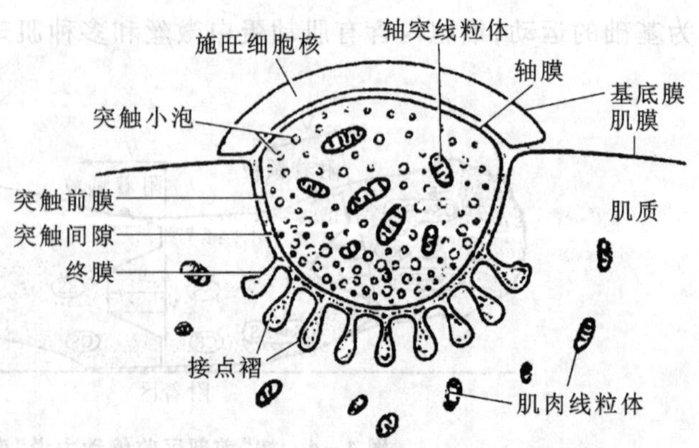

图4-5 神经肌肉接点的结构（陈守良，1996）

子通道，导致离子通道开放，正离子循电化学梯度从通道流入细胞，产生突触电流，形成终板电位。终板电位超过阀电位则引发肌膜上的动作电位。动作电位沿着横管传到肌纤维深部，使肌质网释放钙离子。Ca^{2+}和肌钙蛋白结合而使肌钙蛋白构象发生变化，从而使粗、细肌丝产生相互滑行，导致肌肉收缩，该过程中，ATP 不断被消耗(图 4－6)。

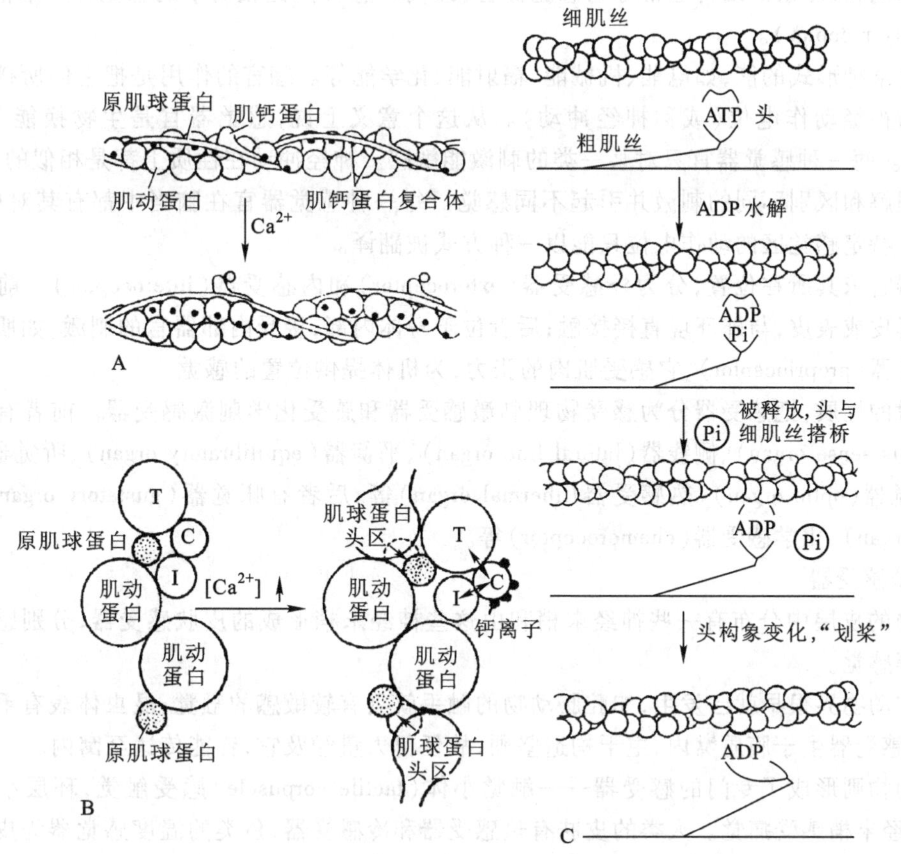

图 4－6　肌肉收缩过程图示

A. Ca^{2+}作用是使肌动蛋白分子上能和肌球蛋白头结合的位点暴露出来　B. 钙离子浓度升高引起肌钙蛋白质复合体(包括 T、C、I)构象变化，原肌球蛋白离开原位，产生横桥活动　C. 肌球蛋白分子的头有 ATP 酶的作用，利用 ATP 释放的能实现“划桨”活动

第二节　机体的协调

动物机体既要对外界的各种刺激做出反应，又要维持体内各个器官、系统功能的协调统一。动物通过感觉器官从外界环境不断获得各种信息并反馈到机体的调节中枢。神经系统(nervous system)和内分泌系统(endocrine system)作为机体的调节中枢在协调各个器官、系统相互配合的过程中发挥着重要的作用，它们通过调控机体的效应器官的生理活动和各种行为的实施保证了动物体对自然环境的适应。

一、感觉器官

感觉器官(sensory organ)是动物机体专司感觉各种刺激的结构。感觉器官种类多,结构的复杂程度也不相同,较复杂的结构通常称为感觉器官(或简称感官),比较简单的感觉神经末梢则称为感受器(sensory receptor)。

刺激是某种形式的能,如电能、机械能、辐射能、化学能等。感官的作用是把它们所接收到的刺激能转变为神经动作电位(或称神经冲动)。从这个意义上说,感觉器官是生物换能器(biologic transducer)。每一种感觉器官只对某一类的刺激能敏感。神经冲动在性质上都是相似的,动物通过脑来完成理解和区别不同的刺激并引起不同感觉。每一种感觉器官在脑当中都有其对应部位,到达脑的某一特定感觉区的动作电位只能以一种方式被翻译。

感觉器官依其所在位置,分为外感受器(exteroceptor)和内感受器(interoceptor)。前者位于动物身体的真皮或表皮,与外环境直接接触;后者位于身体内部,接受内部器官的刺激,如肌肉和肌腱有本体感受器(proprioceptor),它感受肌肉的张力,为机体提供位置的感觉。

依刺激的性质,把感受器分为感受物理刺激感受器和感受化学刺激感受器。前者有皮肤感受器(cutaneous sense organ)、侧线器(lateral line organ)、平衡器(equilibratory organ)、听觉器(auditory organ)、视觉器(optic organ)、热感受器(thermal organ)等;后者有味觉器(gustatory organ)、嗅觉器(olfactory organ)、化学感受器(chemoreceptor)等。

1. 皮肤感受器

在动物的皮层中分布有一些神经末梢和由这些神经末梢形成的皮肤感受器,分别感受冷、热、触、压、痛等感觉。

触觉在动物界很早就已发生,如腔肠动物的触手就具有较敏感的触觉;昆虫体表有毛感受器感受触觉,毛感受器生于膜质窝内,主干构造坚硬,故任何力量触及它,皆能传达至窝内。

哺乳动物则形成了专门的感受器——触觉小体(tactile corpuscle)感受触觉,环层小体感受压觉,游离神经末梢感受痛觉。人类的皮肤有热感受器和冷感受器,鱼类的温度感觉器为皮肤中密布的神经末梢。蝮蛇在鼻孔和眼之间有1个小窝,称为颊窝(facial pit),是特殊的红外线感受器,能感受周围温度0.003 ℃的细微变化。

2. 侧线器

板鳃鱼类、真骨鱼类及所有两栖类的幼体,其身体和头部两侧都有侧线(lateral line),成管状或沟状,管内充满黏液,感受器浸润在黏液里,感受器有许多毛细胞,水的运动刺激毛细胞,导致侧线神经纤维发放冲动。侧线器具有测定水流、水的波动、压力(包括声波)和方位的功能。鱼类运动性越强,其侧线系统越发达,深海中的鱼类侧线系统也非常发达。

3. 平衡器

无脊椎动物中,从水母一直到软体动物、甲壳动物,都具有检测与重力有关的体位变化和检测加速变化的最简单的平衡器官,称为平衡囊(statocyst)。软体动物头足类的平衡囊在脑附近的软骨内,结构和功能相当复杂。甲壳动物十足类的虾、蟹,在其触角的基部、腹肢的基部、尾肢、尾节上具有平衡囊,是由体表下凹形成的1个空腔,内有平衡石(statolith),腔的周围有机械感觉器细胞,上面有纤毛。平衡石是一些沙粒,为碳酸钙的结晶体,是平衡囊上皮细胞的分泌物或从体外进入到平衡囊的，但在脱皮时全部脱落，然后重新形成。当动物向一侧倾斜时，平衡石就刺激该侧的机械感受器细胞，使细胞发放紧张性冲动，反射性地引起附肢的运动，使动物的身体恢复平衡。

脊椎动物的平衡器官在内耳前庭的膜迷路内，包括球状囊、椭圆囊和半规管（图 4－7）。圆口类只有 2 个半规管，鱼类开始有 3 个半规管，并有椭圆囊、球状囊和听斑，椭圆囊有 1 个听斑，球状囊有 2 个听斑，3 个半规管各有 1 个膨大部分叫听嵴（壶腹嵴）。听斑和听嵴内都有毛细胞，听斑内的耳石借胶质固着在毛细胞上，体位改变时，也像平衡石那样牵拉毛细胞引起平衡反应，半规管则借助其中的内淋巴液的惯性流动刺激毛细胞引起平衡反应。

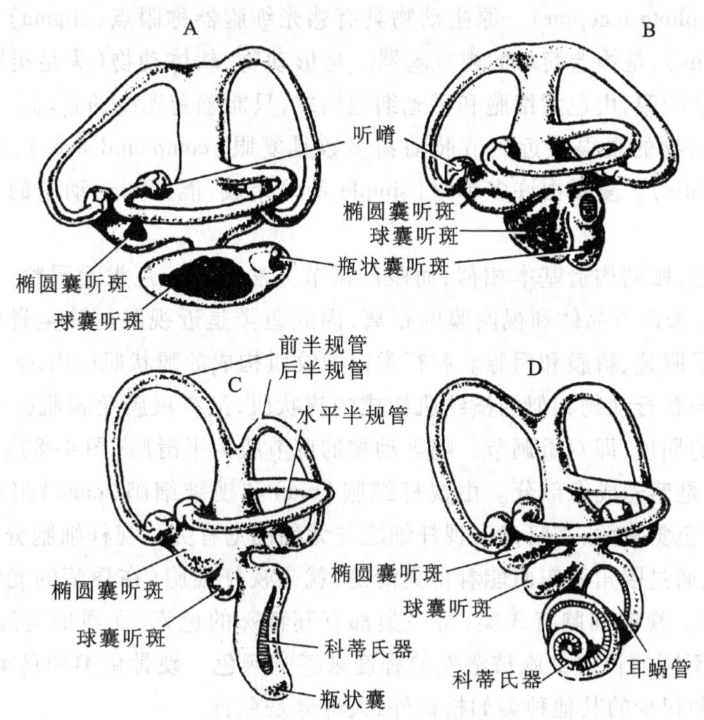

图 4－7　脊椎动物内耳的比较（杨安峰，1985）

A. 鱼类　B. 爬行类　C. 鸟类　D. 哺乳类

4. 听觉器

昆虫有 2 种感受器对声音有感觉作用，即毛状感受器和弦音感受器，大多只对低频声音发生反应，少数昆虫能对高频声音发生反应。有关的感受器位于鼓膜器内，鼓膜器位于气管系统入口处。在蝗虫腹节有成对的鼓膜器，鼓膜器包括 1 薄膜，以及连接内部的气囊及一群弦音感受器。声波使鼓膜产生振动，从而使与鼓膜相连的弦音感受器发生反应。每个弦音器包含 1 个双极感觉神经元，神经元的一端有 1 根纤毛，纤毛通过 1 个复杂的关节与鼓膜内侧面相连。此关节的不同结构和鼓膜的不同共振性质使不同动物的鼓膜器具有不同的频率特性。

鱼类只有内耳（图 4－7），但没有特化的耳蜗，所以大多数鱼类听觉较差，在声音强度很高时，也只对低频率的振动起反应，但鲤形目鱼类具有韦伯氏器官（Weber's organ），介于球状囊与鳔之间，鳔的振动起到类似鼓膜的作用，将水中的振动通过韦伯氏器官的 4 对小骨使振动得到加强并传至球状囊,可以听到频率几千 Hz 的高频声波。两栖类出现了中耳和鼓膜,中耳有 1 条耳柱骨把声音在鼓膜上产生的振动传到球状囊听觉感受器,除了球状囊的囊斑和听斑外,出现了原始的基底膜。爬行类开始有外淋巴管把 1 条长的基底膜分开;鸟类的听觉已经较发达,中耳虽然只有 1 块听骨,但其转换比(鼓膜面积与前庭窗面积之比)已经与哺乳动物相近,有发达的耳蜗,末端有听斑(也称瓶状囊),基底膜从基部到顶部的宽度变化为 25%,基底膜上只有 1 200 条横纤维;哺乳类则出现外耳来帮助收集声波,中耳中有 3 块听小骨(锤骨、砧骨和镫骨),耳蜗和基底膜长而卷曲,基底膜基部到顶部的宽度变化为 400%,上有 20 000 ~ 30 000 条横纤维,有 4 行毛细胞,内侧 1 行,外侧 3 行。

5. 视觉器

也称光感受器(photo receptor)。原生动物具有感光细胞器称眼点(stigma)。腔肠动物的触手囊上也有眼点(ocellus),是构造简单的视觉胞器。扁形动物、软体动物(头足类除外)、环节动物等都有构造比眼点复杂的眼,由色素细胞和感光细胞构成,只能感受光线的强弱。头足类的眼构造复杂,具晶体,与高等动物的眼很接近。节肢动物多数具复眼(compound eyes),有的复眼之外还有 1 ~ 2 个小眼(ommatidia)。复眼由许多单眼(simple eye)组成,能感知运动中的物体,但没有晶体,视距调节能力差。

脊椎动物眼发达,眼的构造基本相似,而眼的调节方法不同。鱼类无眼睑,靠晶体后方的镰状突(falciform process)来调节晶体和视网膜的距离,因此鱼类是近视眼。陆生脊椎动物适应登陆生活,防止干燥,出现了眼睑、瞬膜和泪腺。爬行类以横纹肌构成的睫状肌(ciliary muscle)进行水晶体的调节。鸟类也有与爬行动物相似的横纹肌构成的睫状肌,又有巩膜角膜肌(sclerocorneal muscle)改变角膜和水晶体的屈度,即双重调节。哺乳动物的调节肌为平滑肌(图 4-8)。

视网膜(retina)是感光成像部分。由视杆细胞(rod)和视锥细胞(cone)组成。在充足的光线下,视锥细胞主要与色觉有关,在暗光下视杆细胞与无色视觉有关。视杆细胞分布到视网膜的周围部分,人之所以夜晚通过眼角看东西能看得更清楚,就是视杆细胞(在昏暗的光线下能保持高度灵敏度)被使用的缘故。视锥细胞有 3 类,每一类都有其特殊的色素,强烈地与红光、绿光和紫光反应。通过比较 3 类不同的视锥细胞被激发的程度来感觉颜色。硬骨鱼类和鸟类有很好的色觉,哺乳动物中除灵长类和很少的其他种类如松鼠外,大部分是色盲。

6. 化学感受器

化学感受是动物界最初级最普遍的感觉。原生动物就能利用接触化学感受器(contact chemoreceptor)来确定食物和含氧丰富的水域,逃避有害的物质。涡虫头侧的耳突(auricle)和口、咽周围有许多司味觉和嗅觉的感觉细胞,对食物有正趋向性;蛔虫体前方的唇上乳突有化学感受能力;蚯蚓的口腔内侧附近有味觉和嗅觉的功能;软体动物鳃的基部有嗅检器(osphradium),能辨别水质;虾类的小触角上有许多具嗅觉功能的刚毛;昆虫的舌、内唇和下唇须司味觉,触角某些节的关节上有嗅觉感受器。

脊椎动物的化学感受器发达,味觉主要集中在口腔和舌上的味蕾(taste bud);嗅觉高度分化,圆口类只有 1 个外鼻孔(external nares)和 1 个嗅囊(olfactory sac);鱼类有成对的外鼻孔和嗅囊;陆生脊椎动物由于呼吸空气,其嗅觉器和口腔相通,出现了内鼻孔。两栖类内鼻孔开口于口腔前部,羊膜动物出现次生腭或硬腭(hard palate),内鼻孔后移到咽部。内鼻孔的扩大使鼻腔、鼻黏膜面积增加,鸟类和哺乳类有发达的鼻甲,其黏膜表面布满了嗅觉神经末梢。

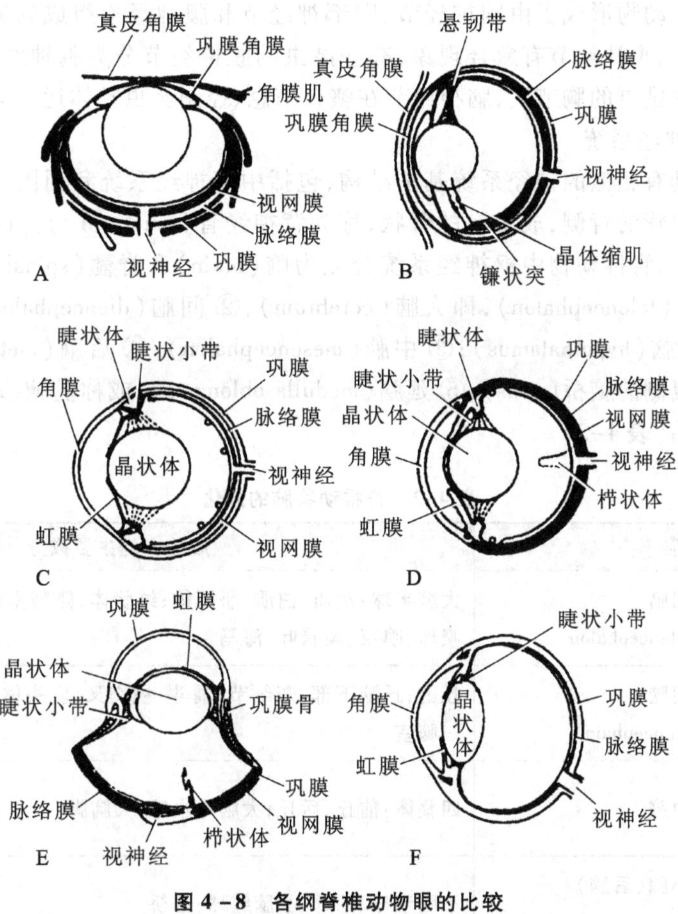

图 4-8　各纲脊椎动物眼的比较

A. 圆口类　B. 硬骨类　C. 蛙　D. 蛇　E. 鹗　F. 哺乳类

二、神经系统

神经系统是动物感应和协调活动的中枢，是动物界进化的重心。其功能有：① 各器官都由神经支配，神经联络全身各部分使动物成为统一体；② 对外来信息进行分析、整合、贮存和加工处理；③ 调控全身使各器官维持最佳工作状态，对外实现最适的反应活动；④ 保证组织代谢和营养平衡。

1. 无脊椎动物的神经系统

原生动物是单细胞动物，可以通过膜电位的变化来感觉外界的刺激；腔肠动物具有由双极和多极神经元组成的网状神经系统，神经元之间所形成的突触多数是非极性的，少数是极性突触，神经细胞通过突触与外胚层中的感觉细胞和皮肤细胞相联系，形成感觉和动作的体系。自由生活的扁形动物出现梯形神经系统。这个系统已经具有传入和传出通路以及起协调作用的中间神经元的脑神经节。可见，在扁形动物中，神经系统的中枢整合性和协调性终于形成，并沿着向中央集中的方向进一步发展，加强脑神经节的作用，提高了整个中枢神经系统机能的能动性。在较高等的软体动物中，由于神经元集中的结果，形成一些成对的神经节，即脑神经节、足神经节、侧神经节和腔壁神经节，某些头足类（章鱼）的神经系统达到更加复杂的程度，其神经节非常大，并且合并形成食管周围的神经节群。环节动物形成了由脑神经节、咽部神经节和腹神经索组成的链状神经系统。节肢动物体节数量的减少,腹神经节有愈合现象,有些昆虫的腹神经节分为胸神经节和腹神经节,控制复杂行为的神经元在昆虫的胸节段,脑神经节在整合信息、控制昆虫整体运动具有重要作用。

2. 脊椎动物的神经系统

各种脊椎动物具有相似的神经系统基本结构,包括中枢神经系统和周围神经系统。脊椎动物的中枢神经位于消化管的背侧,成中空的管状,称为背神经管(nerve tube)。由外胚层下陷卷褶所形成。从圆口纲开始,脊椎动物中枢神经系统分化为脑(brain)和脊髓(spinal cord)两部分。脑又分为5部分:① 端脑(telencephalon),即大脑(cerebrum);② 间脑(diencephalon),又名丘脑(thalamus),其下部是下丘脑(hypothalamus);③ 中脑(mesencephalon);④ 后脑(metencephalon),即小脑(cerebellum),包括腹侧的脑桥(pons);⑤ 延脑(medulla oblongata),或称髓脑(myelencephalon)或延髓。延脑之后接脊髓(表4-2)。

表4-2 脊椎动物脑的分化

胚胎期脑节		成体中的主要成分
前脑 prosencephalon	端脑 telencephalon	大脑半球:灰质、白质、胼胝体;纹状体;侧脑室(第一、二脑室);嗅脑:嗅球、嗅束、梨状叶、海马
	间脑 diencephalon	丘脑;丘脑下部:灰结节、漏斗、视交叉、乳头体、脑下垂体;松果体;第三脑室
中脑 mesencephalon	中脑	四叠体:前丘、后丘;大脑导水管;大脑脚
菱脑 rhombencephalon	小脑(后脑) cerebellum	小脑半球、蚓部、小脑绒球;脑桥
	延脑(髓脑) medulla oblongata	延脑,第四脑室

(1) 中枢神经系统 包括脑和脊髓。

① 脊髓 脊髓是中枢神经系统的低级部分,为空心的长圆柱形,位于脊柱的椎管中,受脊柱的保护,前端接于延脑,后端止于终丝。从横切面看(图4-9),内部是神经细胞体集中的灰质(grey matter),呈H形;H形的外面是联络纤维组成的白质(white matter)。在胸腹部的脊髓向两侧发出成对的脊神经(spinal nerve)。脊神经左右对称地支配躯体、四肢和尾部的运动。

脊髓灰质是它所支配的身体部(包括四肢和尾)对外反射活动中枢和这些部位血管扩缩反射的调节中枢,同时又是这些部位所发出的冲动上传到脑,脑部发出的指令下传到这些部位的中继站。

② 脑干 脑干(brain sterm)是胚胎期神经管的前部发育而成的脑的基干部分,它包括大脑脚、间脑、中脑、脑桥和延脑(图4-10)。小脑和大脑皮质不属于脑干。

人的脑干是头部器官和内脏器官活动的反射中枢。脑干的背部和两侧都有神经核(nucleus),即神经元集中的地方;腹面也有运动性神经核。这些神经核有脑神经联系头部和内脏器官。其中大脑脚主管嗅反射;下丘脑主管交感和副交感神经系统和内分泌系统;中脑主管眼球的对光反射、

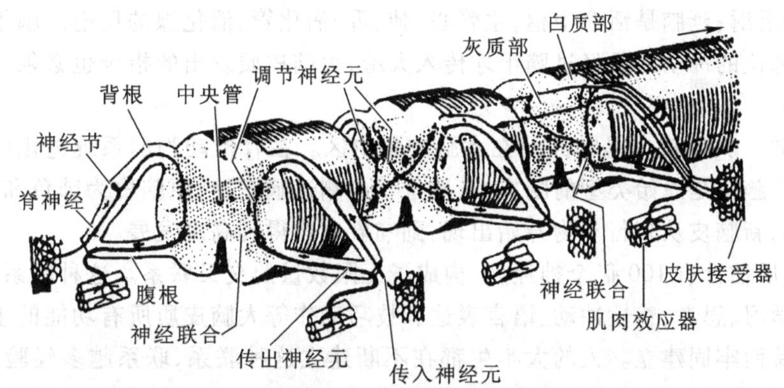

图 4-9 脊髓横切面示意图(兼示反射弧传导情况)(Storer *et al*,1965)

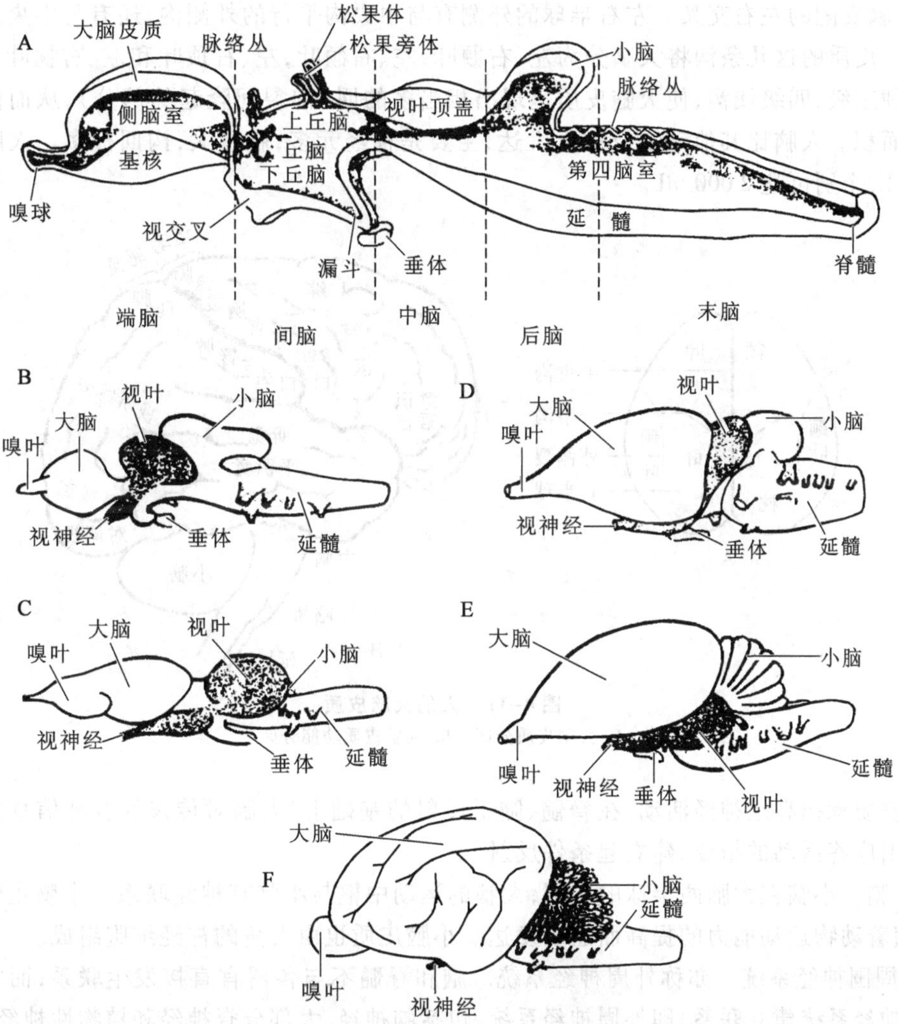

图 4-10 脊椎动物脑的解剖比较(杨安峰,1985)

A. 脑的分节 B. 鱼类 C. 两栖类 D. 爬行类 E. 鸟类 F. 哺乳类

耳听反射和平衡反射；延脑是活命中枢，主管心、肺、舌、消化管、消化腺的反射。脑干还承担传导功能，脑干以下各部位的冲动必须经过脑干才传入大脑，大脑皮质发出的指令也必须经由脑干到脊髓才能到达效应器。

③ 大脑皮质　大脑皮质是神经元在大脑的集中区。在脊椎动物的系统进化中脑皮的进化可分为 3 个阶段，古脑皮是原始类型的脑皮，灰质位于内侧近脑室处；原脑皮为肺鱼和两栖类所具有，位于脑顶部内侧；新脑皮从爬行动物开始出现，到哺乳动物得到高度发展。

人的大脑皮质估计有 100 亿个神经元，构成了无限数量的交叉联系。这种联系是人类知觉、领悟、联想、记忆、学习、思考、感性冲动、语言表达和技巧动作等大脑皮质所有功能的生理基础。这种联系因学习、锻炼而牢固建立。人的大半生都在不断建立这种联系，联系越多经验越丰富，智力技能也就越发达。大脑的结构和功能是当代生命科学正在探讨的最大的自然奥秘之一。从外观看，大脑皮质呈两个半球（图 4-11），中央有 1 条中央沟，左半球支配人体的右侧，右半球支配身体的左侧，此即大脑支配的左右交叉。左右半球的外侧有与中央沟平行的外侧沟，还有与中央沟近乎垂直的十字沟。皮质的这几条沟将大脑分为左、右颞叶，左、右额叶，左、右顶叶和左、右枕叶等分区。各区还有多种三级、四级浅沟，使大脑皮质呈现出相当多的回（沟裂间隆起的部分），从而极大地增加了皮层的面积。人脑比其他动物及猿人发达，主要是神经元多，脑量大，沟回极多。人脑的总体积达 1 350 mL，个别可达 2 000 mL。

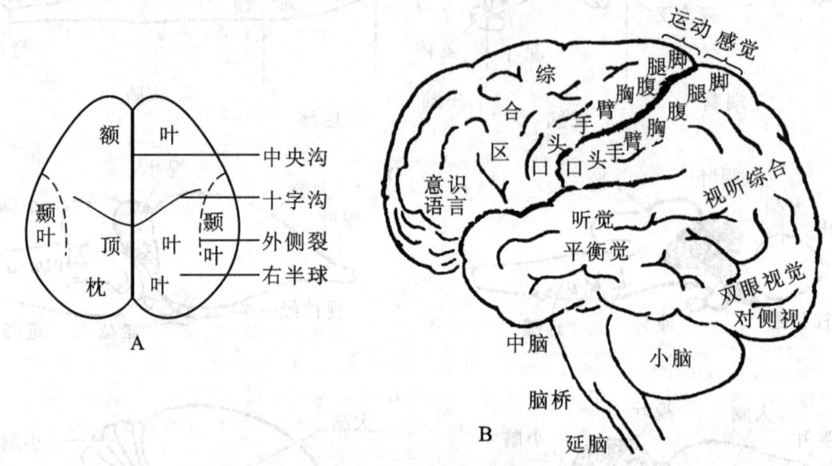

图 4-11　人的大脑皮质

A. 大脑皮质分区　B. 大脑皮质功能分区

大脑皮质承担高级神经活动，在脊髓、脑干反射的基础上，大脑对传来的各种信息分析、加工、整合并发出应答活动的指令，建立起条件反射。

④ 小脑　小脑在大脑两半球的后部，大脑的运动中枢与小脑有神经联系。小脑主管机体运动的协调，随着动物运动能力的提高而逐步发达。小脑皮质也由大量的神经细胞组成。

（2）周围神经系统　亦称外周神经系统。脑和脊髓不与各器官直接发生联系，而是借助于中枢以外的神经系统建立联系，即外周神经系统，包括脑神经、大部分脊神经和植物性神经系统。

① 脑神经（cranial nerve）　由脑部腹面向两侧发出到达头部各个感受器的神经。在鱼类和两栖类脑神经为 11 对，爬行类、鸟类和哺乳类有 13 对（增加了Ⅺ脊副神经和Ⅻ舌下神经）（表 4-3）。

表 4-3　脑神经起源、分布及功能

编号	名　　称	起源(中枢)	分　　布	功　　能
0	端神经 terminal nerve	大脑前部	鼻区前部	感觉
Ⅰ	嗅神经 olfactory nerve	大脑嗅叶	鼻腔黏膜	嗅觉
Ⅱ	视神经 optic nerve	间脑	视网膜	视觉
Ⅲ	动眼神经 oculomotor nerve	中脑	眼肌、虹彩、晶体等	眼部运动
Ⅳ	滑车神经 trochlear nerve	中脑	眼肌	眼部运动
Ⅴ	三叉神经 trigeminal nerve	小脑脑桥	颌肌、面部、口、舌等	舌、面的感觉;舌、颌的活动
Ⅵ	外展神经 abducens nerve	延脑	眼肌	眼球转动
Ⅶ	面神经 facial nerve	延脑	舌、面肌、颌肌、唾腺等	味觉;面部表情、咀嚼运动
Ⅷ	听神经 acoustic nerve	延脑	内耳	听觉与平衡
Ⅸ	舌咽神经 glossopharyngeal nerve	延脑	舌、咽、耳下腺等	味觉、触觉;咽部运动
Ⅹ	迷走神经 vagus nerve	延脑	咽、食管、胃、肠、心、肺等	内脏的感觉;内脏的活动
Ⅺ	脊副神经 spinal accessory nerve	延脑	咽、喉头、肩部肌肉	咽、喉、肩的活动
Ⅻ	舌下神经 hypoglossal nerve	延脑	舌肌	舌的活动

② 脊神经(spinal nerve)　由脊髓两侧(背侧和腹侧)发出的成对神经,其数目大体与脊椎骨总数相当,如兔脊神经 37 对,猪 33 对,人 31 对。每 1 对脊神经从脊髓背侧发出的为"背根"(dorsal root),从腹侧发出的称"腹根"(ventral root)。背根包含传入神经纤维,这些纤维来自皮肤和内脏,能传导冲动进入中枢神经系统,又称感觉神经纤维。靠近脊髓处的背根有 1 膨大的神经节,称为脊神经节(spinal ganglion),内含神经元。腹根由传出神经纤维组成,分布到肌肉与腺体,将中枢发出的冲动传送到各效应器,又称运动神经纤维。背根和腹根离开脊髓在脊椎内合并为 1 根,从椎间孔伸出,即分为 3 支:背支(dorsal branch)、腹支(ventral branch)和脏支(visceral branch)。背支分布到背部的皮肤和肌肉(图 4-12);腹支分布到体侧及腹面的皮肤和肌肉;脏支分布到内脏器官。

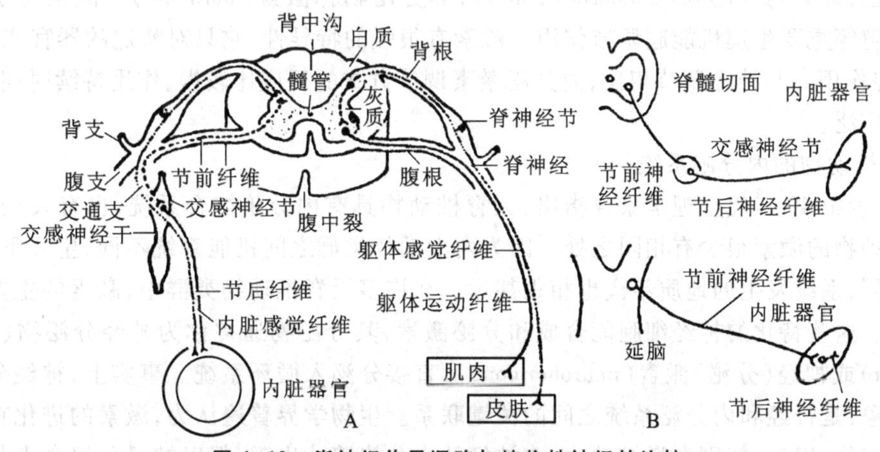

图 4-12　脊神经传导通路与植物性神经的比较

A. 脊神经通路图解　B. 交感与副交感神经通路的比较

以人体而言,31 对脊神经依所在的部位,分为颈神经(8 对)、胸神经(12 对)、腰神经(5 对)、荐神经(或骶神经)(5 对)、尾神经(1 对),分别分布到头、颈、上肢、胸、腰、腹壁和后肢。

③ 植物性神经系统(vegetative nervous system)　又称自主神经系统(autonomic nervous system),一般指分布于内脏和血管的平滑肌、心肌及腺体的运动神经,支配动物体内脏器官的活动,协调内脏器官、腺体、心脏、血管、平滑肌的感觉和运动,不受大脑皮层的支配。它包括交感神经(sympathetic nerve)和副交感神经(parasympathetic nerve)。前者是位于脊柱两侧的链状神经结构;后者是位于头、荐部的一部分神经结构。

植物性神经系统与一般脊神经和脑神经的主要不同在于:① 中枢位于脑干、胸、腰、荐髓的特定部位(图 4 - 13)。② 传出神经不直接到达效应器,而是在外周的植物性神经节内更换神经元,再由更换后的节后神经纤维(postganglionic fibre)支配相应器官。③ 交感神经和副交感神经二者共同分布到同一器官上,但功能为互相颉颃,对立统一。交感神经兴奋引起心跳加快,血管收缩,血压升高,呼吸加快加深,瞳孔放大,竖毛肌收缩,消化管蠕动减弱,一些腺体(如唾液腺)分泌停止,使机体处于一种"应激"状态。副交感神经兴奋引起的效果恰与之相反。

交感神经的中枢位于胸髓和腰髓前段的侧角,其发出的节前神经纤维(preganglionic fibre)到达于脊柱两侧的交感神经链(sympathetic chain),在链上神经节更换神经元或越过交感神经链到达独立的神经节(如肠系膜上的神经节)上更换神经元,然后以节后神经纤维支配效应器。副交感神经的中枢位于脑干上的一些神经核和荐髓的侧角。副交感神经节的位置距效应器很近或就在效应器上,因而节前神经纤维长,节后神经纤维短。这一点与交感神经有显著的差异。

三、内分泌系统

内分泌系统(endocrine system)是协调机体活动的重要调节系统,它与神经系统相辅相成,共同调节机体的生长发育和各种代谢,维持内环境的稳定,并影响运动和生殖等行为。动物的腺体有 2 类,一类是有管腺,腺体分泌的物质经导管输送到体表或内脏管腔中,这类腺体称外分泌腺(exocrine gland),如汗腺、胰腺、肝、唾液腺、乳腺等;另一类腺体没有导管,分泌物由腺体细胞直接渗透到血液或淋巴,称为内分泌腺(endocrine gland),其分泌物称激素(hormone)。激素对于机体的代谢、生长、生殖等重要生理机能起调节作用。激素有很强的特异性,它只对特定的器官或组织(称靶器官)起调控作用。与神经调节相比,内分泌激素调节方式的反应比较慢,作用持续时间较长,作用的范围比较广泛。

1. 无脊椎动物的内分泌系统

早在 20 世纪 40 年代生理学家曾指出,无脊椎动物具有内分泌综合系统;也有人指出,无脊椎动物和脊椎动物的激素很少有相同之处。因为两大动物类群之间机能系统不同、生长形式不同、生殖过程也不同,系统发生的地质年代也相距甚远。在许多无脊椎动物类群中,激素的主要来源是神经分泌细胞。这些特化的神经细胞能合成和分泌激素,其分泌物通常称为神经分泌物(nervous secretory matter)或神经(分泌)激素(neurohormone),直接分泌入循环系统。事实上,神经分泌在动物界是普遍现象,是神经和内分泌系统之间的关键联系。生物学界普遍认为,激素的进化首先是出现神经细胞分泌物;以后,特别在脊椎动物,非神经的内分泌腺才出现,但以神经分泌激素与神经系统保持化学的联系。

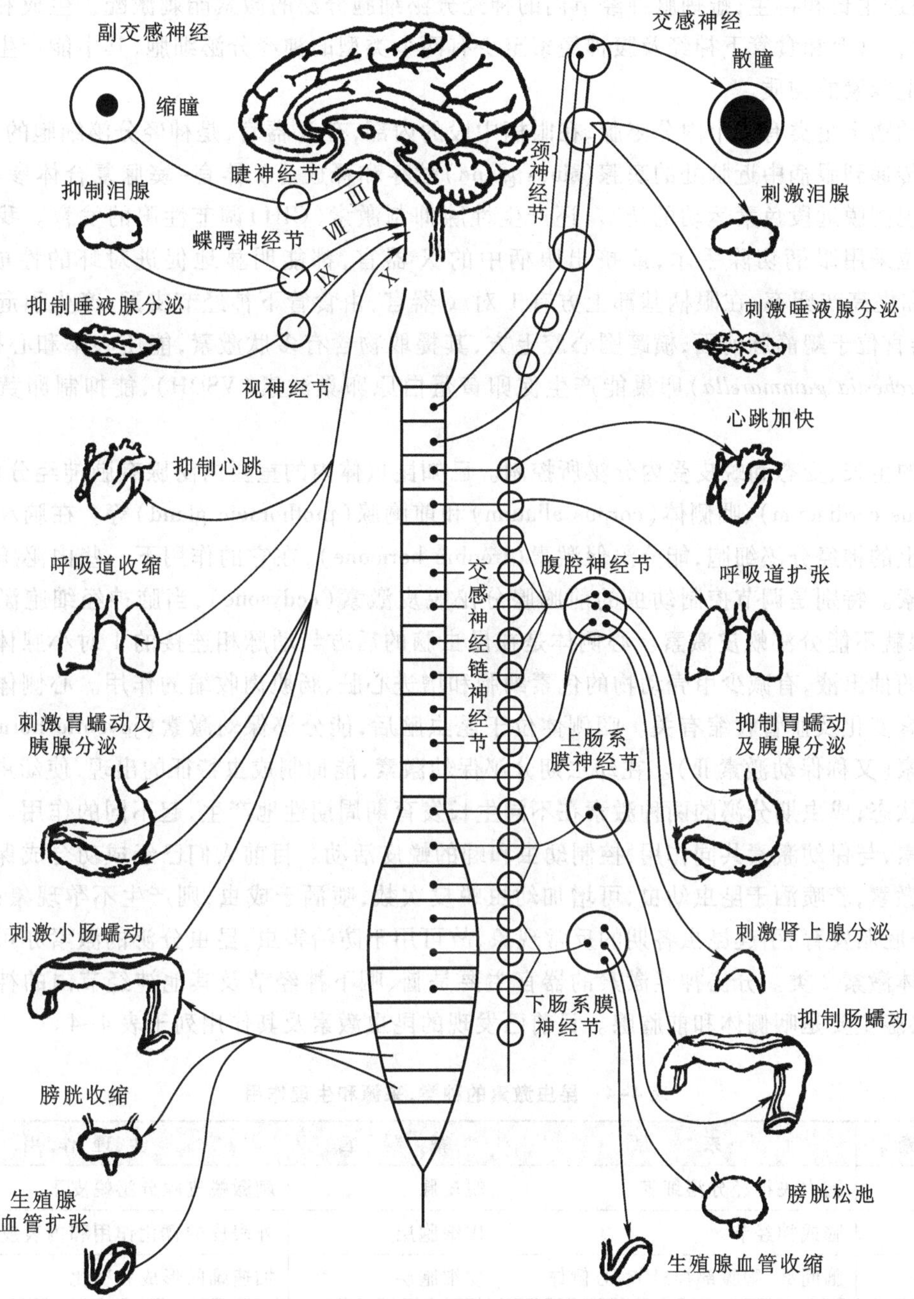

图 4－13　哺乳类的植物性神经系统模式图

低等无脊椎动物的神经分泌作用主要是调节生长、再生、生殖和渗透压。水螅的神经分泌影响其生长、无性生殖和再生。涡虫脑内神经分泌细胞分泌的化学物质能促进生长、抑制性腺发育。涡虫再生过程中，脑内神经分泌细胞数量增加，表明与再生作用有联系。线虫纲中有些种类能产生影响角质形成和蜕皮的激素，当处于蜕皮阶段时，这些细胞的数量明显增加，神经分泌细胞的提取物能使线虫的隔离段发生蜕皮。环节动物中沙蚕食管下神经节内的神经细胞分泌活动激素，抑制性腺成熟,促进生长和再生;蚯蚓脑神经节内的神经分泌细胞分泌的激素能刺激配子生成和副性征的出现;蚂蟥食管上和食管下神经及腹神经索至少有两个类型的神经分泌细胞,其中能产生肾上腺素或类似肾上腺素的物质。

甲壳动物十足类有多个内分泌腺,在眼柄中段的内部,有 X 器官,是神经分泌细胞的集合体,产生的激素传递到眼柄中近脑处的窦腺(sinus gland)贮存和释放。X 器官-窦腺复合体参与蜕皮,色素变化和视网膜远段色素运动的调节,还产生性腺抑制激素(GIH)调节性腺的发育。我国许多对虾育苗单位采用眼柄切除手术,或挤出眼柄中的 X 器官,都能明显地促进对虾的性成熟(提前 3 ~ 15 d)和提高产卵率;在眼柄基部上方有 1 对 Y 器官,由食管下神经节支配,产生引起蜕皮的激素;心包器官位于鳃静脉前面,横跨围心腔上方,其提取物含有多肽激素,能使心率和心搏力增加。跳钩虾(*Orchestia gammarella*)卵巢能产生促卵黄蛋白原卵巢激素(VSOH),能抑制卵黄蛋白原的合成。

昆虫的生长、变态和蜕皮受内分泌所控制。已知昆虫体内的重要内泌腺有脑神经分泌细胞、心侧体(corpus cardiacum)、咽侧体(corpus allatum)和前胸腺(prothoracic gland)等。在脑和腹神经索各神经节上的神经分泌细胞,能分泌促激素(trophic hormone),在它的作用下一些内泌腺得以活化并释放激素。特别是调节控制幼虫的前胸腺分泌蜕皮激素(ecdysone),当脑神经细胞激素不存在时,前胸腺就不能分泌蜕皮激素。心侧体是在昆虫脑的后方与动脉相连接的 1 对小腺体。某些昆虫心侧体的抽出液,有减少甲壳动物的色素细胞和增进心脏、肠肌肉收缩的作用。心侧体的分泌物与昆虫色素变化及血管收缩有关。咽侧体位于昆虫脑后,能分泌保幼激素(juvenile hormone)和卵黄形成激素(又称保幼激素Ⅱ)。在幼虫期分泌保幼激素,能抑制成虫特征的出现,使幼虫蜕皮后仍保持幼虫状态;成虫期分泌的两种激素在不同生长发育期周期性地产生,起不同的作用。前胸腺分泌蜕皮激素,与保幼激素共同作用,控制幼虫和蛹的蜕皮活动。目前人们已经成功合成保幼激素和卵黄形成激素,若喷洒于昆虫幼虫,可增加幼虫蜕皮次数;喷洒于成虫,则产生不孕现象;喷洒于卵上,能阻止胚胎发育,引起昆虫各期的反常现象,故可用于防治害虫,昆虫分泌的激素亦可分为神经激素和腺体激素 2 类。分泌神经激素的器官主要是脑、咽下神经节及其他神经节内的神经分泌细胞,内分泌腺主要是咽侧体和前胸腺。目前已发现的昆虫激素及其作用列于表 4-4。

表 4-4 昆虫激素的种类、来源和生理作用

激素	来源	靶器官	生理作用
促蜕皮素	脑中央神经分泌细胞	蜕皮腺	刺激蜕皮腺分泌蜕皮素
鞣化激素	脑或神经节	皮细胞层	外表皮的鞣化作用和内表皮沉积
围蛹激素	脑间部、胸腹部神经节、心侧体	皮细胞层	加速蛹的形成和鞣化
羽化激素	脑(天蚕蛾)	中枢神经	成虫羽化、蜕皮
滞育激素	咽下神经节	卵巢	产生滞育卵,使糖原在卵巢内沉积
促性腺激素	脑中央神经分泌细胞	卵巢	卵黄沉积、卵黄成熟
利尿激素	脑神经分泌细胞或胸神经节	马氏管、直肠	刺激马氏管排泄,抑制直肠吸收
抗利尿激素	脑、心侧体、神经节	马氏管、直肠	刺激直肠吸收,抑制马氏管排泄
高血糖激素	心侧体	脂肪体	从脂肪体释放二酰甘油酸

续表

激　素	来　源	靶器官	生理作用
促心搏因子	心侧体	背血管	促进心搏
蜕皮素	前胸腺	皮细胞层	蜕皮作用，表皮沉积和硬化、蛹化
保幼激素	咽侧体	皮细胞层和性腺	控制变态，卵黄沉积，体型分化等
雄性激素	睾丸端细胞	性腺	控制性分化

2. 脊椎动物的内分泌系统

脊椎动物从水生过渡到陆生，伴随着身体结构、机能和代谢的复杂化，内分泌系统也不断进化。其中人体的内分泌系统最复杂，研究也最深入，包括脑垂体（pituitary）、甲状腺（thyroid）、甲状旁腺（parathyroid）、胰岛（pancreas islet）、胸腺（thymus）、肾上腺（adrenal）、性腺（gonad）、松果体等。水生的硬骨鱼类没有甲状旁腺，有能够分泌激素调节血钙的鳃后腺，肾上腺的皮质和髓质分开，还有与生殖活动、渗透压调节有关的斯氏小体（corpuscle of Stannius）和与渗透压调节有关的尾垂体（urohypophysis）（图4-14）。

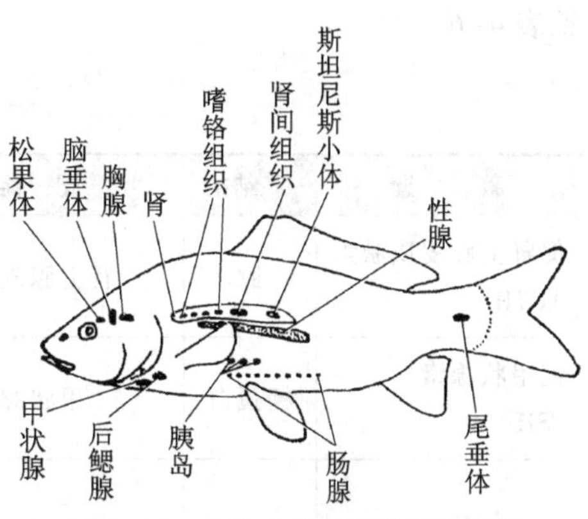

图 4-14　鱼类内分泌腺的简略图解

（1）脑垂体　脑垂体由腺垂体和神经垂体两部分组成，是脊椎动物身体中最重要的内分泌腺，除分泌多种激素调节身体的生长和代谢外，还分泌激素调节其他内分泌腺如性腺、肾上腺、甲状腺的活动。而脑垂体的活动又受到下丘脑的调节，下丘脑通过对垂体活动的调节来影响其他内分泌腺的活动。下丘脑分泌的激素的作用见表 4-5。

表 4-5　下丘脑释放激素

激　素	结构	靶组织	主要作用	调　节
促肾上腺皮质激素释放激素 CRH	41 肽	腺垂体	刺激 ACTH 释放	多种有害刺激增加分泌；ACTH 抑制分泌
促甲状腺素释放激素 TRH	3 肽	腺垂体	刺激 TSH 释放和催乳素分泌	低体温引起分泌；甲状腺素抑制分泌
生长激素释放激素 CHRH	多肽	腺垂体	刺激 GH 释放	低血糖刺激分泌
促性腺激素释放激素 GnRH	10 肽	腺垂体	刺激 FSH 和 LH 的释放	雄性血液中睾酮水平降低刺激分泌；雌性激素水平降低和神经输入都刺激分泌；血中 FSH 或 LH 水平高都抑制分泌
生长激素释放抑制激素 GIH	14 肽	腺垂体	抑制 GH 释放，抑制 LH、FSH、PRL、ACTH、TSH 释放	运动引起分泌，激素在身体组织中很快失活

神经垂体释放两种激素：血管升压素（vasopressin，或称为抗利尿激素，antidiuretic hormone ADH）引起体内小动脉的平滑肌收缩从而有升压作用，同时能够增加肾脏对水的重吸收；催产素（oxytocin，OT）有促进子宫平滑肌收缩的作用，并且能够作用于乳腺腺泡周围的肌上皮细胞，使之收缩将乳汁挤出。腺垂体的作用比较广泛，至少产生下列 7 种激素：促肾上腺皮质激素（adrenocorticotropic hormone，ACTH），促甲状腺激素（thyroid-stimulating hormone，TSH），卵泡刺激素（follicle-stimulating hormone，FSH），黄体生成素（luteinizing hormone，LH），催乳素（prolactin，PRL），生长激素（growth hormone，GH，somatotropin），黑色细胞刺激素（melanocyte-stimulating hormone，MSH），其作用见表 4-6：

表 4-6 腺垂体的激素

激素	结构	靶组织	主要作用	调节
促肾上腺皮质激素 ACTH	肽	肾上腺皮质	增加肾上腺皮质生成与分泌类固醇	CRH 分泌刺激释放 ACTH 抑制释放
促甲状腺素 TSH	糖蛋白	甲状腺	增加甲状腺素的生成与分泌	TRH 刺激分泌； 甲状腺素素阻止释放
生长激素 GH	蛋白质	全部组织	刺激 RNA 合成，蛋白质合成和组织生长；增加糖原和氨基酸转运入细胞；增加脂解作用和抗体形成	胰岛素和氨基酸水平升高经过 GHRH 刺激释放； GIH 抑制释放
卵泡刺激素 FSH	糖蛋白	曲精细管（雄） 卵泡（雌）	增加精子生成（雄）； 刺激卵泡成熟（雌）	GnRH 刺激释放
黄体生成素 LH	糖蛋白	卵巢间隙细胞（雌） 睾丸间隙细胞（雄）	促使卵泡充分成熟、雌激素的分泌、排卵、黄体形成和黄体酮分泌；增加雄激素的合成与分泌	GnRH 刺激释放
催乳素 PRL	蛋白质	乳腺	促进乳腺的生长和增加乳蛋白的合成	雌激素增加则允许释放
黑色细胞刺激素 MSH	多肽	上皮色素细胞 内皮色素细胞	增加黑色素的合成，增加黑色素的扩散（皮肤变黑）	

（2）甲状腺　从圆口类到哺乳类都有甲状腺。它们形态构造各异，板鳃鱼类的甲状腺是 1 个密实的器官。硬骨鱼类、两栖类和鸟类通常是 1 对，而哺乳类的甲状腺为 1 对或 1 个（如猪）。甲状腺外包着薄层结缔组织被膜，被膜伸入内部而形成很多中隔，把甲状腺分成很多小叶，称甲状腺小叶（lobuli glandulae thyreoideae），在小叶中可见很多滤泡，构成滤泡壁的上皮细胞一般呈低立方形，核位于细胞的中央。滤泡的上皮细胞摄取血液中的碘离子，通过与酪氨酸进行碘化反应生成碘化酪氨酸，再经缩合反应生成甲状腺素。甲状腺素使肝、肾、心脏、胰腺、骨骼肌等组织代谢率升高，氧耗量增加，产热量增加，从而调节恒温动物的体温；促进葡萄糖和脂质的分解代谢；调节蛋白质的代

谢；在各种脊椎动物的发育和成熟过程中起重要作用。先天性甲状腺发育不全会引起呆小症。甲状腺机能减退会导致神经系统、骨骼、性腺发育明显迟缓，代谢率降低，对疾病的抵抗力减弱；甲状腺素激素对两栖类的变态过程有重要影响，缺乏甲状腺素蝌蚪不能变态为蛙，给蝌蚪投喂甲状腺素，能加快其变态过程；当硬骨鱼处于渗透压变化的环境中时，甲状腺素能增强进行渗透压调节所需的能量代谢。在广盐性鱼类的洄游过程中，甲状腺素对环境盐度变化的生理适应性起重要作用，甲状腺分泌增强使某些硬骨鱼类选择海水、某些硬骨鱼类选择淡水。

(3) 甲状旁腺和鳃后腺　甲状旁腺和鳃后腺起源于消化管前部的咽或鳃囊，鱼类没有甲状旁腺，两栖类以上的陆栖脊椎动物才有。甲状旁腺通常有2对，一般和甲状腺并列。甲状旁腺分泌甲状旁腺素(parathyroid hormone，PTH)，促进骨钙溶解；促进小肠从食物中吸收钙以及肾小管对钙离子的重吸收。减少 CO_3^{2-} 在肾小管中的重吸收，使血钙水平上升，血磷含量下降。鳃后腺起源于第四对鳃囊。除圆口类外，所有脊椎动物都有鳃后腺。在非哺乳类动物，鳃后腺一般位于心脏周围；在哺乳动物，鳃后腺细胞在个体发育过程中，移到甲状腺内，成为甲状腺的滤泡旁细胞(C 细胞)。鳃后腺分泌降钙素(calcitonin)，降钙素直接抑制骨质溶解，还抑制肾小管对钙、磷等的重吸收，降低血钙的水平。由于甲状旁腺素和降钙素的共同作用，调节血浆和骨骼中钙、磷的含量，维持血液中 Ca^{2+} 和 PO_4^{3-} 的浓度水平。

(4) 胰岛　胰腺中有两类组织，一类是腺泡组织，分泌消化酶；另一类是胰岛组织，分散在腺泡组织中。有些硬骨鱼类和蛇类的胰岛组织分为几个小球状构造，位于胆囊附近。圆口类的胰岛组织只有分泌胰岛素的B细胞。有颌脊椎动物的胰岛组织含有A、B、D 3种细胞。A(α)细胞受低血糖刺激分泌胰高血糖素(glucagon)，它促进肝糖原的分解，使血糖升高，此外还促进脂肪分解，增加心肌收缩力。B(β)细胞受高血糖、胰高血糖素和生长激素的刺激而分泌胰岛素。胰岛素通过下列途径使血糖水平降低：胰岛素促进肝细胞摄取、贮存和利用葡萄糖，增加细胞对葡萄糖的通透性，促进细胞内葡萄糖磷酸化，促进肝糖原的生成；在肌肉中转化为糖原贮存；促进脂肪细胞吸收葡萄糖和形成脂肪，还抑制脂肪组织释放游离的脂肪酸；和生长激素一起促使氨基酸加速进入细胞，合成蛋白质；抑制氨基酸通过糖原异生作用转化成葡萄糖。D(δ)细胞分泌生长抑素。还有PP细胞和 D_1 细胞。

(5) 肾上腺　包括髓质(嗜铬组织)和皮质(肾间组织)。

嗜铬组织是交感神经的一部分，也是内分泌系统的一部分，低等圆口类的嗜铬组织小块(旁神经节)散布在第二个鳃囊到肛门后端的每一个体节的主静脉附近。板鳃鱼类有两列独立的旁神经节，硬骨鱼类和其他高等脊椎动物，嗜铬组织和肾上腺皮质发生联系并埋在皮质组织内；哺乳动物的嗜铬组织集中在肾上腺内部，形成独立的肾上腺髓质，髓质细胞可被铬盐染出黄褐色的颗粒，叫嗜铬细胞，髓质细胞以酪氨酸为原料合成肾上腺素或去甲肾上腺素，大多数哺乳动物主要分泌肾上腺素，如人和狗；少数哺乳动物(如猫、鲸鱼)主要分泌去甲肾上腺素。肾上腺髓质分泌的激素主要是产生“应急”反应，如疼痛、寒冷、激动、缺氧、恐惧等紧张性刺激会引起交感神经系统兴奋，促使肾上腺髓质分泌增加，低血压、低血糖和许多药物也能引起肾上腺髓质分泌活动加强。髓质激素刺激肝、肌肉分解糖原，提高血糖水平；促进血管平滑肌的收缩，使血压升高，引起心脏活动加强。此外还有分解脂肪的作用，增加血浆中游离脂肪酸。

圆口类的肾间组织沿主静脉周围散布，鱼类在肾脏之间形成密实的肾间组织。哺乳动物的肾上腺皮质可分为3层，最外层是球状带，细胞索盘曲成球状；中间最宽的部分，由多角形细胞组成，为束状带;靠近髓质的是网状带,因细胞索排列不规则而呈网状的结构。球状带合成盐皮质激素,主要是醛固酮(aldosterone),醛固酮能促进肾脏对水的重吸收,在陆生脊椎动物显得更重要。束状带合成糖皮质激素,主要是皮质醇和皮质酮,能促进肝外组织蛋白质、脂肪的分解代谢,也有促进糖原异生和调节水盐代谢的作用。网状带主要合成性激素。

(6) 性腺 脊椎动物性腺的主要机能是产生配子和分泌激素以调节生殖系统的活动和生殖行为,以及促进副性征的发育。雄性的性腺为精巢,分泌雄激素,主要是睾酮和雄烷二酮(androstanedion)。雌性的性腺为卵巢,分泌雌激素和孕激素。雌激素由卵泡的颗粒细胞、卵泡膜的内膜细胞以及黄体细胞分泌,主要为雌二醇(estradiol,E_2)和雌酮(estrone,E_1);孕激素主要由黄体细胞分泌,以黄体酮(progesterone)作用最强,作用是使子宫内膜增生,腺体分泌增加,利于胚胎着床,降低子宫和输卵管平滑肌的兴奋性而减弱其活动,刺激乳腺发育。

(7) 松果体 原始脊椎动物(圆口类)在鼻孔后方皮下有一松果眼(松果体),松果眼的腹面还有一个更小的结构叫作顶眼。进化过程中顶眼退化,但是爬行类喙头蜥的顶眼较发达,具有感光作用。哺乳类松果体逐渐失去感光作用而发展成为内分泌器官,其分泌激素主要是褪黑激素(melatonin),褪黑激素能使皮肤色素细胞收缩,使体色变淡,还有抑制性腺发育的作用,切除雌鼠松果体会使卵巢肥大,而注射褪黑激素会使卵巢重量减轻。松果体还与生物节律有关,褪黑激素的合成有明显的昼减夜增的节律,口服褪黑激素具有帮助睡眠的作用。此外还发现褪黑激素还可能具有增加人体免疫功能、抗衰老和抑制肿瘤细胞生长的作用。

其他内分泌腺还有胸腺、消化管内分泌腺、前列腺等。胸腺位于胸部稍前方,是一种淋巴器官,在幼体时特别发达,其分泌物可促进生长及抑制性器官早熟。近年研究认为胸腺能提高体内产生抗体的能力。消化管内分泌腺分泌的激素有促胃液素、促胰液素、促肠液素等,分别促进胃液、胰液和肠液的分泌。前列腺见于高等哺乳类的雄体,是生殖系统的一种附属腺体,位于尿道基部近膀胱的地方,它既是外分泌腺,分泌稀薄的碱性乳状液体,参加精液的组成,还是一个内分泌腺,分泌前列腺素(prostaglandin),这种激素也存在于卵巢内,其作用还在深入研究中,主要功能有:促进精子生长成熟、激发黄体酮分泌,加速黄体溶解,抑制胃腺分泌,增强利尿,降低血压等。硬骨鱼的斯氏小体分泌的斯钙素(stanniocalcin)具有抑制鱼类鳃、肠的钙转运和促进肾小管对磷酸盐的重吸收以调节钙、磷代谢的作用,尾垂体可能与分泌尾紧张素(urotensin)有关并参与渗透压调节、浮力调节和尾部运动等。

第三节 气体交换、血液循环与免疫作用

一、气体交换

动物体所需要的能量来自生物氧化,即细胞呼吸(respiration)。要使细胞呼吸持续进行,O_2的供应、CO_2的排除二者之间必须保持稳定。但是动物只能在血液和组织中贮藏少量的O_2。因此,动物需要不断地获得O_2,并排除所产生的CO_2,这个过程称为呼吸。

动物在进化过程中,从无脊椎动物到脊椎动物,体型增大导致对氧需求的增加,使呼吸器官的结构不断复杂和完善;动物生活环境的多样化(水生的、陆生的、行穴居生活的、飞行生活的等)也导

致动物呼吸形式的多样化,大致有以下几类:

(1) 皮肤呼吸 原生动物、海绵、刺胞动物和许多蠕虫,没有专门的呼吸器官,气体靠皮肤以扩散方式直接从周围环境吸收 O_2和排出 CO_2。对于这些个体较小、结构较原始、代谢水平较低的动物而言,其扩散距离短,相对表面积大,通过扩散能满足机体的需要。一些个体较大、代谢水平较高的动物如鱼类、两栖类等,皮肤呼吸常常作为鳃、肺的辅助方式,鳗鲡的呼吸中的 O_2和 CO_2有 60% 是通过皮肤交换的。冬眠期的蛙呼吸的气体几乎全部是通过皮肤交换的。

此类动物皮肤上通常没有鳞、甲等衍生物,多是裸露的皮肤中富有微血管,表面多有黏液等保持湿润状态。

(2) 鳃呼吸 鳃是水生动物的最有效的呼吸器官,它可以扩大呼吸表面,鳃丝中微血管的血流动方向和水流方向相反。这种逆向流动有利于气体交换。

水中生活的软体动物,都具有由外套腔内壁皮肤伸张而成的鳃,称为栉鳃(ctenidium)。原始种类的栉鳃左右成对,位于外套腔中,每鳃具有一条由外套腔前壁向后伸展的鳃轴(gill axis),在鳃轴两侧生有并列的锯齿状小瓣鳃叶,使全鳃呈羽状。鳃轴里面,有动脉及静脉贯穿其中,整个鳃的表面密生纤毛,它与外套膜表面的纤毛同时摆动,激动水流进入外套腔内按一定的路线流动。头足动物是由外套膜的节律性收缩使水进出外套腔,外套肌肉、漏斗及活瓣的协调活动,使新鲜的水不断流过鳃。水生节肢动物的鳃是体壁外突的构造,常呈薄膜状,每个鳃上具有 1 个鳃轴及许多分枝的鳃丝,着生部位的外骨骼起着鳃盖的作用。鲎的鳃呈 150 ~ 200 页的薄板状,称书鳃。棘皮动物中,海胆的口缘附近有鳃,海星的管足和皮鳃有呼吸作用,海参体内的呼吸树充满水,这些水是由肛门进入排泄腔,当排泄腔收缩时将海水压入呼吸树进行气体交换。

圆口类的鳃呈囊状,称鳃囊(gill pouch)。它是消化管从口腔后部向腹面分出的 1 支盲管,管的左、右两侧各有内鳃孔。每个鳃孔通入 1 个鳃囊,囊中有许多由内胚层演变而来的鳃丝。鳃囊经外鳃孔与外界相通。鱼类的鳃丝起源于外胚层。软骨鱼类的鳃裂直接开口于体外,鳃隔(gill septum)发达。硬骨鱼类的鳃裂,在外侧另有鳃盖(operculum)保护,鳃隔已退化。两侧各有四条鳃弓,在每一个鳃弓上有两列鳃丝,形成鳃瓣。

(3) 气管呼吸 昆虫和其他一些陆生节肢动物(蜈蚣、马陆、蜘蛛)具有气管系统,气管是由外胚层向内凹陷延伸而成,并反复分枝,最后以极细的盲管插入组织细胞之间。气体通过气管在体侧的开口——气门进入气管系统,扩散到全身各部的组织和细胞,进行气体交换,产生的 CO_2沿相反的方向扩散到体外。气管内壁有一层几丁质,可以防止气管坍陷。气门处往往有瓣膜以防止过分失水。个体较大的昆虫或活动性较强的昆虫单靠气体通过气管系统的扩散还不足以保证所需的气体交换,有节律的气门瓣膜活动和体壁肌肉的收缩相结合加强了这些昆虫的通气活动。

(4) 肺呼吸 肺是陆生动物进行空气呼吸的器官,无脊椎动物中如蜗牛的外套腔形成肺,外套腔的顶部血管很丰富,它通过 1 个狭窄的肌肉孔与外界相通;蜘蛛的书肺是由 1 个向腔内突出 15 ~ 20 片书页状薄片的囊构成,薄片内有血液流过,蝎子和一些等足类有此肺。这些无脊椎动物的肺结构较简单,没有气体进出的动力装备,称之为扩散肺。脊椎动物的肺结构复杂,换气效率高,称为换气肺,最原始的肺是肺鱼的肺(鳔)。当干旱时,鳃失去呼吸功能,肺则成辅助呼吸器官。两栖类也有简单的囊状肺,囊腔中有许多网状隔膜,形成肺泡(alveolus),肺泡壁上密布微血管。这种囊状肺气体交换效率不高,无法满足动物呼吸之需,如蛙的皮肤成为重要的辅助呼吸器官。从爬行动物开始肺的结构、呼吸机能以及呼吸的动力装备逐步完善，气体交换的面积也逐步扩大。据统计，人的肺约有7亿个小肺泡，总表面积达60～120 m^2，相当于人体表面积的60倍，肺内微血管总长度达1 600 km（图4－15）。

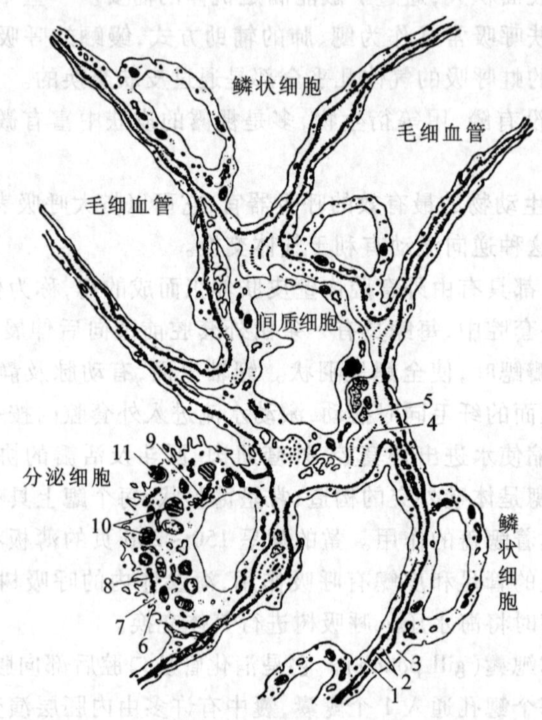

图4－15　电子显微镜下肺泡壁的结构（钟慈声，1984）

1. 毛细血管内皮细胞的胞质　2. 基膜　3. 鳞状细胞的胞质　4. 胶原纤维　5. 弹性硬蛋白团块　6. 微绒毛　7. 核蛋白体　8. 粗面内质网　9. 高尔基体　10. 板层小体　11. 分泌出的板层小体

由于鸟类的肺是由多级气管、支气管构成，并具有气囊系统，所以在吸气和呼气时都有含氧气体流经肺部，都能进行气体交换，起到双重呼吸（dual respiration）的作用。这种精致的肺是飞行生活及其需要的更高的新陈代谢带来的自然选择的结果。

哺乳动物的肺处于胸腔中。胸腔具双层膜，胸腔壁一侧的壁层紧贴在胸壁内表面，脏层紧贴在肺外，二层胸膜之间形成了密闭的胸膜腔。正常情况下，两层胸膜贴紧，内有少量胸腔液。肺是个弹性结构（肺泡之间有弹性纤维）。由于肺的弹性回缩，胸膜腔内的压力始终低于肺内压，造成胸膜腔内存在负压，这个负压限制了肺的进一步回缩，使肺保持某种扩张状态。若胸腔膜破裂，空气进入胸膜腔，则胸内负压消失，肺的弹性纤维长期回缩，造成肺的萎缩，出现呼吸困难，进一步发展则导致动物窒息死亡。横隔膜是哺乳动物特有的，它使腹腔和胸腔分开。隔膜肌的伸缩，使胸腔的体积扩大或缩小（腹式呼吸）；肋间肌的运动，使胸骨和肋骨上升或下降，也使胸腔体积改变（胸式呼吸）；吸气时，隔膜肌收缩，胸腔拉长，肋间外肌收缩，肋骨上升，胸腔扩大，肺内压比大气压低2～3 mmHg，空气流入肺；呼气时，隔膜肌和肋间外肌舒张，胸腔体积减小，肺内压比大气压高2～3 mmHg，气体由肺部排出。

二、血液循环

循环系统(circulatory system)是动物运送血液和淋巴,使之运行于器官组织之间的管道系统。它使身体各部分组织获得 O_2 和营养物质,排除 CO_2 和其他代谢产物,并有输送激素、调节体温等功能,从而保持机体的动态平衡,使体内的代谢和化学调节顺利进行,保持物质、能量、信息的交流畅通,内外协调。

动物的循环系统分为两大类,一类是开管式循环系统(open vascular system),另一类是闭管式循环系统(closed vascular system)。开管式循环系统中的血液从心脏搏出进入动脉,再散布到组织间隙,血流直接与组织细胞接触,然后再从静脉流回心脏。即血液不是完全封闭在血管里流动,在动脉和静脉之间往往有血窦(或称血腔,hemocoele)。开管式循环由于血液在血腔或血窦中运行,压力较低,因此只是一些活动性相对较弱、代谢较低的动物所具有,如软体动物、多数节肢动物、棘皮动物、半索动物、尾索动物等。多数节肢动物虽然活动性相对较强,但由于其附肢易折断,开放式循环的低血压有利于避免附肢折断而引起大量失血。闭管式循环系统的血液从心脏搏出到动脉,经毛细血管到静脉回心,完全封闭在血管系统中流动。这种循环方式效率高,血液不积于组织间隙中。闭管式循环系统伴有淋巴系统,它收集由微血管壁滤出的组织液回到血液循环系统中去,环节动物、软体动物的头足类、头索动物和脊椎动物均为闭管式循环系统。

1. 无脊椎动物的循环系统

原生动物到线形动物都没有专门的循环系统,细胞与细胞之间的物质运输是以扩散方式进行。纽形动物出现背血管、侧血管和横血管,但无心脏,血液流动是靠身体的伸缩运动来完成,血流不定向。环节动物开始出现完善的循环系统,背血管能作节律性的蠕动,1 对或几对横血管稍微膨大,而且血管壁的肌肉层加厚,能起到类似心脏搏动的作用,促使背血管的血液流向腹血管,其内有瓣膜以防止血液倒流,保证血液作单方向的流动。软体动物除头足类外均为开放式循环,一般有 1 个发达的心脏,具有内在的起搏点,同时也受神经分泌的影响而改变其搏动节律,既接受兴奋性的神经纤维,又接受抑制性的神经纤维。头足类为发达的闭管式循环系统,有 1 个体心和 1 对鳃心,有明显的动脉、静脉和毛细血管网,血液与组织液明显地分隔开。节肢动物是开管式循环,心脏和背血管是循环系统的主要成分,许多昆虫有副心,这些副心存在翅、腿和触角等附肢内,对促进这些部位的血液循环有重要作用。

2. 脊椎动物的循环系统

随着肺的出现,脊椎动物的循环路线由单循环进化到双循环。鱼类的心脏只有 1 个心房和 1 个心室(图 4-16),用鳃呼吸,心脏内的血是缺氧血,心室泵出血液流到鳃进行气体交换,含氧血经动脉分送全身各处,缺氧血由静脉送回心脏,循环途径只有 1 条,即为单循环。从两栖类开始出现肺,血液循环包括两条途径,一是肺循环(pulmonary circulation)(亦称小循环,lesser circulation),另一是体循环(systemic circulation)(又称大循环,greater circulation),故称双循环,但两栖类和大多数爬行类属于不完全的双循环。两栖类的心脏具有 2 心房 1 心室;爬行类具 2 心房和 1 心室,但心室出现了不完整的膈膜(鳄类心室已基本上分隔为 2 心室),因此这两类动物的心脏中含有缺氧和富氧两种混合血,由心室泵出的血含氧量较低,这样低氧的内液环境,动物体的代谢效率自然不高。鸟类和哺乳类是完全的双循环,心脏具 4 室,即 2 个心房和 2 个心室,由体循环进入右心房和右心室的是缺氧血，送到肺循环经气体交换后进入左心房和左心室的是富氧血，两个循环完全分开，输送到全身的是富氧血，机体的代谢效率显著提高。

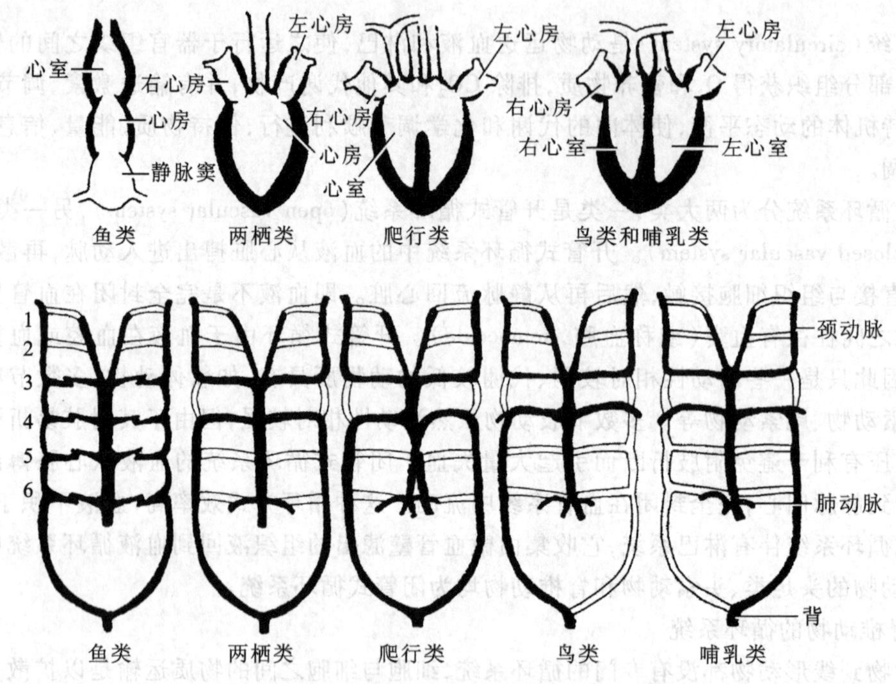

图 4－16 各纲脊椎动物心脏和动脉弓比较图

动脉系统把血液从心脏运到各器官组织，这个系统改变最显著的是动脉弓(aortic)。原始鱼类有 6 对动脉弓。软骨鱼类从腹大动脉分出 5 对动脉弓，每对都有入鳃和出鳃动脉。硬骨鱼类只有 4 对动脉弓，由原动脉弓的第三至第六对发展而成。两栖类的蝌蚪由于行鳃呼吸，仍保留 4 对动脉弓，变态为成体时，第一对动脉弓(即原动脉弓的第三对)转变为颈动脉；第二对(即原动脉弓的第四对)转变为背大动脉；第三对(即原动脉弓的第五对)消失；第四对(即原动脉弓的第六对)转变为肺皮动脉。这种转变，是由鳃呼吸进化到肺呼吸的结果。爬行类的四对动脉弓在胚胎转变，情况与两栖类基本相同。

静脉系统把血液从各器官运回心脏。在鱼类，缺氧血运送的情况大致是：肠胃等处的缺氧血由肝门静脉收集到肝，再经肝静脉集合而入静脉窦。从身体后部回流的血左右分别经由肾门静脉入肾后经肾静脉到后主静脉，后肢回流的血左右分别经髂静脉到侧腹静脉后会合锁骨下静脉，头部回流血左右分别经前主静脉一起汇入左右总主静脉，最后达到静脉窦。蝌蚪的静脉系统和鱼类的基本相似，至成体时前主静脉变为内颈静脉，总主静脉变为前大静脉，后主静脉基本消失，另产生发达的后大静脉，同时出现肺静脉。爬行类的静脉系统大体和两栖类的相似，但肾门静脉退化。肾门静脉在鸟类更加退化，在哺乳类则完全消失。哺乳类出现奇静脉与半奇静脉。

3. 淋巴循环

淋巴系统包括淋巴(lymph)、淋巴管(lymph vessel)、淋巴结(lymph node)和其他淋巴器官。最小的淋巴管称为微淋巴管(lymph capillary)，分布于组织细胞之间，其末端为盲管，收集组织细胞间的液体渗入管内，形成淋巴，所以淋巴的组成基本上和血浆相同，只是其中没有红细胞。

淋巴循环是淋巴回流入血液的单向流（图 4-17）。组织液经毛细淋巴管滤入淋巴，汇流于各级淋巴管，最后成左右两路淋巴管，分别通往左右锁骨下静脉与血液汇合，可以说淋巴系统是血循环的辅助系统。

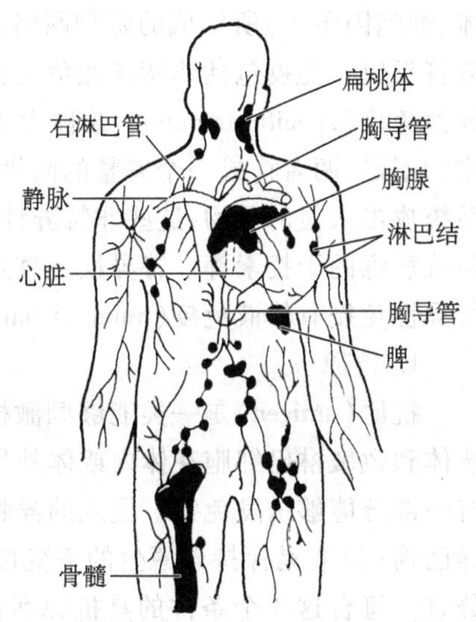

图 4-17　人体免疫系统及淋巴循环

组织液（tissue fluid）是机体内细胞外围具有恒定的物理、化学特性的液体，是动物组织和细胞的浸润液和营养液，又称为细胞间隙液或组织间隙液。机体不同部位的体腔内，存在着有特殊理化特性的液体，称为体腔液，如脑脊液（cerebrospinal fluid）、心包液（pericardium fluid）、胸膜液（pleural fluid）、腹腔液（cavum abdominis fluid）等等。扁形动物开始有组织液、体腔液、血液和淋巴等，共同构成了动物体的内环境（internal medium）。四者之间的关系如下：

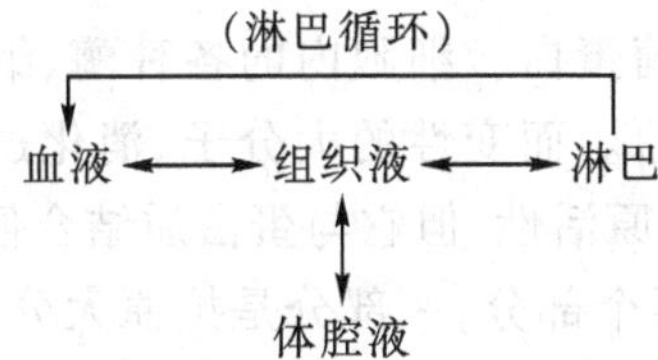

从广义上说，淋巴、脑脊液、体腔液也是组织液的一种，它们都来自血液，又回到血液中去。从化学组成来看，组织液与血浆并无显著差异，但组织液中的蛋白质和其他有形物总量较少。这是因为介于血浆和组织间隙之间的毛细血管壁具有高度通透性。

淋巴是组织液进入毛细淋巴管后所形成，淋巴中通常没有红细胞，所含的白细胞绝大多数是小淋巴细胞。淋巴细胞的数量随身体部位的不同有很大差异。以犬为例，胸导管的淋巴中淋巴球数目为$1\times10^3 \sim 20\times10^3$个/$mm^3$，周围淋巴则只有 550 个/$mm^3$。淋巴中血小板极少，但含有纤维蛋白原、凝血酶原、抗凝血酶及钙盐等。所以淋巴流出体外也会凝固，肠系膜淋巴的内容物与消化吸收情况大有关系，当小肠中有大量脂肪存在时，淋巴内就充满着乳化的脂肪小点，呈乳白色，称乳糜。

两栖类、爬行类及少数鱼类和鸟类还具有一种称为淋巴心的结构，能搏动促进淋巴循环。其他淋巴器官有脾、扁桃腺和胸腺等，它们都有产生淋巴细胞的功能。脾又是一个血库，可以贮藏和调节血量，还可以吞噬一部分衰老的红细胞和血中的细菌等异物。

三、免疫作用

免疫（immunity）是指动物机体抵御入侵异物的防护反应，是机体识别和排除抗原性异物（包括传染性和非传染性的）的一种功能。

机体的免疫力来自免疫系统（immune system）。免疫系统是由一系列器官（骨髓、胸腺、腔上囊、淋巴结等）、组织（淋巴组织）、细胞（淋巴细胞、巨噬细胞、T 细胞、B 细胞等）以及免疫分子（抗体、细胞因子等)所构成的防御网络,使机体能够对入侵的微生物、寄生动物以及其他外来物质产生应答反应。免疫包括非特异性免疫(non-specific immunity 或称为先天性免疫 innate immunity)和特异性免疫(specific immunity 或称为获得性免疫 adaptive immunity)。特异性免疫补充了非特异性免疫的不足,两者构成一个完整的防御整体。非特异性免疫通过体液中存在的非特异性细胞和分子系统攻击入侵的异物,这些非特异性细胞和分子包括非特异性的吞噬细胞如巨噬细胞、组织溶菌酶与抗病毒的干扰素等。特异性免疫是由于以往感染所获得的或由于疫苗所诱导产生的免疫反应。特异性免疫有体液免疫(humoral immunity)和细胞免疫(cell-mediated immunity)两种途径。

1. 抗原

抗原(antigen)是一类能够刺激机体免疫系统产生特异性免疫应答,并能够与相应应答产物即抗体和致敏淋巴细胞在体内或体外发生特异性结合的物质。侵入动物体的物质多种多样,其中只有一部分能够诱发免疫。侵入的异物作为抗原必须具备下列 3 个条件:① 它是动物体内所没有的异己物;② 它是保持着原生的不变性的蛋白质或与蛋白质结合的物质;③ 它侵入机体后不被中途分解。符合这 3 个条件的具抗原活性的物质包括天然蛋白质、细胞及细菌分泌的毒素、异体细胞、病原体及其分泌物等等。它们都具有特异的复合蛋白质(如糖蛋白)的细胞膜或荚膜(capsule)。一些植物花粉粒外表也有特异的复合蛋白。各种病毒具有不同的衣壳(capsid)蛋白。鸟类的蛋清及其他动物的血清也都包含着特异糖蛋白。细胞内的各种酶、细菌和寄生虫所产生的毒素蛋白和异体的蛋白性激素等也可以作为抗原。而变性的大分子、消化过的物质都没有抗原性。一些机体内常见的有机小分子,其本身并无抗原活性,但它与蛋白质结合便能成为抗原。

从分子水平看,抗原分子包括两个部分,一部分是抗原大分子主体,另一部分是带特异性的决定簇(determinant)。抗原主体是抗原活性的基础,决定簇决定抗原的特异性。一个细胞外表有很多点,各点有不同的分子结构。因此,一种侵入机体的细菌可诱发出多种抗体。同样的,一种糖蛋白分子表面有相当复杂的构象,也可能诱发出一种以上的抗体。

疫苗(vaccine)是经过人工处理的带有致病原(病原微生物及其代谢产物)信息的抗原。机体接种疫苗后,能够诱导产生针对特定病原的特异性抗体或细胞免疫,从而具有消灭该致病原的能力。疫苗制备过程需要经过人工减毒、灭活或利用基因工程等方法进行弱毒化改造。人工改造的关键是使毒性因子改变构形,使毒性下降,但不丧失它们的抗原活性。

2. 细胞免疫和体液免疫

抗原侵入机体可诱发细胞免疫和体液免疫两类特异性免疫反应。免疫诱发是后天的过程,初生儿免疫力低,在生长过程接受抗原诱发,免疫力逐步提高。诱发的中心内容是淋巴细胞分化为具有特定功能的成分。

细胞免疫和体液免疫的诱发过程很类似。先是骨髓产生出干细胞(stem cell),干细胞分化为巨噬细胞和淋巴母细胞。巨噬细胞能吞食和分解外来异物,暴露其抗原性质,对免疫的诱发起促进作用。淋巴母细胞进行增殖,形成淋巴细胞。巨噬细胞和淋巴细胞被释放至血液。淋巴细胞分两种途径分化(图 4-18),经过转化分别成为 B 细胞和 T 细胞。当抗原进入机体,在巨噬细胞作用之后,分别与 B 细胞、T 细胞接触,分别使它们敏化;敏化的细胞进行增殖,小部分分化为记忆细胞,大部分经过成熟过程,转化为功能发达的 B 细胞和 T 细胞。

细胞免疫是由 T 淋巴细胞中介的免疫,其特征是产生细胞因子及致敏 T 细胞。在细胞免疫的诱发过程中,部分淋巴细胞在胸腺(thymus)中受到改造,分化为 T 细胞。T 细胞在淋巴结或淋巴组

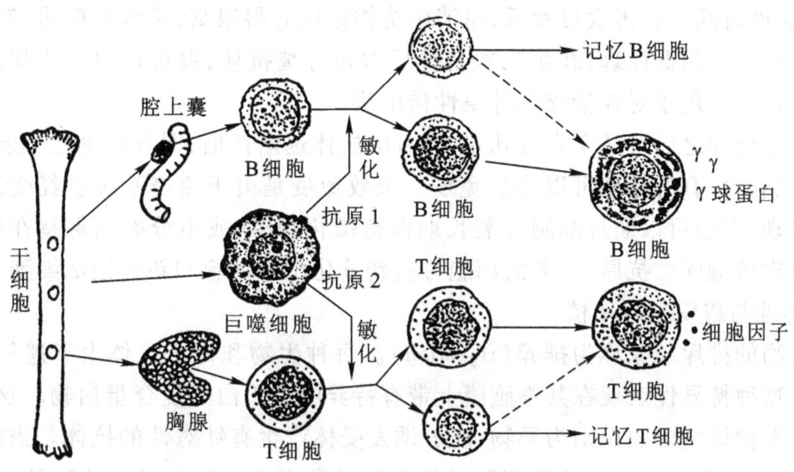

图 4-18　体液免疫(上)细胞免疫(下)发生过程

织与抗原接触而得到敏化,分化为记忆细胞和具免疫功能的淋巴细胞。后者分泌细胞因子(cytokine),发挥细胞免疫效能并能协助体液免疫。细胞因子是介导和调节免疫及炎症反应的小分子多肽,如由淋巴细胞分泌的淋巴因子(lymphokine)等。

体液免疫是由 B 淋巴细胞和抗体中介的免疫。抗体与体液中的致病原结合形成复合物,直接消灭致病原。在体液免疫的诱发过程中,另一部分淋巴细胞经过腔上囊(bursa fabricii,鸟类)或骨髓(哺乳动物)等相当的组织,在其中受改造,分化为 B 细胞。B 细胞在外周淋巴组织与抗原接触而得到敏化,分化为记忆细胞和浆细胞(plasma cell)。成熟的浆细胞有发达的线粒体和高尔基体,能制造抗体,分泌于血液,在其中发挥免疫效能。记忆细胞是已分化但尚未成熟的细胞。它们可以分裂,也可以发育为有效能的淋巴细胞。成熟的淋巴细胞有一定的寿命,不能去分化。记忆细胞已经过敏化,这种状态在细胞分裂中可以保持。这是机体保持长久免疫力的基础。

3. 抗体

在抗原的刺激下,机体发生特异性免疫应答,其中浆细胞所产生的能够与相应抗原发生特异性结合的免疫球蛋白称为抗体(antibody)。抗体在淋巴系统合成后通过淋巴管进入血液,成为血浆中的成分。各种抗体都是 γ-球蛋白分子,它们能在体液中与抗原直接起专一的免疫反应。这是体液免疫的特点。

γ-球蛋白,也称为免疫球蛋白(immunoglobulin,简写 Ig),有五类:IgG、IgD、IgA、IgM 和 IgE。IgM 是免疫反应中最先出现的成分;IgG 是较大量的成分。

抗体对抗原反应有 4 种方式:① 抗体与抗原或毒素形成沉淀,称为沉淀素(precipitin);② 抗体将抗原凝聚,称凝聚集(agglutinin);③ 抗体中和抗原的毒素,称抗毒素(antitoxin);④ 抗体使病原菌发生溶化,称溶菌素(bacteriolysin),溶菌素需要补体作为辅助因子。

抗体在免疫反应中消耗后,新的抗体分子可重新产生。抗体生产表现了再次免疫响应现象,即机体第二次接触抗原,诱发的抗体浓度必然超过前一次,且抗体浓度衰减也变慢了,这就称为再次免疫响应(secondary immune response)。

再次免疫响应在医疗和实验工作中有利用价值。在预防传染病时,疫苗接种常分两次进行,间隔 2 ~ 3 周或更长些时间。在再次接种后，血清中抗体浓度升得很高，持续时间也较长，免疫效果自然较好。实验工作中利用此原理，在第二次接种后取血分离抗体，效价可以大为提高。鉴于此，医学上可以制备免疫血清用于对症治疗各种急性传染病。

经过再次免疫处理之后过几个月或几年，已有的抗体逐渐耗损，原有的淋巴细胞不再产生新抗体，但免疫作用仍有效，有的甚至可以终生免疫。长效免疫是由于免疫系统已经受过抗原敏化，还由于记忆细胞出现，它们可以通过细胞分裂长期保持敏化状态，或不分裂而保持在机体内达 20 年之久。当机体再次接触同类抗原时，老的细胞可重新分化出浆细胞和新的记忆细胞。

4. 机体特异性与组织器官移植

机体对异己物的排斥现象称为排异（rejection）。每种生物和每个机体由于遗传素质细微差异而有其特异性。这种特异性表现在其细胞膜上带有特异的糖蛋白等复合蛋白物。这些有特异性的细胞一旦被引入动物体内便被识别为异物，能够诱发受体产生有针对性的抗体。当抗体被诱发后，免疫反应必然产生，这就会引起对外来细胞或组织的排斥现象。动物机体的这种排异现象最引人注意的是组织和器官的移植。

异体组织或器官移植是医学上抢救危急病的措施之一。组织和器官移植也有匹配的问题。每个人的组织都有特异性，对受体具有抗原的作用，能诱发受体产生特异性抗体，这些抗体能将移植的异体组织或器官排斥掉。所以异体组织移植只有在抗原特性相同或十分相近的个体间才能成功。同卵双生个体间器官移植已有成功例子。长期近亲杂交的白鼠，遗传素质较为一致，移植排斥阻力相对较小。尽管如此，若将雄性（染色体组有 Y 染色体）组织移植于雌体（XX 染色体）也受排斥，但若雌体组织移植于雄体则不受排斥，这是因为雄体有 X 染色体。

遗传素质不一致的个体间组织移植，最初几天外来组织暂时被接受，微血管也向外来组织伸长，但过了十多天，受体组织的抗体被诱发产生，外来组织就被排斥而出现坏死。若已被排斥的组织再次移植于同一受体，排斥将加速和加剧，这和再次免疫响应的情况类似。

若以高剂量 X 射线照射或服用抑制细胞增殖的药物，使受体的骨髓等造血器官降低细胞分裂率，难以形成淋巴细胞，则抗体不能产生。这种处理可以降低受体对外来组织的排斥，但这是一种危险的做法。糖皮质激素注射一般能压抑免疫响应，排斥现象推迟出现。

组织排斥同抗体反应在细节上略有不同。抗体免疫反应由 B 细胞负责。据电镜观测，B 细胞外表有大量的绒毛状突起。组织排斥是 T 细胞变为“杀伤”细胞，破坏异己组织。T 细胞外表无绒毛状突起。

5. 动物免疫系统的演变

从人的胚胎发育中我们可以看到，胎儿在第 8 周开始出现吞噬细胞和淋巴细胞，在 20 周之后出现 IgM，并依次出现 IgG、IgA、IgE、IgD 等大分子抗体。所以动物是先有细胞免疫，而后再进化出体液免疫。

无脊椎动物从单细胞的原生动物开始就有吞噬作用，如变形虫。这种吞噬作用代表着原始的细胞免疫的发生，并一直延续到脊椎动物。对某些腔肠动物进行诱导可以产生对抗小体，代表着动物开始出现了体液免疫，但目前在无脊椎动物中还未发现免疫球蛋白分子，对其免疫细胞抗原受体的性质也还不清楚。免疫系统识别自己和排斥异体的能力从最原始的多细胞生物——海绵动物就开始展现，如在一个海绵机体内移植入一块从另一个海绵机体切下的组织，移植入的异体组织很快就会因被排斥而死掉，如果再次重复移植的话，异体组织死亡会加快，也符合再次免疫响应。无脊椎动物没有专门的淋巴器官，从脊椎动物的圆口类开始出现原始的胸腺和脾脏，产生淋巴细胞，体内出现大分子抗体 IgM，两栖动物开始出现扁桃腺且体内至少存在 IgM、IgG 等大分子抗体，进化到恒温动物如鸟类、哺乳类，其免疫系统更加完善。

第四节 营养与消化

一、营养与摄食

生物的代谢，是机体与环境之间不断地进行物质和能量交换。动物必须从外界获得维持自身复杂结构和各项生命活动的物质和能量，即营养(nutrition)。

动物无法通过光合作用自己制造营养物质，必须依赖已经合成的有机物来满足机体的营养需要。它们需要经常摄食，从食物取得能源以进行各种生命活动，又从食物取得蛋白质等原料以建造自己的身体和修补损耗的或被破坏的组织。因此，动物的营养方式是异养型(heterotroph)。

食物的营养成分包括蛋白质、碳水化合物(糖)、脂质、维生素和矿物质等。

蛋白质是生物体的主要有机成分。人体必需氨基酸(苯丙氨酸、赖氨酸、异亮氨酸、亮氨酸、缬氨酸、苏氨酸、色氨酸和蛋氨酸)必须由食物中的蛋白质供给。蛋白质是机体重要的结构物质，也是机体紧急状态下的能源。据测定，氧化 1 g 蛋白质释放出的能量为 23.6 kJ。蛋白质的摄入量是营养的重要指标之一。人体每 kg 体重、每日摄入的蛋白质至少要 1 g，若是处在发育阶段或强体力劳动者则需增加 20% ~40% 的蛋白质。

碳水化合物是能量的主要来源。氧化 1 g 糖产生 17.2 kJ 能量。动物的运动、产热和生活维持都需要通过糖的氧化来供应能量。糖又是合成脂质、蛋白质、核酸等的碳源，即间接成为机体的结构物质。

脂质也是能量的提供者，并且是动物贮存能源的重要途径。脂肪的含能值为 39.5 kJ/g，是糖类的 2.29 倍，蛋白质的 1.67 倍。动物以脂肪形式贮能所占体积最小。此外，磷脂是细胞膜、核膜等的重要结构物质，胆固醇也是细胞的构成物。近年研究。亚油酸(C18∶2)是人体不能合成的必需脂肪酸。必需脂肪酸是动物细胞的组成成分，对于线粒体和细胞膜尤为重要，而且在体内参与磷脂的合成，对胆固醇的代谢也很重要。若缺乏必需脂肪酸，胆固醇将与饱和脂肪酸结合，不能在体内正常运转，并可能在体内发生沉积。

维生素是一类小分子有机化合物，动物体通常不能合成，必须由食物供给。它既不是能源，也不是机体的构成物，其主要功能是作为辅酶或辅酶的组分，对物质代谢起重要作用；缺乏维生素，机体的正常生理活动受阻。如缺乏维生素 A 出现夜盲症、皮肤干裂、生长停顿，缺乏维生素 B 将出现贫血，缺乏维生素 C 出现坏血病等等。维生素种类很多，来源也多种多样，因此食物要多样化。

矿物质的营养意义在本书第二章第一节“生命的物质基础”中已经讨论过。

根据食物的性质，可以将动物分为：草食动物(herbivore)，以植物为食；肉食动物(carnivore)，以动物为食，其中又可分为食虫动物(insectivore)和食鱼动物(piscivore)；杂食动物(omnivore)，兼食动物、植物和碎屑等；食腐动物(saprozoic)，从腐败的有机物质获得营养；食尸动物(scavenger)，主要以动物的尸体为食物；寄生性动物(parasite)，在生命的某一阶段需要从另一种生物的活体(宿主,host)获得营养,寄生动物的宿主包括动物和植物,寄生动物与肉食性动物的区别在于前者并不直接使动物发生死亡,只是对宿主产生一定程度的危害。

根据动物摄取食物的方式,又可分为:滤食性动物(filter-feeder),靠鳃、唇瓣、口前纤毛带等处的纤毛打动造成微水流并过滤水中的食物为食,如双壳类、海鞘、文昌鱼等;捕食性动物(predator),具有利牙利爪,主动追捕其他动物为食,亦称掠食性动物;牧食性动物(grazer),也称为啮食性动物。根据动物摄取食物种类的多少,也可以把动物划分为单食性动物(monophagous)、寡(狭)食性动物(stenophagous)和广食性动物(euryphagous)。

但上述划分是相对的,相互之间没有严格的界限;而且,即使同一种动物的食性也可能随着环境条件、生长发育阶段以及其他条件的变化而发生改变。因此在分析动物的食性时,最好能够测定出动物捕食不同类型食物的频率或不同类型食物在消化管的出现频率。

二、无脊椎动物的消化系统

消化系统(digestive system)的主要机能是摄取并分解营养物质,吸收营养成分,排除没有消化的残渣。

原生动物为单细胞,没有消化系统可言,只有简单的细胞内消化(intracellular digestion)。海绵动物靠领细胞(choanocyte)进行细胞内消化。腔肠动物身体中央有一大空腔,即消化循环腔(gastrovascular cavity),内胚层细胞具有细胞外消化(extracellular digestion)和细胞内消化的功能;但腔肠动物只有口而无肛门,食物消化后的残渣也由口排出。扁形动物虽然具有三层胚层,肠是由内胚层形成的盲管,有口无肛门,仍为不完全消化系统(incomplete digestive system),而且由于与寄生生活相适应,许多扁形动物的消化管退化或消失,如部分吸虫的消化管退化,绦虫的消化管消失。从纽形动物和线虫动物开始具完全的消化系统,出现了口和肛门,而且,肠既有来源于外胚层的前肠和后肠,又有来源于内胚层的中肠。从软体动物开始由于真体腔的出现,消化系统更加复杂,胃膨大,肠弯曲增长,消化腺成为独立的腺体;不同食性消化管变化大,其中腹足类、多板类、头足类的口腔中具有齿舌,头足类还有鹦嘴颚,加上口腕及其上吸盘,取食能力大为增强。环节动物消化管分化更加复杂,肠管具有肌肉壁,咽部和胃均有腺体,盲肠也能分泌消化液,在机械消化的基础上出现化学消化。低等节肢动物如丰年虫、栉蚕等的消化系统与环节动物类似;高等甲壳类胃分化为贲门胃(cardia stomach)和幽门胃(pylorus stomach);蛛形纲不直接吞食固体食物,而以螯肢的毒腺将毒汁注入猎物体内将其杀死,再由中肠分泌的酶灌入被螯肢撕碎了的捕获物的组织中,很快将其分解为液汁,吸吮这些液汁为食,所以其食管后端扩大为吮吸胃;昆虫纲消化系统变化更大,消化管前端出现不同形式的口器,适应不同的取食方式。棘皮动物由于适应相对不活动的底栖生活,消化管出现退化,有的种类有肛门但无作用,如海星纲;一些种类的肛门消失,如蛇尾纲。

三、脊椎动物的消化系统

脊椎动物消化管各部分的结构和功能各有特点,但管壁的构造基本相同,从内到外分为黏膜、黏膜下层、肌层和浆膜4层(图4-19)。黏膜(mucous layer)为消化管管壁最内层,表面为黏膜上皮,之下为结缔组织形成的固有膜。黏膜可形成皱褶、绒毛。黏膜下层(submucosa)由疏松结缔组织构成,其中富有血管、淋巴管、神经,有的还含腺体,胃部有胃腺,小肠部有小肠腺等。肌层(muscular layer)为平滑肌,分内层环肌和外层纵肌。消化管的蠕动主要靠肌层的肌肉交替收缩。浆膜(serosa)是消化管最外层的包膜,为结缔组织,表层有一层扁平上皮。浆膜能分泌浆液,有利于减少消化管蠕动时的摩擦。

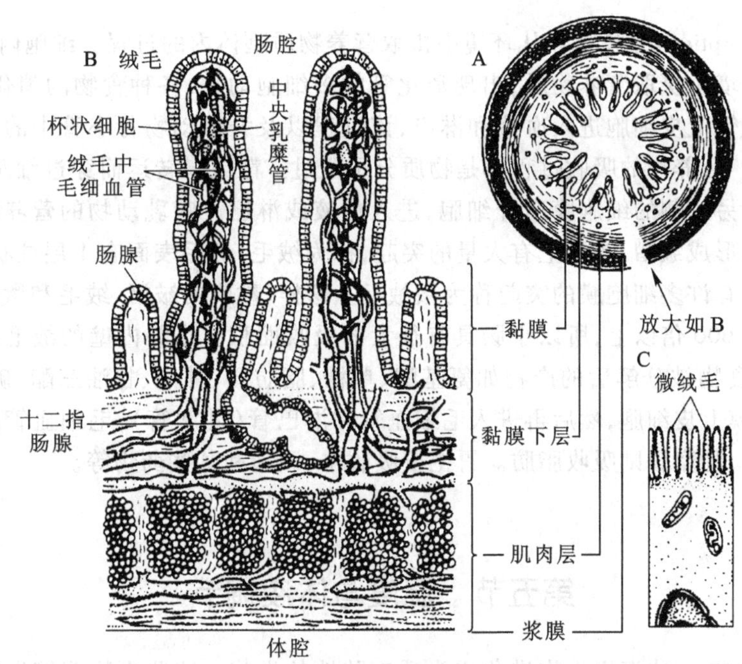

图 4-19 人的十二指肠结构

A. 横切,箭头示切下部分 B. A 的部分放大 C. 肠绒毛上皮细胞放大

脊椎动物的消化系统由胚胎期的原肠(archenteron)及其突出部分分化形成。原肠管分化为:口腔、咽、食管、胃、肠、泄殖腔。原肠衍生物包括:脑下垂体前叶、5 对咽囊、甲状腺、鳔、肺、肝和胰、卵黄囊和尿囊。5 对咽囊在水生脊椎动物发育过程中由内胚层向外凸起与外胚层向内凹陷进行对接,并最终形成鳃裂,在鳃裂间有鳃间隔,在鳃间隔上形成鳃丝。在陆生脊椎动物,5 对咽囊在胚胎期封闭而不贯通,第 1 对咽囊分化形成成体的耳咽管、鼓室,第 2 对形成扁桃体,第 3、4 对的前端形成甲状旁腺而后端形成胸腺,第 5 对形成后鳃体。

脊椎动物消化管的演变是逐渐趋于复杂,并与动物的食性相关。从鱼类开始出现上下颌,上下颌的出现使得动物的捕食和防御功能得到加强。从爬行动物开始颌上着生牙齿,鸟类由于适应飞行生活而发生牙齿的次生性退化,哺乳动物牙齿进一步分化为异型齿(有门齿、犬齿、臼齿的分化),其不仅有捕食的功能,而且还可以碾磨食物,相应地口腔中出现唾液腺分泌消化酶,使得食物在口腔中得到初步消化。鸟类由于牙齿退化,其食管分化出嗉囊,大多数食谷和食鱼鸟类的嗉囊发达,嗉囊有软化食物的功能,某些鸟类如鸽的嗉囊腺能够分泌富含蛋白质的物质即“鸽乳”喂饲幼鸽;胃在鸟类中也分化出腺胃和肌胃,腺胃主要分泌消化液,而肌胃的肌肉层发达,承担着碾磨食物的功能。草食兽类的反刍类胃有 4 室,是与食草生活相适应的演化;胃后接小肠,小肠在哺乳动物分化最为复杂,有十二指肠、空肠和回肠的分化,从爬行动物开始小肠与大肠之间出现盲肠,盲肠与消化植物纤维素有关，所以食草动物盲肠发达，如家兔；人类的盲肠退化，末端为蚓突，又称阑尾，其是否具有免疫功能目前仍有争议。软骨鱼类以及从两栖动物到鸟类，消化管末端即大肠末端是排泄和生殖的开孔，称之为泄殖腔或泄殖孔（cloaca）。硬骨鱼类和哺乳类的消化管末端只有排便的功能，称之为肛门（anus），硬骨鱼类的泄殖孔与肛门分别开口于体表，哺乳类的排泄、生殖也另有出口。

营养吸收（absorption）是指机体从环境中摄取营养物质到体内的过程。细胞内消化的低等动物直接通过细胞从环境中摄取营养物质；出现消化管的多细胞动物，各种食物的消化产物和水分、盐类等物质通过消化管上皮细胞进入血液和淋巴，该过程以及脊椎动物肾小管中的物质重新转运到血液，都属于吸收。营养物的吸收过程都是物质分子通过扩散或膜转运而穿过细胞膜进入细胞内，或再由细胞内穿过另一侧的细胞膜离开细胞，进入血液或淋巴。哺乳动物的营养吸收主要发生在小肠。小肠的黏膜形成皱褶，皱褶上有大量的突起，称为绒毛，绒毛表面有 1 层柱状上皮细胞，柱状上皮细胞的顶端还有许多细胞膜的突起称为微绒毛。这样，黏膜的皱褶、绒毛和微绒毛总共可使小肠的吸收面积增加 600 倍以上，所以小肠具有很大的吸收面积。小肠内壁的绒毛含有毛细血管网和毛细淋巴管网，食物被分解后的产物如氨基酸、单糖、脂肪酸、甘油、甘油三酯、矿物质、维生素和水等，先通过肠黏膜上皮细胞，然后再进入毛细血管和淋巴管（乳糜管），毛细血管能够吸收几乎所有的单糖和氨基酸，乳糜管则吸收脂肪。胃主要吸收水、酒精和某些药物等。

第五节　温度与体液调节

大约在 4 亿年前，一些海洋生物进化成为适应陆地的生物。这些生物能够生存在陆地环境的部分原因就在于它们的体内携带着含有无机盐的体液，为细胞的生存提供了适宜的内环境。生物体内的血液、组织液、淋巴液和脑脊液等细胞外液总称内环境（internal environment）。

地球上不同地区的气候条件存在着极大的差异。在极地地区、高海拔山区以及深海区域的气温长年趋于 0 ℃；赤道沙漠地区的气温往往都是超过 40 ℃；而温带地区的气温则介于上述两种极端之间，其中不同地方的气温存在着广泛的波动范围。不同地区的降水量也随着地理位置的差异而出现极大的变化，而且具有不同的栖息地环境，如淡水、海水、湿地、山区以及草地等。动物应该有完善的温度与体液调节，才能够生存在这些不同的环境中。

在动物体内，组织液、淋巴液和脑脊液浸浴着机体内部的细胞和组织，血液通过血液循环系统运送物质，大部分动物体内还有发达的排泄系统维持着细胞外液的总量和组成成分，动物体内的皮肤系统、神经系统、内分泌系统等也和排泄系统一起参与体液与体温的调节，共同担负着维持体内的稳态（homeostasis）（图 4 – 20）。

一、体温调节

内温动物（endotherm）的体温恒定维持在一定范围内。外温动物（ectotherm）的体温随环境温度的变化而变化，其体温升高依赖于吸收环境中的光能或热能。动物机体热量的获得或丧失主要通过几种物理途径：① 辐射（radiation），以电磁波能量在体表与空气中互换；② 传导（conduction），

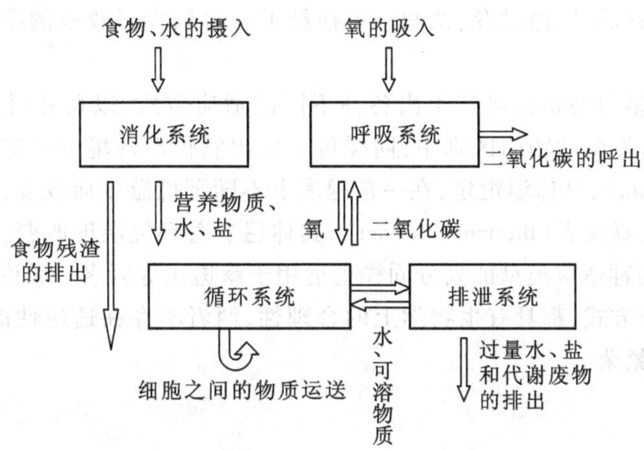

图 4-20 排泄系统与其他器官系统在体液调节过程中的协调作用

热量通过与空气或水或地表等的直接接触而获得或丧失；③ 对流（convection），空气或水流不断地流经皮肤带走热量；④ 蒸发（evaporation），通过口腔、皮肤等处水分的蒸发而散热（1 g 液态水的汽化可吸收 540 cal 或 2 259 J 的热量）。

外温动物包括无脊椎动物、鱼类、两栖类和爬行类等脊椎动物。它们缺乏完善的内部温度调节机制，因此体温往往接近于环境温度，并随环境温度的变化而变化。环境温度对外温动物的作用明显地比内温动物显著，只有当环境温度合适时，外温动物才能正常地执行其生理机能。外温动物的体温调节主要是通过其适应性行为调节来实现。行为调节主要包括：躲避不利温度（如夜行性以避开过热的温度），选择温度适宜的空间或活动时间（如蜥蜴在早晨通过晒太阳以增加体温），洄游或迁徙，建立适宜小气候的隐蔽所如蜂巢等。外温动物对环境温度也存在着原始的生理调节方式，如休眠的低体温和低代谢率等。

内温动物包括脊椎动物的鸟类和哺乳类。内温动物具有完善的内部温度调节机制，体温变化范围小，如大部分哺乳类的体温在 36～40 ℃之间。相对高而稳定的体温使内温动物的代谢速率稳定，能够输出大量能量用于捕食、生殖、防御等活动。因此，内温动物能够摆脱环境温度变化的约束，在行为和生理上保持活跃状态和主动性，在成功征服陆地上比外温动物更为有利，能够利用更多的潜在栖息地。例如，进入冬季以后，青蛙或蛇的代谢几乎已经停止，而大多数哺乳类和鸟类仍能够自由地活动。内温动物的体温调节包括代谢生理调节、行为调节和形态适应 3 种方式。在形态适应上，如东北虎和华南虎，两者为不同亚种的同类恒温动物，在北方寒冷地区的前者身体趋于大型，相对表面积较小，有利于保温；而在南方温热地区的后者身体趋于小型，相对表面积较大，有利于散热。恒温动物这种体型大小与环境温度的适应性关系称为贝格曼规律（Bergmann's rule）。内温动物体温调节的生理过程包括产热调节和散热调节两个方面，当产热和散热相等时体温的恒定得到维持。颤抖性产热（shivering thermogenesis）即骨骼肌的不自主性震颤或战颤可以迅速补充热源，是恒温动物的一种快速而且可变的产热调节方式。当肌肉收缩时，能源物质分解能量的 30% 用于肌肉收缩，70% 或更多的能量被转化为热量。在身体过热的情况下，皮肤的感受器以及一些内部结构激活反馈回路，使皮肤表面血管扩张，使更多的血液流向皮肤表面，热量从体表丧失。多数哺乳动物具有汗腺，能够通过流汗蒸发散热；它们还能够通过收缩竖毛肌使毛发竖立，增加隔热覆盖层的厚度，以减少散热；也可以通过春、秋两季更换绒毛含量较少或较多的毛被以增加或减少隔热覆盖层的散热作用。

在进化过程中，大多数动物已经产生出各种不同的适应方式，以避免过热或过冷所带来的危害。在上述内温动物与外温动物的区别中，同样可以看出它们对环境的适应性。内温动物属于温度调节者（thermoregulator），其体温恒定，在一定程度上不随环境温度而改变，主要依靠生理上的调节。外温动物属于温度顺应者（thermoconformer），其体温随着环境温度改变。调节者（regulator）和顺应者（conformer）这两种适应类型的划分同样也适用于渗透压等因素。无论是调节者或是顺应者都是对环境的具体适应方式，都具有生物学上的合理性，两者不存在适应性高低之分，因此都能够在地球上生存、发展和繁荣。

二、排泄系统

动物将自身新陈代谢活动所产生的废物和过量的水分排出体外的过程称为排泄（excretion）。具有排泄功能的器官称为排泄器官（excretory organ）。排泄是动物正常的生理功能，其生理意义和效果有：排除有害的代谢产物，特别是氮化物（主要是蛋白质、核酸代谢的终产物），排出多余的水分和盐分，使机体维持体液和电解质的稳态。

1. 无脊椎动物的排泄系统

原生动物具有伸缩泡（contractile vacuole）来完成排泄功能。伸缩泡是一种充满液体的细胞器，其周期性胀缩，将溶解的废物排出细胞外。变形虫和绿眼虫伸缩泡单个，草履虫则前后各有 1 个伸缩泡。海绵动物的领细胞中也具伸缩泡。腔肠动物内外胚层细胞都有排泄功能。扁形动物、纽形动物、线形动物的排泄器官都是外胚层向内凹陷的盲管，称之为原肾管（protonephridium），由焰细胞（flame cell）、毛细管、排泄管组成的。焰细胞是 1 个中空的盲管状细胞，顶部有 1 束纤毛。纤毛的不断打动驱使体内废液滤过进入毛细管，经排泄管排出。线形动物（蛔虫）的原肾管无焰细胞。从环节动物开始由于真体腔的出现，肾管主要来源于体腔上皮或者来源于原肾管或者由两者混合来源，但都有肾口开口于体腔，呈漏斗状，经细肾管（盘曲状，内有纤毛）、排泄管将溶解的废物经肾孔排出体外，称之为后肾管（metanephridium）（又称体节器，segmental organ）。研究发现，后肾管的功能与脊椎动物的肾单位基本相似。从蚯蚓肾管各段取出微量液体的分析结果表明，当液体从体腔进入肾管口后，在通过肾管的过程中，成分有所改变，当体液刚进入肾管时是等渗的，但到肾管末端时，大部分盐类被重吸收，因此排出去的是稀尿。

环节动物具有按体节排列的后肾管，软体动物在后肾管的基础上发展出 1 对构造相当复杂的肾脏（又称鲍氏器，Bojanus organ），将排泄物排到鳃腔。此外还有围心腔腺（又称凯氏器，Keber's organ）能从血液中滤出代谢产物排到围心腔，再经肾排出。节肢动物的排泄器多种多样。甲壳类有绿腺（green gland），鲎有基节腺（coxal gland），蜘蛛和昆虫还有来源于中肠向外突起形成的马氏管（Malpighian tube）。昆虫的马氏管数目众多，收集代谢产物通入肠腔，再由肠排出体外。

2. 脊椎动物的排泄系统

脊椎动物的排泄器是主要由许多分支的小管聚集而成的肾。肾脏在进化过程中大体经历了前肾、中肾和后肾 3 个阶段。

（1）前肾（pronephros） 脊椎动物在胚胎期都出现前肾，但只有鱼类和两栖类胚胎期的前肾有作用，圆口纲中的盲鳗成体以前肾作为排泄器官。前肾是原始的排泄器，在腹腔前端两侧各有若干个肾小管(excretory tubule)，其肾口(nephrostome)(即漏斗口)一端有纤毛，直接开口于体腔。肾口附近有由血管丛形成的血管球(glomerulus)，由它的滤过作用将血液中的废物滤出，尿液由肾口收集(图4-21)。肾小管的另一端连于排泄管，左右排泄管向后延伸通到排泄腔。前肾的肾小管数目较少，所以排泄效率较低。

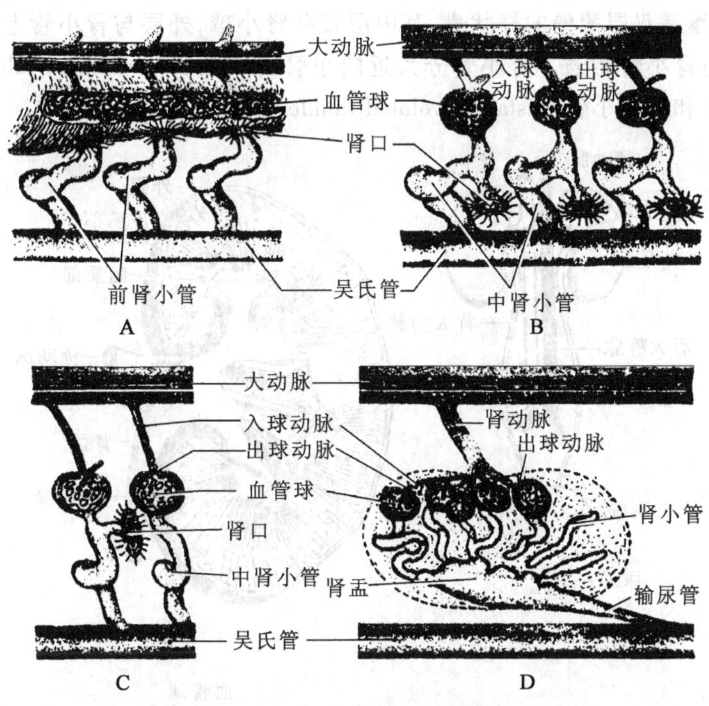

图4-21 肾脏的进化(由体腔联系到血管联系)(杨安峰,1985)

A. 前肾 B～C. 中肾 D. 后肾

(2) 中肾(mesonephros) 无羊膜动物(鱼类、两栖类)成体、羊膜动物胚胎期的排泄器官。中肾由肾小管、排泄管和排泄腔等构成，位于前肾的后方。肾口明显退化，一部分肾口不直接与体腔相通而是封闭并膨大内陷成为双层囊状结构，即肾球囊(glomerular capsule，亦称鲍氏囊 Bowman's capsule)，再与血管球结合构成肾小体(renal corpuscle)，肾小体的滤液直接注入肾小管，而不经过体腔。中肾的排泄效率比前肾有所提高。尿液由肾小管经排泄管送到排泄腔，亦可由膀胱积存。原来的前肾导管纵裂为二，1条成为中肾导管(mesonephric duct)，即中肾的总管，主要功能为输尿，在非羊膜动物的雄性动物体内兼有输送精液的作用；另1条管在雄体退化，而在雌性动物则演变为输卵管(又称牟勒氏管，Müllerian duct)。

(3) 后肾(metanephros) 羊膜动物成体的排泄器官。其位置靠近体腔的后方，肾口完全消失。后肾是脊椎动物肾脏中最高级的类型。大多数哺乳类的后肾是一对呈豆形的肾脏(kidney)。肾分为髓部和皮质部，髓部(medulla)为入肾动脉、出肾静脉、排泄小管和肾盂(pelvis)集中的地方；皮质部(cortex)为肾小体密集的地方。肾小体和排泄管一起组成一个具泌尿机能的基本结构，称为肾单位(nephron)。血浆经过肾小球时将水分及水溶性物质滤入肾球囊腔，成为原尿。原尿经排泄小管(包括近曲小管、髓袢、远曲小管)重吸收后进入集合管(collecting tubule)成为终尿，通过输尿管排出，有的经膀胱暂存，充盈后排出。由中肾导管新发生出的后肾管为输尿管。后肾发生后，中肾和中肾导管都失去了泌尿的机能而转成生殖系统的组成部分，中肾导管完全成为输精管。

（4）肾的结构　以哺乳动物为例，肾位于腹腔的背面，左右侧各有 1 个。每个肾大约包含100万个肾单位，肾单位包括肾小体和肾小管两部分，肾小体又分为肾小球和肾小囊（renal capsule 或 Bowman's capsule）两部分，入球的小动脉分支成毛细血管并卷绕成小球状，即肾小球，然后再汇成出球小动脉。肾小囊是双层薄壁的杯状囊，其内层紧贴肾小球，外层与肾小管上皮相连续。内外层之间即肾小囊腔，与肾小管相通。肾小管分为近曲小管（proximal convoluted tubule）、髓袢（亦称亨氏袢，loop of Henle）和远曲小管（distal convoluted tubule）（图 4-22）。

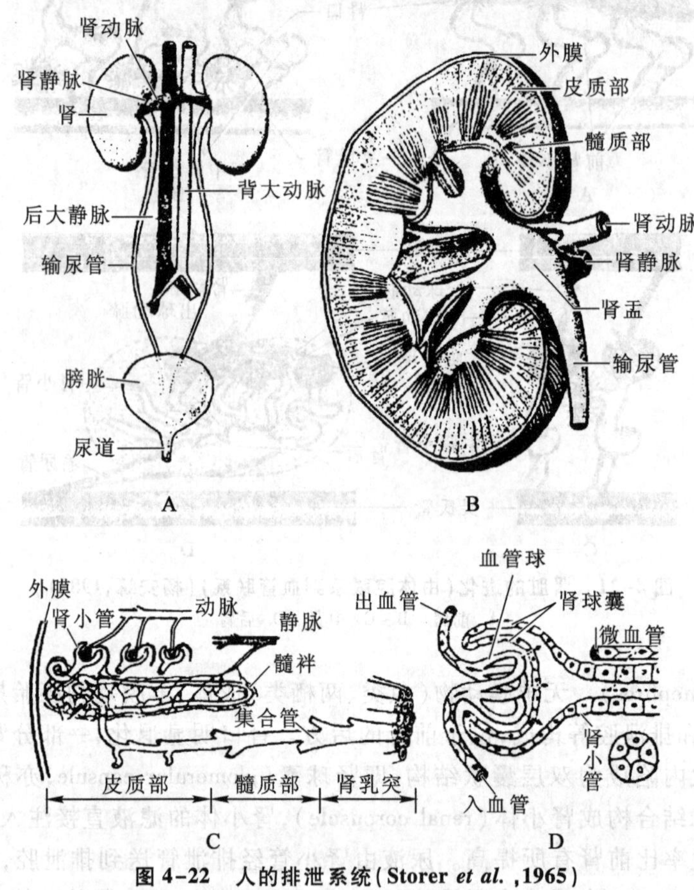

图 4-22　人的排泄系统（Storer *et al.*，1965）

A. 排泄系统全图　B. 肾纵剖　C. 肾内部结构　D. 肾小体

3. 尿的形成

首先，由于肾小球的超滤作用，血液中小分子物质如尿素、球盐、葡萄糖、氨基酸等能透过毛细血管壁和肾小囊的壁而进入肾小管，形成原尿。原尿除了没有蛋白质之外，成分基本上与血浆相同。出球小动脉的直径比入球小动脉的小，血液流出肾小球有相当大的阻力，造成肾小球毛细血管中产生较高的血压，这是肾小球超滤的主要动力：

有效滤过压＝肾小球内血压－（血浆胶体渗透压＋囊内压）

肾小球滤出液的量很大，一个正常人每天约产生 180 L 滤出液，而最终排出的尿量远远小于这个数，并且终尿不含有葡萄糖、氨基酸、维生素等物质，无机盐的浓度也发生改变，从原尿到终尿还经历了"重吸收"、"分泌"和"浓缩"3个过程。

重吸收主要发生在近曲小管，近曲小管具有大量重吸收水和盐的理想结构，小管上皮细胞黏膜侧有许多微绒毛，形成刷状缘，大大增加了吸收面积。重吸收是逆浓度梯度进行的，是一个耗能过程，肾小管上皮细胞中线粒体很多，可保证ATP的供应。髓袢升支细段对钠离子和氯离子的通透性很高，髓袢升支粗段可将氯化钠从管腔内主动转送到细胞间隙。远曲小管将钾离子、氢离子和氨转运进管内，而将钠离子、氯离子和碳酸氢根转运出肾单位，集合管从管内吸收水，形成高渗的尿。

肾单位中的一些转运系统能将钾离子、氢离子、氨、有机酸和有机碱等分泌到滤出液中，还可以分泌药物、毒物和内源性的以及天然的分子。这些分泌机制，既能从血液中消除潜在的危险物质，也能调节血液中无机离子的平衡。

滤出液的浓缩首先需要一个由于髓袢升支和降支对 Na^+ 和水通透性不同所造成的圈绕髓袢的 Na^+ 浓度梯度，即逆流交换系统（图4-23），髓袢升支对水和尿素的通透性低，对氯化钠的通透性

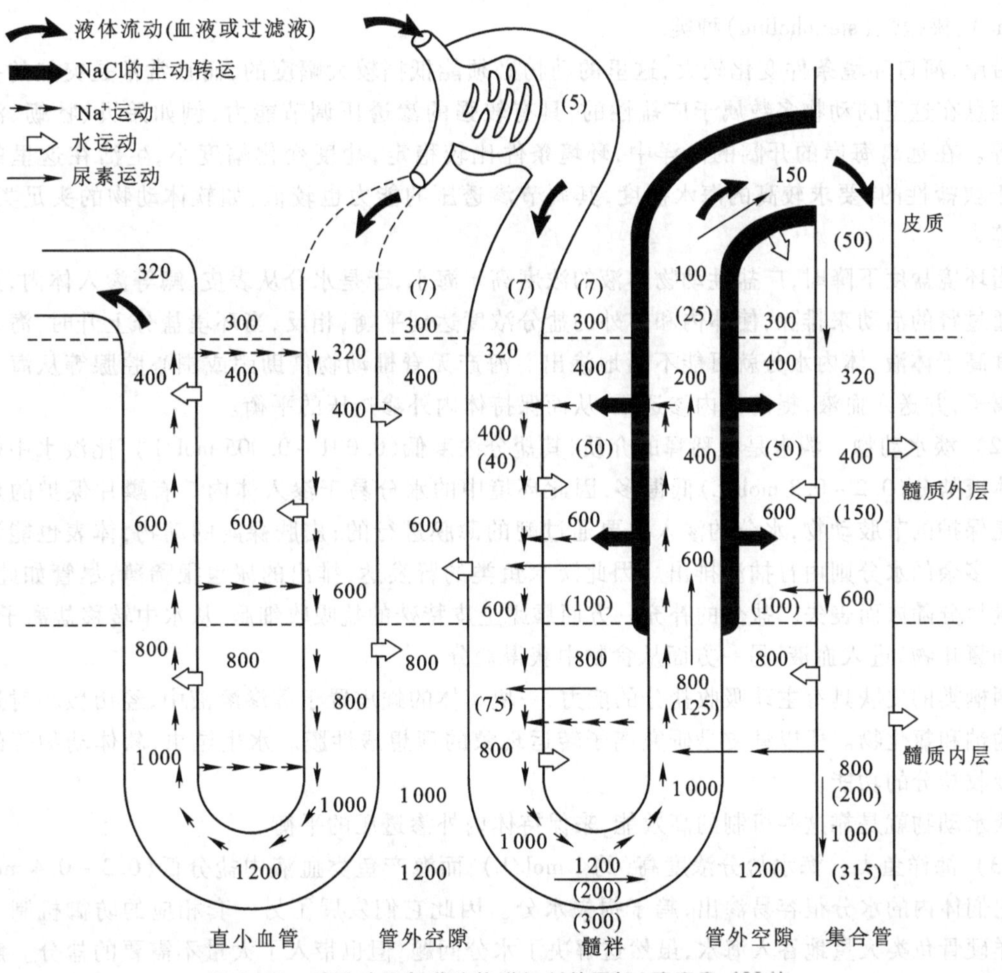

图4-23　哺乳动物肾逆流倍增机制的图解（陈守良，1996）

图中数字表示不同部位的渗透浓度（mmol/L），括号内的数字为尿素的渗透浓度

高,能将滤出液的 Na^+ 经主动转运泵出到管外的组织液中,造成管外组织液 Na^+ 升高,这些 Na^+ 的一部分又从组织液中顺浓度梯度渗透到髓袢的降支中,使降支中滤出液的 Na^+ 浓度随滤出液流动而逐渐升高。由于 Na^+ 在髓袢和组织液中的环流,使髓袢内外的液体都形成了 Na^+ 浓度梯度,即髓袢越靠近髓质部分,Na^+ 浓度越高,越靠近皮质部分,Na^+ 浓度越低,滤出液的浓缩主要在集合管完成,集合管溶于高渗的组织液中,集合管越走向肾盂,管外组织液浓度越高,结果滤出液的水分从集合管中大量渗出,浓缩到和周围组织液等渗,此时滤出液即称为尿。

三、体液调节

水生动物和陆生动物具有各自调节盐分和水分平衡的不同机制。

1. 水生动物的体液调节

(1) 海洋无脊椎动物　大多数海洋无脊椎动物的体液成分和浓度与周围环境中的海水基本一致,即在一定范围内取得渗透平衡。根据对海水盐度的适应能力,海洋无脊椎动物分为广盐性(euryhaline)、狭盐性(stenohaline)种类。

沿岸、河口环境条件变化较大,这里的动物必须能抵挡较大幅度的,而且常常是突然的盐度变化。栖息在这里的动物多数属于广盐性的,具有较强的渗透压调节能力,例如贻贝、牡蛎、沿岸蟹类等等。在远离海岸的开阔的海洋中,环境条件比较稳定,盐度变化幅度小,生活在这里的动物多属于狭盐性的,要求较高的海水盐度,其调节渗透压的能力也较低,如软体动物的头足类、海蜘蛛蟹等。

当环境盐度下降时,广盐性动物体液的浓度高于海水,于是水分从表皮、鳃等渗入体内,过多的水分通过肾的活动来排除,使体内和体外的盐分浓度达到平衡;相反,当环境盐分上升时,海水的盐分浓度高于体液,体内水分就可能不断地渗出。海产无脊椎动物借助鳃或围心腔腺等从海水中吸取盐离子,并送入血液,提高体内渗透压,从而保持体内外渗透压的平衡。

(2) 淡水动物　淡水是极稀释的介质,其盐分浓度低(0.001 ~ 0.005 mol/L),比淡水中栖息的动物体液盐分(0.2 ~ 0.3 mol/L)低得多,因此环境中的水分易于渗入体内。有鳞片保护的鱼类及有甲壳保护的节肢动物,水分的渗入主要通过鳃的薄膜进行的;皮肤裸露的动物,体表也能渗入部分水。多余的水分则由肾抽滤排出。因此淡水鱼类的肾发达,排出的尿也很稀薄;尽管如此,仍然有少量盐分随尿而丧失。盐分的补充一方面靠鳃上皮特殊的盐吸收细胞,从水中转移盐离子(主要是钠和氯化物)进入血液,另一方面从食物中获得盐分。

两栖类的皮肤具有主动吸收盐分的能力,一块离体的蛙皮置于等渗溶液中,经历数小时还能主动运输钠和氯化物。所以蛙皮是研究离子转运现象的理想透性膜。水生昆虫、软体动物等的表皮也有吸收盐分的功能。

淡水动物就是靠这些机制的高效能,来保持体内外渗透压的平衡。

(3) 海洋鱼类　海水盐分浓度高(约 1 mol/L),而海产鱼类血液中盐分低(0.3 ~ 0.4 mol/L),所以它们体内的水分很容易渗出,趋于损失水分。因此它们发展了另一套相应的防御机制。一方面海洋硬骨鱼类大量地吞入海水,虽然这解决了水分问题,但也带入了大量不需要的盐分。解决多余盐分有 2 种途径,一是由血液将盐离子(钠、氯化物和钾等)运送到鳃,由鳃的泌盐细胞将盐分排除。另一途径是大部分二价离子(镁和硫化物等)由肠随粪便排出。不过在肠中的部分二价盐也会侵入肠黏膜并进入血液，这些离子由肾小管分泌排出。由于排出的尿液很少，肾小球失去了重要性。因此，海产硬骨鱼类肾小球不发达，有的（如鮟鱇、海龙）则无肾小球。

软骨鱼类的鲨和鳐等解决水分平衡则完全采用另一种方式。软骨鱼类几乎全部海产，其血液的盐分浓度与硬骨鱼类的相似，但含有大量的有机化合物，特别是尿素和氧化三甲基胺。这些有机化合物代谢的产物在大多数动物都是随尿被排出，但软骨鱼类却让它保存在肾中，并在血液中达到一定浓度，从而使血液的渗透压上升，达到与外界海水渗透压的基本平衡。

2. 陆生动物的体液调节

陆生环境复杂多样，与水生环境最大的差别是缺水干燥。因此防止水分丧失是陆生动物面临的重大问题。许多陆生动物体表都有角质化的皮肤以减少水分的蒸发。尽管如此，呼吸、排泄仍然要失水，皮肤也会丧失部分水，所以需要饮水或从食物中获得水分的补充。机体也发展了保水的机能，如机体细胞、组织中含有大量的结合水（或束缚水，bound water），这部分水是不蒸发的。沙漠中生活的动物（如袋鼠等），体内有 90% 是结合水，只有 10% 是游离水，因此它们可以在完全不饮水的情况下生活。陆生动物在排泄时，如爬行类、鸟类等排出的是尿酸，几乎成半固体形态，可大大减少排尿时的失水；陆生动物贮藏的物质多是脂肪形式，脂肪氧化能产生大量的结合水。海洋鸟类等摄食的食物中含有大量的盐分，它们发展了特殊的排盐机构，即位于眼睛背方的盐腺，能够排泄高浓度的氯化钠溶液。哺乳动物的肾脏能够重吸收水分，产生高浓缩的尿，而且其大肠也有吸收水分的机能。

肾脏在体液调节、保持水盐的稳态中起着重要的作用。哺乳动物和鸟类具有高效保水的肾脏，通过调节重吸收物质的量，保持体液的正常渗透压平衡。例如，葡萄糖在近端小管的开始段被完全吸收；但是，在糖尿病患者体内由于血糖浓度很高，原尿当中的葡萄糖不能被重新吸收而留在终尿中被排出体外；尿液中的糖提高了其渗透压，使得更多的水流入肾单位而形成更多的尿，大量的水流失导致口渴。

抗利尿激素（ADH）与醛固酮（aldosterone，一种肾上腺皮质激素）在保持水盐的平衡中也起着重要作用。ADH 提高了肾脏集合管对水的通透性。由于集合管周围是高渗透压环境，因此，水离开集合管而被周围的血管所收集，从而增加了水的重吸收，使尿量减少。醛固酮调节着钠离子的主动运输过程。当大量醛固酮存在时，钠离子从肾小管中被回收到周围的血管，由此产生的低渗透压使水更多地被重吸收。

第六节　动物的生殖与个体生长

生殖（reproduction）是动物繁衍孳生后代、延续基因的生命现象。生殖是生命的基本特征之一。所有活的有机体都能产生与之相似的新有机体，另一方面，新的后代在某些方面又与亲代存在着差异，因此，没有生殖就不可能有物种的进化。从进化论的观点来看，只有那些在生存和生殖方面占有优势的个体，才能繁衍出更多的后代，并且由这些后代把基因继续传递下去。因此，自身遗传基因的延续对于动物的个体和物种都是至关重要。生殖一词大致与繁殖相同，但是繁殖强调由生殖而引起的个体数的增加，且包括与生殖有关的各种行为活动。

一、生殖形式

生殖通常分为无性生殖(asexual reproduction)和有性生殖(sexual reproduction)两类,它们的生殖过程都有同一基本模式:① 将环境中的原材料转变成子代或性细胞,并发育成相同构造的后代;② 传递亲代的遗传基因。

1. 无性生殖

无性生殖只有1个亲本,并无特殊的生殖器官或生殖细胞。无性生殖较简单,能够迅速产生大量的后代;但是无性生殖只是通过有丝分裂进行细胞的更新换代,没有经过减数分裂相关的遗传物质重组,因此,除非基因突变,否则无性生殖不产生遗传上的变异。无性生殖产生大量的具有与亲代等同特性的后代,能够迅速适应特定的环境,因此无性生殖是对稳定环境的适应,在稳定环境是占优势的,当环境变化时则处于劣势。

无性生殖仅出现在简单的生命类型,如原生动物、刺胞动物、苔藓动物、细菌及少数其他无脊椎动物。较高等的无脊椎动物(软体动物和节肢动物)及所有的脊椎动物不存在无性生殖。可见无性生殖是比较原始的生殖方式。

无性生殖的主要方式有:

(1) 裂殖(fission) 分裂生殖实际上就是细胞的有丝分裂的过程,多数是横分裂,但眼虫等是纵分裂。裂殖见于原生动物和一些多细胞动物如刺胞动物、环节动物。

断裂(fragmentation)也属于裂殖中的一种,常见于低等的种类,有机体断为2块或更多块,每一块能长成1个完整的动物,这种方式见于某些扁形动物、纽形动物或棘皮动物等。

(2) 出芽生殖(budding) 由充分生长的个体长出小芽体,芽体长出与亲体一样的器官和形态,然后芽体与亲体分离而独立生活。若芽体长在亲体的表面,为外出芽;有的芽体不生在体表,而在体内或芽球(gemmules)内,此为内出芽。芽球是许多细胞的集团,外面围以密厚的体壁。当亲体崩解时,每个芽球长成1个新的个体。外出芽普遍存在于水螅,内出芽多见于淡水海绵,苔藓动物也有内生芽型(休眠芽)。

(3) 孢子生殖(spore reproduction) 原生动物孢子虫纲(Sporozoa)等生活史中有孢子的发生,称子孢子(sporozoite)。疟原虫在按蚊胃内形成大小配子,结合成合子(zygote);合子穿入胃壁形成卵囊;卵囊经多次分裂形成子孢子,卵囊破裂,子孢子进入体腔再到唾液腺,当按蚊叮人时进入人体,破坏红细胞而引发疟疾。当环境干涸时,绿眼虫虫体变圆分泌胶质形成包囊,以适应恶劣环境。孢子生殖在藻类、细菌等比较常见,因发生过程的形态、性状等不同而有各种名称。

2. 有性生殖

有性生殖是生物界大多数物种的生殖方式。有性生殖具有2个亲本,各产生一种特殊的性细胞,称配子(gametes),异性配子结合成为合子(受精卵),合子经发育形成新的子代。与无性生殖相比,有性生殖过程中有许多释放出的配子并没有结合成为合子,导致能量和营养的浪费。但是,有性生殖产生的子代不是亲本个体等同基因的延续,子代组合了亲本双方的遗传基因,获得了新的变异(variation)。因此,新生的一代不仅数量上增加了,而且获得变异的个体为物种进化奠定了基础,有可能更好地适应环境的变化。高等动物都是以有性生殖来保持种族的延续和繁盛;原生动物在连续进行多代的无性生殖之后,常常要进行1次有性生殖来恢复种族的生命活力。

有性生殖通常有接合生殖和配子生殖两大类。

(1) 接合生殖(conjugation) 发生于原生动物纤毛虫类,如草履虫(*Paramoecium*)(见原生动物的章节)。接合生殖也常见于细菌、单细胞绿藻(如水绵)等。

(2) 配子生殖(gametic reproduction) 动物生殖的常见形式。配子分为精子(sperm)和卵子(ovum),都由生殖腺(gonad)所产生。产生精子的是精巢(testis),产生卵子的是卵巢(ovary)。异性配子的结合可以发生在动物的体外或体内,相应称为体外受精(external fertilization)和体内受精(internal fertilization)。行体外受精的异性双方分别将卵子和精子产于水中,精子游泳与卵子相遇而结合。个体密集分布,产卵量巨大和水流的流动,能够增加精子与卵子相遇的概率,因而有利于体外受精。体内受精动物多数是陆地生活或胎生的物种,通过性器官的结合(交配)而使精子进入雌性体内与卵子结合。在受精过程中,异性双方同时释放配子将有利于提高受精率,环境因素如温度、白昼长短和潮汐周期会引发生殖相关的神经或激素的变化,使异性双方同步排出配子;异性释放的配子、求偶行为等也能够引发对方进入同步生殖。

3. 孤雌生殖

孤雌生殖(parthenogenesis)又称单性生殖。指未受精的卵子经刺激后发育成子代的一种生殖方式。孤雌生殖过程中卵子的发育不需要精子的参与,卵子不经受精。已知自发的或天然的孤雌生殖发生在轮虫、蚜虫、某些甲壳类、昆虫和几种沙漠上的蜥蜴。卵子是二倍体或单倍体,单倍体卵在开始发育时加倍。在动物孤雌生殖中,一些物种产生的后代全是雄性个体,如雄蜂,称"产雄单性生殖";后代全属雌性的,如夏季的蚜虫,称"产雌单性生殖"。相对于自然界存在的单性生殖(天然单性生殖),采用一些实验方法,如控制温度、pH 及卵的机械撞击促使未受精卵单独发育,称为"人工单性生殖",在许多动物如海胆、家蚕、鱼、蛙等都已获得成功,所产生的后代通常较小且无生殖能力。

臂尾轮虫(*Brachinus*)通常只能见到雌性个体。其生活史中有 2 种生殖方法,一种是春夏季的孤雌生殖,此时产的卵称夏卵或非需精卵(amictic egg),含双套染色体($2n$),不需与精子受精直接发育成雌性个体,称不混交雌体(amictic female)($2n$);另一种在夏末秋初天凉时进行有性生殖。这时的雌轮虫称混交雌体(mictic female)($2n$),能同时产出两种大小不同的卵,都是单倍体($1n$),称需精卵(mictic egg),从不受精的小卵发育出来的是雄体,雄体产生精子使大卵受精,发育成雌体。雌雄两种个体交配受精,雄虫交配后死亡,由雌虫产出的卵称冬卵或休眠卵(resting egg),卵外被厚壳,能抵御寒冷和干旱等不良环境。休眠卵到第二年春天环境好转时分裂发育,孵出雌虫,并继续孤雌生殖。轮虫的寿命一般为 5 ~ 8 天,最长的也仅 20 天左右,孤雌生殖可持续 20 ~ 40 代,然后变成混交雌体。混交雌体每年只出现一代或两代,且只在环境不利的情况下出现。甲壳动物的枝角类也有与轮虫类似的单性生殖和有性生殖交替的现象。

4. 性别决定

性别决定(sex determination)指雌雄异体的生物决定个体性别为雌性或雄性的现象。性别的决定受以下因素的影响:性染色体(sex chromosome)的存在,性染色体与常染色体(autosome)的比例,或是环境因素的影响。在爬行类和鸟类中,有 W 和 Z 两种性染色体,雄性为 WW,雌性为 WZ。哺乳类有 X 和 Y 两种性染色体,雄性为 XY,雌性为 XX;哺乳类早期胚胎在形态上没有差别,随着胚胎的发育(如人类胚胎为 6 周龄以后),Y 染色体上的性别决定基因指导胚胎的原始生殖腺发育为睾丸,分泌激素控制生殖管和生殖器的进一步分化。在果蝇(*Drosophila* sp.)中,性别由 X 染色体和常染色体的比例所决定，其性别分化取决于基因的定向作用而不是激素的作用。在蜜蜂中，如果卵被受精就发育为雌性，否则就发育为单倍体雄性。一些物种的性别由环境条件所决定，如某些爬行类，其受精卵受孵化温度的影响。密西西比短吻鳄（*Alligator mississippiensis*）的受精卵在孵化温度≤30 ℃有利于发育成雌性，孵化温度≥34 ℃则有利于发育成雄性，在32 ℃时雌性和雄性的比例为87∶13。

有些动物的1个个体内同时兼有雄性和雌性两种生殖器官，称为雌雄同体（hermaphroditism），如无脊椎动物的涡虫类、环节动物的寡毛类、软体动物的腹足类及少数瓣鳃类。脊椎动物中的鲟鱼、鲱鱼、鲻鱼和蟾蜍等的精巢内常有卵子存在，是偶然性的雌雄同体。一些雌雄同体的硬骨鱼，其同一生殖腺的不同部分产生卵子和精子，并可能自体受精。雌雄同体者除少数可自体受精外，绝大多数需异体受精，即两个体间需交换生殖细胞，或精子和卵子在不同的时间成熟。

动物个体在生长过程中由一种性别转变成另一种性别的现象，称性逆转（sex reversal）。如一种热带产的鲈鱼（*petromctopon cruentatum*）早期为雌性，后期转变为雄性；淡水产的黄鳝（*Monopterus albus*）从胚胎到第一次成熟产卵都是雌性的，产卵过后卵巢逐渐转化为精巢，产生精子，直到老死都为雄性。软体动物的船蛆（*Teredo* sp.），从幼体到第一次成熟时排出的是精子，起雄性作用，以后则转为雌性。软体动物的瓣鳃类，如牡蛎、贻贝、蛏、蛤等在早期雄性比例较高，到性成熟临近产卵时，雌雄两性比例接近1∶1，产卵过后又往往呈现雄性比例较高的现象。由于两性性腺发育时间不同，以及性逆转问题，动物出现性比（sex ratio，两性个数的比例）的变化。性逆转可以是自然的、病理性的或是人工诱导而成的。对青鳉（*Oryzias latipes*）等鱼类的幼鱼给予雄性激素或雌性激素，其性机能将向遗传性别的相反方向转化。目前，学术界还没有能够圆满地解释性逆转现象的学说，尚有待进一步研究。

5. 动物生殖的多样性

动物进化地位的不同，生活环境、生活方式的多样，其生殖也表现出不同的进化特征以及多种的适应。

原生动物以无性生殖为主，也出现了简单的有性生殖；腔肠动物生殖多型性，既有水螅和珊瑚虫的无性出芽生殖，又有水母的雌雄异体、体外受精的有性生殖，还有薮枝螅等无性与有性世代的世代交替。随着中胚层的出现，扁形动物的生殖比腔肠动物逐渐完善，有雌雄同体的生殖系统，但行异体受精；寄生的种类生殖系统发达，产卵量十分巨大，有的还行幼体生殖（paedogenesis），历经几代幼虫和不同的宿主，使其得到广泛的扩散。三代虫（*Gyrodactylus*）体内有大胚胎，大胚胎内又有小胚胎，三代同体。

软体动物生活方式多样，生殖变化也多，生殖期多数比较集中。有的软体动物是体外受精和卵生（oviparous）生殖，产卵量巨大（如牡蛎一次产卵可排出超过1亿个的卵子）；一些软体动物则是体内受精和卵胎生（ovoviviparous），如腹足纲的田螺（*Cipangopaludina* sp.）和瓣鳃纲的河蚌（*Anodonta* sp.）等；一些种类的受精卵还有起保护作用的卵囊、卵带。

节肢动物种类最多，生活环境多样，生殖的适应性变化也多。甲壳类虾、蟹的受精卵多附于雌体腹部的附肢之间，称抱卵，直至幼体孵出才离开母体。昆虫纲多是陆生的种类，具有各种交配器和产卵器，多数是两性生殖，也有的行孤雌生殖、多胚生殖（一个卵可发育多个幼虫，如小蜂科的昆虫）和幼虫生殖。有的昆虫（如直翅目蝗虫）常以卵袋产于土内，稻飞虱（同翅目，飞虱科）产出的卵注入植物叶鞘内部，寄生蜂借助产卵器将卵注入寄主的卵壳内，卵一旦孵化即有丰盛的食物；蜜蜂生殖分工精细，雄蜂管交配，蜂王管产子，工蜂管育幼等等。节肢动物的发育多态性，有的是渐变态(paurometabola)，有的是半变态(hemimetabola)，有的是全变态(holometabola)。

脊椎动物从爬行动物开始为真正的陆生动物，具有体内受精并出现相应的交配器官。而鱼类、两栖类都为体外受精，以水为介质，所以两栖动物在生殖季节需要回到水域环境进行交配产卵。

动物的产仔(卵)方式分为卵生、胎生和卵胎生。卵生方式最普遍，包括脊椎动物的鱼类、两栖类、爬行类和鸟类。卵生的水栖种类的卵或幼体的成活率低，因而往往大量产卵与之相适应，陆生动物的卵具有卵壳加以保护。胎生(viviparous)是受精卵在母体的子宫内经过胚胎发育后才产出幼体，胚胎通过胎盘自母体获得营养，哺乳动物产出的幼体还经母体哺喂乳汁而发育。胎生哺乳类的幼体成活率较卵生动物高。卵胎生则是上述两种的过渡形式，受精卵在母体内孵化、发育为新的幼体才产出，但营养只是来自卵子自身的卵黄，与母体没有或只有很少的营养联系，这种现象可见于一些软体动物、节肢动物、鱼类和爬行类等。

二、生殖系统

绝大多有性生殖动物的生殖系统(reproductive system)由生殖腺(卵巢和精巢)、生殖导管、附属的腺体及其他附属构造(如交接器等)构成。脊椎动物的生殖和排泄器官有较紧密的联系，通常被称为泄殖系统(urinogenital system)，雄性的生殖和排泄系统常较雌性有着更密切的联系。

1. 雄性生殖系统

雄性生殖器官中精巢(又称睾丸)是主体，它是产生精子和分泌雄性激素的器官，通常精巢为长卵圆形，内充满分支盘曲的细精管(seminiferous tubule)(图4-24)，成年男子的细精管全长可达200 m。精子由细精管壁的生殖上皮所产生，成形后逐渐离开管壁而向管腔集中。精子发生从个体成熟期开始，受雄性激素所控制。雄性激素由细精管外的间质细胞(interstitial cell)分泌而进入血液。其分泌活动受脑垂体的促性腺激素(gonadotropic hormone)所调节。

各种动物的精子构造有差异，多数呈蝌蚪形，头部大，椭圆形，前端较尖，即为顶体(acrosome)，颈部有线粒体、微丝和中心体，尾部细长呈鞭状，常做波浪式摆动。精子运动活泼，所需的能量由颈部的线粒体进行氧化磷酸化来提供。精巢形成的精子先集中于附睾(epididymis)，再由输精管送到贮精囊(seminal vesicle)暂时贮存。

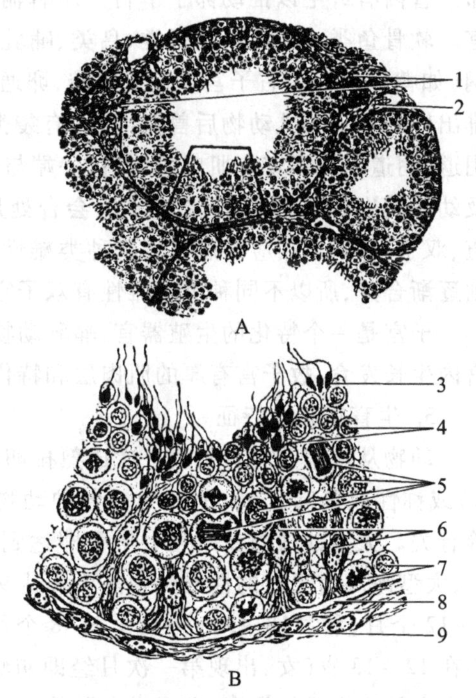

图4-24 精子的发生(钟慈声，1984)

A. 细精管 B. 部分扩大图

1. 间质细胞 2. 血管 3. 精子头部 4. 精子细胞 5. 有丝分裂 6. 支持细胞 7. 精原细胞 8. 固有膜 9. 结缔组织细胞核

动物交配射精时，前列腺(prostate gland)分泌液体，与贮精囊中放出的精子混合后由尿道射出。精液内含有糖蛋白和果糖，为精子提供营养和介质。糖蛋白的缓冲性保证精子有最适的 pH 环境和稳定的渗透压条件,从而保证精子有最大的活力。精子的寿命差异很大。在昆虫中,如雄蜂的精子可以在蜂王体内存活 1 年以上;人类精子的活力可以在女性生殖道内保持 1 周。

雄性生殖器官有一部分显露于体表,这一部分称外生殖器,主要是交配器;许多哺乳类的阴囊(scrotum)(内含睾丸、附睾和精索等结构)也露在体外。

2. 雌性生殖系统

包括卵巢、输卵管、子宫、阴道和阴门等。卵巢是成对的,以韧带系于腹腔内,各种动物卵巢大小有差异,人的卵巢如杏仁大小,内含许多卵泡(图 4 - 25),卵在卵泡中发育。卵泡随卵的发育也渐渐生长扩大,最后破裂放出卵子。排卵之后,剩下卵泡细胞转变为黄体,并分泌黄体酮,如排出的卵受孕,则黄体存在的时间延长,若不受孕,不久则黄体退化,于是新的卵泡继续发育,开始下一个周期。

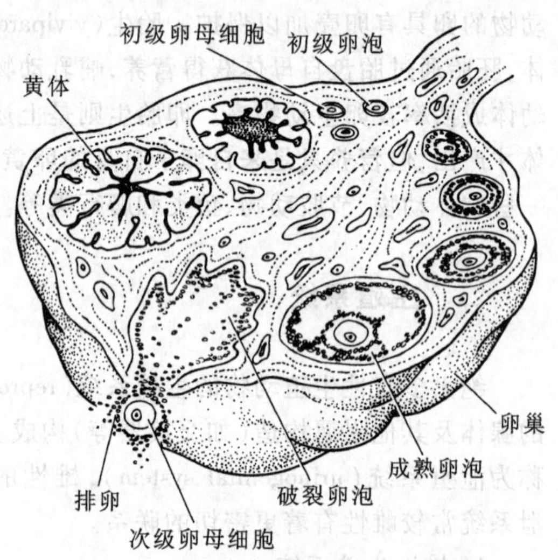

图 4 - 25　卵子的发生(Kardong,2002)

输卵管是输送卵子的管道,但管口不是与卵巢紧紧相连,而是以漏斗状口的小孔接受从卵巢中释放的卵。管内有纤毛以推动卵子下行。左右输卵管连接子宫。软骨鱼类、两栖类,爬行类、鸟类、哺乳类的原兽亚纲(如鸭嘴兽),左右子宫连接泄殖腔,卵通过泄殖腔孔排出体外。从哺乳动物后兽亚纲(如有袋类)开始出现阴道,阴道是大而富有肌肉的管道,一端与子宫相接,另一端通体外,是接受雄性交配器送来的精液及幼体娩出时的产道,阴道与子宫会合处形成子宫颈(cervix)。哺乳动物后兽亚纲的雌性为双阴道、双子宫,所以相应的后兽亚纲种类雄性的阴茎有分叉。哺乳动物真兽亚纲为单阴道,左右子宫则逐渐合并,所以不同种类的雌性有双子宫、双分子宫、双角子宫,单子宫等。

子宫是一个特化的生殖器官,哺乳动物的胎儿在子宫中发育,人(单子宫)的胎儿有 9 个月在子宫内生长发育,故子宫有厚的肌肉层和特化的子宫内膜(endometrium)。

3. 生育期和性特征

动物从新生儿发育到第一次成熟排卵(或排精)的时间间隔称为性成熟年龄(age at first maturity)或称性成熟(sex maturation)。各种动物的性成熟年龄长短不一,还与生活环境条件、营养状况等有关。大多数鸟类在出壳 1 年后即达到性成熟,但是雨燕需要 2 年,鹦鹉 2 ~ 3 年,猛禽 3 年以上,大型海鸟信天翁的性成熟则需要长达 9 ~ 12 年;马一般在生后的 12 ~ 18 个月达到性成熟,黄牛 8 ~ 12 个月,水牛 18 ~ 30 个月,羊 6 ~ 8 个月,猪 3 ~ 5 个月。人的性成熟,即进入青春期(puberty)大约在 12 ~ 13 岁(女,出现第一次月经即初潮 menarche)和 14 岁(男,出现首次遗精),随着营养条件和大众健康水平的提高,进入青春期的时间有所缩短。

动物有生殖能力的时期称为生育期(duration period)。在人类,女性生育期为 30 年,生育期妇女每年约有 13 个卵发育成熟并排出。左右侧的卵巢通常交替成熟释放卵子。青春期的卵巢中约有 40 000 个卵在发育,但仅有约 400 个卵能发育成熟,大部分卵子在生育期退化并被吸收。性成熟年龄、生育期以及每窝产仔(卵)数等是动物生殖力的主要标志。

到达性成熟期后，性腺能产生成熟的生殖细胞（卵子或精子）和性激素，同时表现性欲和第二性征。雌雄两性生殖器官的不同称为第一性征。第二性征（或二次性征）是指成熟期出现的体格形态上的变化，如阴毛、体毛，男性出现胡须、嗓音变粗、肌肉发达、体格魁梧，女性的乳房增大、皮下脂肪丰满等等。

三、哺乳动物的生殖过程

哺乳动物的生殖过程包括发情、交配、受精、妊娠、分娩和哺乳等几个阶段。

1. 月经周期与发情周期

哺乳动物的生殖周期各种各样。动物的生殖季节与其分布的地理位置有关，大部分动物只有1个生殖季节，热带地区的动物具有多个生殖季节。月经周期（menstrual cycle）是指雌性灵长类生殖道发生周期性变化的生理现象。灵长类若排出的卵没有受孕，过14天左右，黄体退化，黄体酮和雌激素减少，子宫内膜的内侧部坏死脱落，出现1～4天的出血现象称为月经（menstruation），随后子宫黏膜又逐渐增厚和分泌，准备接受受精卵。这样大约每隔28天左右出现一次月经，称为月经周期。其他哺乳类动物的性冲动只表现在某一时期，短暂而强烈，其他时期没有性感受，称为发情周期或动情周期（estrous cycle）。发情周期比月经周期更容易受环境的影响。哺乳类动物的发情既有在生殖季节1年发生1次（如狐和雪貂），也有在生殖季节内可以多次发情（如马、驴、山羊）或一年任何时期都可发情（如牛、猪、兔、鼠等）。发情是由于卵泡发育成熟，产生大量的雌激素引起的，与排卵相配合。自发性排卵的动物通常在发情期结束前或刚结束后排卵；而激发性排卵的动物（如猪、兔、松鼠和浣熊），交配之后才引起排卵。

2. 交配与受精

雄性用生殖器（如哺乳类的阴茎）将精子射入雌性体内接受腔（如哺乳类的阴道）的过程称为交配（copulation）。哺乳类阴茎必须勃起（erection）才能插入雌性的生殖道内并有效地传递精子。从副交感神经系统中传递来的神经冲动产生的性刺激使阴茎的小动脉舒张并聚集血液而产生勃起。阴茎通过一系列有力地喷射将精液排出称为射精（ejaculation）。受精（fertilization）发生在输卵管。受精卵被输卵管表面摆动的纤毛送入子宫。

3. 妊娠

卵受精后，细胞不断分裂，进入子宫腔时已形成1个胚泡（即囊胚 blastula），胚泡进入子宫后，与子宫内膜接触时被吸附于内膜上，胚泡的滋养细胞与内膜接触，迅速增生，并侵入子宫内膜，这个过程称为着床或植入（implantation），随后滋养细胞形成绒毛膜绒毛，子宫内膜进行蜕膜样变，共同形成胎盘，通过胎盘由母体输送养料给胚胎，胚胎在子宫内发育的过程称为妊娠（gestation）。不同动物的妊娠时间差异很大，短的只有几天，长的可达一两年（印度象20个月零8天）。

4. 分娩

妊娠结束时，血液中激素水平发生变化，例如黄体酮减少、雌激素增加、神经垂体分泌催产素等引起子宫收缩，胎儿本身引起子宫内膜产生前列腺素，促进子宫强烈收缩，分娩（labor）胎儿。有的动物还产生松弛素，使耻骨联合打开利于胎儿通过产道产出。

5. 哺乳

哺乳动物乳汁的产生称为哺乳（lactation），包括乳生成（lactogenesis）和造乳作用（galactopoiesis)。前者为乳腺开始制造乳汁,后者为哺乳的维持。在妊娠过程中,乳腺的乳腺小叶(alveoli)在激素的作用下发育,乳腺增大,但是由于胎盘分泌的雌激素和黄体酮抑制乳汁的产生。分娩后,雌激素和黄体酮的水平下降,同时脑下垂体前部分泌的促乳素刺激乳腺开始生乳。造乳作用需要生长素、甲状旁腺素和皮质醇协助机体组织提供氨基酸、脂肪酸和钙。在分娩后的24~72小时内,乳腺开始释放的乳汁称为初乳(colostrum)。初乳富含蛋白、激素、致泻物质和抗体,能提高婴儿的消化、免疫能力。吮吸乳头可以刺激母亲分泌大量的促乳素和催产素。催产素引起乳腺平滑肌收缩,分泌乳汁。

四、个体生长

生物个体从受精、出生、生长、成熟、生殖、衰老到死亡的一系列发育过程称为生命周期(life cycle)。生物个体死亡后,由另一新世代的生物个体所取代,周而复始,生命不断延续。动物从卵孵出或从母体产出之后直到生命终结,都属胚后发育。胚后发育的个体生长过程受多种激素的作用。个体成长通常划分为两个阶段,一是幼体生长阶段,二是生殖生长阶段。

幼体生长(larva growth)的主要特点是:个体不再形成新的器官,幼体的器官逐渐发育完善,功能加强,个体长大。这个阶段服从两个规律,一是分阶段持续性生长,二是器官部位的异律生长。例如昆虫从刚孵出的幼虫经6次蜕皮才长成成虫;对虾经历无节幼体、溞状幼体、糠虾幼体长成为仔虾;人从婴儿、幼儿、童年、少年到青年。这就是阶段持续性生长。幼体生长各阶段都表现了异律性。不同生长阶段所占时间不相等,各阶段生长速度不相同,身体各部位(包括器官)比例随之变化。以人为例,幼儿期头部比例大,儿童到少年期身体逐渐长高,先上肢生长,之后下肢生长,头部比例下降,最后才是生殖器官的生长。

幼体长成成体之后继续发育,生殖系统达到功能上的成熟即性成熟。青春期是身体生长速度最高的时期。性成熟是生长的继续,又是生长过程中质的飞跃。性成熟之后机体仍能继续生长一个时期,这一生长称为成体的生殖生长(adult reproduction growth)。这一阶段生长速度往往比幼体生长慢,但因种类和个体的不同而有差异。外观上,生殖生长出现第二性征,有的种类出现变态,如昆虫、蛙类等。人在性成熟以后,内分泌腺开始分泌性激素,生殖腺发育成熟,但体格还在增大,第二性征逐渐明显。随着成体年龄的继续增大,骨骼生长中心硬化并融合,称为骨骺融合,生长停滞。在动物年龄接近其生命的最后阶段,身体机能下降,如人会出现白发、皱纹、远视、肌肉力量和肺活量下降等,称为衰老(senescence);此时,个体对不利环境的耐受力下降,死亡的可能性增加,并最终出现死亡。

金定鸭的性双态分化和性行为发育

本章提要

内容见配套数字课程。

复习与思考

复习题

1. 简述动物皮肤的基本构造和作用。
2. 简述动物骨骼的基本构造和功能。
3. 运动的基本机制是什么？动物的运动有哪些方式？
4. 简述神经系统的主要功能。比较无脊椎动物神经系统的进化过程。
5. 比较脊椎动物视觉器官和听觉器官的演化，说明其意义。
6. 说明脑垂体的结构和作用，阐述下丘脑与内分泌系统的联系。
7. 内分泌系统的组成和作用，举例说明其辩证统一的关系。
8. 何谓呼吸？动物的呼吸有哪些方式？
9. 比较脊椎动物循环系统的结构和特点以及演化趋势。
10. 淋巴系统的组成、特点和作用及在循环系统中的地位和意义。
11. 何谓营养？简述营养物质的营养作用。
12. 简述脊椎动物消化系统的基本结构和功能。
13. 何谓动物的内环境？如何保持内环境的稳定？内环境稳定有什么重要意义？
14. 外温动物和内温动物在体温调节机制有何不同？
15. 比较脊椎动物前肾、中肾和后肾的结构和作用。
16. 比较海洋动物和淡水动物保持内外环境渗透压平衡的调节机制。
17. 比较说明生殖系统和生殖方式的演化和多样性及其意义。
18. 请分析幼体生长和生殖生长两个阶段的特点。
19. 解释下列名词：

中轴骨　附肢骨　中枢神经系统　外周神经系统　植物性神经系统　外感受器　内感受器　侧线器　平衡囊　腹式呼吸　胸式呼吸　开管式循环系统　闭管式循环系统　排异　细胞免疫　体液免疫　自养型　异养型　滤食性　捕食性　草食性　肉食性　杂食性　腐食性　广食性　贝格曼规律　排泄　广盐性　狭盐性　裂殖　出芽生殖　孢子生殖　接合生殖　配子生殖　有性生殖　无性生殖　孤雌生殖　世代交替　性逆转　第二性征　发情周期

思考题

1. 无脊椎动物与脊椎动物的皮肤有何差异？
2. 以动物的呼吸方式和呼吸系统的演变说明动物对生活环境的适应。
3. 以循环、神经和感官系统的发展演变来说明动物进化的本质。
4. 从神经系统和内分泌系统对动物体生理机能的调节来说明动物体的机能整体性。
5. 为什么小型的鸟类和哺乳类在夜晚进入蛰眠状态？
6. 许多动物的生殖都发生在某一季节，这种特性有何生物学意义？

第五章

进化与系统发育

▶ **学习目的**

在了解遗传物质和遗传变异实质的基础上，理解遗传变异与生物进化的关系；了解生物进化主要研究方法及生物进化例证；了解生命的起源，掌握物种形成的机制，了解人类的起源及发展；掌握生物进化的基本概念、基本规律和主要学说，在结合动物系统树和复习以往生物类群知识的基础上，掌握主要动物类群的进化历程和亲缘关系。

进化(evolution)或称为演化，指事物的演变或发展。狭义地说，进化则指生物的进化。在漫长的时间过程中，生物的遗传组成发生变化，遗传差异逐渐积累，从某种生物类型向另一种新生物类型的发展，称为生物进化。生物进化的研究对象涉及广泛，包括某一物种(如马、象等)、某一类群(如鸟类、哺乳类等)直至整个生物界的历史发展。生物进化论(The theory of evolution)就是关于生物界历史发展一般规律的科学论述。

生物进化论能帮助人们更好地认识生物的产生与发展、生物之间亲缘关系的远近程度、生物与变化环境的相互作用。虽然生物学界在进化研究的某些问题上一直存在着争论，如进化的详细机制以及进化速度等问题，但是科学家们都承认进化事实，并对进化的发生有着共同的见解。

第一节　遗传变异与进化

进化论认为自然界各种各样的动物种类，都是由原始的简单种类进化而来。达尔文认为：生物进化是自然选择作用于生存能力、繁殖能力各不相同的个体的结果。近代生物学的观点认为：生物进化是种群遗传组成的变化，起始点是形成不同基因型的个体。遗传是一个保守的过程，没有遗传，就不可能保持物种的性状和稳定性，变异就不可能得到积累，生物也就不可能进化，不可能产生丰富多样的生物种类。遗传又是一个相对开放的过程，其中存在着变异，否则，就不可能产生新的性状，生物也就失去进化的素材。就这个观点而言，遗传学只是进化论的一小部分，即在生命的延续过程中短期的相似或不相似的部分。

一、个体的遗传变异

变异指同一生物类型之间的显著或不显著的个体差异。变异(variation)是生物的共同特征之一。生物表型的变异起源于两方面的原因:基因型的变异、环境条件引起的变异。基因型的变异是遗传物质的改变,因而是可以遗传的。遗传变异是广泛存在的,是进化的原材料。染色体畸变(chromosomal aberration)、基因突变(gene mutation)和重组(recombination)是遗传变异的3个来源。

(一) 染色体畸变

染色体畸变指染色体的结构或数目发生了异常的变化。染色体畸变可能是自发的,也可通过化学物质或放射线处理而诱发。

1. 染色体结构的改变

染色体的结构变异一般是由于染色体的断裂和染色体片段的愈合(reunion)而产生的。染色体结构变异可分为4种类型:缺失(deletion 或 deficiency)、重复(duplication)、倒位(inversion)和易位(translocation)。

(1) 缺失　指正常染色体上某片段的丢失。缺失的遗传效应包括致死或出现异常、拟显性(pseudodominant)。整个进化的趋势是基因组C值的增加,而缺失只能减少C值,因此它在进化中没有直接的作用。缺失在进化中的作用可能是从核中排出不必要的染色质减少染色体数。在进化中其他类型的染色体变异也会涉及缺失。

(2) 重复　指染色体增加了部分片段。重复的遗传效应主要包括:① 稳定位置效应(stable position effect),又称S型位置效应。1个基因随着染色体畸变而改变它和邻近基因的位置关系,从而改变了表型效应的现象称为位置效应。根据表型效应的稳定性可将位置效应分为稳定位置效应和花斑位置效应(variegated position effect)。重复引起的位置效应常为稳定位置效应,如果蝇棒眼基因重复引起的遗传效应。② 表型异常。就整个基因组而言,如果总量因重复而增加,那么某些基因及其产物的剂量也随之增加,如果这些基因或产物十分重要,必然会引起表型异常。如一些不平衡易位的患儿,由于染色体的重复常引起智力低下或表型畸形。重复是进化中的1种重要途径,生物从简单到复杂的进化最根本的是基因组DNA含量的增加和新基因的产生,而重复是增加基因组含量和新基因的唯一途径。如珠蛋白的进化和乳酸脱氢酶(LDH)同工酶的进化。

(3) 倒位　染色体片段作180°的颠倒再重接在染色体上。倒位的遗传效应包括:① 产生到位环,抑制到位区内的重组,形成假连锁。② 引起基因重排。

(4) 易位　指染色体片段的位置改变,即染色体的一部分转移到同一条染色体的其他部位或其他染色体上。易位的遗传效应包括:① 花斑位置效应,如果蝇X染色体上的红眼基因W^{+}易位到异染区从而出现红、白相间的复眼。② 基因重排导致癌基因(oncogene)的活化产生肿瘤。③ 假连锁现象(pseudolinkage)。④ 导致人类家族性染色体异常,如唐氏综合征。易位研究也可用于物种的进化研究,如关于熊猫起源的争论。美国国家癌症研究所的William G. Nash采用染色体分带技术对大熊猫和熊的染色体带型进行分析比较发现大熊猫的1号染色体可能是熊的2、3号染色体罗伯逊易位的产物;同样2号染色体与熊的1、9号染色体同源,3号染色体与熊的6、16号染色体同源。从而得出最后的分类建议,大熊猫与熊科中的熊有亲缘关系,小熊猫与浣熊科的浣熊有亲缘关系。

总之,染色体结构变异能导致与进化相关的4种遗传效应:① 染色体重排(chromosomal rearrangements)。即染色体上遗传信息的顺序排列和邻接关系发生改变。这会影响到基因的活性和表达,从而使表型发生一定的变异和异常。② 核型的改变。若产生结构纯合体(structural homozygote)就会影响到核型的改变,这是进化中产生新物种的一种途径。结构纯合体是指 1 对同源染色体产生了相同的结构变异的细胞或个体。若同源染色体中的 1 条是正常的,而另 1 条发生了结构变异,这样的细胞或个体则称为结构杂合体(structural heterozygote)。③ 形成新的连锁群。由于染色体易位会产生新的连锁关系,改变了原来的连锁群,这也是物种进化的一种途径,但对个体而言常常产生表型异常。④ 减少或增加染色体上的遗传物质。染色体片段的缺失和重复会使染色体上的遗传物质增加或减少,有的也会影响到整个基因组的 DNA 含量,对于个体来说会产生表型变异或畸形,但对群体也是一种进化的重要途径,就整个的进化趋势而言,从低等到高等,从简单到复杂,基因组含量从少到多,这就涉及染色体的重复。

2. 染色体数目的改变

大部分真核生物是二倍体,即它们的体细胞中含有两套染色体,而它们的配子是单倍体,只有 1 套染色体。

二倍体生物增加或减少整套的染色体称为整倍体(euploid);若增加或减少 1 条或几条完整的染色体称为非整倍体(aneuploid)。

(1) 整倍体 一套基本的染色体的数目称为一倍体数(x)。带有多个一倍体染色体数[monoploid number(x)]的生物称为整倍体。整倍体分为:① x 是一倍体;② $2x$ 是二倍体(diploid);③ 多倍体(polyploid),具有两套以上的染色体,指三倍体(triploid)($3x$)、四倍体(tetraploid)、五倍体(pentaploid)、六倍体(hexaploid)等。单倍体数(n)是指配子中的染色体数。大部分动、植物的单倍体数和一倍体数是相同的,n 和 x 可以交替使用。多倍体分为同源多倍体和异源多倍体,同源多倍体部分可育,异源多倍体一般可育。在动物中有些昆虫、蠕虫、蚌类、鱼类、两栖类和爬行动物中都发现有多倍体。多倍体常依赖孤雌生殖。人类的多倍体受精卵可因细胞分裂发生差错而产生,但大部分在胚胎期死亡,偶然会降生的三倍体婴儿无一例成活。

(2) 非整倍体 少数的二倍体生物增加或减少了 1 条或几条完整的染色体,而不发生整套染色体的增减,称为非整倍体。在大部分情况下动物中的非整倍体是致死的。

正常的个体是完整的二倍体($2n$),又可称为双体(disome),在此基础上我们将非整倍体分成以下几种类型:① 缺体(nullisome),$2n-2$,个体丢失了 1 对同源染色体,又称为零体,一般是致死的。② 单体(monosome),$2n-1$,个体丢失了某 1 条染色体,一般出现异常表型或特征。③ 三体(trisomic),$2n+1$,个体多了某 1 条染色体,由于染色体平衡的破坏和基因产物剂量的增加,三体也出现异常表型特征。④ 双三体(ditrisomic),$2n+1+1$,即个体多了两条不同的染色体。⑤ 多体(polysomy),$2n+n$,某一号染色体增加了 1 条以上。人类的 21-三体综合征又称为先天愚型或唐氏综合征(Down's syndrome),它是由英国医生 Langdon Down 首先描述其症状。产生的原因可能是母亲卵细胞形成过程中染色体的不分离,或发生罗伯逊易位所致。母亲生育年龄的增加,21-三体综合征的发生率也随之增加。

(二) 基因突变

突变(mutation)是遗传物质中任何可检测到的能遗传的改变,但不包括后面要介绍的遗传重组。对一个多细胞生物而言,如果突变发生在体细胞中,那么这种突变是不会传递给后代的,这种类型的突变称为体细胞突变(somatic mutation)。但如果突变发生在生殖细胞中,那么这种突变就能通过配子传递给下一代，在后代个体的体细胞和生殖细胞中产生同样的突变，这种类型称为种系突变（germlinal mutation）。

突变可以发生在染色体水平或基因水平。染色体结构和数目的改变叫作染色体畸变，也称为染色体突变。当染色体畸变涉及基因组中染色体套数的改变称为基因组突变（genomic mutation），即整倍数改变，这些内容已在前面介绍了。发生在基因水平的突变称为基因突变，它涉及基因的1个或多个序列的改变，包括1对或多对碱基对的替换、增加或缺失。由于DNA碱基对的改变引起的基因突变称为点突变（point mutation）。

突变可以是自发的，也可被某些诱变剂（mutagen）诱发。自然发生的突变称为自发突变（spontaneous mutation）。一些物理或化学因素都能增加自发突变的频率。诱变剂处理所诱发的突变称为诱发突变（induced mutation）。这两种突变之间并没有本质的区别。

基因突变包括以下的相关类型：

（1）碱基对替换（base pair substitution） 指在基因中1个碱基对被另1个碱基对所取代。包括：转换（transition）是碱基替换中的一种类型，指嘌呤与嘌呤之间，或嘧啶与嘧啶之间的替换；颠换（transversion）是碱基替换中的另一种类型，是指嘌呤与嘧啶之间的替换。

（2）移码突变（frameshift mutation） 由于基因中增加或减少碱基（改变的碱基数不是3或3的倍数）所致。增加或减少1~2个碱基会使该位点后面的RNA序列发生移码，产生无功能的蛋白质。

依据突变产生的结果把突变又分为：

（1）错义突变（missense mutation） 指DNA改变后mRNA中相应密码子发生改变，编码另一种氨基酸，使蛋白质中的氨基酸发生取代，可能削弱此蛋白的功能，以至影响到突变体的表型。突变体的表型是否易于检测取决于特殊氨基酸的取代。如果多肽链中氨基酸的取代不影响蛋白质的功能，那么就不会产生表型改变。

（2）无义突变（nonsense mutation） 由DNA的碱基突变使mRNA中产生了无义密码子，翻译时在相应的位点会导致提前终止——平截或截短，产生了1条不完整的多肽链，通常是没有功能的。

（3）中性突变（neutral mutation） 指在基因中有1对碱基对发生替换，引起mRNA中密码子发生改变，但多肽链中相应位点发生的氨基酸的取代并不影响蛋白质的功能。

（4）沉默突变（silent mutation） 中性突变中的一种特殊情况。即在基因中碱基对发生替换，改变了mRNA的密码子，结果蛋白质中相应位点是发生了相同氨基酸的取代，又氨基酸的序列未发生变化，实际上就是同义突变。

（三）重组

遗传物质发生变异包括两个方面，一是突变，指基因或染色体的结构发生改变；二是重组，指染色体的序列发生重排成为新的组合。重组是遗传学的灵魂，没有重组就没有生物的进化，没有重组就没有现代的分子克隆技术。

重组的概念有广义和狭义之分，广义的重组是指由于独立分配或交换在后代中出现新的基因组合的过程。而狭义的重组仅仅是指基因的交换或重排而产生的重组。

重组的类型有很多，下面简单介绍几个重要的类型：① 同源重组（homologous recombination）或普遍性重组（generalized rccombination）反应涉及大片段同源DNA序列之间的交换。在真核生物减数分裂过程中发生的这种重组是一种交互重组的类型。② 转座重组。转座的机制依赖DNA的交错剪切和复制，但不依赖于同源序列。转座涉及转座酶、解离酶和DNA聚合酶。两个转座因子之间的重组会引起缺失和到位。③ 特殊重组。在哺乳动物的体细胞中，免疫球蛋白成熟的 V. J. C（或 V. D. JC）区要进行 DNA 重组，这种重组涉及短的同源序列及特殊的剪切、修补、连接和碱基插入。

著名学者 C. Stern（1931）在果蝇实验以及 H. B. Creighton 和 B. McClintock（1931）在玉米实验中，用细胞学方法直接证实了基因的交换，似乎也表明重组就是染色体的断裂和重接，但问题并不是那么简单，科学家们之后建立了很多重组模型，从 1909 年 Janssens 提出交叉理论起已 100 多年，至今这个问题还没有完全解决。

除了上述 3 种群体内部产生的遗传性变异外，一个群体还常有由于其他群体基因流入的遗传性变异。这些群体通常是同种的其他群体。基因有时也通过病毒或其他寄生因子在无关联的物种之间转移。在细菌的不同属之间，这种转移较为常见。在真核生物中间，甚至在真核与原核生物之间，都有可能发生这样的转移。

二、种群遗传组成的变化

一个个体的存在有一定时间限度，除非发生突变，其遗传性是终生不变的。而一个群体的存在一般是长时间的，不受其成员的个体生命所限制。实际上还有多种因素影响种群（population）的遗传性。种群的遗传性可以受多种因素影响而逐代改变。

1. 种群的遗传组成

一个以有性生殖为前提，个体间能随机交配，所有的个体都是二倍体的种群，在遗传学上被称为孟德尔种群。种群所包含的全部基因构成一个共同的基因库（gene pool）。所谓基因频率（gene frequency）是指一个种群中，某一基因对其等位基因的相对比率。在一个特定的种群中各等位基因的基因频率总和等于 1。基因频率是种群遗传组成的基本标志。不同的群体同一基因频率往往不同。在二倍体细胞中，基因都是成对存在的，1 对或几对基因构成某个性状的基因型。一个群体中某个性状的各种基因型间的比率叫作基因型频率（genotypic frequency）。一个具有 N 个个体的种群，在任一个常染色体座位上，就有 $2N$ 个基因拷贝。如果有两个等位基因 A 和 A'，3 种基因型 AA、AA' 和 $A'A'$ 的数目分别为 n_{AA}、$n_{AA'}$ 和 $n_{A'A'}$，其基因型频率就是 $AA(D)=n_{AA}/N$，$AA'(H)=n_{AA'}/N$ 和 $A'A'(R)=n_{A'A'}/N$，因此 $D+H+R=1$。A 频率 $p=n_A/2N$，A' 频率 $q=1-p=n_{A'}/2N$，n_A 和 $n_{A'}$ 分别代表群体成员中 A 和 A' 的拷贝数目。由于 $n_A=2n_{AA}+n_{AA'}$，故 $p=n_A/2N=D+H/2$，同样 $q=R=H/2$。

2. 哈迪-温伯格定律

英国数学家哈迪（Hardy）和德国医生（Weinberg）经过各自独立的研究，于 1908 年分别发表了有关基因频率和基因型频率的重要定律，被称为哈迪-温伯格定律（Hardy-Weinberg law），或者叫作遗传平衡定律（law of genetic equilibrium）。这个定律从此奠定了种群遗传学的基础。哈迪-温伯格遗传平衡定律认为，在连续随机交配的孟德尔大种群中，如果没有突变、迁移和选择等因素的影响，基因频率和基因型频率将代代保持不变。例如，如果具有等位基因 A 和 A'，基因型为 AA、AA' 和 $A'A'$ 的群体内交配是随机的，无论亲代基因型频率 D、H 和 R 如何，随机交配一代后，基因型 AA、AA' 和 $A'A'$ 的频率分别是 p^2、$2pq$ 和 q^2。而且，在这些后代中，基因频率也保持不变（表 5-1）。

表 5-1 交配类型的频率及其基因型的频率

交配		子代基因型和频率		
类型	频率	AA	AA'	$A'A'$
$AA \times AA$	D^2	D^2		
$AA \times AA'$	$2DH$	DH	DH	
$AA \times A'A'$	$2DR$		$2DR$	
$AA' \times AA'$	H^2	$H^2/4$	$H^2/2$	$H^2/4$
$AA' \times A'A'$	$2HR$		HR	HR
$A'A' \times A'A'$	R^2			R^2
总和		$(D+1/2H)^2=p^2$	$2(D+1/2H)(1/2H+R)=2pq$	$(1/2H+R)^2=q^2$

这个定律揭示了基因频率和基因型频率的遗传规律,是群体遗传性保持相对稳定的基础。生物的遗传变异主要是基因和基因型的差异,同一种群内个体间的遗传变异一般起因于等位基因的差异,而同一物种不同种群(亚种、民族、品种、品系等)间的遗传变异,则主要在于基因频率的差异。因此基因频率的平衡对于种群遗传性稳定起着直接的保证作用。即使由于选择(selection)、突变(mutation)、迁移(migration)或杂交等因素改变了种群的基因频率,只要这些因素不再继续作用,基因频率立即又自动保持新的平衡。经过一代随机交配,基因型频率也迅速恢复平衡。如果涉及两对基因,则平衡需要多代才能达到,涉及的基因对数越多,达到平衡所需的代数也越多。

3. 哈迪-温伯格平衡的影响因素

自然种群和实验室种群中的基因型频率通常都很接近理论预期值。但是实际种群和理想的哈迪-温伯格种群之间是有差异的,往往达不到所要求的条件。这些差异导致基因频率和基因型频率的变化,结果破坏了种群的遗传平衡,使种群基因库发生演变,从而引起生物的进化。影响哈迪-温伯格平衡的因素很多,例如:

(1) 哈迪-温伯格群体的大小应是无限的,但实际种群都是有限的群体。在有限群体中,由于随机事件(遗传漂变 genetic drift),等位基因频率从一代到下一代可能波动。

(2) 哈迪-温伯格定律是以随机交配(random mating)为前提的,但在实际群体中生殖模式常常不是随机的。不随机交配能导致基因型频率的变化。

(3) 哈迪-温伯格定律中,所有等位基因都有相同的自我复制能力。但是,如果等位基因的置换率发生了变化,它们的频率就可能改变。自然选择能导致基因频率的变化有方向性。

(4) 在哈迪-温伯格群体中,无任何外来等位基因新拷贝的输入。但是假如有一等位基因比另一等位基因以更快的速率进入该群体,那么等位基因的频率将起变化。新拷贝可能有两个来源:群体间基因的迁移(基因流动)和一个基因换成另一基因(突变)。

第二节 进化的例证

进化生物学是研究生物演化或发展的现象和机制的生物学分支学科,探讨生物界如何和为什么会演变成为现存的这种生物类群格局。其主要任务有二:一是确定进化的遗传学和生态学机制,二是确定进化的历史原因。生物进化研究方法涉及比较解剖学、胚胎学、古生物学、生理生化以及分子生物学等各个领域。

一、比较解剖学例证

比较解剖学采用比较方法来研究各种不同生物的器官位置、结构及起源。比较解剖学研究有助于从现存的生物中,找到生物进化的线索。

同源器官(homologous organ)是说明动物进化的有力证据之一。同源器官是指起源相同、结构和部位相似,但形态和机能不一定相同的器官。典型例子是脊椎动物四肢的结构比较。蝾螈和鳄的前肢、鸟和蝙蝠的翼、鲸的鳍、马的前蹄和人的手臂,虽然具有不同的功能和外部形态,但却有相同的基本结构(图 5-1)。这些前肢的骨骼都是由肱骨、前臂骨(桡骨、尺骨)、腕骨、掌骨和指骨组成的。这种一致性说明这些动物起源于共同的祖先;前肢外形的差异,则是由于适应不同的环境,执行不同的功能所引起的。

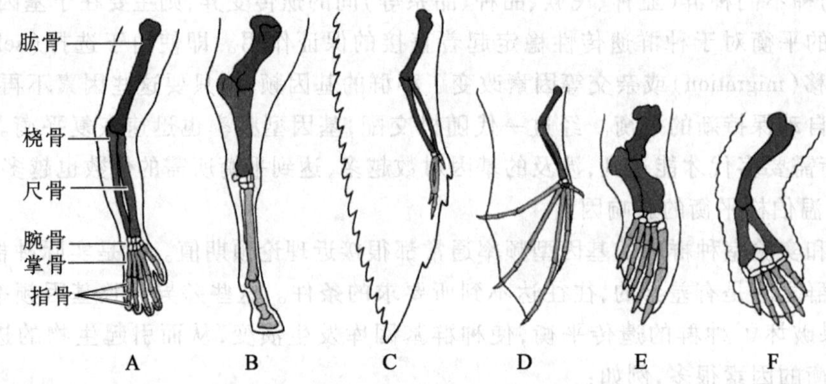

图 5-1 脊椎动物前肢骨骼的比较(Freeman S, *et al*,1998)

A. 人类 B. 马 C. 鸟 D. 蝙蝠 E. 海豹 F. 海龟

与同源器官相对应是同功器官(analogous organ),它是指功能相同、外表有些类似,但来源不相同、基本结构不相同的器官。例如,鸟、蝙蝠和昆虫都具有适于空中飞行的翅膀,但是这些翅膀的起源和结构不全相同。鸟类和蝙蝠的翅膀是由前肢变态而成,而昆虫的翅膀则由胸板和侧板的一部分扩张而成。因此,鸟类和昆虫类的翅膀属于同功器官,但不是同源;而鸟的翅膀和蝙蝠的翅膀,既是同功器官,又是同源器官。同功器官并不说明在进化上有共同来源,而只说明执行相同功能的器官形成了相似的形态。

痕迹器官(rudimentary organ)也是进化的有力证据之一。痕迹器官是指生物体上已经失去作用,但仍存在的一些器官。痕迹器官在各类生物中都普遍存在着。例如,海里的鲸和海牛,虽然后肢已经退化,但在体内仍保留着带骨和股骨的后肢骨痕迹,这些痕迹器官说明鲸和海牛是起源于陆生动物的(图 5-2)。蟒蛇的外表已看不见四肢,但在其泄殖腔孔两侧仍有 1 对角质的爪状物,即是退化的后肢遗迹,如果解剖蟒蛇,还可以看到有退化的腰带(髂骨)和股骨,证明爬行类中的无足类型是由四足类型的祖先进化而来的。人类本身也有许多痕迹器官,如腹直肌保留着残遗的肌肉分节现象，此外，动耳肌、尾椎骨、瞬股、尖形犬牙（俗称虎牙）、体毛等都属于退化的痕迹器官。人类的盲肠和蚓突也属于退化的痕迹器官，它们都极度退化，已经完全失去消化的功能。而草食动物却有发达的盲肠，因为盲肠是草食动物消化植物性食物的重要器官。人类盲肠的退化，显然与进化过程中生活习性的改变有关。痕迹器官的存在说明具有痕迹器官的生物是从具有这些器官的生物进化而来的。这些器官在它们的祖先体内是有用而存在的，后来由于变为无用而退化了，但没有完全消失，而是保留着自己的痕迹。

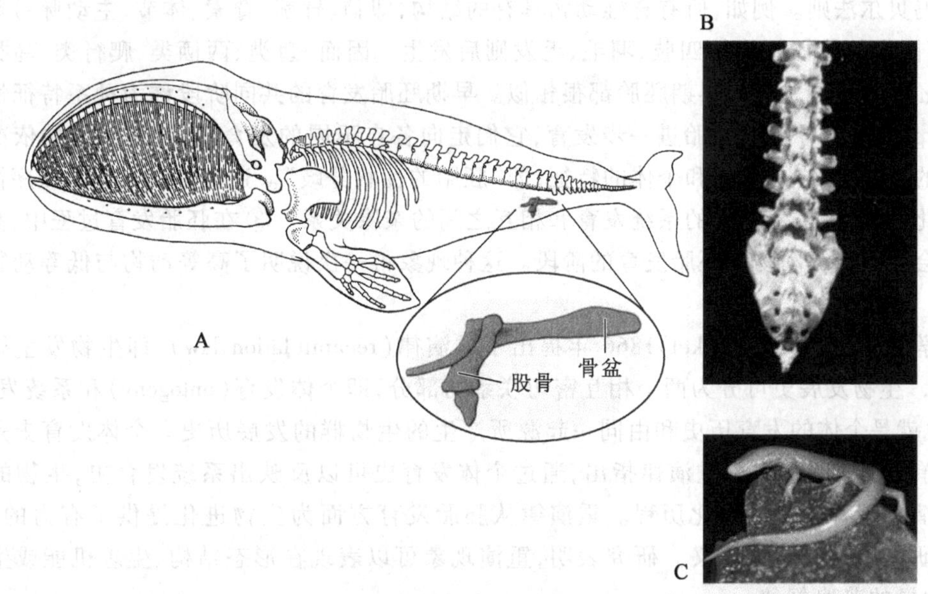

图 5－2　鲸、人、洞穴蝾螈的痕迹器官示意图（Freeman S，*et al*，1998）

A. 鲸（示退化的股骨和骨盆）　B. 人（示尾骨）

C. 洞穴蝾螈（在眼部替代眼睛的是没有功能的球状组织）

二、胚胎学例证

胚胎学可以从现存动物胚胎期的相似性来说明动物起源的共同性。胚胎学是研究个体发育规律的一门重要学科。与个体发育（ontogeny）相对应的另一名词是系统发育（phylogeny）。系统发育也称为种系发生（phylogenetic development），是指生物种族的发展史；它可以指整个生物界的演变和发展的历史，即生命在地球上起源以及演变至今的整个进化过程；也可以指一个类群（如各个科、属、种）的产生和发展的历史。系统发育是由无数次的个体发育所形成，如果没有个体发育，也就没有系统发育；另一方面，系统发育是一个进化的过程，而这一过程，一定要反映在个体发育之中，所以通过个体发育或者胚胎发育的研究，能为生物的系统发育提供许多有力的例证。

胚胎学的研究表明，动物胚胎发育过程中有着许多共同的特点：① 所有高等动物的胚胎发育都是从一个受精卵开始的，而且其个体发育都有一定的阶段性。例如，青蛙的胚胎发育，从受精卵到囊胚，到原肠胚，形成蝌蚪变成青蛙，不仅形态上发生许多变化，同时生理方面也发生着深刻的改变，尤其是要求条件的改变，由水中生活逐渐适应于水陆两栖生活。所有这些变化，都标志着动物界发展的阶段性，说明高等动物统一起源于低等的单细胞生物，是一个由简单向复杂方面发展的渐进过程，由蝌蚪到成蛙的个体发育过程反映了两栖类在系统发育过程中由水栖到陆栖类型的过渡。② 在胚胎发育过程中，性状的出现有一定的顺序性。首先出现的是门的性状（各种脊椎动物共同的），以后顺次地出现纲、目、科、属、种的性状，最后出现个体的性状。冯贝尔（K. E. von Baer，1792—1876）通过比较多种脊椎动物的胚胎发育，发现脊椎动物的早期胚胎具有如下共同特征，即在一组动物中，属于所有动物共有的结构总是比用于区分不同动物种类的特征结构优先发生，该规律被称为冯贝尔法则。例如，所有脊椎动物具有的结构，即脑、脊髓、脊索、体节、主动脉弓等都优先发生；而不同纲的特征结构如四肢、羽毛、毛发则后发生。因而，鱼类、两栖类、爬行类、鸟类及哺乳类的原肠胚及神经胚之后的早期胚胎都很相似。早期胚胎发育的共同阶段称为种系特征性发育阶段（phylotypic stage）。随着胚胎进一步发育，它们走向各自不同的发育途径，胚胎开始依次具有各纲、目、属的特征，最终具有种和个体的特征，即“胚胎的性状分歧”。这种性状分化的顺序性反映了生物的演化过程，标志着它们的系统发育和相互之间的亲缘关系。③ 在胚胎发育过程中，高等动物胚胎发育会经历低等动物的胚胎发育的阶段。这种现象再一次说明了高等动物与低等动物之间的亲缘关系。

德国学者海克尔（E. Haeckel）1866 年提出了重演律（recapitulation law），即生物发生律（biogenetic law），“生物发展史可分为两个相互密切联系的部分，即个体发育（ontogeny）和系统发育（phylogeny），也就是个体的发育历史和由同一起源所产生的生物群的发展历史。个体发育史是系统发育史的简单而迅速的重演。”重演律指出，通过个体发育史可以反映出系统发育史，生物的胚胎发育过程重演了该种生物的进化历程。重演律从胚胎发育方面为生物进化提供了有力的证据，在生物进化研究中具有重大意义。研究表明，重演现象可以表现在形态结构、生理机能或生活习性上，是生物界的普遍规律。

在形态结构方面，例如所有脊索动物，无论是水生还是陆生的，在胚胎发育期间，都有鳃裂。鳃裂在水生脊椎动物后来成为呼吸器官的一部分；对于陆生脊椎动物来说，鳃裂的出现似乎是无意义的，但如果从重演律的观点来看，胚胎期鳃裂的出现证明了陆生脊椎动物在它们的进化历程中，曾经历过鱼的阶段（图 5－3）。

从生理机能方面，例如从鸡胚发育过程含氮废物的排泄情况可以看到生理上的重演现象。鸡在胚胎发育早期（约 4 d）排泄氨，与鱼类的排泄物相似；稍后（6～8 d）以排尿素为主，很像两栖类；最后（10 d 以后）才与鸟类一样排泄尿酸。

重演现象也可以表现在动物的行为习性方面。例如常见的河蟹（*Eriocheir sinensis*），它的一生有很长一段时间在淡水生活，但成熟的蟹每年要到江、湖、河口附近的浅海中去产卵生殖，孵化出的幼体也在浅海中生活，直到长成幼蟹，才又返回江河。这种行为习性表明，河蟹的祖先原来是在海里生活的，后来才转到江河中生活。因此，这种个体发育的重演现象同样反映出它们祖先的发展历史。

个体发育的重演现象除了可以反映出该种生物的进化历程以外，还可以用来衡量不同生物之间的亲缘关系。亲缘关系越近的生物，在它们胚胎发育过程中相似的阶段越长；而亲缘关系越远的生物，则相似的阶段越短。

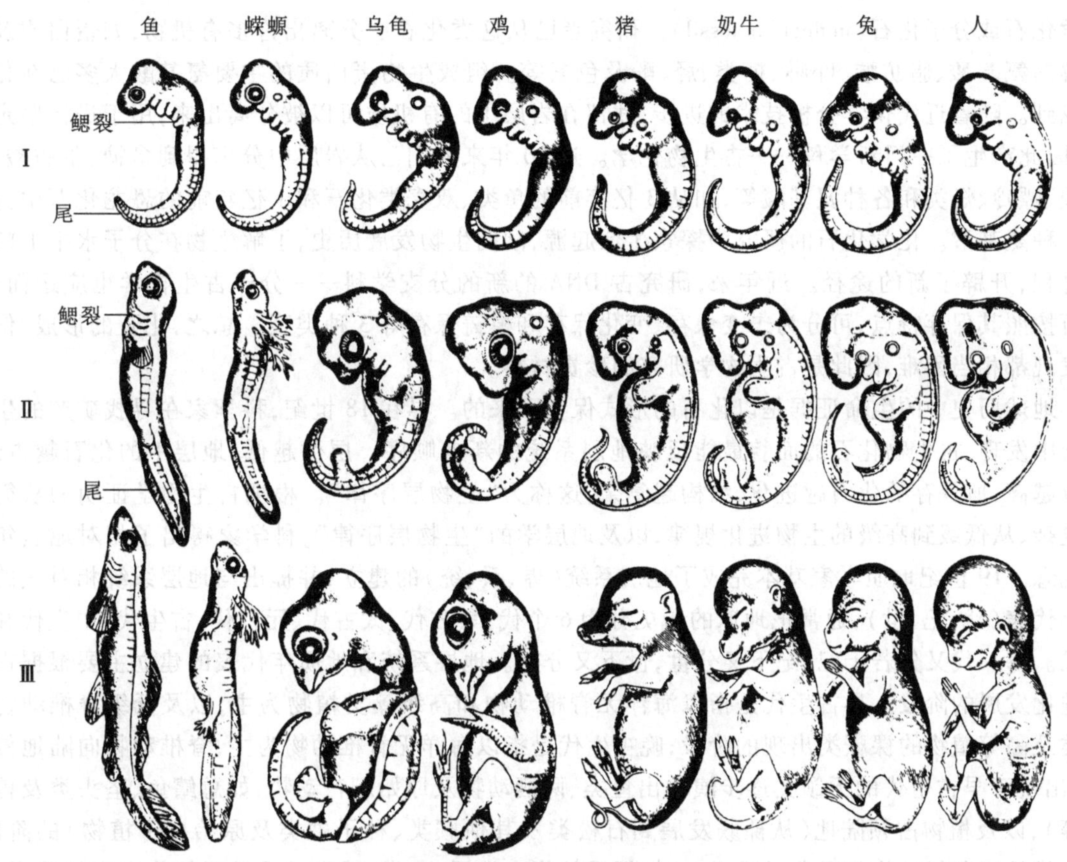

图 5-3　不同脊椎动物胚胎发育过程的比较
（阶段Ⅰ、Ⅱ各种胚胎都有鳃弓）

三、古生物学例证

古生物学是研究各地质时期不同地层中的古代生物遗体与遗迹的科学。古生物学研究有助于说明古生物与地貌、地质年代、气候和环境变迁的关系，因此，对进化论研究具有重要的意义。

古生物学的具体研究对象是化石。化石（fossil）是保存在地层中的古代生物的遗体、遗迹和生命有机成分的残余物。化石通常分为3类：实体化石（body fossil）、遗迹化石（trace fossil）、化学化石（chemical fossil 或 chemofossil）。实体化石最常见，代表生物遗体或其中一部分。遗迹化石通常是指古代生物生活时留下的活动痕迹。遗迹化石很少与实体化石同时发现。常见的遗迹化石有动物在软底质上行走时所留下的足迹（track）、低等动物移动时在底质中留下的遗迹（trail）、生物在硬底质中钻蚀的栖孔（boring）、在软底质表面或内部挖掘的潜穴（burrow）等。此外，遗迹化石还包括粪化石（coprolite）、粪粒（fecal pellet）、蛋、珍珠（双壳纲分泌的）和生物代谢及生殖的产物，以及古人类使用的石器等。古代生物的遗体有些因腐烂分解而消失，但组成生物体的一些残留有机物分子，可在化石中或掺入沉积物中而获得保存。这些保存在岩石中的有机物分子，构成了第三类化石，即化学化石或分子化石(molecular fossil)。研究者已从这类化石中分离出许多有机物,如蛋白质及其分解的氨基酸、脂肪酸、卟啉、糖类、烃、酚及色素等。组成生物蛋白质的主要氨基酸大多已在化石中找到。随着近代化学分析技术的进步,残留在岩层中的有机质可以被分离出来,用于进行鉴定研究,因此产生了一门新学科——古生物化学。近20年来人们已从岩层中分离得到多糖、脂肪酸、核苷酸、嘌呤、烃类和各种氨基酸等,如从3亿年前的鱼类、双壳类化石和1亿年前的恐龙化石中分析出7种氨基酸。化学化石的研究为探索生命起源,阐明生物发展历史,了解生物在分子水平上的进化过程,开辟了新的途径。近年来,研究古DNA的新的分支学科——分子古生物学也应运而生。化石按照其保存特点,可分为未变保存、变化保存和模铸保存等3种类型。总之,化石的形成、保存和发现都相当困难,因此是古生物学研究的珍贵材料。

地球历史中的生命证据是以化石的形式保存下来的。早在18世纪,科学家在寻找矿产的生产活动中发现,古生物化石的面貌最能反映地层系统的新老顺序。层位越低,地层中的化石越古老;层位越高,所保存的化石越进化,结构越复杂,这称为“生物层序律”。根据古生物学证明的从简单到复杂、从低级到高级的生物进化规律,以及地层学的“生物层序律”,科学家得出了相对地质年代的概念。19世纪地质学家基本完成了地层系统(界、系、统)的建立,并提出与地层系统相对应的地质年代表(代、纪、世),通常把地球的历史分为6个代:冥古代、太古代、元古代、古生代、中生代和新生代。每一代又分若干纪,纪下又分世,世下又分期。地层系统和地质年代表的建立主要根据古生物进化发展的阶段。早古生代是指以海洋无脊椎动物和高级藻类植物为主,以及低级脊椎动物无颌类及高等植物的裸蕨类出现的阶段;晚古生代是指以海洋无脊椎动物为主,脊椎动物向陆地侵入(从出现于早古生代的无颌类逐步演化出鱼类、两栖动物及原始爬行动物,如总鳍鱼、坚头类及兽形类等),以及植物占领陆地(从裸蕨发展到石松类及其他蕨类、种子蕨类及原始裸子植物)的阶段;中生代是指爬行动物的恐龙类盛极一时,裸子植物大发展,鸟类、哺乳类及被子植物出现的阶段;新生代指哺乳类和被子植物大发展的阶段,人类出现于新生代末期。近年来,地质学的证据表明地球和太阳系在46亿年前开始形成,地球表面在40亿~38亿年前才逐渐固结成不稳定、不连续的地壳。从46亿年前至38亿年前间为地球的化学进化阶段,有学者称为冥古代(Haden)。前寒武地层中过去很少发现化石,因而按岩层变质程度划分为太古界和元古界。与之对应的相对地质年代称为太古代和元古代。从古生代开始,有了国际公认的统一的纪,纪以下分世,世以下分期,如早寒武世梅树村期、奥陶世五峰期等。一般说来,代是用动物或植物的某些纲或目的演化阶段进行划分的,如节肢动物门的三叶虫纲,棘皮动物门的海蕾纲等均限于古生代。纪是用动物的某些科或属以及植物的科、属或种出现或绝灭来划分的,世是根据动物的亚科或属以及植物属、种划分的,期的划分一般用化石带(表5-2)。

古生物学不仅从大的类群方面证明了生物的进化,而且在物种进化方面也都提供了许多具体的证据。在这方面研究得比较清楚的有马、象和骆驼等。

关于马的进化要回溯到大约6 000万年前始新世的北美洲地区。马的整个进化过程存在着广泛的适应辐射,具有大量的进化分支,而大多数的分支现在已经绝灭了。在马的进化过程中,3个方面的形态特点的变异是较为重要的,即体型增高、变大;趾数减少,中趾加强,侧趾退化;口齿由低冠变为高冠,齿面加大,齿面构造复杂化(图5-4)。

表 5－2　地质年代与生物演化简表

地质年代			同位素年龄/Ma	生物演化阶段
新生代	第四纪	全新世	0.01	
新生代	第四纪	更新世	2	智人出现
新生代	晚第三纪	上新世	5.2	人类祖先出现
新生代	晚第三纪	中新世	23	近代哺乳类出现
新生代	早第三纪	渐新世	35	哺乳类、鸟类适应辐射,各种祖先类型出现
新生代	早第三纪	始新世	57	
新生代	早第三纪	古新世	65	被子植物出现
中生代	白垩纪		146	鸟类出现
中生代	侏罗纪		208	恐龙时代开始
中生代	三叠纪		245	龟鳖类、鱼龙出现 似哺乳爬行类、裸子植物出现
晚古生代	二叠纪		290	两栖类开始繁盛,种子蕨出现
晚古生代	石炭纪		363	鱼类、节蕨、石松、真蕨植物出现
晚古生代	泥盆纪		409	维管植物、裸蕨出现
早古生代	志留纪		439	有胚植物苔藓类出现
早古生代	奥陶纪		510	
早古生代	寒武纪		540	硬壳动物,寒武纪生物大爆发
元古代	晚	震旦纪	850	埃迪卡拉生物群,无硬壳
元古代	晚		1 000	高级藻类出现
元古代	中		1 600	真核生物出现(绿藻)
元古代	早		2 500	
太古代			3 800	原核生物出现(菌类及蓝藻)
冥古代			4 600	生命现象开始出现

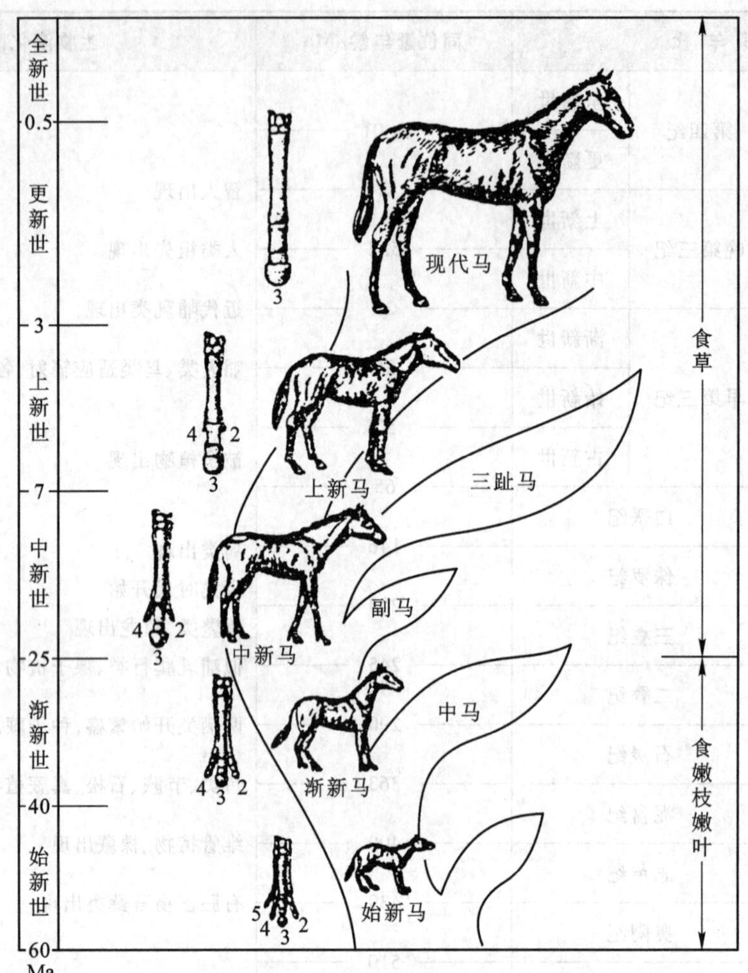

图 5-4 马科的演化(Hickman C P, *et al*, 1989)

示部分演化系由食嫩枝嫩叶过渡至食草及前肢的演化

马的系统发生的最早成员被认为是始马(*Hyracotherium*),又名始祖马(*Eohippus*),外形像啮齿动物,体型如小狗,前足 4 趾,后足 3 趾。身体主要重量靠肉垫支撑,从而很好地适应于在北美洲炎热的松软地上行走。齿冠低,齿根长,专门用于吃灌木的嫩叶。由于中北美洲的炎热环境后来被宽阔的草原所取代,马的足逐渐地发展成更适应在干的草地上疾走,齿发展成适于吃草的磨齿。渐新马(*Mesohippus*)开始了这种转变,它们在渐新世是很繁盛的。渐新马虽仍然吃嫩叶,但比始祖马更大且每足各具 3 趾。中趾比其他趾更发达。从发现的无数化石证据可知渐新马当时在北美洲是一种相当普遍并在适应环境上取得成功的动物。

渐新马引申出好几个谱系,其中之一为中新马(*Merychippus*),是现代马的直接祖先。中新马生活于中新世,距今大约 2 500 万年,由于地球上的气候越来越干冷,大草原逐渐伸展于整个地球。中新马的齿冠高,具有可磨草的复杂的褶皱,这种发展使其有可能完全转向草食。中新马仍然具有 3 趾,但侧趾高于地面,致使身体重量靠中趾支撑。

上新马(*Pliohippus*)是中新马的后裔,一直存留至更新世,距今大约200万年。上新马失去侧趾(但赘骨保留着,证明它们先前是存在的),变成单趾马,发展成马属(*Equus*),即现代马,大约有60个驯化品种,并发展成斑马和驴。在更新世冰期中,马属由北美洲向欧亚大陆、非洲及南美洲传播。更新世末期,马在南、北美洲灭绝,其灭绝原因并不清楚。但是马仍然生存于欧洲和亚洲,后来从欧洲重新引入美洲。

马的进化与气候及其栖息地生态改变紧密联系,是生态环境改变为进化提供适应良机的典型例子。随着栖息地的改变,马也相应发生改变。由吃有汁的嫩叶变成吃草,身体尺度及足的构造的进化有助于快速地奔腾于坚硬的大草原上。

古生物学研究有力地证实了生物的进化,并从几个方面反映了生物界进化的主要特点:① 生物进化的总趋势是从低等到高等,从简单到复杂,从水生到陆生。② 生物的进化与自然条件的改变是分不开的。生物类群的相互更替,某些类群和物种的出现、繁盛或灭绝,都是与外界条件密切相关的。③ 在生物类群和物种的进化过程中,都有许多中间的过渡类型联结着。例如,最初的哺乳类和鸟类,与爬行类相似;从始马到现代马,其中也具有许多过渡类型。

但是随着古生物学研究实例的不断增加,已经从不同地质年代发现不同于上述结论的动物群化石:

(1) 埃迪卡拉“动物群”(Ediacaran “fauna”)化石,最早由比林斯(Billings)在1872年发现于加拿大纽芬兰,名称的由来则是因为由斯普里格(Sprigg)在1947年发现于澳大利亚中南部埃迪卡拉地区(Ediacara)庞德石英岩(Pound Quatzite)中。世界各地发现的埃迪卡拉“动物群”的层位均介于晚元古代末期冰碛层之上,我国陕西的宁强以及黑龙江的鸡西都有发现。这些化石都是一些软躯体的印痕。埃迪卡拉动物群包含3个门、19个属、24种低等无脊椎动物,即腔肠动物门、环节动物门和节肢动物门,其中水母有7属9种,水螅纲有3属3种,海鳃目(珊瑚纲)有3属3种,钵水母2属2种,多毛类环虫2属5种,节肢动物2属2种。

2004年5月13日国际地层委员会(International Commission on Stratigraphy, ICS)和国际地质科学联合会(International Union of Geological Science)正式宣布,将埃迪卡拉世提升为一个纪,与寒武纪、侏罗纪、白垩纪同一个级别,明确寒武纪之前的纪为埃迪卡拉纪(Ediacaran Period),时间从6亿年前到5.44亿年前(具体期限仍有待于细化,最宽泛的时间界限可能为6.2亿年前到5.42亿年前)。

关于埃迪卡拉“动物群”的性质,目前主要有两种相互矛盾的解释。格拉斯纳(Glaessner)学派认为,尽管埃迪卡拉“动物群”化石很独特,但是它与寒武纪开始后出现的化石类型,甚至还有一些现生的种类,显然是有联系的,这些化石大部分可以归入现存门类。其中,腔肠动物刺细胞动物门占大多数(67%),其他主要为体腔动物,包括环节动物门中的多毛类(25%)和节肢动物门的代表(5%)。塞拉赫(Seilacher)学派认为,埃迪卡拉“动物群”不是自寒武纪后生动物分异大爆炸以来所出现的各种主要形体结构的先驱,相反地,埃迪卡拉“动物群”所代表的是一场广泛的、但是最终失败了的生物试验,因此,埃迪卡拉“动物群”不能按现代生物学的模式来解释的。塞拉赫学派将埃迪卡拉“动物群”视为一个奇异的生物类群,即文德动物门(Vendozoa),由此看来,文德动物门代表了一个随着巨噬捕食动物(macrophagous predator)的出现而失败了的演化尝试。但塞拉赫学派也认为,埃迪卡拉“动物群”中并非没有真正的后生动物,但不是由印痕化石,而是由遗迹化石所代表的。

(2) “寒武纪大爆炸”(Cambrian explosion)。寒武纪是古生代的第一个纪,开始大约是在距今5.44亿年前,结束大约是在距今5.05亿年前,持续时间为3 900万年。最新的科学研究表明地球上最早的生命的时代与地球上最早的沉积岩的年龄相同，大约为38亿年，即从太古代一开始就有生命存在了。推测最早的生命是在难以想象的恶劣条件下形成的。但是从38亿年前到6亿年前，在长达32亿年期间生命的演化十分缓慢。最早的原核生物可能出现在35亿年前，最早的真核生物可能出现在20亿年前，但直到埃迪卡拉“动物群”出现以前，地球上生存的几乎都是简单的单细胞生物。埃迪卡拉“动物群”出现在晚元古代末的文德期。但从5.6亿年前埃迪卡拉“动物群”的消失至寒武纪开始5.44亿年之前的1 600万年期间都没有多细胞生物的化石记录，表明这一期间可能是埃迪卡拉“动物群”集群绝灭的时期。而从寒武纪开始，突然出现大量多样性很高的多细胞动物，其面貌与埃迪卡拉动物群迥然不同，学者们把这个现象称为“寒武纪大爆炸”。早在140年前，达尔文已注意到这个现象。但是，科学家们普遍关注“寒武纪大爆炸”还是最近20年左右的事。这是因为，前寒武系－寒武系界线附近的小壳化石在世界各地被普遍发现。布尔吉斯页岩型化石宝库（Burgess-type fossil Lagerstätte）在北美大陆和中国又有8处发现，其中，我国云南早寒武世澄江生物群的发现震惊了国内外科学界。

澄江生物群产于早寒武世玉案山组中的帽天山泥岩段，玉案山组相当于阿特达伯阶（Atdabanian）。阿特达伯阶的时限是527.5 Ma（百万年）前至525 Ma前，比中寒武世布尔吉斯页岩动物群早1 000多万年。澄江生物群包括藻类、叶足类、纤毛环超门类群（包括软舌螺类、水母状动物、帚虫类、腕足类）、环节动物类、节肢动物类以及脊索动物群等。

澄江生物群生物化石的发现为生命进化研究提供了一个实例，证实生命进化在38亿年的漫长过程中，确实在寒武纪数千万年的短暂时间内突然激增大量生物种类，包括大部分现在仍然存在和已经灭绝的生物门类（含脊索动物），即“寒武纪大爆炸”，说明生命进化过程中确实存在着速变式进化（tachytelic evolution）形式。可见，生命进化不仅在地球历史中的大多数时期存在着达尔文所提出的自然选择作用下的长期和连续的渐（缓）变式进化（bradytelic evolution），而且在地球历史中的一些时期也存在着由于变异的选择和积累而产生的短暂的速变式进化或跳跃式进化（saltatory evolution），即大突变（macromutation）。

澄江生物群与达尔文的进化论

关于“寒武纪大爆炸”的成因，学者们提出了收成原理说、含氧量上升说、发育调控机制说、广义演化论等许多假说加以解释，但目前仍无定论。

四、生理和生化例证

生理学的研究同样可为生物进化提供证据，特别是比较生理学研究，能够确定生物之间亲缘关系的远近程度。

生理学证明生物进化的经典实验就是血清（serum）鉴别法：把某种动物血液的血清注射到另一种动物的血液里，被注射动物便产生一种抗体（antibody），从而减弱异种血清的有害影响。用这种具有抗体的血液制成的血清，叫抗血清。在这种定量的抗血清上加上另一些不同种动物的一定比例的血清，液体中就会发生沉淀现象。如果所取血清和抗血清的两个动物的亲缘关系越亲近，沉淀就越多；反之，则越少。因此，根据沉淀的多少，可以确定不同动物亲缘关系的远近。例如，沉淀牛血的血清，同样也可以沉淀绵羊、山羊、猪、狗、马和人的血清，但有强弱之分：对牛的最强，对于绵羊、山羊的次之，对于猪、狗、马和人的反应，更次之。由此说明，牛和羊的亲缘关系较近，与猪、狗、马等动物的亲缘关系较远。沉淀人血的血清也是一样，对于高等猿类（如猩猩等）的血清的反应很强，对低等猴类的血清，反应极弱，说明人与猿具有较近的亲缘关系。

生物化学方面的研究也能反映出生物的系统发展。生化分析表明，构成一切生物体的元素，基本上是一致的；构成生物体蛋白质的氨基酸均属 L 型氨基酸；生物所具有的遗传物质——核酸的结构也极为相似。这些都证明了生物是起源自共同祖先。从不同物种的蛋白质结构的分析，可以看出它们的亲缘关系。例如，对不同物种的胰岛素（insulin）结构进行分析，胰岛素是由两条多肽链组成的，其中 B 链的氨基酸是一致的；而 A 链中有一部分氨基酸在以下几种动物中是有差别的：

……胱——丙——丝——缬……（黄牛）

……胱——苏——丝——异亮……（猪）

……胱——丙——甘——缬……（绵羊）

……胱——苏——甘——异亮……（马）

……胱——苏——丝——异亮……（鲸）

以上几种动物胰岛素 A 链氨基酸差异的分析结果说明：黄牛和绵羊的亲缘关系是相近的；而鲸、马、猪等也具有较近的亲缘关系，这说明鲸的祖先是一种陆生哺乳动物。在利用蛋白质的结构来证明生物进化方面，除了胰岛素以外，研究得比较多得还有细胞色素 c（cytochrome c）和血红蛋白。已有不少研究根据各类生物在细胞色素 c 氨基酸组成上的差异程度，推断生物之间的亲缘关系，从而得出反映生物进化的细胞色素 c 系统树，这种进化系统树和根据形态及其他特征所绘成的系统树基本符合。

五、分子生物学例证

随着生物学研究技术的发展，开创了进化的分子水平研究层次。20 世纪后半期，不同物种、基因和全基因组的比较研究已经广泛开展；21 世纪以来，生物全基因测序研究已经十分普遍。随着分子生物学研究的逐步深入，促进了进化生物学的研究方法和概念的重大变化，其研究成果为生物进化提供了更加直接的证据，与此同时也提出了许多新问题。

通常认为，简单低等的生物 DNA 含量少，而复杂高等的生物 DNA 含量多，因为后者需要较多的基因传递信息；种间亲缘关系越近则其核苷酸差异就越小（表 5－3）。截至今日，对比已测量出的数以百计的生物基因组数据发现，原核生物（病毒和细菌）的基因组 DNA 含量的确比真核生物少很多；但是，在不同真核生物种类当中，基因组大小与生物组织复杂高等程度之间并没有成正比联系（图 5－5）。比如人和小鼠和基因组大小约为 3 Gb（1 Gb 为 10 亿个碱基对），但是两栖动物有尾类蝾螈的基因组大小高达 50 Gb，甚至不同蝾螈之间的 DNA 含量差异达到 10 倍。进一步的研究发现真核生物基因组中含有众多不携带信息的、高度重复的 DNA，它们在各物种间的变化巨大。因此，近年来的基因组研究开始对功能基因的数量进行比较而不是仅仅比较 DNA 的大小。新研究结果显示，有组织结构的生物（多细胞动物和植物）比没有组织结构的单细胞生物有更多的基因，但在有组织结构的多细胞动植物群体中，基因数量的多少与生物的现生演化地位却没有关联，如人类基因数量只有小型甲壳动物水蚤的三分之二，只有水稻的二分之一还弱。目前，令人迷惑的基因组大小的演化规律正在通过研究逐步得以阐明，如对同一类群生物中基因组大小差异的比较发现，有可能是共生或寄生的生活方式导致选择压力的松弛从而导致其某些功能基因的大量丢失，所以同一

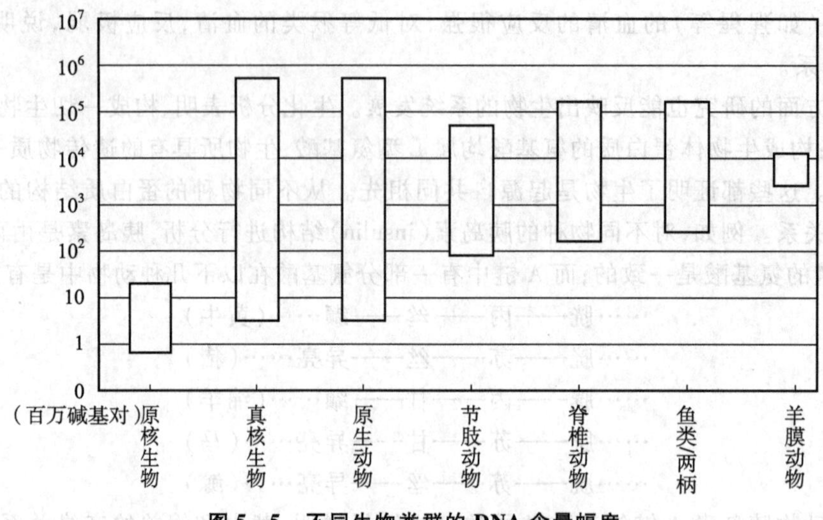

图 5－5　不同生物类群的 DNA 含量幅度

类群中自由生活的种类基因组的数量要远远高于那些共生或寄生生活的种类。今后，随着研究的不断深入，不同生物基因组的转录、调控及表观遗传活动将逐步得到揭示，分子生物学研究成果有望更全面及深入地揭示生物演化之奥秘。

表 5－3　人与其他灵长类的核苷酸差异

用于 DNA 比较的种类	核苷酸差异（%）
人——黑猩猩	1.6
人——长臂猿	5.1
人——青猴	9.0
人——猕猴	9.3
人——卷尾猴	15.8
人——狐猴	42.0

不同物种的同源基因序列，无论是所编码的蛋白质的氨基酸序列还是直接的核苷酸序列都表明，有些 DNA 序列比别的序列进化速度快。像前胰岛素原被加工成胰岛素时，被剪切的 C 肽这类无功能或近乎无功能的序列，其进化速度比有功能约束的蛋白质快。在密码子中同义的变化积累快于引起氨基酸置换变化的积累。还有，内含子中的碱基对的趋异进化速率大于外显子中的碱基对。有些序列在很长时期内是保守的，例如同源异型框等，实验证明这些部位的功能是十分保守的。

第三节　物种起源

一、生命的起源

生命起源应当追溯至与生命有关的元素及其化学分子的起源。因而生物起源的过程应当从宇宙形成之初，通过“大爆炸”(big bang)产生碳、氢、氧、氮、硫、磷等构成生命的主要元素之时谈起。因此，生命的起源和演化是和宇宙的起源与演化密切关联的。生命构成元素如碳、氢、氧、氮、硫、磷等是来自“大爆炸”后元素的演化，接着在地球表面的一定条件下产生了多肽、多聚核苷酸等生物大分子。通过若干前生物系统的过渡形式最终在地球上生成了最原始的生物系统，即具有原始细胞结构的生命。至此，生物学的演化开始。迄今，地球上产生了无数复杂的生命形式(图 5-6)。

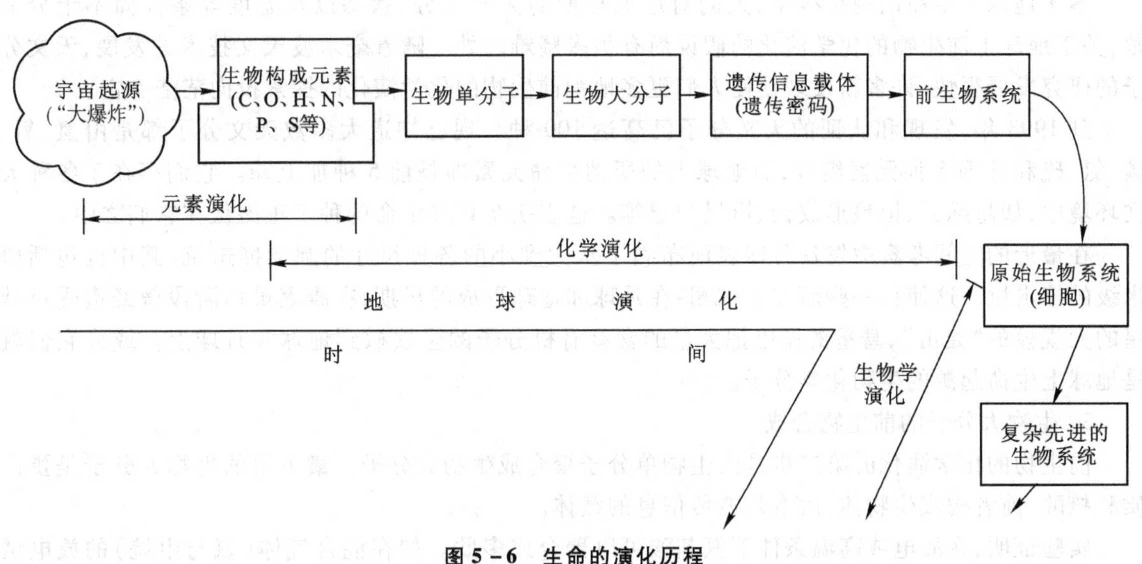

图 5-6 生命的演化历程

(一) 前生物的化学演化

前生物的化学演化是指最简单的生命(有细胞结构的原始生命)出现之前的演化过程。

前生物的化学演化主要涉及化学过程，包括：① 简单的生物单分子的形成，例如氨基酸、嘌呤、嘧啶、单核苷酸、ATP 等高能化合物、脂肪酸、卟啉等的非生物合成；② 由生物单分子聚合为生物大分子(多聚化合物)，如由氨基酸聚合为多肽或蛋白质，由单核苷酸聚合为多核苷酸。关于前生物的化学演化究竟是发生在地球上或宇宙空间的问题，主要有以下两种假说：

1. 地球是生命的发源地，前生物的化学演化发生在地球的大气圈中

在地球与其他的类地行星分离并形成一个独立的球体时，温度缓慢冷却。一个原始的地壳形成，这发生在大约 38 亿年前，地球表面布满了小湖泊、水池和水洼，混合着火山灰。当时火山活动频繁，大气中充满着各种气体：氮、一氧化碳、水蒸气、氢等。太阳紫外线辐射强烈，闪电、宇宙射线等提供了各种形式的能量。在这种情况下，地球上各种气体成分必定发生各种化学反应。平衡条件不同，反应的方向也不同，如果假定当时大气圈是含有大量氢的高度还原性条件，则大气中的氮或一氧化碳与氢反应，生成大量的甲烷和氨：

$$CO + 3H_2 \longrightarrow CH_4 + H_2O$$

$$N_2 + 3H_2 \longrightarrow 2NH_3$$

上述反应正是尤里(Urey)和米勒(Miller)于 1953 年所做的放电试验模拟的原始大气的组成，即由 CH_4、NH_3、H_2、H_2O 组成。通过在这些气体中放电，合成了一系列氨基酸和其他有机化合物。

由于对真实的早期地球环境条件尚不能下定论,实际情况可能是更加错综复杂的反应系统。

在初始阶段的地球大气圈中所形成的简单低相对分子质量的有机物与地表水体的相互作用,形成含有有机化合物的水溶液。在一些火山活动区域这种有机化合物的水溶液浓度较大。它们最终可能汇集到原始的海洋中。原始的异养生物就诞生在这些溶液中,它们以溶液中的非生物化合物的有机物为营养来源。

2. 前生物的化学演化始于宇宙空间

鉴于地球上生命出现得很早,人们对地球早期的大气成分、状态以及温度等条件尚不十分清楚,关于地球上前生物的化学演化的假说尚有很多疑难之处。随着毫米波天文技术的发展,天文分子的研究发展很快,许多新发现促使人们更多地把前生物的化学演化的探索投向茫茫宇宙。

到 1993 年,发现和认证的天文分子已高达 100 种。现已知道大多数天文分子都是由氢、氧、碳、氮、硫和硅等 6 种元素组成,而地球上的所谓生命元素即是前 5 种加上磷。它们存在于各种天文环境中,如星际云、恒星形成云、恒星包层等。这表明孕育着生命的种子正潜伏在它们之中。

在最近的空间考察中发现月球表面布满了从大到小的各种尺寸的圆形撞击坑,其中也包括微米级的撞击坑。这使得一些研究者推测:在月球和地球形成的早期,在凝聚最后阶段曾经遭受过彗星的大规模的"轰击",彗星的尾巴把大量的含有有机分子的尘埃撒到地球和月球上。或许它们就是地球上生命起源的生物化学分子。

3. 生物大分子的前生物合成

前生物的化学演化的第二步是由生物单分子聚合成生物大分子。最重要的生物大分子是蛋白质和核酸,前者构成生物体,后者是遗传信息的载体。

实验证明,在放电或高温条件下氨基酸可以聚合成多肽。如在混合气体(氨与甲烷)的放电试验中,不仅形成了各种氨基酸,而且还得到疑为多肽的粉红色聚合物。多肽的另一种合成途径是用脱水的氰化氢为原料,经脱水的液态氨处理从而发生聚合反应,产物中包含有由 12 个 α-氨基酸残基组成的多肽。这个实验的意义在于证明了在地球早期大气圈中即使没有氨基酸也可以合成多肽。氰化氢在原始大气圈中可能是重要的组成成分。

核酸是由核苷酸聚合而成的大分子,核苷酸由核苷(核糖+碱基)与磷酸构成。由核苷酸聚合为低聚和多聚核苷酸的实验研究在许多国家都取得了很大的进展。涉及前生物的化学演化的关键问题是:实验室的聚合反应的条件在早期地球表面是否存在。

4. 由前生物的化学演化到生物学演化的过渡

最简单的原始生命与最复杂的化学分子之间的差异仍然是巨大的,主要是"组织化"水平的差异。为了填补化学演化与生物学演化之间的鸿沟,学者们提出了许多介于化学分子结构与原始生命之间的过渡形式,如原生体(protobions)、原细胞(protocells)、前生物学系统(prebiological systems)、前生物学生命(prebiological life)等。

最简单的原始生命与最复杂的化学分子之间究竟是如何过渡的,现在仍不得而知,据推测,大体上应当包括以下的主要步骤:① 生物大分子的自我复制系统的建立;② 遗传密码的起源,即蛋白质合成纳入到核酸自我复制系统中;③ 分隔的形成,即通过生物膜使生命结构与外界环境相对地分隔,使生命结构内部不同部分相对地分隔。

对于这种过渡,依据一些模拟实验获得了许多有价值的线索,从而形成了许多假说,都强调分子的自我组织特性,如超循环组织模式和阶梯式过渡模式。

（1）超循环组织模式　由艾格（Eigen）于1971年提出。他认为在化学演化与生物学演化之间存在着一个分子自我组织阶段，通过生物大分子的自我组织建立起超循环组织并过渡到原始的有细胞结构的生命。其中，超循环组织具备原始生命的最基本特征：代谢、遗传和变异，从而能借助选择达到生物学的演化水平。

（2）阶梯式过渡模式　由舒斯特（Schuster）等人在超循环模式的基础上于1983年提出，原始的化学结构经过6个阶梯式步骤最终过渡到原始的细胞。

（二）最古老的原始生命

地球上第一个单细胞原始生命的出现标志着生命演化进入了一个新阶段——生物学演化的阶段。

1. 最早的生命的生存环境

地球上最老的沉积岩有38亿年之久，这表明在38亿年前地球上已有了一个固化的地壳，地表有许多小的稳定地块，有了液态的水圈，即可能存在类似湖或海的水体。生命生存的条件已经具备。许多证据表明当时的地球环境与现今的有着显著的差异：多方面的证据，如硫同位素比值、条带状铁建造的广泛分布、不存在同期的氧化沉积矿物等，表明当时的大气圈是缺氧的甚至是完全无氧的。由于没有臭氧层的保护，地球表面接受着强烈的源自太阳的紫外线辐射。地表的火山活动和岩浆活动也比现今的地球广泛且强烈得多，陨石撞击频繁，地表的温度可能比今天的地表温度高得多。来自地球化学的证据表明，太古宙早期的地表存在着热的、甚至是沸腾的海洋。

2. 最古老的原始生命及其代谢方式

自从奥巴林提出团聚体模式以来，学者们曾普遍认为最早的生命是厌氧异养的、以非生物合成的有机物为营养的菌类。因此，现生的极端嗜热的古细菌和甲烷菌可能最接近于地球最古老的生命形式。最原始的代谢方式可能是化学无机自养的，以CO_2为唯一的碳源进行硫呼吸。而最早的生命可能产生于水热环境，如水热喷口、温泉，那里往往温度很高，有大量的硫、硫化物、氢、甲烷和二氧化碳等为最早的生命进行硫呼吸所必需的元素。

现今生存的最原始的光合自养生物是光合细菌和蓝藻。其中，光合细菌是严格厌氧的生物，利用光系统Ⅰ行不释氧的光合作用，即以CO_2为碳源，以氢或H_2S为还原剂，利用太阳光能合成有机物，在合成过程中不需要氧。因此，最早、最原始的光合生物可能是光合细菌。

3. 原始生命的古生物证据

最古老的生命存在的间接证据是格陵兰岛西部伊苏阿沉积中的条带状铁建造（BIF）和稳定碳同位素$\delta^{13}C$的负值。条带状铁建造是一种韵律性的氧化铁和硅质微条带的交互沉积，这种沉积需要用氧的周期性供给或者铁与氧的交互供给来解释。由于铁的沉积规模之大，必需假定铁的搬运是通过水，即以二价铁的形式溶解于水中，当有氧供应时就沉积下来。克劳德（Cloud）1972、1976年提出了一个解释，即氧的供应是由厌氧的、释氧的光合微生物提供的。这种微生物在行光合作用时释放出氧，而其本身是厌氧的，以其自身必需的二价铁作为氧的接受者而存在。如果这证据成立，则可推论38亿年前地球上已经出现了行释氧的光合作用的微生物了。稳定碳同位素组成中，轻碳相对富集也是光合作用的间接证据。但反对的意见认为条带状铁建造形成所需的氧可以由大气中的水分子的光分解提供，而轻碳同位素可能来自碳酸盐的热分解。

关于古老生命的化石证据曾有若干报道。其中，35亿年前澳大利亚西部瓦拉伍那（Warrawoona）群中的微生物化石在形态结构上比较完整，某些丝状体显示出清楚的横壁，直径达9.5 μm。但目前难于确定它们究竟是蓝藻还是细菌（图5-7）。

总之,尽管38亿年前地球上可能已经出现了行释氧的光合作用的微生物,但比较可信的早期生命的证据还是澳大利亚太古宙35亿年前的瓦拉伍那群的微生物化石。

（三）原核细胞到真核细胞的演化

经过前生物的化学演化阶段,接着又通过若干前生物系统的发展,最终在地球上产生了具有原始结构的生命,最原始的生物系统。至此,生物学演化开始,直到在地球上产生了无数复杂的生命形式。其中,细菌和蓝藻这类结构比较简单的细胞称为原核细胞。其他生物比较复杂的具有真正细胞核、并具有双层膜或多层膜构成的细胞器的细胞类型称为真核细胞。原核细胞和真核细胞的差异还表现在生殖方式、细胞壁结构、运动、生理及能量代谢方式等方面。从原核细胞过渡到真核细胞是生物学演化的关键阶段,关于过渡的方式,目前主要有两种假说:

1. 直接渐进式的演化

不少学者认为真核生物是通过遗传变异和自然选择逐步地由原核生物演化而来(图5-8)。关于直接演化的中心问题有两个:① 是否存在某些中间类型。② 能否合理地解释细胞核和有膜界的细胞器的起源。

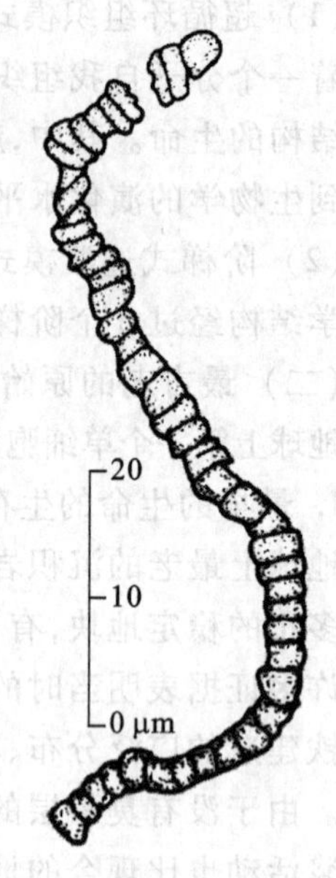

图5-7 35亿年前的最古老的生命化石示意图
(Freeman S, *et al*, 1998)

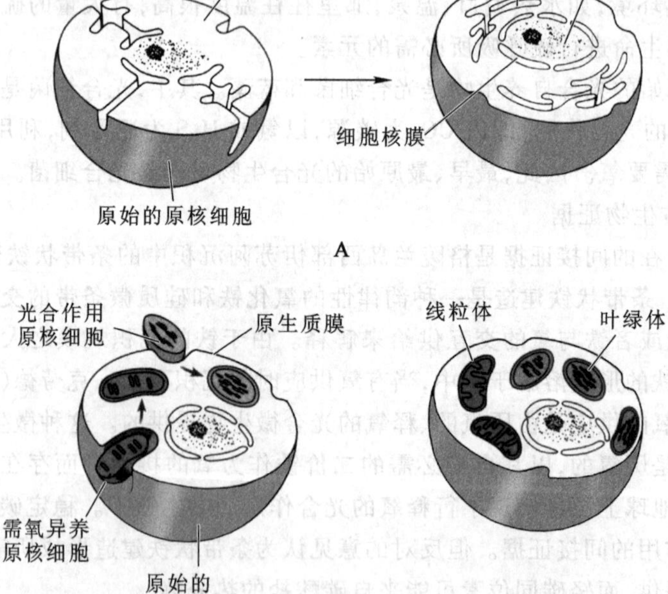

图5-8 原核细胞到真核细胞的演化示意图(Campbell N A, *et al*, 1997)

A. 直接渐进式的演化示意图(示通过原生质膜的折叠而产生内质网和核膜) B. 细胞内共生说示意图

直接演化的最大难点在于解释真核细胞内有双层膜界的核和细胞器的起源问题。目前对细胞核和细胞器如何从细胞内分化出来还没有令人满意的解释。

卡瓦列和史密斯(1978 年)用吞噬作用(phagocytosis)或内胞形成(endocytosis)演化和细胞间隔作用(compartmentation)的发展来解释细胞核和细胞器的产生。最近也有学者提出膜进化理论,即用膜分化导致代谢分隔来做出解释。

2. 细胞内共生说

尽管直接演化说尽可能用更多的中间类型和演化的中间步骤来填平原核与真核之间的鸿沟,但仍然不能描绘出一幅连续演化的过程来,特别是不能解释某些众所周知的事实,内共生说(endosymbiotic theory)就应运而生了。细胞内共生说认为,真核细胞是通过若干不同种类的原核细胞生物结合共生而造成的,这些共生的原核生物与宿主细胞建立了紧密的相互依存的关系,同时在复制和遗传上建立了统一协调的体系,这样的共生的组合就成为真核生物的祖先(图 5-8)。内共生说由希梅普(A. W. Schimper)最早提出,他在 1883 年发现绿藻和高等植物的叶绿体能够自行生殖分裂,并发现它们在形态上与自由生活的蓝藻很相似,从而提出质体来自寄生的蓝藻的假说。1910 年,俄国学者梅列晓夫斯基明确提出细胞器来源于细胞内共生。1927 年,沃林进一步明确地推测认为,高等动植物细胞内的线粒体源于共生的细菌,强调了共生在生物演化中的重要作用。20 世纪 60 年代以后,随着细胞超微结构和细胞生物化学研究的进展,使得共生说日益受到重视。自然界中存在的内共生现象也为真核生物内共生起源说提供了某些支持。

美国波士顿大学的马古利斯(Margulis)1981 年收集和整理了内共生说的事实根据,系统地阐明了内共生说的观点:细胞是自我复制的最小单位,只有真核生物细胞才算是最小、最基本的生命单位。真核细胞则是复合的,如线粒体和质体都含有 DNA 和酶,可进行蛋白质合成,但因缺少自我复制所需的一整套成分,所以可被视为不完全的细胞。她的结论是:真核生物起源于若干原核生物的共生,宿主可能是一种异养的、较大的原核生物;线粒体是从内共生的、可进行有氧呼吸的自由生活的细菌发展而成;质体则来自内共生的光合细菌、蓝藻或原绿藻;真核细胞的运动器官,包括微管系列则来自共生的螺旋菌。内共生说的难点在于不能解释细胞核的来源。

目前,直接演化说和细胞内共生说各有一定依据,也都有各自的难点,尚难以下结论。

二、物种形成

(一) 物种的概念

生物物种(biospecies)是指在自然状况下所有潜在地能够相互交配,并能产生可育后代的群体;或者是一群与其他种群在生殖上隔离的繁殖群体或繁殖种群。生殖隔离包括配合前隔离和配合后隔离。配合前隔离如不同物种在繁殖季节、栖息地、繁殖行为等方面的不同导致的交配行为不能自然发生,或者交配行为发生了但配子的不亲和而不能受精。配合后隔离则是产生了合子但杂种不育,如流产、死胎、后代生活力低下、没有繁殖能力,等等。上述定义的不足之处在于它们对于无性生殖类群而言是不适用的。

(二) 物种形成

一个物种内部分异而形成新种的过程,称为物种形成(speciation)。关于物种形成的方式有很多不同的观点,一般认为可以分为以下几种方式:

1. 异域性物种形成(allopatric speciation)

与初始物种由于完全的地理隔离而进化形成新种。地理隔离是产生动物种群之间生殖隔离的最普遍的方式。由于地理分隔而导致基因流完全被切断,被隔离的种群按照各自的途径演变,分异加大,最终出现生殖隔离。该方式又可以分为两类,一类是大范围的地理分隔产生的,如大的水系、山系、峡谷、沙漠等障碍。往往是活动性较强的动物形成新的物种的方式,如猫科、犬科的物种。这种新类型的产生往往是渐进的,称之为渐进式物种形成(gradual speciation)。另一类是小范围的地理分隔产生的,往往是活动性较弱的动物形成新的物种的方式,如啮齿类、翼手类等,由于活动性不强,小的溪流等障碍都会导致群体中少数个体与原种群的分隔,又由于近亲繁殖、遗传偏离等加速其分化,最终形成新的物种。这种形成新类型的方式往往是快速的,称之为量子式物种形成(quantum speciation)。

2. 邻域性物种形成(parapatric speciation)

分布区相邻的两个种群分化形成新种,在邻接地带存在一定的基因交流,但不影响两个种的分化和独立存在。其特点是不需要出现地理隔离,也可完成物种形成过程。这类物种活动能力极弱,包括穴居、土栖生活(如鼹鼠)、无翅不能飞翔的种类(如无翅型蝗虫等),而在选择力量又很强(如出现染色体重组、出现生殖隔离的突变等)的情况下,即使分布区交界处有少量的基因交流,但不妨碍两个类型的独立存在。但也有人对该物种形成方式持有异议,认为其类似于物种异域形成的第二种方式。

3. 同域性物种形成(sympatric speciation)

在祖种的原分布区内,由于生态的分异或其他原因产生强烈分化而形成新的类型的过程称为同域形成。由于缺乏隔离因素阻隔基因的交流,所以现在一般认为一些寄生动物的新类型的产生可能采取该方式。如寄生动物在宿主体上行交配生殖,所以宿主的不同就可能导致其生殖出现隔离,如果寄生动物某一个或几个基因的突变导致寄生虫转换了宿主,与原种群就产生了生殖隔离,进而进一步形成新的类型。在实蝇属(*Rhqgoletis*)等一些寄生昆虫中,有一些实例说明在相对较短的时间内可形成新的寄主类型。

三、高级阶元的形成机制

物种是自然界生物的客观存在,而物种以上的高级分类阶元(界、门、纲、目、科、属)则是人为的分类范畴。生物的进化包括分子进化(molecular evolution)、小进化(microevolution)和大进化(macroevolution)3 个层次。由于突变的结果,DNA 和蛋白质的结构能发生改变,这种改变可能影响其功能并最终产生新的基因和蛋白质,这种进化改变称为分子进化。在短时间内,由于种群基因频率的改变,生物物种或种群(如亚种)所发生的进化改变称为小进化。经过漫长的时间(地质年代,数千年至几百万年),生物类群("属"或更高级的类群)所发生的进化改变则称为大进化。

高级阶元之间存在十分明显的体制上的差异,这些体现在各个系统的差异相互配合协调,适应该类群的生活方式,但如果各个特点分别产生则毫无意义。如鸟纲的适应飞翔的特点体现在外形、皮肤、骨骼、肌肉、消化、呼吸循环、生殖排泄和感觉神经等所有的系统特点上,整体结构一致才能具有飞行能力。因此,Goldschmidt 提出生物进化在高级阶元采取的策略与种下阶元应该有所不同。目前在大进化方面主要有两种学说。

1. 种系渐进论(phyletic gradualism)

这种观点认为,自然选择在大进化中也起主导作用,高级阶元的产生和进化也是渐进的。适应峰学说(adaptation peak)诠释了其过程,其认为整个生物界可以看成不同的峰和谷,每1个峰值代表1种环境,适应1个类群的生活,从峰顶逐渐到谷底,环境逐渐变化,生物的适应价在下降。但一旦超越了谷底到达另一个峰,新的类群就产生了。如鱼类、两栖类位于不同的峰,肺鱼等处于鱼类峰的谷底,也演变了适应谷底的特点,如鳔可以呼吸空气中的氧(称为预适应),当环境变化如水逐渐减少时,大量发生死亡,少数存活的种类由于近亲繁殖、遗传偏离等因素的作用,在新环境下辐射产生了一批新的适应类型,出现两栖类。

2. 飞跃或间断进化学说(punctuated theory)

飞跃进化的观点认为,新的适应性状整体在一起同时发生,是大的突变造就了"有希望的怪物"(hopeful monster)。Goldschmidt 提出始祖鸟的出现就是一次突变的结果。20 世纪 70 年代以来,调节基因对结构基因的作用的发现为该观点提供了支撑,调节基因的细小变化就可能引起生物基本结构的重大改变。古生物学家在研究中提出的间断进化学说也为飞跃进化提供支持。"寒武纪大爆炸"事件中生物种类与数目的骤然增加就是一次飞跃。Gould 等认为,之所以在化石资料中难以找到各大类群的中间状态,即出现间断现象,是因为在历史进程中,代表新类型的形态变化在相对较短的时间形成(是突变而不是渐变的),新类型只在面积较小、局限而多变的地区发生。

四、人类起源与进化

1. 人类在生物分类中的位置

就生物学观点而言,人类是一个生物种,属于哺乳纲灵长目。随着古人类化石的形态学特征及现代人、猿的分子化学研究的进一步深入,对人、猿分类的认识也有了很大的改变:在横向上,人类与现存的类人猿(黑猩猩、大猩猩)同属人亚科;在纵向(时间向度)上,现代人类与若干化石构成人族(图5-9)。

2. 人类的起源及发展

根据现有化石的研究,人族包括3属:地猿(*Ardipithecus*)、南猿(*Australopithecus*)及智人(*Homo*)。

一般认为,智人是由南猿演化来的,并将人类的演化发展分为4个阶段:南猿、能人(*Homo habilis*)、直立人(*Homo erectus*)及智人(*Homo sapiens*)。这4个阶段之间并不是完全的线系进化,其中有些阶段之间的过渡在不同地区参差不齐,例如直立人向早期智人的过渡,在不同地区的演化过程最大相差几十万年,较早的始于50万年前,较迟的约在20万年前。

(1) 南猿 又称南方古猿,以具有粗壮的颌及厚层珐琅质的齿为特征,其他形态上具有猿和人的混合特征,生存的时代为400多万年前至100万年前,主要分布在南非和东非。

(2) 能人 能人为早期猿人,发现于东非,生存时代为250万~160万年前,已能完全直立行走。能人可能是由南猿中的阿法南猿(*Australopithecus afarensis*)进化产生的。古人类从树林到地上生活可能与250万年前东非从湿润森林到较干旱的草原气候环境的转变有关。能人已出现了许多智人的特征,如下颌向后扩展,犬齿及门齿小型,珐琅质薄,前臼齿、臼齿变窄,脑量较南猿显著加大,达到630 cm^3。能人的食性也更加杂食(肉类更多),可以用砾石打制粗糙石器,尚无用火证据。190万年前,有4种古人类生活于非洲:其中两种为南猿,另两种为形态相似的能人和鲁道夫人(*Homo rudolfensis*,距今190万~250万年)。之后,由能人演化出匠人(*Homo ergaster*),匠人再分支出智人和直立人。

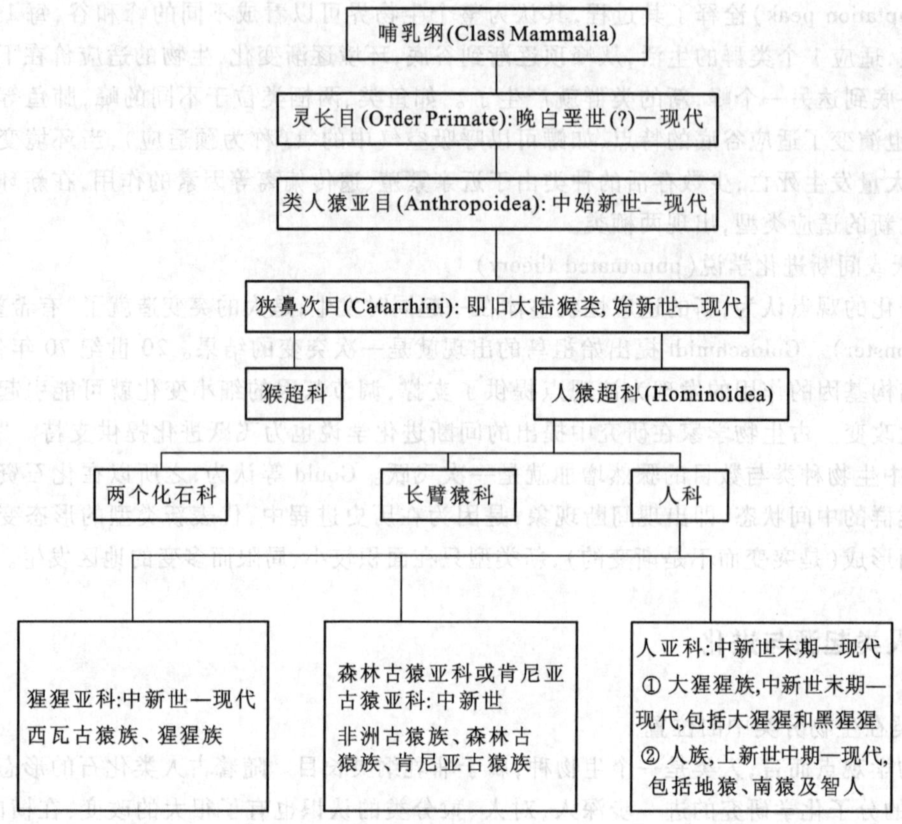

图 5-9 人、猿分类示意图(分类方法引自郝守刚等,2000)

(3) 直立人 即俗称的猿人,为晚期猿人,分布于亚、非、欧多个地区。目前国际上将直立人的生存时代大致定为距今 180 万~30 万年前。直立人已完全消除了树栖的形态特征,可以两足奔跑,同时,两性双形现象更加弱化,此外鼻梁突伸。直立人已能猎取大型动物。我国已发现的直立人化石比较多,其中,北京周口店是世界上至今已发现的材料最丰富的猿人遗址,对这一阶段人类体质形态、生产活动、生活环境、物质文化和社会形态的了解,主要来自对周口店材料的研究。北京猿人(71 万~23 万年前)是已知肯定的最早用火者,时代距今约 60 万年。约 30 万年前,直立人被智人取代。

(4) 智人 智人发现于亚、非、欧许多地区,包括早期智人和晚期智人。约 30 万年前,直立人被智人取代。

早期智人又称远古智人(Archaic 或 early *Homo sapiens*),生活于 30 万~10 万年前,发现于非洲、欧洲和亚洲。早期智人的脑量已达到现代人的水平,他们所制造的石器有了很多改进,能够猎取巨大的野兽;他们能将兽皮当做粗陋的衣服,不仅会使用天然火,而且可能已会取火。我国发现的早期智人化石有辽宁金牛山人、北京周口店新洞人等。与此同时生活于欧洲的早期智人称为尼安德特人(*Homo sapiens neanderthalensia*,简称尼人),因其最早发现于德国尼安德特河谷而得名。

晚期智人(相当于具有现代人解剖特征的智人)在形态上已非常像现代人,出现的时间约为 10 万年前,晚期智人化石最早在 1868 年发现于法国的克罗马农村,所以晚期智人最初被称为克罗马农人(Cro-Magnon man)。我国发现的晚期智人化石包括广西柳江人、北京周口店山顶洞人等。在晚期智人阶段,除了石器比早期智人加工精细外,还有不少骨器、角器;此外,晚期智人用石头和骨角制成的矛头,加在木棒上,制成长矛等复合工具,甚至会用陷阱捕获大的野兽,已有相当好的捕鱼技术,能够摩擦取火。

3. 现代人的起源

关于现代人的起源目前有两种假说。多地域起源假说(multiregional hypothesis)认为:在非洲和欧亚大陆的早期智人种群分别演化成现代人,直立人从非洲扩张到亚洲和欧洲只发生了一次,始于百万年前;不同地区的古人类之间存在着或多或少的基因交流。取代假说(replacement hypothesis)或走出非洲假说(out-of-Africa hypothesis)则认为:100 万年前直立人走出非洲后,分别发展为各地的早期智人种群(如尼安德特人等),但在距今 5 到 10 万年以前,非洲的晚期智人种群再一次走出非洲,取代了欧亚当地的早期智人种群,并导致其最终的灭绝,晚期智人走出非洲后与欧亚当地的早期智人(如尼安德特人)有少量的基因交流。目前人类基因组学研究结果基本上是支持取代假说。

第四节 系统发育

一、进化理论

最早,人们认为自然界中存在的物种是神创造的。但是,长期以来,一直有许多学者思索并试图解释有机体进化的自然规律。早期希腊哲学家亚里士多德准确地描绘了许多动、植物,并将生物按低等到高等进行分类排列,为生物之间的进化提供了正确的参考。化石的不断发现也使人们接受了以前生命的存在,并且由此产生出"激变论"(又称灾变论),激变论是 18 世纪由法国动物学家、古生物学家居维叶所提倡的关于地壳发展和生物演变的一个学说。激变论认为,地球上经过多次周期性的巨大灾变,每次灾变都使地球上的一切生物遭毁灭,而后进入平静期,重新再产生出一批新的、较高类型的生物。激变论并没有从根本上解决生命的进化问题。法国博物学家布丰提出"生物的变异基于环境的影响"的原理,主张生物的种是可变的,即"转变论",从而把有机界的发展历史和地球的产生和发展联系起来,把生物及其居住环境联系起来。

1. 拉马克学说

拉马克是一位法国博物学家,发表的主要著作包括《法国植物志》《无脊椎动物志》和《动物哲学》等。拉马克把无脊椎动物分为 10 个纲,是无脊椎动物学的创始人,他的进化学说后来被称为拉马克学说。

拉马克的进化学说主要阐明于 1809 年所发表的《动物哲学》一书中,他认为生物具有变异的特性,主张生物由进化而来,生物的变异和进化是一个连续的缓慢的过程。拉马克反对林奈的物种不变论和居维叶的激变论。拉马克学说的内容大体可分 3 个部分:

(1) 环境对生物体具有影响作用。拉马克认为,环境的改变能够引起生物的变异,环境的多样性是生物多样性的主要原因。他写道:"每个曾作多次观察而且检查过许多标本的人,对于这样的事都会确认。即随着栖息地、地势、气候、食物、生活方式等环境约束的变化,在动物体的身长、形态、各部分间的比例、色彩、品质、轻捷性以及技能上的诸特性,也因之而发生与上述变化相比例的变化"。对于家养动物,拉马克也指出:"由于人们的饲养,大大地改变了动物的形态。如在不同国家、不同条件下饲养鸡和鸽子,因此获得了形形色色不同的品种"。拉马克还认为环境对于低等动物,对于没有神经系统和习性简单的动物,具有直接的影响。但是对于有神经系统和习性复杂的动物,环境的影响则是间接的。首先,环境发生大变化,环境的大变化引起动物需要上的大变化,需要上的大变化引起行为上的大变化。如果新的需要是经常的,那么动物就形成新的习性,而新习性导致器官机能的变化,机能的改变又引起形态构造的改变。当然,这一系列的过程都是经过许多世代的连续作用和变化,最终才形成新类型动物。同时,习性的改变必须要通过神经系统。

(2) 用进废退和获得性状遗传。拉马克认为,动物经常使用的器官就会发达增大,不经常使用就会退化或消失;这种性状的变化是可以遗传的,从而把这些改变了的性状传递给下一代,使生物逐渐发生演变。拉马克写道:"凡是没有达到发展限度的动物,它的任何一个器官经常利用的次数越多,就会促使这个器官逐渐地巩固,发展并增大起来,而且其能力的进步与作用时间成比例。相反,器官经常不使用,会使其削弱和衰退,并不断地缩小它的能力,最后必会引起器官的消失"。拉马克指出:"只要所获得的变异是两性所共有的,或者是产生这两性的个体所共有的,那么这一切变异就能通过生殖而保持在新生的个体上"。拉马克列举了大量的实例来论证用进废退和获得性状遗传的观点。例如,对于长颈鹿的长颈的形成,他认为:"生活于非洲干旱地带,牧草稀少,它们势必撩取树叶充饥;为了达到这一目的,便继续用力伸高其体。这种习惯,长久以后,前肢便能特别伸长,高出后肢之上了。它的头颈同时也长到意外的程度;它只要翘起头颈,不必举起前足,头部已能抵达六米之高"。根据同样的论点,拉马克还解释了游禽类的蹼足、涉禽类的长腿长脚、食蚁兽的细长舌头、肉食动物的锐牙利齿以及海狸、水獭、海龟、蛙等的趾膜等,这些性状都是"用进"的结果。相反,器官如果经常是废而不用,则会发生退化。拉马克认为,鼹鼠长期营地下穴居生活,视觉很少使用,于是两眼就退化了。同样,食蚁兽的牙齿、鲸的牙齿、盲螈的眼睛、蛇类的四肢以及动物的大量的痕迹器官,都是久废不用所造成的。

(3) 生物按等级向上发展。拉马克不仅肯定了生物的进化,而且认为进化具有一定的方向,即由低级向高级逐渐发展。拉马克认为动物按照 6 个等级,逐渐向上发展,这个等级是:第一级包括滴虫类和水螅类,第二级包括放射虫类和蠕虫类,第三级包括昆虫类和蜘蛛类,第四级包括甲壳类、环虫类、蔓足类和软体动物类,第五级包括鱼类和爬虫类,第六级包括鸟类和哺乳类。拉马克指出,生物按照正规的等级而发展的现象,只见于重要的器官,而不重要的器官则容易接受环境的影响而呈现多样性。他认为物种和属就是这样形成的。由此可见,拉马克认为生物进化的原因和动力,一是生物按等级向上发展的趋势,二是外界环境的影响。

拉马克学说在进化学说史上发生过重大的影响,为科学的生物进化论奠定了基础。但是,由于科学水平和时代的局限性,拉马克在说明进化原因时,把环境对于生物体的直接作用以及获得性状遗传给后代的过程过于简单化了,成为缺乏科学依据的一种推论,并错误地认为生物天生具有向上发展的趋势,以及动物的意志和欲望也在进化中发生作用。

2. 达尔文学说

对进化思想的探索依然继续着,生物学科和其他相关学科的发展,促进了科学进化论的产生。1832 年,英国地质家赖尔(C. Lyell,1797—1875)在他的《地质学原理》一书中提供了"均变说"(uniformitarianism)。他认为,古代引起地球表面改变的力量,同样地现在也正在进行着,这种作用于地球的力量是长时期的。据他的推理,如果现代的火山、风、河流、冰冻以及造山和断层的活动影响着地球,在过去则同样以类似的形式对地球的改变起作用。均变说为进化论的观点之一,即进化过程需要一个相当长的时期,铺平了道路。马尔萨斯(T. R. Malthus,1766—1834)的人口论,叙述了动物及植物种群,包括人口,其数量不断地以几何级数率增长,超出了环境所能供养的范围,因为环境中的生活资料只是以算术级数率增加。1838 年,达尔文受到了马尔萨斯著作的启发,他认识到由于生殖过度引起的生存竞争、自然选择,是野生物种进化的强大动力。1858 年,住在马来西亚的英国博物学家华莱士,独立提出生物进化的自然选择学说,在伦敦林奈学会上与达尔文同时宣读了进化学说论文,1859 年,达尔文的《物种起源》终于出版。可见达尔文所以能在这个时期完成进化论是与其历史背景分不开的。

达尔文是一位英国博物学家,进化论的奠基人。22 岁从剑桥大学肄业后,以博物学家的身份乘英国皇家海军勘探船"贝格尔号"(Beagle)作历时 5 年(1831—1836)的环球旅行,获得了地质、古生物、动植物等多方面极为丰富的实际知识,为他以后从事生物进化理论的总结,提供了直接的感性知识材料。达尔文继科学考察之后,为了解决生物进化的机制问题,又转而深入育种工作实践,继续观察研究家养动物和栽培植物的新品种育成。在此基础上,达尔文于 1859 年发表了震动当时各界的《物种起源》一书,提出以自然选择为基础的进化学说。随后又发表《动物和植物在家养下的变异》(1868 年)、《人类起源及性选择》(1871 年)等书,对于人工选择作了系统的叙述,并提出性选择及人类起源的理论,进一步充实了进化学说的内容。

通常,人们把达尔文提出的关于生物进化机制的学说称为达尔文学说(Darwin Theory)。达尔文学说指出了生物进化的主导力量是自然选择,生物进化在本质上是通过变异、遗传与选择 3 种因素综合作用的过程。即生物经常所发生的微细的不定变异,通过累代的选择作用,适者生存,并逐渐累积有利的变异发展成新种。相反,不适于外界环境条件的就被淘汰。

达尔文学说的核心内容包括两方面,即人工选择(artificial selection)和自然选择(natural selection)。

(1) 人工选择　所谓人工选择就是人类根据自己的需求和爱好把符合要求的个体变异保存下来,并让它们传宗接代,把不符合要求的个体淘汰;通过遗传与变异的累积,逐渐形成各种品种。达尔文注意到,家养动物品种繁多,不同品种彼此差异很大,有的比自然界中的不同种甚至属还要明显。他认为:家养生物的品种是由人工造成的;野生动植物在外界条件影响下发生变异,经人类长期无意识或有计划地按照自己的需要进行选择,变异累积加强,成为家养动物和栽培植物;通过同一途径可得到它们的新品种。这便是人工选择的含义。可以看出,新品种的形成包括 3 个因素:即变异、遗传和选择。变异是选择的原材料;选择保留了对人有利的变异,淘汰对人不利的变异,选择使变异定向地发展;遗传起着保持巩固变异的作用,没有遗传,就没有变异的积累。

(2) 自然选择　人工选择学说的建立对达尔文创立自然选择学说,起着十分重要的作用。达尔文在《物种起源》一书中写到:"我们所看到的在人手里发生巨大作用的选择原理,能够应用于自然界吗? 我想我们将会看到,它是能够极其有效地发生作用的"。运用类比的方法,达尔文确信,在自然界里,自然条件代替着人的作用,选择和保留适应于自然条件的生物类型。

达尔文的自然选择思想是建立在以大量事实为支撑的几个简明原理的基础上的。达尔文认为:

① 在自然界中,一切有机体所产生的子代数远比能够活下来的要多得多。

② 生物的巨大生殖潜力之所以未能实现,个体数量之所以没有增加是因为自然界存在着生存竞争。生存竞争包括生存资源的竞争、种间竞争和种内竞争。达尔文认为"最剧烈的竞争,差不多总是发生在同种的个体,因为它们居住在同一地域,取食同样食料,遭受到同样威胁。"

③ 一切有机体都存在变异。自然中不存在两个个体完全相似的现象，它们的大小、颜色、生理、行为及其他情况都不相同。达尔文认为这种变异大部分是可以遗传的。虽然当时还不知道遗传的基础是基因。

④ 一个种类的某些个体比其他个体有更好的生存机会。因为同一种类的许多个体是不一样的，有的能适应于生存竞争，其他的则遇上不利的条件就被消灭。

⑤ 适者生存，不适者淘汰就是自然选择。在生存竞争中，具有有利变异的个体得到最好的机会保存自己和生育后代；相反，那些具有不利变异的个体在生存竞争中就会受到淘汰，这个过程就是所谓的"自然选择"。

⑥ 新种来源于自然选择。通过长期的、一代一代的自然选择，物种的变异被定向地积累下来，逐渐形成了新的物种，推动着生物的进化。

以上就是达尔文自然选择学说的基本要点。达尔文学说对生物进化做出了具有说服力的、规律性的论证，是人类对生物界认识的伟大成就，在推动现代生物学的进展起着巨大的作用。由于当时科学水平的局限，达尔文学说也有某些错误观点。例如，过分强调生存竞争是由生殖过剩所引起的；达尔文所强调的许多类型变异是不能遗传的（非基因突变的改变）等。但是，总的来说，达尔文学说在当时是有史以来最完满的进化理论。

3. 新达尔文主义（neo-Darwinism）

基于孟德尔和摩尔根的遗传学研究成果，种群遗传学的研究得到发展，在生物进化的理论研究上也逐步从基因层面进行诠释，这些观点和理论被称为新达尔文主义（neo-Darwinism）。以 Huxley、Mayr、Dobzhansky、Simpson 等人为代表，从 20 世纪 30 年代开始兴起，到 60 年代占据统治地位。其基本观点认为，生物进化是种群遗传组成的改变，其起始点是形成不同基因型的个体。进化发生的原因是：

（1）基因突变和染色体畸变，为进化提供原材料。

（2）自然选择为推动生物进化的最重要的力量。新达尔文主义对自然选择的作用机制及种种形式都进行了探讨。

自然选择所造成的种群进化改变的方向和后果，因种群内个体适应度的分布状况不同而不同。① 单向选择（directional selection），即如果种群内被选择性状的某一极端类型的适应度大于其他类型时，选择将导致该极端类型种群表型频率的增长，引起种群定向的（单向的）进化改变；② 稳定选择（stabilizing selection），即如果种群内占多数的中间类型的适应度大于任何极端类型时，则选择将剔除各种极端类型的个体，导致种群在所涉及性状上的稳定和遗传上的均一化；③ 分异（分裂）选择（disruptive selection），即如果种群内两种或多种极端类型的适应度大于中间类型时，选择将导致种群内类型的分异和种群多向的进化改变，如果有其他因素起作用，最终有可能导致新亚种的形成（图 5－10）。④ 性选择（sexual selection）。达尔文认为许多物种具有的雌雄二型的现象是性选择的结果，认为是一种特殊的自然选择，是雄性为了得到雌性而造成的选择。现代认为，个体生殖机会的差异会造成后代遗传组成的改变。那些留下最多后代的个体才是"最适者"。例如强壮的、角大的雄鹿因得到较多的交配机会而把自己的基因更多地贡献给下一代，后代的大角逐渐得到强化；雄鸟竞相显示自己的美丽来获得雌鸟的青睐，从而获得更多的交配机会。特别夸张的特征可能既有吸引异性的作用，又有识别信号的作用。⑤ 群选择与亲属选择（group selection & kin selection）。由于食物、栖息地等资源的有限性，物种大量繁殖会产生无限的资源竞争，从而导致动物的大量死

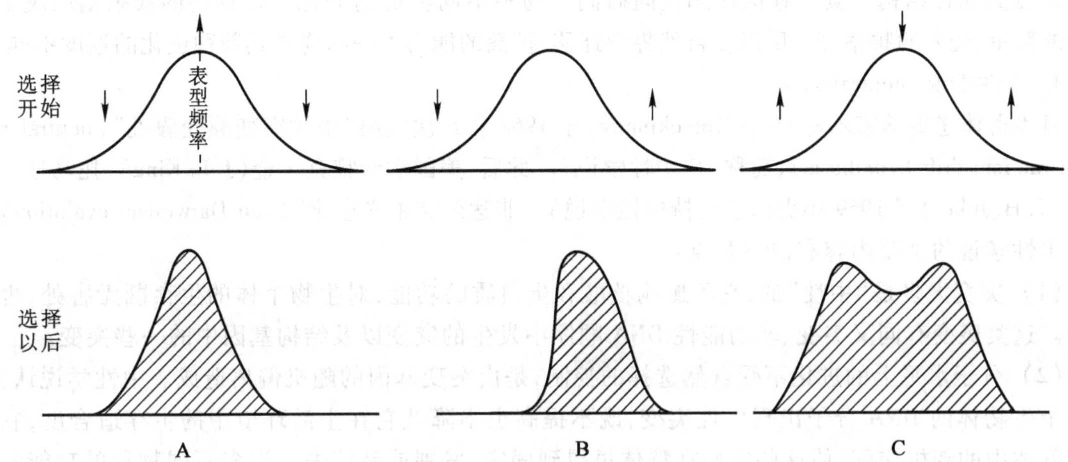

图 5-10 在自然选择的淘汰(↓)和固定(↑)作用下的种群表型频率分布变化

A. 稳定选择 B. 单向选择 C. 分异选择

亡,对种的生存是不利的。所以动物的"领域行为"、"社会行为"等的发展是对群体的一个选择,可以调节种群在一个最适水平,以利更好地利用环境,这种情况称为群选择。群选择的对象如果只为亲缘关系紧密的个体,如家族的成员,这种情况称为亲属选择。如亲鸟的诱敌保护雏鸟,又如工蜂失掉毒针后就会死亡,即牺牲自己来驱赶侵入者,挽救蜂王。

(3) 近亲交配(inbreeding)及遗传偏离(genetic drift)。由于近亲交配及遗传偏离本身所固有的规律将影响到种群的遗传结构,因此成为独立于自然选择以外的进化力量。

哈迪-温伯格遗传平衡定律认为,在连续随机交配的孟德尔大种群中,基因频率和基因型频率将代代保持不变。但实际上,种群中相邻个体之间交配机会更多而非随机交配,所以在群体中往往存在相当程度的近亲交配。而近亲交配的必然结果是:将种群划分为亚群;使亚群中基因被固定的机会增多,纯合率上升;隐性基因型得到表现。其结果最终可能导致新类型的产生。

哈迪-温伯格遗传平衡定律同时强调的是无限大的种群。但在自然界中小的种群遗传结构常常发生偶然的、甚至是显著的变化。按照概率论的规律,取样的样本越小其偏离于平均值的可能性就越大。如在小种群中1次灾害性事件导致的部分个体的死亡就有可能导致某些等位基因的丢失,某些等位基因的固定,从而从根本上改变了种群的遗传结构。而在大种群中这种事件发生的概率则小得多。由于偏离的因素是偶然的,所以偏离的结果不一定适应环境。如果偏离固定的基因是不利的,则自然选择最终可能导致该种群的灭亡。如果偏离固定的基因是有利的,则自然选择可能加速新类型的产生,Mayr称之为"遗传革命"。

在自然界中,大种群中的少数个体移入新的环境时,只带有原祖种的部分基因,而且在新的环境的选择下其遗传结构可能发展出与原种群更加偏离的地步,这种情况称为"创始效应"。如岛屿物种生物相的特点(与相邻大陆相比只有部分类群、特有种较多),就是由于遗传偏离、近亲繁殖等因素导致其在相对较短的时间产生出较多的新的物种。

(4) 迁移与基因流动,通过种群间个体的迁移导致的基因的流动,也能改变种群的基因频率,从而改变其遗传结构。其迁移的作用是阻碍同一物种不同种群的分化。但最终的效果则取决于迁入者的数量、迁入的频率等。所以在自然界中迁移、扩散的能力不一的物种其新种进化的速度不同。

4. 中性学说(neutralism)

日本群体遗传学家木村资生(Motcokimura)于1968年首次提出"中性突变漂变假说"(neutral mutation-random drift hypothesis),简称为"中性学说"。此后,美国学者雅克·金(J. L. King)、托马斯·朱克斯(T. H. Jukes)于1969年提出了支持中性学说的"非达尔文主义进化"(non-Darwinism evolution)。

中性学说的主要内容有以下几点:

(1) 突变大多是"中性"的,它不影响核酸和蛋白质的功能,对生物个体的生存既无害处,也无好处。这类突变有同义突变、非功能性DNA顺序中发生的突变以及结构基因中的一些突变。

(2) 分子水平上的进化不受自然选择的控制,是由突变基因的随机偏离造成。中性学说认为,当一个生物体的DNA分子出现中性突变,既不提高也不降低它在生活环境中的生存适合度,它是通过群体中的随机交配,使这些突变在群体里得到固定、发展或者消失。许多不同物种的功能相同的蛋白质,如血红蛋白、细胞色素c、胰岛素、免疫球蛋白等,它们的氨基酸组成有很大的区别。

(3) 进化的速率由中性突变的速率所决定,即由核苷酸和氨基酸的置换率所决定。木村资生认为,在表现型水平的进化中,进化速度即有非常快的,也有像所谓"活化石"那样进化极慢的类型。但是,在基因水平上,进化速度几乎是一定的:分子种类不同,分子的置换率不同,进化的速度也不同;但是,同一分子的进化速度在不同物种中却是相同的,而且与世代时间的长短无关。

由此可见,达尔文主义、新达尔文主义和中性学说是在不同的层次上研究生物进化问题。达尔文主义、现代达尔文主义是从个体或群体的层次出发,中性学说则是从分子水平的层次出发。二者之间的主要区别是:前者认为生物进化的主导因素是自然选择,后者则认为是中性突变;前者认为生物进化的方向与环境有必然的联系,后者则认为生物进化的方向纯粹源于生物分子随机的自由组合;前者认为生物进化的速率受环境和生物世代等因素的制约,后者则将生物进化速率的一致性、恒定性作为分子进化的主要特征。需要说明的是,中性说以分子生物学的技术和数学方法的精确验证,促进了生物进化定量研究的发展。但是,中性说的进化的偶然性、中性突变是否会随环境的变化而成为"有利"或"有害"、表现型水平的进化和分子水平的进化的各自规律如何联系起来,这些问题仍然是学术界的争议之点。因此,中性学说被视为是对达尔文选择学说的补充,而不是否定。

二、动物进化规律

生物进化是多种多样的,进化发展的方向也是多方面的。进化发展的主流是纵向上升的进步性发展,即生物从低等到高等,由简单到复杂的过程。另一方面,进化发展过程又存在着分支发展,分支发展是横向发展,是以少到多、分化进化的过程。进步性发展和分支发展的进化都有共同的基础——适应。生物体能够很好地适应于生活条件,才能得到自然选择的保存。因此,在目前的自然界当中,生存着由低等到高等的、多种多样的生物种类。

在进化过程中,生物遵循着不同规律向着不同的方向发展。有关这些规律的根本原因之前已有阐述,现将这些进化规律总结如下:

1. 线系渐变与间断平衡

线系渐变(phyletic gradualism)模式认为生物逐代的微小变化可以随漫长时间的积累而导致主

要进化。因此，物种形成是个长期、平稳而缓慢的渐变过程，新种形成于老种的较大种群，在大种群内基因漂移及突变基本上不起作用，是自然选择在物种形成中起主要作用。

间断平衡(punctuated equilibrium)模式即间断进化学说(punctuated theory)认为大进化的主要方式包括短暂快速进化期和进化停滞期(stasis)，进化是突变间断与渐变平衡的结合，跳跃与停滞是相间的。新类型主要出现于种群分布范围边缘的小型、隔离的种群。在这种小型、隔离种群内，随机基因漂移及基因突变起主要作用，而自然选择只起次要作用。

2. 适应辐射

适应辐射(adaptive radiation)是指从一个共同祖先类群，由于适应不同生态环境而进化成为许多新物种。包括以下两种情况：

(1) 当一个类群产生了一种进化革新，使得它们能更好地适应环境或开拓新的生活方式。如鸟类，由于出现了羽毛并开发了飞翔功能，在白垩纪得到初步发展并从新生代初开始了适应辐射，发展出了众多的物种，并占据了整个空中领域。

(2) 当集群绝灭(mass extinction)发生后，由于种间竞争压力减小，使得某些生物在腾空的生态环境中得以适应辐射。地质史中有许多这样的例子，如中生代末期爬行动物尤其是恐龙的绝灭，使得哺乳类在新生代开始辐射演化，新成了约 30 目的哺乳动物，哺乳动物从原始的类型逐渐发展成适应于各种环境的特殊类群：有适应于奔走的马和鹿；适应于树栖的松鼠和树懒；适应于水栖的鲸和海豹；适应于飞翔的蝙蝠和飞狐；适应于地下生活的鼢鼠和鼹鼠等。类似的例子还有一类生物迁移到一个新的地区并得以适应辐射，如有袋类在澳大利亚的适应辐射以及加拉帕戈斯地雀的适应辐射(图 5－11)。

如果适应辐射的进化方向较少，则称为分化或趋异(divergence)。

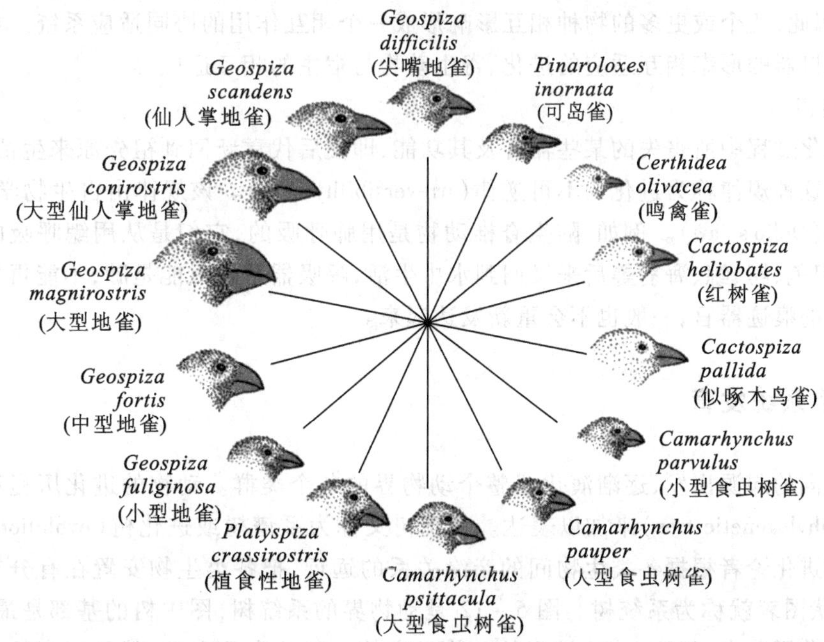

图 5－11 加拉帕戈斯地雀的适应辐射示意图(Freeman S, *et al*, 1998)

3. 趋同与平行演化

趋同(convergence)是指不同祖先的生物类群,由于相似的生活方式,整体或部分形态构造向同一方向改变。如哺乳类的海豚、爬行类的鱼龙及鱼纲的鲨鱼因适应在水中的快速游泳,均具有流线型的体形。

平行演化(parallel evolution)与趋同有时不易区分,它也是指不同类型的生物由于相似的生活方式而产生相似的形态,但平行演化往往指的是亲缘关系较近的两类或几类生物。例如,当有袋类在渐新世末期最终迁移到澳大利亚后,由于缺乏真兽类(即有胎盘类)的竞争而得到辐射发展,产生了与旧大陆哺乳动物相似的类型,包括袋狼、袋猫、袋飞鼠、代鼹、小袋鼠等。

4. 重演律

重演律(recapitulation law)是德国的海克尔根据动物形态学和胚胎学的研究成果提出的,即生物在个体发育(这里指其胚胎发育)过程中,重演其祖先的主要发育阶段。例如,哺乳动物的早期胚胎都很相似,都有鳃裂,似乎重现了它们远古生活于水中的共同祖先的特征。德国比较解剖学家冯贝尔认为在大部分动物个体发育中,一般性状比特化性状出现要早。

5. 重复进化

重复进化(iterative evolution)是在一个演化支系的历史中,在不同时间重复衍生出形态相似的分支,在每个重复分支之间常有上百万年的间隔。重复演化常常是从一个不太特化而且形态往往很少演化的基干线系发生,分支出来的相对特化种容易绝灭,但当环境允许时,可以从基干线系再重新演化出来。

6. 协同进化

协同进化(coevolution)是指不同物种之间由于相互影响而产生的互补性进化。一个物种的性状作为对另一个物种性状的反应而进化,而后一物种的这一性状本身又是作为对前一物种性状的反应而进化,因此,两个或更多的物种相互影响形成一个相互作用的协同适应系统。如虫媒花的构造与传粉昆虫口器的形态相互适应的进化、寄生动物与宿主的相互适应等。

7. 不可逆律

动物在进化过程中所丧失的某些器官及其功能,即使后代重新回到祖先原来生活的环境,也不会重新恢复。这种规律称为进化的不可逆律(irreversibility rule)。该规律由古生物学家多洛提出,也称多洛定律(Dollo's law)。例如,陆生脊椎动物是用肺呼吸的,它们是从用鳃呼吸的水生脊椎动物进化而来,但龟、鳄、鲸、海豹等后来又回到水中生活,呼吸器官仍只能是肺,不能再恢复鳃的结构和功能。动物的痕迹器官,一般也不会重新发达起来。

三、动物系统发育

动物从共同的起源出发,逐渐演化成整个动物界的各个类群。动物的进化历程和亲缘关系可以用系统树(phylogenetic tree)来加以表达。系统树又称为系谱树或进化树(evolutionary tree)。生物分类学家和进化论者根据各类生物间的亲缘关系的远近,把各类生物安置在有分支的树状的图表上,这种树状图表就称为系统树。图 5 - 12 是动物界的系统树,图中树的基部是最原始的种类,沿着树干发出若干分支,越往上走,排列的动物越高等。各分支的末梢,就是现存的分类群。由于动物界的历史悠久,关系错综复杂,科学资料又不够齐全,所以,系统树的设计,在各研究人员之间

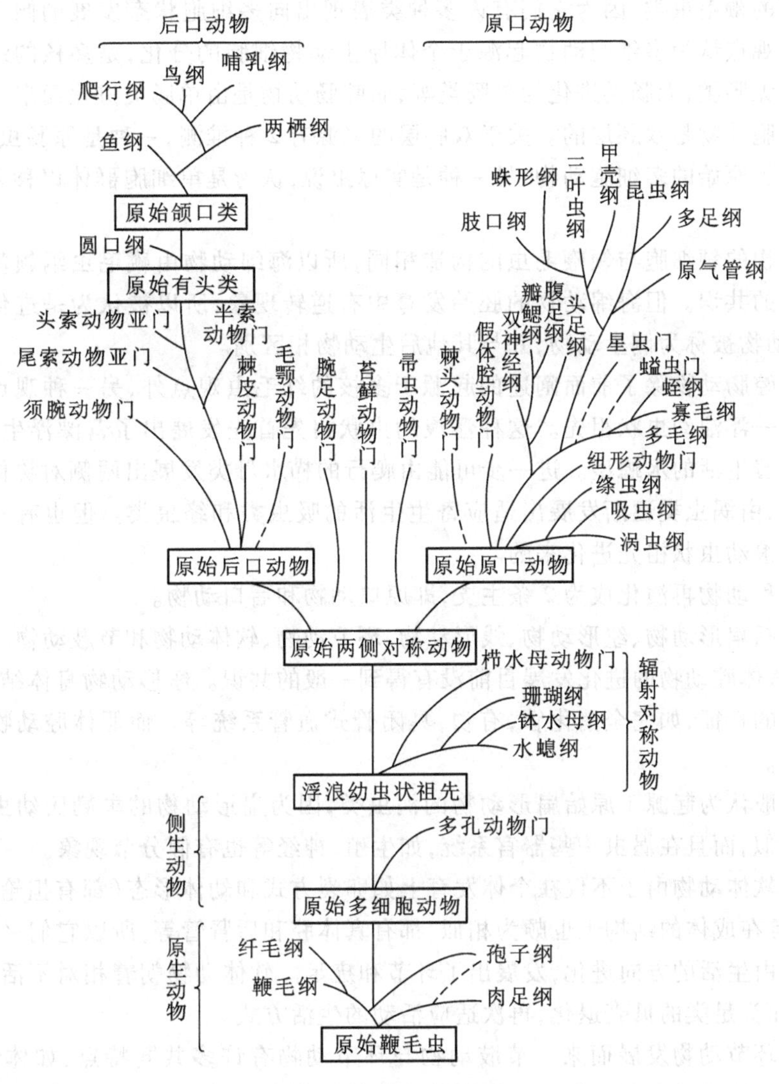

图 5-12 动物界的系统树

并不完全一致。

动物界的进化一般可划分为 2 个主要阶段。

1. 无脊椎动物的进化阶段

无脊椎动物的时代是从十几亿年前后的元古代到 4.4 亿年前的志留纪，这时期地球上以它们为主。由于无脊椎动物化石资料的缺乏，一些无脊椎动物类群的进化至今尚不清楚，它们在动物界的进化位置及其亲缘关系还难以确定，多为推测，因此争论颇多。

最原始的单细胞动物可能是原始鞭毛虫，由其发展出肉足虫纲（如有孔虫等有性生殖中出现鞭毛）和纤毛虫纲的种类。具孢子的孢子虫纲、丝孢子虫纲等具有双重来源，一部分来源于鞭毛类（如晚孢子亚纲），一部分来源于肉足虫纲。

多细胞动物是由原始的单细胞动物演变而来的，这一点为生物学家所公认。一般认为多细胞动物起源于原始的鞭毛虫类,因为它们有许多种类表现出向多细胞状态发展的倾向,如团藻、空球藻等。也有一种观点认为多细胞动物起源于个体原生动物细胞的分化,是多核的纤毛虫分化为扁形动物涡虫纲的无肠类,无肠类进化为单肠类等,而腔肠动物是由单肠类进化而来。

原始的多细胞动物是双胚层的。关于双胚层的来源有 2 种推测,一种是原肠虫说,是单细胞群体以内陷法形成了原始的多细胞动物;另一种是实球虫说,认为是单细胞群体以移入法形成了原始的多细胞动物。

由于海绵动物的领细胞与领鞭毛虫的构造相同,所以海绵动物由鞭毛虫纲领鞭毛虫的群体进化而来得到大家的共识。但海绵动物的胚胎发育中有逆转现象,所以被认为是进化过程中的 1 个侧支,因此海绵动物被称为侧生动物,并与其他后生动物相区别。

扁形动物和腔肠动物除了前面阐述的起源于多核的纤毛虫观点外,另一种观点认为二者可能有共同的远祖——浮浪幼虫状祖先。这种浮浪幼虫状祖先首先发展出了营漂浮生活的水母型,再逐渐发展出营固着生活的水螅型。进一步可能由爬行的栉水母类发展出两侧对称体制的自由生活的涡虫纲的种类,由涡虫类逐渐发展出适应寄生生活的吸虫类和绦虫类。但也有一种观点认为涡虫纲是直接由浮浪幼虫状祖先进化来的。

原始两侧对称动物再演化成为 2 条主支,即原口动物和后口动物。

原口动物包括扁形动物、纽形动物、线形动物、环节动物、软体动物和节肢动物。

纽形动物、假体腔动物的进化发展目前没有得到一般的共识。纽形动物身体结构与涡虫相似,但它具有更进步的特征,如完全消化管,有吻,具闭管式血管系统等。而假体腔动物各类群间亲缘关系也无法确定。

环节动物一般认为起源于原始扁形动物的涡虫类,因为扁形动物的牟勒氏幼虫与环节动物的担轮幼虫十分相似,而且在涡虫一些器官系统,如生殖、神经等也有假分节现象。

环节动物与软体动物由于不仅在个体发育上如卵裂方式和幼体形态(都有担轮幼虫期)等有不少类似之处,而且在成体的结构上也颇为相似,都有真体腔和后肾管等,所以它们来源于同一祖先。环节动物朝着自由生活的方向进化,发展出了环节和疣足。软体动物朝着相对不活动的方向进化,发展出了贝壳,而头足类的贝壳退化,再次适应活动的生活方式。

节肢动物由环节动物发展而来。节肢动物与环节动物有许多共同特点,如体形相似、两侧对称、有分节现象、神经系统也很相似等。但节肢动物的祖先有一元和多元论的不同观点。从胚胎发育上看,应该有 3 个起源:幼虫 3 体节起源——甲壳类,幼虫 4 体节起源——三叶虫纲、肢口纲、蛛形纲,幼虫 7 体节起源——原气管纲、多足纲、昆虫纲。

后口动物包括毛颚动物、棘皮动物、须腕动物和脊索动物等。

2. 脊椎动物的进化阶段

脊椎动物是脊索动物的一个亚门。除脊椎动物亚门以外,尾索亚门和头索亚门都属于脊索动物。

关于脊索动物的起源有 2 种假说。一种为环节动物起源假说或称为倒置假说,认为原始的环节动物经过倒置后其血液流动的方向、心脏、神经索的位置都变得和脊索动物一致。但神经索如何演变为神经管,脊索如何来源也不能解释。目前较多的人认同棘皮动物起源假说,认为脊索动物起源于原始的棘皮动物。首先,棘皮动物与脊索动物同为后口动物,二者的中胚层都是由体腔囊形成;而且,半索动物柱头虫的幼体(柱头幼虫)与棘皮动物的幼体(如短腕幼虫)形态结构非常相似;

在生化上，半索动物和棘皮动物的肌肉中都含有肌酸和精氨酸，而脊索动物肌肉中只含肌酸，无脊椎动物肌肉中只含精氨酸。

推测脊索动物的祖先——原始无头类(Acrania)，出现在5亿多年前的古生代早期，它们生活在海里，身体两侧对称，蠕虫状，具有脊索、背神经管和鳃裂。部分原始无头类演化出现存的无头类，即尾索动物和头索动物；另一部分原始无头类继续进化发展成为原始有头类(Craniata)，即脊椎动物的祖先。原始有头类以后向两方面发展，一支成为无颌类(Agnatha)，即甲胄鱼类(Ostracodermi)(因身披甲胄而得名)和圆口纲；另一支成为有颌类(Gnathostomata，也称为颌口类)，有颌类再分化出盾皮鱼类、鱼类、两栖类、爬行类、鸟类和哺乳类。

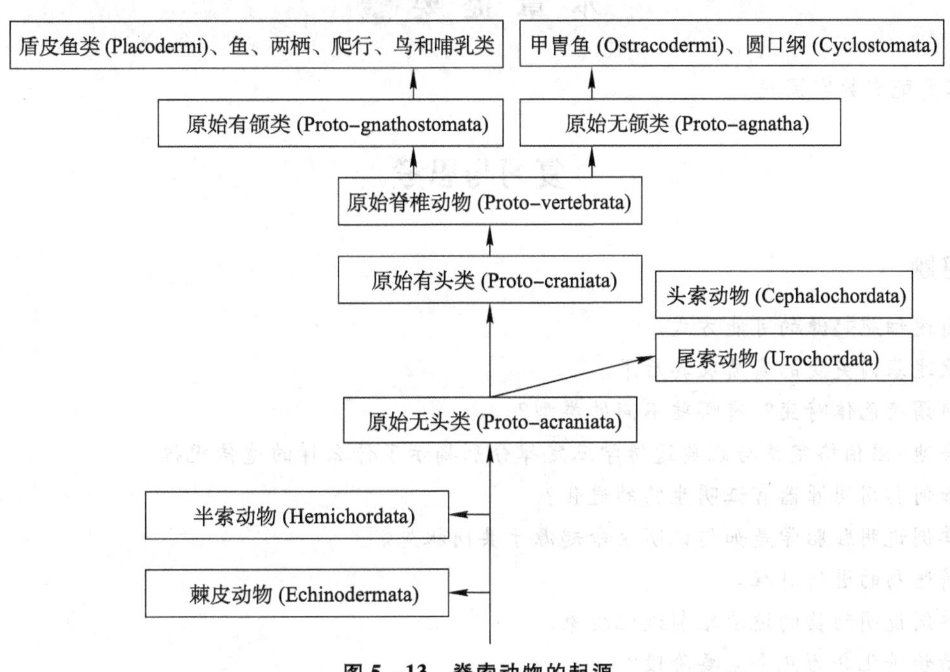

图 5-13　脊索动物的起源

鱼类开始出现于古生代的志留纪，距今约有4.4亿年。目前大多数人认为软骨鱼类来源于原始的盾皮鱼类(Placodermi)，硬骨鱼类来源于原始的棘鱼类(Acanthodi)，棘鱼类是原始有颌类，因鳍前端有硬棘而得名。由棘鱼类发展出了辐鳍鱼类和肉鳍鱼类。其中，原始的总鳍鱼类(Crossopterygii)是陆生脊椎动物的祖先。由总鳍鱼演变为四足登陆的两栖类，是脊椎动物发展史中的一个重要阶段。

大约在泥盆纪末期，最早的两栖动物坚头类(Stegocephalia)，如鱼石螈出现了。两栖类的繁盛时代，在古生代的泥盆纪，距今约有4亿年。

爬行类的直系祖先为古代两栖类中的坚头类。最早的爬行动物杯龙类(Cotylosauria)出现于石炭纪末，杯龙类是爬行纲进化的主干。中生代三叠纪晚期是恐龙崛起的时代。恐龙类(Dinosauria)是蜥龙类(Saurischia)和鸟龙类(Ornithischia)的俗称。蜥龙类既有肉食性又有植食性，而鸟龙类全都是植食性的。爬行类在中生代蓬勃发展，遍布海、陆、空，因此中生代也被称为爬行类时代。

鸟类是从中生代侏罗纪1.8亿年前的古爬行动物进化来的，这种古爬行动物可能是类似于鸟龙类的假鳄类(Pseudosuchia)。侏罗纪开始出现古代鸟类,代表动物如始祖鸟(*Archaeopteryx lithographica*)。至白垩纪,已出现类似现代鸟类结构的类群,其中少数尚残留牙齿,例如黄昏鸟(*Hesperonis regalis*)。进入新生代以后是鸟类的大发展时期。

哺乳类也起源于古代爬行类,可能是兽孔类(Therapsids)。根据化石的记录,哺乳类的起源比鸟类出现得早,在距今约2.3亿年的中生代三叠纪,即已演变出哺乳类。现代的哺乳类起源于原始的哺乳类即兽齿类(Theriodontia)。至中生代白垩纪,出现了有袋类和有胎盘类。从新生代初期开始,哺乳类迅速分化发展,繁荣昌盛,因此称新生代是哺乳动物的时代。

本章提要

内容见配套数字课程。

复习与思考

复习题

1. 简述细胞起源的可能方式。
2. 试述基因突变的实质及其后果。
3. 何谓染色体畸变?有哪些不同的类型?
4. 哈迪-温伯格定律与经典遗传学三定律分别揭示了什么样的遗传规律?
5. 如何利用同源器官证明生物的进化?
6. 举例说明胚胎学是如何证明生命起源于共同祖先。
7. 简述马的进化过程。
8. 举例说明动物的适应辐射进化现象。
9. 动物进化分为几个主要阶段?
10. 比较鸟类和哺乳类的进化关系。
11. 生物进化有何主要特点和规律?

思考题

1. 为什么“地球上的生命起源于非生命物质”这样的观点能够被科学界普遍接受?是否还存在无法解释的现象?
2. 总结达尔文进化论与拉马克进化学说的意义和不足之处。
3. 分子水平的研究对生物进化的理解有何意义?
4. 用中性突变学说解释基因组的进化。

第六章

动物的行为

▶ 学习目的

掌握动物行为学以及社会生物学的基本概念，了解动物行为的发生、组成成分、定型行为和学习行为的基本类型；了解一些动物的社会行为，重点了解动物社会的维持机制，掌握生殖行为的社会生物学理论及其分析问题的方法。

动物行为学是对动物行为（animal behavior）进行生物学研究的一门科学。1973年，廷伯根（Nikolaas Tinbergen）、劳伦兹（Konrad Lorenz）和符瑞西（Karl von Frisch）三位行为学家共同获得了第一次颁发给动物行为学工作者的诺贝尔生理学或医学奖。近几十年来，动物行为学研究受到众多科学家的广泛重视，获得了蓬勃的发展。目前，动物行为学已经成为生物学的一个活跃的分支学科，正在为解决一些生物学的疑难问题做出积极的贡献。

第一节 行为组成

一、动物行为的定义

动物行为是指动物对环境条件（包括内、外环境）刺激所表现出的有利于自身生存和生殖的可见动作或反应。动物的吃、喝、跑、跳以及微小的动作变化如竖耳、立毛等都是行为或行为的一部分。此外，一些动作变化不明显的反应，如体色变化、发出声音、静立不动和注目凝视等，同样属于行为的范畴，因为它们起着传递信息的作用，并且可能影响自己随后的行为活动或其他动物的行为方式。例如，雄羚羊伫立在山丘上，正是在告诉其他同伴这里是它的领地；雌蝴蝶释放出气味（信息素）会吸引雄蝴蝶的到来。

动物行为多种多样，在研究行为时，可以根据行为的诱导因素、行为的功能或行为的发生史将行为分成若干类型。按行为的发生史，行为可分为定型行为（stereotypic behavior）和学习行为（learning behavior）两大类。定型行为是指具有固定动作模式的行为，其固定动作模式由遗传所决定。学习行为是指动物在生长过程中，由于经验而使某种行为发生适应性改变的过程。定型行为也称为先天行为或本能行为。有关定型行为和学习行为的知识，将在后面加以详细介绍。

行为也是一种生物学性状，不同动物的行为绝不会完全相似。例如，白鹭不会像隼那样猎取小型鸟类。但是，每种动物的行为又各有不同的变化形式，如白鹭的觅食，或俯冲捕鱼，或涉水捕鱼。和其他生物学性状一样，动物的行为特性，受遗传和环境两方面影响，而且有其特定的生理基础以及系统发生和个体发育的过程。例如，*fosB* 等位基因决定着雌性小白鼠（*Mus musculus*）的育幼行为，如果利用分子生物学技术剔除（knock out）雌性小白鼠的 *fosB* 等位基因，雌鼠则基本上不再照顾其幼仔（图 6－1）。动物行为的遗传等方面的研究也就形成了动物行为学的各个分支学科，如行为遗传学、行为生态学、行为生理学、分子行为学等。

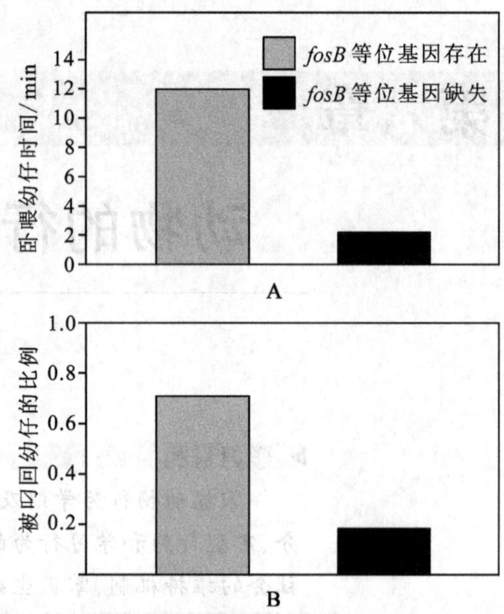

图 6－1　雌性小白鼠的 *fosB* 等位基因与育幼行为

A. 卧巢保护和喂养幼仔

B. 将走失巢外的幼仔叼回巢内

二、刺激及其选通

动物某种行为的发生取决于两方面的刺激，动物机体的内部刺激和外部刺激。在自然环境当中，存在着各种各样的外部刺激，如声音、颜色、形态、气味或动作等。但是，只有个别刺激能够引发动物产生特定的行为。这种能够引起动物产生某种行为反应的刺激就称为“信号刺激”（signal stimulus）或“释放者”（releaser）。

动物在众多的环境刺激中，选取和接收哪一些刺激，决定于行为的引发机制（releasing mechanism，RM），即对引起特定行为的信息的辨认机制。RM 也称为选通机制（filter mechanism），即诸多因素经过综合对比分析过程，最后只有个别因素发挥影响作用，该过程涉及神经系统的各个部分。感觉器官也在“选通”刺激方面起着作用，称为外周刺激选通；中枢神经系统的选通则称为中枢刺激选通。刺激的选通除了要经过感觉器官和中枢神经系统两个“关卡”以外，刺激的传递过程也与动物的内部刺激有关。例如，在动物饱食以后，食物的刺激就不能成为信号刺激。至今，我们对 RM 本质的了解甚少，尚不知道 RM 的确切位置，有哪些有关的器官、组织和细胞参与，这些器官如何组织完成“选通”，完成“选通”的顺序又是如何，等等。

很多动物，甚至一些高级动物，在对某一信号刺激尚无任何经验时，也能对它表示出特有的反应。这种反应能够减少错误或避免造成误解，因此对动物的生存和生殖起着积极的作用。例如，许多鸣禽，当其雏鸟张口时，鲜红口腔就是引发亲鸟喂食的信号刺激。杜鹃经常寄生性地产卵在其他鸣禽巢中，鸣禽照样会细心照料杜鹃雏鸟，就是鸣禽对杜鹃雏鸟鲜红口腔信号刺激的反应。尽管杜鹃雏鸟的个体、形态与鸣禽自己的雏鸟有着明显的不同，但因为杜鹃雏鸟也同样能够张嘴露出鲜红口腔向亲鸟索食，而且，由于杜鹃雏鸟个体较大，其张口也较大，鲜红口腔的信号刺激也就更强，这种比信号刺激更为有效的刺激称为超常刺激（supernormal stimulus），正是这种超常刺激使义亲（或“养母”）更为努力地饲喂杜鹃雏鸟。

三、固定动作模式

固定动作模式(fixed action pattern,FAP)又称为模式动作(modal action pattern),是指定型行为中由遗传固定不变的且相对复杂的系列动作成分。固定动作模式的产生是由特定的外部刺激所引起,但是,一旦固定动作模式产生以后,外部刺激即使不存在,固定动作模式也能继续进行直至完成。外部刺激除了引发产生固定动作模式以外,外部刺激的强度和速度决定着固定动作模式的强度和速度。固定动作模式是天生的,是由遗传物质所决定的,同一动物物种的不同个体对同样的信号刺激所产生的固定动作模式是固定不变的,而不同动物物种由于具有不同的遗传背景则对同样的信号刺激表现出不同的固定动作模式,因此,固定动作模式和其他生物学性状一样,可以作为动物物种的鉴别特征。

固定动作模式有许多实例。如鸟类的求偶舞蹈行为包含着固定动作模式,其信号刺激是异性个体的存在。黑背鸥(*Larus dominicanus*)亲鸟喙上的红点被雏鸟轻啄时,就会产生反刍吐出食物的行为,以喂食雏鸟。经典的固定动作模式实例是灰雁(*Anser anser*)孵蛋过程中的拨蛋行为。灰雁是一种在地面筑巢的鸟类。灰雁孵蛋时,如果看见离巢不远有蛋,就会伸出颈部,用下喙接触到蛋,然后再伸长颈部,让喙正好位于蛋的外缘,接着收缩颈部将蛋拨回巢内。如果灰雁已开始拨蛋行为,而蛋被取走,灰雁头颈部的直接缩拨动作仍保留,即仍能继续完成拨蛋行为。不管是对正常蛋或是对人工模拟的大蛋,灰雁这种拨蛋行为的固定动作模式都是相同的(图 6-2)。

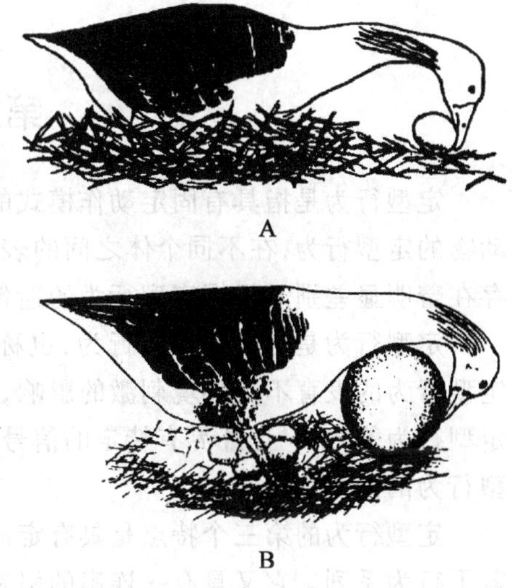

图 6-2　灰雁的拨蛋行为

A. 正常蛋　B. 大蛋模型——超常刺激

固定动作模式在动物行为中具有重要意义。鸟类求偶舞蹈行为的固定动作模式,具有物种识别的作用,有利于避免自然界不同物种之间的杂交。灰雁的拨蛋行为有利于其蛋中胚胎的存活,其固定动作模式的遗传固定具有适应意义。一些动物种类已经进化出利用其他物种固定动作模式的行为。如前面介绍过杜鹃的巢寄生(brood parasite),就是通过模仿其他物种的信号刺激,使义亲产生具有固定动作模式的喂食行为。

四、欲求行为和完成行为

定型行为的复杂行为模式通常可以分成具有明显区别的两部分,即欲求行为(appetitive behavior)和完成行为(consummatory behavior);也有一些学者将其分成 3 部分,第三部分为静止期(quiescence)。欲求行为也称为寻找行为(searching behavior),是定型行为的前导部分,能够导致完成行为的产生。完成行为则是构成定型行为终止阶段的行为活动。

例如,动物饥饿时,机体内部的生理条件发生变化,内部刺激就会引发动物产生觅食行为(欲求行为),即寻找和获取食物,这种觅食行为所花的时间较长;一旦找到食物,觅食这种欲求行为就会导致完成行为的产生，即进食；当动物吃饱以后，生理需要得到满足，整个摄食行为，包括觅食与进食，也就终止。在摄食行为当中，觅食行为能够受经验的影响而发生改变，如动物这一次能够在这个地方寻觅到食物，则下一次觅食还会继续到这里；进食的动作模式则不能通过学习而发生变化，只要是同一物种，其进食的动作模式但是相同的。

欲求行为和完成行为的差别可以从它们的功能来加以说明。欲求行为由内部刺激引发产生，以完成行为的实现为目的。完成行为则是以有机体的生物学需要为目的，当机体需要没有得到满足时，行为就不会终止，欲求行为将再次发生。因此，欲求行为持续时间较长，而完成行为的持续时间相对较短。欲求行为和完成行为的动作成分也是不一样的。欲求行为包含有学习行为组分和固定动作模式，而完成行为则只有固定动作模式。由于欲求行为序列中含有学习行为成分，因此，欲求行为受动物个体经验的影响而发生改变，并且会随着外界刺激的变化而多样化。欲求行为可以通过学习而发生改变，这就是调教动物的基本原理之一。

第二节 定型行为

定型行为是指具有固定动作模式的行为。由于其固定动作模式由遗传所决定，因此，同一物种动物的定型行为，在不同个体之间的表现相似，相反，不同物种之间由于遗传的差异，其定型行为则存在着明显差别。根据定型行为的遗传性，可将其作为物种的鉴别特征。

定型行为是与生俱来的行为，也称为先天行为（innate behavior）或本能（instinct）。换而言之，定型行为的发育不受环境刺激的影响，即使动物从未经受过特定的信号刺激，也能正常发育而具备定型行为能力，一旦外界有特定的信号刺激存在，就能诱使动物表现出完整的定型行为。这就是定型行为的内源性。

定型行为的第三个特点是具有定向性和可预测性。复杂的定型行为常常是一环扣一环发生的若干行为系列。它又具有一连串的引发机制，即一个信号刺激引起一个反应，第一个反应本身再加上第二个信号刺激又引起第二个反应，如此不断进行直至终止阶段，因此，只要能够确定环境当中存在着什么信号刺激，就能预测会出现什么行为结果。

例如，三刺鱼（*Gasterosteus aculeatus*）雄性个体的性行为就是一种复杂的定型行为，具有一连串的引发机制和行为系列。第一步是三刺鱼洄游到温暖的水域，这是由季节变暖及水温变化引起的。而后，雄三刺鱼在温暖的水域中，受到绿色植物的刺激，开始选择筑巢地点。接着利用植物在那里筑巢，并保卫这个筑巢领域，不允许其他三刺鱼雄性个体侵入。可能由于水温升高，引起体内性激素分泌的增加，又使雄鱼腹部的红色加深，从而诱来雌鱼。两者开始对舞求偶，雄鱼把雌鱼引到巢中产卵。随后，雄鱼也进入巢中排精。卵受精后，雄鱼负责卵的保护工作。它用鳍扇动水流，供给卵充足的氧气，以促使卵能正常地发育（图 6-3）。在雄三刺鱼的这一系列性行为链当中，外部环境条件，如水温、绿色植物、筑巢材料、雌鱼及其鼓胀的腹部都是必要的刺激。而且，行为的产生还与体内性激素分泌的增加有关。

当然，定型行为动作模式的固定性是相对的。定型行为的行为成分包括欲求行为和完成行为，大部分动作模式具有固定性，但欲求行为的动作模式当中也包含有学习行为组分，会被日后的学习所修饰或补充，从而使定型行为对其具体生存环境具有更强的适应性。例如，如果把鸣禽雏鸟从小

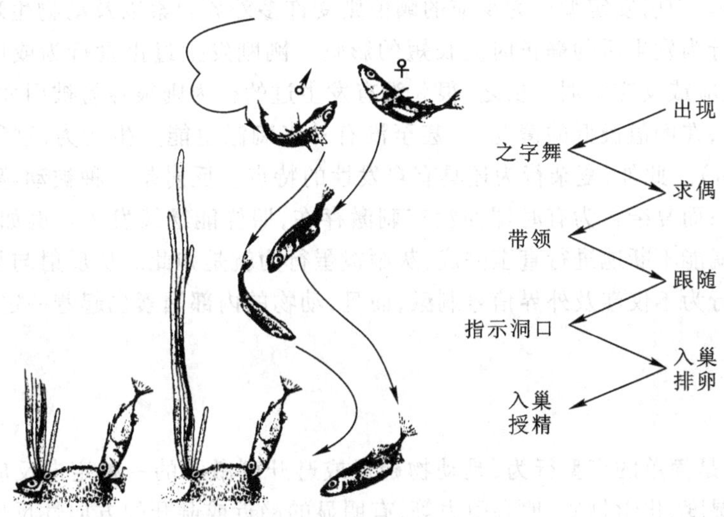

图 6-3　三刺鱼的性行为反应链

与成鸟隔离喂养,它们长大后只能鸣叫出最基本的曲调,表现出简单的发声模式。如果让雏鸟和亲鸟一起生活,雏鸟长大后就能表现出完整的鸣唱,发出优美动听的唱调。因此,简单的鸣叫基调是固定动作模式,复杂的鸣唱声调则是后天学习得来的成分,表明了个体学习在定型行为当中具有一定的作用。

通常,根据定型行为的特点,可以把定型行为分成以下的几种类型。

一、非条件反射

反射(reflex)是指动物通过中枢神经系统对刺激所作出的定型的快速反应。在同样的条件下,同种动物对相同刺激所表现出的反应模式都是完全相同的。反射的这种反应不变性是基于反射活动的严格的解剖学基础,即反射弧。一个反射弧包括 5 个环节:感受器、传入神经、神经中枢、传出神经和效应器。

反射可分非条件反射(unconditoned reflex)和条件反射(conditioned reflex):非条件反射是动物在系统发育过程中所形成而遗传下来的先天性反射,它是与生俱来、恒久不变的最简单的定型行为,其神经联系是固定的,由大脑皮层以下的神经中枢(如脑干、脊髓)参与即可完成;条件反射是生物生存的基本能力。条件反射是在非条件反射的基础上通过学习而逐渐形成的,其神经联系是暂时的,需要大脑皮层参与完成;条件反射提高了动物对环境的适应能力,大脑越发达的动物,建立的条件反射也就越复杂。例如,动物口腔受到食物刺激引起唾液分泌为非条件反射,这种反射活动是不必学习就能够形成的反射;动物听到饲喂的铃声而分泌唾液属于条件反射,是通过后天学习而形成的反射。

简单的反射和复杂的定型行为在一些方面存在着差别。反射对于同样的刺激总是产生同样的反应,而在复杂的行为中,同样的刺激并不一定能得到相同的反应。这是因为复杂行为具有阈值变化的特点,所谓阈值(threshold)是指能够引发反应的刺激所需的最小值。引起反射性反应的刺激阈值是固定不变的。而引发定型行为反应的阈值则受许多外界因素以及动物生理状态的影响。例如,阈值的高低受行为发生后的静止时间长短的影响。刚刚发生过摄食行为或性行为的动物对食物或性刺激不起反应或反应微弱。反之,很久没有发生过的行为则很容易被引发,有时甚至能被类似的刺激引发出来;在阈值极低的情况下,甚至没有外来刺激也能产生行为,这种行为称为虚空行为(vacuum behavior)。此外,复杂行为还具有自发性的特点。反射是一种被动等待,一定要有刺激才能产生反射反应;而复杂行为有时即使没有刺激存在,照样能继续发生。例如,完成行为一旦被欲求行为引发出,就能不断地进行直至完成,灰雁拨蛋行为就是如此。从反射与复杂行为的这些差别可以看出,复杂行为不仅涉及外界信号刺激,而且,动物的内部因素也起着一定的作用。

二、趋性

趋性(taxis)也是简单的定型行为,是动物趋近或避开刺激源的一种定向反应。动物对于环境刺激,如光、温度、湿度、化学物质、地心引力等,有明显的趋近或避开的方向性反应。如果定向反应朝向刺激的来源,称为正趋性;如果背离刺激来源,则称为负趋性。例如,眼虫趋向光源处称为正趋光性;变形虫背光而去,称为负趋光性。依照刺激因素的不同,于是也就有了正、负趋湿性、趋化性或趋地性等。

趋性的主要特点是,它是整个身体的反应,是整个动物体的定向运动,即朝向或背离刺激源的运动,因此其运动方向取决于某一刺激的方向性或强度。趋性和向性(tropism)不同,向性是指不能移动的生物的定向或生长反应,或者是其身体某一部分趋近(正向性)或避开(负向性)某一刺激源的反应。因此,一般是在讨论植物定向生长的内容时才用向性这个名词。趋性也不同于反射,反射不是整个身体的定向运动,如膝跳反射、眨眼反射、缩手反射等都是身体某一部分对某一刺激的定型反应。

趋性和反射都是动物的适应性行为方式,是生物生存的基本能力。随着动物向高级阶段的发展,复杂行为在动物生存起着更重要的作用,因为动物在生命过程中,处处遇到不断变化着的环境条件。反射这种对刺激产生固定的、恒久不变的反应方式,显然不能很好地适应不断变化的环境,因此,越高等的动物,其发展出的行为就越复杂,其简单的反射活动只保留一小部分,而且,高等动物也很少表现出一个简单的趋性活动,趋性往往仅在高等动物的生命早期中表现出来。例如,未睁开眼的初生大鼠,具有负趋地性,把它放在一块倾斜的木板上,它就会向上爬行,即对地心引力有避开的反应;一旦大鼠睁开眼睛以后,由于视觉器官及相关神经系统的参与,这一简单的趋性行为就逐渐消失。

三、动机行为

动机行为(motivation behavior)是指动物所表现出的能够满足机体的某种生物学需要或达到某种目的的定型行为。这一类特殊的先天行为主要由内部环境(内部刺激及内分泌等生理状态)所决定,外界刺激几乎不起作用。从表面上看,似乎动物内部有一个推动力推动着动机行为的发生,在愿望实现或目的达到之后,推动力即消失,行为亦停止。

动机行为,顾名思义,这类行为的发生主要取决于动机值的高低。在行为学上,能够导致动物产生动机行为的多种内在因素称为动机(motivation)。就动物而言,动机主要涉及生理和安全需求的多种内在因素。动机值的高低受一系列因素的综合影响,包括内部刺激、激素水平、生物节律、成熟状况以及以往的经验等。例如,摄食行为的发生取决于饥饿这一生理需求,即使环境中没有食物,但由于饥饿的多种内在因素的影响,这一行为仍然要发生;相反,如果没有摄食的动机,不管食物多么丰富,动物也不进行摄食。动机有以下的重要功能:① 引导行为达到一定的目的;② 激活作用,可加强机体的机敏(alertness)和活力状态,改善机体的机能;③ 促进行为的启动并增强其持续性;④ 决定行为表现的先后顺序,使行为成为一个连贯的能够达到目的的行为序列。

摄食、饮水、睡眠、呼吸、温度调节等都是属于动机行为。这一类定型行为对于动物生存相当重要,因为他们对保持机体内部环境(如体温、血糖浓度、含氧量等)动态平衡即稳态(steady state)起着关键性的作用。例如,在夏天高温季节,大部分哺乳类主要通过流汗散热来保持体温的稳态,而流汗即水的蒸发又涉及体液稳态的问题,因此,需要增加饮水以保持体液的稳态,显然,这种饮水行为的动机就是由于身体缺水的生理需要,而这种生理需要则是一系列内在因素综合影响的结果。

四、节律行为

节律行为(rhythm behavior)是指具有周期性变化的行为。地球上的每个地区都有气温、光照、降水、食物等环境条件的周期性变化,于是,有些时候的环境条件适合于生物的活动,有些时候则不适合,生物在适应于这种周期性变化环境的进化过程中,形成生命活动的周期性变化现象——生物节律(biological rhythm)。

根据节律行为的周期性,主要分为季节节律、月运潮汐节律、潮汐节律、日节律四种节律行为。

季节节律行为的行为活动周期约为1年,因此季节节律(seasonal rhythm)也称为年节律(circannual rhythm)。在地球上的大部分地区,随着季节性的气候变化,动物就会相应地发生某些行为的变化。一些动物可以通过一年一度的迁徙、洄游或冬眠、夏蛰来逃避不良的季节气候。大部分动物每年的生殖行为则是发生在气候、食物条件较好的季节中。例如,一些长途迁徙行为的候鸟如欧柳莺(*Phylloscopus trochilus*),其体重、换羽、生殖腺大小、食物喜好、夜间活动性等都具有显著的季节变化,实验表明,即使将他们的雏鸟进行人工养殖,这种与迁徙相关的生理和行为季节变化依然存在,说明其季节节律是内在的。

一些动物的行为活动规律与月运周期(29.5 d)有关,称为月运潮汐节律(lunar and tidal rhythm)行为。月运潮汐节律主要表现为:每月的初一和十五(新月和满月)之时,地球、月球和太阳在一条直线上,月球和太阳的引力形成合力使潮水涨得最高,即产生大潮(spring tide);当太阳、月球和地球成直角时(农历初七、初八上弦月和农历二十二、二十三下弦月),太阳引潮力和月球引潮力互相抵消了一部分,就产生小潮(neap tide)。一些生活在近海的动物具有明显的月运潮汐节律行为。例如,萨摩亚矶沙蚕(*Eunice* sp.)的生殖行为,只发生在十月份和十一月份下弦月的最低潮时。美国加利福尼亚滑银汉鱼(*Leuresthes tenuis*)的生殖行为是最著名的月运潮汐节律行为。从三月到七月的每个新月或者满月即潮汐最大的时候,银汉鱼借着海浪的冲击,夜间游至海岸高潮线的沙滩上,雌鱼排卵到泥沙中,雄鱼则在周围同时让卵受精;随着潮水的退落,卵就不会受潮水冲击而留在沙内孵化;两周后仔鱼破卵而出,恰值下次大潮来临,仔鱼就被潮汐带回到大海中。

潮汐节律(tidal rhythm)行为是指活动周期与潮汐节律相同步的行为。潮汐节律的周期为24 h

50 min 或 12 h 25 min。每天高潮和低潮的时刻延迟 50 min。全日潮地区 1 d 之内只有 1 次高潮和 1 次低潮。在半日潮的地区如厦门、青岛等，潮水 1 d 2 涨 2 落。许多生活在近海的动物具有潮汐节律行为。招潮蟹的活动和变色规律就是潮汐节律行为的典型例子。每天低潮时，招潮蟹从洞里爬出来进行觅食等活动；当潮水一上涨，它们又进入自己的洞穴中休息。招潮蟹的体表颜色变化也十分特别。每到夜间，其体色变为黄白色，一到白天就变成深色。招潮蟹的变色节律不仅与太阳的昼夜周期有关，而且也与潮汐密切关系。每天日出时，其体色开始变深，一直到低潮时（最活跃时）体色最深。而且，招潮蟹每天呈现最深颜色的时间一天比一天推迟 50 min，正好与潮汐低潮的推迟相一致。实验研究表明，即使关闭在完全黑暗的房间内（没有昼夜、没有潮汐）达 35 d 之久的招潮蟹，仍能保持其变色节律，而且该节律与其受捕地点的潮汐节律完全一致。

日节律（daily rhythm）行为是指活动周期等于或接近 24 h 的行为。日节律也称为昼夜节律（day-night rhythm 或 circadian rhythm）。白天和夜晚在温度、光照、食物等方面存在着差别，因此，昼夜节律行为非常普遍。例如，有些动物活动于白天，称为昼行性（diurnal）动物，另一些则在夜晚活动，称为夜行性（nocturnal），还有一些动物如蝙蝠活动于黄昏或黎明时刻，称为晨昏性（crepuscular）动物。某些昆虫的色素变化、羽化等，也都有昼夜节律性。正常人的体温、血压和基础代谢率的高低，脉搏和细胞分裂的快慢，以及血液成分和各种化学物质的合成也具有昼夜节律变化。

生物节律行为是近代生物学研究中的一个十分活跃的领域，它也是生态学、行为学、生理学、生物化学等多学科交叉研究的热点。实验室的实验研究表明，许多动物即使离开自然环境，处于人工控制环境中（如恒光、恒温、恒压等条件下），仍能表现出相关的节律性行为，这说明在动物体内存在着决定生物节律的定时机制，即生物钟（biological clock）。生物钟的基础可能是存在于细胞内或内分泌系统内的生物化学或生理学机制，它具有能够测定时间并且保持内源性活动节律的作用。20 世纪 80 年代以来，陆续发现一些基因也参与生物节律的调控，揭示生物钟是由遗传基因决定的。2017 年，J. C. Hall、M. Rosbash 和 M. W. Young 三人因发现昼夜节律的分子机制而获得诺贝尔生理学或医学奖。在生物钟的作用过程中，外部环境条件只是作为一种外在的时间调节因素（zeitgeber），它能够在一定的程度上调节内部生物钟，从而使生物钟与环境变化周期相同步。当人为地使外部环境条件的时间节律不存在时，动物的行为节律就会不同步于外部真实世界的时间节律。例如，对于夜行性动物而言，人为地给予恒定的黑暗条件会使其昼夜节律的周期缩短（<24 h），而恒定的光照条件则会使其昼夜节律的周期延长（>24 h），可见，离开外部世界的"时间线索"，内源性的昼夜节律就会偏离外部真实世界的 24 h 昼夜周期。

五、社会行为

"社会的"（social）一词是指同种动物的不同个体之间的相互关系，因此社会行为（social behavior），也称为社群行为，就是指同种动物的不同个体之间发生相互作用、相互关系的有关行为。大多数的社会行为属于定型行为，适应性变异较少，不同物种的社会行为模式是不相同的。

在动物界中，只有少数动物种类的个体之间很少发生社会关系，这些种类主要是一些栖息于水域底质的底栖或附着的无脊椎动物，它们很少或不能相互遇见，生殖时，雌雄个体只是分别将卵子和精子释放到水中。但是，尽管如此，雌雄个体释放卵子和精子的时间也应同步，这种同时释放卵子和精子的现象也可看作是一种社会关系。对于绝大多数的动物种类，特别是那些自由活动的动物,同种动物个体之间就可能会有相互遇见及发生关系的时候,尤其是在生殖期,求偶、交配、育幼的需要使它们更为频繁地发生关系。动物社会关系的牢固性也与物种有关。在动物的生活史当中,有些动物的社会关系是永久的,而有的则只在某一时期发生暂时的关系。

社会行为包括通讯、领域行为、优势等级、利他行为、攻击行为、生殖行为等多种类型。有关社会行为的具体类型,将在后面加以详细介绍。社会行为的含义如此之广,涉及的动物又非常之多,于是,社会行为研究已发展成为行为学的一门新分支学科,即社会生物学(sociobiology)。

第三节 学习行为

学习行为(learning behavior)是动物在经验的基础上,行为发生适应性改变的过程。具体表现为:从前遇到过的情况,使动物对目前相同刺激发生行为反应的改变。这种改变可以是部分改变,也可以是完全改变,如重新建立起刺激——反应联系,或相反,原来对某一刺激有反应,学习后不再表现出反应。

定型行为对一定的刺激产生固定动作模式的行为反应,其生物学意义在于保证动物能够对某一刺激做出及时的准确反应。这种固定动作模式的行为反应是经过进化选择和遗传固定的,具有适应性意义,能适应于环境的各种压力。但是,定型行为是对过去环境条件的适应,而环境条件在不断地变化着,定型行为的某些行为组分经过学习而发生改变或补充,就能使行为更加完善,适应性更高,因此,学习行为有利于动物个体行为适应不断改变着的环境,这就是学习行为的生物学意义。

学习有一定的敏感期。在动物的生命过程中,一般处于发育早期的个体学习能力最强。这种现象的生物学意义是显而易见的,因为在个体发育早期,幼体与其同种成员(双亲、同胞、其他家族成员或群体成员)的生活关系最为密切,这时候有最强的学习能力,就能较方便地学会以后生活所需要的知识和经验,从而有利于提高适应值。

动物的学习能力取决于两方面的因素,系统发育水平和物种生活的特定环境条件。系统发育水平越高,学习能力也就越强。这是因为它们的神经系统发育比较完善。但是,在同样系统发育水平上,如亲缘关系密切的物种甚至是同一物种的不同亚种,也存在着学习能力的差别,这种差别是由它们的特定生活环境条件所造成的。一些学习行为对于在某种特定环境中生活的动物来说,会影响到它们的生存,因此至关重要,但对于生活在其他环境的同类动物却无关紧要,由此不同环境条件下的学习行为表现出较大的差别。

学习行为可以分成许多类型,以下介绍的是常见的几种。

一、习惯化

当动物反复受到某种刺激而不伴随“强化”(reinforcement)所造成的某种反应的削弱或消失,就叫作习惯化(habituation)。强化是指某种刺激与反应之间相互联系的增强,如食物奖赏或解除痛苦是正强化,惩罚为负强化。

例如,许多雏鸟,如雏鸡、雏鸭等,看到头顶有物体移动时,甚至是掉落中的树叶,都会表现出蹲伏、躲避等惊恐的反应,这是躲避伤害的本能反应;但在经历几次后,发现这些刺激无关紧要,它们的蹲伏反应便减弱并逐渐消失。一些具有趋光特性的鱼类,如果放在实验室进行长时间光照处理,最初鱼类会表现出趋光性而集中于光源下,随后则逐渐对光不起反应。实际上,包括人类在内的多数脊椎动物对声音等环境刺激也存在着习惯化现象。

习惯化是放弃某种原有的反应,而不是获得什么新的反应。这种学习行为的适应意义在于动物放弃了对自身生存没有作用、没有适应价值的反应,以减少能量和时间的不必要浪费。

二、经典条件反射

经典条件反射(classical conditioned reflex)也称为巴甫洛夫条件反射(pavlovian conditioned reflex),是指一个刺激(称为中性刺激 neutral stimulus)原本不能引起某一反应,经过一个"学习"过程,变为能够引起反应。这个"学习"过程,就是把中性刺激与另一个原来就能引起反应的带有奖赏或惩罚的刺激(非条件刺激)多次同时给予,使它们彼此建立起联系,中性刺激变成条件刺激(conditioned stimulus),以后在单独呈现条件刺激时,也能引发类似非条件反射的条件反射。巴甫洛夫的实验方法如下:每次给狗喂食物的同时给以铃声,并立即给以食物奖赏;食物与铃声这样多次结合以后,当铃声一出现,就能够测定到狗的唾液分泌。这种由铃声引起的反射性唾液分泌就是条件反射,而食物引起的反射性唾液分泌为非条件反射,铃声可根据是否能引起反应而先后分别称为中性刺激或条件刺激,食物为非条件刺激。

经典条件反射这种学习行为的本质在于:是在非条件反射的基础上,通过学习而建立的起一种新的条件反射。条件反射只是暂时性的神经联系,建立这种神经联系的基本条件是强化过程,如果多次只给条件刺激而不给予无条件刺激的强化,则条件反射的反应强度就会逐渐减弱,最后将完全消失。

三、操作条件反射

操作条件反射(operant conditioned reflex)又称为试错学习(trial-and-error learning),或称为工具性条件反射(instrumental conditioned reflex)。1937 年,美国心理学家斯金纳(Burrhus Frederic Skinner)在实验的基础上提出这一概念。斯金纳设计了具有自动记录的箱子(称为斯金纳箱),箱内尽可能排除一切外部刺激,唯一的物体就是一个杠杆或键盘,动物在箱内可自由活动;把一只白鼠放入箱里,老鼠在箱里四处嗅探和触摸,当它无意中压到键盘时,就会有一小粒食物落入箱中;经过几次偶然的机会,老鼠就会把压键盘与得到食物相联系起来,以后,为了得到食物,它就会自发地去压键盘。

动物自发、随机地做出各种行为反应(先天具有的非条件反射),其中的一种行为反应与某种刺激的联系被行为反应的结果所强化,结果这种反应就与某种刺激形成特殊的条件反射,其余的行为反应则由于没有得到强化而被放弃,这就称为操作条件反射。操作条件反射与经典条件反射虽然都有强化的共同点,但是,操作条件反射是行为在先,刺激在后,行为得到强化的过程,行为是主动的;经典条件反射则是刺激在先,行为在后,行为是刺激的结果,对刺激的行为反应是既定而且被动的。此外,操作条件反射建立后,保持时间更短,只有在经常给予强化时,动物才会保持做出所需的动作。如果我们认为经典条件反射是条件刺激与非条件刺激之间形成了某种联系,那么操作条件反射则是在操作和强化刺激间形成了联系。在强化前动物必须完成一定的操作(如压键盘),在操作的基础上再给予强化刺激,从而使受强化的操作增加出现的频率。强化刺激通常是食物和水。强化的形式则有多种,可以按一定的反应次数给予强化,这样建立的条件反射称为固定比例(a fixed ratio schedule)的操作条件反射,也可间隔一定时间给予1次强化,这样建立的条件反射称为固定间隔(a fixed interval schedule)的操作条件反射。操作条件反射在自然界中具有更重要的适应意义。操作条件反射是作用于环境而产生结果的行为,许多动物行为(如摄食、逃避敌害等)之所以发生变化,就是由于行为的后果所造成的,属于操作条件反射的范畴,因此操作条件反射是一种更有代表性的学习行为。

四、模仿

模仿(imitation)也是一种学习行为,是一个动物复制另一个动物的行为,从中获得新行为的学习过程。动物模仿的对象通常是同物种的个体,但有时也能模仿另一种动物的行为,包括鸣唱、动作模式等。动物通过视觉的动作观察或听觉的声音听取,在记忆的基础上将这些行为成分结合到自己相应的行为中,从而使自己的某一行为发生改变。模仿行为的发生频率受其产生的适应性效果所决定。

鹦鹉、鸣禽等鸟类的学唱就是属于听觉模仿学习。研究发现,澳大利亚华丽琴鸟(*Menura novaehollandiae*)美丽且善于模仿各种声音,其多达80%的声音是模仿其他物种动物的叫声(如狗吠声)、乐器声和各种噪声(如斧子砍击声)。视觉模仿学习(或称为观察模仿学习)则涉及动物自己的运动方式可能与榜样之间存在着实质差别,因此,已知这种较高层次的学习仅存在于一些哺乳类中,大多只见于灵长类,如幼小的黑猩猩(*Pan troglodytes*)看到年长者用沾水的树枝从洞穴中粘取白蚁,它也会以同样的动作模仿这种捕食行为。

五、印记行为

印记(或铭记,imprinting)概念由诺贝尔奖获得者劳伦兹(Konrad Lorenz)全面研究并推广普及。印记是指动物在生命早期牢记某种一起生活的客观事物,该事物由此以后成为一种信号刺激的学习行为。这种学习行为只出现在出生后的较短时限内(称为敏感期或临界期 phase-sensitive or critical period),但印记一经建立,非常牢固,并能影响成长后的若干行为。

著名的印记行为实例是子女印记(filial imprinting),其中表现最明显的是一些早成性鸟类,在生命早期牢记亲体并跟随其左右。劳伦兹实验证明:人工孵化出的灰雁(*Anser anser*)雏鸟,在出壳后13~16 h的敏感期内,会把它看到的任何活动物体(刺激)当作自己的亲体。如果只看到劳伦兹本人,则劳伦兹就被印记成“亲体”,劳伦兹走到哪儿,灰雁雏鸟也跟到哪儿;当灰雁雏鸟受惊时,也会朝着劳伦兹跑来。劳伦兹还发现,灰雁雏鸟也能够印记非生命的移动物体。印记行为是一种迅速建立起来并具有长期效果的一种学习行为,对于动物生存具有重要意义。印记行为的迅速建立,有助于早成性动物在出生后的短时间内能够正确识别亲体并跟随,并且雄性个体还能够以雌亲为模板,在性成熟之后选择正确的配偶。

六、推理学习

推理学习(insighting)也称为悟性学习,是指动物通过理解如何达到目的的问题所在,第一次就能直接找出解决问题的办法。推理学习是学习行为的最高级形式,它比上述几种学习行为更为复杂,因此,推理能力只有少数几种高等动物才具备。

灵长类的大部分种类一般都具有推理学习能力。在灵长类方面的许多研究都以黑猩猩作为实验材料,德国学者科勒(Wolfgang Kohler)对此做了大量的工作。科勒用一些实验来评价动物解决问题的能力。例如,笼子里面的黑猩猩在用手拿不到高悬的食物时,会使用竹竿来获得食物;如果不给予竹竿而给予许多木箱,且食物悬的更高,黑猩猩则会通过叠箱子来获得食物。

推理学习的最简单实验是所谓的动物绕道实验(detour experiment),即把食物放置在用铁网或玻璃围起的围栏外面,让里面的动物可望而不可即。这时,动物如果直向行进反而不能拿到食物,必须先退离再绕道才能达到目的。对于这种简单的绕道问题,灵长类往往一次就能成功,狗、大鼠和一些食肉类要经过几次尝试学习,有蹄类则很难成功,鸟类几乎完全不能解决。

近年来,随着分子生物学的飞速发展,科学家在揭示动物学习行为的遗传机制方面取得了一些重大进展。1999 年,以华裔美国科学家钱卓为首的普林斯顿大学研究组成功地获得了转 *NR2B* 基因的实验鼠(命名为“Doogie”),*NR2B* 是一种与调节大脑(海马)学习记忆相关的基因,Doogie 在反应速度、记忆时间、解决问题等六种标准学习测验中都优于正常鼠。这项研究为揭示学习行为神秘而未知的大脑基因调控机理开启了一扇天窗。

第四节 社会生物学

一、群体及社会

大多数动物种类的性成熟个体除了结对以外,还会形成暂时性或永久性的群体。不同动物种类的群体,其功能和年龄、性别组成都有所不同。

动物群体的形成可能是完全由环境因素所决定的,也可能是由社会吸引力(social attraction)所引起,根据这两种不同的形成原因,动物群体可分为两大类,前者称为聚集(aggregation),后者称为社会(society)。

聚集也称集会(collection),是许多同种个体为了寻找同样的环境所产生的,如洞穴、隐蔽地、休息或越冬地等。在这种情况下,动物并不相互识别,各个动物都是因自身需要而来到同一地方,这种集会只是偶然的,没有真正的社会意义。聚集现象普遍存在于动物界的各类群中。

社会群体的形成并不是由于环境的偶然因素所引起,在真正的社会群体当中,同种个体之间具有相互的吸引力,有分工协作,从而共同维持群体这一组织。社会群体属于永久性集群,其重要标志是群体成员的分工协作以共同维持群体的生存。社会群体存在于社会动物当中。所谓社会动物是指具有分工协作等社会性特征的集群动物。社会动物主要包括一些昆虫(如蜜蜂、蚂蚁、白蚁等)和一些高等动物(如包括人类在内的灵长类等)。社会昆虫由于分工专化的结果,同一物种群体的不同个体具有不同的形态。例如,有翅型白蚁在春夏之时,会于傍晚雨后闷热的适宜天气条件下群飞出巢(称为婚飞),少数雌雄个体相互交配成功,翅掉落后找到合适的居住地建立一个新的蚁群社会,雌雄双方成为蚁后和蚁王,随后开始繁殖及逐步扩大白蚁社会。在白蚁社会当中,有大量的工蚁和兵蚁以及 1 只蚁后和 1 只蚁王,工蚁专门负责采集食物、养育后代和修建巢穴;兵蚁专门负责防御保卫工作,具有强大的口器;蚁后则成为专门产卵的生殖机器,具有膨大的生殖腺和特异的性行为,采食和保卫等机能则完全退化;蚁王专司与蚁后交配授精;这些分工协作保证了社会群体的正常生存。蚂蚁社会群体的组成与白蚁社会群体相似,所不同的是,蚂蚁社会群体的雄蚁在交配后即发生死亡,工蚁和兵蚁仅由雌性组成。蜜蜂、黄蜂等蜂类的社会群体由蜂后、雄蜂和工(职)蜂组成,防御、觅食与护幼等工作都由工(职)蜂负责,与蚂蚁社会群体相似,雄蜂在交配后即发生死亡,工(职)蜂也由雌性组成。

威克勒(Wolfgang Wickler)认为,群体又可分为开放性和封闭性两种。开放性群体的特征表现在:群体的成员可相互交换,某些个体的消失或新成员的加入都不会明显地干扰或改变整个群体的行为。这种群体见于动物的迁徙群或生殖群。对于封闭性群体,群体之间难以进行成员交换。封闭性群体成员能够相互识别,而且以不同的行为方式对待自己的成员和外来成员。对待自己的成员是温和的,而对待外来成员则是攻击性的,有时甚至会给予伤害。白蚁、蚂蚁、蜂等昆虫社会以及猴、猿、犬科动物等哺乳类都属于封闭性社会群体。

二、群体生活的利弊

动物界的许多动物种类都是群体生活的,说明群体生活具有生物学意义,群体生活的较高适应值促进了动物社会结构的进化。

群体生活较好地为每个成员提供了防御敌害的保护。主要表现在以下 4 个方面:① 起着共同警戒的普遍作用。一个群体有众多的感觉器官,因此能够更快、更易发觉捕食者的到来。实验表明,利用一只受过训练的苍鹰(*Accipiter gentillis*)攻击正在取食的林鸽(*Columba palumbus*),如果林鸽群越大,就能在越远的距离发现猛禽的接近,因而能够及早逃走,从而导致苍鹰攻击成功的机会越来越小。但社群生活有利于猎物及早发现捕食者的这种好处,不会随着猎物种群的增大而无限增大。观察狼(*Canis lupus*)群猎杀北美驯鹿(*Rangifer arctiaus*)的结果发现,如果驯鹿群太大,它们更容易被狼群猎杀,因为太大的鹿群反而更难发现狼群的接近。对于社会群体,由于分工的不同,个别个体,如年长的雄性岩羚(*Oreotragus oreotragus*),进行专心警戒,其他个体则能从事其他活动。② 许多动物种类,如鸟类、鱼类等,当敌害出现时,迅速成群逃离,这种混乱效应增加了捕食者集中精力对准某一个体的难度,从而增加了每个成员存活的可能性。③ 社群生活还具有稀释效应(dilution effect),即对于任何一种捕食动物的攻击,猎物群越大,其中每一个个体被猎杀的概率也就越小,这样,一个动物就因为与其他同类个体生活在一起而得到保护(图 6-4)。从稀释效应的角度,便可解释鸵鸟、秋沙鸭等某些鸟类的奇异育雏行为。当两只雌鸟相遇时,每只雌鸟都试图偷取对方的幼鸟,让它加入自己的家庭。因为偷取到的幼鸟能够扩大家庭当中的幼鸟群体数量,当幼鸟群体受到捕食动物攻击时,自己亲生幼鸟被猎杀的概率就会减小,实际上这也就是一种稀释效应。④ 群体生活的另一好处是能够共同防御敌害。麝牛、野羊遇到捕食者时,成体就会形成自卫圈,角朝向圈外的捕食者,圈中的幼体就能得到保护。分布在树枝上的刚孵出壳的蝶角蛉幼虫(*Ascaloptynx* furciger)，一旦发觉有捕食性昆虫向它们接近时，就会聚集在一起，抬起头面向捕食者，同时迅速张开大颚，不断地做出剪攫的动作(图6-5)。

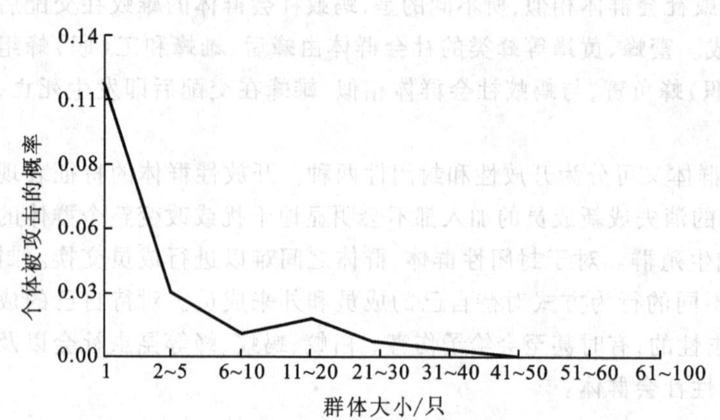

图6-4　红脚鹬群体大小与个体被雀鹰攻击概率的关系

图6-5　蝶角蛉幼虫的集体防御行为(Wilson,1980)

群体生活也有利于捕食。许多动物以群体进行合作捕食，捕杀到食物的成功率明显加大。成群狮子的捕食成功率，平均是个体捕食的两倍。以鱼为食的鹈鹕、秋沙鸭和蛇鹈，捕食时群体常在水面上围成半圆圈或排成横队，共同扇动两翼拍打水面，随着群体捕食圈的移动，逐渐迫使鱼儿到浅水区之后再捕食，提高捕食效率。对于那些非捕食性动物以及单独捕食的动物来说，群体生活具有交换食物信息的作用。在很多鸟类群体中，一些已经找到丰富食物的个体，第二天会直接飞到那个地方继续觅食，而那些还没有找到食物的成员就会被一齐引导到同一地方。在食物资源分布不均匀且不稳定的情况下，社群内部个体之间的这种信息交流就显得尤其重要。许多椋鸟、织巢鸟、鹭类和海鸟都属于这类动物。

群体生活对动物的生殖也有许多好处。集群生殖有利于求偶、交配、产仔(产卵)、育幼等一系列生殖行为的同步发生和顺利完成。已知群体数量较大的海鸥群，每窝产生的雏鸟数也较多；鼠类幼仔如果由几只雌鼠一起照顾，生长速度也较快。集群生殖也有利于在生殖期共同防御敌害。在同一地点生殖的海鸥，听到报警的叫声，便会迅速组群，集体攻击入侵者，显然，这种集体防御效果比个体防御更为有效。

我们的实验研究表明，厦门大屿岛白鹭自然保护区在1999年以前曾经长期是鹭类的集群营巢地，但是，由于1999年台风对岛上植被和鹭巢的破坏，另一方面也由于2000年春季大屿岛周围建设施工的人为干扰，导致2001年和2002年连续2年岛上没有出现鹭类集群营巢生殖。为了恢复大屿岛鹭类营巢地，我们依据鹭类集群生殖的行为生态习性，2003年在大屿岛围网圈养80只白鹭雏鸟，至2004年春季存活73只，春季之后再人为地在养殖地内添加干枯树枝为白鹭提供营巢材料，圈养白鹭开始进入营巢之后去除其圈养的围网。随着养殖鹭类进入营巢生殖，对岛外的其他鹭类产生招引效应,养殖地周围的鹭类集群数量逐渐增加。据 2004 年 5 月调查统计,大屿岛上集群营巢的鹭类亲鸟数量达 6 300 只,其中,白鹭、夜鹭、池鹭、牛背鹭的比例分别为 79.36%、14.29%、4.76% 和 1.59%。可见,在鹭类废弃营巢地植被等环境条件没有被破坏而且在消除其人为干扰的前提条件下,利用鹭类集群生殖的行为习性,能够通过养殖鹭类招引外来的野生鹭类重新回到已经废弃的营巢地进行集群生殖,该结果为鹭类营巢地的管理和保护提供了借鉴。

群体生活还有许多其他优点。例如,建筑巢穴以改变栖息小环境,分工以提高工作效率等等。群体生活的众多优点是同时存在的,因此,很难断定哪一些优点是主要的,哪一些是次要的。

群体生活也会带来一些不利的影响。例如,狮子虽然通过群体捕食所捕获到食物要比单独捕食的多,但是,这些食物必须被每个群体成员所分享,因此,对于群体当中的每个成员,都有潜在食物竞争的压力。同样,群体当中的成员由于配偶的缺乏也存在着生殖竞争,一些成员的生殖机会可能多于另一些成员。但是,社会动物已经在进化过程中产生了一系列的机制来加以避免或减少这些不利影响。当然,我们也可以看到,在自然界当中的另一些动物种类只是在生殖期生活在一起,其余大部分时间则是独居生活的,这些独居生活的动物也照样能够很好地生存。事实上,动物采取哪一种生活方式是在长期进化过程中的适应结果,只要其生活方式有利于物种的生存和繁衍,那么,这种生活方式就会在自然选择过程中得到保留。

三、动物社会的维持机制

动物社会是由许多个体所组成并且个体之间具有分工协作的群体。显然,动物社会应该有一些机制来实现个体成员之间的分工协作,维持社会的长期生存,而且,社群生活对于其中的每一个个体应该是利弊共存,动物社会在长期的进化过程中还应该产生一系列的对策来克服和解决这些不利。动物社会的维持机制就在于其社会内部存在着各种社会行为,通过各种社会行为来解决上述问题,维持群体的正常生活和繁衍。

1. 通讯

群体生活时,动物个体之间总要互通信息。即使是独居生活的动物,个体之间的通讯也是必不可少的。只有互通信息,个体之间才能彼此了解,各司其职,才能在共同行动中协调一致。因此,要研究动物的社会行为,首先必须对动物之间的通讯进行了解和分析。

通讯(communication)是指一个个体释放出一种或几种刺激信号,并引起接收到信号的个体产生行为反应。通常,动物释放的刺激信号可以直接诱导出接收个体的可见行为。但是,有时却看不见接收动物有什么行为改变。此时,信号的作用只是引起受纳个体再接收后续其他信号刺激时反应阈值的改变。也就是说,这种信号降低了受纳个体在另外的行为过程中所需要的刺激强度、刺激量和作用时间。

在通讯过程中,个体之间用以传递信息的行为或物质称为信号(signal)。信号可分为 2 类:一类是分立信号(discrete signal),也称质量信号(qualitative signal),这类信号只有是与否、有与无的两种对立状态,没有中间过渡的其他状态。例如,萤火虫的发光与不发光就是属于这一类信号。另一类信号为分级信号(graded signal),也称数量信号(quantitative signal),这类信号可以根据不同的强度、频率或两者分为若干等级,因此可以传递定量的信息,通常,动物个体的行为动机越强烈,发出的信号也就越强或越频繁。

一般说来，信号行为是天生的。一种动物的信号，只能被同种个体所接受；亲缘越近，接收到信号的可能性也就越高。接收到信号的个体做出什么反应，虽说也大多是出自本能，但在很多高等动物中经过学习能够得到改善。昆虫等一些无脊椎动物和低等脊椎动物对信号的反应大多是定型的，而且对每一种信号只产生 1 种或很少的几种反应。

行为学家们已经发现，每种动物大约有 50 种信号行为，但这些行为所包含的实际信息的数量可能会更多。一些无脊椎动物和大多数脊椎动物，能够通过一些方法增加信号所包含的信息数量。例如，信号能够被分级，或与其他信号结合，或者与其他信号按顺序出现，都能代表不同的含义，而且，信号能够随着环境中事件发生的来龙去脉而相应变化其含义。

根据信息传导途径，动物的通讯一般可分为以下 3 类：

（1）化学通讯　由嗅觉和味觉通路传导信息。如外激素（exohormone），也称为信息素（pheromone），这种由动物释放于体外而能够引起同种的其他个体产生特异性反应的化学物质，就是化学通讯的主要物质。动物的一些分泌物是针对其他物种的，这种分泌物就称为异种信息素或异源外激素（allomone）。大部分信息素对感受者的影响是瞬时的（像视觉和声音信号一样），这种信息素叫信号信息素（signal pheromone）；少数信息素可改变感受者的生理状况，而所引起的行为变化要在长时间以后才发生，这种信息素叫起动信息素或引物信息素（primer pheromone）。

（2）机械通讯　由触觉、听觉通路进行传导，包括声音和触压方面的联系。如鸟类常常彼此互相梳理羽毛，以便增强个体之间的社会联系和信任感。灵长类则可通过挤靠、舌舔、接吻、碰撞、拥抱、口咬和轻轻拍打等方式传递信息。在动物界，声音与视觉信号一样被广泛地用于通讯和信息交流。J. R. Krebs 曾用播放大山雀（*Parus major*）鸣声的方法来研究鸣声对其他大山雀的影响，发现大山雀是通过鸣歌声来判断一个领域是不是已经有了主人，而且，大山雀领域大小与鸣声的多样化呈正相关。

（3）辐射通讯　包括视觉通讯和电通讯。视觉通讯由光感受或视觉通路来完成其通讯机能，视觉信号包括光照度的变化、物体的移动、图形、颜色等。萤火虫在夜间通过发光器官所发出的冷光信号来寻找配偶。有一种雄性萤火虫（*Photinus pyralis*）在四处飞行过程中严格地每隔 5.8 秒发光 1 次，雌萤则停歇在草叶上以发光相应答，两性的发光间隔时间相同，但雌萤总在雄萤发光 2 秒后才发光；雄萤一旦得到雌萤的应答信号，便朝雌萤飞去，并继续发送信号，只有继续得到雌萤的应答才能不断地接近雌萤。据研究，萤火虫的发光频率存在种间差异，避免了种间信号混淆和种间杂交。在电通讯中，电信号起着传递信息的作用。电信号可用于传递求偶、召集同种个体和表示顺从等信息。当电鳗（*Electrophorus electricus*）捕到猎物之后，便改变电量输出，以极高的频率和极大的电量放电，同种个体会“闻讯”赶来。显然，这种信号有吸引和召集同种个体的作用，宛如鸟群中的一只鸟在找到食物后，通过鸣叫以召唤其他个体前来取食。

从原生动物到复杂的高等脊椎动物都具备以上所述的通讯方式。动物所采用的通讯方式与物种的感觉、运动能力有关，鸟类以视觉和声觉、哺乳类以嗅觉和声觉、昆虫以嗅觉通讯为主。动物所采用的通讯方式也与物种的栖息环境有关。通常，生活在开阔地环境的动物，以视觉通讯为主，而生活在非开阔环境的动物，则以嗅觉或声觉通讯为主。

通讯具有多种生物学功能。作为社会行为，通讯的主要作用如下：

（1）报警信号　在所有的社会动物和很多的非社会动物中都存在着报警行为，如野兔通过捶打地面向同类报警，羚羊在逃跑时总是把白色的臀斑暴露出来向同伴报警，鸟类主要通过鸣声报警。当危险来自空中时，鸣声报警鸟类往往静止不动或处于隐蔽状态，发出清亮的高频声，这种声音的开始和结束都很柔和，使空中的鹰隼很难判断发声者的位置；当危险来自地面时，报警者往往是在飞行逃逸的过程中发出报警鸣声，鸣声响亮、尖锐但不连贯。

（2）食物信号　食物信号经历过从简单到复杂且高效的进化过程。目前生存的蜜蜂（*Apis mellifera*）的舞蹈通讯（图 6-6），就是食物信号进化顶点的最好实例。侦察蜂回巢后通过舞蹈和其他行为可以向同伴传递 4 种信息，即食物的类型、食物的数量和质量、食物的距离、食物的方位。食物类型的信息通过黏附在体毛上的气味和反吐出少量花蜜和花粉进行传递；食物数量和质量的信息通过舞蹈的持续时间和舞蹈者的兴奋程度进行传递；食物距离的信息首先由舞蹈类型决定，其次则决定于跳八字舞时走中间直线的长度。如蜜蜂的一个亚种（*A. m. carnica*），若食物离蜂箱很近，则跳圆圈舞；随着二者距离逐渐增加，镰刀舞取代圆圈舞，进而八字舞又取代镰刀舞。食物方位的信息则通过八字舞中间直线的方向进行传递。如果舞蹈蜂在蜂箱的巢础表面垂直向上走这条直线，就表明蜂箱、食物和太阳在一条直线上，且食物位于蜂箱和太阳之间；如果舞蹈蜂垂直向下走中间直线，就表明食物和太阳分别位于蜂箱两侧（三者仍在一条直线上）；如果舞蹈蜂走中间直线的方向向右偏离了垂直线 x 角度，这就表明食物的地点在蜂箱与太阳连线偏右 x 角度的方位上；如果舞蹈蜂走中间直线时向左偏离了垂直线 x 角度，这就表明食物地点在蜂箱与太阳连线偏左 x 角度的方位上。

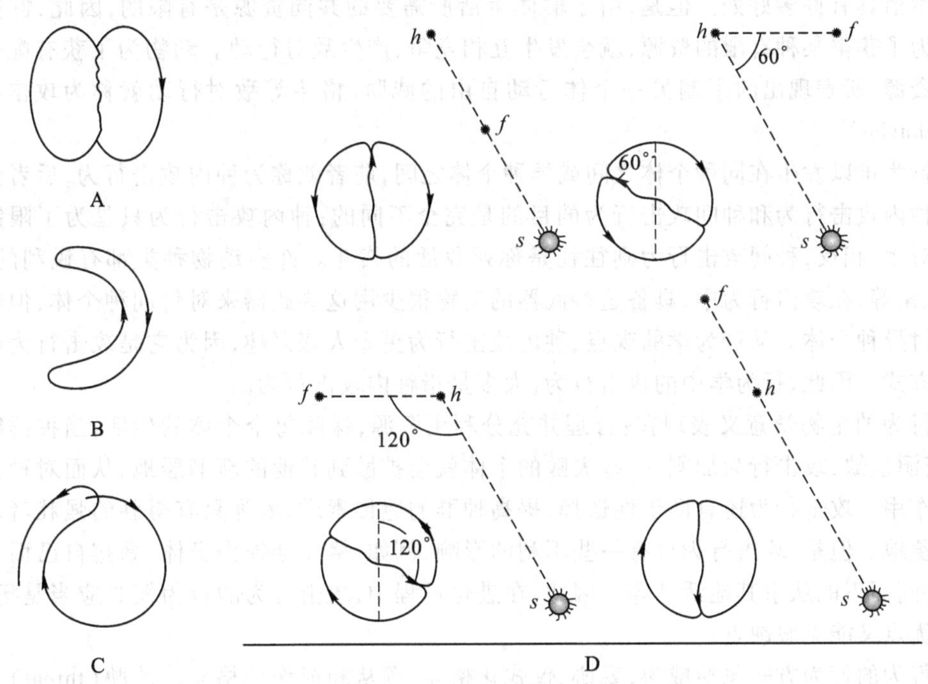

图 6-6　蜜蜂的视觉通讯

A. 圆圈舞　B. 镰刀舞　C. 八字舞　D. 跳八字舞时走中间直线的方向与食物（*f*）、蜂箱（*h*）、太阳（*s*）三者相对位置的关系

（3）求偶和交配信号　求偶信号主要有 2 个功能：① 促进两性个体间的相互识别和对各自生理状态的相互了解；② 使配对双方配合完成交配合作，以充分保证卵的受精。对于雌雄双方合作抚养后代的物种，求偶信号在交配后有利于巩固和加强双亲之间的联系。求偶信号通过视觉、听觉或

嗅觉通路进行传递。多数情况下由雄性发出信号。澳大利亚蝉（*Cystosoma saundersii*）可发出800 Hz的低频声，其声音强度在80 dB以上。雄蝉聚集在一起所发出的声音强度常超过100 dB以上，传播距离更远。由于雌蝉感受器对800 Hz的低频声最为敏感且具有最大的定向性（directionality），所以常被吸引到雄蝉群体的中心位置。但是，雌蝉一旦进入雄蝉群体中就会因极强的叫声而丧失定向敏感性，此时，雄蝉可能依靠雌蝉所释放的信息素的吸引作用而得以最终相会。

（4）亲子信号 迄今为止研究得最充分的亲子信号是银鸥雏鸟的求食反应。银鸥雏鸟通过啄击亲鸥喙上的红斑，促使亲鸥吐出食物给自己。Tinbergen的研究表明，成年银鸥黄色喙上的红斑是一种特殊信号，具有释放雏鸥啄击反应的功能。

通讯所显示的功能随物种而异，甚至同一物种内的通讯，亦可能由于分布区的不同而存在着隔离现象，形成类似“方言”之间的差别。鸟类学者研究发现，美国密歇根湖畔的乌鸦不能与意大利佛罗伦萨郊区的乌鸦通话，城市的乌鸦与农村的乌鸦互不理解对方的“话语”。

对动物通讯的研究近来已有了新的发展。行为学家们认识到：通过对动物通讯的了解，能揭示人类信息传递的生物学起源，也能有利于管理有益动物和控制有害动物。例如，当成群结队禁捕的大海豚在海轮周围嬉闹而影响作业时，将录下来的一阵阵大海豚遇险的叫声播放入水中，顷刻之间，这些大海豚便全部逃之夭夭。

2. 攻击行为

群体生活具有许多好处。但是，由于群体生活所需要的共同资源是有限的，因此，群体动物的个体之间为了获得某种有限的资源，就会发生互相竞争，产生敌对行动。动物为了获有配偶、食物、栖息地等资源，所表现出的限制另一个体行动自由的威胁、格斗等敌对行动就称为攻击行为（aggressive behavior）。

攻击行为可以发生在同种个体之间或异种个体之间，前者就称为种内攻击行为，后者为种间攻击行为。种内攻击行为和种间攻击行为的目的是完全不同的：种内攻击行为只是为了限制而不是为了杀害对手，相反，种间攻击行为则往往是你死我活的格斗。许多动物种类都有锐利的武器，如牙、喙、爪、角等，在攻击行为中，具备这些武器的动物很少用这些武器来对付同种个体，但经常用于有效地对付异种个体。从行为学的观点，种内攻击行为更令人感兴趣，因为它是攻击行为的源泉及高度复杂方式。因此，行为学中的攻击行为，大多是指种内攻击行为。

攻击行为的生物学意义表现在：合理并充分利用资源，保障每个个体的生活；当种群密度增加时，由于资源短缺，攻击行为加剧，一些失败的个体就会扩散到其他的新栖居地，从而对种群的密度起着调节作用。攻击行为还有助于性选择，提高种群的遗传素质，因为只有得胜的强壮者才能得到配偶和生殖地。但是，攻击行为也有一些不利的影响，例如，格斗会损伤身体，暴露自己而容易被捕食，浪费时间而不能从事其他活动等。因此，在进化过程中，攻击行为的行为模式应当是扬长避短，既能保持优点又能克服缺点。

攻击行为的行为方式包括威胁、妥协、仪式化格斗、顺从和损伤性格斗。威胁（threat）是一种不采用暴力的攻击行为，实际上也是一种通讯联系。威胁行为（threat behavior）可以表现为外部形态上的扩大变化（如狗的竖毛、蛤蟆的鼓气）、显示身上的攻击武器（如张嘴露齿）、气体释放、鸣声或体色变化的警告等，并且在威胁过程中逐渐增加威胁强度的表现（图6－7）。威胁的结果可能是一方表现出妥协。与威胁相反，妥协行为（appeasement）表现为缩小身体，掩藏武器，收敛气味、鸣声或体色等刺激信号，并向后退缩。

图 6-7 猕猴和绿鹭威胁行为的增级信号

A→C. 猕猴威胁信号的增级 D→F. 绿鹭威胁信号的增级

但是威胁的结果有时并不能出现妥协的结果，那么，就会进一步发生仪式化格斗（ritualized fight），这种格斗不是为了损伤或杀害对手，而是为了增强信号的效率。由于这种格斗行为常有固定的行为序列，犹如遵循一定的"规则"，则因此称为仪式化格斗。例如，公羊之间由于求偶尔发生格斗时，双方同时低头向前猛冲，两双巨角相互撞击，发出巨响；撞击几次后，一方痛感不支，自认败阵而表现出顺从（suppleness）行为，冲突到此为止，撞死的情况极少。响尾蛇发生仪式化格斗时，双方只是尽力把对方压倒在地上，而不是用毒牙伤害对手（图 6-8）。顺从（又称屈服）的行为方式和妥协相似，例如，斗败的狗表现为垂下尾巴、低头帖耳等。但是妥协行为是发生在格斗行为之前，而顺从行为是发生在格斗行为之后；妥协可以避免格斗行为的发生，顺从则避免格斗行为的继续进行。

图 6-8 响尾蛇的仪式化格斗

损伤性格斗行为通常是在种群密度过高的情况下才会发生。当外来陌生者加入某一群体时，或者是不同群体成员之间，所发生的格斗行为也可能是损伤性的，甚至会导致死亡，在这种情况下种内攻击行为类似于种间攻击行为。从上述攻击行为的各种行为方式可看出，在攻击行为当中，存在着一系列阻止格斗发生的机制,包括威胁、妥协、顺从等,真正的损伤性格斗所发生的比例是很少的。这说明在进化过程中,种内攻击行为的确已经在防止严重损伤方面有了较好的适应,从而减少种内攻击行为所带来的不利影响,保证种族的生存和生殖。

攻击行为发生的结果,往往使群居动物个体间产生一定的等级关系,在一段时间内减少攻击行为的发生。

3. 优势等级

优势等级(dominance hierarchy)也称为社会优势顺序,是指社会动物群体当中,不同个体之间各自具有一定的等级地位;高等级地位的优势个体能够控制低等级地位的从属个体,限制后者的一些行动,可以比从属个体优先获得资源,包括食物、栖息地和配偶等。优势等级的这种社会优势顺序是通过攻击行为或其他行为所形成。攻击行为结果的胜利者占有优势等级,失败者则处于从属地位。优势等级关系最早是在家鸡群当中发现的,称为啄食顺序(peck-order),包括 3 种基本类型:独霸式(despotism)(图 6-9),群体当中只有一个个体处于优势等级,其余个体都是同样等级的从属个体;直线式(linear order),即甲支配乙、乙支配丙、丙支配丁;三角式或称为循环式(triangular or circular order),甲支配乙、乙支配丙、丙支配甲。

图 6-9 家鸡的优势等级类型

A. 独霸式 B. 直线式 C. 三角式

在大多数社会群体当中,雌性个体和雄性个体的优势等级制度是分开的。通常,优势个体具有表现出利他行为的特点。有关利他行为的概念将在后面加以介绍。优势等级关系一旦形成,在一段时间内,个体之间不再为争夺等级地位而发生相互攻击,因此,减少了攻击行为的发生频率,有利于减少伤害的发生。高等级地位的优势个体具有一些特征来“标明”自己的地位,如鸡冠或鹿角的大小、羽色鲜艳、体格强壮等。但是,随着优势个体和从属个体的年龄和体格的变化,当从属个体有可能战胜优势个体时,从属个体就会向优势个体发起攻击,试图争夺高等级地位,以获得更多的资源。优势等级结构不仅有利于减少相互攻击所造成的伤害,也有助于群体当中的分工协作及提高工作效率,而且还有利于提高种群的遗传素质。

4. 领域行为

动物在一段时间内,有选择地占领一定的空间范围,排斥其他同种个体的进入。被占领的这一空间称领域(territory),有关领域地的保卫行为就称为领域行为(territoriality)。

领域和巢区(home range)是两个不同的概念。巢区有时也译成家域,是指动物栖息、觅食等活动的地方;通常巢区范围大,领域只是巢区中经过选择的某一部分;巢区内动物之间不发生排斥,而领域则是某一个体或群体所专用的,不允许其他同种个体的进入;巢区是动物生存所不可缺少的,而领域有时候则不存在。

许多动物都有领域行为,这些动物包括:昆虫、甲壳类、其他一些无脊椎动物、鱼类、两栖类、蜥蜴类、鸟类和哺乳类(包括人类)。对于椋鸟等一些鸟类,如果食物资源在环境当中处于均匀分布时,其个体具有觅食领域;当食物资源在环境当中具有不规则的时间或空间变化时,个体则没有觅食领域,在这种情况下,它们往往集群栖息和觅食,因为成员之间可以相互利用食物资源的信息,增加获取到食物的机会(图6-10)。

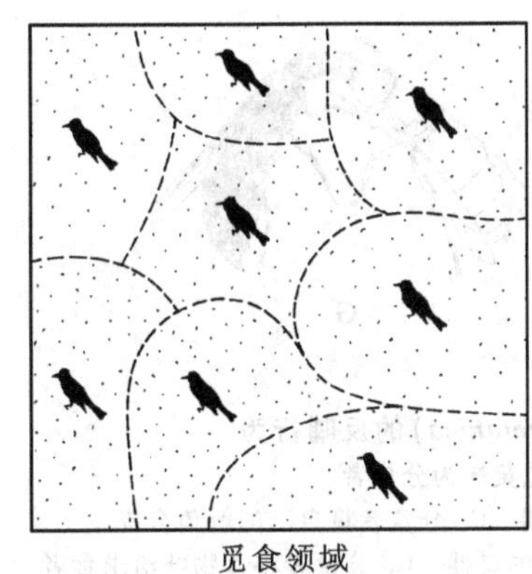

觅食领域

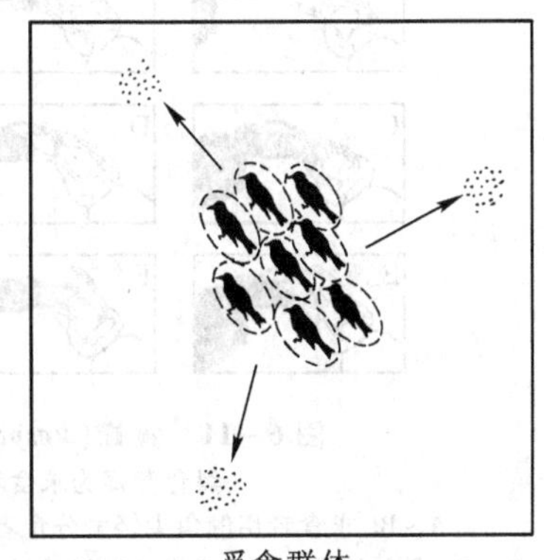

觅食群体

图6-10 鸟类觅食领域的变化

领域的大小随物种而异,藤壶的领域直径只有几个毫米而已,而非洲水牛的领域直径则远达几千米。对于同种个体来说,领域的大小也具有伸缩性。当种群密度较低时,领域就较大;当食物等资源较丰富时,领域就较小;但是,当种群密度过高时,领域就不存在,因为这时候护卫领域的投入代价大于领域的利益获得。

领域行为除了用攻击行为来对付入侵者以外,更多的情况是采用不同的"标记行为"来表明领域地的所在位置,防止其他个体的入侵。标记行为实际上也是动物的通讯方式。动物的"标记行为"可以是视觉标记,如身体的姿势或运动、爪印或粪便等;或是声音标记,如猿、鸟和蛙的鸣叫声;或是嗅觉标记,如借助身体产生的粪、尿、唾液或特殊腺体所产生的气味物质;也可以是电标记,如貘鱼(*Tapirus* sp.)能够用放电来标志它们的领域,防止同种鱼其他个体的侵入。有时,不同的标记信号可以相互结合使用。例如,大部分鸟类都是以鸣声结合飞翔等行为来宣布自己的领土权。狮子主要是靠尿液的霉臭味来标明领域地,但也结合边界巡逻来保卫自己的领域。

动物的领域行为虽然要付出一定的代价,如消耗时间和能量,但是所得的利益则更多。当资源有限时,能够保证占有足够的食物、栖息地等;在生殖季节,可以避免其他同种个体的干扰,有利于求偶、交配、育幼等;有利于熟悉该地区,回避敌害或寻找食物;而且,能够减少个体或群体之间的冲突,即攻击行为的发生。因此,领域行为在进化过程中具有重要的生物适应意义。

5. 利他行为

利他行为(altruism)是指对自己无益或有害,但是对群体当中的其他个体有益的行为。利他行为表现在防御、生殖、分食等多个方面。例如,狒狒(*Papio ursinus*)在进食时,必定有一只优势雄性个体担任警戒;当捕食者或其他异群个体靠近时,警戒者就会及时发出警告并展开攻击性防御。许多灵长类社会群体都具有类似的防御利他行为。白蚁、蚂蚁、蜜蜂、黄蜂等社会性昆虫,一个群体当中只有1只或少数几只生殖个体,其余多数非生殖个体则分工进行专门化的防卫、觅食或护幼,为整个群体的生存而努力工作,非生殖个体因此表现出生殖利他行为。蚂蚁群中的工蚁,蜜蜂中的工蜂都有反哺行为(regurgitation)。它们外出摄食归巢后,会吐出食物喂给同巢的其他个体(图6-11),属于分食利他行为。

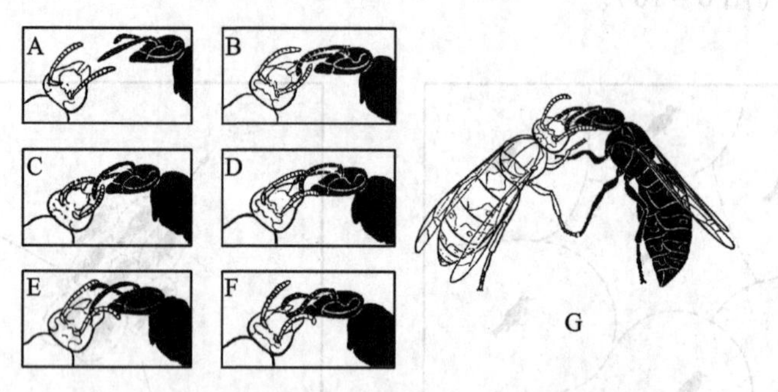

图6-11 黄蜂(*Vespula germanica*)的反哺行为

黑色黄蜂为求食者,无色黄蜂为分食者

A~B. 求食者用触角尖轻触分食者的口器 C. 分食者将自己的触角合拢

D~F. 求食者将触角上下抖动继续轻触分食者的口器 G. 分食者将食物吐给求食者

四、生殖行为与对策

生殖行为(reproductive behavior)由性行为和育幼行为构成。和摄食行为一样,生殖行为是动物最基本的本能行为。前者是个体生存所必需的行为,后者反映了特定基因型的相对竞争能力,是种族生存所必需,两者共同决定着动物的生物学适合度(fitness)。适合度是指某一生物个体的基因型在后代当中相对于其他基因型的贡献,具体表现为该生物个体所能够生产和成功育成的后代数量。生物个体留下的后代越多,其适合度就越大。随着世代的延续,高适合度个体所具有的遗传性状就会在种群中得到提高。如果动物只有摄食行为而没有生殖行为,没有养殖后代,其适合度将等于零。所谓对策(strategy)是指生物在进化过程中所形成的各种特有的生活特征,是某种生物适应于特定环境所具有的一系列生物学特性的设计。

1. 性行为

异性之间,导致精子和卵子结合的一切行为都属于性行为(sexual behavior)。因此,性行为包括求偶、配偶的形成和保持、交配。性行为是由一系列固定动作模式按程序所组成的,即每一阶段都有一定的刺激和反应,每一步反应又构成对下一步的刺激,如此下去,最后导致射精,性行为至此而告结束。

在性行为当中,交配前的行为成分具有重要的作用。这些行为有助于动物之间的相互识别,包括种类、性别、生理状态的辨认等；而且通过交换信息，也能降低双方初遇时可能产生的攻击性倾向，从而促使双方相互配合，找到性器官，准备进行交配。在动物的性行为当中，求偶行为(courtship behavior)最为复杂多样。求偶行为是一种信息交流，也属于通讯的范畴，化学通讯、机械通讯、辐射通讯类型的各种行为表现都可发生在求偶行为当中。因此，求偶行为既可能是香气诱人，又可能是娓娓动听，或可能是翩翩起舞。具体说来，求偶行为主要有以下几个作用：① 吸引异性。这是求偶行为的最重要功能，通常是雄性吸引雌性，使双方的性活动达到协调。这一过程包括两个方面：一是诱发对方做出相应的性反应；二是抑制对方的其他反应，如逃跑、攻击等。对鸟类而言，主要通过求偶炫耀(也称为求偶展示，courtship display)和鸣声吸引异性。生活在森林中的鸟类，由于视野受到森林遮蔽的限制，因此主要靠鸣声或发出其他声响(如啄木鸟的啄木声)来吸引异性；生活在开阔地域的鸟类则主要利用行为炫耀求偶，例如麦头凤鸡(*Vanellus vanellus*)雄鸟通过在空中翱翔和翻滚，再加上它黑白分明的羽衣，能够引起远距离雌鸟的注意。② 防止同异种个体杂交。动物的求偶行为往往具有种的特异性，只能引起同种异性个体的反应，这对近缘物种尤其重要。如刺蜥属(*Sceloporus* spp.)的雄蜥靠有节律地摆动头部吸引异性，但不同种雄刺蜥的摆头频率存在差异，雌蜥只对同种雄蜥的摆头求偶做出反应。③ 选择最为理想的配偶。选择较为强壮和健康的异性作配偶，保证后代的存活。杜父鱼(*Cottus gobio*)求偶时常在洞穴中守候，当雌鱼经过洞口时就会立刻冲出来，用颚咬住雌鱼的头部；此时，性完全成熟的雌鱼会保持安静，允许雄鱼把它拖入洞内并开始产卵；如果是一只性未成熟的雌鱼，它的反应就像受到攻击一样而拼命挣扎逃脱。可见，雄杜父鱼是用行为来检验雌鱼是否适合作配偶，从而保证雄鱼能与生理状态及性发育良好的雌鱼配对。总之，求偶行为的生物学意义在于确保自己的基因有效地传递到下一代。

动物的性行为相当复杂，而且不同种类之间的性行为是完全不同的。尼罗河鳄(*Crocodylus niloticus*)的性行为可以说明这种行为的复杂性。尼罗河鳄的性行为发生在水中。雄鳄用它的口腔发声、鼻子吹水和吻部拍打水面等发出各种奇特的响声，吸引雌鳄到身边。双方慢慢地接近以后，雄鳄逐渐表现出各种求偶动作，包括绕圈、挤碰和交头接尾等。然后雄鳄用下颚的下侧摩擦雌鳄的头部，并通过腮腺释放的芳香味来刺激雌鳄。接着，雄鳄和雌鳄相互柔和地摩擦下颚，两者在水中缓慢地并肩游动，最后发生交配行为。

2. 育幼行为

育幼行为(parental care)是指亲体对生育地的选择、加工以及对后代的一系列护理行为。哺乳类的育幼行为也特别称为母性行为(maternal behavior)。护理行为发生于后代生命过程中的任何阶段，如后代出生之前的鸟类筑巢、护卵、孵化以及哺乳类的产前做窝、怀孕期间的胎盘营养供给，后代出生之后的供给食物、御寒、清理脏物以及防御敌害等。哺乳类的产后舔净幼仔和哺乳也是属于育幼行为。育幼行为广泛存在于外温动物(无脊椎动物、鱼类、两栖类和爬行类)和内温动物(鸟类和哺乳类)的许多种类。

育幼行为不仅改善其后代的生存条件，而且也增加了后代的学习机会，因此能够提高后代的存活率，以保证其基因的成功传递。例如，鸣声、捕食、识别技巧等都是在育幼过程中学到的。灵长类的母子关系保持最为长久，有利于增加后代的学习时间。研究表明，猕猴丧失母亲后，如果让它在生活条件一应俱全的隔离环境中独立生长，长大之后，由于缺乏学习而不具备完整的求生技能，甚至不能与其他个体相处而无法过群体生活。

前面提到的尼罗河鳄在完成交配的 2 个月之后，雌鳄开始在河岸边寻找产卵的适宜场所。选定地点后,用后爪在地上挖出一个约 50 cm 深的洞穴,产下大约 50 枚卵,再用后爪将沙土填满压实。从此时起的 3 个月孵化期内,雌鳄日夜护卫着巢穴,很少离开洞穴,只有偶尔短距离地离开以调节洞穴温度。在这段时间里,雄鳄也经常守护在洞穴旁边,或外出捕食为雌鳄提供食物。护巢期间雌鳄凶恶无比,一遇有任何动物接近,立即发起猛烈攻击。过了 3 个月,洞穴鳄卵里的小鳄发出叫唤声,雌鳄用爪小心地扒开硬土,让鳄卵露出。接着,雌鳄和雄鳄双亲张口逐一将鳄卵轻轻地衔在两颚间,用舌和上颚转动鳄卵帮助开裂卵壳,小鳄用力撞裂卵壳挣脱而出。当小鳄都出壳之后,雌鳄即带领它们,甚至用口衔着小鳄到事先选好的水域中去养育。可见,育幼行为不仅极尽温柔,而且令动物精疲力尽,需要付出极大的时间及能量代价。

在育幼过程中,如果后代抚育是由双亲共同承担,这样的家族就称为双亲家族,如晚成性的鸠鸽鸟类和一些鸣禽。如果只由母亲抚育,而父亲完全不管,则称为母系家族,如兽类。相反,如果后代只由父亲单独抚育,则称为父系家族,如海马、刺鱼等。

3. 能量分配原理

能量分配原理(principle of energy allocation)认为,每一种生物所能够分配的能量、物质和时间都是有限的,因此,在自然选择的作用下,任何生物都应当有合理分配能量的对策,如果一种生物把自己的大部分能量用于生殖过程中的产仔或产卵,那么,它就只能将小部分能量投入到照顾后代或多次生育。能量分配原理同样适用于分析后代数量与后代个体大小之间的矛盾。任何生物都不可能既生产大量的后代又生产大个体的后代,它们只能二者选其一。

例如爬行类和鸟类都是属于产卵生殖的动物,大部分爬行类没有照顾后代的行为,而大部分鸟类则需要抚育后代,因此爬行类的窝卵数通常比鸟类多,即亲体的高生殖力伴随着低水平抚养,低生殖力则伴随着高水平抚养。而且由于爬行类的窝卵数通常比鸟类多,因此爬行类的卵通常也比鸟类小。

生殖对策不仅涉及生殖效率问题,而且还关系到亲体的生殖代价,即生存问题。马鹿(*Cervus elaphus*)通常每年产 1 仔,但是,有些年份则没有生殖。研究发现,在成年雌马鹿没有生殖的年份,除了年老死亡以外,很少发生其他死亡。相反,在生殖的年份,成年雌马鹿需要有怀孕和哺乳的过程,被捕食的危险明显增加,而且许多成年雌马鹿在冬末由于草料缺乏导致的饥饿而死亡(图 6－12)。

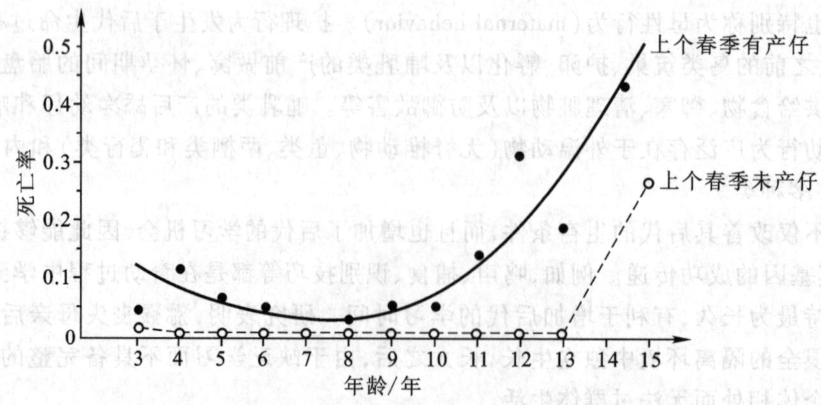

图 6－12 成年雌马鹿在生殖年份与非生殖年份的死亡情况

4. 双亲投资理论和性选择

双亲投资理论(parental investment theory)指发生性行为的异性双方中,对后代的投资(能量和物质)较大的一方,处于选择的地位,另一方则处于被选择的地位,后者在性行为当中相对比较积极及活跃。对于大部分的鸟类和哺乳类,往往是雌性个体选择雄性个体,因为卵子的能量和物质投资比精子大得多,而且在随后的育幼过程中,绝大多数雄性都先行离去,养育后代只成为雌性的天职。

性选择(sexual selection)是双亲投资的一个主要部分。在性选择过程中,动物选择异性的择偶标准主要有两方面:第一个标准是体格健壮,如雄鸟羽色鲜艳、冠和肉垂大而鲜艳是健壮的主要标志;另一个标准则是育幼能力,如拥有牢固的领域地和丰富的资源,具有较强的觅食、筑巢和御敌能力。显然,这两个择偶标准有利于确保自己基因的有效传递。

如雄性孔雀(*Pavo cristatus*)总是在雌鸟面前最大限度地展示自己鲜艳的尾羽及羽色,以获得配偶(图 6-13)。有些动物的雄性个体则在求偶时向雌性个体展示食物或巢材,显示雄性抚育后代的能力。又如沿海岛屿集群繁殖的黑枕燕鸥(*Sterna sumatrana*)在求偶过程中,雄鸥嘴里衔着一条刚捕捉到的鱼向雌鸥展示,以表现自己的觅食抚育能力,争取被雌鸥选择成为配偶。

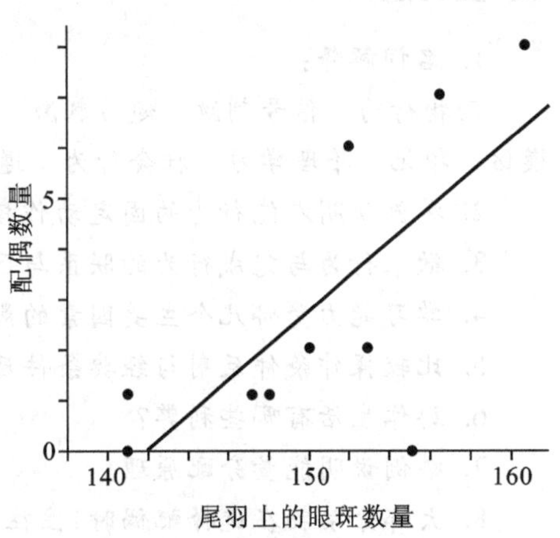

图 6-13　雄性孔雀尾羽上的眼斑数与配偶数的关系

达尔文(1859 年)在《物种起源》一书提出性选择概念,作为其自然选择理论的重要组成。达尔文指出,在生殖竞争中,同性的性选择导致身体的强壮和"武器"(如动物的角、牙齿等)的复杂化,而异性的性选择则使对方产生鲜艳的外部装饰和有利于吸引配偶的行为。Ronald Fisher 进一步补充到,异性之间的性选择促进一些有利于吸引异性的性状的定向进化,但这种定向作用是有限度的。这种限度就是这些性状所付出的代价(能量消耗、被捕食的危险等)大于吸引异性的生殖利益。达尔文和 Fisher 的观点共同组成了性选择理论(theory of sexual selection)。例如,雄孔雀的尾羽的增长虽然能够有利于吸引雌性配偶,但同时也增加了能量消耗和被捕食的危险,因此,雄孔雀的尾羽在进化过程中是不可能无限度增长的。

5. 亲缘选择理论

亲缘(亲属)选择理论(kin selection)认为,一个基因如果有利于其亲属的存活或生殖,那么,在自然选择过程中该基因在基因库中的频率就会得到保留或增加。利他行为由基因所支配。如果利他行为的受益者是利他者的亲属,那么这个受益者体内含有与利它者同一利他基因的可能性就会比一个非亲缘个体更大,由于受益者能够更好地生存和生殖,并且由此更多地传递与利他者相同的利他基因,因此,在自然选择过程中,这个利他基因在基因库中的频率就会得到保留或有所增加。

在前面介绍利他行为时曾提到,狒狒(*Papio ursinus*)在进食时,必定有一只优势雄性个体担任警戒。当捕食者或其他异群个体靠近时,及时发出警告并展开攻击性防御。优势个体这种冒着生命危险保护整个群体,牺牲自我利益而增加其他个体获得利益的利他行为可以从亲属选择理论得到解释。优势个体有优先生殖的特性,群体中的成员大多是自己的亲属,与自己不同程度上地含有相同的基因。在这种相同基因的共同利益下,优势个体为了保卫自己的亲属,因此不惜增加自己所冒的风险,向群体中的从属个体发出报警鸣叫,并展开攻击性防御,承担被捕食者捕食或伤害的危险。合作生殖或分食等利他行为,同样也能从亲属选择理论得到解释。

本章提要

内容见配套数字课程。

复习与思考

复习题

1. 名词解释:

动物行为　信号刺激　超常刺激　行为引发机制　定型行为　反射　趋性　动机　生物钟　模仿　印记　推理学习　社会行为　通讯　优势等级　领域　生殖行为

2. 举例说明本能行为的固定动作模式和趋性组分。
3. 欲求行为与完成行为的联系与区别。
4. 学习能力受哪几个主要因素的影响?
5. 比较操作条件反射与经典条件反射的异同。
6. 群体生活有哪些利弊?
7. 举例说明能量分配原理。
8. 大部分动物在选择配偶时,往往是雌性个体选择雄性个体,为什么?
9. 为什么利他行为在自然选择中不会被淘汰?

思考题

1. 社会群体的维持机制是什么?
2. 攻击行为有何生物学意义?在进化过程中,该行为从哪几方面来降低其不利影响?
3. 你认为社会生物学理论也适用于人类社会吗?为什么?

第七章

动物与环境

▶ 学习目的

掌握动物地理学、生态学和保护生物学的基本概念，了解动物地理分布类型、动物地理区划系统、中国动物地理分区；了解生态因子的类型及其综合作用、种群的数量特征及增长模式、生态系统的结构与功能；掌握生物对环境的适应机制，了解生物多样性研究的三个层次、生物多样性现状及其致危因素、生物多样性与人类的关系；掌握生物多样性保护的基本方式。

和其他生物有机体一样，动物的生存也离不开环境。宏观生物学的环境(environment)是指生物有机体周围各种因素的总和，它包括空间以及其中直接或间接影响生物有机体生存的多种因素。环境所包括的范围和因素，是由所指的主体而决定的。例如，环境科学中的环境是指人群周围的一切，是以人类为主体的人类环境。同样，随着环境主体的不同，环境的范围可以大至全球，小到几米以内。这可以用鹭科(Ardeidae)鸟类来说明。在全球范围内，除了两极地区、撒哈拉沙漠和阿拉伯沙漠以及一些远洋岛屿以外，鹭类几乎分布在世界各地。鹭科鸟类在地球表面这一广大区域之中的分布并不均匀。它们的斑状分布与许多因子有关，但一般在湿地环境较为常见。例如在中国，鹭科鸟类除青藏高原部分区域以外，其他地方均有分布，其中又以东南部湿润环境最为普遍。这可能与鹭类的生态环境要求有关，鹭类属于涉禽，栖息于海滩、河滩、稻田、池塘、湖泊以及沼泽等多种湿地环境。

研究动物与环境之间的关系，涉及动物地理学(zoogeography)、生态学(ecology)、地质学(geology)、地球历史、进化、气候学(climatology)以及地理学(geography)等学科。动物地理学主要是研究物种在大范围区域的分布规律，包括其分布地点、范围以及分布形成的过程和机制。动物生态学是研究动物与环境之间相互作用规律的科学；相对动物地理学而言，其研究的动物分布范围较小，而且，动物生态学除了研究动物的分布规律以外，还要研究动物的数量变动规律及其与其他生物和非生物因素的相互关系。近年来，人们已经认识到，动物是失去则不可复得的宝贵资源，人类有责任像保护食物和能源一样，遵循保护生物学(conservation biology)原理，科学地对动物资源及其环境加以保护。

第一节　动物地理

各种类型的动物,并不是均匀地分布在全世界的各个地区。有些种类仅见于局部地方,而另一些种类则几乎是到处可见。由于不同地方的自然环境中存在不同的物理条件和食物资源,动物在自然选择的漫长进化过程中对其特定环境产生适应,因此导致每个物种只局限分布在一定范围的区域内。动物的分布区和动物区系是动物地理学的主要研究内容。在基础理论上,阐明动物分布规律对研究动物物种形成有着重要的意义;在生产实践上,对动物资源的管理利用和保护、有害动物的防治、渔业、农业和林业等工作都有指导意义。

一、动物地理分布类型

大部分动物都有自己的分布区,即使是世界性分布的种类,例如我们智人(*Homo sapien*)本身,也不能到处生活。在两极或沙漠地区,就极少有人类居住。因此,生命在地表空间分布的不均匀性,和生命的形态、生理、生化一样,都是生物的特征。一种动物通常只能在一定范围的空间内充分地进行个体发育和繁衍后代,这个空间就称为这种动物的物种分布区(species distribution zone)。

动物分布区的地理位置、范围和大小,反映动物对现代自然条件的适应。同时,也是该动物分布历史变迁至现阶段的结果。在动物分类系统中,只有基本单位——"物种"具有客观的标准,因此,物种的分布是客观存在的。高级分类阶元(科、目、纲)所依据的形态学等方面的共同特征,反映其亲缘关系的远近,因此,高级阶元类群的分布,可以反映出该群动物在演化过程中空间上的联系性。

根据动物分布区的地理位置,中国陆栖脊椎动物,除广泛分布和少数特殊分布或间断分布以外,从物种的分布或科的分布来看,都可以划分为南方型和北方型两大类,其中南方型和北方型均包括若干具体分布类型。分布类型的划分标准主要是根据种或科分布区的相对集中程度,并与一定的自然地理区域相联系。

在鸟类方面,这种分布类型的划分主要以其生殖区为标准。例如,中国鸟类的北方各代表科包括潜鸟科、松鸡科、瓣蹼鹬科、海雀科、太平鸟科、鸸科、旋木雀科、攀雀科和岩鹨科,共9个科。南方各代表科包括和平鸟科、凤头雨燕科、卷尾科、燕鵙科、黄鹂科、椋鸟科、画眉亚科、啄花鸟科、阔嘴鸟科、三趾鹑科、蜂虎科、犀鸟科、八色鸫科、鹎科、太阳鸟科、绣眼鸟科、鹟科、鲣鸟科、鹮科、咬鹃科、须鴷科、军舰鸟科、水雉科(雉鸻科)、彩鹬科和鹦鹉科,共25个科(表7-1)。

中国的南方代表科鸟类

根据动物分布区的范围大小和连续性,动物的分布分为连续分布、隔离分布、局限分布和偶然分布等4种主要类型。

(1) 连续分布(continuous distribution)是指一个物种或类群(如属或科)的分布区连成一片的分布状态。例如,北极狐(*Alopex lagopus*)分布于欧洲、亚洲和美洲的北部;蛙属(*Rana*)分布从欧洲、非洲到亚洲;它们的分布都是连续不断的。连续分布是由某一种动物从其发源地逐渐向外扩展所形成的分布。

表 7-1 我国陆栖脊椎动物南、北方各代表科

	北方					南方							
	全北界特有	主要分布于全北界	古北界特有	主要分布于古北界	中国：世界	东洋界特有	主要分布于东洋界	旧大陆热带－亚热带特有	主要分布于旧大陆热带－亚热带	环球热带－亚热带特有	主要分布于环球热带－亚热带	中国：世界	中国：世界(总)
两栖纲		隐鳃鲵科 蝾螈科 锄足蟾科		小鲵科	4:4				树蛙科	蚓螈科	姬蛙科	3:3	7:7 (100%)
爬行纲						平胸龟亚科 鳄蜥亚科* 闪鳞蛇科 (拟毒蜥科) (食鱼鳄亚科)	双足蜥科	(避役科)			盲蛇科	5:8	5:8 (63%)
鸟纲	潜鸟科 松鸡科 瓣蹼鹬科 海雀科	太平鸟科 旋木雀科 攀雀科		岩鹨科	9:9	和平鸟科	凤头雨燕科 卷尾科 燕鵙科 黄鹂科 椋鸟科 画眉亚科 啄花鸟科	(蟹鸻科) 阔嘴鸟科	三趾鹑科 蜂虎科 犀鸟科 八色鸫科 鹎科 太阳鸟科 绣眼鸟科	鹲科 鲣鸟科 鹮科 (日鹇科) 咬鹃科 须䴕科	军舰鸟科 (红鹳科) 雉鸻科 彩鹬科 鹦鹉科	25:28	34:37 (92%)
哺乳纲	河狸科 跳鼠科 鼠兔科	鼹鼠科	(荒漠睡鼠科) 跳鼠科 睡鼠科 (鼹形鼠科)		6:8	树鼩科 (眼镜猴科) 大熊猫科* 猪尾鼠科		懒猴科 长臂猿科 (猩猩科) 象科 犀科 鼷鹿科 竹鼠科	猴科 灵猫科 鲮鲤科 (凹脸蝠科) 豪猪科 假吸血蝠科 蹄蝠科 狐蝠科	犬吻蝠科	鞘尾蝠科 菊头蝠科	19:22	25:30 (83%)
中国：世界	6:6	9:9	2:4	2:2	19:21 (95%)	7:10	8:8	7:10	15:16	7:8	8:9	52:61 (85%)	71:82 (87%)

括号中为不见于我国的科；标有 * 的为我国特有，包括少数亚科

(2) 隔离分布(discontinuous distribution),也称间断分布,不连续分布。一个物种或该类群的分布区不是连续而是间断的,它们的分布区是由两个或几个相距很远的地区或水域所组成,在中间地区里没有该物种或类群的存在,这种分布状态称为隔离分布。例如,爬行类中的扬子鳄(*Alligatar sinensis*)与分布于北美密西西比河的同类密河鳄(*Alligatar mississipiensis*)之间,隔以广阔的海洋与陆地,两者的分布地距离几乎是地球的半圈。鸟类中的灰喜鹊(*Cyanopica cyana*)断裂分布于中国东部和欧洲。这种断裂分布被认为是由于第四纪冰期时,欧亚大陆北部冰川南进,破坏了它们原有的连续分布,而在冰期以后又没有得以恢复而形成的。貘科有3个种分布在中美和南美,另有一个种分布在苏门答腊和马来西亚;肺鱼三个科间隔分布于大洋洲、南美洲和中非3个不同的大陆上,也都是间断分布。

(3) 局限分布(local distribution)的种类,存在脊椎动物的各类群当中。中国大熊猫的分布类型就是属于局限分布。除少数被确认是新分化的类型以外,局限分布大都可解释为受人为影响或该动物处于自然衰退的状态。例如,古生物学资料证明,大熊猫曾广泛分布中国,其分布上的退缩与其自身食性高度专化(主要食物为箭竹等几种竹类),生殖能力下降(现在远不如熊类),适应能力下降等内在因素以及与外界环境的变化和人为捕杀等外在因素有关,但是,从生物学和进化历史来看,大熊猫的分布区逐渐退缩和体型上逐渐变小,是属于自然衰退。一些山地动物的分布区狭窄,可能与这些动物能够在短时期内完成山地上下之间的垂直迁移,受冰川和寒流气候的影响较少,山脉地区因此成为动物的"避难所",保存了一些古老的种类。

(4) 偶然分布(occasional distribution)现象,主要是发生在一些鸟类当中。如分布于大洋洲的鹭科白鹭属鸟类——白脸鹭(*Egretta novaebollandiae*)和鹊鹭(*Egretta picata*)分别偶见于厦门和台湾,属于偶然漂泊而至的迷鸟。有一些动物,由于气候、环境或种群数量的剧烈变化,其分布范围可能超出其以往分布的正常范围。这种分布区在动物地理学上称为超限分布区(extralimital area)。

白脸鹭在中国的新纪录

通常,根据动物分布区的局限性和起源情况,还可以把动物划分为特有种(endemic species)、固有种(indigenous species,也称为土著种 native species)、移入种(immigrant species)或引入种(introduced species,也称为外来种)。如果某一种生物只自然地局限分布于某一地区而不见于其他地区,那么,该物种则称为该地区的特有种,例如,大熊猫仅分布在中国四川、甘肃和陕西秦岭,因此大熊猫是中国的特有种。每一物种只能起源于地球上某一地区,这个地区称为该物种的发生中心(发源地),相应地,这种动物便是该发源地的固有种。例如,里海海豹的发源地为里海,它也就是里海的固有种。一般都把某一地区的特有种当作近期起源于当地的固有种,因为对物种进行深入的历史研究往往缺乏古生物材料和其他可靠证据。一个由邻近地区迁移到本地区来的种,称为移入种。如果一种动物被人类有意识地引入并生存在某一新地区,这种动物便称为引入种。

根据统计资料,自然分布只局限于中国的陆栖脊椎动物共有455种,占世界总数的2.3%,占全国总数的24.4%(表7-2)。从表中不难看出,各纲特产动物的数量与其类群的运动能力成反比。中国的陆栖脊椎动物特产种绝大部分集中分布在南部以及青藏高原东南的西南山地。台湾和海南由于属于大陆边缘的岛屿环境,有利于特产种的形成与保存,因此其特产种(就相对面积而言)远比附近的大陆丰富。与海南相比,台湾的特产种数相对较多,其原因可能与台湾的山地垂直变化幅度较大、环境较为复杂有关。

表 7－2　中国陆栖脊椎动物特产种统计(张荣祖,1999)

动物类群	特产种数	占全国总数/%	占世界总数/%
两栖类	163(44)	37.4	4.1
爬行类	126(90)	35.8	2.3
鸟类	80(20)	6.7	0.9
兽类	86(54)	17.4	2.0
总计	455(208)	平均 24.4	平均 2.3

注:括号内数字为主要产于中国

一个地区可能缺少某一特殊种类,但却能容纳与之相类似的其他动物,要解释动物现在的分布是相当困难的,通常需要大量相关的动物地理学、气候学、古生物学和古生态学等详细的资料。一般认为,大多数动物种类的局限性分布可能是由于以下三种原因之一所致:① 由于屏障的阻碍,使这种动物无法到达该地区。例如山脉、悬崖、峡谷、沙丘、熔岩的流动、江河和影响最大的海洋、沙漠等物理屏障,阻碍了一些动物由发源地扩散到其他新地区。海洋对于陆地动物是最主要的屏障;当岛屿距离大陆愈远,能抵达这里的种类就愈少;陆生哺乳类、两栖类及淡水鱼类这些缺乏越洋扩散能力的动物类群在某些海岛上更是稀少或不存在。② 已经到达该地区,但不能适应其环境条件或与该地区的其他种类发生竞争而不能继续生存。环境条件包括温度、湿度、光照、土壤、气压、地形等物理因素,以及种间竞争、捕食作用、植被的改变和缺乏适宜的食物等生物因素。这些生物因素也可称之为生物屏障。③ 已经到达并能生存于该地区,但经过长期适应变化,已经进化成有别于起源种类的另一独特的种类。

二、世界大陆动物地理

动物区系(fauna)是指有关地区在历史发展过程中所形成的和在现今生态条件下所生存的动物群。动物区系“成分”(regional fauna)和动物区系“分区”(faunal region,即动物地理区划)虽为不同概念,但两者密切相关。一个地区的动物“成分”总体,构成该地区的动物“区系”。动物区系的地区差异,构成动物地理区划。因此,动物地理区划的目的是为了表明动物分布的区域差异。不同地区的动物区系各具特点,正是由于在特定历史和生态条件下,其“成分”所发展到现阶段的分布结果。分布比较狭窄的动物区系“成分”可能只出现在一个“区划”单元中或甚至是单元中的局部地区,而分布广泛的则可能出现在若干个“区划”单元中。每一个区划单元都各自具有一组主要适应于该地区的“成分”。区系“成分”在不同区划单元中的主次地位,构成区域之间的从属与亲疏关系,也反映出各“成分”向外渗透的强度。

整个地球表面可分大陆动物区系和海洋动物区系,然后按动物区系的性质和特点再划分为若干动物地理区域。大陆动物区系的通用划分单位是界、区、亚区、省、周边、区段。世界范围的大陆动物区系一般分为古北界、新北界、旧热带界、东洋界、新热带界和澳洲界,各界又可再细分为若干区和亚区等。海洋动物区系一般分为沿海带和远海带,各带又可分为若干区。

进行动物地理区划时,一般是先依据动物的现代分布制定出基本区划——区和亚区,然后再进行分类归并,形成区划系统。目前大家所采用的区划系统,基本上是华莱士(1876 年)所提出的,尽管后来的许多动物地理学家对他的区系边界作了一些修改。区划的准则主要是区系发展上的亲疏,主要是依据不同区域所分布动物类群在亲缘关系上的远近程度。在进行大陆动物区系区划分析时,哺乳类和鸟类的分布是区划的主要依据类群,它们的散布能力强、适应性大、分布广泛。

大陆动物区系划分单元的"界",应当具有个别特有的目或一系列特有的科。较高的分类单位起源时间较早,所以它们的原始分布一定是处于不同的地理和气候类型之中。"区"和"亚区"等较低的区系单位划分时,应考虑到其成分中的属和种的亲缘关系,同时应考虑到现今生态条件和人类生产实践等因素,因为动物地理区系特有程度的差异取决于隔离、气候和生态多样性,同时也受人类活动的影响。区系之间的界线一般是一些自然屏障,例如,"界"的界线往往就是大陆的边界或巨大的山脉和沙漠等等形成的自然屏障,这种自然屏障在长期地质年代中对动物的散布有显著的影响,缺乏这种屏障,动物的分布则呈现过渡性而不具备较大的特有性。古北界与新北界在最大冰川时期中,由于白令海峡两侧大陆相互连接而使动物混杂,第三纪时,两地的差异消失,因此,两者可合并为全北界(图 7-1)。

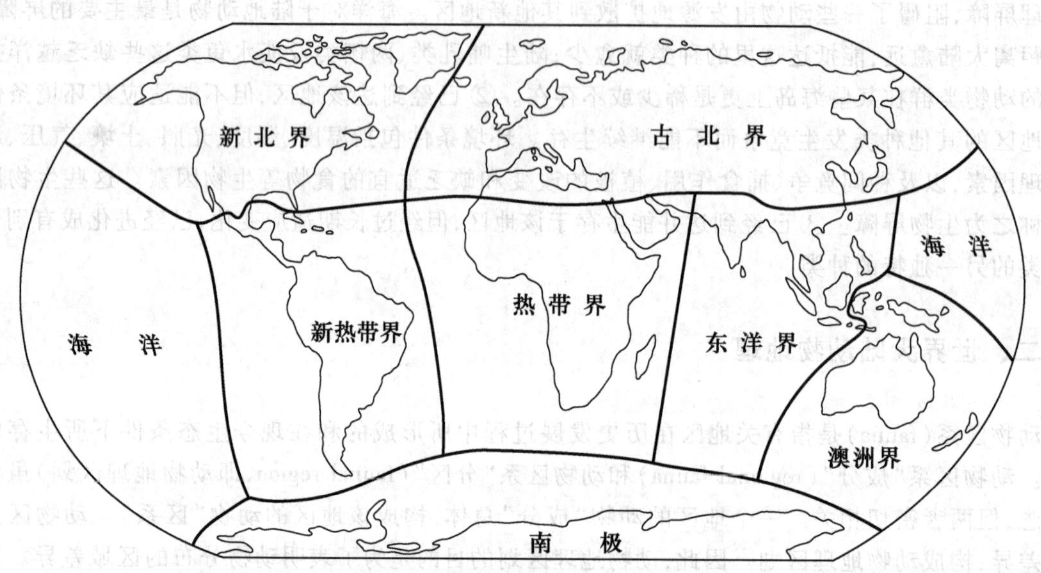

图 7-1 世界大陆动物区系的 6 个动物地理区

1. 新北界

新北界(Nearctic realm)包括墨西哥北部高原以北的北美洲陆地。本界的特有科如叉角羚羊科(Antilocapridae)、北美蛇蜥科(Anniellidae)、鳗螈科(Sirenidae)、两栖鲵科(Amphiumidae)等。特有属包括蹼足鼹(*Scalops*)、美洲獾(*Jaxidea*)、麝牛(*Ovibos*)等。美洲野牛(*Bison americanus*)、美洲河狸(*Castor canadensis*)、大褐熊(*Ursus horribilis*)、美洲驼鹿(*Alces americanus*)、白腰驯鹿(*Rangifer caribou*)等为该区的特有种。此外该区的吐绶鸡、秃鹫、模仿鸟、绿鹃、林莺等鸟类不分布到古北界。响尾蛇、钝口螈、鲴鱼等动物是新北界的常见种类,在古北界却很少存在。

2. 古北界

古北界(Palaearctic realm)包括欧洲、非洲撒哈拉沙漠北部(一般以北回归线为界)、中国喜马拉雅山以北和长江下游以北，以及日本、冰岛、亚速尔群岛和佛得角群岛。

本界面积巨大，气候差异显著，为了便于研究，通常被分为5个区，从北到南依次是北极带、寒带、温带、地中海和沙漠。由于古北界的气候寒冷，且有沙漠、高原等极端气候，因而其动物区系比较贫乏。

哺乳类的熊猫科（Ailuropdidae）、月山鼠科（Seleviniidae）、鼹形鼠科（Spalacidae）和鸟类的岩鹨科（Prunellidae）等主要分布于古北界。一般认为，古北界没有陆栖动物的特有科，因为其中一些种类的分布区已越过古北界而进入其他界，但是，古北界具有不少特产属或种，例如骆驼、羚羊、旅鼠（*Lemmus*）、鼹鼠（*Talpa*）、熊猫、貉、狐、鼬、獾、獐、狍，以及山鹑、鸨、毛腿沙鸡、百灵、地鸦、沙雀、岩鹨等。

古北界和新北界的动物区系，在许多方面彼此相似，因此，前已述及，这两界时常被看作合为一体的"全北界"（Holarctic realm）。全北界所共有的特有科包括哺乳类的鼹鼠科、鼠兔科、河狸科；鸟类中的潜鸟科、瓣蹼鹬科、松鸡科和攀雀科；两栖类中的洞螈科（Proteidae）和大鲵科以及鱼类的刺鱼科、狗鱼科、鲟科和白鲟科等。此外，据统计，古北界鸟类有12.5%的种、35%的属同新北界共有。全北界缺乏许多广泛分布的动物类群，如灵长目（除人类以外）、长鼻目等。古北界和新北界的共有性，部分原因是它们的气候同样包括所有温带区和寒带区；另一部分原因则是由于这两界在历史上的很长时期内彼此通过白令陆地联结桥相连，动物因此能够相互扩散，白令联结桥位于北部，因此，愈靠近两界的北部，它们的共有性也就愈大。

3. 新热带界

新热带界（Neotropical realm）包括中美洲、南美洲大陆、墨西哥南部和西印度群岛。

本界大部分地区位于热带，拥有世界最大的热带雨林，景观多样化，而且又与其他界隔离较完全、较早，因此，新热带界动物区系的特点是种类极其丰富而且最具有特色。哺乳类中的有袋目、翼手目、贫齿目、啮齿目、食肉目以及灵长目的广鼻亚目的种类特别多。贫齿目（犰狳、食蚁兽、树懒等）是本界的特有目。灵长目的广鼻亚目（狨猴、卷尾猴、蜘蛛猴等）、有袋目的新袋鼠亚目（负鼠），翼手目的吸血蝠科和魑蝠科、啮齿目的豚鼠科、毛丝鼠科等均为本界所特有。但是，一些在其他大陆广泛分布的哺乳类，如食虫目、偶蹄目、奇蹄目和长鼻目等，在本界却甚为罕见。新热带界鸟类共有25个特有科，其中最著名的代表为美洲鸵鸟科（Rheidae）、鹎科（Tinamidae）、麝雉科（Opisthocomidae）等；蜂鸟虽不是特有种，但在本界的种类和数量相当丰富。爬行类、两栖类和鱼类在本界也相当丰富，而且有许多特有种，例如鬣蜥科、负子蟾、美洲肺鱼、电鳗、电鲇等。

新热带界具有肺鱼、鸵鸟和有袋类等，这种动物区系特征和澳洲界、热带界相同。古地质研究已证实，这种联系的特征是由于南美洲在第三纪以前，曾经和南极大陆、澳洲和非洲等大陆相连在一起。南美洲完全和其他大陆分离，是从第三纪初到第三纪末，在此期间发展了许多特有种类（如广鼻类猿猴）。至第三纪末期，南美洲又重新与北美洲相连，两地区的动物互相渗入。新热带界这种历史发展因素也是该区系动物类群丰富多样的原因之一。

4. 热带界

热带界（Afrotropic）又称埃塞俄比亚界（Ethiopian realm）。包括撒哈拉沙漠以南的整个非洲大陆、阿拉伯半岛的南部以及位于上述地区的许多邻近岛屿，如马达加斯加岛和毛里求斯等岛。本界大部分为热带森林和草原，动物区系的特点是表现为陆栖脊椎动物较其他界更具多样性和拥有丰富的特有类群，其中有30科动物被认为是本界特产。特有目有哺乳类的蹄兔目（Hyracoidea）、管齿目(Tubulidentata),鸟类的非洲鸵鸟目和鼠鸟目等。特有科有食虫目的金毛鼹科和獭鼩科(Potamagalidae),偶蹄目的河马科和长颈鹿科,蹄兔目的蹄兔科等哺乳动物;以及鼠鸟科等12科鸟类。本界还有不少的特有种,如哺乳类的大猩猩、黑猩猩、狒狒、非洲象、非洲犀牛、大羚羊、斑马;鸟类的非洲鸵鸟、鲸头鹳、鹭鹰等;爬行类的避役,两栖类的爪蟾,鱼类的非洲肺鱼和多鳍鱼等。

也有人把马达加斯加岛及其附近的小群岛另辟为一界,即马达加斯加界。马达加斯加的动物区系是典型的古岛动物区系,反映着古非洲动物区系的特点。其地理位置与非洲靠近,但是动物区系却和非洲差异显著。一方面表现在该地区拥有许多特有类群。最著名的是具有许多原始动物类群,如食虫目的马岛刺猬科、灵长目的狐猴科、食肉目灵猫科的原始种类马岛灵猫。此外,特有科尚有指猴科、无尾猬科(Tenrecidae)、拟秧鸡科等。本区翼手类中以食果的狐蝠科种类繁多。区内鸟类丰富,大多数为特有种。另一方面,该地区缺乏非洲大陆上广泛分布的哺乳类,特别是有蹄类、食肉目、猿猴类和长鼻目,没有熊、鹿和野生牛科种类;爬行类和两栖类也很少,缺乏毒蛇,但避役种类很丰富。马达加斯加岛在第三纪中期与非洲大陆脱离,所以本区的动物区系在一定程度上保留着古非洲动物区系的特点。

5. 东洋界

东洋界(Oriental realm)又称“印度－马来亚界”(Indo-Malayan realm)。主要是亚洲热带部分,包括喜马拉雅山以南的亚洲南部、中国秦岭山脉以南的南部以及东南亚,东至菲律宾群岛、加里曼丹、爪哇及巴厘。

本界气候温暖而潮湿,植物繁茂,东南一带四季温差变化很少,该界的绝大多数地区分布有热带常绿林、热带雨林或其他植被,是适宜动物栖息的生境,因此,动物种类繁多,仅次于新热带界和热带界。

哺乳类的特有目有皮翼目(Dermoptera)。特有科包括灵长目的树鼩科、眼镜猴科、长臂猿科和啮齿目的刺山鼠科(Platacanthomyidae);鸟类的特有科为雀形目的和平鸟科;爬行类具有五个特有科:平胸龟科、鳄蜥科、拟毒蜥科、异盾蛇科(Xenopeltidae)和食鱼鳄科。此外,尚有一些种类分布虽不局限于本区,但主要分布于该区,仍为本界的特有种,例如猩猩、猕猴、灵猫、鬣狗、犀鸟和阔嘴鸟等。

东洋界内大型食草动物丰富,例如印度象、马来貘、犀牛、多种鹿类及羚羊。鸟类中的雉科、椋鸟科、卷尾科、黄鹂科、画眉科、鹎科和八色鸫的分布中心在本界内。爬行类中的眼镜蛇、飞蜥、巨蜥、龟等在本地区的分布和数量也较突出。

东洋界和热带界是东半球热带哺乳类动物能够分布生存的仅有的两个区,它们的动物区系具有一定的相似性,两界具有一些共同的目或科。如哺乳类的狭鼻亚目、鳞甲目、长鼻目、懒猴科、鼷鹿科和犀牛科;鸟类的犀鸟科、阔嘴鸟科、太阳鸟科等。此外,每个类群在两界都可由不同的属或种来代表。例如,现存的非洲犀牛、象、狮和豪猪全部都可以在东洋界内找到相应的属;热带界有狐猴、黑猩猩和大猩猩,东洋界则相应有懒猴、猩猩和长臂猿等类群的代表。这些都还证明了东洋界和热带界在历史上曾经存在着联系。

6. 澳洲界

澳洲界(Australian realm)包括澳大利亚、新几内亚、新西兰、俾斯麦群岛、所罗门群岛和波利尼西亚群岛等。本界西北面与东洋界之间的分界线为“华莱士线”,苏拉威西和龙目两岛为澳洲界的边缘。南极洲也有人认为是澳洲界的一部分。

澳洲界地处热带和亚热带，温度较高，且雨量较少，大部分地区气候干旱，暴风雨从中部沿海岸逐步增多，植被也相应地改变，中部地区大部分是沙漠，或被草和灌木覆盖，在北部、东部和西南部分布着一些森林。

澳大利亚大陆是个古老的大陆。澳大利亚大陆和新西兰等岛屿在中生代末期与亚洲大陆分离后向南漂移，以后又与南美洲、南极洲相分离。中生代后期，地球上各大陆已广泛分布着有袋类，但胎盘类哺乳动物尚未出现；澳大利亚大陆与亚洲等大陆分离开以后，由于海洋的屏障作用，其他大陆出现的真兽亚纲动物未能进入澳大利亚大陆，因此，澳大利亚大陆上的原兽亚纲（单孔目）和后兽亚纲（有袋目）这些原始的哺乳类能够得以保留并进一步发展。

澳洲界动物区系的特点是仍然保存着中生代末期原始动物类群的特征。一方面表现在保存着现代最原始的哺乳类——原兽亚纲和后兽亚纲动物种类，原兽亚纲有鸭嘴兽（*Ornithorhynchus anatinus*）、针鼹（*Tachyglossus aculeatus*）和长吻针鼹（*Zaglossus bruijnii*）；后兽亚纲种类更是丰富，如树袋熊科（Phascolarctidae）、袋鼠科（Macropodidae）、袋鼬科（Dasyuridae）、袋狼科（Thylacinidae）、袋貂科（Phalangeridae）、袋鼯科（Petauridae）、袋狸科（Perameliidae）、袋鼹科（Notoryctidae）等。另一方面表现在缺乏其他大陆上处于统治地位的真兽亚纲胎盘类哺乳动物，仅有少数的啮齿类、蝙蝠或由人类带入后野化的种类。

在其他脊椎动物特有种方面，鸟类有鸸鹋（或称澳洲鸵鸟，*Dromaius novaehollandeae*）、鹤鸵（食火鸡 *Casuarius casuarius*）、无翼鸟（几维鸟 Apterygidae）、琴鸟（Menuridae）、凤鸟（极乐鸟 Paradisaeidae）、园丁鸟（Ptilonorhynchidae）、冢雉（Megapodiidae）等。爬行类有产于新西兰附近小岛上的原始种类——喙头蜥（Rhynchocephalidae），以及鳞脚蜥（Pygopodidae）、长颈龟（*Chelodina longicollis*）等。蛇、蜥蜴以及两栖类种类稀少。澳洲肺鱼（*Neoceratodus forsteri*）为本界淡水河流中的特产。

上述澳洲界也可分为新西兰界、澳洲界和波利尼西亚界，因为这三者之间的动物区系特征存在着一定的差别。

六个陆地动物地理界除了上述的动物区系特色以外，还具有以下的几个特点：

（1）通过自然选择，生物优势物种在某一起源中心产生，然后扩散和分化，从而形成现生生物的分布格局。生物的进化过程是发生在主要地理特征不断变化的地球表面，因此生物进化与地球演化同步进行。

（2）北方大陆（即古北界和新北界）是主要动物类群的发生中心，这里形成的动物在进化过程中逐渐向南散布。因此，现在的分布区仅限于北回归线以南的许多动物种类，其化石可发现于北回归线以北的地区；相反地，现在分布于北回归线以北的动物却从未在北回归线以南地区发现过其化石。

（3）在古生代，现在的6个大陆曾经是一个整体，称为泛大陆（Pangaea），古生代晚期或中生代早期，泛大陆断裂成几块，分离漂移，经过亿万年以后，逐渐形成了今日世界上各洲、洋的分布位置，这就是德国地球物理学家威格纳（A. L. Wegener）1912年所提出来的大陆漂移学说（continental drift theory）。在大陆漂移的进程中，非洲、大洋洲以及南美洲原来相距很近，具有类似的古老动物区系（如肺鱼、喙头蜥、鸵鸟、单孔类和有袋类等），以后这三界才逐渐漂移分开。到第三纪末，南美洲与北美洲再次联结。中国与北美洲曾经相连，因此具有共同的特产动物（如短吻鳄科、白鲟科）。大洋洲与大陆分开较早，因而胎盘动物未曾侵入（图7－2）。

（4）大陆上同一纬度的不同部分，动物区系由北向南的差别愈来愈大。北半球的古北界和新

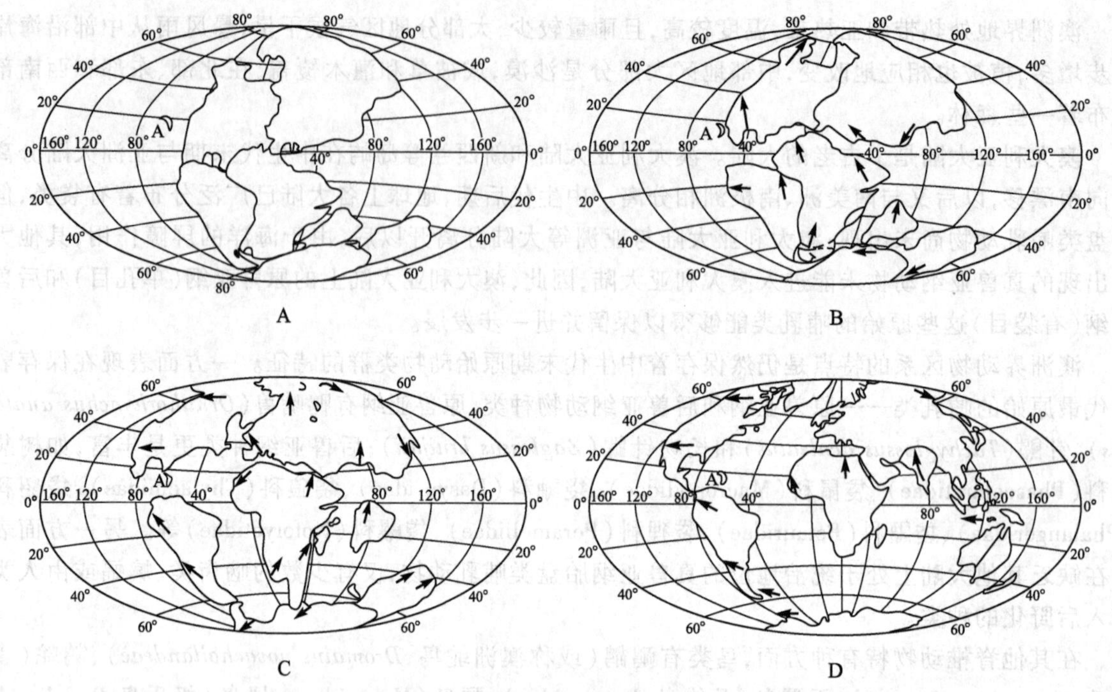

图 7-2 大陆漂移理论图解(Hickman,1979)

A. 2 亿年前 B. 1.8 亿年前 C. 6 500 万年前 D. 现代

北界的动物区系,在许多方面彼此相似;而南半球的热带界、新热带界和澳洲界,界间或界内动物区系的差别极为显著,以致有人会把其中的一界再分成若干不同的界。

三、中国陆栖动物地理

中国疆域辽阔,地形复杂,气候条件多样,植被、土壤等动物生存环境多种多样,因此,中国的动物资源丰富,特产种类较多。第三纪后期,特别是第四纪初期,中国西部以青藏高原为中心的地面开始上升(喜马拉雅山造山运动)导致中国自然环境产生明显的区域差异,对动物区系的地区分化起着重大作用。而且,第四纪以来,中国并未遭受到像欧亚大陆北部那样广泛的大陆冰川的覆盖,动物区系的变化不如欧亚北部那么激烈,因而保留了一些较古老或珍稀的种类,例如大熊猫、野马、野生双峰驼、白暨豚、扬子鳄、大鲵等,受到世界的关注。

中国动物地理学的研究发展较晚。1949 年之前只有少数动物分类学家(陈世骧、杨惟义、张作干、郑作新等)探讨过中国动物地理分布问题。新中国成立之后,动物地理学受到重视而得到了较快的发展;郑作新就鸟类,寿振黄就毛皮兽,张春霖就淡水鱼,先后发表过地理分布的专著;郑作新、张荣祖综合鸟类和兽类的研究资料,提出中国动物地理区划草案,并进行若干区划问题的讨论,许多动物学工作者在此基础上开展了地区性的三级以下的区划工作;张荣祖在 1979 年主编的《中国自然地理——动物地理》以及在 1999 年出版的《中国动物地理》专著,对推动中国动物地理学研究的发展起着重要作用。

中国大陆的动物区系分属于世界动物地理分区的古北界和东洋界。古北界和东洋界分别为旧大陆寒温带动物和亚洲东部热带动物的现代分布中心地区。两界在中国境内的分界线西起横断山脉北部,经过川北岷山与陕南的秦岭,向东至淮河南岸,直抵长江口以北。两界在中国的分界以喜马拉雅山脉最为明显。在秦岭以东地区,由于地势平坦,缺乏自然阻隔,因而两界之间的分界不易确定,呈现广阔的过渡地带,该地区的动物区系呈现古北、东洋两界成分种类的相互混杂、渗透的过渡现象。根据大多数代表性动物的分布、常绿乔木和灌木的落叶阔叶林的北限以及长江对动物分布的阻限作用,一般认为,长江和秦岭、淮河一样,是许多主要分布于热带、亚热带种类分布的北限,因此可以作为两界的地理界线。中国动物区系可划分为东北区、华北区、蒙新区、青藏区、西南区、华中区和华南区 7 个区。其中前 4 个区属于古北界;后 3 个区属于东洋界。7 个区又可再划分为 19 个亚区(表 7－3)。

表 7－3　中国动物地理区划与自然区划的关系

中国动物地理区划					中国自然区划	
界	亚界	区	亚区		自然区	生态地理动物群
古北界	东北亚界	Ⅰ 东北区（寒温带、温带湿润、半湿润地区）	ⅠA 大兴安岭亚区	1	季风区北	寒温带针叶林动物群
			ⅠB 长白山亚区	2		温带森林－森林草原、农田动物群
			ⅠC 松辽平原亚区	3		
		Ⅱ 华北区（暖温带半湿润半干旱地区）	ⅡA 黄淮平原亚区	4		
			ⅡB 黄土高原亚区	5		
	中亚亚界	Ⅲ 蒙新区（蒙新高原，温带、暖温带、干旱、半干旱地区）	ⅢA 东部草原亚区	6	西部高原	温带草原动物群
			ⅢB 西部荒漠亚区	7		温带荒漠、半荒漠动物群
			ⅢC 天山山地亚区	8		
		Ⅳ 青藏区（青藏高原，半湿润、干旱、半干旱地区）	ⅣA 羌塘高原亚区	9		高地森林草原－草甸、寒漠动物群
			ⅣB 青海藏南亚区	10		
东洋界	中印亚界	Ⅴ 西南区（横断山脉及其附近高山区）	ⅤA 西南山地亚区	11		
			ⅤB 喜马拉雅亚区	12	季风区南	亚热带森林－林灌草地、农田动物群
		Ⅵ 华中区（中、北亚热带湿润地区）	ⅥA 东部丘陵平原亚区	13		
			ⅥB 西部山地高原亚区	14		
		Ⅶ 华南区（热带、南亚热带湿润地区）	ⅦA 闽广沿海亚区	15		热带森林、林灌草地、农田动物群
			ⅦB 滇南山地亚区	16		
			ⅦC 海南岛亚区	17		
			ⅦD 台湾亚区	18		
			ⅦE 南海诸岛亚区	19		

动物地理区划与自然条件的区域分化存在着密切的关系，区划的分界线与相应的自然分界线相当或大体相当。根据环境温度、湿度、降雨量以及植被等条件的不同，中国可分为 3 大自然区——季风区、蒙新高原区和青藏高原区。在季风区内，又可分为 5 大温度带——寒温带、温带、暖温带、亚热带及热带。不同自然区的气候和植被等环境因素综合形成动物的生活条件，因此对动物的分布起着直接的影响。例如，热带植物全年生长，食物丰富，而寒温带有较长的严寒季节，食物比较单纯等。但是，不同的动物类群有着不同的适应能力，因此各自然区的气候和植被条件在一定时期内对动物分布的阻限作用，依不同动物类群而异。根据动物对大区域气候条件适应的共同性，可以将分布在中国的动物分为 7 种基本的生态地理动物群，它们与动物地理区划存在着密切的关系。

中国动物地理区划以陆栖脊椎动物为主索，其中又以兽类为重点，因为兽类的动物地理学资料比较完整。除了以动物区系及其起源为根据以外，在进行地理区划时，还应当综合考虑古环境的演变、自然区划、生态动物地理群特点以及人类活动等因素。在中国境内，古北界和东洋界动物区系的差异通常反映在较低级分类系统——种、属的替代。但是，"界"内有时也有科的不同，因此可以进一步划分出动物地理区。同一"区"的动物，在近代发展史上有密切的关系，同时能够适应较为类似的现代自然条件。根据"区"内的地形和植被的地区变化以及所导致的动物组成差别或亚种分化，可将"区"再划分为"亚区"。在中国的 7 个基本区之下，分有 19 个亚区。

1. 东北区

包括北部的大、小兴安岭，东部的张广才岭、老爷岭和长白山山地，西部松花江和辽河平原，东部的三江平原。本区气候较其他区寒冷，冬季漫长，森林主要为针叶林。代表性种类包括紫貂、东北兔、丹顶鹤、小太平鸟、黑嘴松鸦、团花锦蛇、黑龙江草蜥、黑龙江林蛙（哈士蟆）、粗皮蛙等。本区分布着中国陆栖脊椎动物古北型的一些代表种类，如紫貂、狍、森旅鼠、攀雀、胎生蜥蜴、极北小鲵等，以及全北型中的驯鹿、驼鹿、雪兔、狼、獾和柳雷鸟等（见表 7－1）。本区的松鸡科鸟类，如花尾榛鸡、黑嘴松鸡、柳雷鸟、黑琴鸡等，是中国境内仅有分布的泰加林鸟类。此外，其他著名的动物资源还包括毛皮动物（黄鼬、水獭等）、药用动物（梅花鹿、麝等）。森林中啮齿动物的松鼠、花鼠、棕背（鼠平）、红背（鼠平）、林姬鼠数量较多也是本区的特色之一。

2. 华北区

本区北临蒙新区与东北区，南抵秦岭、淮河，西起甘肃西倾山，东临黄海和渤海，包括西部的黄土高原、北部的冀热山地及东部的黄淮平原。属暖温带，气候冬寒夏热，比较干旱。

代表种类有棕色田鼠、大仓鼠、鼢鼠、林猬、麝鼹、山噪鹛、无蹼壁虎等。本区特有种类较少，动物区系主要由东北区和蒙新区的代表成分所组成，同时又是南、北动物相互混杂的地带。

本区森林以次生林为主，大型森林动物随着天然林的减少而消失，相反，适应于次生林灌、田野和次生草的动物类群较繁盛。在本区的动物区系中，哺乳类以危害农作物的啮齿动物（如仓鼠、田鼠、鼢鼠、岩松鼠等）和野兔为数最多；野兔、黄鼬、獾、狼等是本区的毛皮动物种类。常见鸟类方面有雉鸡科的褐马鸡、长尾雉、环颈雉、石鸡，鸦科的乌鸦、喜鹊等。夏季有许多夏候鸟迁至此地生殖，如杜鹃、卷尾、黄鹏等科的鸟类。

3. 蒙新区

本区包括内蒙古和鄂尔多斯高原、阿拉善（包括河西走廊）、塔里木、柴达木、准噶尔等盆地和天山山地等。境内大部分为典型的大陆性气候，寒暑变化剧烈。日差较大，雨量稀少而干旱。东部为干草原地带；西部为荒漠和半荒漠地带；天山相对高度达 2 000 m 以上，景观呈垂直变化。

蒙新区地域相当辽阔,但由于气候干旱,大部分地带为荒漠和草原,不利于动物的生存,因此,动物区系十分贫乏,缺少生活于潮湿地区的种类,主要动物是一些能够适应于荒漠和草原的种类,如啮齿类、有蹄类和蜥蜴等。

本区荒漠-草原的代表种类,在两栖类缺如;在爬行类中有古北型的白条锦蛇;鸟类中有草原雕、秃鹫、白头雕、反嘴鹬、毛腿沙鸡和沙鵖;在兽类中如子午沙鼠、五趾跳鼠和三趾跳鼠。

这里的啮齿类几乎都是营穴居生活,毛色单一,而且是在黄昏以后和夜间出来觅食活动。

穴居生活有利于动物在开阔景观中隐蔽自己,逃避敌害,而且洞穴的适宜的小气候条件也有益于防避不良的气候条件。在啮齿类中以跳鼠科的五趾跳鼠、三趾跳鼠和沙鼠亚科的大沙鼠、子午沙鼠和长爪沙鼠为最典型,数量多而且分布广泛,它们之中的绝大部分种类,在国内仅限于本区,因此可作为本区的代表动物。

本区有蹄类的代表包括野生双峰驼、野马、野驴、黄羊和几种原羚(*Procapra*)。黄羊主要栖息于草原地带,而羚羊则栖于荒漠和半荒漠地带;它们都是群居生活,具有迅速奔跑能力,有利于长距离迁移,寻找水源或食料,而且,也有利于发现敌害、逃脱追击。残存于本区的野骆驼是目前世界上仅存的野生种,是国家重点保护动物。残存在本区的野马,也是国际上所关注的问题。

食肉类中以狼、狐、黄鼬等分布比较广泛,数量较多。此外,沙狐、兔狲、虎鼬等为本区特有种类:本区毛皮兽主要为草原和荒漠种类组成,其中以旱獭占首要地位,其次为狼、狐、黄鼬、香鼬、艾虎、蒙古兔以及黄羊和原羚等。本区的鸟类也以适应荒漠生活为主要特征。典型代表有鸨科的大鸨、沙鸡科的毛腿沙鸡、百灵科的蒙古百灵和角百灵等。本区鸟类大多是在地面上营巢育雏。在天山山脉中部山间盆地,如巴音布鲁克等沼泽地,是国内大天鹅和疣鼻天鹅的主要生殖与越冬地区,为野生天鹅国家级自然保护区。

爬行类中以沙蜥、麻蜥和沙虎等属的种类最多,分布广泛;沙蟒为西部荒漠的代表。两栖类贫乏,只有绿蟾蜍、花背蟾蜍和大蟾蜍等。

4. 青藏区

本区包括青海、西藏和四川西部,东由横断山脉的北端,南由喜马拉雅山脉,北由昆仑、阿尔金和祁连各山脉所围绕。是世界上最高最大的高原。海拔平均在 4 500 m 以上。气候属长冬而无夏的高寒类型,生长期短促,植被包括高山草甸、高山草原和高寒荒漠。

动物区系贫乏,主要由适应于高原冻荒漠和高山草原的高地型种类所组成。本区的代表种类真正特化为高原类型的属,只有藏羚、高山蛙和温泉蛇等,为数很少,其他大部分属种与蒙新区相同。青藏高原的抬升,从地质时间上来看是短促的,因此,虽然青藏地区形成高原以后,自然条件与蒙新区有着明显差别,但是,在隆起后能够继续生活于高原的动物的分化程度,大多数只达到种和亚种的水平。

兽类中的典型代表有牦牛、藏羚和野驴。牦牛体被长而密的毛,是一种耐寒的群居动物,生活力强,除野生种外,牦牛已被驯化作役用。藏羚雄者具垂直竖立、呈竹节状的角,是贵重的药材。在青海藏南地带,分布有特产动物白唇鹿,其分布区小,数量稀少,为稀有珍贵动物。此外,尚有岩羊、藏原羚、雪豹、鼠兔、藏旱獭、灰尾兔等。

鸟类方面的种类不多,高原独特种类有雪鸡、雪鹑、黑颈鹤和多种雪雀等。

爬行类和两栖类种类很少,有温泉蛇、西藏沙蜥、青海沙蜥、高原蝮、喜山鬣蜥、高山蛙、几种高山齿突蟾和蟾蜍科、蛙科的一些特有种类等。

5. 西南区

本区包括四川西部、西藏东部、云南北部等地区,北起青海、甘肃南缘,南抵云南北部,即横断山脉部分,向西包括喜马拉雅南坡针叶林带以下的山地。境内南北走向的高山峡谷,地形起伏很大。由于海拔高度的不同,气候变化大,植物垂直分布明显,因此,本区动物的分布具明显的垂直变化特征。

西南区的横断山脉,和青藏高原一样,在更新世时未发生广泛的冰盖;而且该区高山、峡谷的复杂植被垂直带为动物提供多种生态环境,古北界种类分布于高处,东洋界种类则可见于谷地;高山、峡谷对于动物都是良好的相对隔离的环境;复杂的植被垂直带还有利于动物通过季节垂直迁移而躲避不良气候;无论从历史或是从生态的观点,该区对动物的保存和分化都是有利的,因此,其动物区系组成相当复杂。

本区动物区系的代表成分以南方类型尤其是东洋界成分为主,北方型和高地型的成分也渗入该区。其中以产有丰富的高原和高山森林动物为主要特征。最著名的是中国的特产珍稀动物大熊猫,是本区的特有科,仅分布于四川西部和北部、甘肃南部、西藏东部及陕西西南部的高山竹林区。本区所分布的小猫熊(亦称小熊猫),是浣熊科在东半球的唯一代表种。和大熊猫一样,羚牛也是一种残存种类,它们在地质历史中在中国曾有广泛分布,在学术上颇受重视。鸟类中的血雉和虹雉(*Lophophorus*)也是本区的典型代表。

特产或主要分布于本区的种类很多,横断山脉还是某些类群的集中地,如兽类中的鼠兔科、绒鼠属(*Eothenomys*)和食虫目,鸟类中的画眉亚科和雉科,两栖类中的锄足蟾科、湍蛙属等,在此种类特多。加之某些类群的相近种或亚种在本区及其附近的系统替代现象(水平的或垂直的)相当明显,因此本区可能是物种保存的中心或形成中心。

食虫类在本区的种类繁多,如鼩鼱、长尾鼩、鼩鼹等约占国内这一类种数的2/3,有许多物种的分布仅限于本区。鸟类中以雉科和画眉科的种类最多,如藏马鸡、绿尾虹雉、锦鸡、红胸角雉、棕尾虹雉和花背噪鹛、灰胸薮鹛、噪鹛、雀鹛、钩嘴鹛等。

本区的另一特点是具有南北两方,即东洋界和古北界动物区系的特征。这显然是由于南北走向的横断山脉和高山峡谷地形起伏的气候和植被条件变化的影响。通常,高山和较北地带所产的动物多为北方的种类。如鼢鼠、旱獭、鼠兔、麝、狍、马熊等;鸟类中的角百灵、旋木雀等均为北方种类向南扩展分布于本区的种类。另一方面,在低山河谷间的动物多为南方的种类向北伸展至本区的,如树鼩、猕猴、金丝猴、果子狸、竹鼠、水鹿等哺乳动物,以及鸟类中的鹦鹉、太阳鸟、啄花鸟等,均为南方种类。爬行类和两栖类中亦有类似现象。由于本区动物区系具有南北两方过渡、渗透的性质,因此,本区北界,即古北界与东洋界在横断山脉北段的分界,不易确定,在区划绘图时,用虚线表示。

6. 华中区

本区相当于四川盆地与贵州高原及其以东的长江流域。西半部北起秦岭,南至西江上游,除四川盆地外,主要是山地和高原。东半部为长江中下游流域,并包括东南沿海丘陵的北部,主要是平原和丘陵。本区南界,大致与南亚热带北界相当,自福州向西鹫峰山—武夷山区南界经南岭南侧、广西大瑶山北缘至南盘江上游。北界自秦岭—伏牛山一线向东,大致沿淮河,而终于长江以北的通扬运河一线。武夷山和福建、两广北部丘陵均属本区。

全区属于中、北亚热带,气候温和,雨量充沛。南部较北部湿热,主要为常绿林地带,北部则为落叶常绿阔叶混交林带。目前大片林地仅存于山地,其余地区大都成为农耕地区。

本区北接华北区,南连华南区,区之间无显著的自然屏障,动物迁移自由,因此区内有许多动物是与华北、华南两区所共有。动物区系具有南北两方过渡的特征,但更倾向于华南区。由华中区向华南区,热带成分明显增多。区内的特有种类不多。本区的代表成分为南中国型,但只限于本区而不见于华南区的很少,如两栖类的东方蝾螈、隆肛蛙,鸟类中的灰胸竹鸡、矛纹草鹛和叉尾太阳鸟,兽类中的獐、黑麂、小麂和毛冠鹿等。藏酋猴虽然也见于西南区,但主要分布在本区,可作为本区的代表种。

由华北区向南伸展分布于本区的哺乳类种类有刺猬、岩松鼠、林姬鼠、田姬鼠、麝等,但北方常见的食肉目种类如狼、狐已较少见;和华南区共有的南方哺乳类有猕猴、红面短尾猴、穿山甲、赤腹松鼠、长吻松鼠、竹鼠、豪猪、灵猫和华南虎等。

鸟类同样也表现出南北种类混杂现象。属于北方的鸟类如长尾山雀和灰喜鹊等。与华南区共有的种类更多,如竹鸡、白鹇、八哥、白颈长尾雉、黄腹角雉和金鸡等。

主要分布于本区或在区内分布比较广泛的种类有:兽类中的白暨豚、江豚、獐、黑麂和毛冠鹿等,鸟类中的灰胸竹鸡,爬行类的扬子鳄、大鲵,两栖类中的东方蝾螈、隆肛蛙等。本区爬行类和两栖类的种类和数量都比北方为多,毒蛇种类也增多。

本区北缘山地不仅具有南北成分混杂,而且还具有残留分布现象。如两栖类的极北鲵、爬行类的扬子鳄和极北蝰、鸟类中的震旦鸦雀、兽类中的松鼠(古北型)、明纹花松鼠、毛耳飞鼠(南方类型)、大麝鼩。它们均发现于亚热带北缘山地的局部范围并与其同种动物呈现间断分布。

7. 华南区

本区包括云南与两广的南部、福建省东南沿海一带,以及台湾、海南岛和南海各群岛。境内地形以海拔 1 000 m 以下的丘陵为主。本区北部属南亚热带,南部属热带,气候炎热,雨量丰富。植物生长茂盛,主要是热带常绿阔叶林等热带雨林和季雨林。

热带森林为动物提供丰富的食物和很好的隐蔽条件,而且具有适宜动物生活的多样化环境,因此,本区动物区系成分非常丰富,动物种类胜过其他各区。在中国范围内,动物区系中各类热带—亚热带类型(东洋界)动物成分,集中分布在本区,尤其是在西部。典型的热带种类,如两栖类的花细狭口蛙、几种树蛙(*Rhacophorus*)、长吻湍蛙,爬行类的巨蜥,鸟类中的红头咬鹃、灰燕鵙、橙腹叶鹎,兽类中的棕果蝠等。它们的分布北限大体与热带北缘相符或稍有超过。

热带雨林或季雨林的植物种类繁多,林相茂密,藤萝攀缠,分层很多,花期、果期相继出现,昆虫滋生。因此,热带森林动物的特色之一是,营树栖、半树栖攀缘生活和食果性的哺乳类种类特别繁盛,甚至许多食肉类猛兽也都善于爬树捕食。典型的森林树栖食果种类有:灵长目的叶猴、懒猴、长臂猿和熊猴,猕猴和红面短尾猴在本区更为常见;啮齿目的赤腹松鼠、巨松鼠、长吻松鼠、花松鼠、鼯鼠等;翼手目食果性蝙蝠的犬蝠、果蝠、狐蝠等,食虫性蝙蝠的种类和数量也较其他区繁盛。食肉目种类相当多,尤其是灵猫科,如椰子猫、果子狸、斑灵猫和灵猫等;鼬科和猫科动物的种类也不少,如青鼬、山獾、金钱豹、云豹和华南虎等。

热带森林茂密,林下阴暗潮湿,因此其动物组成的另一特色是完全地栖的小型兽类很少,而且林中藤萝纵横,有碍大型有蹄类通行,因此缺少集群性的大型食草兽。只有在密林边缘和林中的空旷地,生活着一些小型有蹄类,如野猪、豪猪、水鹿和赤麂等。本区食虫目种类贫乏,特产种有树鼩,其他种类如臭鼩鼱、水鼩、灰麝鼩等大都分布于中国南部沿海一带。山林和灌丛中地栖穴居的啮齿目种类有刺毛鼠、巨鼠、板齿鼠等,猪尾鼠为本区特产。

本区特产的哺乳动物中较著名的有亚洲象、儒艮、懒猴、海南兔、台湾猕猴等。

鸟类方面,本区产有许多热带种类,除与华中区共有的种类外,尚有鹳科、鹦鹉科、草鸮科、犀鸟科、咬鹃科、和平鸟科、阔嘴鸟科、太阳鸟科、八色鸫科,以及绿孔雀、原鸡、黄胸织布鸟、橙腹叶鹎等热带种类。

华南区全年高温和潮湿的气候有利于变温动物的生存,因此区内爬行类、两栖类以及昆虫的种类和数量极其丰富。在区内分布比较广泛的种类,如爬行类中的变色树蜥、长鬣蜥、中国壁虎,两栖类中的台北蛙、花细狭口蛙等。此外,尚有飞蜥、巨蜥、蛇蜥、鳄蜥、盲蛇、蟒蛇、蝰蛇、金环蛇以及浮蛙、湍蛙、小岩蛙、树蛙等著名的热带种类。

四、中国淡水动物地理

淡水动物的地理分区,主要以鱼类作为区划的基本动物类群。地球上的淡水鱼类种类和数量虽很多,但其中绝大部分是鲤形目的种类,故通常以它们为主索。根据许多学者对中国淡水鱼类分布区划的研究,中国淡水水生动物分布区可以划分为 5 个区:

1. 北方区

也称为北方山麓区。包括黑龙江、图们江、鸭绿江、西北的额尔齐斯河与乌伦古河等水系,地处冷温带。主要是寒带性种类,如狗鱼(*Esox*)、江鳕(*Lota*)、胡爪鱼(*Osmerus*)、大麻哈鱼、白鲑、哲罗鱼、茴鱼、鲟、鳇等。

2. 华西区

也称为中亚高山区。包括新疆西北的塔尔巴哈台山往东到北塔山的中国西部广大地区,除吐鲁番及托克逊为内陆低地外,其余均为高山、高原地带。鱼类有特殊适应急流或能耐旱耐碱的能力,如裂腹鱼(*Schizothorax*)、条鳅(*Nemachilus*)等。

3. 宁蒙区

也称为宁蒙高原区。包括贺兰山与阴山以北的内蒙古内陆水系及河套地区的黄河水系,海拔 1 400 m至 3 000 m。鱼类区系的特点是区系的古老性,只有鲤科(鲤、鮈和雅罗鱼三亚科)、鳅科、鲇科及刺鱼科,种类少,只有 23 种左右。

4. 华东区

也称为江河平原区。包括辽河、海河、淮河、黄河、长江、钱塘江各水系。除了各河流外,还有很多湖泊。由于地势平坦,水流缓慢,多为身体侧扁呈纺锤形鱼类,其中以鲤科鱼类为最多,数量也很丰富,如鲤、鲫、鳊、鱲(*Zacco*)、鲂、马口鱼(*Opsariichthys*)、赤眼鳟(*Squaliobabus*)、鲩、青鱼、鲢、鳙、鳡(*Elopichhys*)、鲴、鲌、鳑鲏等,还有鳜(*Siniperca*)、鲟、胭脂鱼(*Myxocyprinus*)等名贵鱼类。

5. 华南区

也称为岭南山麓区。包括云南省腾冲、下关、通海、富源,沿南岭到浙江省天台山以南地区,处于热带、亚热带或接近亚热带。也有高山峻岭,水流湍急,多数鱼类口部或胸部有吸盘。本区鱼类以鲤科的鲃亚科种类最多,鮈、鲌、鲴、鳑鲏各亚科的种类只占少数(愈近西南愈少),鲇、鮠、胡子鲇、鲀、鳅、攀鲈、乌鳢等科鱼类较为普遍,本区有双孔鱼科,是与华东区的本质性差异。

五、世界海洋动物地理

海洋约占地球表面积的71%，是生命的发源地。海洋中栖息着20万种以上的动植物，估计其中约有1%生活在水深超过2 km的深海里。

根据海洋环境的理化特性及生物学特征，海洋的动物区系一般分为沿海带和远海带，然后各带又可再分为若干区。

在介绍海洋动物区系之前，有必要先了解沿海带、远海带、半深海带和深海带等概念，这些海洋分带统称为生态带(ecological zone)，其划分根据主要是海洋深度及其相应变化的生态条件。随着海水深度的增加，压力逐渐增大，光线逐渐减弱，温度逐渐降低，生物的种类和数量也相应发生变化(图7-3)。

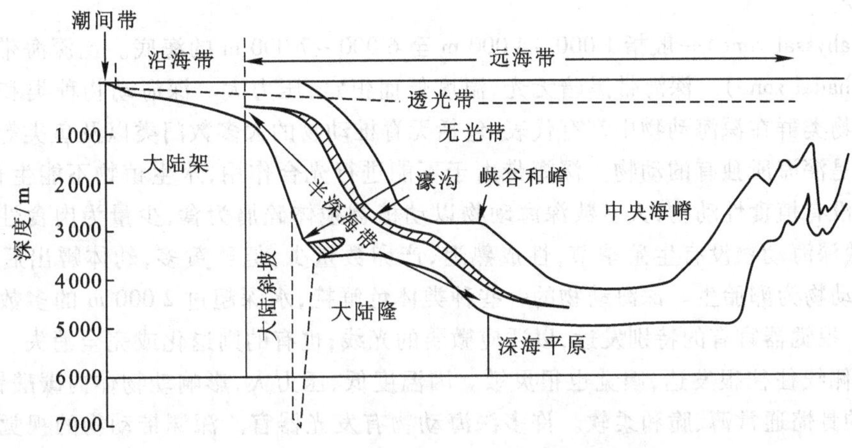

图7-3　海洋的水平和垂直成带现象

沿海带(coastal zone)是指自海岸至水深200 m的海区，分为潮间带(intertidal zone)和浅海带(littoral或neritic zone)。

潮间带是指大潮高潮线和大潮低潮线之间的沿岸海滨地带。高潮线以上浪花波及的海岸地带(称为潮上带)，缺乏严格的海洋动物。潮间带由于每天都经受潮落潮涨的变化，理化条件极不稳定，只有具特殊适应(如忍受干湿变化)的动物才能生存。在正规半日潮的海区，根据大、小潮的高潮线和低潮线的范围，分为高潮带、中潮带和低潮带。潮间带的不同潮区，经常栖息着不同的生物群落，并且有明显的分带现象。岩相、沙相和泥相的潮间带，生物群落也有很大差别。潮间带高潮区和中潮区的许多生物种类不分布到浅海，低潮区的生物则经常也能延伸分布到浅海。广义上，潮间带生物(intertidal organism)属于底栖生物(benthonic organism)的一部分。所谓底栖生物是指生活于水域底面、底上和底下的动植物。潮间带生物的种类繁多，包括藻类、高等植物、无脊椎动物的许多种类和少量的鱼类，如软体动物的滨螺、牡蛎等腹足类和双壳类，甲壳动物的藤壶、蟹类、龟足，以及沙蚕、海葵等。红树以及盐生喜盐草等也是典型的潮间带生物。

浅海带为自潮间带以下至200 m水深的沿海海域。该区域营养物质丰富，水中的光线充足，海洋生物生长最为繁盛。所以浅海带或大陆架(continental shelf)(指浅海带底部平坦的地区)是多种动物，特别是鱼类的主要栖息地，很多地区构成著名渔场。

远海带（pelagic zone）是指沿海带范围以外的全部海洋水域。其水体自上而下分为3个生态带：上层带、半深海带和深海带。

远海上层带（epipelagic zone）指远海带海洋中自表面至大约200 m深处的整个水层。又称为生产层。该水层光线充足，但由于远离海岸而营养物质缺乏，有丰富的浮游植物以及以此为食物的浮游动物。水底植物不能生长，只有浮游植物构成主要初级生产者。一些原生动物（例如放射虫、多孔虫），以及水母、桡足类等数量众多，为许多鱼类、海龟、海豹和鲸的主要食料。生活于本地区的鱼类绝大部分时间是悬浮在水中，且无隐蔽条件，遇到敌害只有快速逃避。因此。其体型多具纺锤状，运动器官发达，如金枪鱼、鲐、鲨等。

半深海带（bathyal zone）一般指从100～300 m至1 000～4 000 m水深的海底。这里几乎无光，水温也比沿岸带低，因此，半深海带的藻类很少，动物的种类和数量均较浅海贫乏，并随海水深度增加而不断减少。

深海带（abyssal zone）一般指1 000～4 000 m至6 000～7 000 m的海底。比深海带更深的海底称为深渊带（hadal zone）。深海带黑暗无光，温度低而恒定，压力大。深海动物种类和数量非常贫乏，但许多动物类群在深海动物中都有代表，包括无脊椎动物的大多数门类以及鱼类等少量脊椎动物，有些种类是深海所独有的动物。深海带由于不能进行光合作用，水生植物不能生长，只有异养微生物，因此没有植食性动物，大多数深海动物以动植物残体碎屑为食，少量为肉食性动物和滤食性动物。多数深海动物没有生殖季节，性成熟迟，产卵数量少，但卵黄多，幼体孵出后即能独立生活，有些深海动物为卵胎生。深海动物的一些种类体色鲜艳，水深超过2 000 m的多数种类则色泽灰白或黑色。视觉器官有的特别发达，以适应微弱的光线；也有的则退化或完全消失。眼退化的种类，其触须或侧线往往很发达，嗅觉也很灵敏。因温度低、压力大，影响动物体内碳酸钙的沉积，因此深海动物的骨骼通常薄、脆和柔软。许多深海动物有发光器官。深渊带动物的视觉器官更是退化，大多有发光器官。20世纪60年代以来，由于开发深海矿产和生物资源的需要，同时随着深海调查技术和设备的不断改进，深海生物研究，包括深海生物的种群生态、生理、生化和适应机制等，不断取得进展。如美国科学家于1977年在水深2 550 m以及1984年在3 200 m的海底发现了深海底热泉口生物群落。

海洋动物的地理分布主要受海水温度、盐度、水深、底质等因素以及大陆阻限的影响。目前，学术界有几种不同的海洋动物地理区划系统。根据海洋哺乳类和鸟类分布，地球上的海洋可以划分为7个区：

1. 北极区

包括北冰洋、白令海的北部、白海、巴芬湾和哈得孙湾等海域。本区水温低而恒定，常在0 ℃以下。在一年的大部分时间内海水均被冰覆盖。典型动物有冠海豹（*Cystophora cristata*）、海象（*Odobenus rosmarus*）、白熊（*Thalarctos maritimus*）、北极鲸（*Balaenal mysticetus*）、海雀科（Alcidae）、鸥科（Laridae）、鳕、比目鱼和绒杜父鱼（*Hemitripterus*）等。

2. 北太平洋区

位于北极区以南，自白令海峡向南延伸至北纬40°的海域。本区水温比北极区温暖，水温随季节的变化较显著。典型的动物有海狮（*Zalophus*）、海狗（*Callorhinus*）、海豹（*Phoca*）、海獭（*Enhydra lutris*）、灰鲸（*Eschrichtius robustus*）、白鲸（*Delphinapterus leucas*）；鸟类中有许多海雀种类，且种群数量较多；鱼类有鲷、鲑、鳗等科的代表性种类。

3. 北大西洋区

本区包括巴伦支海的大部分，挪威海和波罗的海全部以及格陵兰海的东部和大西洋的东北部。本区自然地理条件与北太平洋区很相似，但动物较为贫乏。除鲸和海豹比较丰富外，其他鳍足类完全缺乏。海雀也很少。鱼类方面，常见的有鳕、鲱、鲽、海鲈等。

4. 热带印度－太平洋区

本区位于北纬40°和南纬40°之间，包括太平洋和印度洋的绝大部分海域。本区热带海洋动物特别丰富，但海洋哺乳类则比较贫乏。典型动物有儒艮（*Dugong dugong*）、抹香鲸、鲣鸟（*Sula*）、鹲（*Phaethon*）、军舰鸟、海龟（*Chelonia*）、玳瑁（*Eretmochelys*）、海蛇等。鱼类种、属、科、目十分丰富。其原因是该区域具有古老性，有一定适宜的温度条件，沿岸大陆架面积大，而且环境多样性高，如有发达的珊瑚礁，底质也极其多种多样。代表性鱼类有鲸鲨，大洋热带鱼类，如飞鱼、金枪鱼、旗鱼、箭鱼以及不少定居于珊瑚礁中的鱼类。

5. 热带大西洋区

本区的北界与北大西洋区相接，其南界达南纬40°（美洲东岸）或20°（非洲西岸）之间。在自然条件方面，本区与热带印度－太平洋区相似，动物种类也有许多相似，但种数较少。特有种有白腹海豹、海牛（*Trichechus manatus*）。

6. 南温区

本区北与热带印度－太平洋区和热带大西洋区相接，南界至南纬50°～60°之间。本区水文条件与北太平洋区和北大西洋区相类似，水温的季节变化很大，动物种类较热带海洋少得多。在动物区系的组成上，本区与南极区、北太平洋及北大西洋区有许多相同的种类。如企鹅、南极鲸、南极象海豹、刀鱼、鲂、鲱等。

7. 南极区

本区位于南纬50°～60°以南，水温与北极区相似，动物种类很少。典型动物有企鹅（20种左右）、南极象海豹、海狮、南极海狗、南极杜父鱼及濒鳚科的胎生鱼等。

中国海区的海洋生物区系分别属于北太平洋区和热带印度－太平洋区。两区的分界大体是从长江口北岸至韩国济州岛之间。

六、中国海洋动物地理

中国海区辽阔，海岸线长；大陆架占世界大陆架总面积的27.3%，海区跨温带、亚热带及热带，温度适宜。此外，中国有许多河流入海，沿岸营养物质丰富，水质肥沃。因此中国的海洋动物资源十分丰富。

中国海洋鱼类资源丰富，沿海内湾是鱼类生殖的良好场所。据记录，中国约有1 500种的海洋鱼类。根据鱼类等海洋生物对水温的适应能力，可以将海洋生物分为三种温度属性：冷水种（cold water species）、温水种（temperate water species）和暖水种（warm water species）。冷水种指一般生长、生殖适温低于4 ℃，其自然分布区月平均水温不高于10 ℃的海洋生物，包括寒带种（cold zone species）和亚寒带种（subcold zone species），前者适温为0 ℃左右，后者为0～4 ℃左右。温水种一般生长、生殖适温范围较广，为4～20 ℃，自然分布区月平均水温变化幅度很大，为0～

25 ℃,包括冷温种(cold temperate species)和暖温种(warm temperate species),前者适温为 4 ~ 12 ℃,后者为 12 ~ 20 ℃。暖水种一般生长、生殖适温高于 20 ℃,自然分布区月平均水温大于 15 ℃,包括亚热带种(subtropical species)和热带种(tropical species),前者适温为 20 ~ 25 ℃,后者适温高于 25 ℃。

根据中国沿海和远海海区的特点,中国海洋鱼类地理分布区大致可划分为以下 3 个区:

1. 黄、渤海区

该区位于太平洋西部,北起鸭绿江,南至长江口。本区有不少江河流入,因此海水盐度低,水质营养丰富,是许多重要经济鱼类的产卵场所。据《黄渤海鱼类调查报告》,该区有暖温性鱼类 120 种,暖水性鱼类 60 余种,冷温性鱼类 20 余种。暖温性鱼类中产量最大而分布又最广的是小黄鱼和比目鱼。本区是中国冷温性鱼类最多的海区,如鳕鱼、高眼鲆、牙鲆等。它们通常大量分布于黄海中部以北的海域。

2. 东海区

包括浙江、福建沿海地区。水深较浅,一般不超过 200 m。该区沿岸有 800 多个岛屿。据《东海鱼类志》,该海区主要以暖水性鱼类占多数,230 余种;其次为暖温性鱼类,160 多种;冷温性鱼类 10 多种。东海区的主要经济鱼类是大黄鱼、小黄鱼、带鱼、鳓鱼、鲳鱼、鲷及鳗类。目前大黄鱼、小黄鱼产量下降,绿鳍马面鲀产量已上升到首位,其次是带鱼。

3. 南海区

位于中国广东以南,东临菲律宾,南接婆罗洲,西界止于印度支那半岛,北以台湾海峡与东海相连。沿岸岛屿密布,共 400 多个,还有许多海洋性岛屿,如东、西沙群岛等 160 多个。本区地处热带及亚热带,海水较深,地形复杂,且沿岸有不少江河流入大海,营养物质丰富,故为鱼类良好产卵场,种类也极其丰富,据《南海鱼类志》记载,共有 810 种,以亚热带和热鱼类为主,如海鲇、长丝蛇鲻、红鳍笛鲷、绯鲤、长鳍银鲈、东方旗鱼、灰旗鱼、白枪鱼、剑鱼、大眼金枪鱼、黄鳍金枪鱼等。经济鱼类以鲷科、石斑鱼科、笛鲷科、裸夹鲷科、蛇鲻科等为主,种类多但产量不高,不过,该区生产季节长,故渔获量较大。

从中国三个海区的鱼类资源状况可以看出,中国海区的主要组成鱼类是暖水性鱼类,其次是温水性鱼类(其中又以暖温性为主)。东海海区处于黄渤海区和南海海区之间,其鱼类区系组成有明显的过渡性,部分种类和后两区相似。中国鱼类种类多,虽然数量较少,但积少成多,是海洋渔业高产的有利因素。近年来,过度捕捞导致经济鱼类资源出现衰退的问题已开始受到重视,休渔安排、合理捕捞同时进行经济鱼类增殖是解决这一问题的重要途径。

第二节　动物生态

20 世纪是科学技术飞速发展的时代,科学技术进步一方面给人类社会带来了文明和幸福,另一方面,也产生了许多严重的问题。人口“爆炸”、资源枯竭和环境污染等全球性问题,迫使人们不得不把更多的注意力转向生态学的研究和发展,于是生态学一跃成为世人瞩目的科学,近几十年来得到了空前的大普及。

生态学(Ecology)是生命科学的基础分支学科之一,是研究生物与环境之间相互作用的规律及其机制的科学。按照现代生物学的观点,基因—细胞—器官—有机体—种群—群落的不同生命组织层次,和其周围的环境一起,相应构成基因系统—细胞系统—器官系统—个体系统—种群系统—生态系统的不同生物系统。生态学的主要研究对象是个体系统以上的生物系统层次,因此,生态学属于宏观生物学的范畴。宏观生物学方向的生态学和微观生物学方向的分子生物学一样,都是为了了解生命的本质和规律,有益于人类的生存与发展。20 世纪末以来,生态学与分子生物学相互结合,采用分子生物学技术研究种群遗传生态、遗传多样性保护、行为生态、物种及性别鉴定、分子系统进化、分子适应进化等问题,形成新兴交叉学科分子生态学(molecular ecology)。

一、生态因子分析

1. 生态因子的分类

前面曾经提及,生态学中的环境(environment)是指生物有机体周围的各种因素总和,它包括空间以及其中直接或间接影响有机体生存的多种因素。在环境中,对生物体某个发育阶段的生活起着影响作用的因素称为生态因子(ecological factor),或称为环境因子(environmental factor)。

生物的生存离不开环境,凡是有机体生活和发育所不可缺少的外界环境因素统称为生存条件。生态因子分析的主要目的在于研究生物个体对其生存条件的需求,该研究领域属于生态学三个领域之一个体生态学(individual ecology 或 autecology)的范畴。

生态因子通常可以分为非生物因子和生物因子两大类。非生物因子又可分为气候因子、土壤因子、化学因子、地形因子四种类型。在生物因子当中,人为因子通常又被独立出来成为一类。

气候因子包括光、温度、湿度、降水、风等。土壤因子主要是指土壤的各种特性,如土壤结构、有机物和无机物的营养状态等。化学因子主要包括气体(氧、二氧化碳、氢等)、盐度和酸碱度(pH 值)等。地形因子包括各种地面特征,如海拔高度、坡度、坡向。生物因子,包括生物之间(同种或异种生物间)的各种相互作用,如竞争、捕食关系等。人为因子是指人类对生物和环境的各种作用。人类活动对各种生物的影响和对环境的改变作用越来越大,因此,人类对生物的作用是其他生物所不可比拟的。

任何生物的生活,总会受到生存在同一地方的其他生物的影响,存在相互关系。生物与生物之间的相互关系是多种多样的,同种生物内部不同个体之间的关系称为种内关系(intraspecific relationship),不同物种生物体之间的关系则称为种间关系(interspecific relationship)。生物因子与非生物因子比较,对动物的影响具有以下几个特点:① 通常生物因子的影响,只涉及一部分个体,例如,只有个别个体被捕食等。而非生物因子,如温度、降水等,对所有个体的影响基本是相等的。② 生物因子的作用大小,通常与个体数量的多少即密度的高低有关,因此,生物因子也称为密度制约因子(density dependent factor),而非生物因子则称为非密度制约因子(density independent factor)。例如,当个体数量越多,密度越大,则相互之间的竞争也就越激烈。③ 虽然有机体与非生物因子的影响也是相互的,但生物之间的相互影响、相互依赖程度更加密切和复杂。

除了上述的分类方法以外,苏联学者蒙恰斯基(1958)根据生态因子的稳定性程度,把生态因子分为稳定因子和变动因子。稳定因子包括地心引力、地磁、太阳辐射常数等终年恒定的因子。稳定因子的作用主要是决定生物的分布。变动因子包括周期变动因子和非周期变动因子。周期变动因子随着地球的转动和月相的变化而产生日、月、季、年的周期变化,如光、温度、潮汐、大气湿度。周期变动因子主要影响生物的分布。非周期变动因子没有明显的变化规律,其影响大多是突然来临,如降水、风、捕食等因子,生物往往来不及对它产生适应,因此影响着生物的数量。

生态因子的分类是人为的,只是为了方便研究。实际上,在环境中,各种生态因子的作用不是单独的,而是相互影响且综合地对生物起作用。例如,内温动物对高温的耐受范围受大气湿度的影响;大气湿度适当地降低有利于蒸发散热,在这种条件下,内温动物的耐热能力较强,相反,大气湿度太高则其耐热能力较低。但是,因子的综合作用并不等于一切因子都是同等的。在一定的条件下,因子有轻重、主次之分,即主要因子和次要因子,而且随着时间、地点等各种条件的变化,因子的重要性及其作用方式也可能发生相应的改变。此外,生物和环境之间的关系的相互影响也是辩证的。生态因子能够影响生物的数量和分布,另一方面,生物的生命活动也能改变其周围生态因子的状况,例如,一块土地生长了树木,树木改变了其周围环境的水、热等条件,动植物残体分解后加入土壤也使土壤的理化性质发生了变化。

2. 生态因子作用的基本规律

德国的农业化学家利比希(J. Liebig)在1840年对生态因子作用进行了许多先驱性的工作。他首先发现谷物的产量常常不是受其大量需要的营养物质所限制(例如二氧化碳和水,它们在周围环境中的贮存量是很丰富的),而是取决于那些在土壤中极为稀少,而又是植物所必需的元素,如硼、镁、铁等,因此提出"植物的生长取决于那些处于最少量状态的营养物质"。进一步的研究表明,利比希所提出的理论也同样适用于其他生物种类或生态因子,随后,该理论被扩展为利比希最小因子定律(Liebig's law of the minimum)。定律的基本内容是:任何特定因子的最小需要量是决定某一物种分布或生存的根本因素。利比希定律只有在严格的稳定状态条件下,即在物质和能量的输入和输出处于平衡状态之时才能应用,如果稳定状态受到破坏,各种物质的需要量都在不断地变化,这时就没有最小成分可言。这个定律用于指导实践时,还应当注意因子的替代作用,即当一个特定的因子处于最小量状态时,其他一些处于高浓度或过量状态下的物质,至少是化学性质上相互接近的元素,可能会具有部分替代作用,替代这一特定因子的不足。例如,软体动物外壳的生长需要钙,钙可能是其主要限制因子;如果环境中缺少钙但又有很多的锶,锶就能部分地替代钙。

最小因子定律指出了因子处于最小量时可能成为影响生物生存的因子,实际上,当因子处于过量时,同样也会影响生物的生存。1913年,美国生态学家谢尔福德(V. Shelford)提出耐受性定律(laws of tolerance)(图7-4),即任何一种生态因子在数量上或质量上的过少或过多,即当其接近或达到某种生物的耐受性限度时,就会影响该种生物的生存和分布;每一种生物对任何一种环境因素都有一个能够耐受的范围,即有一个最低点(最低度)和一个最高点(最高度);最低点和最高点(或称耐受下限和耐受上限)之间的范围,就称为生态幅(ecological valence)或生态价;在耐受范围当中包含

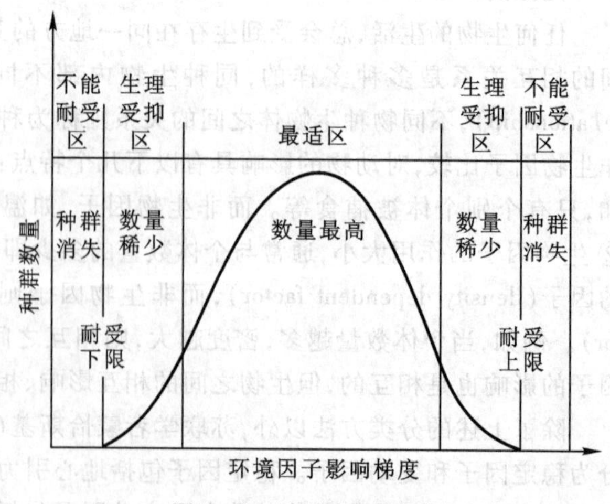

图7-4　耐受性定律图解

着一个最适区（optimum area），在最适区内，生物的生长发育、生殖、数量或分布处于最佳状态。

谢尔福德的耐受性定律表明，不同物种对同一生态因子的耐受性是不一样的，而同一物种对不同生态因子也有不同的耐受性。那些对生态因子具有较大耐受范围的种类，分布比较广泛，这些种类就是所谓的广适性生物（eurytropic organism），反之则称为狭适性生物（stenotropic organism）。如，根据动物对温度因子的耐受性相应可分为广温性动物（eurythermal animal）和狭温性动物（stenothermal animal），对盐度因子相应又有广盐性（euryhaline）和狭盐性（stenohaline）动物之分，依此类推。

目前，生态学者们综合最小量定律和耐受性定律的思想，提出另一个综合概念，即限制因子（limiting factor）：任何生态因素（一个或相关的几个），当它（们）接近或超过某种生物的耐受性极限而阻止其生存、生长、生殖、扩散或分布，这时，这些因子就称为限制因子。在自然界中，生物不仅受制于最小量需要物质的供给，而且也受制于其他临界的环境因素，限制因子的概念指明了生物的生存与繁衍取决于环境中各种条件的综合，这就是这个概念的最重要价值。

研究表明，动物或植物极少生存在它们的最适环境中。大部分生物由于受到其他物种的竞争而生存在非最适环境，在非最适环境中它们的竞争更有可能获胜。例如，许多沙漠动物在非干旱环境中能够生活得更好，它们生活在干旱环境是因为在该环境条件下能够获得最大的生态利益。生物极少生存在它们的最适环境中的另一种解释是：环境总是不断改变着，如果生物要一直生活在最适环境，那么，它们就得不断地改变其分布地点。目前，许多生态学家已经认识到，应当更多地从进化的角度，探讨生物如何开拓、适应特定栖息地。在生存竞争中能够获胜是生物产生其特定耐受性的主要原因。强调进化重要性将有利于人们能够更好地了解物种与其栖息地环境的相互关系。

3. 生物对环境的适应

生态因子直接或间接地影响着动物的生命活动、数量和分布。

例如：光的质量即光的波长、光强度即能量的多少、光照的持续时间即日照时间或日照长度，这3个参数的变化影响着动物的各种生命活动。红外线能使动物升高体温；紫外线具有杀伤作用，并且与动物体内维生素D的合成有关；果蝇幼虫若在2 500 Lux光强度以下时，发育速度随光照加强而加快，而更强的光照却使其发育迟缓；鲑鱼通常把卵产在水域底泥中，若把其卵置于日光下，它的发育就会延迟4～5 d，相反，比目鱼、鲱鱼的卵通常在有光的条件下发育，若置于黑暗环境中，它们的发育就会延迟1～2 d。光照时间（白昼和夜晚的相对长度）影响着动物的迁移、冬眠、生殖以及羽毛的更换。鼬、水貂和许多鸟类在春季时生殖腺增大、性机能活跃，陆续进行求偶、交配、产卵（仔）、育幼，属于“长日照动物”（long-day animals）；相反，有些兽类，如绵羊、山羊和鹿类则在白昼逐渐缩短的秋冬之际才开始性腺活动，属于“短日照动物”（short-day animals）。根据动物生殖与光周期的关系，在养禽业上，已经利用人工光照额外延长“白昼”或光照期，促进家禽性腺活动，提高产蛋力。

与光因子相同，温度也直接影响有机体的体温和代谢，继而又影响有机体的生长、生殖、行为等生命活动，温度还影响着水分蒸发、降水等，从而影响动植物的生存与分布。例如，东洋界的陆栖脊椎动物物种平均数都明显地超过古北界，差别最大的是两栖类，东洋界是古北界的7.6倍，其次为爬行类，为6.2倍，鸟类（生殖鸟）和兽类均分别为2.8和2.3倍。陆栖脊椎动物在东洋界和古北界之间的比值为3倍。

另一方面，在长期的进化过程中，动物也会对其环境中的生态因子产生适应，从行为、形态、生理或遗传各个方面进行调整，以适合特定环境中的生态因子及其变化，更好地在某一环境中生存和繁衍。

动物通过适应性行为活动来调节其体温。如躲避不利温度（如夜行性以避开过热的温度），选择温度适宜的空间或活动时间（如蜥蜴在早晨通过晒太阳以增加体温），洄游或迁徙以获得适宜的栖息地，建立适宜小气候的隐蔽所如蜂巢等。许多动物能够通过学习来适应环境，根据环境的改变来调整自己的行为。例如，动物能够通过对一些环境刺激反复出现的“习惯化”学习，逐渐放弃那些对生活没有意义的反应，由此适应环境的多变性。

适应可以表现在生理上。如动物的冬眠或夏眠的低体温和低代谢率等。感觉器官也能对其所能够感觉到的环境刺激进行调整，称为感觉适应（sense adaptation）。例如，当我们进入灯光非常明亮的房间时，开始会觉得很明亮，但几分钟以后似乎就不明亮了；因为这时候我们的眼睛已经对亮度“习惯”了。

适应也可以表现在形态上。如生活在不同光强度环境中的动物，其视觉器官具有显著差异，许多夜行性动物的眼睛比昼行性动物发达。东北虎和华南虎为同一物种不同亚种的内温动物，前者分布在北方寒冷地区，身体趋于大型，而后者分布在南方温热地区，身体趋于小型。分布在温热地区的内温动物，其体型大于寒冷地区的同类，这种地理差异的形态适应规律称为贝格曼规律（Bergman's rule）。而且，同一分类单位内温动物的身体突出部分，在北方寒冷地区中有变短变小的趋势，称为艾伦法则（Allen's law）。如在耳朵的大小方面，北极狐（*Alopex lagopus*）< 赤狐（*Vulpes vulpes*）< 非洲大耳狐（*Fennecus zerda*）。

物种调整遗传成分以适合环境条件称为进化适应（evolutionary adaptation）。桦尺蠖（*Biston betularia*）的工业黑化就是进化适应的实例。刚开始的时候，桦尺蠖是浅色的，并且能够隐蔽在有地衣覆盖的浅色树干环境当中。但是随着当地的工业化，树干被工厂排出的烟雾逐渐熏成黑色。与这种黑色背景相对应，浅色的桦尺蠖非常醒目。逐渐地，该地区桦尺蠖种群当中的黑色变异个体演变成为优势，因为黑色个体有利于隐蔽于黑色树干环境，能够减少被捕食而得到更好的生存和繁衍。

适应可以改变生物对生态因子的耐受范围。自然环境的多种生态因子是相互联系、相互影响的。因此，生物对其特定生活环境的一组生态因子的适应也存在着相互的关联性，这一组相互关联的适应就称为适应组合（adaptative suites）。

骆驼对沙漠环境的适应组合就是最好的例子。和其他沙漠动物一样，骆驼在清晨取食含有露水的植物嫩叶或取食多汁植物以获得更多的水分，能够高度浓缩尿液、干燥粪便以减少水分丧失。更重要的是，骆驼还能够耐受脱水以及耐受外界较大的昼夜温差。骆驼在夏季的沙漠中能够耐受使体重减少 25% ~30% 的脱水。其他哺乳动物，如狗和大鼠，在温和条件下，当脱水程度达到体重减轻 12% ~14% 时就会死亡。动物体内的血浆容积一旦下降会导致心血管系统发生严重障碍，从而使体液向体表传导热量的速度减缓，因此，高温条件下会引起生命危险。而骆驼脱水时，其血浆容积的减少比其他动物小。骆驼能够耐受外界较大的昼夜温差，起着贮热库的作用。在缺水条件下，骆驼白天最高体温可达到 40 ℃，夜晚体温可降至 34 ℃，存在着 5 ~ 6 ℃ 的昼夜温差（图 7 – 5）。在饮水情况下，骆驼体温的昼夜波动则较小。骆驼耐受较大的昼夜温差有利于减少蒸发失水。因为，白天的环境温度较高，如果骆驼要保持体温恒定，必须通过蒸发水分散发热量。例如，500 kg 的骆驼比热容为 3.35 J/g · ℃，体温升高 6 ℃，就意味可以贮存大约 10 000 kJ 的热。若要蒸发和散发这些热量，需要消耗多于 4 L 的水。夜晚的环境温度较低，骆驼可以通过传导和

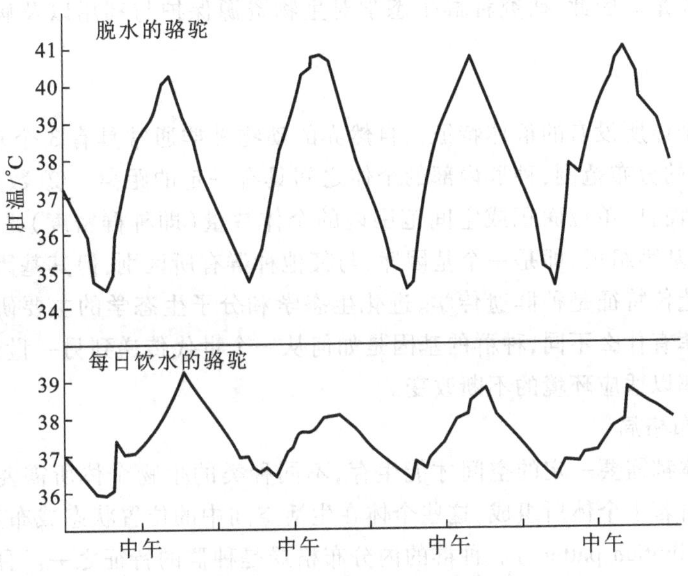

图 7-5 骆驼在不同饮水条件下体温的昼夜波动

辐射散发体热。体温在白天上升的附带利益是减小了热量从环境向骆驼传导的温度梯度。

应当强调的是,无论生物通过哪一种适应方式来调整、扩大它们对生态因子的耐受范围,但是,生物却永远不能逃脱生态因子的限制。耐受极限只能被改变而不能被去除,因此,生物的生命活动和分布还是会受制于它们对特定生态因子的耐受范围。生物对特定生态因子的耐受范围由该生物的遗传结构所决定,因此是生物的物种特性。例如,厩蝇(*Stomoxys calcitrans*)对温度的耐受范围是 14—32 ℃,家蝇(*Musca domestica*)对温度的耐受范围则是 20—40 ℃。陆生蜗牛种类在中性和弱碱性土壤(pH7—8 之间)最为丰富。各种水生动物对 pH 值都具有一定的耐受范围;多数是狭酸性或碱性种类,在酸性水域或受酸雨影响严重的水域,水生动物种类和数量相当贫乏。

二、种群生态学

种群(population)是指在特定时间内分布在同一区域的同种生物个体的自然组合。种群具有共同的基因库(gene pool),彼此间能够进行自然交配并产生出具有生殖力的后代,因此,种群是种族生存的前提。在自然界当中,任何物种的每一个个体都不可能单一地生存。在某一时间及地点条件下,它必然与同种及其他种类的许多个体发生联系,共同构成一个相互依赖、相互制约的生物系统。

种群生态学(population ecology)是研究种群生物系统规律的科学。具体地说,就是研究种群内部各成员之间,种群(或其成员)与其他生物种群之间,以及种群与其周围环境非生物因素之间的相互作用规律。种群生态学的核心内容是种群动态(population dynamics),即研究种群数量在时间上和空间上的变动规律及其变动原因。简单地说,就是研究某一地区内某种生物的数量有多少(数量或密度),哪里多或哪里少(空间上的数量变动),什么时候多或什么时候少(时间上的数量变动),为什么会有这样的变动(调节机制)。种群生态学的理论和实践有助于控制有害动物的数量,保护资源动物的最大增长量。因此,研究种群生态学对生物资源保护与利用以及病虫害防治等方面均有重要意义。

1. 种群特征

动物种群具有个体所没有的群体特征。自然界的动物种群通常具有3个基本特征:① 空间特征,即种群具有一定的分布范围,种群内部的个体之间具有一定的距离。② 数量特征,种群由若干数量的个体所组成,而且,单位面积或空间范围内的个体数量(即种群密度)是变动的。③ 遗传特征,种群具有一定的基因组成,即是一个基因库,与其他种群有所区别,但其基因组成同样也是处于变动之中。种群的遗传特征是种群遗传学、进化生态学和分子生态学的主要研究内容。它们要研究不同种群的基因库有什么不同,种群的基因是如何从一个世代传递到另一世代,种群在进化过程中如何改变基因频率以适应环境的不断改变。

2. 种群空间分布格局

每一个生物个体都需要一定的空间才能生存,不同种类的生物个体所需要的空间大小和性质存在着差别。种群由若干个体所组成,这些个体在生活空间中的位置状态或布局,称为种群的内分布格局(internal distribution pattern)。种群的内分布格局是种群的特征之一。种群的内分布格局与物种的地理分布(geographical distribution)是两个不同的概念。种群的内分布格局是指种群内个体的空间分布位置,而物种的地理分布则是物种内种群的分布。一个物种具有若干种群,这些种群的区域性分布的总和构成该物种的地理分布区。

种群的内分布格局分为3种基本类型(图7-6):

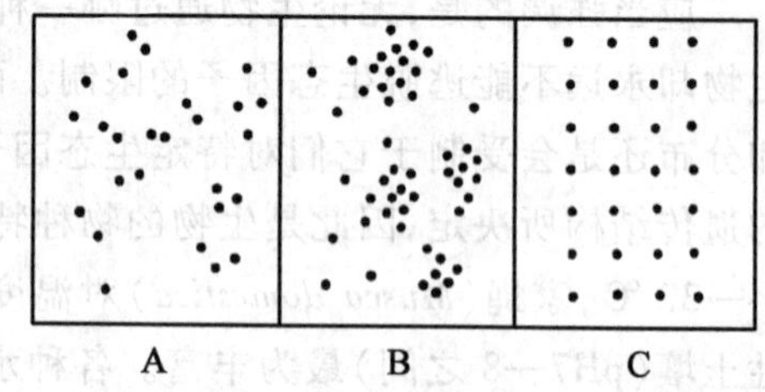

图7-6　种群内分布格局的三种类型
A. 随机分布　B. 成群分布　C. 均匀分布

(1) 随机分布(random)　某一个体的分布不受其他个体分布的影响,每个个体在种群分布空间内各个位置出现的机会相等,这样所形成的分布称为随机分布。随机分布在自然界是罕见的,只有在资源分配均匀,而且种群内部个体之间没有相互吸引或排斥时才能出现。例如,培养在面粉中的拟谷盗(*Tribolium confusum*)或黄粉虫(*Tenebrio molitor*)通常呈随机分布。一些生活在森林底层的蜘蛛及个别生活在潮间带泥沙滩的双壳类,其分布格局也是随机的。

(2) 成群分布(clumped)　成群分布是最常见的分布方式。鱼群、鸟群、兽群以及人类都是成群分布的实例。在前面"社会生物学"章节中我们已经了解动物群体形成的原因。一些植物的无性生殖或者种子掉落在母株附近也常常形成成群分布。成群分布还可以进一步根据群体本身的分布状况而划分为随机群、均匀群和成群群。

(3) 均匀分布(uniform)　个体之间彼此保持一致的距离。这种分布格局通常是在资源均匀的条件下,由于种内竞争所引起的。均匀分布的现象也比较少见。例如,森林中的树木由于树冠空间或根部空间的竞争可能导致均匀分布;动物的领域行为是造成均匀分布的主要原因,在海岸悬崖上营巢生殖的海鸥,其巢与巢之间经常保持着一定的距离。

3. 种群数量

种群数量表现在种群的大小或密度。种群数量影响着生物之间的关系,决定着种群对生态系统的作用程度,因此是最重要的特性。种群数量的大小决定于出生率、死亡率、迁出率和迁入率四个参数,而这些参数又受制于种群的年龄结构、性别比率等因素。

（1）密度（population density）　种群密度是指单位面积或单位体积空间内拥有某一种群的个体数量。种群密度是一个变量。在适应的环境条件下密度则高，反之则低。随着一年四季的时间更替，种群密度亦会有变化。因此，在进行密度调查时既要有空间大小，还应当有时间的概念。另外，不同分布区当中由于环境条件优劣的差别，密度也有所不同，因此密度调查时，还应当注意了解当地的具体环境条件。

种群密度的大小往往与其个体大小和食性有关。食植动物的种群密度通常大于食肉动物，因为食肉动物需要较大的栖息地才能寻找到足够而且适当的食物。在同样的食性情况下，个体较大的种群，其密度就较小，相反，较小个体的种群则具有较大的单位面积密度。例如，在草原上，有蹄类、啮齿类和蝗虫的单位面积密度将依次相应增大。

每一种动物的种群密度都有一定的变化范围和限度。最大密度或称饱和密度（saturation density），是指特定环境中所能容纳的最大个体数。当超越这一密度，种群数量将不会增长。最小密度或称最低密度（minimum density），是指种群需要用以生殖、弥补死亡个体的最小的个体数。如果低于最低密度，由于难以寻找配偶，生殖意愿丧失，生殖力下降，结果，该种群就难以保存。在最大密度和最小密度之间存在着一个最适密度（optimum density），在此密度下，种群的增长处于最佳状态。

（2）出生率（birth rate）　出生率是指在单位时间内，种群的每一个体所产生后代个体的平均数。不同动物种类的出生率差别极大。一些种类一年只生殖一次，有些种类在一个生殖季节中可生殖多次，而个别种类则能不断生殖。除了生殖次数以外，性成熟的速度、每次产仔（卵）数也会影响出生率的高低。例如，鱼类每次产卵几千个乃至几百万个，鸟类每窝产卵数为 1 ~ 20，而哺乳类就很少每胎产出超过 10 个幼体。出生率的高低也与动物的食性有关，在同类动物中，食肉动物的出生率较食植动物为低。

出生率可分为最大出生率（潜在出生率 potential birth rate）和实际出生率（生态出生率 ecological birth rate）。前者是指在理论上的理想条件下，单位时间内种群所产生新个体的最大数目。种群出生率常受若干环境因素的影响。气候的变化、疾病的危害、栖息地的缺乏、食物的减少及捕食者的增多等等，均会影响其出生率，因此，我们能观察到的往往是实际出生率。通过比较最大出生率和实际出生率，了解它们的具体影响条件，对于预计种群的发展动态具有重要指导意义。

（3）死亡率（death rate）　死亡率是指在单位时间内，某一种群死亡的个体数与种群总个体数的比率。同样，死亡率可以区分为最低死亡率和生态死亡率。最低死亡率是种群在最适的环境条件下，种群中的个体都是由于年老而死亡，即动物都活到了生理寿命才死亡。种群的生理寿命（physiological life）是指种群处于最适条件下的平均潜在寿命。生态死亡率是指种群在特定自然条件下的实际死亡率。种群在特定环境条件下的平均实际寿命称为生态寿命。换言之，在野生条件下，种群当中只有一部分个体能够活到生理寿命，多数则较早死于被捕食、疾病、不良气候、饥荒等原因，它们的平均寿命即为生态寿命。

实际死亡率的高低，与种群当中的年龄组有关，不同年龄组具有不同的存活时间和致死原因。种群死亡率的变化通常以生命表或存活曲线来表示。

4. 种群年龄结构与性比例

（1）种群的年龄结构（age structure）　种群的年龄结构又称年龄分布（age distribution）或年龄组成，是指不同年龄组的个体数量在种群总数量当中所占的比例。种群的年龄结构影响着种群的出生率和死亡率,因此,研究它有助于了解种群的发展趋势,预测种群的兴衰。

生态学上通常将动物年龄分为3个时期,即生殖前期、生殖期和生殖后期。各年龄期个体数在种群总数当中所占的比例,影响着种群的数量变化。在同样的条件下,种群中具有生殖期年龄成体的比例越大,种群的出生率就越高;而种群中生殖后期年龄即年老个体的比例越大,种群的死亡率就越高。种群的年龄结构可以用年龄锥体(age pyramid)(或称年龄金字塔)来表示。年龄锥体是用从下到上的一系列不同宽度的横柱叠加而成的图。横柱的高低位置表示由幼年到老年的不同年龄组,横柱的宽度表示各个年龄组的个体数或其所占的百分比。有时将年龄锥体分为左右两半,左半边表示雄体的各年龄组,右半边表示雌体的各年龄组。动物种群的年龄锥体有3种基本类型(图7-7):

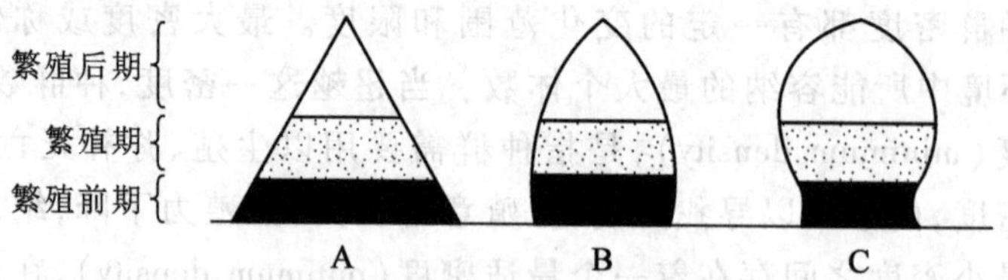

图7-7 年龄锥体的三种类型

A. 增长型种群 B. 稳定型种群 C. 下降型种群

① 增长型锥体,呈典型的金字塔形,锥体的底部最宽,越向上越狭窄,表示幼体数量大,而老年个体却很少,反映出该种群有高出生率和低死亡率,说明种群处于增长状态。

② 稳定型锥体,呈倒钟形,种群的幼年、中年和老年个体数量大致相等,出生率和死亡率大致相平衡,种群数量处于稳定阶段。

③ 下降型锥体,呈壶型,基底部狭窄而顶部较宽,表示种群的幼体数少,而老年个体数相对较多,种群的死亡率大于出生率,是一种数量趋于下降的种群。

(2) 性比例(sex ratio) 是指种群中雄性与雌性个体数的比例。如果性比例等于1,表示雄雌个体数相等;如果大于1,表示雄性多于雌性;如果小于1,表明雄性少于雌性。不同物种种群具有不同的性比例特征。人、猿等高等动物的性比例为1;鸭科等一些鸟类以及许多昆虫的性比例大于1;蜜蜂、蚂蚁等社会昆虫的性比例小于1。种群的性比例会随着其内部个体发育阶段的变化而发生改变。例如,一些啮齿类出生时,性别比例为1,但三周后的性比例则为1.4。因此,性比例又常根据不同发育阶段,即配子、出生和性成熟三个时期,相应再分为初级性比例(primary sex ratio)、次级性比例(secondary sex ratio)和三级性比例(tertiary sex ratio)。

性比例影响着种群的出生率,因此,也是影响种群数量变动的因素之一。对于一雌一雄婚配制的动物,种群当中的性比例如果不是1,就必然有一部分成熟个体找不到配偶,从而降低了种群的生殖力。对于一雄多雌、一雌多雄婚配制以及没有固定配偶而随机交配的动物,一般来说,种群当中的雌性个体数量适当地多于雄性个体则有利于提高生殖力。

5. 种群增长

种群增长(population growth)是指种群数量由于出生、死亡、迁入、迁出的结果所发生的改变。

(1) 生命表(life table)与存活曲线(survivorship curve) 生命表是记载某一种群或一定数量的同一时期出生的个体,经过一段时间后因死亡而减少的统计表。生命表是描述种群死亡过程的有用工具。生命表起源于人口统计学,后来被引用到动物种群的研究。生命表由年龄分段(时间间隔)、最初的个体数、死亡数和死亡率等各栏组成,详细记载种群数量经过若干时间间隔以后所出现的变化。经过表中数据的统计,可以了解某一特定年龄组动物的平均死亡年龄、存活机会等。

存活曲线是反映某一种群(或一定数量的同一时间段出生的个体)存活个体数与年龄的相互关系的一种曲线。绘图时,以各年龄存活个体数为纵坐标,以年龄组为横坐标。通常,纵坐标的存活数是以对数标尺表示,以便比较各年龄阶段的死亡速率。存活曲线有助于研究种群的死亡过程,了解不同动物种群各年龄阶段数量变化规律。动物种群的存活曲线一般有3种基本类型(图7-8):

① 凸型曲线(A),表示种群在没有达到生理寿命之前只有少数个体发生死亡,大部分个体都能活到生理寿命,因此在生命末期死亡率才升高。人类和一些大型哺乳动物的存活曲线即接近于这一类型。

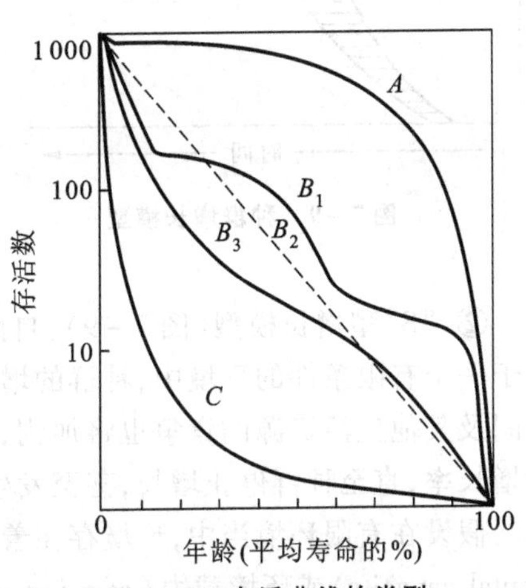

图7-8　存活曲线的类型

② 对角线型曲线(B),表示死亡率与年龄成比例,各年龄期的死亡率基本类似(B_2),如水螅。在对角线型曲线中还有阶梯型曲线(B_1),具有完全变态的昆虫即属于这一类型。"S"型曲线(B_3)也是对角型曲线的一种类型,种群在幼年期具有较高的死亡率,成体死亡率降低且较为稳定,见于许多鸟类和啮齿类。

③ 凹型曲线(C),表示幼体死亡率很高,后续年龄段的死亡率低而稳定。例如,牡蛎在自由游泳的幼体期死亡率极高,一旦找到合适固着的基底,死亡率则很低。大多数鱼类和两栖类的存活曲线亦属于这种类型。

(2) 种群增长模型　在野外条件下,影响种群数量变动的原因相当复杂,难以对其进行研究。因此,在实验室当中通过控制各种实验条件,研究实验种群的动态规律,成为重要的研究途径。种群数学模型研究也是种群生态学研究的重要辅助手段,它不仅能够概括各种生物和非生物因素与种群之间的关系,而且有助于了解这些因素如何影响种群动态,阐明种群动态的规律及其调节机制,达到预测种群变化趋势的目的。

在自然界当中,动物种群的实际增长率称为自然增长率(r),它是指在单位时间内某一种群的增长百分比,自然增长率可以由出生率和死亡率相减计算得出。在分析种群动态时,如果还要考虑到迁入和迁出这两个因素,那么就得计算种群增长率:

增长率=自然增长率(出生率-死亡率)+净迁移率(迁入率-迁出率)

如果假设迁入率=迁出率,那么,增长率=自然增长率。显然,自然界的环境条件在不断变化着,种群的自然增长率也是不断地变化,因此,在种群动态研究中,往往是测定种群的内在增长率(r_m, intrinsic rate of increase),即种群在无限制环境条件下的最大增长率。内在增长率也称为瞬时增长率,或称为生物潜能或生殖潜能(potential rate),它是物种固有的,由遗传特性所决定,因此是衡量种群增长固有能力的唯一指标。各种动物的内在增长率有很大的差别,例如,人虱为每年40.6只,褐家鼠则为每年5.4只,即人虱和褐家鼠种群分别以平均每年每雌增加40.6和5.4个雌体的速率增长。

种群增长的数学模型主要有"J"型和"S"型两种基本类型。

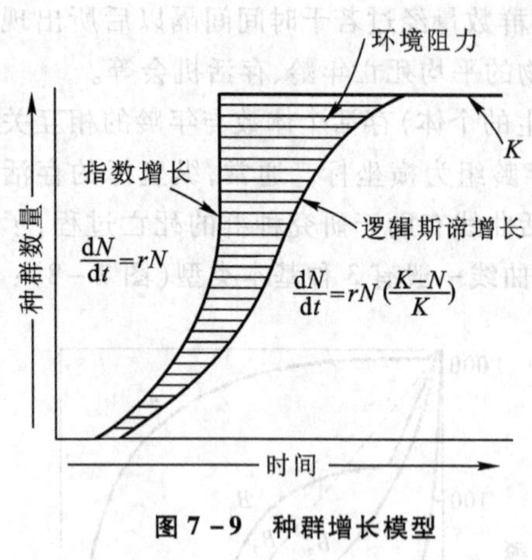

图 7-9 种群增长模型

① "J"型增长模型(图 7-9)也称为指数模型,是研究单物种种群的最简单的数学模型。假设某一种群在无限制条件的环境中增长,没有受资源、空间等条件的限制,而且不存在与其他种群或天敌的生存竞争,那么,种群就会不断地增长,增长形式表现为几何级数式或指数式增长,其数学表达式为:

$$dN/dt = rN$$

如果以种群数量为纵坐标,时间为横坐标来作图,那么种群增长曲线就表现为直线上升的"J"型。在实验条件下培养细菌、草履虫等实验动物以及把动物引入海岛或某些新栖息地,在这种由少数个体开始装满"空"环境的情况下,动物种群增长的早期阶段可以表现为"J"型。

② "S"型增长模型(图 7-9):自然界中的动物种群增长很少符合"J"型增长,因为自然种群是处于一个有限条件的环境中,种群的增长不可能是无限的。随着种群密度的上升,种群内部对有限空间及其他生活资源的竞争也将加剧,这必然会影响到种群的出生率和死亡率,从而降低种群的实际增长率,直至种群停止增长,甚至发生下降。

假设在有限环境当中,环境存在着一个允许种群增长的最大种群值,称为环境容纳量(environmental capacity)或环境载力(carrying capacity),用 K 来表示。当种群数量达到 K 值时,将不再增长。另外,种群增长率不可能保持不变,假设种群中每增加一个个体就对其增长率产生 $1/K$ 的抑制作用。由此可获得以下的数学表达式:

$$dN/dt = rN(K-N)/K$$

上述数学表达式称为逻辑斯谛增长模型(logistic growth curve)或"S"型增长模型。即有限环境内的种群增长曲线表现为"S"型,而不再是"J"型。"S"型增长曲线的特点是:种群数量开始增加较慢,以后逐渐加快,到曲线中心为最快,以后又逐渐变慢,种群数量最终达到环境容纳量,并稳定在这个最大值的水平上。"S"型曲线和"J"型曲线之间的差距,通常称为环境阻力(environmental resistance)或拥挤效应(congestion effect),它的生物学含义是,种群中每增加一个个体,就会对种群的增长产生一个定量的抑制性影响。

上述这两种种群增长模型提供了有关种群增长的基本机制。其突出的优点有两个方面:一是它们在数学上的简明性,这两个数学模型中,含有 r 和 K 两个参数,这两个参数都具有重要的生物学含义,它们在探讨种群生态学问题起着重要的指导意义。二是它们具有一定的现实性。对于一些生活史比较单纯的实验种群,如酵母、拟谷盗、果蝇等,或者是将动物引入新栖息地("空"环境)等情况下,种群能表现出"S"型增长。但是,大部分种群的数量到达 K 值后,仍会发生变动,稳定在 K 值上的不变是不符合现实的。

6. 种群生态对策

生态学是研究生物与其环境相互作用的科学。生物与其环境的相互作用是进化改变的动力,生物对其生物环境和非生物环境的适应则是进化改变的结果,而作用于生物的生态压力又决定着进化改变和适应的方向。因此,生态学分析应当始终坚持进化的观点,不能孤立地分析和处理生态学问题。生态学的实质就是选择压力或适应的研究。生物个体的进化改变结果可能影响由其所组成的种群生物系统,使系统的结构和功能发生重要改变。

各种生物的生长和生殖时期有长有短,生物的生长和生殖的阶段性变化方式称为生活史(life history)。生活史是生物在生存斗争中获得生存的对策,因此,所谓生态对策(bionomic strategy)或生活史对策(life-history strategy)就是指生物在进化过程中所形成的各种特有的生活史特征,是生物适应于特定环境所具有的一系列生物学特性的设计。生活史的关键内容是生物的大小、生长率、生殖和寿命。一些物种还具有变态、寄生、休眠、迁徙等特征。不同物种之间的生活史差异极大。一些物种可以生存几百年甚至几千年(如海龟);有些物种的个体巨大(如蓝鲸),而另一些物种的个体则很小;还有一些物种生殖数量多但个体小的后代(如远洋鱼类),而另一些物种却生殖数量少但个体大的后代(如油蝠的两个后代的体重可以达到雌亲产后体重的50%)。

在生态对策问题上,许多学者(Lack、McaArthur 和 Wilson、Pianka)根据生物的栖息环境和进化对策把生物分为 r 对策者和 K 对策者两大类。r 对策者适应于不可预测的多变环境(如干旱地区和寒带),具有高生育力、早发育、早熟,但个体小、寿命短、单次生殖的生物学特性。一旦环境条件好转,就能以其高增长率(r),迅速恢复种群,使物种能得以生存。K 对策者适应于可预测、稳定的环境(如热带雨林),但由于种群数量经常保持在环境容纳量(K)水平上,竞争较为激烈,因而 K 对策者具有个体大、发育迟、迟生殖、产仔(卵)少但多次生殖、寿命长、存活率高的生物学特性。K 对策者以高竞争能力使自己能够在高密度条件下得以生存。因此,可以说在生存竞争中 K 对策者是以“质”取胜,而 r 对策者则是以“量”取胜(图 7-10)。

在大分类单元中,昆虫可以看作是 r 对策者,它们的快速进化是在二叠纪和三叠纪,当时的气候条件非常多变,脊椎动物可以看作是 K 对策者,它们进化过程中的盛发期是侏罗纪、下白垩纪、始新世和渐新世,正是温暖潮湿气候稳定的地质期(图 7-10)。

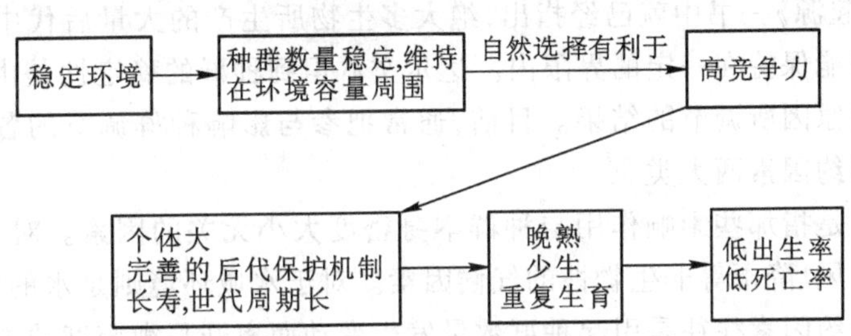

图 7-10　在 K 选择环境中,K 对策者有关生物学特征的因果关系链

在同一分类单元中,同样可进行生态对策比较,如哺乳类的啮齿类大部分是 r 对策者,而象、虎、熊猫则是 K 对策者。r 和 K 对策理论在生产实际上具有一定的指导意义。在有害动物防治方面,由于大部分有害动物属于 r 对策者,仅靠一两次突击性灭杀行动只能暂时控制其数量,一旦灭杀行动停止,由于 r 对策者的高 r 值,能迅速增殖,种群群量将很快恢复到原有水平,因此,有害动物防治应该以减少其环境容纳量为主,缩小有害动物的滋生地。在野生动物的保护方面,由于大部分珍稀濒危动物属于 K 对策者,生殖能力低,一旦种群数量下降到一定下限,则难以逃脱灭绝的危险,因此平时应当不断地给予保护。

7. 种群数量的波动与调节

(1) 种群的数量波动(Oscillations of population)　种群数量很少保持在一个水平上,通常波动在最小和最大密度范围之间，其波动幅度取决于动物种类及其具体环境条件。环境条件如果经常改变，那么种群数量波动就比较明显。种群数量波动可以表现为季节性或者是以几年为一周期。

季节性波动(seasonal oscillation)是人们所熟悉的。生活在中、高纬度地区的许多动物，它们的数量在夏季和冬季之间的呈现大幅度的变化。这种数量变化与其生殖季节、生活史、季节性迁移等原因有关。一般来说，具有季节性生殖特点的动物种类，其种群的最大数量是在一年中最后一次生殖之末。低纬度热带地区或沙漠地区的一些动物种类，其种群数量也有季节性波动。这种波动可能与降雨或降雨后的食物(或果实)蕴藏量变化有关，它们在雨季进行生殖，种群数量高峰出现在雨季的中后期。

种群数量变动以几年为一周期称为年波动(annual oscillation)。年波动可能是不规律的。例如，英国某地区的苍鹭，数量大致稳定，年波动不大，但在有严寒冬季的年份，苍鹭数量就下降，且很快又能恢复。不规律的年波动通常与环境条件有关，特别是受气候因子的影响较大。一些年波动则表现出规律的周期性。规律性数量波动的特点可能与种群自身的遗传特性有关。例如，许多北方的啮齿动物：如旅鼠、姬鼠、田鼠，以及北极狐和雪鸮等，其种群数量波动以3~4年为一周期。美洲兔及其捕食者——猞猁具有9~10年周期的规律性数量波动。

(2) 种群调节(regulation of population)　种群调节是指种群数量恢复到其变动平均密度的趋向。除了波动性以外，相对稳定性也是种群数量的特点。种群数量保持在一个相对稳定的水平上，减少波动对种群显然具有一定的进化利益，因为当种群数量波动到种群最小值或最大值时，该物种都会出现灭绝的危险。在自然界中，种群密度的极端值是很少达到的，因为环境以及种群内部存在着一系列的机制限制着种群数量的无限增长或下降。

达尔文在《物种起源》一书中就已经指出，绝大多生物所生产的大量后代中只有少数个体能存活，因此，种群数量只能保持在一定的界限内。达尔文认识到种群的稳定性是由于食物供给、气候、捕食和疾病等一系列原因所调节的结果。目前，通常把参与影响种群调节的各种因素划分为密度制约因素和非密度制约因素两大类。

非密度制约因素是指那些影响作用与种群本身密度大小无关的因素。对于陆域环境来说，这些因素包括温度、光、风、降雨等非生物性的气候因素。对于水域环境则是水的物理、化学特性的一系列因素。非密度制约因素往往是引起种群数量发生变动而离开平衡密度的主要原因。

密度制约因素对种群数量的影响程度与种群自身的密度大小相关。例如，随着种群密度的上升，种群的死亡率增高，或生殖力下降，或迁出率升高。密度制约因素包括同种生物个体之间的社会作用或异种生物之间的各种相互作用(表7-4)。种群调节主要依赖于密度制约因素的作用，它们是使种群数量恢复到平衡密度的主要原因。在实际研究中，这两类因素往往相互联系，难以分开。例如，气候影响食物供给，后者影响出生率从而影响种群密度，种群密度决定着社会行为的各个方面并且由此影响动物的繁育。在种群调节中哪一些因素的作用较为重要，一直是生态学者们长期争论的问题。生态学者们已经提出了许多学说，以探讨种群调节问题，这些不同的学说对于揭示种群调节机制都是有利和必要的。

表 7-4　物种之间相互作用的类型

作用类型	物种 1	物种 2	特征
竞争(competition)	-	-	争夺有限的共同资源,双方受抑制
偏害(amensalism)	-	0	一方受抑制,另一方无影响
捕食(predation) 寄生(parasitism)	+	-	一方获利,另一方受抑制
偏利(commensalism)	+	0	一方获利,另一方无影响
互利共生(mutualism)	+	+	双方获利

注:"-"、"0"、"+"分别代表受抑制、不受影响和获利

三、群落与生态系统

内容见配套数字课程。

第三节　保护生物学

一、保护生物学与生物多样性

保护生物学(conservation biology)是研究生物多样性管理和保护的一门新学科。生物多样性(biodiversity 或 biological diversity)一词自 20 世纪 80 年代中期诞生以来,在国际社会上受到广泛重视,显示了生物多样性的重要性。生物多样性是指生命有机体中的种类和变异性及其与环境形成的生态复合体以及与此相关的各种生态过程的总和,包括动物、植物、微生物和它们所拥有的基因以及它们与其生存环境形成的复杂的生态系统和自然景观。因此,生物多样性包括地球上形形色色的生物。保护生物学涉及基础和应用研究两个方面,其研究内容包括定性描述和定量测定生物多样性,以及探讨生物多样性的产生与保护等;目的在于了解人类活动对物种、群落和生态系统的影响,发展可使用的方法来减缓物种灭绝,恢复濒危物种在生态系统中的正常功能。20 世纪 90 年代以来,随着物种灭绝和生态系统丧失速度的加剧,生物多样性保护研究、政策制定以及实践应用日益受到科学家、各级政府管理部门以及社会各界的关注。

生活在地球上的生命形式可以从 3 个不同层次加以调查研究,即遗传变异、物种数量和生态系统类型,因此,生物多样性通常被认为有 3 个层次:遗传多样性(genetic diversity)、物种多样性(species diversity)和生态系统多样性(ecosystem diversity)。生物多样性的 3 个层次是相互依赖、密不可分的(图 7-11),其中,遗传多样性是物种多样性的基础,物种多样性形成不同类型的生态系统,而生态系统多样性则是物种多样性和遗传多样性的存在保证。近年来,人们也把景观(多种多样生态

系统在一定地区内的镶嵌分布格局）的结构（单元组成、空间格局）、功能（生态作用等）及其动态（结构和功能随时间的变化）称为景观多样性（landscape diversity）。

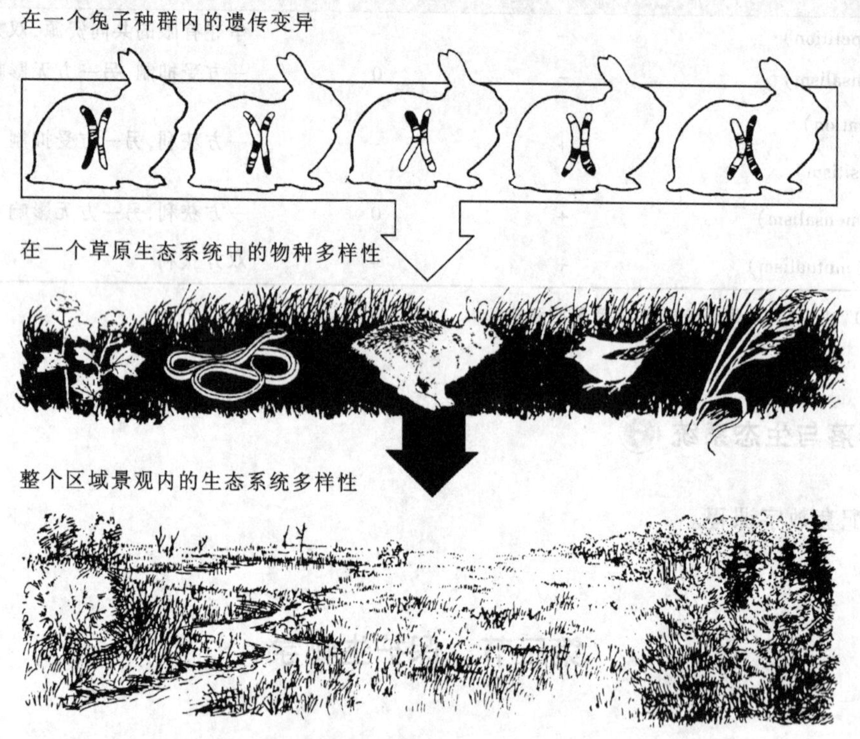

图 7－11　生物多样性三个层次的相互关系（Primack，*et al*，2000）

1. 遗传多样性

遗传多样性指生物种内不同群体之间或同一群体内不同个体之间的遗传变异的总和。遗传信息决定着生物的发生、细胞、形态、生理、行为等各个方面的变异，也决定着生物的生态特性及其对环境变化的适应能力和进化潜力。因此，保护物种的关键就是保护物种的遗传多样性，达到保持物种进化潜力、真正保护物种的目的。遗传多样性随着种群数量的减小而减少，并且在传代中的减少效应逐渐增强（表 7－5）。物种发生濒危受其外部环境因素和内部遗传因素的双重影响，遗传变异对种群的总体健康至关重要，遗传变异的下降将导致近亲繁殖的增加以及适应性的减少，因此，了解物种的遗传多样性现状有利于科学地制定其保护策略。遗传多样性研究也为动植物遗传育种提供遗传标记，利用克隆技术克隆包括产量性状在内的各种有经济价值的基因。可见，遗传多样性研究有助于保护遗传多样性，避免物种的灭绝，阐明生物进化，促进种质资源和野生生物的保护以及生物资源的开发利用。

表 7-5 种群大小对遗传多样性的影响

种群大小	遗传变异			
	1 世代	5 世代	10 世代	100 世代
2	75%	24%	6%	<< 1%
10	95%	77%	60%	< 1%
20	97.5%	88%	78%	8%
50	99%	95%	90%	36%
100	99.5%	97.5%	95%	60%

遗传信息储存在细胞染色体和细胞器的 DNA 序列中。从遗传中心法则可知,遗传信息的传递途径经过多个层次。遗传信息通过转录和转译过程决定着多肽链中的氨基酸顺序。由多肽链构成的蛋白质进一步构成细胞、组织和器官,或在生物体内执行不同的功能,产生一系列复杂的代谢变化,最终表现出多种多样的形态特征、生理和行为性状。因此,遗传多样性可以表现在 DNA、蛋白质、细胞、组织、器官、个体等层次并由此可以检测出其高低。

遗传多样性检测主要包括以下几个水平:

(1) 形态学(表型性状)水平——符合孟德尔遗传规律的单基因性状,多基因决定的数量性状。经典、简便易行。

(2) 细胞学(染色体)水平——染色体数目、组型及其减数分裂时的行为等方面进行研究。

(3) 生理生化(蛋白质多态性)水平——氨基酸序列分析,同工酶或等位酶电泳分析。

(4) 分子(DNA 多态性)水平——线粒体 DNA 以及微卫星 DNA(microsatellite DNA,也称为 SSR,simple sequence repeats,简单重复序列)序列分析、RFLP(restriction fragment length polymorphism,限制片段长度多态性)、RAPD(random amplified polymorphic DNA,随机扩增多态 DNA)等 DNA 分子标记技术。

检测遗传多样性的各种方法在灵敏度、可行性以及检测目的等方面具有显著差异。随着分子生物学研究方法和实验技术的发展,遗传多样性研究从形态学水平、细胞学(染色体)水平、生理生化水平逐渐发展到分子水平。分子水平检测方法由于具有更高的灵敏度和有效性,为研究遗传多样性提供了更为直接的方法,并且也促进了种群遗传学、分子生态学、进化生物学、分类系统学等研究领域的发展,从而形成保护生物学的分支交叉新学科——保护遗传学(conservation genetics)。

黄嘴白鹭的线粒体 DNA 多样性

例如,大熊猫的保护受到中国政府的高度重视和国际社会的广泛关注。大熊猫生殖力低下,种群数量稀少,由于生境片段化导致大熊猫种群被割裂为许多相互隔离的小群体,处于濒危状态。中国政府建立了一系列自然保护区以拯救濒危中的大熊猫,同时还在世界各地动物园中饲养有一百多只大熊猫,通过人工养殖提供良好条件以解决大熊猫自然种群生殖力极低的问题,提高大熊猫种群数量。近几年来,中国学者不仅在大熊猫的人工养殖方面取得了成功,而且已经在分子水平上比较系统地研究了大熊猫的遗传多样性。研究发现,大熊猫的遗传多样性十分低下,遗传背景单一,群体杂合率低;提示可能存在严重的近亲交配,近亲交配降低了群体的生殖力和适应力,导致物种衰退致危。因此,在保护大熊猫的工作中,应当注重沟通自然保护区之间的割裂小群体,增加群体之间的基因流动,最大程度地保持遗传多样性,避免近交衰退,同时扩大种群数量。

2. 物种多样性

物种多样性是生物多样性在物种上的表现形式,反映了地球上生物有机体的复杂性,是衡量生物资源丰富程度的一个客观指标。物种多样性是生物多样性研究的核心内容,主要研究有多少物种存在以及这些物种存在于什么地方,探讨物种多样性的形成机制,目的在于探讨物种的保护。

物种多样性有两方面的含义:区域物种多样性(regional species diversity)和群落物种多样性(community species diversity)。

区域物种多样性是指一定区域内物种的多样化及其变化,主要从分类学、系统学和生物地理学角度对一个区域内物种状况进行研究。研究方法主要是区域调查(regional surveys)。区域物种多样性的测度包括:① 物种丰富度(species richness),一个区域内的所有物种数量或某一特定类群的物种数量。② 物种密度(species density),单位面积的物种数量。③ 特有物种比例(endemic species ratio),一定区域内特有物种与物种总数的比值。此外,区域物种的生物区系状况、受威胁程度、形成、演化、分布格局及其维持机制等也是其主要研究内容。

群落物种多样性(community species diversity)又称生态多样性(ecological diversity),是指生态学方面的物种分布的均匀程度,常常是从群落组织水平上进行研究。研究方法是样方或点样(point sample)调查。生态多样性的测度在统计理论、概率论、信息论等方面有多种定量分析方法,所获得的指数称为群落多样性指数(community diversity index)。

据估计,地球上大约生存有 1 400 万种生物,甚至更多,但实际上被记述的仅有 175 万种(表 7-6)。在全球范围内,对脊椎动物和高等植物的了解是比较清楚的,但是,对许多小型生物,如昆虫(尤其是热带雨林的昆虫)等无脊椎动物、深海底栖生物、真菌以及细菌等类群仍时常有新种被发现,其物种估计数量与已描述数量相差甚远。

表 7-6 全球主要生物类群的物种数(Heywood, *et al*, 1995)

生物类群	已描述的物种数/万种	估计存在的物种数/万种
病毒	0.4	40
细菌	0.4	100
真菌	7.2	150
原生动物	4.0	20
藻类	4.0	40
高等植物	27.0	32
线虫	2.5	40
甲壳动物	4.0	15
蜘蛛类	7.5	75
昆虫	95.0	800
软体动物	7.0	50
脊椎动物	4.5	5
其他	11.5	25
总计	175.0	1 362

地球上的物种并不是均匀分布的。一些国家由于地处或拥有大面积的热带、亚热带地区,因此

占有全世界最高比例的物种多样性，这些国家就称为生物多样性特丰富国家（megadiversity country），包括巴西、哥伦比亚、厄瓜多尔、秘鲁、墨西哥、刚果（金）、马达加斯加、澳大利亚、中国、印度、印度尼西亚、马来西亚 12 个国家。这些国家拥有全世界 60% ~70% 以上的生物多样性，而且其中的大多数国家具有较多的特有种（图 7－12），对全球生物多样性的生存和保护起着关键作用。

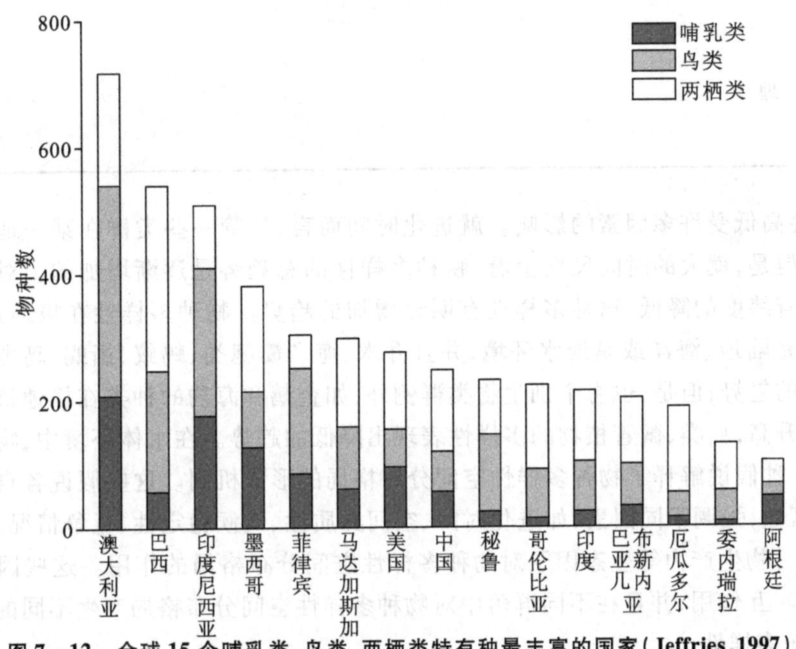

图 7－12 全球 15 个哺乳类、鸟类、两栖类特有种最丰富的国家（Jeffries，1997）

世界范围或一个国家内部的不同区域，其生物多样性丰富程度也存在着差别。那些生物物种丰富、物种特有程度较高以及濒危物种集中的区域就称为生物多样性热点地区（hot-spots' area）或生物多样性关键地区（critical regions）。例如马达加斯加、马来西亚半岛、西亚马孙高地、澳大利亚西南部等被列入全球范围内的 18 个生物多样性热点地区，这 18 个地区虽然仅占地球表面积的 0.5%，却拥有全球 20% 的植物物种，而且有 49 955 种植物特有种。在中国，已经初步确定出 17 个具有全球意义的关键地区，其中陆地 11 个、湿地 3 个、海洋 3 个（表 7－7）。

表 7－7 中国生物多样性关键地区

陆 地	湿 地	海 洋
横断山南段（藏东南、滇西北、川西南）	沿海滩涂湿地	闽江口外－南澳岛海区
岷山－横断山北段（川西北）	东北松嫩－三江平原湿地	渤海海峡及渤海海区
新、青、藏交界处高原地区	长江下游湖区	舟山－南麂海区
滇南西双版纳地区		
湘、黔、川、鄂边境山地		
海南岛中西南部山地		

续表

陆　地	湿　地	海　洋
桂西南石灰岩地区		
浙、闽、赣交界地区		
秦岭山地		
伊犁－西段天山山地		
长白山地		

物种多样性高低受许多因素的影响。就进化时间而言，尽管一些类群在某一地质历史时期有显著性的下降，但是，就大的时间尺度上看，物种多样性的总趋势是逐渐增加的。对于大多数陆生动物和植物，随着纬度的降低，物种多样性有明显增加的趋势。物种多样性在极地最低，在热带地区则最高；无论是陆地、海洋或是淡水环境，并且乔木、海产瓣鳃类、蚂蚁、蜥蜴、鸟类和兽类等许多类群，都有同样的趋势；但是，也有个别生物类群例外，如企鹅和海豹的种类在极地最多。在陆地环境中，随着海拔升高，鸟类、微管植物的多样性表现出降低的趋势。在水体环境中，物种多样性随深度而减少。有多种假说解释了物种多样性空间分布格局的形成机制。这些假说各自根据不同的研究对象和研究区域，强调不同因素，如进化时间、空间异质性、气候稳定性、竞争情况、捕食作用或生物生产力等生态因子对物种多样性空间分布格局的作用。这些因素之间彼此相互作用，并且在不同群落中对物种多样性空间分布格局产生不同的影响。

鸟类群落多样性研究

3. 生态系统多样性

生物圈内物种集合的空间多样性称为生态系统多样性，即生物圈内生境、生物群落和生态过程的多样化以及生态系统内生境差异、生态过程变化的多样性。生态系统是生物及其生存环境共同构成的生物系统。每一种生物都是某种生态系统的组成成分，维持着其所在的生态系统，同时又依赖着这一生态系统以延续其生存。在地球上不同的地理环境中，生态因素的差异养育着不同的生物种类并由此形成不同的生物群落和生态系统，如冻原、北方针叶林、落叶阔叶林、常绿阔叶林、热带雨林、高山草原和荒漠等。各种各样的生态系统都保持着各自的生态过程，包括生态系统各组成成分之间及其与环境之间的物质循环和能量流动。任何生态系统所具有的生态过程对其所有生物的生存、进化和持续发展都是至关重要的。

生态系统是自然界的基本功能单位。自然生态系统的分类主要是依据其生境和生物群落，尤其是植物群落的特点。按照生境的性质，生态系统可以划分为陆地生态系统、海洋生态系统、淡水生态系统和岛屿等类型。陆地生态系统又可划分为森林、灌丛、沼泽、草原和稀树草原、荒漠和冻原等。森林生态系统还可进一步划分出若干类型，如热带雨林、热带季雨林、常绿阔叶林、落叶阔叶林、针叶林等。每一种森林生态系统还可按地区、海拔高度、森林结构、群落类型、乔木的优势种、关键种或特征种等再次划分。

陆地生态系统的分布主要受水分、光照、环境温度和土壤基质等自然条件的影响，其分布具有一定的规律性。陆地生态系统的分布规律主要表现在三方面：① 纬向地带性，即自低纬度的赤道向高纬度的两极依次出现热带雨林、常绿阔叶林、落叶阔叶林、草原、北方针叶林和苔原等；② 经向地带性，即自沿海区域向大陆腹地依次出现森林、草原和荒漠等生态系统类型；③ 垂直地带性，即随着海拔高度的增加，依次出现朝向极地的各种生态系统类型。

生态系统内部存在着各种各样的生物种类，每一种生物对维持其所在生态系统的稳定性起着一定的作用。但是每个物种对生态系统的作用存在着明显的差别。一些种类的存在与否影响着整个生态系统的结构与功能，这样的物种称为关键种(keystone species)。关键种的活动和丰富度对其群落的类型和完整性、生态过程、生态系统的结构与功能起重要影响作用，并且决定着生态系统的稳定性。关键种的去除将导致系统当中部分其他物种的丧失以及一些外来物种的侵入，从而引起生态系统的结构与功能发生改变。在生态系统中，一些物种生活在相同类型的环境、以同一方式利用相同资源，这样的物种集团就称为共位群(guild，或译为功能群)。共位群当中的物种成员对生态系统具有相似作用，在生态过程中能够相互替代，因此个别成员的去除不会对系统稳定性产生很大的危害。共位群概念强调了物种的集团作用，并且使复杂的生态系统得以简化，有利于人们认识系统的结构与功能。

生态系统多样性是维持物种多样性和遗传多样性的保障，是生物多样性研究的重点。生态系统多样性研究综合不同学科，从基因、细胞、种群、群落与生态系统各个水平，研究不同生物类群之间及其与环境之间的相互作用，并且从系统观点出发，通过维持系统的稳定性来探索物种的保护，提高了保护濒危物种的有效性和持续性。

二、生物多样性价值

生物多样性是人类赖以生存的自然资源，是社会持续发展的前提。随着人类对生物多样性认识的发展，生物多样性的价值逐渐受到关注。

1993 年，联合国环境规划署(UNEP)组织专家编写的《生物多样性国情研究指南》中，将生物多样性价值划分为 5 种类型，即：具显著实物形式的直接价值、无显著实物形式的直接价值、间接价值、选择价值(option value)、消极价值(passive value)。消极价值包括遗产价值(bequest value)和存在价值(existence value)两方面。遗产价值是指当代人为了把某种资源保留给子孙后代而愿意支付的费用。存在价值也被称为内在价值(intrinsic value)，是指人们为确保某种资源继续存在(包括其知识存在)而愿意支付的费用。UNEP 的生物多样性价值划分框架已经被世界各国广泛使用于“生物多样性国情研究报告”的编制(表 7－8)。

生物多样性的直接利用价值包括为人类提供食物、燃料、建材、药物、野味和粪肥等显著实物产品以及服务消费价值。生物多样性为生物学等多学科提供丰富的科学信息，如遗传信息等，也被称为科学价值，而生物多样性涉及文化、艺术、生态旅游等方面的价值则称为美学价值。

例如薪柴和粪肥提供了尼泊尔、坦桑尼亚和马拉维主要能源需求的 90%，对经济起着重要的作用。在贫困地区，野生生物作为食物也为人类幸福做出了巨大的贡献。在加纳，大约 75% 的人口主要依靠传统的蛋白质来源，主要是野生动物，包括鱼类、昆虫、毛虫、蛆类和蜗牛。在药物方面，发展中国家 80% 人口的健康依赖于由植物或动物提供的药物。调查结果表明，中医使用的植物药材达 1 万种以上，西方药物中的 40% 含有最初在野生植物中发现的物质。近年来全球兴起了生态旅游热，据估计，全球生态旅游业的产值达 120 亿美元。在加拿大，每年大约有 84% 的加拿大人参加与野生生物有关的旅游活动，每年给加拿大带来约 8 亿美元的收入。

表 7－8　中国生物多样性国情研究报告的价值分类系统

主要价值类型	直接使用价值		间接价值	选择价值或潜在价值	存在价值或内在价值
	产品及加工品直接使用价值	服务价值			
描述	具显著实物产品，产品直接被利用或进入市场	无显著实物产品，但有服务消费价值	生态系统的功能价值或环境的公共服务价值	个人和社会对生物多样性潜在用途的将来选择使用	确保某种资源继续存在（包括其知识存在）
对人们提供效益的典型用途	林业、农业、畜牧业、渔业、医药业、工业、消费性利用价值	旅游观光价值、科学文化价值、畜力使役价值	有机物质生产、维持大气 CO_2 和 O_2 的平衡、营养物质的循环与贮存、水土保持、涵养水源、净化环境污染	潜在使用价值、潜在保留价值	确保自己或别人将来能利用某种资源或某种效益

生物多样性的间接价值主要是指其间接地支持和保护经济活动和财产的环境调节功能或称为生态功能。生物多样性的调节功能主要表现在有机物质生产、维持大气 CO_2 和 O_2 的平衡、营养物质的循环与贮存、水土保持、涵养水源、净化环境污染等多个方面。生物多样性具有维持生物圈的功能，也可称为生态价值。据计算，美国波士顿城郊的系列湿地仅防洪一项每年就可节约 1 700 万美元，其中不包括当地居民从湿地中得到的其他收益，如生产鱼类和野生动物以及具有美学价值等。

生物多样性的选择价值也称为潜在价值，是指具有潜在用途的以及可供人们将来选择使用的生物多样性价值。潜在价值一旦条件成熟就可能发挥出来，如目前我们还不能明确许多生物物种的价值，随着科学技术水平提高以及研究认识的深入，就有可能揭示出这些物种的经济、科研和生态等意义。生物多样性是保留不断进化的遗传物质的储备所。不论生物多样性价值是否被认识到，它们所包含的遗传物质是物种适应于不断变化环境的基本保证。受保护的动植物可能扩散到周围地区，被当作农作物种植，或者不断为农作物或家畜提供遗传物质。包含在各种生物的遗传信息，无论在科学、教育或商业，都是十分宝贵的。因此，保护生物多样性相当于维护国家财富，关系着人类的利益。如果生物多样性受到破坏，将来的人类就再没有机会利用或在各种可能性中加以选择。

生物多样性的存在价值是生物多样性本身具有的经济价值，与人类是否利用或是否存在无关，即使人类不存在，生物多样性的存在价值依然存在。自然界丰富多样的物种及其生态系统的存在，有利于地球生命支持系统结构的稳定及功能的保持，无论发生什么自然灾害，总会有许多部分保存下来继续运转，使自然界的动态平衡不致遭到瓦解。存在价值在现实生活中的确存在。例如有许多人为了确保森林或珍稀濒危动物的存在而自愿捐献钱物，而自己并不打算利用这些森林或珍稀濒危动物或从中获利。因此，存在价值似乎与伦理准则或环境保护意识有关。

生物多样性给人类带来巨大的经济价值，更重要的是生物多样性保证了大自然生命必需过程的正常进行,这类进程包括稳定气候、保护水源、保护土壤和保护生殖地等多个方面。可见,生物多样性是人类赖以生存和社会可持续发展的物质基础之一。由于生物多样性的丧失将影响社会的持续发展,生物多样性保护不仅能对当代产生最大的持续利益,而且还能造福于子孙后代,因此,开展生物多样性研究和保护已经成为各级政府部门及社会各界有识之士共同关注的主要问题。

生物多样性是属于人类的共同财富。人类与其他生物共同生存于生物圈,而生物圈作为一个相互关联的功能整体,物种的分布和迁徙在国家之间没有国界限制,一个国家或地区的生物多样性变化或污染将可能影响到整个生物圈。因此生物多样性保护是一项全球性的任务。1992 年在巴西举行的联合国环境与发展大会,包括中国在内的 155 个国家共同签署《生物多样性公约》。中国政府十分重视保护生物多样性,1993 年发布《中国生物多样性保护行动计划》;1994 年《中国 21 世纪议程——中国 21 世纪环境与发展白皮书》也将生物多样性保护作为优先项目;1998 年发布《中国生物多样性国情研究报告》。生物多样性研究和保护与生态环境保护及资源合理利用休戚相关,而后者是中国可持续发展战略的基本保证。

三、生物多样性危机及根源

1. 生物多样性危机

自从 35 亿年前生命在海洋中出现,生物灭绝也就同时开始。目前存在的几百万个物种是过去几十亿个物种中的幸存者。近几个世纪以来,人类活动的加剧以及人类对生物资源的管理不善,造成当今地球上生物物种和生态系统所受到的威胁是有史以来最为严重的。

脊椎动物物种的平均生存期约为 500 万年,比较低的估计值也有 20 万年。在过去的 2 亿年中,平均每 100 万年有 90 万种脊椎动物灭绝,灭绝速率大约是每世纪 90 种。最近几百年中,人类活动导致生物灭绝的速度不断加快,生物多样性不断下降(图 7 - 13)。地球上目前大约生存有 4 000 种哺乳类,如果按物种平均生存期为 500 万年或 20 万年计算,那么,相应应当是每 500 年或 50 年灭绝一种哺乳类。但是,在过去的 400 年中,全世界的哺乳类共灭绝 58 种,平均每 7 年灭绝 1 种;在 20 世纪内则灭绝 23 种哺乳类,平均每 4 年灭绝 1 种。

人类活动对岛上生活的物种的影响更为严重。在最近几十年灭绝的物种中,有 75% 的哺乳类和鸟类是生活在海岛的,而且可能还会有更多的岛屿生物灭绝。例如在鸟类方面,由于世界上大约有 52% 的濒危鸟类生活在孤岛上,因此今后还可能有更多的种类发生灭绝。

人类活动也导致大量物种遭受灭绝的威胁。《2004 年世界鸟类状况》的综合评价结果表明,世界上的 9 000 多种鸟类中有 1 211 种(大约占 1/8)面临灭绝的威胁,其中有 502 种鸟类每种已不到 2 500 只,77 种鸟类每种已不到 50 只;而 1978 年才只有 290 种鸟类受到威胁。世界鸟类状况表明,人类正在以不断增长的惊人速度失去鸟类及其他生物多样性。中国的受威胁物种情况也不容乐观。据《中国物种红色名录》(2004 年)报道,中国的物种濒危程度远高于《中国生物多样性国情研究报告》(1998 年)的估计,过去估计的濒危物种比例大致在 2% ~30% 之间,而 2004 年对 5 803 个动物物种的全面估计发现,无脊椎动物受威胁物种的比例为 34. 74% ,脊椎动物受威胁物种的比例为 35. 92% 。近半个世纪以来,中国仅脊椎动物已经灭绝的物种(包括野外灭绝而只生活在圈养条件下的物种,以及在中国境内已经灭绝而在国外尚有分布的物种)就达 18 种,如野马(*Equus caballus*)、赛加羚羊(*Saiga tatarica*)、麋鹿(*Elaphurus davidianus*)、冠麻鸭(*Tadorna cristata*)等。

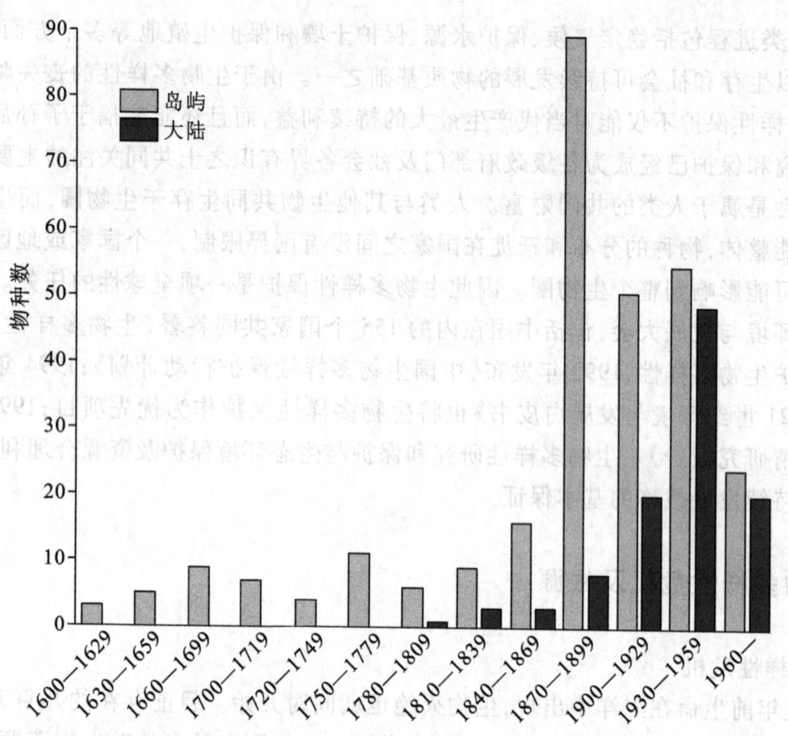

图 7－13　公元 1600 年以来记录的动物物种灭绝数量

许多即使目前还暂时没有面临灭绝危险的动物种类，也受到分布范围缩小、种群数量及遗传多样性下降的严重威胁。分布范围狭窄的物种，一旦其栖息地被破坏或受到过度开发，极易受到威胁。低种群数量的物种，难以适应疾病、气候变化、栖息地改变、近亲繁殖退化等影响因素的改变。因此，分布范围不断缩小或种群数量不断下降的物种，容易发生种群消失并且物种最终难以逃脱灭绝的厄运。

不仅野生生物的物种和遗传多样性发生下降，家养动物和栽培作物的多样性也在下降。在美国，97% 的蔬菜品种已经消失。随着家养动物和栽培作物品种及其遗传多样性的减少，导致它们适应气候变化及抵抗疾病能力的降低。尽管物种本身并没有受到威胁，而且还保存着许多品种，但是，如玉米、水稻中的基因库，只是几十年前其保存遗传多样性的一小部分，难以产生适应性变化。因此，对于生物资源保护而言，其品种和基因库的保留同等重要。许多农学家认为家养动物及农作物遗传多样性的丢失，比野生生物多样性丢失对人类生活的影响或威胁更大。

生物多样性的危机也表现在生态系统的大量退化和瓦解。热带雨林只占地表面积的 7%，却拥有全球一半以上的物种。但是，热带雨林的毁坏正在加剧，毁林在热带国家的年平均速度为 0.6%（约 730 万 hm^2）。世界粮农组织及联合国环境规划署 1982 年估计，每年约有 1 100 万 hm^2 的热带森林被毁坏。北美高原大草原曾经是北美洲的典型植被，但是，据世界资源研究所估计，北美原有的 150 万 km^2 大草原现在只剩下不到 1%。

湿地（wetland）与森林、海洋是地球上支持生命的 3 种重要生态系统。湿地是指天然或人工、长久或暂时之沼泽地、泥炭地或水域地带，带有静止或流动的淡水、咸淡水或咸水水体，包括低潮时水深不超过 6 米的水域。湿地是位于陆生生态系统和水生生态系统之间的过渡性地带，分为天然和人工两类，天然湿地又分为天然滨海湿地（海洋/海岸湿地）和天然内陆湿地。湿地是生物多样性的重要发源地和重要支持系统，众多植物和动物依赖其生存，对维护生态平衡和保护生物多样性具有特殊的意义。而且，湿地在涵养水源、净化水质、调蓄洪水、补充地下水、调节气候、维持碳循环和保护海岸等具有极为重要的生态功能，在美化环境、景观旅游和文化价值等方面具有综合效益。因此，湿地被誉为“生命摇篮”、“天然物种库”、“地球之肾”等。联合国环境署研究数据显示，湿地生态系统每年创造的价值是同样面积热带雨林的 7 倍，是农田生态系统的 160 倍。但是，近年来湿地生态系统面临的威胁还在不断加剧，主要表现为盲目围垦和过度开发造成天然湿地面积减少及功能下降；湿地水资源和生物资源过度利用，湿地生物多样性衰退；湿地污染严重，水环境恶化加剧；大江、大河上游水土流失严重，江河、湖泊淤积严重等。

福建省滨海湿地及水鸟

海洋生态系统的物种多样性也相当丰富，珊瑚礁的物种多样性有时可以与热带雨林相媲美。在较高级的分类阶元上，海洋生态系统比陆地生态系统的多样性要高得多。例如，在动物界的所有门类中，分布在海洋生态系统的动物门类显然多于陆地生态系统。再者，海洋生态系统的滤食性动物，特别是浮游动物构成了陆地生态系统缺少的特有水生食物链环节。从动物体型大小来看，海洋也拥有比陆地更丰富的多样性——从巨大的鲸类到微小的浮游生物应有尽有。因此，水生食物网比陆生食物网更为复杂，水生食物链也包括更多的营养层次。另外，海洋生物在遗传上具有更高的多样性，许多类群的基因序列的 5% ~15% 是杂合型，相比之下，哺乳类和鸟类的平均值则分别为 3.6% 和 4.3%。但是，人类活动威胁着海洋生物多样性。例如，随着工业生产等人类活动的增加，全球气候变暖造成珊瑚的共生单细胞藻类发生死亡，共生藻类的消失又导致珊瑚的死亡和珊瑚礁的消失，继而导致其他有毒藻类的爆发和鱼类栖息地的消失，由此已经造成渔业生产的大量损失。又如，近海养殖业的过度发展不仅与野生生物争夺栖息地，而且养殖自身产生污染，影响着海洋生态系统的生物组成，如导致“赤潮”，排斥和危害着原有分布的物种。

上述种种迹象表明，生物多样性正在以前所未有的规模、速度面临着危机。人类活动在造成生物多样性发生危机的同时，人类本身不仅在经济上遭受巨大损失，而且在健康、生存和发展上也受到危害和威胁。例如许多污染物通过食物链进入人体而产生危害，臭氧层的破坏导致皮肤癌发病率的增加，全球性的气候变暖以及酸雨等问题正在危害着生物圈而威胁着人类的生存。

2. 生物多样性危机的根源

纵观地球的演化过程，尽管历史上曾经有大量的物种发生灭绝，但是，随着一些物种的灭绝，又有另一些新物种出现，因此，生物多样性总体上是不断地增加（图 7－14）。例如恐龙灭绝后，哺乳类迅速地辐射演化成为丰富的新种类，占据由于恐龙消失而空出的生态位。哺乳类在恐龙消失前一亿多年已经出现，当时只是一个小的生物类群，但是，由于哺乳类已经具有比爬行类更能够适应环境的生物学特征，如胎生、哺乳、体温恒定等，于是哺乳类能够迅速地取代爬行动物，成为生物圈的重要成员。

就目前掌握的资料来看，物种灭绝是一个漫长的累积过程，是由于环境急剧变化导致的结果，除岛屿外，至少近 300 年来还没有发现任何一个物种的灭绝是由于种间竞争、捕食关系或病菌病害因素单独作用的结果。但是，现代生物物种的灭绝除了自然因素以外，更主要的影响因素是人为活动，这是与以往早期的物种灭绝的根本差别。人类对物种灭绝的影响不仅远远超过其他任何一种生物物种，而且也是地球历史上任何一个灾变事件所不能相比的。20 世纪中期以来，随着医疗措施和营养水平的发展，死亡率下降，出生率提高，世界人口，尤其是发展中国家的人口有了巨大增长

（图7－15）。人口数量从19世纪初的10亿，20世纪20年代的20亿，发展到目前人口总数已经超过60亿。随着人口的剧增，人类对空间和食物需求不断增大，导致对生物多样性有大量的需求，加剧了资源枯竭、自然栖息地破坏和污染，从而对生物多样性产生威胁。显然，控制人类生育所需要的时间越长，生物多样性的危机也就越难摆脱。

导致生物多样性产生危机的人为因素主要可以归纳为以下几个方面：

（1）生境丧失是导致生物多样性产生危机的人为因素之一。从取火作为人类的一种主要技术开始，人类对非洲和亚洲大陆的影响已有数十万年的历史。地球表面的40%区域被人类开发作为农业、城市、公路和水库。人类几乎占据所有陆地，对自然栖息地造成了巨大的影响。随着人类活动的增强，许多生物多样性丰富的自然生态系统被转变成为多样性单调的人工生态系统。耕作农作物的出现也不断造成森林、草地的减少。许多生物因此缺乏适合的生存环境。栖息地面积的减少或者栖息地的片段化不可避免地引起种群分布范围和数量的下降，最终导致物种灭绝和生物多样性丧失。《2004年世界鸟类状况》报告指出，未经控制的农业化以及热带地区森林退化对于鸟类繁衍产生了破坏作用，农业在广度和深度上的发展使非洲50%的重要鸟类栖居地受到威胁，全球濒

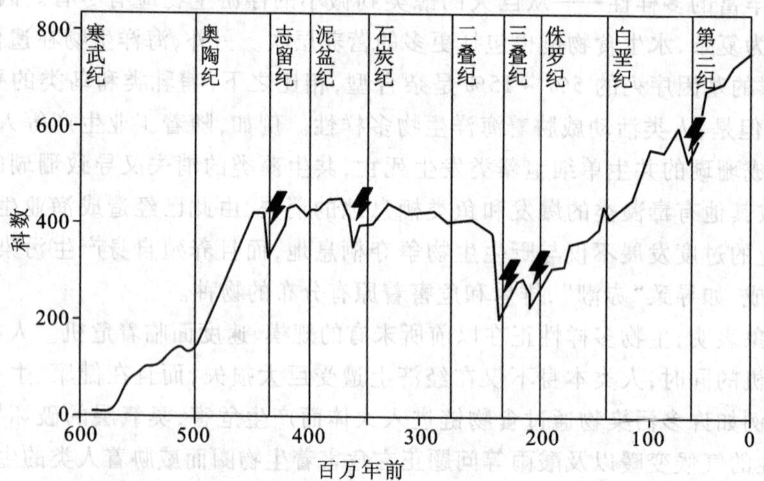

图7－14 生物多样性（海洋生物科数）随着地质年代递增（Wilson,1992）

黑色标记示5次物种大灭绝

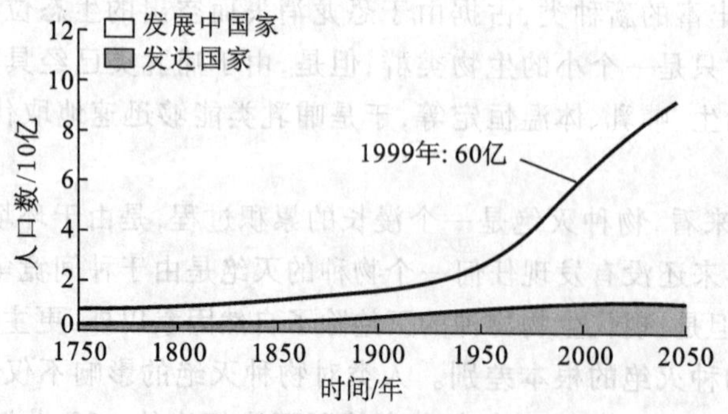

图7－15 世界人口的增长（Krebs,2003）

临灭绝的鸟类中有64%（其中大多数在热带）是由于森林退化造成的；巴西就有2万平方公里的咖啡种植园，这些园地侵占了原始的热带雨林；在印度尼西亚，咖啡种植业也是雨林地带大面积减少的主要原因。

（2）人类不合理利用生物资源也是造成生物多样性危机的主要原因之一。无节制地利用野生生物产品，其猎取率超过一个自然种群自然生殖力所能承担的限度，这种过度猎取加剧了物种的灭绝和生物多样性的丧失。森林过度砍伐获取木材产品以出口换取外汇，导致许多热带国家丧失大片的热带雨林，如南美洲亚马孙热带雨林在提供全球供氧量方面起着重要作用，以“地球之肺”而著称，由于乱砍滥伐而遭受前所未有的破坏。在澳大利亚和北美洲，自欧洲殖民者定居以来，74% ~ 86%体重在44 kg以上的大型动物的灭绝是由于的人类狩猎而导致。

（3）外来物种的引入导致许多物种的灭绝。生态系统经过长期进化形成，多物种之间即相互依赖又互相制约。人类有意或无意地引入一些外来物种，外来物种可能因不能适应新环境而需要人为提供条件才能勉强生存，也可能由于引入地区缺乏制约外来物种的相关物种而产生爆发性的种群数量增长和分布区扩大，竞争排斥导致当地一些物种发生灭绝。在许多海岛上，引进植物已经彻底取代了当地的土生植物。渡渡鸟（Dodo，*Raphus cucullatus*）是生活在毛里求斯岛的无飞翔能力的温顺鸟类，1061年首次记录，荷兰殖民者踏上这个岛国以后，不仅大量捕杀渡渡鸟，而且带来的狗、猪、猴子等动物也捕食渡渡鸟的蛋，导致渡渡鸟于1681年灭绝。澳大利亚袋狼（*Thylacinus cynocephalus*）灭绝的主要原因也是由于家犬被引入，产生野犬与袋狼竞争，同时由于误认为袋狼捕食绵羊而奖励狩猎袋狼，导致袋狼在1936年发生灭绝。大陆也同样受到引入外来物种的影响。例如在具有丰富特有种的肯尼亚裂谷省（Rift Valley Province），引进鱼种已使当地一些湖泊的土生种濒临灭绝，而引进的食草动物如羊等也可能会使当地的土生植物消失。

（4）环境污染也是导致生物多样性产生危机的人为因素之一。现代工业所排出的废气使大气中的二氧化碳含量迅速增高，导致全球性的温室效应；气温的升高往往使陆地沙漠化扩大，生态系统失调，自然环境恶化，从而使一些物种失去原有的生存条件而灭绝。工业生产活动所产生的如硫化物、氮氧化物和氧化剂造成大气污染，酸雨频繁，直接危害陆地植被和水域环境；工业排放的重金属化合物严重危害着水陆各种环境的生物。农业生产活动过量施用农药引起的河道污染，破坏着湿地和近海的生态平衡。不断积累的重金属和非降解杀虫剂直接对野生生物的生存和繁衍产生危害。

表7-9 物种灭绝或濒危的主要原因（Reid & Miller，1989）

生物类群	受影响物种的比例/%					
	栖息地丧失	过度利用	引进物种	捕食者	其他	未知
灭绝						
哺乳类	18	23	20	1	1	36
鸟类	20	11	22	0	2	37
爬行类	5	32	42	0	0	21
鱼类	35	4	30	0	4	48

续表

生物类群	受影响物种的比例/%					
	栖息地丧失	过度利用	引进物种	捕食者	其他	未知
濒危						
哺乳类	68	54	6	8	12	—
鸟类	58	30	28	1	1	—
爬行类	53	63	17	3	6	—
两栖类	77	29	14	—	3	—
鱼类	78	12	28	—	2	—

注:由于一些物种是受多种因素的影响,因此同一行数据的总和可能超过100%

从根本上说,生物多样性面临的威胁主要是人类与其环境之间的不协调。许多自然资源,如洁净的空气、清洁的水、高质量的土壤、稀有的物种、美丽的风景都是整个社会拥有的公有资源。但是,这些资源经常不被赋予经济价值,使用和损害这些资源时付出极少有时甚至无须付出,这是公有资源管理的悲剧。因此,生物多样性危机的真正根源在于缺乏有关经济政策和法律规定或其执行管理机制的不完善。生物多样性是全世界的共同财富,也是每一个国家的财富,因此,在制定国家发展政策时,应当重视生物多样性保护的重要性,注重对自然生物资源的持续利用,使那些依靠持续利用自然生物资源维持生活和作为长期财富的当地居民,能够长期受益并由此加入生物多样性保护工作。

四、生物多样性保护

威胁生物多样性的因素错综复杂,需要各级政府部门、科学界多学科、社会团体、广大民众以及国际社会的广泛合作。政府部门在加强生物多样性保护法律建设和制定合理政策的同时,有必要协调更多部门认识并宣传生物多样性的重要性,完善生物多样性保护的管理,增加人力和资金的投入。科研机构应当积极研究和监测生物多样性,正确评价生物多样性的价值,把现有的科学技术应用于解决生物多样性的管理和保护问题。

政府的立法建设和政策制定对生物多样性的保护有着重要的作用。一些政策如土地或森林管理、资源使用政策直接影响着生物多样性,而另一些政策如区域发展规划、环境影响评价制度、人口政策等,间接地影响着生物多样性。例如中国政府目前在西部地区所采取的退耕还林政策,一方面对退耕还林给以补贴,另一方面也将森林使用权长期交给退耕还林者,这种政策既有效地增加森林面积,减少水土流失,而且也能够鼓励群众为生物多样性的持续利用投入资本,长期合理地使用生物资源。在制定生物多样性保护策略时,需要政府机构、非政府组织、社会团体以及社会各界参与分析和探讨目前存在的问题和将来的工作重点。在这过程中,参与单位能够更好地理解部门之间的相互关系,提高政策及其执行的协调性。一个成功的保护策略首先应当是将保护过程与发展有机地相结合,在获得保护的基础上,尽可能获得持久和最大的利益。因此,在保护策略中的最根本要求是,政策的制定和实施能够同时达到保护与发展的目的。

生物多样性保护主要有两种方式。

1. 就地保护(*in situ*)

就地保护是生物多样性保护最有效的措施。就地保护就是以保护区或国家公园的形式,将有价值的自然生态系统和珍稀濒危野生动植物集中分布的天然栖息地保护起来,限制人类活动的影响,确保保护区内生态系统及其物种的演化和繁衍,维持系统内的物质循环和能量流动等生态过程。

自然保护区(nature reserve)是指通过立法以达到保护某种自然资源或具有特殊意义景观环境的一定区域。国家公园(national park)是保护景观、生物、生态的特定区域,允许旅游和娱乐,但不允许狩猎或开发活动。自然保护区的内部一般区划为核心区(core zone)、缓冲区(buffer zone)和实验区(experimental zone)3 个部分(图 7-16)。核心区是保护区的核心,通常被缓冲区所包围,该区域主要由各种原生性生态系统所组成,或者是珍稀濒危动植物的集中分布地或生殖区;核心区内严禁采伐和狩猎,主要作为研究自然规律的场所。缓冲区位于核心区的外围,以防止核心区受到外界的影响和破坏;这个区域由一些可能恢复为原生性的植被地段所组成;在保证其群落环境不受到破坏的前提下,可以在该区域内进行试验性或生产性的科研。实验区位于缓冲区的外围,可包括次生性植被以及荒山荒地等;管理、服务等建筑设施可以设置在该区域内,人工生态系统的建立和生物资源的开发也可在此进行。

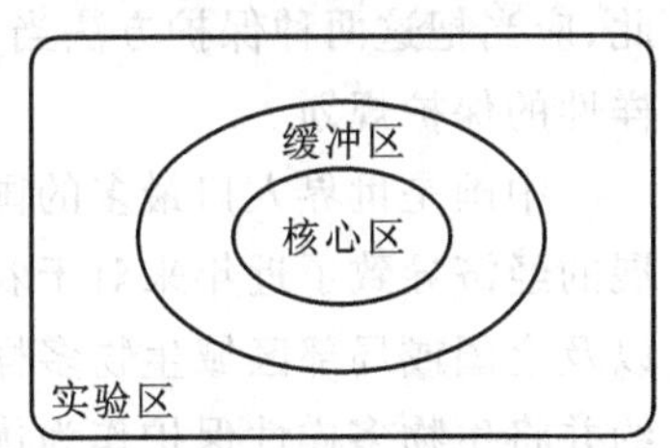

图 7-16 典型自然保护区内部区划示意图

中国的自然保护区分为 3 种类型,即自然生态系统类、野生生物类和自然遗迹类。自然生态系统类自然保护区是指以具有一定代表性、典型性和完整性的生物群落和非生物环境共同组成的生态系统作为主要保护对象的自然保护区,如武夷山国家级自然保护区、漳江口红树林国家级自然保护区。野生生物类自然保护区是指以野生生物物种,尤其是珍稀濒危物种种群及其自然生境为主要保护对象的自然保护区,如厦门珍稀海洋物种国家级自然保护区。自然遗迹类自然保护区是指以特殊意义的地质遗迹和古生物遗迹等作为主要保护对象的自然保护区,如深沪湾海底古森林遗迹国家级自然保护区。自然保护区又可根据其典型性、特有性等指标,再划分为国家级、省级和市县级。

生物多样性就地保护受到世界各国的广泛重视,自然保护区已经遍布世界各地。据世界自然保护联盟(IUCN)统计,至 1994 年,全世界已经建立自然保护区 9 793 个,面积达 95 956. 8 万 hm^2,占全球土地总面积的 7%。许多国家的自然保护区面积超过国土的 10%,少数国家超过 25%。1995 年,中国大陆有自然保护区 799 个,面积 7 190. 67 万 hm^2,占国土面积的 7. 2%,处于国际的平均水平;2000 年,中国大陆的自然保护区已发展到 1 276 个,面积 1. 23 亿 hm^2,占国土面积的 12. 44%;至 2014 年底,中国大陆的自然保护区已发展到 2 740 个,面积为 1. 47 亿 hm^2,占国土面积的 14. 83%。自然保护区就地保护了大批具有重要价值的自然生态系统以及大量的珍稀濒危野生动植物物种,为保护中国生物多样性发挥着重要的作用。

2. 移地保护(*ex situ*)

移地保护又称易地保护、迁地保护,是通过建立引种保护设施,人为地创造物种生存环境和种质保存条件,使物种种群得以繁育扩大,遗传种质得以延续。

移地保护的方式包括建设动物园、植物园、移地保护基地、养殖中心等,对珍稀濒危动植物进行保护性的繁育。例如，一度濒临灭绝的大熊猫、扬子鳄、朱鹮、东北虎等珍稀濒危野生动物人工养殖成功，种群数量开始复苏。但是，只有当其种群数量足以发挥正常功能以及确保具有长期生存能力时，保护才能真正达到成功。种质资源的离体保存也是一种移地保护措施。例如建设一批具有现代化水平的动物细胞库和动物精子库、配子库以实现对家畜和家禽品种的离体保存。与其他移地保护措施相比，种质资源离体保存易于储存，占地面积小，需要劳动力不多因而能够比较经济地保存大量样品。

移地保护是就地保护的补充。就地保护较经济和有效，因为就地保护不仅保护了整个生态系统及其各种生物，而且在原来生境中对濒危动植物实施保护，自然选择的择优汰劣作用能保持野生状态下物种的生存力。但是，移地保护对于那些已经丧失自然生境而遭受生存威胁的物种以及自然生殖能力差、种群呈衰退趋势的物种具有特别的保护意义，是使其免遭灭绝的重要保障措施。因此，应当把这两种保护方法当作是有效保护生物多样性的两个不可分割的部分，综合应用于生物多样性的保护规划。

中国是世界人口最多的国家之一，也是当前经济发展较快的国家之一。众多的人口和高速发展的经济导致了近年来对于农、牧、渔产品以及木材等生物资源需求量的急剧增加，造成生境破坏以及全国或局部区域生物多样性的下降。目前中国政府虽然签署了《生物多样性公约》等国际性公约并将生物多样性保护作为优先项目，并且也早就已经颁布了如“森林法”“草原法”“野生动物保护法”“环境保护法”“海洋环境保护法”等法令，在一定程度上保护了生态系统和生物物种，各种不同类型的自然保护区也在不同程度上发挥了保护生物多样性的作用。但是，中国生物多样性总体上仍然受到严重威胁，因此，各级政府部门和社会各界应当继续对生物多样性给以足够的认识和重视，完善生物多样性保护和可持续利用的法律制度和综合管理，强化科学研究和监测，加强公众宣传教育和培训，进一步采取有效措施制止掠夺性开发，以保证中国的生物多样性得以充分的保护和可持续的利用。

本章提要

内容见配套数字课程。

复习与思考

复习题

1. 名词解释：

种的分布区　固有种　特有种　移入种　动物区系　潮间带　生态因子　最小因子定律　耐性定律　贝格曼规律　种群　存活曲线　生态对策　种群调节　生态平衡　生态演替　食物链　生物多样性　遗传多样性　物种多样性　生物多样性特丰富国家　生态系统多样性　物种多样性关键地区　关键种　共位群　湿地　就地保护　自然保护区　移地保护

2. 请分析造成动物种类局限性分布的主要原因。

3. 举例说明动物类群的连续分布和隔离分布。

4. 新热带界、澳洲界、热带界的动物区系有何相似,为什么会有这种相似性?
5. 为什么说澳洲是个古老的大陆?
6. 请说明世界陆地动物区系的主要特点。
7. 请说明中国陆栖动物的区划依据及其主要分区。
8. 试述世界及中国海洋动物的主要地理分区。
9. 举例说明限制因子的概念。
10. 试述光因子对动物生活的影响。
11. 与非生物因子相比较,生物因子对动物的影响具有哪些特点?
12. 试述种群的主要特征。
13. 种群密度主要受哪些因素的影响?
14. 比较种群"J"型增长模型和"S"型增长模型的异同。
15. 比较 r 对策者和 K 对策者的生物学特性及其适应意义。
16. 为什么食物链不能无限制地加长?
17. 比较生态系统中能量流动和物质循环的异同。
18. 举例说明遗传多样性的检测与应用。
19. 为什么说生物多样性是一门价值取向、使命取向的科学?
20. 物种多样性主要受哪些因素的影响?
21. 生态系统多样性是维持物种多样性和遗传多样性的保障,为什么?
22. 生物多样性的危机主要表现在哪些方面?
23. 试分析导致生物多样性产生危机的主要原因。
24. 如何进行生物多样性的保护?
25. 试举例分析中国生物多样性的保护现状。

思考题

1. 特有种是否需要特别保护?为什么?
2. 影响动物分布主要有哪些因素?
3. 中国哪些省的大陆动物区系成分最为丰富多样?
4. 请从系统观点分析人与生物圈的相互关系。
5. 根据中国的实际情况,如何开展生物多样性保护工作?